Klausnitzer

Insecta: Coleoptera: Scirtidae

Süßwasserfauna von Mitteleuropa

Begründet von A. Brauer

Herausgegeben von

J. Schwoerbel (†) und P. Zwick

Das gesamte Werk wird die folgende Bände umfassen:

Band 1: Porifera, Cnidaria, Kamptozoa, Bryozoa
Band 2: Plathelminthes
Band 3: Gastrotricha, Nemertini, Rotifera
Band 4: Nematoda, Nematomorpha
Band 5: Gastropoda, Bivalvia
Band 6: Annelida, Hirudinea
Band 7: Tardigrada, Aranea, Acari
Band 8: Crustacea I
Band 9: Crustacea II
Band 10: Insecta: Collembola
Band 11: Insecta: Ephemeroptera
Band 12: Insecta: Odonata
Band 13: Insecta: Plecoptera
Band 14: Insecta: Heteroptera
Band 15: Insecta: Megaloptera
Band 16: Insecta: Neuroptera
Band 17: Insecta: Lepidoptera
Band 18: Insecta: Hymenoptera
Band 19: Insecta: Trichoptera
Band 20: Insecta: Coleoptera
Band 21: Insecta: Diptera

Die meisten Bände werden in mehreren Teilen herausgegeben werden.

Bernhard Klausnitzer

Insecta: Coleoptera: Scirtidae

Süßwasserfauna von Mitteleuropa

Bd. 20/17

Spektrum
AKADEMISCHER VERLAG

Prof. Dr. sc. nat. Dr. rer. nat. h. c. Bernhard Klausnitzer
Mitglied des Deutschen Entomologischen Instituts
Postfach 20 27 31
D-01193 Dresden
klausnitzer.col@t-online.de

Bibliografische Information der Deutschen Nationalbibliothek
Die Deutsche Nationalbibliothek verzeichnet diese Publikation in der Deutschen Nationalbibliografie; detaillierte bibliografische Daten sind im Internet über http://dnb.d-nb.de abrufbar.

Springer ist ein Unternehmen von Springer Science+Business Media
springer.de

09 10 11 12 13 5 4 3 2 1

Planung und Lektorat: Dr. Ulrich G. Moltmann, Bettina Saglio
Satz: Mitterweger & Partner GmbH, Plankstadt
Umschlaggestaltung: SpieszDesign, Neu-Ulm

ISBN 978-3-8274-**1074-0**

Vorwort

Schon zu Beginn meiner entomologischen Tätigkeit (ca. 1956) fielen mir im Oberlausitzer Heide- und Teichgebiet die Scirtidae besonders auf. In wenigen Jahren hatte ich viele Exemplare zusammengetragen, und es gab die ersten Bestimmungsversuche nach dem Reitter. In der Gattung *Cyphon* kam ich nicht weiter und wandte mich als „blutiger" Anfänger ratsuchend an den großen Adolf Horion – welch' Kühnheit. Die Antwort kam postwendend: sein Band IV der Faunistik mit der Bestimmungstabelle von Tord Nyholm für *Cyphon*. Nun begann ich mit dem Präparieren und war ganz überrascht über das faunistische Ergebnis, das ich 1965 als erste Arbeit über diese Familie publizierte.

Bis heute sind 141 Beiträge zur Kenntnis der Scirtidae erschienen, die meisten (113) betreffen die Paläarktis, 3 die Nearktis, 18 die Orientalis und 7 andere Regionen bzw. Fossilien. Eine zusammenfassende Darstellung der Scirtidae der Westpaläarktis wurde bisher nicht vorgelegt. Der Verfasser ist dankbar, dass dies nun im Rahmen der „Süßwasserfauna von Europa" erfolgen kann.

Ganz zu Unrecht werden die Scirtidae bei hydrobiologischen Untersuchungen meist nicht berücksichtigt. Viele Arbeiten über aquatische Coleoptera lassen sie einfach außer Acht, obwohl sie wegen der Lebensweise der Larven einbezogen werden müssten.

Ein Grund für die Vernachlässigung liegt in Problemen der Determination. Die meisten Arten lassen sich nach äußeren Merkmalen nicht sicher bestimmen. Für sich genommen wäre das keine wirkliche Ursache, da auch Vertreter anderer aquatischer Familien der Coleoptera nur durch Genitalpräparation zweifelsfrei erkannt werden können (z. B. Haliplidae, Dytiscidae partim, Hydrophilidae partim, Hydraenidae).

Eine andere Ursache liegt in der Literatur, die sehr verstreut ist. Vielfach liegen überhaupt keine Bestimmungstabellen vor, und es muss auf die Beschreibungen zurückgegriffen werden. Hier soll mit dem vorliegenden Band Abhilfe geschaffen werden. Das Wählen eines größeren geographischen Raumes – als sonst in dieser Reihe üblich – soll dazu anregen, in Zukunft den Arten dieser Familie mehr Aufmerksamkeit zu widmen.

Die faunistische Literatur konnte nur in einer Auswahl zitiert werden. Dies betrifft sowohl die älteren Autoren, deren Artauffassung nicht in jedem Fall eine Beurteilung nach heutigem Kenntnisstand ermöglicht als auch die Mitteilung zahlreicher einzelner Nachweise in neuerer Zeit. Zusammenfassende Publikationen wurden stets berücksichtigt, sofern sie dem Verfasser bekannt wurden. Der Überblick über die Verbreitung in den einzelnen Ländern dürfte ± vollständig dem gegenwärtigen Kenntnisstand entsprechen.

Das dauernde Weglassen der Scirtidae bei limnologischen Studien hat auch dazu geführt, dass wir zur Biologie und Ökologie der meisten Arten erstaunlich wenig wissen. Hier liegt noch ein großes, weitgehend unbestelltes Forschungsfeld brach.

Der überwiegende Teil der Illustrationen sind eigene Fotos, es war aber unumgänglich, Abbildungen aus der Literatur zu zitieren. Der Verfasser hat sich darum bemüht, das Einverständnis von Autorinnen und Autoren sowie Verlagen zu erlangen und möchte sich ausdrücklich bei Frau Dr. Heide Zwick, Schlitz und den Herren Dr. Manfred Jäch, Wien, Dr. Erik Mauch, Dinkelscherben, Prof. Dr. Hannes F. Paulus, Wien, Rafał Ruta, Wrocław und Prof. Dr. Peter Zwick, Schlitz, bedanken. Ein besonderer Dank gilt der Möglichkeit, Zeichnungen von Dr. Tord Nyholm † aus verschiedenen schwedischen Zeitschriften zu zitieren. So steht dieses Buch auch im Andenken an diesen großen Forscher. Bei jeder Abbildung ist selbstverständlich die Quelle exakt angegeben.

Ein besonderer Dank gilt dem Direktor des Deutschen Entomologischen Instituts in Müncheberg, Herrn Prof. Dr. Holger H. Dathe. Er hat meine Arbeiten an diesem Buch, wie überhaupt an den Scirtidae, stets großzügig durch manchen Rat unterstützt, aber auch durch die Bereitstellung von Literatur und Arbeitsmöglichkeiten in seinem Institut. In diesen Dank möchte ich Herrn Dr. Lothar Zerche vom gleichen Institut einbeziehen, sein kenntnisreicher Käferrat war stets ganz wesentlich für meine Studien an dieser Gruppe. Herr Prof. Dr. Peter Zwick, Schlitz, hat sich des Manuskriptes dieses Buches gründlich angenommen, sein großes Wissen über aquatische Insecta und auch seine unmittelbare Kenntnis der Scirtidae haben dieser Arbeit gut getan, zumal – wohl in gegenseitiger Anregung – während der Arbeit am Manuskript dieses Buches mehrere Publikationen entstanden, die Kenntnislücken an wichtigen Stellen schließen. Auch dafür möchte ich sehr herzlich danken.

Die Zusammenarbeit mit Frau Bettina Saglio und Herrn Dr. Ulrich Moltmann, Spektrum Akademischer Verlag Heidelberg, war konstruktiv und angenehm. Auch dafür bin ich dankbar.

Meine Frau, meine Kinder und meine Großkinder wissen alle, dass es Scirtidae gibt, die Älteren kennen sie noch unter dem Namen Helodidae. Alle wissen um meine Vernarrtheit in diese Käfergruppe, und alle sind großzügig, wenn ich manchmal die eine oder andere Erwartung nicht erfülle, auch dafür danke ich sehr herzlich. Ganz besonders meinem Sohn, Dipl.-Agr. Ing. Ulrich Klausnitzer, Haßlau, gilt mein Dank für die Zusammenstellung der Einzelbilder zu Tafeln.

Dresden, 6.10.2008 Bernhard Klausnitzer

Inhalt

1. Einleitung

Die Sumpfkäfer (Scirtidae) sind eine unscheinbare und verhältnismäßig unbekannte Käferfamilie, und doch bieten sie ungewöhnlich viel Interessantes. So besiedeln manche Arten als wohl einzige Käfer der Westpaläarktis obligatorisch Phytotelmen (*Prionocyphon serricornis*, *Sacodes flavicollis*). Solche Kleinstgewässer können sich vor allem in Baumhöhlungen bilden.

Normalerweise wird bei der Kopulation von allen Käferarten der Penis (Aedoeagus) in den weiblichen Geschlechtstrakt eingeführt. Bei einigen Arten der Gattung *Cyphon* kehren sich die Verhältnisse jedoch um, so z. B. bei dem häufigen *Cyphon padi*. Die Weibchen dieser Art besitzen als Teil ihrer Geschlechtsorgane eine längliche sklerotisierte Bildung, den Prehensor. Bei der Kopulation führt das Weibchen diesen in den Körper des Männchens ein (Abb. A 58) und holt damit die Spermatophore ab – ein einmaliger, die üblichen Verhältnisse umkehrender Vorgang!

Die Anpassungen der Larven an das Leben im Wasser sind vielfältig und betreffen insbesondere die Mundwerkzeuge. Vor allem der Hypopharynx, aber auch der Epipharynx und die Borsten der Mandibeln und Maxillen sind so einzigartig zu einem Filterapparat modifiziert (einmalig innerhalb der Coleoptera), dass ihr Bau und ihre Funktion eine der wichtigsten Autapomorphien der Scirtidae darstellt. Hinzu kommen Besonderheiten der Organe des Gasaustausches und ein innerhalb der Coleoptera einzigartiger Bau der Antennen, der allerdings nur schwer funktional mit der aquatischen Lebensweise erklärt werden kann.

Die äußeren Merkmale allein sind in der Familie Scirtidae kaum zur sicheren Trennung der Arten geeignet, sie muss durch die Untersuchung des Penis, des Tegmen und der invaginierten Sternite und Tergite des 8. und 9. Abdominalsegments sowie Sklerotisierungen im weiblichen Genitaltrakt unterstützt werden.

Eine weltweite Bearbeitung dieser Familie steckt noch immer in den Anfängen und ist mit Ausnahme der Holarktis sehr lückenhaft. Beschrieben wurden bisher ca. 1300 Arten. Der Blick in die Kataloge (z. B. Pic 1914) ist allerdings nicht besonders hilfreich, da sehr viele Arten nicht adäquat definiert sind und die betreffenden Beschreibungen – sofern die eben erwähnten Merkmale nicht berücksichtigt wurden – kaum zu verwenden sind. Erst nach und nach können die einzelnen Arten redeskribiert werden. Bedenkt man die große Zahl noch nicht beschriebener Taxa, die sich in verschiedenen Sammlungen befinden, kann mit mindestens 2000 Arten gerechnet werden.

Für die Paläarktis kann eine Übersicht des Arteninventars gegeben werden (Klausnitzer 2006a) (Tabelle 1).

Eine einigermaßen genaue Übersicht besitzen wir neben der Paläarktis auch für die Nearktis. Über die Orientalis und die Australis liegt eine größere Zahl heutigen Ansprüchen genügender Arbeiten vor, eine zusammenfassende Übersicht fehlt noch. Die Äthiopische Region und die Neotropis sind praktisch nicht bearbeitet.

Tabelle 1: Anzahl der Arten und Gattungen in der Paläarktis insgesamt sowie in verschiedenen Teilgebieten.

Region	Arten	Gattungen
Paläarktis	285	10
Westpaläarktis	140	8
Europa (ohne Nordafrika, Vorderasien und östliche Türkei)	98	8
Mitteleuropa	27	8

Dies ist einer der Gründe, weshalb auch die Definition von Gattungen äußerst problematisch ist. Es wurden weltweit fast 50 Gattungen beschrieben (meist wird von 34 ausgegangen), bei den wenigsten allerdings handelt es sich vermutlich um Monophyla. Einige große Gattungen, z. B. *Cyphon*, müssen ganz sicher aufgespalten werden, da bei den ursprünglichen Definitionen habituelle Merkmale ausschlaggebend waren, gleichgültig, ob es sich vielleicht um Plesiomorphien handelt. Zukünftige Arbeiten (Charakterisierung beschriebener Gattungen, Aufspaltung offenbar paraphyletischer „Gattungen“) werden dieses Problem aufgreifen müssen und sicher auch die Ausarbeitung bzw. Verbesserung eines phylogenetischen Systems ermöglichen. Inwieweit sich aus dieser Entwicklung Konsequenzen für den hier behandelten geographischen Raum ergeben, bleibt abzuwarten.

Die in der Westpaläarktis vorkommenden Gattungen werden hier – teilweise ergänzend zu bisherigen Beschreibungen – definiert. Die diagnostischen Merkmale können jedoch im Allgemeinen nur für die im Buch behandelten Arten gelten. Auf wesentliche Ausnahmen, die sich aus dem nur begrenzt möglichen Blick auf die Weltfauna ergeben, wird hingewiesen. Die hier vorgestellten Definitionen können auch Grundlage für die Gattungskonzeptionen überhaupt sein, zumal fast immer die Typusarten in der Westpaläarktis vorkommen. Für alle hier behandelten Gattungen können apomorphe Merkmale angeführt werden und diese damit als Monophyla wahrscheinlich gemacht werden.

Das im vorliegenden Band behandelnde Gebiet umfasst Europa, wie es der von Löbl & Smetana (2006) herausgegebene „Catalogue of Palaearctic Coleoptera“ definiert, einschließlich Nordafrika und Vorderasien. Es erschien dem Verfasser zweckmäßig, die gleiche Umgrenzung zu wählen, wodurch das gesamte mediterrane Zentrum im Sinne von de Lattin (1967) berücksichtigt wird. Es wird deshalb im Titel der Begriff „Westpaläarktis“ gebraucht. Sicher ist hier Europa in einem weiteren Sinne aufgefasst als vielfach üblich und z. B. in der „Limnofauna Europaea“ (Illies 1978) verwendet.

Es werden insgesamt 140 Arten behandelt, für deren jede eine gesonderte Darstellung gegeben wird. Die Bestimmungstabellen sind überwiegend auf Merkmalen des Genitalapparates sowie der invaginierten Abdominalsegmente aufgebaut. Alle Arten werden entsprechend illustriert, wobei möglichst viele Abbildungen Originalfotos sind. Es war aber nicht möglich und wohl auch nicht zweckmäßig, auf die Übernahme von Zeichnungen aus der Literatur zu verzichten. Insgesamt wurde reich illustriert, um eine große Sicherheit der Determination zu ermöglichen.

1.1. Erforschungsgeschichte

Die Beschreibungen der in der Westpaläarktis vorkommenden Arten stammen von über 30 Autoren (nur die validen Arten gerechnet) (Tabelle 2). Die meisten von ihnen haben sich nicht speziell mit den Scirtidae befasst, sondern im Rahmen ihrer zusammenfassenden Werke bzw. koleopterologischen Studien eben auch einen oder mehrere Scirtidae beschrieben. Den beiden „Klassikern“ Linnaeus bzw. Fabricius verdanken wir 4 bzw. 2 Arten.

Hinzu kommen die von Carles Hernando, Pedro Aguilera und Ignacio Ribera sowie Bernhard Klausnitzer beschriebenen 2 bzw. 55 Arten.

Ein besonderes Interesse an dieser Familie hatten zweifellos M. Pic, H. v. Kiesenwetter und H. Tournier. Dass nur drei von Pic beschriebene Arten in der Westpaläarktis Bestand haben liegt daran, dass er hauptsächlich aus anderen Regionen Scirtidae beschrieb, insgesamt etwa 400 Arten. Der überragende Kenner war jedoch zweifellos T. Nyholm, dem wir außer Grundlegendem die Beschreibung von 38 Arten aus der Westpaläarktis verdanken. Mit seinem Wirken beginnt auch ein steiler Anstieg in der kumulativen Kenntnis des Arteninventars (Tabelle 3).

Tabelle 2: Ältere Autoren der validen Arten der Scirtidae der Westpaläarktis.

Name	Lebensdaten	Arten
Elzéar Abeille de Perrin	1843-1910	2
Jules Bourgeois	1846-1911	2
Charles Brisout de Barneville	1822-1893	1
Louis Alexandre Auguste Chevrolat	1799-1884	1
Johann Christian Fabricius	1745-1808	2
Vinzenz Maria Gredler	1823-1912	1
Félix Édouard Guérin-Méneville	1799-1874	1
Hellmuth von Kiesenwetter	1820-1880	4
Jules Linder	1830-1869	1
Carolus Linnaeus	1707-1778	4
Philipp Wilbrand Jacob Müller	1771-1851	2
Martial Étienne Mulsant	1797-1880	1
Thomas Georg Munster	1855 (1853?)-1938	1
Tord Nyholm	1912-2001	38
Georg Wolfgang Franz Panzer	1755-1829	1
Gustav Freiherr von Paykull	1759-1826	1
Marie Antoine Hercule Henri de Peyerimhoff	1838-1877	1
Maurice Pic	1866-1957	3
Achille Raffray	1844-1923	1
Edmund Reitter	1845-1920	3
Claudius Rey	1817-1895	(1)
Georg Carl Marie von Seidlitz	1840-1917	1
David Sharp	1840-1922	1
James Francis Stephens	1792-1852	1
Carl Gustav Thomson	1824-1899	1
Carl Peter Thunberg	1743-1828	1
Henri Tournier	1834-1904	6
Thomas Vernon Wollaston	1822-1878	1

Tabelle 3: Historische Entwicklung der Kenntnis über die in der Westpaläarktis vorkommenden Arten der Scirtidae (nur valide gezählt).

Zeitraum	Arten	Arten kumulativ
1758-1799	9	9
1800-1849	4	13
1850-1899	28	41
1900-1949	9	50
1950-1959	4	54
1960-1969	10	64
1970-1979	34	98
1980-1989	11	109
1990-1999	12	121
2000-2008	19	140

Es muss aber auch an die Autoren jener Gattungen gedacht werden, die bis heute Bestand haben: Johann Karl Wilhelm Illiger (1775-1815), Pierre André Latreille (1762-1833), John Lawrence LeConte (1825-1883), Gustav Freiherr von Paykull (1759-1826), Ludwig Redtenbacher (1814-1876) und Carl Gustav Thomson (1824-1899).

Auf einige an der Erforschung der Scirtidae besonders beteiligte Personen wird im Folgenden etwas näher eingegangen.

HELLMUTH VON KIESENWETTER (*5.11.1820 Dresden, † 18.3.1880 Dresden) absolvierte Schulbildung und Gymnasium in Bautzen, wo er von 1847-1851 und 1856-1871 als Jurist tätig war. Von 1871 bis zu seinem Tode arbeitete er als Geheimer Regierungs-Rath im Kgl. Ministerium des Inneren in Dresden. KIESENWETTER war ein universeller Coleopterologe. In ca. 80 Veröffentlichungen beschrieb er viele neue Arten. Besonders hervorzuheben ist neben vier Arbeiten über paläarktische Scirtidae die Fortführung des Werkes von ERICHSON „Naturgeschichte der Insecten Deutschlands" durch die Herausgabe mehrerer Bände (KRAATZ 1880, KLAUSNITZER 1991c).

HENRI TOURNIER (*1834, † 27.8.1904) veröffentlichte 1868 sein berühmtes Werk „Description des Dascillides du Bassin du Léman". In diesem Buch führt er 39 Arten an, darunter insgesamt 15 für die Wissenschaft neue, die bis heute noch nicht alle geklärt werden konnten, aus der Gattung *Cyphon* sind es 21 bzw. 10, darunter 3, deren Validität gezeigt werden konnte. Seine Sammlung ging in die Kollektion von M. PIC ein, und nicht von allen Arten sind Typen aufzuspüren. TOURNIER war in der Mitte des 19. Jahrhunderts einer der beiden überragenden Kenner der Scirtidae (neben V. KIESENWETTER). Seine Beschreibungen waren für die damalige Zeit vorbildlich und werden z.T. durch gute Abbildungen unterstützt, dennoch reichen sie im Allgemeinen nicht aus, die von ihm gemeinten Arten zweifelsfrei zu erkennen.

Ein Spruch des lateinischen Grammatikers TERENTIANUS MAURUS (2. Jh.) „Habent sua fata libelli" sagt, dass Bücher ihr Schicksal haben; doch auch für Dissertationen dürfte dies zutreffen, besonders in jenen Fällen, wo sie weder in vielen Exemplaren vervielfältigt werden konnten noch – auch nicht auszugsweise – gedruckt wurden. Ein Beispiel dafür ist die 1944 fertiggestellte Arbeit „Untersuchungen über den Bau des männlichen Geschlechtsapparates der Helodidae und die Bedeutung seiner Formtypen für die Systematik dieser Käferfamilie" von HILDEGARD EXNER (ROSA MARIA KATARINA HILDEGARD ANSCHAU, geborene EXNER, *19.07.1921 Graz, † 03.05.2007 Graz). Diese Dissertation entstand unter der Anleitung des damaligen Ordinarius für Zoologie an der Universität Graz, JOSEF MEIXNER. Frau HILDEGARD EXNER bezog bei den Scirtidae als erste die Morphologie des männlichen Genitalapparates und den Bau der invaginierten letzten Tergite und Sternite in ihre Studie über mitteleuropäische Arten dieser Familie ein, und ihr gelangen deshalb zahlreiche anatomische und taxonomische Entdeckungen, die erst später von anderen Autoren – da sie EXNERS Arbeit nicht kannten – nachvollzogen wurden (NYHOLM, KLAUSNITZER u.a.). Frau EXNER gebührt absolute wissenschaftliche Priorität, die jedoch fast unbekannt geblieben ist (KLAUSNITZER 1988b). Für die Geschichte der Erforschung der Scirtidae ist es jedoch nicht ohne Bedeutung, wann und durch wen die Grundlagen für eine moderne taxonomische und zoogeografische Bearbeitung gelegt wurden. Der Zweite Weltkrieg und die Nachkriegszeit haben sicher eine Publikation verhindert. Später hat die Autorin auf anderem Gebiet gearbeitet, und es unterblieb leider eine Drucklegung auch dann, als wieder bessere Bedingungen herrschten.

Erwähnt sei noch, dass MEIXNER mindestens noch eine zweite Dissertation über Scirtidae betreut hat, sodass Graz als ein gewisses Zentrum für die Erforschung dieser Familie gelten kann. Die andere, ebenfalls richtungweisende Arbeit stammt von Frau G. KEBER 1943: „Über den Bau und die Funktion der Ernährungsorgane paläarktischer Helodidenlarven und ihre Bedeutung für die Systematik". Diese Dissertation ist glücklicherweise weit bekannt geworden und wird bis heute oft zitiert. MAX BEIER gebührt wohl das Verdienst dafür, denn er hat bereits 1949 in seiner klassischen Arbeit über die Larve von *Odeles hausmanni* (GREDLER, 1857) auf die Forschungen KEBERS hingewiesen.

TORD NYHOLM (*11.11.1912 Örebro, † 23.5.2001 Stockholm) begann nach dem Besuch verschiedener Schulen in seinem Heimatort und in Stockholm ein Studium in Lund, das er im Jahre 1939 mit dem Examen als kand. phil. abschloss. Nachdem ihn entomologische

Interessen schon seit seiner Jugend begleitet hatten, trat er 1947 in die Entomologische Abteilung des Naturhistoriska Riksmuseet ein, wo er seine bereits vorher begonnenen Studien über die Familie Scirtidae fortsetzen konnte und natürlich auch andere entomologische Themen bearbeitete. Im Jahre 1953 verließ er das Riksmuseet. Es schlossen sich Tätigkeiten als Lehrer und Lektor an. Im Jahre 1968 kehrte TORD NYHOLM an das Naturhistoriska Riksmuseet zurück, wo er bis zu seiner Pensionierung tätig war. Mit einer Zusammenfassung seiner Arbeiten über die Scirtidae wurde er 1972 in Lund promoviert, danach wurde er dort Dozent (KRONESTEDT 2001, KLAUSNITZER 2002d).

TORD NYHOLM veröffentlichte 22 Arbeiten über Scirtidae, die sich vorwiegend mit den Gattungen *Cyphon*, *Hydrocyphon*, *Prionocyphon* und *Elodes* befassen und in denen insgesamt 58 Arten neu beschrieben wurden. Besonders hervorzuheben sind neben diesen taxonomischen Arbeiten seine beiden Publikationen „Über Bau und Funktion der Kopulationsorgane bei den Cyphones“ (1969) und „Zur Morphologie und Funktion des Helodiden-Aedoeagus“ (1972), die grundlegend und richtungsweisend Bau und Funktion des Kopulationsapparates dieser Familie beschreiben, ohne dessen Studium keine Beschreibungen und in vielen Fällen keine Determinationen möglich wären. Hervorzuheben ist weiterhin sein Werk „Die nordeuropäischen Arten der Gattung *Cyphon* PAYKULL (Col.). Taxonomie, Biologie, Ökologie und Verbreitung“ (1972) – eine Monographie, die alle 10 in Skandinavien vorkommenden Arten dieser Gattung hinsichtlich ihrer Biologie, Morphologie und Systematik ausführlich abhandelt und von zahlreichen Abbildungen begleitet wird.

1.2. Material und Methoden

ALFRED KAESTNER schreibt in seinem „Lehrbuch der Speziellen Zoologie“ (1965: XVII): „Sämtliche Klassen enthalten einzelne Arten, die von der typischen Organisation abweichen. Aus diesem Grunde müßte beinahe jeder Satz ... eingeschränkt werden durch Worte wie „meist“, „fast stets“ usw. Im Interesse der besseren Lesbarkeit habe ich sehr oft davon abgesehen...“. Der Verfasser ist bei dem vorliegenden Band in gleichem Sinne vorgegangen.

1.2.1. Maße

Der Verfasser bemühte sich, in den Bestimmungstabellen möglichst alle Begriffe wie „groß“, „klein“, „tief“, „flach“, „schmal“, „breit“ usw. durch exakte Maße zu ergänzen.

Die Angaben zur Körperlänge sind in der Literatur ± ungenau. Messungen an präparierten Tieren sind stark von der Art der Präparation abhängig. Es wurde deshalb für die Bestimmungstabellen die Körperlänge (KL) durch Addition der maximalen Länge des Pronotum entlang der Mittellinie (LP) mit der Länge der Elytren zwischen Schulter und Apex entlang der Körperlängsachse (LE) gebildet. Diese Angaben beruhen ausschließlich auf eigenen Messungen. In einigen Fällen konnte kein Originalmaterial untersucht werden, die Körperlänge wird dann zusammen mit dem Zitat genannt.

Einzelne Maße (alle Maße sind in Millimetern (mm) angegeben):

LP = Länge des Pronotum = entlang der Mittellinie
BP = Breite des Pronotum = maximale Breite, senkrecht zur Körperlängsachse gemessen
LE = Länge einer Elytre = zwischen Schulter und Apex entlang der Körperlängsachse
BE = Breite einer Elytre = in der Mitte, senkrecht zur Körperlängsachse gemessen
KL = Körperlänge = LP + LE
∅ = Mittelwert

Als ergänzende Merkmale zur Beschreibung des 8. Tergit werden in der Bestimmungstabelle für die Gattung *Elodes* mehrere Indices verwendet (Abb. A 48-50, S. 46):

Index der Buchttiefe (IB) = A + B / A (vgl. Abb. A 48) – je höher der Wert desto flacher ist die Bucht
Index der relativen Plattengröße (DP) = A / B (vgl. Abb. A 48) – je höher der Wert desto schmaler ist die Platte
Index der Plattengröße (IP) = C / B (vgl. Abb. A 49) – je höher der Wert desto schmaler ist die Platte in der Mitte
Index der Schlankheit (ST) = C / D (vgl. Abb. A 50) – je höher der Wert desto schlanker ist das 8. Tergit
Messstrecken:
A = Tiefe der Bucht
B = Länge der Platte in der Mitte
C = maximale Länge des 8. Tergit
D = maximale Breite des 8. Tergit
Zusätzlich ein Schlankheitsindex des Penis = maximale Länge / maximale Breite – je höher der Wert desto schlanker ist der Penis

Die Messungen erfolgten mit einem Okularmikrometer, dessen Skala mit einem auf einem Objektträger der Firma Zeiss definierten Millimeter geeicht wurde. Der Fehler liegt bei 0,005 mm.

1.2.2. Abbildungen

Die beigegebenen Fotos von präparierten Käfern und Mikropräparaten sind sämtlich Aufnahmen mit Automontage (®Syncroscopy).

Rasterelektronenmikroskopie: Die betreffenden Teile der aufgeweichten Tiere wurden abgetrennt und mit Wasser und 100 % Ethanol gewaschen. Auf eine zusätzliche Ultraschallreinigung wurde verzichtet, um die noch vorhandene restliche Behaarung zu erhalten. Die luftgetrockneten Präparate wurden mit Acheson Silver DAG auf Nadeln fixiert und anschließend im Sputtercoater SC7640 (Polaron) mit Gold/Palladium bedampft. Die Präparate wurden am Rasterelektronenmikroskop JSM-6060 LV (Jeol) bei 8 kV Beschleunigungsspannung untersucht und fotografiert.

Die Abbildungen sind kapitelweise nummeriert (Tabelle 4). Die Farbfotos bilden einen gesonderten Block, inhaltlich gehören sie zu verschiedenen Kapiteln.

Tabelle 4: Übersicht über die Abbildungsblocks.

Kapitel	Bezeichnung	Abkürzung	Anzahl	Tafeln
1.4.2.	Allgemein	A	61	7
2.	Biologie	B	6	1
2.3.3.	Puppen	Pu	12	1
3.	Larven	L	51	5
4.	Gattungen	G	64	8
5.	*Elodes*	E	325	26
6.	*Odeles*	O	96	10
7.	*Sacodes*	Sa	28	2
8.	*Hydrocyphon*	H	99	10
9.	*Scirtes*	Sc	31	4
10.	*Microcara*	M	45	5
11.	*Prionocyphon*	P	44	5
12.	*Cyphon*	C	179	18
	Farbe	F	52	8
	Summe		**1093**	**110**

1.2.3. Sammelmethoden

Die Sammelmethodik unterscheidet sich nicht von der allgemein bei Coleoptera üblichen. Besonderen Erfolg verspricht das Keschern in der Ufervegetation, auch das Klopfen von Büschen und Bäumen sowie das Sieben von Bodenstreu in der kalten Jahreszeit. In Mooren können die klassischen Methoden des Überschwemmens von Sphagnum-Polstern oder das Niedertreten von Bulten angewandt werden. Manche Arten werden auch beim Lichtfang bzw. in Lichtfallen, sogar an Fenstern gefunden.

Larven können in Stillgewässern bevorzugt mit Sieben oder Wasserkeschern gewonnen werden. Es empfiehlt sich ein Auslesen des Substrates in einer weißen Schüssel oder ähnlichem, da die Tiere kaum frei im Wasserkörper anzutreffen sind, höchstens an der Oberfläche. Auch der Inhalt von Phytotelmen muss ausgelesen werden. In Fließgewässern können Larven von Steinen, Holzstücken oder in stillen Buchten vorhandenem Substrat abgesammelt oder ausgelesen werden. Man sollte auch an das Auffangen von abdriftenden Exemplaren mit einem Kescher denken.

1.2.4. Präparation

Die Präparation der Imagines ist nicht anders zu handhaben als bei Käfern allgemein üblich (nicht nadeln, sondern aufkleben). Der Kopf sollte nach vorn gerichtet sein, um die Beurteilung der Mundwerkzeuge und der Punktur zu ermöglichen, das Pronotum gerade gerichtet und etwas von der Basis der Elytren abgesetzt, damit die Form gut zu sehen ist. Ein sauberes Richten der Beine erhöht die Freude des Betrachtens. Die Antennen sollten gut zu sehen sein, besonders die Basis, da sie für die Bestimmung von besonderer Bedeutung ist.

Für die Determination ist in vielen Fällen ein Genitalpräparat erforderlich. Das sollte bereits bei der Bearbeitung des frischen Materials berücksichtigt werden. Entweder es werden die betreffenden Teile gleich herauspräpariert, wenigstens größtenteils herausgezogen (Abb. A 57) oder wenigstens das Abdomen abgetrennt und neben dem Käfer aufgeklebt. Das erspart späteres Aufweichen des gesamten Tieres, dessen Zustand sich bei einem solchen Verfahren gewöhnlich nicht verbessert. Zudem gestattet es die leichte Untersuchung der Sternite, besonders des 7. bezüglich Form und Behaarung.

Das abgetrennte Abdomen wird in ca. 5 % KOH bei Zimmertemperatur mazeriert. Eine Zeit für diesen Vorgang lässt sich nicht angeben, da er offenbar stark von der Art der Konservierung des Käfers abhängt. Das Abdomen muss also mehrfach kontrolliert werden. Die Mazeration wird mit einem gründlichen Wasserbad abgeschlossen. Anschließend erfolgt die Trennung der einzelnen Teile (Sternite, Tergite, Penis, Tegmen bzw. Prehensor). Das Abdomen wird wieder auf das Kartonplättchen zu dem Käfer geklebt. Die entnommenen Chitinteile können ebenfalls auf das Plättchen gebracht werden (z. B. Einbettung in einen kleinen Tropfen Euparal). Bei besonders wichtigen Objekten empfiehlt sich die Anfertigung eines Mikropräparats (Einbettung ebenfalls in Euparal), das Fotografien, Zeichnungen und Messungen leichter gestattet.

Larven sollten in 70 % Ethanol aufbewahrt werden. Auch hier gelten die allgemeinen Regeln für eine „Alkoholsammlung“.

1.3. Danksagungen

Die lange, über 40-jährige Beschäftigung mit den Scirtidae hat es mit sich gebracht, dass viele von denjenigen, die meine Studien in besonderem Maße unterstützt haben, nicht mehr am Leben sind. Die vorliegende Zusammenfassung der Kenntnisse ist Anlass genug zu dankbarer Erinnerung.

Für die Ausleihe von Scirtidae und die damit verbundene großzügige Unterstützung meiner Arbeiten aus den von ihnen betreuten bzw. den eigenen Sammlungen danke ich den Damen Frau Dr. Nicole Berti †, Frau Dr. A. Bons, Paris, Frau Petra Kranebitter, Bozen, Frau Dr. C. M. F. von Hayek, London, Frau Dr. Sharon Shute, London und Frau Dr. Bella R. Striganova, Moskau sowie den Herren Dr. Martin Baer, München, Dr. Max Barclay, London, Lutz Behne, Müncheberg, Ronald Bellstedt, Gotha, Dr. Claude Besuchet, Genève, Dr. M. A. Bologna, Roma, Dr. Arnaldo Bordoni, Firenze, Dr. Michel Brancucci, Basel, Dr. M. J. D. Brendell, London, Dr. Claudio Canepari, Milano, Fabio Cianferoni, Firenze, Dr. Robert Constantin, Saint-Lo, Dr. Georges Coulon, Bruxelles, Prof. Dr. Roy Albert Crowson †, Dr. Jan G. M. Cuppen, Wageningen, Dr. Mauro Daccordi, Verona, Dr. G. Demoulin, Bruxelles, Dr. Lothar Dieckmann †, Rolf Franke, Görlitz, Prof. Dr. Herbert Franz †, Dr. Heinz Freude †, Dr. Gerrit Friese †, Remigius Geiser, Salzburg, Richard Grämer †, Jiří Hájek, Praha, Peter Hammond, London, Dipl.-Biol. Matthias Hartmann, Erfurt, Prof. Dr. Ernst Heiss, Innsbruck, Dr. Fritz Hieke, Berlin, Dr. Norbert Höser, Altenburg, Dr. Charles Huber, Bern, Dr. Manfred Jäch, Wien, Dr. Fritz Janczyk †, Dr. Josef Jelínek, Praha, Mike Jessat, Altenburg, M. Jessop, London, Dr. Wolfgang Joost †, Manfred Kahlen, Innsbruck, Dr. Zoltan Kaszab †, Prof. Dr. Rolf Keilbach †, Severin Kiener, Burgdorf, Dr. Erich Kleinsteuber †, Dr. Wolfgang Kolbe †, Dr. Rüdiger Krause, Dresden, Dr. Erich Kreissl †, Dr. Krassimir Kumanski †, Dr. John F. Lawrence, Gympie, Dr. Carlo Leonardi, Milano, Dr. Ivan Löbl, Genève, Dr. Dr. Gustav Adolf Lohse †, Prof. Dr. Hans Malicky, Lunz, Dr. Michael Malicky, Linz, Dr. h. c. Werner Marggi, Thun, Prof. Dr. Jochen Martens, Mainz, Dr. Otto Merkl, Budapest, Dr. René Mikšič †, Dr. Paul Mildner †, Prof. Dr. Gerd Müller-Motzfeld, Greifswald, Prof. Dr. Takehiko Nakane, Tokio, Helmut Nüssler, Freital, Dr. Tord Nyholm †, Prof. Dr. Ilja Okáli †, Prof. Dr. Giuseppe Osella, L'Aquila, Dr. Thomas Pape, Stockholm, Dr. E. C. Pelham-Clinton, Edinburgh, Dr. Roberto Poggi, Genova, Dr. Alexi Popov, Sofia, Dr. Hubert Roer †, Dr. Kiyoshi Sasagawa, Tokyo, Prof. Dr. Masataka Satô †, Prof. Dr. Walter Sauter, Illnau, Dr. Wolfgang Schawaller, Stuttgart, Prof. Dr. Wolfgang Schedl, Innsbruck, Dr. Gerhard Scherer, Wolfratshausen, Dr. Eckbert Schneider, Rastatt (früher Sibiu), Joachim Schulze, Berlin, Dr. Hans Silfverberg, Helsinki, Dr. Peter Skidmore, Doncaster, Dr. Aleš Smetana, Ottawa, Dr. Paul J. Spangler, Washington, Dr. Jaroslaw Stehlík, Brno, Dr. Fabio Stoch, Trieste, Dr. Richard zur Strassen, Frankfurt/M., Dr. Waclav Szymczakowski, Kraków, Prof. Dr. Augusto Vigna Taglianti, Roma, Dr. E. Taylor, Oxford, Dipl.-Biol. Dmitry Telnov, Riga, Dr. Zdeněk Tesař †, Prof. Dr. Konrad Thaler †, Dr. Manfred Uhlig, Berlin, Dr. Bert Viklund, Stockholm, Dipl.-Phys. Andreas Weigel, Wernburg, Prof. Dr. J. T. Wiebes, Leiden, Dr. Walter Wittmer †, Dr. Daniel K. Young, Madison, Dr. Lothar Zerche, Müncheberg sehr herzlich.

Ich hatte die Freude, von einer größeren Zahl von Personen Scirtidae zur Determination zu bekommen, eine Arbeit, die ich stets gern ausgeführt habe. Viele Exemplare, die ich auf diesem Weg zu Gesicht bekam, erwiesen sich als sehr interessant und stellen eine weitere Grundlage für dieses Buch dar. Auch dafür bin ich sehr dankbar.

Es sind dies Frau Dr. Ursula Hannappel, Wien, Frau Angelika Wendler, Königsbrück und die Herren Fernando Angelini, Francavilla Fontana, Ulf Arnold, Berlin, Dr. Frank Bameul, Bordeaux, Wolfgang Bäse, Wittenberg, Dr. David Boukal, České Budějovice, Dipl.-Biol. Dietrich Braasch, Potsdam, Gerhard Büttner †, Hermann Dietze †, Manfred Döberl, Abensberg, Karl Dorn †, Bas Drost, Wadenoijen, Dr. Heinz Eckardt †, Karl Ermisch †, Dr. Alfons M. J. Evers †, Edgar Fichtner †, Dirk Frenzel, Sonneberg, Dr. Frank Fritzlar, Jena, Prof. Dr. Johann Gepp, Graz,

Dr. Reinhard Gerecke, Tübingen, Dr. Raoul Gerend, Luxemburg, Siegfried Gladitsch †, Volker Gollkowski, Oelsnitz/V., Dr. Nicolas Gompel, Marseille, Klaus Graser †, Prof. Dr. Harald Haberman †, Hans Hebauer, Rain, Uwe Heinig, Berlin, Christof Hirgstätter, Prien, Werner Hoffmann, Hoyerswerda, Erwin Holzer, Anger, Dr. Adolf Horion †, Uwe Hornig, Oppach, Prof. Dr. Johannes O. Hüsing †, Prof. Dr. Joachim Illies †, Prof. Dr. S. M. Iablokoff-Khnzorian, Jerewan, Nicklas Jansson, Lund, Manfred John †, Manfred Jung, Athenstedt, Andreas Kapp, Götzis, Konrad Kaufmann †, Georg Kerstens †, Prof. Dr. Alois Kofler, Lienz, Frank Köhler, Bornheim, Hermann Köller †, Prof. Dr. Horst Korge, Berlin, Rudolf Köstlin †, Reinhold Krieger †, Dr. Victor N. Kuznetsov †, Klaus Liebenow, Brandenburg, Gerhard Linke †, André Lebenhagen, Schwerin, Wilhelm Lucht †, Dr. M. Maksimenkow, Minsk, Prof. Dr. Boris M. Mamaev, Moskau, Dr. Werner Marggi, Thun, Prof. Dr. Benjamin Messner, Greifswald, Heinrich Meybohm, Großhansdorf, W. Heinz Muche †, Hans Mühle, München, Prof. Dr. Hannes F. Paulus, Wien, Rüdiger Peschel, Chemnitz, Dr. Peter Pospisil, Wien, Kurt Preidel †, Alexander Prokin, Voronesh, Andreas Pütz, Eisenhüttenstadt, Hubert Rausch, Scheibbs, Dr. Klaus Renner, Bielefeld, Prof. Franz Ressl, Purgstall, Helmut Ressler †, Wolfgang Richter, Oderwitz, Dr. Reiner Schlegel, Lippitsch, Dipl.-Biol. Joachim Schmidt, Admannshagen, Prof. Dr. Harald Schweiger, Wien, Max Sieber, Großschönau, André Skale, Hof, Günter Stöckel, Neustrelitz, Andrea Tagliapetra, Marmirolo, Dipl.-Biol. Jürgen Vogel, Görlitz, Dr. Werner Wallis †, Erwin Weichselbaumer, Schrobenhausen, Dr. Dr. Karl Wellschmied †, Frank Wolf, Schwaan, David Wrase, Berlin und Stefan Zaenker, Fulda.

Frau Dr. Barbara Knoflach-Thaler, Innsbruck und die Herren Dr. Stephan Martin Blank, Müncheberg, Christian Kutzscher, Müncheberg, Lutz Behne, Müncheberg, Prof. Dr. Gerald Moritz, Zoologisches Institut Halle und Dr. Matthias Nuss, Dresden, halfen mir bzw. ermöglichten mir Aufnahmen mit der Automontage-Technik oder fertigten die beigefügten REM-Aufnahmen an, wofür ich ebenfalls sehr herzlich danke.

Für Auskünfte und Hinweise zu speziellen Fragen danke ich den Herren Dr. Karl Adlbauer, Graz, Dr. Hannes Petrischak, Kiel, Prof. Dr. R. D. Pope, London, Keld Rasmussen, Århus, Rafał Ruta, Wrocław, Dr. Hiroyuki Yoshitomi, Sapporo recht herzlich.

1.4. Benennung und Charakteristik der Familie sowie verwandtschaftliche Beziehungen (Phylogenie)

1.4.1. Benennung

Schon im Jahre 1976 wies Pope darauf hin, dass statt des weithin gebräuchlichen Familiennamens Helodidae die Bezeichnung Scirtidae stehen muss. Fleming (1821) verwendete erstmals für die Gattungen *Scirtes, Elodes, Rhipicera* und *Dascillus* den Familiennamen Scirtesidae (korrekte Schreibweise: Scirtidae). Eigenartigerweise hat sich dieser Name seinerzeit nicht eingebürgert. Vielleicht lag es daran, dass auch noch Vertreter mehrerer anderer Familien von Fleming einbezogen wurden, die später Rhipiceridae bzw. Dascillidae genannt wurden. Eine größere Verbreitung erreichte der Name Cyphonidae Stephens, 1830. Später prägte Shuckard (1840) den Namen Elodiidae (richtig geschrieben: Elodidae). Agassiz (1847) veränderte den Gattungsnamen *Elodes* Latreille, 1796 in *Helodes* (dies wurde in neuerer Zeit von mehreren Autoren rückgängig gemacht. z. B. Coulon, Klausnitzer, Nyholm). Gleichzeitig bezeichnete Agassiz die Elodiidae Shuckards als Helodeoidae. In der korrekten Schreibweise Helodidae wurde dieser Name bis in die jüngste Zeit von vielen Autoren benutzt. Die Erkundungen Popes (1976) erfordern jedoch, den Familiennamen Helodidae zu Gunsten des älteren Namens Scirtidae aufzugeben (KLAUSNITZER 1991b).

Scirtidae FLEMING, 1821

Synonyme: Cyphonidae STEPHENS, 1830
Elodidae SHUCKARD, 1840
Helodidae AGASSIZ, 1847

1.4.2. Beschreibung

Körper länglich oval, oval oder rundlich, meist relativ schwach sklerotisiert, ± abgeplattet (z. B. *Scirtes*) oder mehr konvex (*Prionocyphon*) (Abb. F 11). Punktur ungeordnet, Oberfläche ± dicht behaart.

Vielfach ist auf den Elytren eine dunkle Zeichnung vorhanden, die jedoch variiert, sodass diesem Merkmal nur bei wenigen Arten diagnostischer Wert zukommt. Lediglich bei *Odeles* ist die Färbung ein relativ konstantes Merkmal und zur Charakterisierung der verschiedenen Arten recht gut brauchbar, auch bei *Prionocyphon*. Bei manchen *Hydrocyphon*-Arten sind Pronotum und Elytren verschieden gefärbt. Viele Scirtidenarten sind ± einfarbig heller oder dunkler braun bis schwarz oder rotbraun.

Die stets vorhandene Punktur und Behaarung der Körperoberfläche ist bei den einzelnen Arten relativ uniform, gelegentlich kann sie zur Diagnose verwendet werden. Die Punktur des Kopfes und des Pronotum kann z. B. bei *Cyphon* gekörnelt sein oder nicht. Die Körnelung kommt dadurch zustande, dass sich die Kutikula entweder an der Basis der Haare in eine kleine Kuppe erhebt, aus der das Haar an der Rückseite hervortritt (Kopf), oder einen wallförmigen Basalring um das Haar bildet (Pronotum).

Die Körperlänge variiert bei den meisten Arten stark, und es kommen sogar Zwergexemplare vor (*Cyphon*). Die Männchen sind oft durchschnittlich deutlich kleiner als die Weibchen. Bei den Arten der Westpaläarktis reicht die Körperlänge von 1,9-6,3 mm.

Kopf relativ breit und kurz, mit großen, seitenständigen, deutlich hervorstehenden Komplexaugen, Antennen vor den Augen eingelenkt (Abb. A 1). Es ist eine linienförmige Frontoclypealnaht vorhanden. An den Seiten (Wangen, Genae) läuft eine scharfe Kante, die sich von der Basis der Maxillen beginnend, unterhalb der Komplexaugen ± weit um den gesamten Kopf erstreckt und vor dem Hinterhauptsloch erlischt. Ventral wird die Kopfkapsel durch eine breite Gula abgeschlossen, die seitlich von einer Naht begrenzt wird und in ihrem Vorderteil kurz behaart ist (Abb. A 2). Bei *Scirtes* ist der Kopf verhältnismäßig klein, bei *Prionocyphon* verhältnismäßig groß. Kopf oft nach vorn etwas heller werdend.

Antennen elfgliedrig, fadenförmig (Abb. A 1). Scapus groß und breit, breiter als die übrigen Antennenglieder. Bei einer vergleichenden Betrachtung der ersten 5 Antennenglieder zeigt sich, dass der Scapus etwa 1/4 der Länge in Anspruch nimmt (Tabelle 5). Der Pedicellus ist deutlich kürzer und schlanker (meist 12-18 %). Das 3. Antennenglied ist im Verhältnis zum 2. Antennenglied ± stark verkleinert. Bei den Männchen ist dies meist stärker ausgeprägt als bei den Weibchen. Bei *Prionocyphon* ist das 3. Antennenglied besonders klein, auch bei *Hydrocyphon*, bei *Microcara* ist es etwas länger, aber schmaler als das 2. Glied. Das Verhältnis der maximalen Länge zur maximalen Breite des 3. Antennengliedes kann zur Unterscheidung der Arten herangezogen werden (*Hydrocyphon*). Viertes bis 10. Antennenglied zylindrisch, bei den Männchen von *Prionocyphon* gekämmt bis gesägt (Abb. P 29, 33, 37), bei den Weibchen ebenfalls zylindrisch (Abb. P 2). Elftes Antennenglied zugespitzt oder ± abgeschrägt. Bemerkenswert ist ferner die relative Länge des 4. Antennengliedes (24-35 %), dieses ist (fast) immer im Vergleich zu den Gliedern 5-11 deutlich das längste. Die Antennen der ♂♂ können kräftiger sein als die der ♀♀ (*Cyphon coarctatus*-Gruppe).

Tabelle 5: Relative Länge des 1.-5. Antennengliedes (%) (♂♂) bezogen auf diese Glieder sowie Verhältnis der Länge des 2. zum 3. Antennenglied (I = Index).

Gattung	1.	2.	3.	4.	5.	I ♂	I ♀
Elodes minuta	21,4	11,1	4,3	35,0	28,2	2,58	2,00
Odeles marginata	22,5	12,5	5,8	31,7	27,5	2,16	1,50
Sacodes flavicollis	25,0	12,0	3,0	32,0	28,0	4,00	1,63
Hydrocyphon deflexicollis	23,7	18,4	7,9	26,3	23,7	2,33	1,40
Scirtes haemisphaericus	25,3	18,3	14,1	21,1	21,1	1,30	1,42
Microcara testacea	23,8	13,5	15,9	25,4	21,4	0,85	1,06
Prionocyphon serricornis	32,2	8,0	3,4	31,0	25,3	2,35	1,43
Cyphon coarctatus	27,9	17,6	11,8	23,5	19,1	1,49	1,33

Das Labrum ist durch eine Naht deutlich vom Clypeus abgesetzt (Abb. A 1). Es ist transvers, zwei- bis dreimal so breit wie lang, mit gerundeten Vorderecken und Seiten (bei *Scirtes* queroval, bei *Prionocyphon* fast so lang wie breit). Der Vorderrand ist schwach nach vorn oder nach innen gebogen bis gerade. Die Form des Labrum ist bei manchen Gattungen für die Bestimmung brauchbar, z.B. bei *Odeles*. Bei den Männchen der *Odeles armilabris*-Gruppe ist es stark modifiziert (Abb. O 11, 12). Das Labrum ist dicht beborstet.

Mandibeln symmetrisch oder asymmetrisch, mit langem oder kurzem Incisivus oder ± rudimentär und zur Nahrungsaufnahme vermutlich nicht geeignet. Außen befinden sich ± lange Borsten. Nach dem Bau lassen sich in der westpaläarktischen Fauna mehrere Gruppen unterscheiden (Tabelle 6).

Lacinia apikal dicht mit einer Reihe kräftiger, nach innen gebogener Borsten besetzt, Innenrand dicht beborstet (Abb. E 6, O 23-26, Sa 8, H 5, Sc 5, M 6, P 6, C 7). Galea distal mit Borstenkämmen, Borsten stumpf, z.T. modifiziert, gerade bzw. etwas gebogen (Abb. E 6, O 23-26, Sa 8, H 5, Sc 5, M 6, P 6, C 7). Cardo annähernd dreieckig, Stipes länglich. Die auf

Tabelle 6: Bau der Mandibeln bei den in der Westpaläarktis vorkommenden Gattungen der Scirtidae.

Gattung	Bau der Mandibeln
Hydrocyphon, Scirtes, Odeles armilabris-Gruppe	symmetrisch, ohne scharf abgesetzten Incisivus, stumpf endend, flach, scheibenförmig, schwach sklerotisiert (Abb. Sc 4, O 18, 19). Basis bei *Hydrocyphon* nach innen vorstehend und etwas abgesetzt (Prostheca ?) (Abb. H 4)
Prionocyphon	schwach asymmetrisch, bis über die Hälfte annähernd gleich breit, dann mit spitzem, nach innen gebogenem Incisivus, rechte Mandibel mit einem deutlichen Zähnchen (Retinaculum) auf dem Innenrand etwas vor der Mitte, linke ohne deutlich abgesetztes Zähnchen, Schneide ohne Borsten (Abb. P 4, 5)
Microcara	schwach asymmetrisch, breit, Incisivus wenig gekrümmt, kurz, scharf zugespitzt, Innenrand fast gerade, mit einem kleinen Zähnchen in der Mitte der Schneide (mitunter links und rechts etwas verschieden), Schneide ohne Borsten (Abb. M 4, 5)
Cyphon	asymmetrisch, Incisivus zugespitzt, rechts ist ein deutlicher Mittelzahn (Retinaculum) vorhanden, Schneide und Basis ohne Borsten (Abb. C 5, 6)
Sacodes	symmetrisch, mit langem, spitzem Incisivus; Incisivus der rechten Mandibel distal der Basis mit einem kurzen spitzen Dorn, Schneide mit dicht gestellten langen Haarsäumen, Basis mit kurzen Borsten (Abb. Sa 5, 6)
Odeles	symmetrisch, breit, mit langem, spitzem Incisivus, Schneide schwach behaart, Basis mit kurzen Borsten (Abb. O 20-22)
Elodes	symmetrisch, schmal, stark sklerotisiert, mit langem, schmalem Incisivus, Innenkante dicht behaart, Basis mit kurzen Borsten (Abb. E 5)

einem Palpifer entspringenden Maxillarpalpen sind viergliedrig (Abb. E 6, O 23-26, Sa 8, H 5, Sc 5, M 6, P 6, C 7). Die Längenverhältnisse der Glieder können zur Charakterisierung verschiedener Taxa herangezogen werden. Das 4. Glied läuft entweder spitz aus (kegelförmig, konisch) oder es endet ± stumpf, ist abgestutzt bis schwach eingebuchtet (*Prionocyphon*).

Labium mit annähernd quadratischem bis rechteckigem Submentum, auf das ein kurzes an der Basis schmales Mentum folgt, das wiederum ein wenig sklerotisiertes, breit auslappendes Prämentum trägt (Abb. O 29-34, Sc 6, M 7, C 8). Labialpalpen dreigliedrig. Sehr charakteristisch für mehrere Gattungen der Scirtidae ist die seitenständige nahezu rechtwinklige Einlenkung des 3. Gliedes auf der Innenseite des 2. Gliedes des Labialpalpus (Abb. E 7, 8, O 27-34, Sa 9, Sc 6, M 7, P 7). 3. Glied kürzer, etwa so groß oder ein wenig größer als das 2. Glied, meist apikal breit gerundet, mitunter wenig sklerotisiert oder 3. Glied kurz und breit (*Scirtes*). Bei *Hydrocyphon* und *Cyphon* entspringt das 3. Glied fast terminal auf dem 2. Glied (Abb. H 6, C 8), beide sind etwa gleichlang (*Cyphon*).

Pronotum quer bis auffällig transvers (*Microcara*), seitlich mit einem scharfen Rand, meist wenig schmäler als die Elytren. Die Form ist verschieden und charakteristisch für Gattungen und Arten. Es kann breit gerundet, fast halbkreisförmig sein, ohne abgesetzte Vorderecken (*Elodes, Odeles, Sacodes*) (Abb. O 35-37, Sa 10); Vorderrand annähernd gerade und Vorderecken abgerundet (*Microcara*) (Abb. M 8); Vorderrand ± zurückgesetzt und gleichmäßig nach vorn gebogen, Vorderecken dadurch etwas vorstehend bis deutlich winkelig vorgezogen (*Scirtes, Prionocyphon, Hydrocyphon, Cyphon*) (Abb. H 7, Sc 7, P 8, C 9). Die Hinterecken sind immer ± deutlich markiert, der Hinterrand kann innerhalb der Ecken stärker oder schwächer eingeschweift oder gerade sein. An der Basis ist bei *Elodes, Odeles* und *Sacodes* jederseits etwa in der Mitte ein Punktgrübchen vorhanden (Abb. E 9, O 35-37, Sa 10). Färbung des Pronotum mitunter zur Unterscheidung von Arten geeignet (*Odeles*). Punktur sehr unterschiedlich, grob gekörnelt bis zerstreut und schwach.

Prosternalfortsatz immer deutlich ausgebildet, in seiner Form sehr verschieden: relativ kurz und spitz endend (*Elodes, Odeles hausmanni*-Gruppe) (Abb. E 10, O 38, 39); relativ lang (*Odeles* partim, *Sacodes*) (Abb. O 40, Sa 11); distal einen „Kragen“ bildend, aus dem ein Kegel hervorragt, der mit Borsten bedeckt ist (*Microcara*) (Abb. M 9); kurz, annähernd parallelseitig, hinten abgestutzt und eingekerbt (*Scirtes*) (Abb. Sc 8); lang, am Apex lanzettförmig erweitert, dort mit vielen Borsten bedeckt, nach hinten spitz zulaufend (*Prionocyphon*) (Abb. P 9); schmal, fast parallel, distal gerundet (*Hydrocyphon*) (Abb. H 8) oder lang, spatelförmig, am Ende mit Borsten (*Cyphon*) (Abb. C 10).

Der Mesosternalfortsatz ist entweder kurz und trennt die Vorderhüften nicht voneinander: ein spitzer dreieckiger Fortsatz (*Elodes*) (Abb. E 12); kaum ausgeprägt, nur ein kurzes Dreieck bildend (*Odeles*) (Abb. O 41, 42); an der Spitze etwas spatelförmig verbreitert (*Sacodes*) oder er ist lang und trennt die Vorderhüften voneinander: lang und schlank, mit vielen Borsten bedeckt (*Microcara*) (Abb. M 10); lang und schlank, apikal gerundet und gekerbt (*Prionocyphon*) (Abb. P 10); kürzer, annähernd parallelseitig, hinten abgestutzt und eingekerbt (*Scirtes*) (Abb. Sc 9); spitz, relativ lang (*Hydrocyphon*) (Abb. H 10) oder lang und tief eingeschnitten (*Cyphon*) (Abb. C 11).

Mesosternalgrube länglich, in der Mitte am breitesten, nach hinten breit dreieckig zugespitzt, median rinnenförmig vertieft (*Prionocyphon*). Bei *Hydrocyphon* ist sie rinnenförmig, hinten zu einer dreieckigen Grube erweitert, die den schmal zungenförmigen Prosternalfortsatz aufnimmt (Abb. H 9), bei *Cyphon* befindet sich am Vorderrand eine kleine urnenförmige Vertiefung (Abb. C 12).

Der Metaventrit des Metasternum ist in der Mitte durch eine Längsnaht (Diskrimen) unterschiedlicher Länge geteilt (Tabelle 7). Sie ist entweder vollständig ausgebildet und reicht

Tabelle 7: Metasternalsutur bei den einzelnen Gattungen (es wurden nur wenige Arten beispielgebend untersucht). A = Länge des Metaventrit in der Mitte ohne Berücksichtigung der Katepisterna; B = Länge der Naht in der Mitte des Metaventrit; % = Anteil der Naht an der Gesamtlänge des Metaventrit in der Mitte. Maße in mm, nur bei einzelnen Arten gewonnen.

Gattung	Sutur	A	B	%	Abb.
Elodes	vollständig ausgebildet, kurz vor dem Vorderrand erlöschend	0,53	0,49	92,5	A 3
Odeles	vollständig ausgebildet	0,52	0,52	100,0	A 4
Sacodes	vollständig ausgebildet, kurz vor dem Vorderrand erlöschend	0,54	0,51	94,4	A 5
Hydrocyphon	teilweise vorhanden	0,30	0,24	80,0	A 6
Scirtes	teilweise vorhanden	0,46	0,30	65,2	A 7
Microcara	teilweise vorhanden	0,47	0,21	44,7	A 8
Prionocyphon	teilweise vorhanden	0,63	0,51	81,0	A 9
Cyphon coarctatus	teilweise vorhanden	0,34	0,10	29,4	A 10
Cyphon padi	teilweise vorhanden	0,29	0,09	31,0	

bis zu den Mesocoxae oder sie ist teilweise reduziert und nur ausgehend vom Hinterrand vorhanden (Abb. A 3-10).

Das in der Mitte des Metathorax gelegene Metendosternit zeichnet sich durch lange, schmale, spitz zulaufende Lateralarme, einen aus zwei kurzen dreieckigen, am Hinterrand meist etwas verstärkten Flügeln gebildeten Ventralfortsatz, einen unpaaren langen, meist stumpf endenden Stiel sowie zwei kurze + spitze Vorderecken aus (Abb. A 11-17). Bei *Cyphon variabilis* ist das Metendosternit 0,63 mm breit, 0,60 mm lang; der Ventralfortsatz 0,26 mm breit und der Stiel 0,25 mm lang.

Scutellum ein etwa gleichseitiges Dreieck bildend oder etwas länger als an der Basis breit (*Prionocyphon*) (Abb. P 11), hinten ± scharf zugespitzt (Abb. H 11, M 11).

Elytren entweder einfarbig hellbraun bis schwarzbraun oder an der Spitze geschwärzt, mitunter ist die Verdunkelung ausgedehnter und über die Naht und den Seitenrand ausgebreitet oder sie sind bis auf eine ± große helle Schultermakel geschwärzt. Die Elytren können vier ± gut ausgebildete Längsrippen oder -linien tragen (Abb. A 18), die von der Basis schräg nach innen bis kurz vor die Spitze verlaufen (z. T. bei *Elodes* und *Cyphon*, schwach bei *Microcara*). Die Punktur unterscheidet sich von den anderen Teilen der Körperoberfläche dadurch, dass hinter den Borstenpunkten eine Grube vorhanden ist, die von der Borste in der Mitte überdeckt wird (Abb. A 19) und vielfach als grobe Punktierung bei niedriger Vergrößerung in Erscheinung tritt. Zwischen diesen Punkten befinden sich bei manchen Arten unregelmäßig angeordnete sehr kleine Punkte. Elytren bei den Weibchen der *C. coarctatus*-Gruppe um das Scutellum und (oder) auf einer neben der Naht gelegenen Fläche vor der Spitze mit andersartiger Punktur und Behaarung, diese Partien sind in der Regel ± deutlich eingedrückt.

Epipleuren stets vorhanden (Abb. A 20, 22, 24, 26, 28, 30, 32, 34), von unterschiedlicher Form (Tabelle 8). Im vorderen Drittel befindet sich eine ± große, nach innen gerichtete Ausbuchtung, die mit einem Feld dichter und unterschiedlich geformter kurzer Dörnchen bzw. Körnchen bedeckt ist (Abb. A 21, 23, 25, 27, 29, 31, 33, 35).

Alae mit reduzierter Aderung und einer bereits von Kiesenwetter (1863) ausführlich beschriebenen geschlossenen Radialzelle, dem Grundtyp der Elateriformia entsprechend (Abb. A 36). Im Medialfeld finden sich Unterschiede zwischen den Gattungen (Tabelle 9). Diese betreffen die Adern MP_4 und $CuP + AA_3$ (nach Friedrich & Beutel 2006: $CuA + AA_{1+2}$).

Tabelle 8: Form der Epipleuren bei den einzelnen Gattungen (es wurden nur wenige Arten beispielgebend untersucht).

Gattung	Form	Ausbuchtung	Abb.
Elodes	vorn etwas breiter, anschließend schmaler, bis zur Spitze fast parallel	mit einer kleinen Falte (Steg)	A 20, 21
Odeles	vorn etwas breiter, anschließend schmaler, bis zur Spitze fast parallel	mit einem schmalen Steg	A 22, 23
Sacodes	vorn etwas breiter, anschließend schmaler und parallel bis kurz vor die Spitze laufend	mit einem schmalen Steg	A 24, 25
Hydrocyphon	vorn breit, dann eine auffällige Ausbuchtung, dahinter breit, dann schnell schmaler werdend, die Spitze wird kaum erreicht	ein deutlicher Querkiel vorhanden	A 26, 27
Scirtes	etwas breiter beginnend, im vorderen Drittel nach innen erweitert, zum Apex schnell stark verschmälert	mit einem schmalen Steg	A 28, 29
Microcara	etwas breiter beginnend, allmählich verschmälert	sockelartig erhaben	A 30, 31
Prionocyphon	etwas breiter beginnend, allmählich verschmälert, fast parallel	sockelartig erhaben	A 32, 33
Cyphon	vorn breit, dann sehr schmal, vor der Spitze erlöschend	Dörnchenfeld durch eine schmale Kante abgesetzt	A 34, 35

Die Beine sind in der gesamten Familie sehr uniform gebaut. Die Vorderbeine sind am kürzesten, die Hinterbeine am längsten. Alle Tarsen sind fünfgliedrig, das 4. Glied ist tief zweilappig. Das 1. Glied der Metatarsen ist das längste, 2. Glied bei *Elodes, Odeles* und *Sacodes* mit einem spitzen Fortsatz (Abb. E 14, O 44, Sa 13). Das 5. Glied ist gattungsspezifisch von unterschiedlicher Länge. Vordere Coxen quer walzenförmig, die Höhlen sind hinten weit offen. Hüfthöhlen der Mittelbeine teilweise durch das Mesepisternum geschlossen. Hintere Coxen mit Schenkeldecken, schlank dreieckig, von innen nach außen schmaler werdend. Trochanteren zunächst mit einem schmalen, das Gelenk zur Coxa tragenden Teil, zum Femur keulenförmig erweitert. Am Übergang zwischen Coxa und Trochanter befinden sich auf dem Trochanter 6 bis 7 breite stumpfe eichelförmige Borsten (Pfeil) sowie ein dichtes Feld spitzer Borsten (Abb. A 43 Pfeil). Tibien dreiseitig prismatisch, innen mit einer scharfen Kante sowie außen zwei feinen leistenförmigen Längskanten, die zwischen den großen Borsten mit vielen kleinen Borsten besetzt sind, einer kahlen Rückseite und mit kräftigen Borstenreihen am Rand (Abb. A 44 Pfeil, 45).

Bei den *Scirtes*-Arten sind die Hinterbeine als Sprungbeine ausgebildet, der Metafemur ist stark verdickt, die Metatibia trägt zwei kräftige Enddornen, von denen der größere etwa so lang oder länger wie das 1. Glied des Metatarsus ist (Abb. Sc 22-25). Ein „Sprungorgan" (MAULIKsches Organ), wie es z. B. von den Chrysomelidae-Alticinae, verschiedenen Curculionidae u. a. Coleoptera bekannt ist (Konvergenz), fehlt den Scirtidae (bei wenigen Arten der Gattungen *Scirtes* und *Ora* untersucht). Die an der Basis der Metatibia entspringende

Tabelle 9: Aderung im Medianfeld.

Gattung	Aderung	Abb.
Elodes, *Odeles*, *Sacodes*	MP_4 kurz, mit CuP + AA_3 weit vorn erbunden	A 36, 37
Hydrocyphon	MP_4 kurz, CuP + AA_3 vom Verbindungspunkt bis zum Flügelrand reduziert (Pfeil)	A 38
Scirtes, *Microcara*, *Prionocyphon*	MP_4 lang (Pfeil), mit CuP + AA_3 erst im caudalen Teil verbunden	A 39
Cyphon	MP_4 sehr lang, aber nicht mit CuP + AA_3 verbunden	A 40

Streckersehne ist blattartig breit, die Beugesehne sehr schmal (FURTH & SUZUKI 1990, KLAUSNITZER, unpubl.).

Das 3.-7. Sternit sind äußerlich sichtbar (Abb. A 41). Das 3. Sternit ist zur Mitte zu stark verschmälert. Auf dem 3. Sternit der Männchen von *Cyphon* befindet sich in der Mitte jederseits innerhalb einer behaarten Randpartie ein breiter, unbehaarter Bezirk, auf dem 4. Sternit ist die entsprechende Partie spärlicher als das übrige Sternit behaart.

Alle Tergite sind als sklerotisierte Platten ausgebildet, das 1. ist manchmal ± reduziert (Abb. A 42). Erst das 7. Tergit besitzt meist kurze Bacilla lateralia, die bei den meisten Gattungen aus der Platte nach vorn herausragen (z. B. Abb. E 17, 18). Bacilla lateralia finden sich dann auch am 8. und 9. Tergit.

Männchen

Hinterrand des 7. Sternit meist ± gleichmäßig gebogen oder gerade abgestutzt. Besonders bei den Männchen von *Elodes*, der *Odeles hausmanni*-Gruppe, der *Odeles armilabris*-Gruppe, *Sacodes flavicollis* und *Scirtes* ist es apikal mehr oder minder tief eingebuchtet (Abb. A 46), bei *Elodes* ist außerdem bei vielen Arten eine grubenförmige Vertiefung ausgebildet (Abb. E 15). Meist ist das 7. Sternit gleichmäßig, locker und relativ kurz behaart, bei einigen *Odeles*-Arten jedoch dicht und lang.

Das 8. Sternit ist bei *Elodes*, *Odeles* und *Sacodes* nach dem gleichen Bauplan gestaltet, der als typisch für diese Gattungen angesehen werden kann und aus paarigen Pterygien und einem unpaaren Stiel besteht (Abb. A 47). Das 8. Sternit liegt innerhalb des Abdomen und bedeckt zusammen mit dem 9. Sternit den Penis auf der Ventralseite. Der unpaare Stiel dürfte eine Neubildung sein. Die Pterygien sind an den Vorderecken mit einer Gruppe Borsten besetzt. Bei *Microcara* ist das 8. Sternit vorn breit gerundet und es schließen sich seitlich gerichtete Flügel an, hinten ist es breit eingebuchtet (Abb. M 14). Ein U-förmiges, als gebogene Spange mit einem zusammenhängenden seitlichen Versteifungsstreifen ausgebildetes Sklerit, dessen Bucht von einer feinen Membran ausgefüllt ist, findet sich bei *Scirtes* und *Prionocyphon* (Abb. P 14). Bei *Hydrocyphon* ist eine annähernd dreieckige Platte vorhanden, die von seitlichen schräg gerichteten Chitinstäbchen gestützt wird (Abb. H 15-17). Bei *Cyphon* ist das 8. Sternit nicht sklerotisiert.

Das 9. Sternit besteht bei *Elodes, Odeles* und *Sacodes* aus einer in der Mitte zugespitzten Platte und 2 proximalen ± weit voneinander entfernten Stäbchen (Bacilla lateralia), zwischen denen sich eine feine Membran befindet, an der Spitze ist es mit relativ langen Borsten besetzt (Abb. E 71, O 69-71, Sa 17). Es schließt ventral unmittelbar an den Penis an und bedeckt ihn. Bei *Microcara* und *Prionocyphon* besteht es aus einer breiten, im gesamten Mittelbereich schwach, vorn etwas stärker sklerotisierten Platte, die hinten meist sehr schwach eingebuchtet ist (Abb. M 15, P 15, 16). *Scirtes* bildet zwei getrennte, längliche, hinten dicht behaarte Sklerite, die durch eine dünne Membran miteinander verbunden sind (Abb. Sc 13). Das 9. Sternit von *Hydrocyphon* stellt eine hinten beborstete Platte mit langen, nach hinten konvergierenden Seitenstäbchen dar. Die Bacilla lateralia enden bei manchen Arten in umgeschlagenen Zipfeln oder Häkchen (Abb. H 18-20). Bei *Cyphon* besteht das 9. Sternit entweder aus einer rundlichen Platte, die seitlich durch schmale sklerotisierte Stäbchen verstärkt sein kann (Abb. C 17, 18), oder es ist sehr stark modifiziert (z. B. Abb. C 101, 119), sodass mehrere auf dem Bau des 9. Sternit begründete Untergruppen unterschieden werden können. Sein Bau ist wesentlich zur Unterscheidung einzelner *Cyphon*-Arten.

Das 7. Tergit ist eine breite, am Rande mit je einem Stigma versehene trapezförmige Platte mit gut entwickelten kurzen Bacilla lateralia (Abb. E 17, O 74, Sa 15, H 21, Sc 14, M 16, C 19). Diese können bei manchen Arten fehlen und nur als schwache Randverdickung der Platte bemerkbar sein, z. B. *Odeles marginata* und andere Arten dieser Gattung (Abb. O 75).

8. Tergit außer einem Teil der *Elodes*-Arten und der *Cyphon variabilis*-Gruppe aus einer geschlossenen, hinten ganzrandigen, ± trapezförmigen Platte bestehend, die Bacilla lateralia sind lang und ragen vorn weit über die Platte heraus (Abb. E 37, O 76-79, Sa 18, H 22, 23, Sc 15, M 17, 18, P 17, C 20). Das gesamte Tergit ist etwas länger als breit, bei *Hydrocyphon* meist so lang wie breit, bei *Microcara* etwas breiter als lang. Die Platte ist meist mit langen Haaren besonders in der hinteren Hälfte und am Hinterrand besetzt, außerdem ist sie besonders in der hinteren Hälfte mit kurzen, kräftigen Borsten (z. T. auch mit Kämmen von Mikrotrichen, die in ± regelmäßigen Querreihen angeordnet sind) sehr dicht bedeckt. Bei vielen Arten der Gattung *Elodes* ist die Platte ± tief eingebuchtet, wodurch sehr unterschiedlich geformte Distalfortsätze entstehen, die vielfach Haare, Borsten, Dornen, Zähnchen oder andere Bildungen tragen, wodurch sie zu einem wesentlichen Merkmal zur Unterscheidung der Arten werden (Abb. A 48-50). Bei der *Cyphon variabilis*-Gruppe ist die Platte des 8. Tergit zu einer dünnen, seitlich eine Strecke an den Stäbchen befestigten Membran reduziert (Abb. C 28). Die Stäbchen (Bacilla lateralia) sind im vorderen Teil frei und laufen hinten in eine Spitze aus. Ähnliche Verhältnisse finden sich bei der *Elodes rufotestacea*-Gruppe (östliche Paläarktis) (Klausnitzer 2004c).

9. Tergit aus einer großen Platte bestehend, die an der Basis ± stark sklerotisiert ist, distal aber zunehmend weichhäutig wird, sodass der Hinterrand bei manchen Arten nicht scharf begrenzt ist (Abb. O 80-83, Sa 19, H 24-26, Sc 16, M 19, P 18, C 22). Hinten ist die Platte mit sehr kleinen weichen dünnen Haaren meist gruppenweise ± dicht besetzt. Bacilla lateralia sind immer vorhanden. Bei der *Cyphon variabilis*-Gruppe ist das 9. Tergit stark modifiziert und besteht jederseits aus einem Stäbchen, das als Rest der Platte ein nach innen gerichtetes hülsenartiges Gebilde (Thecion) trägt, in dem das Stäbchen des 8. Tergit verschiebbar steckt (Abb. C 28).

Das Tegmen ist von sehr unterschiedlichem Bau (Abb. A 51-53). Es ist immer länger als breit: bei *Elodes*, *Odeles* und *Sacodes* etwa dreimal, bei den anderen Gattungen etwa zweimal. Bei *Elodes* läuft das ± schlanke Tegmen vorn in eine senkrecht gestellte, abgeplattete Spitze aus (Abb. E 85). Die meist bereits ab der Mitte gespaltenen und distal mit Sinnesporen bedeckten Parameren tragen hinten oft laterad oder ventrad gerichtete, bei manchen Arten bewegliche Dornen, bedornte Anhänge, oder sie sind einfach zugespitzt (Ausnahmen bilden *E. lohsei* und *E. venustula*). Bei dem ähnlich gebauten Tegmen von *Odeles* sind die Parameren auf der Dorsalseite verkürzt und an der Außenseite gezähnt (5-11 Zähnchen) (Abb. O 84-87). Das Tegmen von *Sacodes flavicollis* ist breit, vorn kurz zugespitzt, mit etwas verstärktem Rand, besonders an den Seiten (Abb. Sa 20), es bildet eine geschlossene Hülse um den Penis. Parameren auf der Dorsalseite bis weit vor die Mitte getrennt, mit kurzen Spitzen, oval endend, ohne besondere Bildungen. Das Tegmen von *Microcara* ist nach vorn verjüngt, die Basis ist breit (z. B. Abb. M 29), die Parameren sind ± weit voneinander getrennt. Sie können mit zahlreichen meist nach vorn gerichteten kurzen Börstchen unterschiedlicher Ausprägung bedeckt sein oder laufen bei einigen Arten hinten in eine dornartige Spitze aus. Basalsklerite sind nicht ausgeprägt. Ähnlich ausgebildet ist das Tegmen von *Prionocyphon* und *Scirtes* (Abb. P 28, 32, 36, Sc 26, 27). Das Tegmen von *Hydrocyphon* und der *Cyphon coarctatus*-Gruppe besteht vorn aus einem deutlich abgesetzten griffähnlichen Kapulus, hinten ist es in zwei beborstete, durch eine dünne Membran verbundene Seitenfelder (Parameren) gespalten (Abb. A 53). Die Parameren sind bei *Hydrocyphon* vorn jeweils in einen Lappen ausgezogen, hinten in schmale Zipfel verlängert, die ± zugespitzt sein können (Abb. H 33). Innen laufen, vom Kapulus ausgehend, schmale Chitinstäbchen. Bei der *Cyphon variabilis*-Gruppe ist das Tegmen in Form und Bau sehr verschieden: mit von den flügelartigen Parameren deutlich abgesetztem Kapulus; aus einem plattenförmigen, am Rande sklerotisierten, meist nach hinten zunehmend breiter werdenden Vorderteil und einem dreilappigem Hinterteil bestehend; oder aus einer dünnen, nach hinten zunehmend breiter werdenden Platte gebildet, die von einer Randleiste umgrenzt wird und deren Hinterrand eingebuchtet ist (z.B. Abb. C 113, 134, 154, 169).

In der Verbindungsmembran zwischen Penis und Tegmen befindet sich bei *Elodes* und *Odeles* jederseits eine stäbchenförmige Sklerotisierung, die hinten in unterschiedlichem Umfang plattenförmig erweitert ist (Abb. E 20, O 85-87). Bei *Sacodes*, der *Odeles armilabris*-Gruppe, *Sacodes*, *Microcara*, *Scirtes*, *Prionocyphon*, *Hydrocyphon* und *Cyphon* ist keine derartige Sklerotisierung vorhanden.

Penis von *Elodes* und *Odeles* schlank und langgestreckt (etwa sechs- bis elfmal so lang wie breit) (Abb. E 42, 209, O 88-90), hinten mehr oder minder tief in zwei schenkelartige Parameroide gespalten, die dicht mit Sinnesporen bedeckt sind. Sie sind durch eine schmale, wenig sklerotisierte Zone von der Basis des Penis getrennt und können daher lateral abgespreizt werden. Der Vorderteil des Penis besteht aus einem dachrinnenförmigen Oberstück und einem darunter liegenden, aus zwei abgeplatteten Stäbchen („Latten") bestehendem Unterstück (Abb. A 56). Die Teilung in ein Unter- und Oberstück ist unvollendet, hinten hängen beide Stücke noch zusammen. Die Innenseite des Oberstücks trägt hinten einen medianen Längskamm, der sich an der Basis der Parameroide teilt und diese versteift (*Elodes*) oder er fehlt (*Odeles*). Bei *Sacodes* ist der Penis vollständig in eine Pars dorsalis (Oberstück) und eine Pars ventralis (Unterstück) geteilt (Abb. Sa 22, 23). An beiden Stücken lässt sich ein Vorder- und Hinterteil unterscheiden. Der Vorderteil des Oberstücks bildet eine einheitliche, nach hinten verschmälerte, dadurch dreieckige, vorn gerade abgeschnittene Platte (Pala), die mit einem medialen Längskamm versehen ist, der sich hinten in zwei stärker sklerotisierte Schenkel (Crura) teilt. An die Crura schließt sich je ein kräftiger Anhang an (Hinterteil), der einen einheitlichen Lappen trägt, der schwach eingeschnitten und mit zahlreichen Sinnesporen bedeckt ist. Vorderteil des Unterstücks geteilt, der hintere Teil läuft in eine einheitliche Spitze aus.

Penis von *Microcara, Scirtes* und *Prionocyphon* reichlich 2,5-mal so lang wie breit, mit länglicher, rechteckiger, trapezförmiger oder runder Pala, einem kurzen fast ovalen Trigonium, das in ein spitzes, distal nach der Ventralseite gebogenes Zentem ausläuft (Abb. A 54). Die Parameroide sind von sehr unterschiedlicher Gestalt und können mit Sinneszellen im apikalen Teil und Dörnchen oder kurzen dornartigen Borsten besetzt sein.

Pala des Penis von *Hydrocyphon* schaufelförmig, gerundet. Seitlich entspringt jederseits ein Parameroid, das dicht mit Sensillen bedeckt ist. Basis der Pala mit einer Querbrücke. An dieser entspringen zwei nach hinten gerichtete Anhänge, die Prostheme (Abb. H 34). Parameroide und Prostheme können unterschiedlich ausgebildet sein, ein Prosthem kann völlig fehlen, wodurch sich eine starke Asymmetrie ergibt. Penis bei der *Cyphon coarctatus*-Gruppe mit länglicher Pala, die hinten vielfach mit Sinnesporen bedeckt ist. Prostheme vorhanden, mit dem Hinterrand der Pala durch Vermittlung von Vorrichtungen verschiedener Art verbunden, der Form nach haken-, krallen- oder sichelförmig. Sie sind am Ende je eines manchmal sehr kurzen Prosthemophors befestigt (Abb. A 55) oder entspringen nicht auf Prosthemophoren, sondern sind basal miteinander zu einem einheitlichen, median gelegenen Querstück (Jugum) verbunden, das mit einer meist schwach sklerotisierten, breit ansetzenden Verbindung (Querbrücke) mit dem Hinterrand der Pala beweglich verbunden ist. Penis der *Cyphon variabilis*-Gruppe meist mit ± breit ring- oder beckenförmiger Pala. Prostheme unmittelbar am Hinterrande der Pala befestigt, in Form und Bau variierend, meist beilförmig, seltener keulen- oder lappenförmig (z.B. Abb. C 116).

Weibchen

Bei *Microcara* befindet sich auf dem 5. Sternit am Hinterrand ein kleines Feld dichter spitzer kleiner Borsten (Sexualbehaarung ?). Auf dem 6. Sternit von *Prionocyphon* befindet sich in der Mitte eine Sexualbehaarung: ein Drüsenfeld ist mit einer Gruppe dicht gestellter, etwas dunklerer Borsten bedeckt (Abb. P 19, 20, 43, 44). Auch bei *Microcara* ist das 6. Sternit in der Mitte mit einer Gruppe von ca. 6 enger stehenden Borsten (Sexualbehaarung ?) besetzt (Abb. M 20, 21). Bei den anderen Gattungen wurden ähnliche Bildungen nicht gefunden.

Der Hinterrand des 7. Sternit ist gleichmäßig gebogen, bei den meisten Gattungen nicht eingebuchtet, höchstens äußerst schwach, meist ist er annähernd gerade, manchmal schwach ausgerandet, bei *Scirtes* ist er hinten in der Mitte tief eingebuchtet (Abb. Sc 17). 7. Sternit von *Microcara* in der Mitte mit einer kleinen Gruppe verschlungen angeordneter Borsten (Sexualbehaarung ?) (Abb. M 22, 23).

Das 8. Sternit besteht aus einer einheitlichen, geschlossenen Platte, deren größter Teil nur wenig sklerotisiert ist (Abb. A 59). An den Seiten (z. T auch am Vorderrand) wird sie durch je ein schmales Stäbchen (Bacillum laterale) verfestigt. Diese Stäbchen sind vorn entweder voneinander getrennt, oder sie sind miteinander verbunden (*Hydrocyphon*, *Scirtes*, *Microcara*, *Prionocyphon*) (Abb. H 29, Sc 19, M 25, P 23, C 23). Distal laufen die Bacilla lateralia vielfach in je eine sklerotisierte, seitlich und hinten schwach gerandete Platte aus. Hinten ist das 8. Sternit ganzrandig, schwach eingebuchtet bis tief gespalten. Der Hinterrand ist mit kurzen Haaren bedeckt. Bei *Scirtes* ist das 8. Sternit länglich (reichlich 2,5-mal so lang wie breit), wird nach hinten breiter und besteht aus zwei in der Mitte getrennten, nur durch eine dünne Haut miteinander verbundenen Skleriten (Abb. Sc 19). Das 8. Sternit von *Prionocyphon* besteht aus einer Platte, die hinten etwas gespalten ist, ohne Bacilla lateralia, aber am Rand schwach versteift. Die sklerotisierten Streifen umlaufen die gesamte Platte (Abb. P 23). Bei *Hydrocyphon* und *Cyphon* ist es eine weitgehend membranöse geschlossene ovale Platte, seitlich mit Chitinstäbchen, die vorn meist miteinander verbunden sind (*Hydrocyphon*) (Abb. H 29) bzw. im mittleren Bereich mit zwei längsgerichteten Stäbchen (*Cyphon*) (Abb. C 23). Bei manchen Arten kommt eine akzessorische kleine Platte vor (Abb. H 31).

Das 6. Tergit bildet eine transverse einheitliche dünne Platte ohne Bacilla lateralia (Abb. O 72).

Das 7. Tergit besteht aus einer breiten, am Rande mit einem Stigma versehenen Platte mit gut entwickelten kurzen Bacilla lateralia (Abb. E 18, O 92, H 27, Sc 18, M 24, P 22, C 24).

Das 8. Tergit (Abb. A 60) besteht aus einer meist deutlich sklerotisierten, im Verhältnis zur Gesamtlänge kleinen, meist ± quadratischen Platte, die von – in manchen Fällen sehr langen – Bacilla lateralia gestützt wird. Bei *Elodes*, *Odeles, Sacodes* beträgt ihre Länge etwa 1/3, bei *Microcara, Scirtes, Prionocyphon* etwa 1/4, bei *Cyphon* und *Hydrocyphon* ca. 1/10 der Gesamtlänge. Platte hinten mit Borsten und feinen Haaren. Sie zeigt bei manchen Arten eine beginnende Auflösung und kann deshalb am Hinterrand ihre geschlossene Form verlieren, auch ist die Mitte gewöhnlich schwächer sklerotisiert.

Das 9. Sternit und 9. Tergit bilden eine funktionelle Einheit (Ovipositor) (Abb. A 61). Die Länge des Ovipositor beträgt bei *Elodes*, *Odeles* und *Sacodes* etwa 1/3 der Körperlänge, bei den anderen Gattungen etwas mehr als die Hälfte. Vom 9. Sternit stammen die Styli am Hinterende samt den Platten (Coxite), die diese tragen. Die Styli sind schmal, fingerförmig und tragen am Apex eine Gruppe kleiner Borsten. Der dazwischen liegende Mittellappen und die langen Seitenstäbchen (Baculi) werden vom 9. Tergit gebildet. Bei manchen Taxa zeigen die Baculi eine kurze Verzweigung im hinteren Teil (Abb. Sc 21, M 27, P 25, C 26).

Bursa bei *Elodes* mit Sklerotisierungen, die entweder wenig ausgeprägt (dünne Stäbchen) oder als deutliche Sklerite ausgebildet sein können (Abb. E 26-31). *Scirtes* besitzt ein Bursalsklerit mit zwei nach hinten gerichteten kräftigen Zähnen, in der Mitte befindet sich ein kürzerer unpaarer Zahn (Abb. Sc 30, 31) sowie ein wenig sklerotisierter „Prehensor“ (NYHOLM 2002, Terminus hier nicht benutzt). Bei *Prionocyphon* sind ein oder zwei Bursalsklerit(e) vorhanden (Abb. P 38-42). Wenn nur ein solches Sklerit vorhanden ist, wird dies als Rudiment des ventralen Sklerits aufgefasst. Bursalsklerite können auch fehlen (*Odeles*).

Ein meist recht kompliziert gebauter Prehensor ist bei *Hydrocyphon* und *Cyphon* ausgebildet. Bei *Hydrocyphon* ist er von verhältnismäßig einheitlichem Bau: vorn befindet sich ein charakteristisches Sklerit, das nach hinten in zwei kurze, ± breit getrennte Schenkel ausläuft (Abb. H 47). Dieses Sklerit und die Schenkel werden als Kapitellum bezeichnet. An die Schenkel schließt sich je eine Platte an (Brachiole). Die Brachiolen sind mit dichten Reihen langer, kräftiger stachelartiger Borsten bedeckt. Über dem Kapitellum und an der Basis der Brachiolen befindet sich ein schwach sklerotisierter, am Rande schmal versteifter „Deckel". Mit den Brachiolen wird die Spermatophore ergriffen. Der Prehensor der *Cyphon coarctatus*-Gruppe ist bilamellat, d. h. er wird von zwei getrennten Teilen, einem dorsalen und einem ventralen Stück, gebildet und ist mit vielen Dörnchen besetzt (z. B. Abb. C 58). Das Deckstück besteht aus zwei ± umfangreichen Seitenstücken und einem diese vorn verbindenden Bogen, das Bodenstück ist einfach plattenförmig. Bei der *Cyphon variabilis*-Gruppe ist der Prehensor konfus, d. h. er formt ein einheitliches Gebilde, das von miteinander verbundenen Sklerotisierungen der Bursalwand gebildet wird (z. B. Abb. C 132).

Sexualdimorphismus

Sexualdimorphismus ist bei den Scirtidae weit verbreitet (Tabelle 11).

Die Weibchen der *Cyphon coarctatus*-Gruppe haben auf einigen Teilen der Elytren andersartig behaarte sowie feiner und dichter punktierte Bezirke: es sind eine größere, in der Regel ± vertiefte Stelle um das Scutellum und eine kleinere, vor der Spitze gelegene Fläche, die auch ± deutlich eingedellt sein kann. Die Haare sind auf diesen Stellen stark verbreitert, ± schuppenförmig. Auch ist die Kutikula in der Umgebung der Schuppenhaare von zahlreichen Poren durchbohrt, durch die offenbar Sekrete ausgeschieden werden können, die wahrscheinlich der Anlockung der Männchens dienen (Sexualbehaarung). NYHOLM (1972b) beobachtete, dass die betreffenden Partien der Elytren, sowohl bei *C. coarctatus* als auch bei *C. ochraceus*, während des Vorspiels zur Kopulation vom Männchen abgeleckt werden.

Tabelle 10: Verteilung unterschiedlicher Farbformen auf die Geschlechter bei verschiedenen *Cyphon*-Arten (nach NYHOLM 1972b). Abkürzungen: A = Körperoberseite einfarbig hell, B = Körperoberseite einfarbig dunkel, C = Kopf, Pronotum und Scutellum dunkler als Elytren, D = Kopf, Pronotum und Scutellum heller als Elytren.

Art	A		B		C		D		
	n	%	n	%	n	%	n	%	Summe
Cyphon coarctatus, ♂	268	21,4	329	26,2	555	44,2	103	8,2	1255
Cyphon coarctatus, ♀	90	15,8	12	2,1	451	79,0	18	3,2	571
Summe	358	19,6	341	18,7	1006	55,1	121	6,6	1826
Cyphon palustris, ♂	164	52,2	86	27,4	36	11,5	28	8,9	314
Cyphon palustris, ♀	16	10,8	91	61,5	38	25,7	3	2,0	148
Summe	180	39,0	177	38,1	74	16,0	31	6,7	462

Die meisten ♀♀ von *Cyphon coarctatus* gehören zur Färbungsform C (eine sehr helle Untervariante wurde sogar ausschließlich bei Weibchen gefunden), die Färbungsform B dominiert bei den Männchen. Bei *Cyphon palustris* überwiegen die Färbungsformen A und B bei den Männchen, B und C bei den Weibchen. Ob die ± auffälligen Unterschiede in der Verteilung der einzelnen Färbungsformen für das gesamte Areal der beiden Arten gelten, bleibt natürlich offen. NYHOLMs Ergebnisse sollen dazu anregen, eventuelle Heterochromie-Effekte auch bei anderen Populationen zu erfassen.

Tabelle 11: Beispiele für Sexualdimorphismus bei westpaläarktischen Scirtidae.

Gattung/Arten	Merkmal	♂	♀
Elodes	7. Sternit	mit einer Grube	ohne Grube
Elodes	7. Sternit, Hinterrand	eingebuchtet	ganzrandig
Odeles	Färbung	geschlechtspezifisch	geschlechtspezifisch
Odeles armilabris-Gruppe	Labrum	stark modifiziert	einheitliche Platte
Odeles hausmanni-Gruppe	7. Sternit	hinten eingebuchtet	ganzrandig
Odeles apenninicola-Gruppe	7. Sternit	gleichmäßig behaart	zwei verschiedene Haartypen vorhanden
Sacodes	7. Sternit	etwas stärker behaart, abgestutzt bis flach eingebuchtet	weniger behaart, hinten abgerundet
Sacodes	Verhältnis des 2. zum 3. Antennenglied	4,0	1,6
Sacodes	Verhältnis von Breite zu Länge des Labrum	1,9	3,0
Sacodes	Incisivus der rechten Mandibel distal der Basis	ohne einen spitzen Dorn	mit einem spitzen Dorn
Hydrocyphon	3. Antennenglied	rundlich	länglich
Scirtes	größerer Dorn der Metatibia	länger	kürzer
Microcara	2./3. Antennenglied	3. deutlich länger als 2.	etwa gleich lang
Microcara	6./7. Sternit	ohne Sexualbehaarung	mit Sexualbehaarung
Prionocyphon	3. Antennenglied	sehr klein	klein
Prionocyphon	4.-10. Antennenglied	gesägt oder gekämmt	Glieder nicht erweitert
Prionocyphon	6. Sternit	ohne Sexualbehaarung	mit Sexualbehaarung
Cyphon coarctatus, *Cyphon palustris*	Heterochromie	Tabelle 10	Tabelle 10
Cyphon coarctatus-Gruppe	Antennen	kräftiger	schwächer
Cyphon coarctatus-Gruppe	Körperform	gedrungener	gestreckter
Cyphon coarctatus-Gruppe	Elytren	ohne Sexualbehaarung und Poren	mit Sexualbehaarung und Poren
Cyphon pubescens	7. Sternit, Spitze	abgerundet (Abb. C 15)	zugespitzt (Abb. C 16)

Missbildungen

Nyholm (1977) beschrieb einen spiegelbildlichen Penis, den er bei *Hydrocyphon hydrocyphonoides* fand. Derartige Erscheinungen sind bei Insekten ausgesprochen selten.

Nyholm (1972b) beschrieb ein Zwergexemplar von *Cyphon longispinus* mit einem verkümmerten und funktionsunfähigen Penis.

Missbildungen der Antennen wurden bei *Cyphon pubescens*, *Elodes elongata* und *Scirtes haemisphaericus* gefunden, ferner ein asymmetrisches Pronotum bei *Prionocyphon serricornis* (Klausnitzer 1971d, 1975c, h, 2000a).

Bei *Cyphon pubescens* handelt es sich um die linke Antenne, deren erste 5 Glieder normal ausgebildet sind, Glied 6 und 7 sind zu einem Glied verschmolzen, ebenso die Glieder 8 bis 11, die zusammen ein großes Endglied bilden. Bei dem 6. und 7. Glied ist noch eine deutliche Einschnürung sichtbar, während die Einkerbungen am letzten Glied sehr stark verwischt sind.

Das Exemplar von *Elodes elongata* zeigt eine Verdopplung des letzten (11.) Gliedes der rechten Antenne. Beide „11. Glieder" sind etwa gleich groß und wohl entwickelt, nicht kleiner als das letzte Glied der Antenne normalerweise ist. Das 10. Glied ist distal nur schwach erweitert, alle anderen Antennenglieder sind normal gebaut.

Bei einem männlichen Exemplar von *Scirtes haemisphaericus*, dessen linke Antenne normal ausgebildet ist, besteht die rechte nur aus 9 Gliedern. Das 1.-3. Antennenglied sind bei beiden Antennen offenbar identisch. Die Reduktion erfolgt im weiteren Verlauf der Geißel. Allerdings ist nicht klar, welche beiden Antennenglieder wirklich fehlen. Das vorletzte Antennenglied ist distal im vorderen Drittel gespalten, vielleicht liegt dort die Stelle der Anomalie (der Spalt ist wahrscheinlich kein Präparationsartefakt). Für eine Verschmelzung mehrerer Glieder ergibt das mikroskopische Bild kaum einen Anhaltspunkt.

Allgemeine Verbreitung:

Die Familie Scirtidae ist weltweit verbreitet. Schwerpunkte liegen in den gemäßigten Zonen der Nord- und Südhemisphäre, wobei nördlich des Äquator ein Nord-Süd-Gefälle zu bemerken ist. Die Tropen sollen eine geringere Diversität aufweisen (Lawrence 2005).

1.4.3. Phylogenie

Die Umgrenzung der Familie Scirtidae ist unterschiedlich gehandhabt worden und soll hier nicht diskutiert werden. Nur auf die Arbeit von Lawrence & Yoshitomi (2007) wird hingewiesen. Die Autoren stellen ein Cladogramm vor, das in seiner Umsetzung für das System die Scirtidae in 3 Unterfamilien gliedert:

- Nipponocyphoninae (Japan),
- Stenocyphoninae (Chile),
- Scirtinae (Orbis terrarum).

Stenocyphoninae und Scirtinae gelten als Schwestergruppen und sind gemeinsam das Adelphotaxon der Nipponocyphoninae.

Alle in der Westpaläarktis vorkommenden Gattungen gehören zur Unterfamilie Scirtinae, deren Monophylie durch einige Synapomorphien wahrscheinlich gemacht wird (siehe unten).

Für die Scirtidae (sensu Lawrence & Yoshitomi) werden als Synapomorphien folgende Merkmale genannt:

- Frontoclypealnaht deutlich vertieft.
- Mandibeln einspitzig.
- Dicht vor dem Hinterrand des Pronotum mit einem Paar kleiner Gruben (dieses Merkmal wird hier nur als Synapomorphie der *Elodes-Odeles-Sacodes*-Linie angesehen).
- Metendosternit mit ventrolateralen Fortsätzen (Abb. A 11-17).
- Die Ader AA_4 berührt das Analfeld.
- 8. Abdominalsegment ohne Stigmen.

Leider sind weder von den Nipponocyphoninae noch von den Stenocyphoninae Larven bekannt, sodass deren Merkmale nicht in die phylogenetischen Erwägungen einbezogen werden können. Andererseits sind Bau und Funktion der Mundwerkzeuge, besonders des Hypopharynx und Epipharynx, vielleicht auch der Bau der Antennen ganz wesentlich für eine Begründung der Monophylie der Scirtidae. Lawrence (2005) weist darauf hin, dass vielleicht auch die Möglichkeit besteht, dass es sich bei der Ringelung der Antennen um ein sehr ursprüngliches, nur bei den Scirtidae erhaltenes Merkmal der Coleoptera handeln könnte. Der gleiche Gedanke findet sich bereits bei Benick (1924).

Die imaginalen Merkmale sind zur Umgrenzung der Scirtidae in einem phylogenetischen System der Coleoptera offenbar nur wenig geeignet. Der Körperbau ist stark von plesiomorphen Merkmalen geprägt. Beispiele sind die fünfgliedrigen Tarsen, die elfgliedrigen Antennen, die viergliedrigen Maxillarpalpen sowie die dreigliedrigen Labialpalpen.

Es bleibt abzuwarten, wie zunehmende Kenntnisse die gegenwärtigen Auffassungen bestätigen oder verändern werden. Die Scirtinae (sensu Lawrence & Yoshitomi) sind wahrscheinlich monophyletisch. Sie sind gemeint, wenn in diesem Band von **Scirtidae** die Rede ist. Sie werden unten charakterisiert, wobei die Merkmale der Larven überwiegend nach Hannappel & Paulus (1987) sowie Zwick & Zwick (2008b, c) aufgeführt werden.

Abgeleitete Merkmale der Scirtidae

Imagines:

- Mandibeln ohne Mola (Abb. E 5, O 18-22, Sa 5, 6, Sc 4, M 4, 5, P 4, 5, C 6, 7).
- Spitze der Lacinia ohne Uncus (Abb. E 6, O 23-26, Sa 8, H 5, Sc 5, M 6, P 6, C 7).
- Medialfeld der Alae mit 3 oder weniger Terminaladern (Abb. A 36).
- Mesotibia mit 2 Längskanten.
- Basis des 9. Abdominalsegments des ♂ offen, mit separaten basalen Versteifungen.
- Parameren fixiert oder fehlend.
- Penis dorsoventral abgeplattet, ohne Phallobasis.

Larven:

- Hypopharynx-Epipharynx-Komplex (Filterapparat) (Abb. L 12, 22).
- Sekundäre Ringelung („Vielgliedrigkeit") und Länge der Antennen (Abb. L 11).
- Differenzierte Beborstung von Galea und Lacinia (Abb. L 17).
- Metapneustische Atmung (nur die Stigmen des 8. Abdominalsegments sind offen) (Abb. L 42).
- Innenseite der Mandibeln mit zwei Borstenfeldern unterschiedlicher Feinstruktur (Abb. L 13-16).
- Mandibeln extrem flach (Abb. L 50, 51) (Zwick & Zwick 2008c).
- Unterdrückung der Mandibelbezahnung, meist außer im letzten Stadium (Zwick & Zwick 2008c).
- Vorhandensein eines stark sklerotisierten ventralen Hakens an der Mandibelbasis (Abb. L 50, 51) (Zwick & Zwick 2008c).
- Ausbildung von Rektalpapillen (?) (Abb. L 41).

Phylogenetische Untergliederung der Scirtidae

Betrachtet man die in der Westpaläarktis vorkommenden Gattungen, so lassen sich zunächst 2 Gruppen mit je 3 Gattungen abgrenzen, für deren Monophylie sich eine Reihe von Merkmalen finden lassen (Klausnitzer 1974f, Hannappel & Paulus 1987, Yoshitomi 2005). Es sind *Elodes* + *Odeles* + *Sacodes* einerseits und *Microcara* + *Scirtes* + *Prionocyphon* andererseits. Beide Gruppen stehen letztlich in einem Schwestergruppenverhältnis zueinander.

Problematisch ist zunächst *Cyphon*. Wie unter 12.5. ausgeführt wird, ist diese Gattung in ihrem weltweiten Arteninventar paraphyletisch. Es gibt aber einen möglicherweise monophyletischen Teil, zu dem alle in der Westpaläarktis vorkommenden Arten gehören, aber auch die meisten der in der Holarktis und einige auch in anderen tiergeografischen Regionen. Dieser Teil, der wegen der gattungstypischen Art *Cyphon coarctatus* den Namen

Cyphon behalten sollte, lässt sich ohne Probleme der *Microcara-Scirtes-Prionocyphon*-Linie zuordnen, möglicherweise ist er deren Adelphotaxon.

Sehr schwierig ist offenbar die phylogenetische Stellung von *Hydrocyphon* zu beurteilen. NYHOLM (1972b) und KLAUSNITZER (1974f) haben diese Gattung als nahe verwandt mit *Cyphon* angesehen. Die bei *Microcara*, *Prionocyphon* und *Scirtes* einheitliche Spitze des Zentem ist bei *Hydrocyphon* und den in der Westpaläarktis vorkommenden *Cyphon*-Arten gespalten und bildet die Prostheme. Als eine weitere Synapomorphie wurde die Ausbildung eines komplexen Prehensor angesehen, der dem Ergreifen der Spermatophore dient. Beide Merkmale müssen aber als Parallelentwicklungen (Konvergenzen) angesehen werden.

HANNAPPEL & PAULUS (1987) sowie YOSHITOMI (2005) betrachten *Hydrocyphon* als Adelphotaxon von *Cyphon* + *Microcara* + *Scirtes* + *Prionocyphon* (dieser Hypothese wird hier gefolgt). Alle diese Auffassungen ordnen *Hydrocyphon* jedenfalls in die gleiche Linie ein. LAWRENCE & YOSHITOMI (2007) sehen sie jedoch als zur *Elodes*-Linie gehörig an (allerdings ohne Berücksichtigung der larvalen Merkmale). Sie führen folgende Synapomorphie an: Diskrimen des Metathorax nicht vollständig, aber mehr als halb so lang wie der Ventrit. Für eine Übernahme erscheint dieses Argument zu dürftig, wenn man die Gattungen vergleichend betrachtet (Tabelle 7).

Die *Elodes-Odeles-Sacodes*-Linie

Abgeleitete Merkmale der Gruppe sind:

Imagines:

- Zwischen den Vorderhüften entspringt ein schlanker dornförmiger Prosternalfortsatz (Abb. E 10, O 38-40, Sa 11).
- Pronotum an der Basis jederseits mit einem kleinen Punktgrübchen nahe der Randlinie (Abb. E 9, O 35-37, Sa 10).
- 2. Glied der Metatarsen innen zahnartig ausgezogen und am Ende mit einigen Borsten besetzt (Abb. E 14, O 44, 45, Sa 13).
- 1. Glied der Metatarsen verlängert (Abb. E 14, O 44-47, Sa 13)
- Mandibeln mit langer, scharf gebogener Spitze (Abb. E 5, O 20-22, Sa 5, 6) (Ausnahmen: *Odeles armilabris* und *O. bulgharensis*; Abb. O 18, 19).
- 8. Sternit (♂) (Abb. A 47) vorn mit einem medianen unpaaren Stiel, der sich hinten in zwei ± große Pterygien fortsetzt.
- Penis lang und schlank (Abb. A 56), in Längsteilung begriffen.

Larven:

- Polsterraum (siehe 3.1.) (Abb. L 22) nach distal mit großer Öffnung.
- Dorn auf den Vorderecken des Epipharynx als einfache, dicke Borste ausgebildet (auch bei *Hydrocyphon*, wird als Konvergenz angesehen).
- 4. Glied der Maxillarpalpen als Terminalkegel ausgebildet.
- Nur Terminalkegel mit Sensilla basiconica.

Elodes + *Odeles*

Die Monophylie dieser Gruppe wurde von KLAUSNITZER (2004b) dargelegt, auch der monophyletische Charakter der beiden Gattungen (siehe 5.4. bzw. 6.4.).

Abgeleitete Merkmale der Imagines sind:

- Penis mit unvollständiger Längsteilung, ein Ober- und ein Unterstück sind vorhanden, die hinten miteinander verbunden sind. Penis hinten ± tief in Parameroide gespalten (z. B. Abb. E 59, O 88-90).

- Das Tegmen umschließt den Penis teilweise wie eine Hülse und ist hinten in Parameren gespalten (z. B. Abb. E 69, 139, O 84-87).
- Das 7. Sternit zeigt einen auffälligen Sexualdimorphismus, vor allem bei *Elodes*. Bei den ♂♂ ist meist eine ± tiefe Einbuchtung vorhanden (Abb. A 46, E 15), die bei den ♀♀ fehlt (Abb. E 16).
- Das 7. Tergit der ♂♂ besteht aus einer breiten, am Rande mit einem Stigma versehenen Platte mit gut entwickelten Seitenstäbchen (Bacilla lateralia), die aber auch fehlen können. Bei den proximal gelegenen Tergiten (schon dem 6.) sind Bacilla lateralia noch nicht ausgebildet. Die Entwicklung der Seitenstäbchen ist deshalb als apomorph anzusehen. Am deutlichsten ausgebildet sind diese bei *Elodes* (Abb. E 17). Bei den Arten von *Odeles* können die Stäbchen fehlen und sind mitunter nur als schwache Randverdickungen der Platte bemerkbar (z. B. ♂♂ von *O. marginata*) (Abb. O 75), bei einigen anderen Arten dieser Gruppe (z. B. *O. hausmanni*) sind kurz herausragende Bacilla lateralia bei den ♂♂ ausgebildet (Abb. O 74) (ähnlich auch bei anderen Gattungen).
- 8. Tergit der ♂♂ mit Bacilla lateralia und einer dazwischen liegenden Platte (Pala) (z. B. Abb. E 37, 150, O 76-79) (ähnlich auch bei anderen Gattungen).
- Das 9. Sternit der ♂♂ fast aller Arten der Gattungen *Elodes* und *Odeles* besteht aus einer Platte und zwei proximalen Bacilla lateralia, die vorn miteinander schwach verbunden sind (Abb. E 71, O 69-71). An der Spitze ist es stets mit ± langen Borsten besetzt. Bei *Elodes apicalis* LeConte, 1865 und *E. sternalis* Klausnitzer, 1974 (Nordamerika) ist das 9. Sternit abweichend gebaut (Klausnitzer 1974c).
- Aus dem 2. Glied des Palpus labialis entspringt seitlich das 3. Glied, das ± rechtwinklig nach innen gerichtet ist (Abb. E 7, 8, O 27-34). Ähnliches kommt auch noch bei anderen Gattungen vor (*Microcara, Ora, Prionocyphon, Sacodes, Scirtes*).

Larven:

- Mola mit groben und kantigen Lamellen (Abb. L 14).
- Lamellen nur auf dem dorsalen Teil der Mola-Fläche.
- 9. Tergit trapezförmig, distal stark eingebuchtet (Abb. L 1-4).
- Scapus gebogen (Abb. L 11).

Sacodes als Schwestergruppe von _Elodes_ + _Odeles_

An diesem Schwestergruppenverhältnis dürfte kein Zweifel bestehen (zur Monophylie von *Sacodes* siehe 7.4.). Allerdings bleibt offen, welche Ergebnisse die Revision von „*Elodes*"-Arten aus der Neotropis, Äthiopis und Australis ergeben wird.

Die _Hydrocyphon_ (?)-_Scirtes-Microcara-Prionocyphon-Cyphon_-Linie

Als abgeleitete Merkmale können die folgenden angesehen werden:

Imagines:

- Penis mit Trigonium, das geteilt sein kann (z. B. Abb. H 32, Sc 28, 29, M 28, P 26, C 36).
- Es ist ein ± langer Mesosternalfortsatz ausgebildet (Abb. H 10, M 10, P 10, Sc 9, M 10, P 10, C 11).
- Prehensor bzw. Bursalsklerite deutlich ausgebildet (nicht bei *Microcara*) (z. B. Abb. H 47, Sc 30, 31, P 38-42, C 53).
- Ovipositor lang und schlank, reichlich die Hälfte der Körperlänge erreichend (Abb. H 30, Sc 21, M 27, P 25, C 26).
- Seitenstäbchen des 8. Sternit (♀) vorn miteinander verbunden (Abb. H 29, Sc 19, M 25, P 23, C 23).

Larven:

- Sensillen auf dem Sockel des Hypopharynx nur als 4 Poren sichtbar (Abb. L 25).
- 9. Tergit und 9. Sternit mit spezifisch gezähnten Randborsten.

Folgendes provisorische phylogenetische System dieser Linie erscheint diskutabel:

1. *Hydrocyphon* (abgeleitete Merkmale siehe 11.4.)

2. *Scirtes* + *Microcara* + *Prionocyphon* + *Cyphon*

2.1 *Scirtes* (abgeleitete Merkmale siehe 9.4.)

2.2 *Microcara* + *Prionocyphon* + *Cyphon*

2.2.1 *Microcara* + *Prionocyphon*

2.2.1.1 *Microcara* (abgeleitete Merkmale siehe 8.4.)

2.2.1.2 *Prionocyphon* (abgeleitete Merkmale siehe 10.4.)

2.2.2 *Cyphon* (abgeleitete Merkmale siehe 12.4.)

Scirtes + Microcara + Prionocyphon + Cyphon

Abgeleitete Merkmale sind:

Imagines:

- Mandibeln ohne Prostheca (Abb. Sc 4, M 4, 5, P 4, 5, C 5, 6).
- Innenseite der Mandibeln ohne Borsten (Abb. Sc 4, M 4, 5, P 4, 5, C 5, 6).
- Pronotum mit deutlich abgesetzten Vorderecken (nicht bei *Microcara*) (Abb. Sc 7, P 8, C 9).
- Naht (Diskrimen) in der Mitte des Metaventrit teilweise reduziert und nur ausgehend vom Hinterrand vorhanden (Abb. A 7-10).
- Baculi mit einem kurzen Zweig an der Basis (Abb. Sc 21, M 27, P 25, C 26).

Larven:

- Sockel von Zahn- und Kielborsten miteinander verschmolzen (Abb. L 25, 26).
- Kielborsten des Hypopharynx dorsoventral abgeflacht und gezähnt.
- Incisivus relativ schwach ausgeprägt, mit kleinen Sinnesborsten an der Spitze.
- Krallenzähne des Hypopharynx völlig reduziert (Abb. L 25, 26).

Microcara + Prionocyphon + Cyphon

Abgeleitete Merkmale sind (die Begründung dieses Monophylums ist sehr schwach):

Imagines:

- Pronotum seitlich ausgerandet (Abb. M 8, P 8, C 9).
- Pronotumbasis nach hinten gleichmäßig vorgezogen (?)

Larven:

- 4. Glied der Maxillarpalpen ausgebildet (Abb. L 19-21).
- 3. Glied der Maxillarpalpen mit in Querreihen angeordneten Sensilla basiconica (Abb. L 19-21).

Microcara + Prionocyphon

Abgeleitete Merkmale sind:

Imagines:

- ♀ mit Sexualbehaarung auf dem 6. Sternit (Abb. M 20, 21, P 19, 20).

- 3. Glied der Labialpalpen seitlich, fast rechtwinklig eingelenkt (Abb. M 7, P 7).
- 1. Glied der Labialpalpen fast ohne Borsten (Abb. M 7, P 7).
- Mandibeln schwach asymmetrisch, mit einem Retinaculum, Incisivus kurz (Abb. M 4, 5, P 4, 5).
- Prosternalfortsatz lang, am Ende spatelförmig und beborstet (Abb. M 9, P 9).
- 8. Sternit (♂) U-förmig, mit Pterygien (Abb. M 14, P 14).
- 9. Sternit (♂) eine einfache Platte mit seitlichen Verstärkungen (Abb. M 15, P 15, 16).
- 9. Sternit (♀) mit reduzierter Platte und langen Bacilla lateralia (Abb. M26, P24).
- Ovipositor mit sehr langen Baculi (Abb. M27, P25).

Larven:

- Reduktion der gezähnten Borsten am 9. Tergit.
- Borsten am Rande des 9. Sternit V-förmig ausgebildet.
- 4. Glied der Maxillarpalpen lang (Abb. L 19, 20).

Anmerkung zur Merkmalswertung 8. Sternit der Männchen:

Es ist wahrscheinlich, dass die ursprüngliche Form des 8. Sternit der Männchen eine einfache, ungeteilte Platte war. Wie auch das 9. Sternit und das 8. und 9. Tergit ist es invaginiert. Aus dieser Platte könnte sich einerseits die ± U- bis V-förmige Gestalt entwickelt haben (Funktionsänderung) oder aber es wurde völlig reduziert (Funktionsverlust) (*Cyphon*). Allerdings ist anzunehmen, dass dieser Prozess innerhalb der Scirtidae mehrfach abgelaufen ist. Man könnte die völlige Reduktion als apomorph ansehen, den Erhalt eines Teils als plesiomorph. Es wäre aber auch denkbar – wenn man von einer ungeteilten Platte als ursprünglichem Zustand ausgeht – die „V-Form" als eine Ableitung in eine andere Richtung anzusehen. Dieser Annahme wird hier gefolgt.

1.5. Gattungs- und Arteninventar in der Westpaläarktis

In der Westpaläarktis kommen nach unserer bisherigen Kenntnis acht verschiedene Scirtidengattungen vor: *Elodes* Latreille, *Odeles* Klausnitzer, *Sacodes* LeConte, *Hydrocyphon* L. Redtenbacher, *Scirtes* Illiger, *Microcara* Thomson, *Prionocyphon* L. Redtenbacher und *Cyphon* Paykull.

Winkler (1926) führte von den genannten Gattungen die folgenden Artenzahlen für das hier behandelte Gebiet auf: aus der Gattung *Elodes* (einschließlich *Odeles* und *Sacodes*) 17

Tabelle 12: Artenzahlen für die im Untersuchungsgebiet nachgewiesenen Gattungen im Vergleich zur Paläarktis (hier nur revidierte Arten) und Europa im engeren Sinne (ohne Nordafrika, Vorderasien und östliche Türkei).

Gattung	Paläarktis	Westpaläarktis	Europa	Mitteleuropa
Elodes Latreille	57	45	32	5
Odeles Klausnitzer	23	15	14	4
Sacodes LeConte	14	1	1	1
Hydrocyphon L. Redtenbacher	56	21	15	1
Scirtes Illiger	10	2	2	2
Ora Clark	3	-	-	-
Microcara Thomson	5	5	5	1
Prionocyphon L. Redtenbacher	6	4	2	1
Herthania Klausnitzer	4	-	-	-
Cyphon Paykull	107	47	28	12
Summe	285	140	98	27

Arten, die Gattung *Microcara* ist mit sechs Arten verzeichnet, *Prionocyphon* mit einer einzigen, *Scirtes* umfasst zwei europäische Arten. Aus der Gattung *Hydrocyphon* werden drei Arten angegeben, von der relativ umfangreichen Gattung *Cyphon* führt der WINKLER-Katalog 17 Arten auf.

Fast alle diese Arten waren taxonomisch nicht sicher umrissen und sind in den älteren Bestimmungsbüchern meist ungenau beschrieben. Erst die Einbeziehung der Genitalmorphologie als Bestimmungsmerkmal gibt die Voraussetzung zur zuverlässigen Diagnose.

Gegenwärtig sind 140 Scirtidenarten aus der Westpaläarktis sicher bekannt (Tabelle 12). Mit dem weiteren Fortschreiten von Revisionen und der Bearbeitung von Sammlungsmaterial wird sich diese Artenzahl sicher noch etwas erhöhen.

1.6. Geographische Verbreitung (Biogeographie)

Unsere Kenntnis über die Verbreitung der einzelnen Arten ist lückenhaft. Mitunter kennen wir nur wenige Fundorte, aus denen sich kaum auf das Areal schließen lässt, manchmal ist sogar nur der locus typicus bekannt. Es werden im Folgenden Formulierungen wie „nach gegenwärtiger Kenntnis" vermieden. Sie verstehen sich für das gesamte Kapitel.

Es wird versucht, die Kenntnisse unter zwei Blickwinkeln zu ordnen. Einerseits nach den Refugien (Ausbreitungszentren) des holarktischen Arboreals im Sinne von DE LATTIN (1967), zum anderen nach der Gebietseinteilung, die ILLIES (1978) für die „Limnofauna Europaea" verwendete. Der biogeographische Ansatz ist unterschiedlich. Die Kausalität der Überlegungen von DE LATTIN hat hier Priorität, es ergeben sich aber sinnvolle Ergänzungen durch die Regionenbildung von ILLIES. Weiterhin werden – sofern möglich – extramediterrane Arealkerne des Dinodal herausgestellt, die MALICKY (1983, 2000, 2006) bei Trichoptera nachgewiesen hat. Neben einigen *Odeles*-Arten kommen auch einige *Hydrocyphon* als Arten des Dinodal in Frage. Die Larven sind Fließwasserbewohner und entwickeln sich – ähnlich wie entsprechende Trichoptera – in Bächen mit ganzjährig tiefer Temperatur in der montanen Stufe. Arten des Tundral, Eremial und Oreal scheinen unter den Scirtidae der Westpaläarktis nicht vorzukommen.

Die Artenvielfalt nimmt in der Westpaläarktis von Norden nach Süden stark zu. Die in Nordeuropa vorkommenden Arten haben fast alle ein riesiges Areal (z. T. sind es sibirische Faunenelemente), das oft die gesamte nördliche Paläarktis umfasst und in wenigen Fällen sogar Nordamerika einschließt. Die in Südeuropa vorkommenden Arten sind oft mediterrane Faunenelemente und haben meist kleine Verbreitungsgebiete, nur wenige Vertreter sind holomediterran.

1.6.1. Mediterranes Zentrum

Das Mediterrane Zentrum hat für die Scirtidae zweifellos eine herausragende Bedeutung. 93 Arten (66,4 %) kommen nur hier vor (Tabellen 13 bis 15, 20).

Holomediterrane Arten sind *Hydrocyphon australis, H. hydrocyphonoides, H. pallidicollis* und *Prionocyphon ornatus*.

Vielfach lässt sich eine Bindung an Sekundärzentren finden.

79 Arten (= 56,4 %) haben ein ± großes Areal im Mediterrangebiet. Nur wenige von ihnen strahlen bis nach Mitteleuropa aus (*Cyphon putonii, Sacodes flavicollis*). Wegen der lückenhaften Kenntnis über das Verbreitungsgebiet der meisten Arten müssen die hier getroffenen Zuordnungen keinesfalls immer korrekt sein (die fraglichen Arten wurden jedoch mitgezählt).

Tabelle 13: Die mediterranen Arten der Scirtidae.

Gattung	**atlanto-mediterran**	**adriato-mediterran**	**ponto-mediterran**	**maure-tanisch**	**syrisch**	**holo-mediterran**
Elodes	*abeillei, globulus ?, scutellaris*	*angelinii, calabriae, denticulata, venetae*	*amicula, arcana, australis, holgeri, longulus, luteata, microps, nocturna, pendens, sericea*	*algirina, chobauti, dubia, spinidens*	*akbesianus, sieberi ?*	
Odeles	*asturica ?, auriensis ?, calpensis, cantabrica ?, granosicollis, tenebrica, trilineata*	*apenninicola, horstaspoecki*	*bulgharensis*			
Sacodes			*flavicollis ?*			
Hydrocyphon	*championi, fulvescens, hamiota, laeticolor, pernigrans*	*ovatus, proximus*	*novaki, rivulorum*	*gereckei, illiesi, rectangulus*	*segrex, vicinans*	*australis, hydrocyphonoides, pallidicollis*
Microcara	*dispar*	*pilosula*	*omissa*			
Prionocyphon				*majusculus, numidicus*		*ornatus*
Cyphon	*iberus, palmi, pandellei, putonii, siculus, sulcicollis*	*solarii, unguiculatus*	*albanicus, designandus, dinolabis, furcillatus, macedonicus, scurrula*	*australis, derelictum, lindbergi, lithophilus, ochraceus nyholmi*	*abeillei, longiusculus*	
Arten	22	11	21	15	6	4

Tabelle 14: Arteninventar der Gattungen im Vergleich der großen mediterranen Halbinseln (ohne umliegende Inseln) (nur die auf diese Halbinseln beschränkten endemischen Arten, ohne europäische oder weiter verbreitete Arten) (nach Klausnitzer 1990d, 1998a). Abkürzungen: 1 = Iberische Halbinsel, 2 = Apenninen-Halbinsel, 3 = Balkan-Halbinsel.

Gattung	**1**	**2**	**3**
Elodes	1	4	8
Odeles	6	1	1
Microcara	1	1	1
Hydrocyphon	5	2	-
Cyphon	1	2	4
Summe	**14**	**10**	**14**
Arten insgesamt	**31**	**37**	**41**

Vergleicht man die Scirtidenfauna der drei großen, in das Mittelmeer ragenden Halbinseln (ohne die ± weit entfernten Inseln), so ergibt sich ein interessantes Bild (Tabelle 14). Auch wenn der lückenhafte Kenntnisstand in Rechnung gezogen werden muss, fällt dennoch auf, dass von der Apenninenhalbinsel deutlich weniger endemische Arten nachgewiesen sind. Die Gesamtartenzahl steigt von West nach Ost, deutlich bei *Elodes*. Bei *Hydrocyphon* und *Odeles* liegt eine umgekehrte Tendenz vor. Auffällig ist das besonders eigenständige Artenspektrum der Iberischen Halbinsel (Tabelle 13).

1.6.1.1. Atlantomediterranes Sekundärzentrum

Mit 22 Arten (15,7 %) aus 5 Gattungen stehen die atlantomediterranen Arten neben den pontomediterranen an der Spitze (Tabelle 13).

1.6.1.2. Adriatomediterranes Sekundärzentrum

Illies (1978) fasst die Tyrrhenis und Italien zusammen, die hier aber, de Lattin (1967) folgend, getrennt behandelt werden (vgl. 1.6.1.4.). Nur 11 Arten (7,9 %) aus 5 Gattungen können als adriatomediterran bezeichnet werden (Tabelle 13).

1.6.1.3. Pontomediterranes Sekundärzentrum

21 Arten (15,0 %) aus 6 Gattungen gehören hierher. Das Pontomediterrane Sekundärzentrum wird von Illies (1978) in verschiedene Regionen untergliedert (Tabelle 15): Dinarischer Westbalkan, Hellenischer Westbalkan (hier ohne Kreta aufgefasst), Ostbalkan und Pontische Provinz. Hinzu kommen der westliche Teil der Türkei und die an die Ostküste des Mittelmeeres angrenzenden Länder (Syrien, Libanon, Jordanien, Israel).

Für einige im Norden vorkommende Arten liegt die südliche bzw. südöstliche Verbreitungsgrenze auf der Balkan-Halbinsel (teilweise Grenze zwischen Dinarischem Westbalkan und Hellenischem Westbalkan). Beispiele sind:

Elodes elongata (Lage Fundort Griechenland ?)
Elodes johni (Rumänien: Kronstadt)
Elodes minuta (? Türkei, ? Albanien)
Elodes pseudominuta (Funde in der östlichen Türkei ?)
Odeles gredleri
Odeles marginata (nur Rumänien ?)
Odeles styriaca (Endemit Steiermark, Slowenien)
Hydrocyphon deflexicollis (?, auch Türkei)
Microcara testacea
Cyphon coarctatus
Cyphon ruficeps (?, auch Türkei)
Cyphon variabilis (?)

Die zwischen dem Dinarischen Westbalkan und dem Hellenischen Westbalkan liegende Faunengrenze ist auch an Beispielen vermutlich endemischer Scirtidae nachweisbar. Nach Illies (1966) sind Arten, die nur in einer der 25 Regionen vorkommen, in die er Europa unterteilt, als Endemiten anzusehen.

Dinarischer Westbalkan (Region 5 bei Illies 1966):

Elodes arcana
Elodes pendens
Microcara omissa

Tabelle 15: Verbreitung der Scirtidae in verschiedenen Gebieten des Pontomediterranen Sekundärzentrums und des Syrischen Zentrums (= SZ). Abkürzungen: 1 = Dinarischer Westbalkan, 2 = Hellenischer Westbalkan, 3 = Ostbalkan, 4 = Pontische Provinz, 5 = westlicher Teil der Türkei, 6 = an die Ostküste des Mittelmeeres angrenzende Länder (Syrien, Libanon, Jordanien, Israel), * = + westgriechische Inseln, ** = + ostgriechische Inseln, *** = + Insel Gökçeada.

Art	1	2	3	4	5	6
Elodes akbesianus (SZ)					+	+
Elodes amicula		+				
Elodes arcana	+					
Elodes australis		+	+			
Elodes holgeri		+				
Elodes longulus			+			
Elodes luteata			+			
Elodes microps					+	
Elodes nocturna		+				
Elodes pendens	+					
Elodes sericea		+	+*			
Elodes sieberi (SZ)			+**		+	
Odeles bulgharensis		+	+			
Sacodes flavicollis	+	+	+	+	+	
Hydrocyphon novaki	+	+	+			
Hydrocyphon rivulorum					+	
Hydrocyphon segrex (SZ)					+	+***
Hydrocyphon vicinans (SZ)					+	+
Microcara omissa	+					
Cyphon abeillei (SZ)					+	+
Cyphon albanicus		+				
Cyphon designandus		+				
Cyphon dinolabis					+	
Cyphon furcillatus		+	+			
Cyphon longiusculus (SZ)		+**			+	+
Cyphon macedonicus		+				
Cyphon scurrula	+		+		+	
Summe	6	13	10	1	11	5

Hellenischer Westbalkan (Region 6 bei Illies 1966):

Elodes amicula (eventuell auch Ostbalkan ?)
Elodes holgeri
Elodes nocturna (eventuell auch Ostbalkan ?)
Elodes sericea (einschließlich der westgriechischen Inseln, eventuell auch Ostbalkan ?)
Cyphon albanicus
Cyphon designandus
Cyphon macedonicus (eventuell auch Ostbalkan ?)

Ostbalkan (Region 7 bei Illies 1966):

Elodes longulus
Elodes luteata

Die Scirtidae des griechischen Festlandes

Bisher sind 19 Arten vom Festland bekannt, deren Areale z. T. auch griechische Inseln umfassen. Vielleicht ist die relativ geringe Artenzahl auch Ausdruck der Faunengrenze zwischen dem Dinarischen Westbalkan und dem Hellenischen Westbalkan, da die nördlicher verbreiteten Arten das Gebiet nicht mehr erreichen.

Von besonderem Interesse sind jene Arten, die bisher nur vom griechischen Festland bekannt sind bzw. nur vom Festland einschließlich der Inseln.

Festland:

Elodes australis, E. holgeri, E. nocturna

Festland + Inseln:

Elodes amicula, E. sericea, Cyphon macedonicus

JÄCH (1985) kann nach Untersuchungen der Gattung *Hydraena* (Hydraenidae) zwei Gruppen von Inseln unterscheiden: 1. Inseln, die von Arten des Festlandes besiedelt werden (Samos, Chios, Lesbos, Euböa, Korfu, Lefkas); 2. Inseln mit ausschließlich endemischen Arten (Ikaria, Naxos, Kreta, Rhodos, Keffalinia). Dieser Befund kann mit einigen Beispielen aus den Scirtidae bestätigt werden.

Die Scirtidae der griechischen Inseln

Die Arten der griechischen Inseln können in mehrere Untergruppen geordnet werden.

- Paläarktische Arten: *Cyphon laevipennis, Cyphon palustris*
- Europäische Art: *Cyphon ochraceus*
- Pontomediterrane Arten: *Sacodes flavicollis ?, Hydrocyphon novaki*
- Arten griechischen Ursprungs: *Elodes amicula, Elodes sericea, Cyphon macedonicus*
- Arten anatolischen Ursprungs: *Elodes sieberi, Hydrocyphon segrex, Cyphon longiusculus*

Türkei

Obwohl die türkische Fauna verhältnismäßig gut bekannt ist, ist es sehr fraglich, ob die 13 bisher ausschließlich aus der Türkei bekannten Arten wirklich Endemiten sind. Enge faunistische Beziehungen bestehen offenbar zum Kaukasus, dem Nahen Osten und dem angrenzenden Vorderasien. Es ist mitunter schwierig, eine Charakterisierung vorzunehmen, da sowohl pontomediterrane als auch kaspische Faunenelemente sowie syrische vorhanden sein können.

Endemiten:

- Anatolicopontomediterrane Arten: *Elodes luteata* (Europa), *Elodes microps, Hydrocyphon rivulorum, Cyphon dinolabis*
- Kaspische Arten: *Elodes flavoangularis, Elodes improvisa, Elodes megalopus, Elodes persimilis, Elodes venustula, Cyphon euryceros, Cyphon longispinus, Cyphon osellai, Cyphon ponticus*

Arten mit einem größeren Areal, das auch die Türkei einschließt:

- Ostgriechische Inseln: *Elodes sieberi*
- Balkanhalbinsel: *Cyphon scurrula*
- Balkanhalbinsel + Italien: *Sacodes flavicollis*
- Mediterraneis: *Hydrocyphon australis*
- Europa: *Elodes minuta, Elodes pseudominuta, Hydrocyphon deflexicollis, Cyphon ochraceus, C. ruficeps*
- Paläarktis: *Scirtes haemisphaericus, Cyphon laevipennis, Cyphon padi, Cyphon palustris*
- Holarktis: *Cyphon pubescens*
- Europa + Kaukasus + Kaspisches Meer-Gebiet: *Scirtes orbicularis*
- Europa (Rhodos) + Kaukasus + Kaspisches Meer-Gebiet + Naher Osten + Asien: *Cyphon longiusculus*
- Europa (nördlicher Rand des Mittelmeeres) + Kaspisches Meer-Gebiet + Naher Osten: *Prionocyphon ornatus*
- Naher Osten: *Elodes akbesianus, Hydrocyphon vicinans, Cyphon abeillei*
- Europa (ostgriechische Inseln + Insel Gökçeada) + Kaspisches Meer-Gebiet + Iran: *Hydrocyphon segrex*

- Kaukasus: *Odeles armilabris, Hydrocyphon finitimus, Cyphon arietizans, Cyphon buceros, Cyphon euoplus, Cyphon wittmeri*
- Kaukasus und Karpaten: *Elodes eberti* ?
- Kaukasus und Kaspisches Meer-Gebiet: *Microcara caspica*
- Kaukasus und Kaspisches Meer-Gebiet + Naher Osten + Asien: *Cyphon lepidulus*

1.6.1.4. Tyrrhenisches Sekundärzentrum

Elodes bertiae, Elodes corsica, Elodes pollux und *Cyphon corsicus* sind in ihrer Verbreitung auf Korsika beschränkt. Nur von Sardinien ist *Cyphon poggii* bekannt. *Elodes genei* und *E. tournieri* wurden von beiden Inseln, *E. genei* außerdem von Sizilien nachgewiesen (?). Neben den 7 auf die Tyrrhenis beschränkten Arten gibt es noch weitere, die auf Korsika und/oder Sardinien vorkommen, aber ein größeres Areal (überwiegend in der Mediterraneis) besiedeln.

- Korsika: *Cyphon padi, Cyphon pandellei, Odeles horstaspoecki*
- Sardinien: *Cyphon ochraceus, Prionocyphon serricornis, Sacodes flavicollis*
- Korsika und Sardinien: *Cyphon laevipennis, Cyphon palustris, Cyphon pubescens, Cyphon siculus, Hydrocyphon pallidicollis*

1.6.1.5. Kanarisches Sekundärzentrum

Von den Kanarischen Inseln ist bisher nur eine einzige Art bekannt: *Cyphon gracilicornis*. Durch einen Larvenfund auf La Palma kann die Existenz einer weiteren Art – aus der Gattung *Elodes* – bewiesen werden (Klausnitzer 2002b).

1.6.1.6. Mauretanisches Sekundärzentrum

Die Definition von *Elodes algirina, E. chobauti, E. dubia, E. spinidens, Prionocyphon majusculus, P. numidicus, Hydrocyphon gereckei, H. illiesi, H. rectangulus, Cyphon australis, C. derelictum, C. lindbergi, C. lithophilus* und *C. ochraceus nyholmi* als mauretanische Faunenelemente (10,7 % der Arten der Westpaläarktis) kann in den meisten Fällen nur vorläufigen Charakter haben, da unser Kenntnisstand ungewöhnlich gering ist.

1.6.1.7. Cyrenaisches Sekundärzentrum

Aus diesem Sekundärzentrum wurden bisher keine Scirtidae bekannt.

1.6.1.8. Kretisches Sekundärzentrum

Elodes cretica, E. novacretica, E. secundocretica, Hydrocyphon minous und *Cyphon difficilis* sind offenbar auf Kreta endemisch. Hinzu kommen *Prionocyphon serricornis* und *Cyphon laevipennis*, die ein größeres Areal haben.

1.6.1.9. Cyprisches Sekundärzentrum

Elodes malickyi und *Hydrocyphon oblongulus* wurden ausschließlich von Zypern bekannt. Hinzu kommen *Cyphon lepidulus* und *Cyphon palustris*, die ein größeres Areal haben.

1.6.2. Kaspisches Zentrum

Elodes flavoangularis, E. improvisa, E. megalopus, E. persimilis, E. venustula, Cyphon euryceros, C. longispinus, C. osellai und *C. ponticus* sind nur aus der östlichen Türkei nachgewiesen und wohl als kaspische Faunenelemente anzusehen.

1.6.2.1. Kaukasus

Interessanterweise wurden nur wenige (3 oder 4) europäische bzw. paläarktische Arten aus dem Kaukasus nachgewiesen. Neben zwei vermutlich endemischen kommen alle anderen Arten in angrenzenden östlichen bzw. südöstlichen Arealen vor.

- endemisch: *Elodes lohsei, E. pseudoscutellaris*
- + Türkei: *Odeles armilabris, Hydrocyphon finitimus, Cyphon arietizans, Cyphon buceros, Cyphon euoplus, C. wittmeri*
- + Kaspisches Meer-Gebiet + Türkei: *Microcara caspica, Scirtes orbicularis*
- + Europa (Rhodos) + Türkei + Kaspisches Meer-Gebiet + Naher Osten + Asien: *Cyphon longiusculus*
- + Balkanhalbinsel + Türkei + Vorderasien + Kaspisches Meer-Gebiet + Asien: *Cyphon lepidulus*
- + Vorderasien + Karpaten + Kaspisches Meer-Gebiet: *Elodes eberti*
- + Europa: *Cyphon coarctatus* (Fundort nicht näher lokalisiert)
- + Paläarktis: *Scirtes haemisphaericus, Cyphon padi, Cyphon palustris*

1.6.2.2. Kaspisches Meer-Gebiet (Kaspische Niederung)

Aus dem Gebiet des Kaspischen Meeres sind neben drei nur aus diesem Gebiet nachgewiesenen Arten einige weitere bekannt, die ein größeres Areal haben:

- + Kaukasus + Türkei: *Microcara caspica, Scirtes orbicularis*
- + Europa (nördlicher Rand des Mittelmeeres) + Türkei + Naher Osten: *Prionocyphon ornatus*
- + Europa (ostgriechische Inseln + Türkei + Iran): *Hydrocyphon segrex*
- + Kaukasus + Balkanhalbinsel + Türkei + Vorderasien + Asien: *Cyphon lepidulus*
- + Kaukasus + Europa (Rhodos) + Türkei + Naher Osten + Asien: *Cyphon longiusculus*
- + Kaukasus + Vorderasien: *Elodes eberti*

Nur aus diesem Gebiet bekannt sind:

- *Cyphon caspicus*
- *Cyphon quadrum*
- *Cyphon reitteri*

1.6.3. Syrisches Zentrum

Elodes akbesianus, E. sieberi ?, *Hydrocyphon segrex, H. vicinans, Cyphon abeillei* und *C. longiusculus* sind vermutlich syrische Faunenelemente (4,3 %). *Hydrocyphon vicinans* ist vermutlich die Schwesterart von *H. oblongulus* (Zypern).

1.6.4. Europäische Arten

Hierunter dürften sich auch sibirische Faunenelemente verbergen, deren Charakter jedoch nicht offenbar wird, weil die faunistische Erforschung Sibiriens sehr lückenhaft ist. Es ist deshalb nicht in jedem Fall sicher, ob alle hier genannten Arten wirklich auf Europa s. str. (manche in den Mittelmeerraum einstrahlend – europäisch-mediterran) beschränkt sind oder ob ihr Areal z.B. nach Osten ausstrahlt. Vielleicht sind deshalb nicht alle 16 (11,4 %) hier genannten europäisch.

- *Elodes elongata* (? Nordeuropa, eingeschränktes Vorkommen in Südeuropa)
- *Elodes johni* (bisher nur aus Mitteleuropa + Rumänien nachgewiesen)
- *Elodes minuta* (? Albanien, ? Türkei)
- *Elodes pseudominuta* (auch im Osten der Türkei ?)
- *Elodes tricuspis*
- *Odeles gredleri*
- *Odeles hausmanni* (auch Italien)
- *Odeles marginata*
- *Odeles styriaca* (Endemit Slowenien, Steiermark)
- *Microcara testacea* (auch Italien und nördliche Balkanhalbinsel sowie Kasachstan, ? Iberische Halbinsel)
- *Scirtes orbicularis* (auch Kaukasus, Kaspisches Meer-Gebiet, Türkei)
- *Hydrocyphon deflexicollis* (ohne Iberische Halbinsel und Nordeuropa)
- *Cyphon coarctatus* (Balkanhalbinsel nur im Norden, fehlt auf Iberischer Halbinsel; auch Westsibirien)
- *Cyphon hilaris* (ohne Balkanhalbinsel, Iberische Halbinsel nur im Nordwesten, atlantisch)
- *Cyphon ochraceus ochraceus*
- *Cyphon ruficeps* (nicht im Süden und auf der Iberischen Halbinsel, auch nicht in Nordeuropa, aber in der Türkei)

1.6.4.1. Dinodal

Malicky (2000, 2006) beschrieb bei Trichoptera extramediterran-europäische Refugien (Dinodal), besonders bei Fließgewässerarten (Bachbewohner), wobei niedrige und mittlere Höhenlagen von Gebirgen (600-1500 m) als Lebensraum infrage kommen. Es könnten auch manche Scirtidae dem Dinodal angehören. Wir wissen von mehreren Arten der Gattung *Odeles*, dass sich ihre Larven ebenfalls in Bächen entwickeln. Ein derartiger Lebensraum kann z.B. für *O. styriaca* angenommen werden. Somit hätten wir wenigstens eine Parallele zu den von Malicky (2006) beschriebenen Verhältnissen. Er bezieht bei der Begründung der Refugien der letzten Kaltzeit die steirischen Randgebirge ausdrücklich ein und spricht sogar von „steirischen Faunenelementen“ (Malicky 2000).

Aus dem nordspanischen Raum sind bisher außerdem einige Arten bekannt, die möglicherweise ebenfalls dem Dinodal zuzurechnen sind: *Odeles asturica, O. auriensis, O. cantabrica. Elodes globulus* und einige weitere Arten könnten ebenfalls hierher gehören.

1.6.4.2. Alpen

Die Vertikalverbreitung lässt eine Gruppierung mancher in Mittel- und Nordeuropa vorkommenden Arten zu. Die planare und colline Stufe wird fast ausschließlich von jenen Arten besiedelt, die große Teile Asiens einschließende Areale haben.

Wesentlich weniger Arten dürfen als ± montan gelten. Als Beispiele können *Cyphon punctipennis*, *Cyphon ruficeps*, *Cyphon solarii*, *Hydrocyphon deflexicollis* und *Odeles marginata* (kommt auch in Norddeutschland vor) angeführt werden. Hinzu kommen Arten des Dinodal.

Die Hochgebirge (besonders die Alpen) haben ein eigenes kleines Artenspektrum, das eng an spezifische Umweltbedingungen gebunden ist. Man denkt sofort an Bewohner von Gebirgsbächen, von denen enge Anforderungen an Temperatur, Fließgeschwindigkeit, Sauberkeit und ein spezifisches Nahrungsangebot gestellt werden. Nun sind aber die Larven Filtrierer, die Partikel aussortieren, die in großen Mengen aufgenommen werden müssen, um den geringen Anteil verwertbarer Substanzen auszunutzen.

Dieses Bild passt nicht gut zum glasklaren, reißenden Alpenbach. Tatsächlich findet man die Larven der alpinen Arten eher in etwas ruhigeren Abschnitten bzw. in seichten Buchten, die es überhaupt gestatten, Nahrung zu finden. Andererseits können sie in tiefer gelegenen Fließwasserzonen nicht mehr leben, da sie vermutlich kaltstenotherm sind. So würde sich zumindest teilweise eine Ursache für das alpine (und subalpine) Vorkommen finden lassen. Allerdings sind die Verhältnisse im Detail kaum untersucht und harren noch der Erforschung.

Scirtidae könnten auch in Alpenseen und hoch gelegenen Mooren leben, allerdings ist darüber kaum etwas bekannt. Offen bleiben auch eventuelle ökologische Sonderungen zwischen den einzelnen Arten, die ihre Ursache im unterschiedlichen Charakter der Bäche haben könnten.

Aus den Gattungen *Microcara*, *Prionocyphon*, *Sacodes* und *Scirtes* sind aus Europa keine Hochgebirgsbewohner bekannt, eigenartigerweise auch nicht aus der artenreichen Gattung *Cyphon*. Selbst bei *Elodes* und *Hydrocyphon* finden sich kaum Beispiele.

Die alpine Fauna setzt sich im Wesentlichen aus Angehörigen der Gattung *Odeles* zusammen, in der auch außerhalb Europas mehrere Arten (nur ?) in höheren Gebirgen vorkommen (Klausnitzer 2004d, e). Zu nennen sind *O. hausmanni*, *O. gredleri* und *O. horstaspoecki*. Die einzige Art, über die wir Wesentliches zur Autökologie wissen, ist *O. hausmanni*. In einer als klassisch zu bezeichnenden Arbeit (Beier 1949) untersuchte Max Beier (1903-1979) in Lunz am See diese Art.

Auch in der Gattung *Elodes* scheint es alpine Arten zu geben. Allerdings sind diese Arten nach bisheriger Kenntnis in ihrem Vorkommen auf die Westalpen (Seealpen) und den Südalpenraum begrenzt. Es handelt sich um *E. globulus* und *E. venetae*.

1.6.4.3. Karpaten

Eigenartigerweise bleibt die östliche Fortsetzung der Alpen (Karpaten) fast ohne eigenständige *Elodes*- bzw. *Odeles*-Arten (ein Kenntnisdefizit ist sicher nicht ausgeschlossen).

1.6.4.4. Atlantisches Gebiet

Cyphon hilaris zeigt eine deutlich atlantische Verbreitung (Klausnitzer 1968c).

1.6.4.5. Mittlere und nördliche Länder Europas

Weil die Scirtidenfauna von 15 Ländern dieses Gebietes so gut bekannt ist, dass nur wenige Neufunde zu erwarten sind, soll sie vergleichend vorgestellt werden (Tabelle 16). Auffällig ist eine hohe Artenidentität (Sørensen-Index = $2j \times 100 / a + b$; $a + b$ = Summe der verglichenen Artenlisten, j = Anzahl der gemeinsamen Arten) zwischen vielen angrenzenden mitteleuropäischen Ländern einerseits (> 80-90 %) und innerhalb der nordeuropäischen Staaten (> 90 %). Es ist deshalb wohl nicht vermessen, von einer Scirtidenfauna der nördlichen und mittleren Zonen Europas zu sprechen und in diese alle in der Tabelle 16 aufgeführten 27 Arten einzubeziehen. Die Übereinstimmung dieses Artenspektrums mit einigen südeuropäischen Gebieten ist viel geringer (Tabelle 18), am größten zur Apenninenhalbinsel.

Tabelle 16: Arteninventar von 15 mittel- und nordeuropäischen Ländern. * = ohne Südfrankreich und Korsika. Abkürzungen: D = Deutschland, A = Österreich, CH = Schweiz, CZ = Tschechien, SL = Slowakei, PL = Polen, H = Ungarn, F = Frankreich, GB = Großbritannien, B = Belgien, NL = Niederlande, DK = Dänemark, FI = Finnland, S = Schweden, N = Norwegen.

Art	D	A	CH	CZ	SL	PL	H	F*	GB	B	NL	DK	FI	S	N
E. elongata	+	+	+	+	+	+	+	+	+	+	+	+			
E. johni	+			+	+		+			+					
E. minuta	+	+	+	+	+	+	+	+	+	+	+	+	+	+	+
E. pseudominuta	+	+	+	+		+	+		+	+	+	+			
E. tricuspis	+	+	+	+		+	+	+	+	+	+	+	+	+	+
O. styriaca		+													
O. gredleri		+	+	+				+							
O. hausmanni	+	+	+	+	+		+	+							
O. marginata	+	+	+	+	+	+	+	+	+	+	+	+	+	+	+
S. flavicollis		+		+	+	+	+								
H. deflexicollis	+	+	+	+	+	+	+	+	+	+	+				
S. haemisphaericus	+	+	+	+	+	+	+	+	+	+	+	+	+	+	+
S. orbicularis	+	+	+	+	+	+	+	+	+	+	+	+		+	
M. testacea	+	+	+	+	+	+	+	+	+	+	+	+	+	+	+
P. serricornis	+	+	+	+	+	+	+	+	+	+	+	+		+	+
C. coarctatus	+	+	+	+	+	+	+	+	+	+	+	+	+	+	+
C. hilaris	+					+		+	+	+	+	+	+	+	+
C. kongsbergensis	+	+	+	+		+			+			+	+	+	+
C. laevipennis	+	+	+	+	+	+	+	+	+	+	+	+	+	+	+
C. ochraceus	+	+	+	+	+	+	+	+	+	+	+	+	+	+	+
C. padi	+	+	+	+	+	+	+	+	+	+	+	+	+	+	+
C. palustris	+	+	+	+	+	+	+	+	+	+	+	+	+	+	+
C. pubescens	+	+	+	+	+	+	+	+	+	+	+	+	+	+	+
C. punctipennis	+			+					+			+	+	+	+
C. putonii	+	+	+					+							
C. ruficeps	+	+	+	+	+	+		+			+				
C. variabilis	+	+	+	+	+	+	+	+	+	+	+	+	+	+	+
Summe	24	24	22	24	19	21	20	21	20	19	19	19	15	17	16

1.6.5. Paläarktis

1.6.5.1. Paläarktis ohne Japan

Bei den hier genannten Arten dürfte es sich um sibirische Faunenelemente handeln. Vier (vielleicht 5) Arten sind über die gesamte Paläarktis verbreitet, fehlen aber in Japan:

- *Scirtes haemisphaericus* (Sibirien, Ostgrenze ?, Usbekistan)
- *Cyphon coarctatus* ? (ein Fund aus Westsibirien)
- *Cyphon laevipennis* (nicht auf der Iberischen Halbinsel ?)
- *Cyphon palustris*
- *Cyphon punctipennis* (ohne den Süden)

1.6.5.2. Paläarktis mit Japan

Zwei Arten kommen in der gesamten Paläarktis einschließlich Japan vor:

- *Cyphon padi* (Hokkaido)
- *Cyphon variabilis* (Hokkaido)

Tabelle 17: Artenidentität (Sørensen-Index) im Vergleich der mittel- und nordeuropäischen Länder. Abkürzungen siehe Tabelle 16.

	A	CH	CZ	SL	PL	H	F*	GB	B	NL	DK	FI	S	N
D	87,5	91,3	87,5	83,7	88,9	86,4	88,9	90,9	88,4	88,4	88,4	76,9	82,9	80,0
A	-	95,7	91,7	83,7	88,9	86,4	88,9	81,8	79,1	83,7	79,1	66,7	73,2	70,0
CH	-	-	90,9	82,9	88,4	85,7	93,0	85,7	82,9	87,8	82,9	70,3	76,9	73,7
CZ	-	-	-	88,4	88,9	90,9	84,4	86,4	83,7	83,7	83,7	71,8	78,0	75,0
SL	-	-	-	-	85,0	92,3	85,0	76,9	84,2	84,2	73,7	64,7	72,2	68,6
PL	-	-	-	-	-	87,8	85,7	92,7	90,0	95,0	90,0	77,8	84,2	81,1
H	-	-	-	-	-	-	81,0	85,0	92,3	87,2	82,1	68,6	75,7	72,2
F	-	-	-	-	-	-	-	82,9	85,0	90,0	80,0	72,2	78,9	75,7
GB	-	-	-	-	-	-	-	-	92,3	92,3	97,4	76,9	91,9	88,9
B	-	-	-	-	-	-	-	-	-	94,7	89,5	76,5	83,3	80,0
NL	-	-	-	-	-	-	-	-	-	-	89,5	76,5	83,3	80,0
DK	-	-	-	-	-	-	-	-	-	-	-	88,2	94,4	91,4
FI	-	-	-	-	-	-	-	-	-	-	-	-	93,8	96,8
S	-	-	-	-	-	-	-	-	-	-	-	-	-	97,0

Tabelle 18: Artenidentität (Sørensen-Index) im Vergleich der mittel- und nordeuropäischen Länder zu süd- und südosteuropäischen Gebieten sowie der Türkei.

	Balkanhalbinsel	Italien (ohne Inseln)	Iberische Halbinsel	Türkei
Mittel- und Nordeuropa	58,8	65,6	34,5	34,3
Balkanhalbinsel	-	51,3	27,8	10,5
Italien (ohne Inseln)	-	-	29,4	32,5
Iberische Halbinsel	-	-	-	16,2

1.6.6. Holarktis

Nur 3 Arten sind nach bisheriger Kenntnis holarktisch verbreitet (die beiden ersten unter Ausschluss Japans).

- *Cyphon kongsbergensis* (nicht Balkanhalbinsel und Iberische Halbinsel)
- *Cyphon pubescens* (nicht Iberische Halbinsel)
- *Cyphon variabilis*

1.6.7. Nord-Süd-Gefälle

Es ist in Europa ein deutliches Nord-Süd-Gefälle der Artenzahlen sowohl in Richtung der Iberischen Halbinsel als auch der Apenninenhalbinsel zu beobachten (Tabelle 19). Die Balkanhalbinsel weicht deutlich ab (eine Ursache könnte in der Faunengrenze liegen, die unter 1.6.1.3. besprochen wurde). Auf den Inseln der Mediterraneis setzt sich die Zunahme der Artenzahl jedoch nicht fort, nach bisheriger (allerdings sehr lückenhafter) Kenntnis auch nicht in Nordafrika. Dies dürfte sowohl an der relativ geringen Vielfalt der limnischen Habitate liegen als auch in Bezug auf die Inseln an den aus deren Größe resultierenden Effekten (Arten-Areal-Beziehung).

Die durchschnittliche Artenzahl beträgt in den Ländern der nördlichen Gruppe 17,7 Arten, bei der mittleren Gruppe 22,2, bei der südlichen Gruppe (ohne die schlecht erforschten Länder und die Türkei) 30,8. Während die hohen Artenzahlen für Frankreich, Spanien

Tabelle 19: Nord-Süd-Gefälle der Artenzahlen der aus Europa bekannten Scirtidae. * = Fauna sicher deutlich reichhaltiger, ** = ohne Kaukasus.

Land	Artenzahl	Bemerkungen
Finnland	15	nördliche Gruppe
Norwegen	16	nördliche Gruppe
Schweden	17	nördliche Gruppe
Litauen + Lettland + Estland	17	nördliche Gruppe
Dänemark	19	nördliche Gruppe
Großbritannien + Irland	20	nördliche Gruppe
Niederlande + Belgien + Luxemburg	20	nördliche Gruppe
Ungarn	20	mittlere Gruppe
Polen	21	mittlere Gruppe
Russland** + Weißrussland + Ukraine	21	mittlere Gruppe
Schweiz	22	mittlere Gruppe
Tschechien, Slowakei	24	mittlere Gruppe
Deutschland	24	mittlere Gruppe
Österreich	24	mittlere Gruppe
Bulgarien*	15	südliche Gruppe
Slowenien + Kroatien + Bosnien und Herzegowina + Serbien + Montenegro*	15	südliche Gruppe
Rumänien*	19	südliche Gruppe
Griechenland (ohne Kreta)	24	südliche Gruppe
Frankreich (mit Südfrankreich, ohne Korsika)	31	südliche Gruppe
Spanien (ohne Inseln, einschließlich Gibraltar) + Portugal	31	südliche Gruppe
Italien (ohne Sizilien und Sardinien)	37	südliche Gruppe
Türkei	43	

und Italien durch die mediterranen Arten erklärbar sind, kommen bei der Türkei vor allem kaspische und syrische Faunenelemente hinzu.

1.6.8. Inselfaunen und Endemiten

Der Anteil von 15 vermutlich endemischen Arten (10,7 % der westpaläarktischen Fauna) auf den großen mediterranen Inseln und den Kanaren scheint im Vergleich zu anderen Käferfamilien hoch zu sein. Endemiten finden sich nur bei *Elodes* (9 Arten), *Hydrocyphon* (2 Arten) und *Cyphon* (4 Arten). Auffällig ist das Fehlen von endemischen Arten auf Sizilien. Aus den Gattungen *Elodes, Hydrocyphon* und *Cyphon* ist ansonsten vielfach wenigstens eine endemische Art vorhanden. Vielleicht ist auf Sardinien noch ein endemischer *Elodes* bzw. *Hydrocyphon* zu finden, auch ein korsischer *Hydrocyphon* steht noch aus. Andererseits könnten die tyrrhenischen Arten vielleicht die betreffenden ökologischen Lizenzen der beiden letztgenannten Inseln besetzt haben. Ein endemischer *Cyphon* von Zypern wäre ebenfalls noch zu erwarten (Tabelle 20).

1.7. Fossile Nachweise

Jost-Staufer (2000) untersuchte subfossile Käferreste aus einem 3600 bis 3800 Jahre alten Flachmoor aus dem Bereich des Unteraargletschers (Schweiz). Dabei wurden auch Reste von *Cyphon* gefunden, die aber nicht näher bestimmt werden konnten.

Die einzigen bisher bekannten fossilen Scirtidae sind Bernstein-Inklusen verschiedener Herkunft, wobei zu beobachten ist, dass die Scirtidae unter den Coleoptera auffällig dominieren. In der Sammlung des Museums für Naturkunde Berlin sind sie die am häufigsten

Tabelle 20: Übersicht über die Fauna der großen Inseln des Mittelmeers und der Kanarischen Inseln. * = *Elodes genei* kann für Sizilien nicht als Endemit gezählt werden.

Gattung	Korsika	Sardinien	Korsika + Sardinien	Sizilien	Kreta	Zypern	Kanarische Inseln
Elodes	*bertiae, corsica, pollux*		*genei, tournieri*	*genei**	*cretica, novacretica, secundocretica*	*malickyi*	unbekannte Art (Larvennachweis)
Hydrocyphon					*minous*	*oblongulus*	
Cyphon	*corsicus*	*poggii*			*difficilis*		*gracilicornis*
Zahl Endemiten	4	1	2	0	5	2	1 (2)
übrige Arten	10	10	5	11	2	2	0
Gesamtfauna	14	11	7	11	7	4	2
Anteil Endemiten %	28,6	9,1	28,6	0	71,4	50,0	100,0 (?)

vertretene Familie (15,1 %) (Hieke & Pietrzeniuk 1984). Die überwiegende Zahl der untersuchten Einschlüsse stammt von verschiedenen Stellen der Ostseeküste („Baltischer Bernstein"), einige Inklusen wurden auf Sachalin („Sachalinischer Bernstein") und in Sibirien („Sibirischer Bernstein") gesammelt. Das Alter des Baltischen Bernsteins wird im Allgemeinen mit 40 bis 60 Millionen Jahren angegeben (Weitschat & Wichard 2002). Der Sibirische Bernstein ist älter, er stammt aus Ablagerungen der Oberen Kreide.

Alle vom Verfasser untersuchten Inklusen aus Baltischem Bernstein lassen sich rezenten Gattungen zuordnen, allerdings nur nach dem Habitus (Tabelle 21). Die wirkliche Gattungszugehörigkeit bleibt vielfach unklar. Die extra für die Bernsteinfauna gegründeten Gattungen (Iablokoff-Khnzorjan 1960, 1961) können hier nicht kommentiert werden.

Wenn man davon ausgeht, dass die gefundenen und in Sammlungen gelangten Einschlüsse ein einigermaßen repräsentatives Bild der Scirtidenfauna des Bernsteinwaldes widerspiegeln, ermöglicht die Tabelle 21 mehrere ökologische Aussagen. Zunächst fällt auf, dass Fließwasserformen (*Elodes* ?) nur mit 6,5 % im untersuchten Material vorhanden sind. Schnell fließende Bäche, in denen *Hydrocyphon* und *Odeles* leben, scheinen zu fehlen. *Elodes*-Arten kommen auch in langsam fließenden Gewässern, sogar fast stagnierenden

Tabelle 21: Übersicht über das vom Verfasser bearbeitete Fossilien-Material der Familie Scirtidae, Zuordnung zu den Gattungen. * = es könnten auch *Sacodes*-Arten darunter sein, ** = unter diesen Inklusen könnten sich auch *Ora*-Arten verbergen, der Zustand gestattete keine sicherere Bestimmung der Gattung.

Gattung	Zahl der Inklusen	%
Elodes ? *	131	6,5
„Microcara"	169	8,4
Microcara ?	61	3,0
„Cyphon"	1264	63,2
Cyphon ?	182	9,1
Prionocyphon	63	3,1
Prionocyphon ?	51	2,5
Scirtes	48	2,4
Scirtes ? **	32	1,6
Summe	2001	

Gräben vor. Vielleicht muss man auch einen Teil der fossilen *Elodes* ? zu den Phytotelmenbewohnern rechnen (*Sacodes*). Bewohner von Phytotelmen sind die *Prionocyphon*-Arten, die mit 5,7 % auffällig häufig sind. Offenbar muss der Bernsteinwald reich an pflanzlichen Kleinstgewässern gewesen sein. Ein exakter Nachweis von Phytotelmen kann bisher wohl nur durch die Gattung *Prionocyphon*, vielleicht auch *Elodes* (als *Sacodes*) geführt werden. Es ist nicht auszuschließen, dass sich fossile *Scirtes*-Arten ebenfalls in Phytotelmen entwickelt haben. Aus der rezenten Fauna ist dies bekannt. Die Vertreter der Gattung *Ora* Clark leben – soweit bekannt – obligatorisch in Phytotelmen.

Die Bewohner sonstiger stehender Gewässer (Seen, Teiche, Tümpel, Sümpfe usw.) stellen mit 83,8 % den Hauptteil der Fauna (*Cyphon, Microcara; Scirtes* nicht gerechnet). Das durch die Scirtidae erkennbare Bild stimmt mit den allgemeinen Kenntnissen über die Ökologie des Bernsteinwaldes überein. Es wird dabei unterstellt, dass sich die Grundzüge der Biologie seit dem Unteroligozän nicht verändert haben.

Bei der Bestimmung und Beschreibung von Bernstein-Inklusen gelten grundsätzlich die gleichen Kriterien wie für rezentes Material (Klausnitzer 1976a, 2004a). Das bedeutet, dass nur solche Inklusen bestimmbar und damit auch als Arten beschreibbar sind, die eine Beurteilung wenigstens von Teilen des Aedoeagus und der Terminalia zulassen. Die Durchsicht eines großen Materials rezenter getrockneter *Elodes* zeigte zum Beispiel, dass bei den Männchen sehr oft die Parameroide des Penis und die Distalfortsätze des 8. Tergit aus dem Abdomen herausschauen. Dies erleichtert die Bestimmung sehr wesentlich, weil die Artdiagnose meist durch diese Teile bereits gesichert werden kann. Es war zu erwarten, dass auch unter den in Bernstein eingeschlossenen Scirtidae Exemplare zu finden sind, die eine Untersuchung der Parameroide und der Distalfortsätze gestatten, zumal durch den Druck des Harzes die Ausstülpung der letzten Abdominalsegmente wahrscheinlich noch unterstützt wurde. Daraus ergibt sich:

1. Inklusen, die eine Beurteilung des Aedoeagus und der Terminalia zulassen, sind relativ häufig.
2. Nur solche Inklusen sollten als Grundlage für Artbeschreibungen verwendet werden, bei denen als Festpunkte der Diagnose auf die genannten Merkmale zurückgegriffen werden kann, weil eine ektomorphologische Kennzeichnung allein nur ausnahmsweise zu einer gesicherten Diagnose ausreicht.
3. Alle bisherigen Beschreibungen von Scirtidae aus Baltischem Bernstein, die ohne Berücksichtigung dieser Merkmale angefertigt wurden, sind fast immer unzureichend. Die vergebenen Namen müssen als Nomina dubia betrachtet werden, wenn sich nicht bei einer Typenrevision herausstellt, dass der Bau des Genitalapparates beurteilbar ist und der Originalbeschreibung nachgetragen werden kann. Eine Beschreibung von Bernstein-Inklusen um jeden Preis ist falsch, sie führt nur zu Diagnosen, die im Grunde meist wenig mehr besagen, als dass der Autor ein Exemplar der betreffenden Gattung vorliegen hatte (da gegenwärtig einige Gattungen aufgelöst werden, ist nicht einmal das sicher). Diese Art Beschreibungen, von denen die Literatur voll ist, erschweren erheblich die Neubearbeitung von Bernstein-Inklusen.

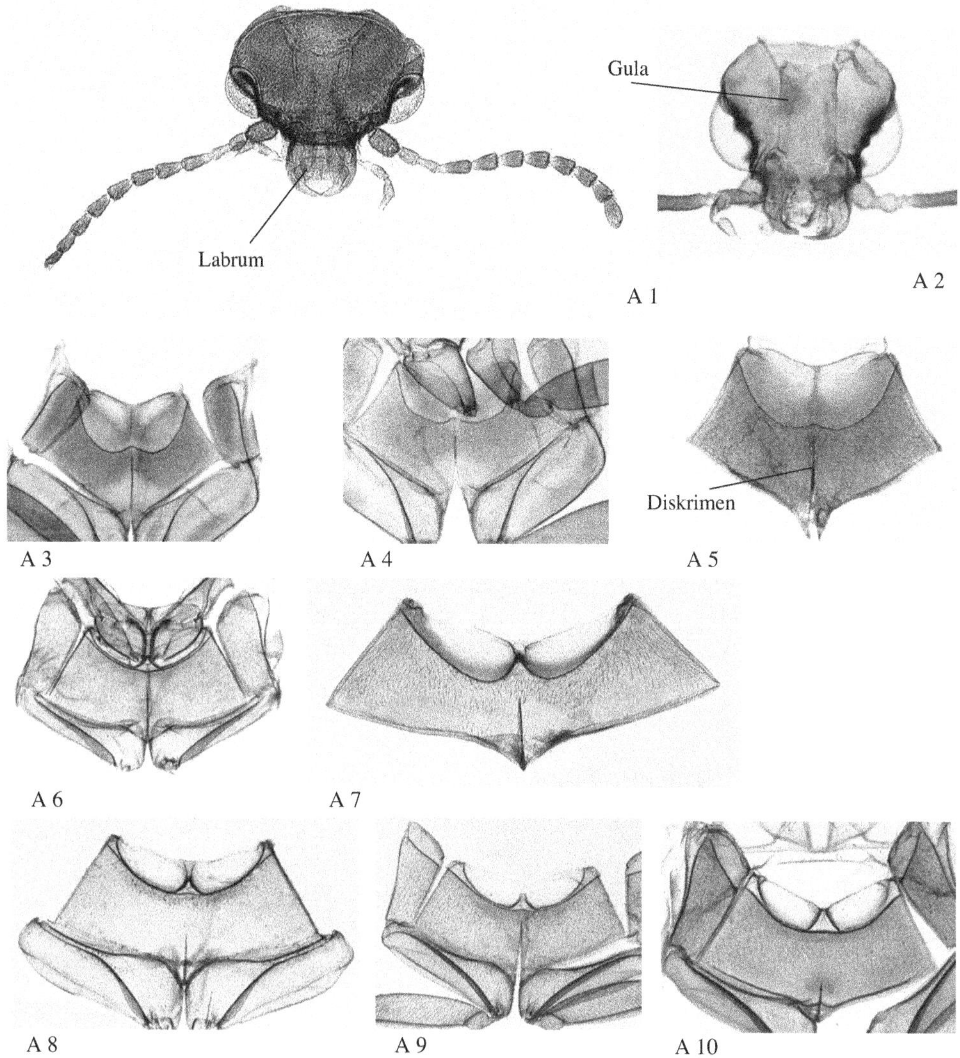

Abb. A 1: *Cyphon variabilis* ♂, Kopf von vorn; **Abb. A 2:** *Elodes minuta* ♂, Kopf, ventral; **Abb. A 3:** *Elodes minuta* ♂, Metaventrit; **Abb. A 4:** *Odeles marginata* ♂, Metaventrit; **Abb. A 5:** *Sacodes flavicollis* ♂, Metaventrit; **Abb. A 6:** *Hydrocyphon deflexicollis* ♀, Metaventrit; **Abb. A 7:** *Scirtes orbicularis* ♀, Metaventrit; **Abb. A 8:** *Microcara testacea* ♂, Metaventrit; **Abb. A 9:** *Prionocyphon serricornis* ♀, Metaventrit; **Abb. A 10:** *Cyphon coarctatus* ♀, Metaventrit.

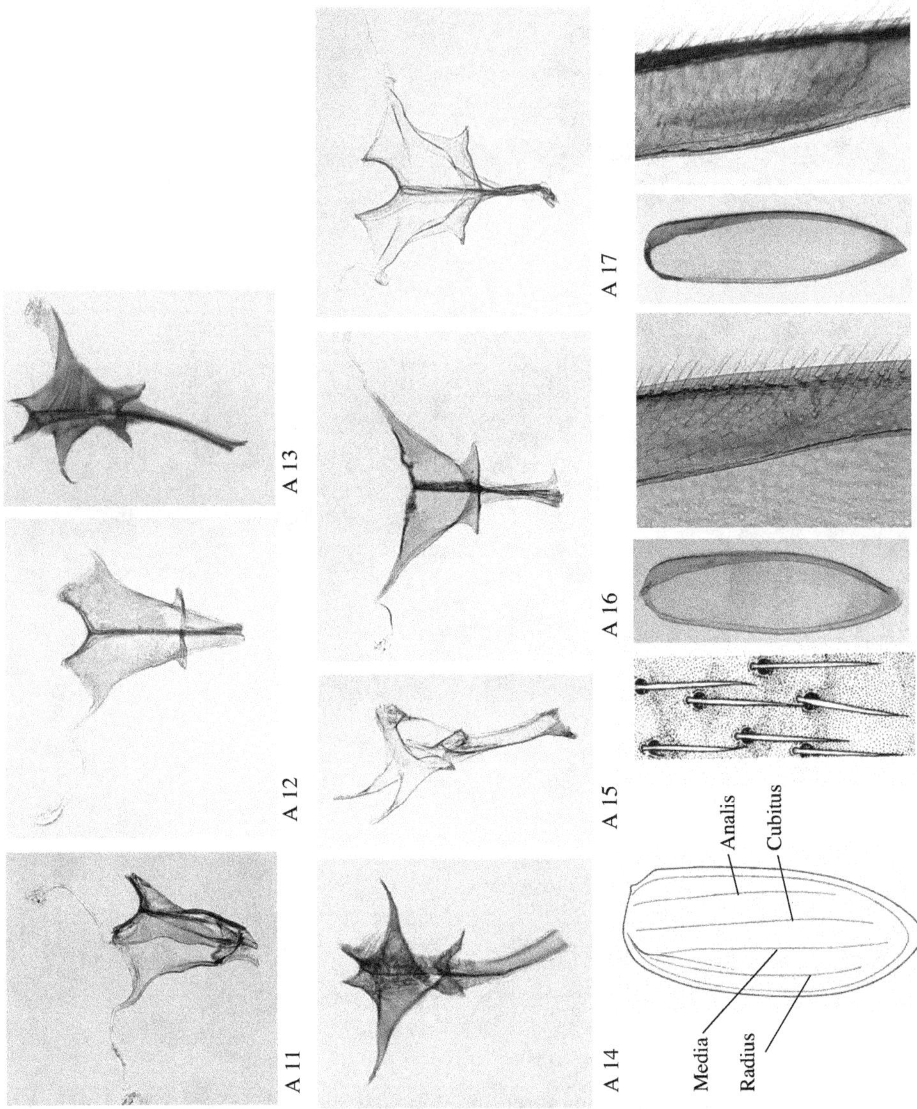

Abb. A 11: *Hydrocyphon deflexicollis* ♂, Metendosternit, lateral; **Abb. A 12:** *Hydrocyphon deflexicollis* ♀, Metendosternit, dorsal; **Abb. A 13:** *Odeles marginata* ♂, Metendosternit, lateral; **Abb. A 14:** *Odeles trilineata* ♂, Metendosternit, dorsal; **Abb. A 15:** *Elodes* sp. ♀, Metendosternit, lateral; **Abb. A 16:** *Cyphon variabilis* ♀, Metendosternit, dorsal; **Abb. A 17:** *Microcara testacea* ♂, Metendosternit, dorsal; **Abb. A 18:** *Cyphon variabilis,* linke Elytre, schematisch, aus NYHOLM (1972b); **Abb. A 19:** *Elodes minuta,* Elytre, dorsal, Ausschnitt, aus KLAUSNITZER (1974f); **Abb. A 20:** *Elodes minuta* ♂, Elytre, ventral; **Abb. A 21:** *Elodes minuta* ♂, Elytre, ventral, Detail; **Abb. A 22:** *Odeles marginata* ♀, Elytre, ventral; **Abb. A 23:** *Odeles marginata* ♀, Elytre, ventral, Detail.

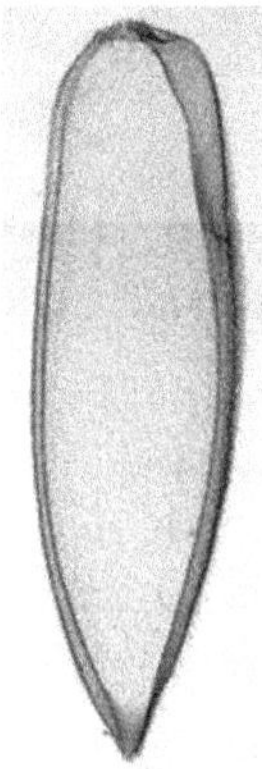
A 24

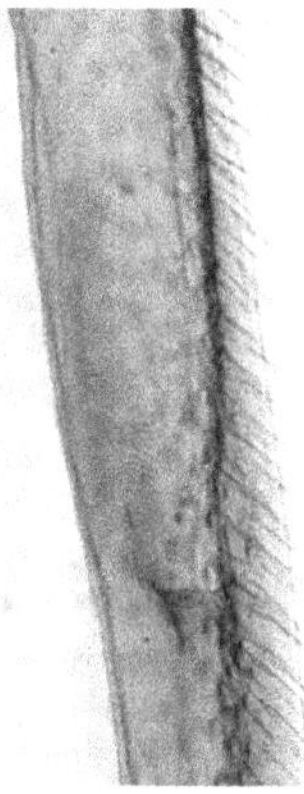
A 25

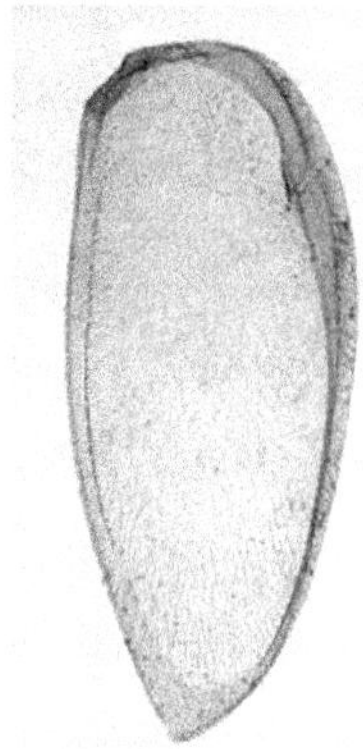
A 26

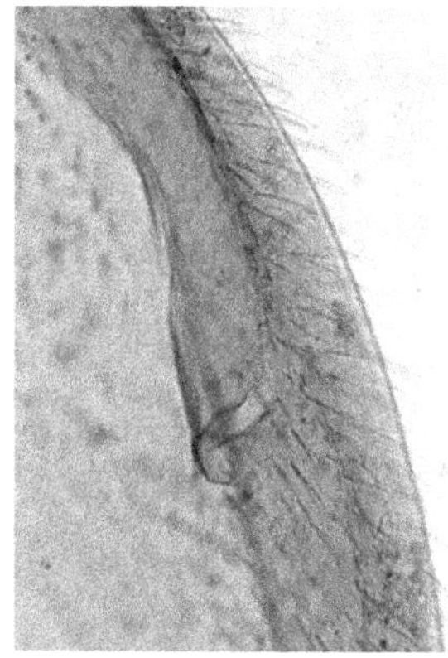
A 27

A 28

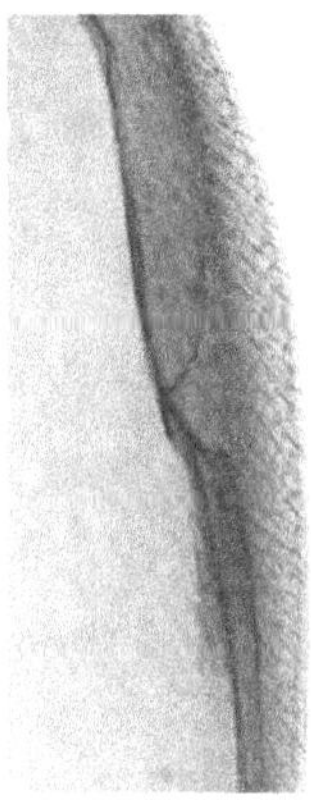
A 29

A 30

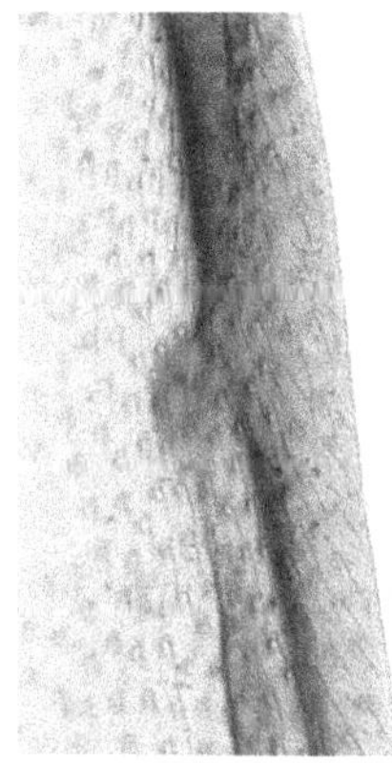
A 31

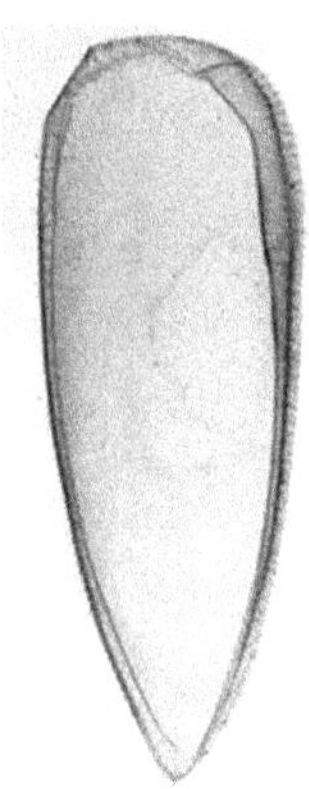
A 32

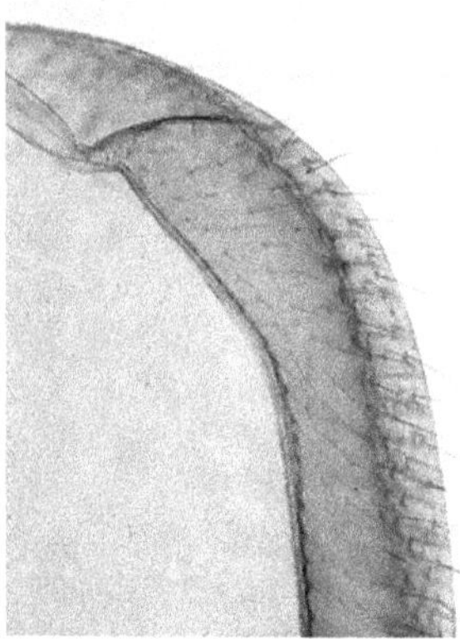
A 33

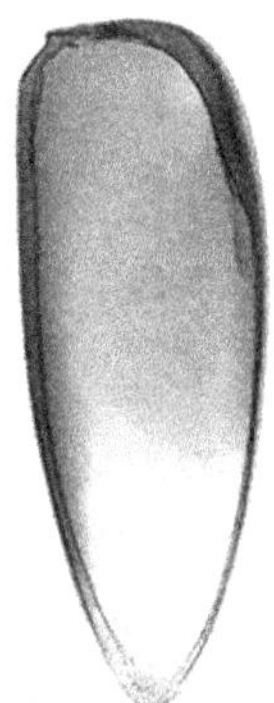
A 34

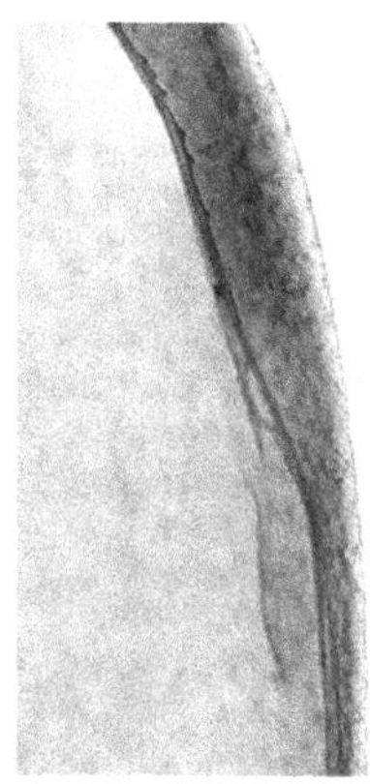
A 35

Abb. A 24: *Sacodes flavicollis* ♀, Elytre, ventral; **Abb. A 25:** *Sacodes flavicollis* ♀, Elytre, ventral, Detail; **Abb. A 26:** *Hydrocyphon deflexicollis* ♀, Elytre, ventral; **Abb. A 27:** *Hydrocyphon deflexicollis* ♀, Elytre, ventral, Detail; **Abb. A 28:** *Scirtes orbicularis* ♀, Elytre, ventral; **Abb. A 29:** *Scirtes orbicularis* ♀, Elytre, ventral, Detail; **Abb. A 30:** *Microcara testacea* ♂, Elytre, ventral; **Abb. A 31:** *Microcara testacea* ♂, Elytre, ventral, Detail; **Abb. A 32:** *Prionocyphon serricornis* ♀, Elytre, ventral; **Abb. A 33:** *Prionocyphon serricornis* ♀, Elytre, ventral, Detail; **Abb. A 34:** *Cyphon padi* ♂, Elytre, ventral; **Abb. A 35:** *Cyphon padi* ♂, Elytre, ventral, Detail.

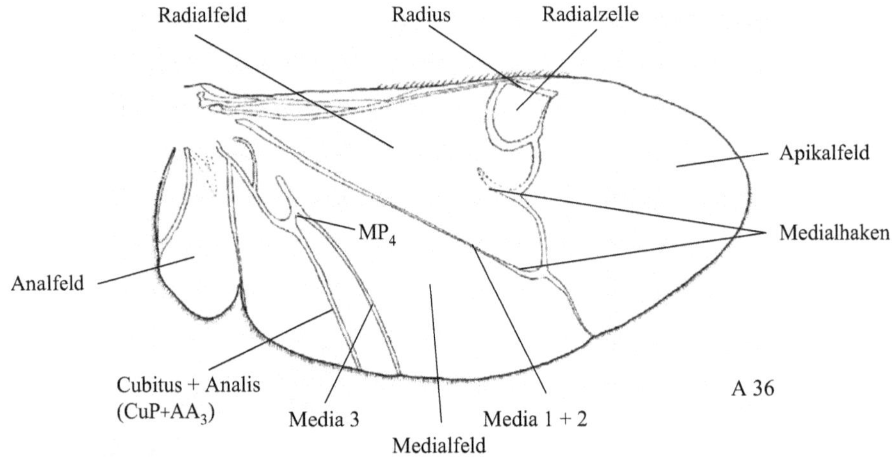

A 36

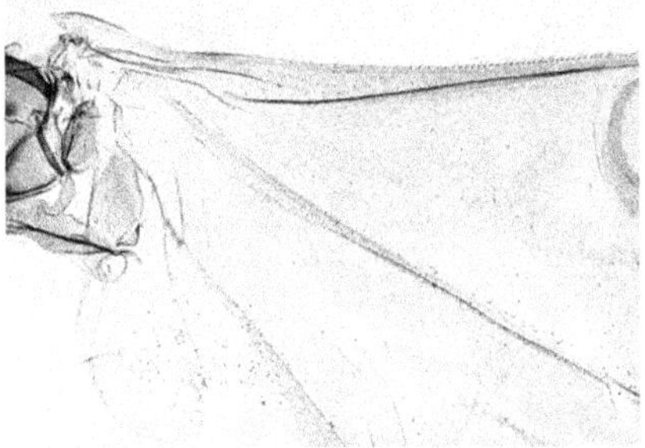

A 37

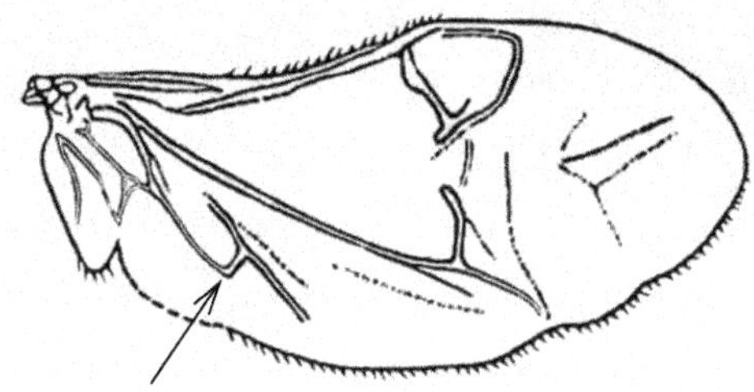

A 38

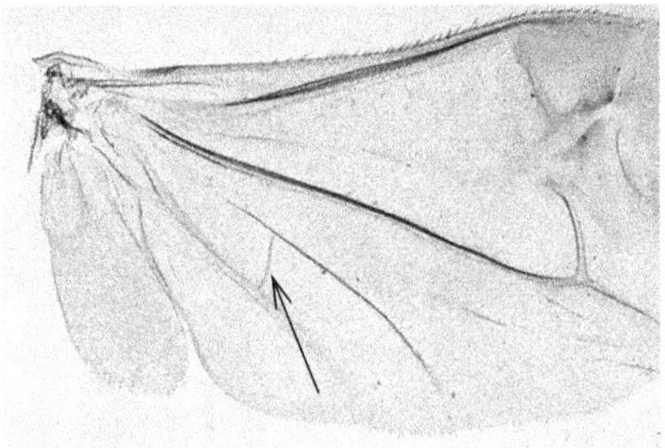

A 39

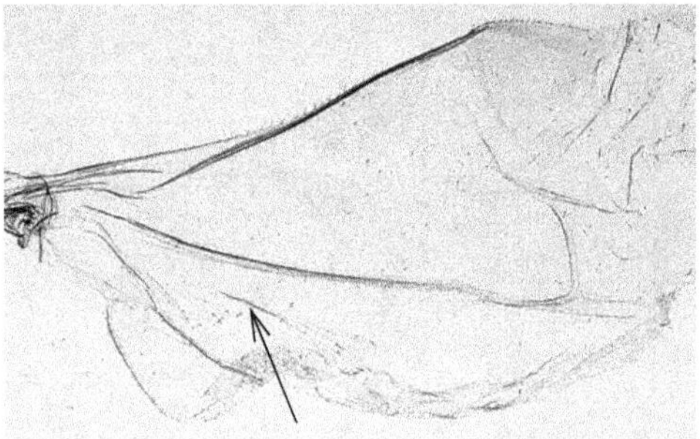

A 40

Abb. A 36: *Elodes pseudominuta,* linker Hinterflügel, schematisch, Benennung vereinfacht, kombiniert nach Friedrich & Beutel (2006), Yoshitomi (2005); **Abb. A 37:** *Odeles marginata* ♀, Hinterflügel; **Abb. A 38:** *Hydrocyphon satoi,* Hinterflügel, nach Yoshitomi (2005); **Abb. A 39:** *Scirtes haemisphaericus* ♂, Hinterflügel; **Abb. A 40:** *Cyphon laevipennis* ♀, Hinterflügel.

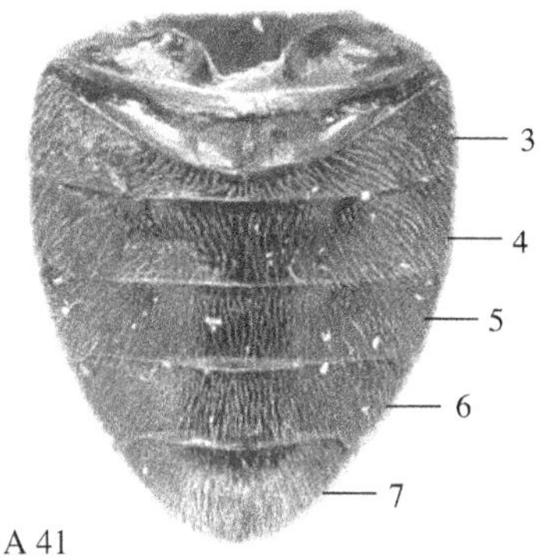

A 41

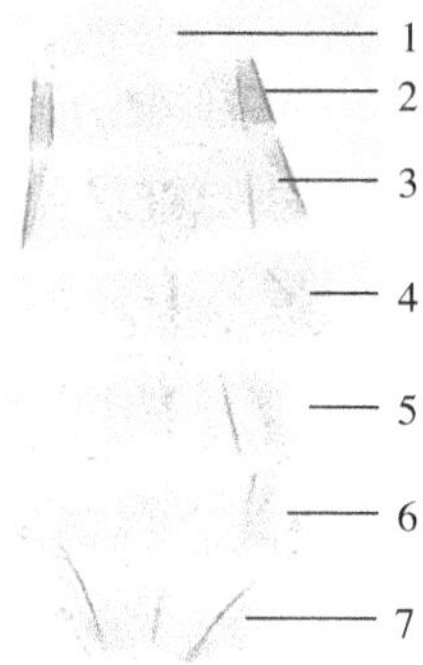

A 42

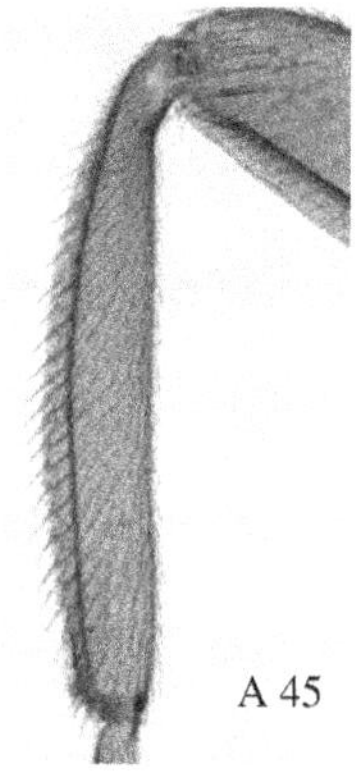

A 45

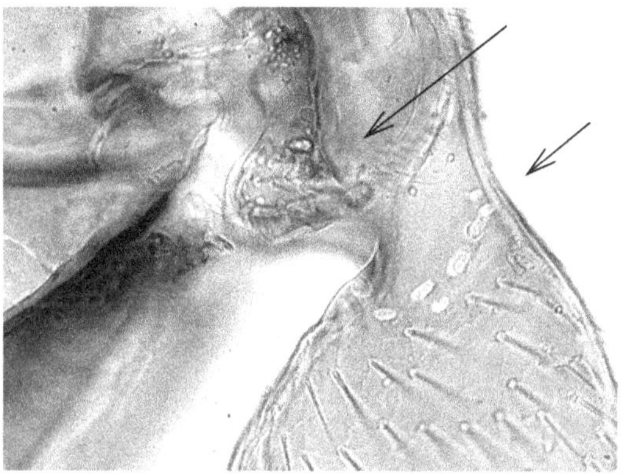

A 43

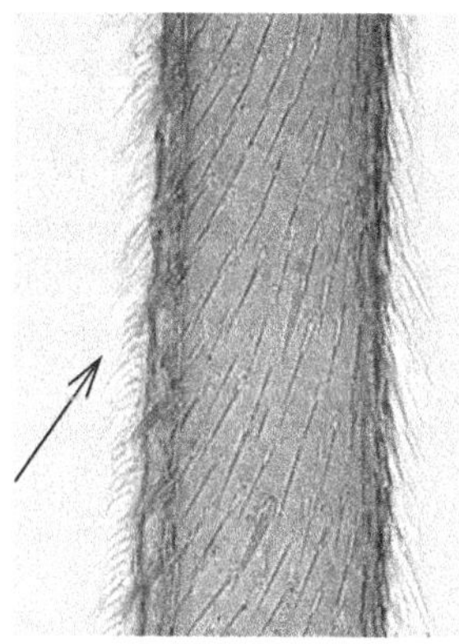

A 44

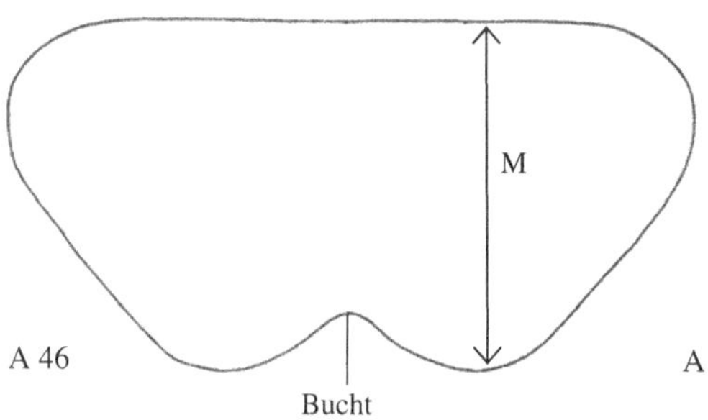

A 46

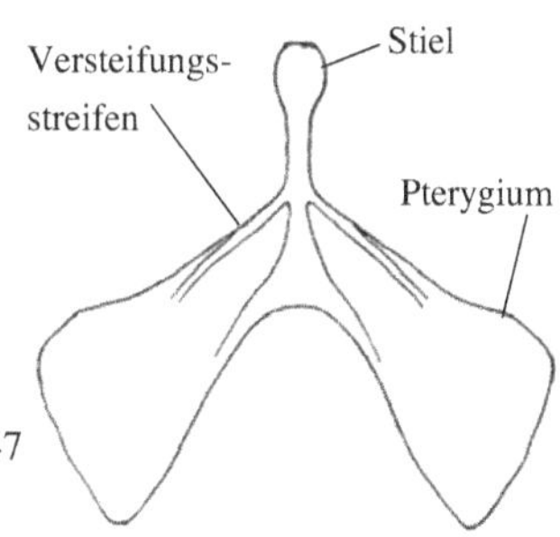

A 47

Abb. A 41: *Odeles styriaca* ♂, 3.- 7. Sternit; **Abb. A 42:** *Cyphon laevipennis* ♀, 1.- 7. Tergit; **Abb. A 43:** *Microcara testacea* ♂, Hinterbein, Trochanter; **Abb. A 44:** *Microcara testacea* ♂, Metatibia; **Abb. A 45:** *Prionocyphon serricornis* ♀, Metatibia; **Abb. A 46:** *Elodes* sp., 7. Sternit ♂, schematisch, Messstrecke für die Länge, aus KLAUSNITZER (1974f); **Abb. A 47:** *Elodes* sp., 8. Sternit ♂, schematisch, aus KLAUSNITZER (1974f).

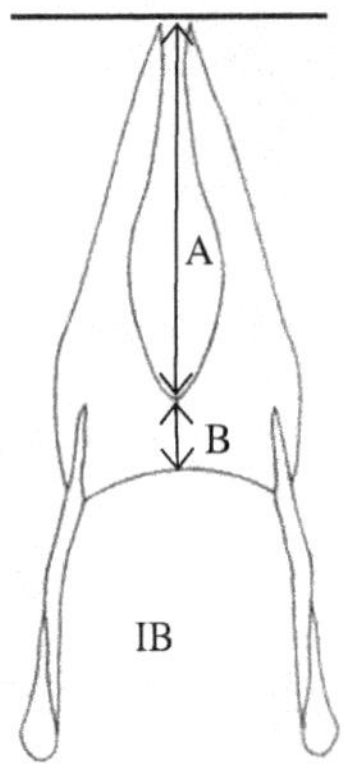

A 48

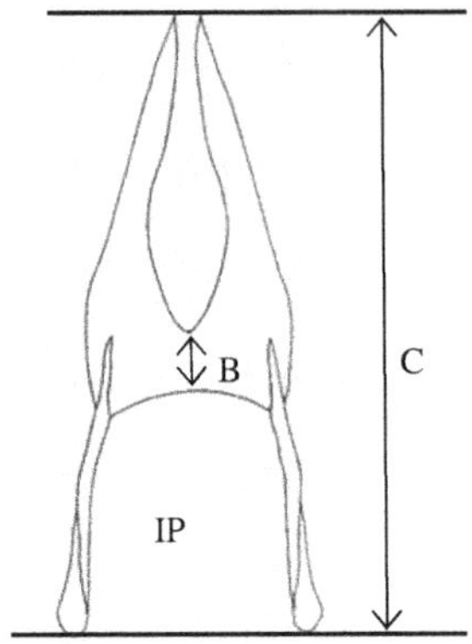

A 49

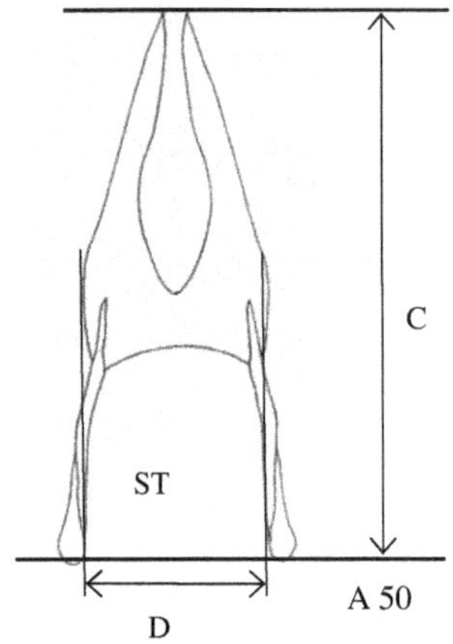

A 50

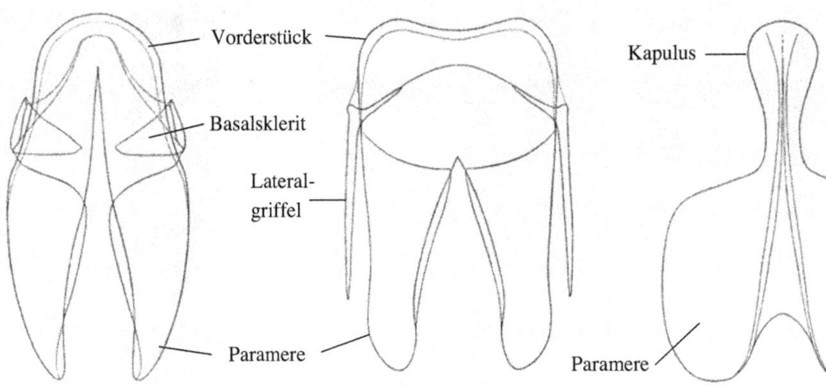

A 51 A 52 A 53

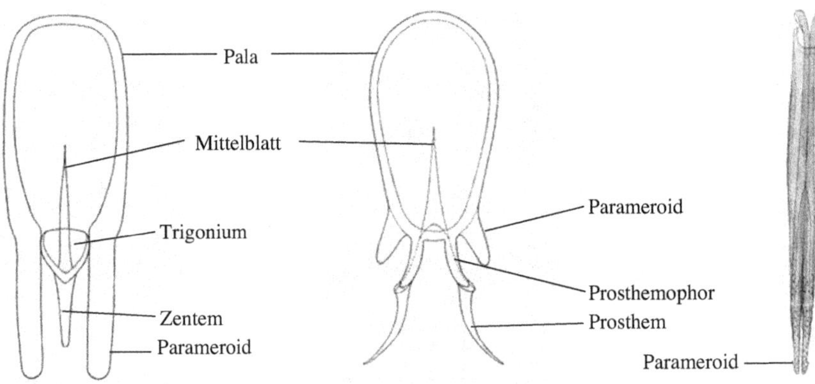

A 54 A 55 A 56

Abb. A 48: *Elodes* sp., 8. Tergit ♂, schematisch, Messstrecken für Index IB, aus KLAUSNITZER (1974f); **Abb. A 49:** *Elodes* sp., 8. Tergit ♂, schematisch, Messstrecken für Index IP, aus KLAUSNITZER (1974f); **Abb. A 50:** *Elodes* sp., 8. Tergit ♂, schematisch, Messstrecken für Index ST, aus KLAUSNITZER (1974f); **Abb. A 51:** Scirtidae, Tegmen mit Basalskleriten, schematisch, aus NYHOLM (1972c); **Abb. A 52:** Scirtidae, Tegmen mit Lateralgriffeln, schematisch, aus NYHOLM (1972c); **Abb. A 53:** Scirtidae, kapulates Tegmen, schematisch, aus NYHOLM (1972c); **Abb. A 54:** *Microcara* sp. ♂, Penis, schematisch, aus NYHOLM (1972c); **Abb. A 55:** *Cyphon* sp. ♂, Penis, schematisch, aus NYHOLM (1972c); **Abb. A 56:** *Elodes minuta* ♂, Penis, schematisch, nach NYHOLM (1972c).

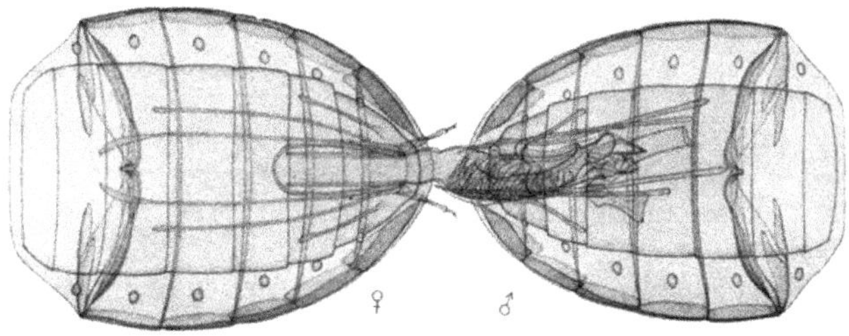

A 58

A 57

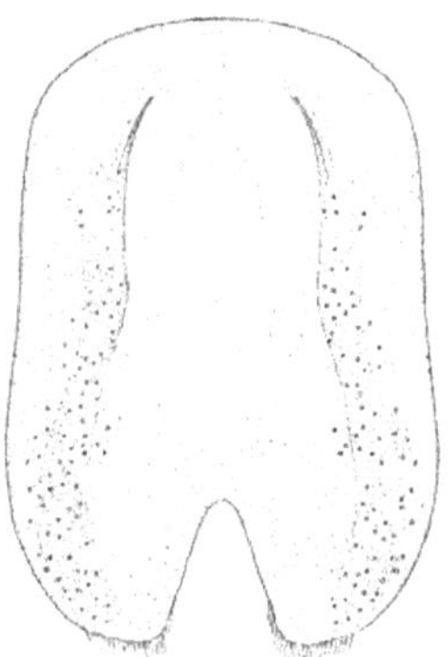

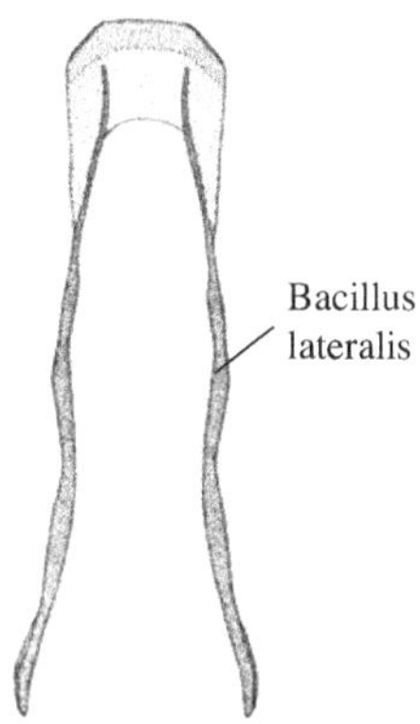

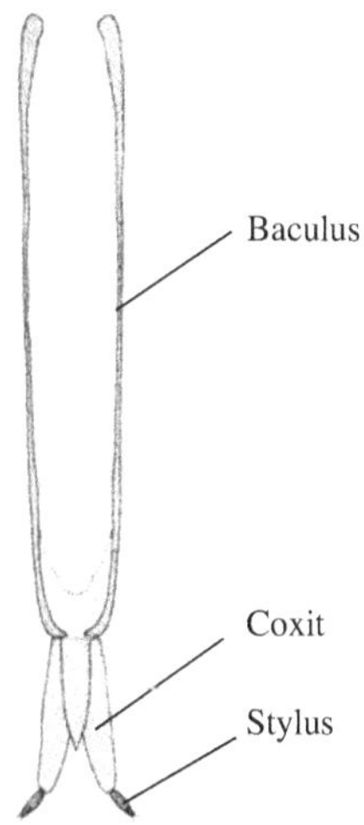

A 59 A 60 A 61

Abb. A 57: *Cyphon variabilis* ♂, Sternite und Kopulationsorgane; **Abb. A 58:** *Cyphon padi,* Kopulation, aus NYHOLM (1969); **Abb. A 59:** *Elodes elongata* ♀, 8. Sternit, schematisch, aus NYHOLM (1985); **Abb. A 60:** *Odeles marginata* ♀, 8. Tergit, schematisch, aus KLAUSNITZER (1974f); **Abb. A 61:** *Odeles marginata* ♀, 9. Sternit/Tergit, schematisch, aus KLAUSNITZER (1974f).

2. Biologie und Ökologie

2.1. Das Ei

2.1.1. Eiablageort und Gelegebildung

Scirtes haemisphaericus legt die Eier in Gruppen bis zu 30 Stück in den Spalt, der sich bildet, wenn ein neues Blatt von Spirodela gebildet wird (Abb. B 1). Eier wurden auch im Mesenchym verletzter Pflanzen gefunden (ZWICK & ZWICK 2008b).

2.1.2. Gelegegröße und Vermehrungspotenz

Sezierte Weibchen enthielten maximal 30-35 Eier (KLAUSNITZER 1968b).

2.1.3. Dauer der Eientwicklung

Aus dem relativ genau bekannten Lebenszyklus von *Odeles hausmanni* ist zu schließen, dass mindestens bei dieser Art eine kurze Entwicklungszeit vorliegt, nach BEIER (1949) dauert sie nur „wenige Tage". Die Eier von *Scirtes haemisphaericus* schlüpften nach 12 Tagen bis 3 Wochen (ZWICK & ZWICK 2008b).

2.1.4. Morphologie

Eier rund, farblos und ohne erkennbare Oberflächenskulptur, soweit man dies beurteilen kann, da die untersuchten Eier aus sezierten Weibchen stammen (KLAUSNITZER 1968b). Die Eier von *Scirtes haemisphaericus* sind oval (0,34 × 0,19 mm), farblos, milchweiß. Das Chorion zeigt keine Struktur (ZWICK & ZWICK 2008b).

2.2. Larve

Die Larven der Scirtidae leben aquatisch, die Imagines terrestrisch.

2.2.1. Ökologische Ansprüche und besiedelte Gewässer

Geht man von den paläarktischen Arten der Scirtidae aus, so ist eine aquatische Lebensweise der Larven ausnahmslos für alle Gattungen belegt und wird vielfach dokumentiert (BERNET KEMPERS 1943, KEBER 1943, BEIER 1949, TREHERNE 1954, STRIGANOVA 1961, NYHOLM 1972b, KLAUSNITZER 1975a, 1987a, HANNAPPEL & PAULUS 1987, 1994, STRIBLING & YOUNG 1990, ZWICK & HECHT 2008, ZWICK & ZWICK 2008b).

Die Larven bewohnen unterschiedliche Gewässer (Tabelle 22): Bäche von der Quelle bis zum Eintritt in das Potamal (*Elodes* partim, *Odeles, Hydrocyphon*), Wassergräben im Tiefland (*Elodes* partim), verschiedene Typen stehender Gewässer, wie Tümpel, Teiche, Seen (*Microcara, Cyphon, Scirtes*) und Phytotelmen (*Prionocyphon, Sacodes*) sowie das Grundwasser (*Cyphon palustris*).

Betrachtet man die Familie weltweit, so ist zunächst festzustellen, dass die Kenntnis der Larven überaus lückenhaft ist. Von den meisten Gattungen (sofern man deren Definitionen überhaupt unrevidiert übernehmen kann) sind Larven völlig unbekannt. Die wenigen vor-

Tabelle 22: Bevorzugte Entwicklungshabitate der Larven der in der Westpaläarktis vorkommenden Gattungen.

Gattung	Habitat
Elodes	Bäche bis langsam fließende Wassergräben
Hydrocyphon	Oberläufe von Bächen
Odeles	Bäche
Microcara	Stillgewässer
Scirtes	Stillgewässer
Cyphon	Stillgewässer, Grundwasser
Prionocyphon	Phytotelmen
Sacodes	Phytotelmen

liegenden Beschreibungen passen jedoch in das allgemeine, als familientypisch angesehene Bild, mit wenigen Ausnahmen.

Diese Ausnahmen sind deshalb besonders interessant, weil es sich um terrestrisch lebende Larven handelt (Hudson 1934, Hannappel & Paulus 1991, Klausnitzer 2006f). Natürlich ist es nicht außergewöhnlich, wenn in überwiegend aquatischen Taxa terrestrische Arten gefunden werden. Das kommt sogar bei gesamten Ordnungen vor, die als überwiegend wasserbewohnend gelten, z. B. den Odonata und den Trichoptera, findet sich aber auch bei den Coleoptera, wo als markantes Beispiel an verschiedene Dytiscidae (z. B. *Geodessus besucheti* Brancucci, 1979, *Typhlodessus monteithi* Brancucci, 1985) erinnert werden kann (Brancucci 1979, 1985).

Die Untersuchung des Grundwassers eines Seengebietes ergab bis in eine Tiefe von mehr als 10 m ein regelmäßiges und häufiges Vorkommen von *Cyphon*-Larven (Klausnitzer & Pospisil 1991). Die Tiere wimmelten geradezu in den Rohren, die für die Grundwasser-Forschung verwendet wurden. Die Ernährung von den im Untergrund zahlreich vorhandenen Eisenbakterien (vielleicht auch organischem Detritus) ist wahrscheinlich. Filmaufnahmen zeigen die große Beweglichkeit der schlanken Larven im Lückensystem des Kiesgrundes. Offen bleibt die Einbindung des Grundwassers in den Lebenszyklus und auch die Frage, ob ein Leben ausschließlich in diesem Habitat für die betreffende Art möglich ist (bisher wurde nur *Cyphon palustris* nachgewiesen).

2.2.2. Larvenstadien und Entwicklungsdauer

Nach Benick (1924, 1925) haben *Prionocyphon serricornis* und *Elodes minuta* 5 Larvenstadien, die sich, abgesehen von der Größenzunahme und den Mandibeln, in ihrem Bau relativ wenig unterscheiden. Diese Angaben wurden vielfach in die Literatur übernommen, sind aber nicht korrekt. Die Zahl der Antennenglieder erhöht sich mit zunehmender Körperlänge (Benick 1925). Jedes vermutliche Stadium hat eine charakteristische mittlere Antennengliedzahl, die jedoch bei jedem Stadium höher als beim vorhergehenden ist. Beier (1949) nennt für *Odeles hausmanni* ebenfalls 5 Larvenstadien und benennt die Entwicklungsdauer mit einem Jahr. Rasmussen (1978) fand bei *Odeles marginata* gleichzeitig zwei Größenklassen der Larven außer in einem Zeitabschnitt von etwa 3 Monaten, nachdem die größeren Larven das Wasser verlassen hatten.

In Wirklichkeit ist die Zahl der Larvenstadien deutlich höher und wahrscheinlich innerhalb der Familie nicht einheitlich. Zwick & Hecht (2008) konnten für *Elodes minuta* 9 Stadien nachweisen, wobei sich die Kopfkapselbreite als geeignetes Maß erwies (wie allgemein bei der Bestimmung des Stadiums von Käferlarven üblich). Zwick & Zwick (2008b) benutzten erfolgreich die Breite des Labrum.

LOMBARDI (1928) nennt für *Scirtes haemisphaericus* 8 oder 9 Larvenstadien. Die Untersuchungen von ZWICK & ZWICK (2008b) ergaben 11 Stadien (Abb. B 2).

Das 1. Larvenstadium weicht in seinem Bau von den späteren erheblich ab (ZWICK & ZWICK 2008b). Es ist farblos, die Borsten sind hell bis auf 6 sehr lange gebogene am Körperende (Abb. B 3). Der Darm ist noch mit Dotter gefüllt. Die Stigmen sind nicht offen, in den Tracheen befindet sich keine Luft. Die Antennen bestehen aus 7 Gliedern (Abb. B 5). Nach 3 Tagen erfolgte bei 20 °C die 1. Häutung.

Das 2. Larvenstadium nimmt Nahrung auf. Die Tracheen sind mit Luft gefüllt, am Abdomenende befindet sich eine Luftblase. Die dunklen Borsten am Abdomenende sind durch kurze helle ersetzt (Abb. B 4). Die Antennen bestehen aus 13 Gliedern (Abb. B 6). Bei der L_3 sind 19-20 Antennenglieder vorhanden.

Die Entwicklungsdauer der einzelnen Stadien ist unbekannt.

2.2.3. Verhalten

Die Larven der Scirtidae können nicht aktiv schwimmen. Sie klettern vielmehr auf dem Gewässerboden sowie an Wasserpflanzen umher. Auch das Aufsuchen der Wasseroberfläche zum Erneuern der Atemluft geschieht durch Klettern. Die Larven sind befähigt, an der Unterseite der Wasseroberfläche entlang zu laufen. Von *Elodes*-Larven ist bekannt, dass sie dort in einen „Starrezustand" verfallen können, der sich erst bei Berührung der Antennen oder eines anderen Körperteiles mit einem festen Gegenstand wieder löst. Im Allgemeinen sind die Larven gegen Beunruhigung sehr empfindlich und unterbrechen ihre Nahrungsaufnahme bei jeder Störung, mitunter ergreifen sie die Flucht.

Die Larven der meisten Arten sind lichtscheu (negativ phototaktisch) und suchen stets die Unterseite von Blättern, Steinen oder Holzstücken auf. Gegen Ende des letzten Larvenstadiums meiden sie im Zusammenhang mit dem Verlassen des Wassers (nicht bei *Hydrocyphon* und *Scirtes haemisphaericus*) zur Verpuppung das Licht nicht mehr.

2.2.4. Nahrung und Nahrungsaufnahme

Die Larven der meisten Arten findet man bevorzugt zwischen abgestorbenen Pflanzenteilen (Falllaub) sowohl am Gewässergrund als auch im Randbereich. Sie ernähren sich von lockeren, organischen Sinkstoffen, die sich dort, aber auch auf der Unterwasservegetation absetzen. Dieser Detritus wird von anderen Käferlarven kaum beachtet, die Sumpfkäferlarven nehmen ihn aber mit einem Teil der Mundwerkzeuge auf (KEBER 1943, BEIER 1949, 1952, HANNAPPEL & PAULUS 1987). Die Maxillen, ebenso die Mandibeln, sind an ihrer Spitze und auf der Unterseite dicht mit weichen Kamm- und Fiederhaaren bedeckt (Abb. L 13-17), mit denen die Larven die feinen Nahrungsteile in die Mundhöhle befördern. Die vorderen Borsten der Maxillen eignen sich wahrscheinlich auch zum Ablösen von Algenbelägen (WICHARD et al. 1995). Epipharynx und Hypopharynx bilden einen komplizierten Filterapparat, der in Anpassung an diese Lebensweise sehr eigenartig gebaut ist (Abb. L 12, 22). Verschiedene Zähnchen und Borstenreihen (Kammzähne, Krallenzähne u. a.) sortieren die Sinkstoffe und sind bei den einzelnen Arten (in Abhängigkeit von der mittleren Korngröße der Sinkstoffe ?) unterschiedlich gestaltet (Abb. L 23-26). Am Grunde der Mundöffnung bilden die Molae der Mandibeln mit Teilen des Hypopharynx und Epipharynx einen Kau- und Pressapparat.

Die Nahrungsaufnahme läuft in vier einander fast automatisch folgenden Phasen ab, von denen die erste und dritte sowie die zweite und vierte zeitlich zusammenfallen, sodass ein Zweitaktrhythmus entsteht (BEIER 1949, 1952).

1. Phase: Die Nahrung wird durch eine weit ausholende Bewegung der Maxillen eingeholt.
2. Phase: Die Nahrungsteilchen werden vom Sammelapparat des Hypopharynx (Seitenlappen und Zahnapparat) und den Mandibeln (Fiederborsten) übernommen.
3. Phase: Die Nahrung wird nach hinten in den Mahlraum zu einem Press- und Kauapparat befördert.
4. Phase: Die Nahrung wird im Mahlraum aufbereitet (es erfolgt eine gewisse Sortierung).

2.2.5. Verdauung

Der Nahrungsbedarf der Sumpfkäferlarven ist sehr groß, weil die Sinkstoffe viel unverdaulichen Ballast und nur wenige verwertbare organische Anteile enthalten. Zum anderen erfordern die doch recht große Beweglichkeit und die Größe der Larven eine ausreichende Energiezufuhr. Die Nahrungsaufnahme erfolgt deshalb mit großer Geschwindigkeit. Pro Minute wird bei ungestörter Nahrungsaufnahme etwa 70- bis 80-mal Nahrung eingeholt. Der erste Teil des Darmkanals wirkt wie eine Saugpumpe, die die aufbereitete und eingedickte Nahrung aus der Mundhöhle saugt und über die Speiseröhre in den Mitteldarm befördert, in dem die eigentliche Verdauung erfolgt. Das große Volumen der aufgenommenen Stoffe bedingt eine rasche Passage, sodass von den Sumpfkäferlarven eine beträchtliche Exkrementmenge abgegeben wird.

2.2.6. Atmung

Die Larven der Scirtidae besitzen nur ein am Körperende (8. Abdominalsegment) liegendes Stigmenpaar, das zeitlebens offen und funktionsfähig ist (metapneustisch). Im Abstand von etwa 10-20 Minuten wird eine Erneuerung des Luftvorrates vorgenommen, die an der Wasseroberfläche (Hauptmenge des benötigten Sauerstoffs) oder unter Ausnutzung von Unterwasserluftblasen erfolgt und einige Sekunden dauert. Die Atemluft wird im Tracheensystem gespeichert, dessen zwei große seitliche Längsstämme keine stabilisierende Spiralstruktur haben und durch ausgedehnte Erweiterungen zu Luftsäcken geworden sind, die die Aufnahme einer relativ großen Luftmenge ermöglichen (Abb. L 42). Diese große Luftmenge bedingt auch ein relativ geringes spezifisches Gewicht. Nach Beendigung des Gasaustausches tritt aus den Stigmen eine Luftblase, die durch Haare des Abdominalsegments festgehalten wird. Diese Luftblase steht in offener Verbindung mit der aufgenommenen Atemluft. Durch Diffusion erfolgt ein zusätzlicher Gasaustausch zwischen der Luftblase und dem umgebenden Wasser (TREHERNE 1952).

Die Larven der Scirtidae haben ein weiteres Organ, das früher mit der Atmung in Zusammenhang gebracht und „Branchialorgan" genannt wurde (Abb. L 41). Aus der dorsalen Kloakalwandung entspringen fünf (bei *Scirtes* sieben) fingerförmige, unverzweigte, durch Hämolymphdruck vorstreckbare Schläuche (Rektalpapillen) aus einer gemeinsamen Basis. Sie liegen in einer Hautfalte des 9. Abdominalsegments. Die Rektalpapillen dienen vor allem der Osmoregulation, indem sie Kat-Ionen aus dem umgebenden Wasser absorbieren können (TREHERNE 1954, WICHARD & KOMNICK 1974, WICHARD et al. 1995). Sinneszellen, die auf chemische Reize ansprechen, sollen den zunehmenden Sauerstoffgehalt des Wassers in Oberflächennähe registrieren und dienen der Orientierung bei der Atemlufterneuerung.

2.3. Puppe

2.3.1. Verpuppungsort

Die Mandibelspitze ist bei den meisten Gattungen vom 1. bis zum vorletzten Larvenstadium flach, dünn und breit abgerundet. Im letzten Larvenstadium ist der Bau fast immer abgewandelt und steht in einem funktionellen Zusammenhang zur Art der Verpuppung.

Die Larven von *Elodes* und *Odeles* haben einen derben Zahn an der Mandibelspitze (Abb. L 13, 14), der das Aushöhlen der Puppenwiege ermöglicht. Sie verlassen am Ende ihrer Entwicklung das Wasser und graben in unmittelbarer Ufernähe an der Oberfläche eine Erdhöhlung, in der sie sich ohne irgendein schützendes Gespinst verpuppen. Nach Zwick (2007) verpuppen sich die Larven von *Elodes tricuspis* etwa 10 mm unterhalb der Erdoberfläche und legen eine reguläre runde Kammer an, deren innere Oberfläche glatt ist und die innen einen Durchmesser von etwa 4,7 mm hat. Die Larve von *Elodes johni* verpuppt sich ähnlich (Zwick & Zwick 2008c).

Auch die Larven von *Sacodes flavicollis* haben einen derartigen Endzahn. Der Modus der Verpuppung ist unbekannt. Für andere *Sacodes*-Arten wird angegeben, dass sie sich frei oder im Substrat außerhalb der Phytotelme verpuppen (Stribling & Young 1990, Yoshitomi 2005).

Die Larven von *Hydrocyphon deflexicollis* verpuppen sich unter Steinen im Wasser ohne Anlage einer Puppenwiege. Das letzte Larvenstadium hat keinen Terminalzahn an der Mandibel (Abb. L 15). Diese Puppe dürfte das am weitesten an das Wasserleben angepasste derartige Metamorphosestadium aller aquatischen Coleoptera sein. Sie ist von einem hydrophoben, feinen Haarkleid bedeckt, das ein Plastron festhält, auch mit der Osmose wird diese Puppe fertig. Die Puppen der wasserbewohnenden Coleoptera lösen sonst diese beiden Probleme nicht (Ausnahme Chrysomelidae-Donaciinae), sie sind stets an Land, und sie sind das am wenigsten an das Wasserleben angepasste Entwicklungsstadium.

Scirtes-Larven verpuppen sich an Wasserpflanzen unterhalb der Wasseroberfläche. Die Zähnelung an der Mandibelspitze (Abb. L 16) dient dem Eindringen in Pflanzenteile unter Wasser. Zwick & Zwick (2008a) fanden, dass bereits das letzte Larvenstadium mit seinen Mundwerkzeugen bis zum Aerenchym vordringt, und die Puppe Atemluft aus der Pflanze gewinnen kann. Sie drängt ihren Vorderkörper in die geschaffene Öffnung, ein Luftfilm schafft die notwendige Verbindung, auch für die frisch geschlüpfte Imago. Petrischak (in litt. 2001) fand sie an der Unterseite von Spirodela polyrhiza, die Mundwerkzeuge im Aerenchym verankert, der Körper frei im Wasser hängend.

Die Larven von *Prionocyphon serricornis* kriechen zur Verpuppung in die oberen Teile der bewohnten Baumhöhle.

Puppen von *Cyphon* und *Microcara* wurden an der Bodenoberfläche, in pflanzlichem Detritus des Uferbereiches, unter Rindenstückchen, im oberen, trockenen Drittel von Sphagnum-Polstern, sogar frei an Blättern, die aus dem Wasser ragen, gefunden (Palm 1961, Nyholm 1972b, Zwick & Zwick 2008c). Eine Puppenwiege wird offenbar nicht angelegt.

2.3.2. Morphologie

Die Form des Körpers ähnelt den Imagines. Körper weichhäutig, unpigmentiert, nur die Augen scheinen schwarz durch. Die Behaarung ist fein und hell. Auf der Körperoberfläche befinden sich zusätzlich zahlreiche sehr kleine aufrechte Dörnchen. Die Ausführungen zur Morphologie werden durch eine Bestimmungstabelle ergänzt.

Pronotum meist mit 4 Hornbildungen, die lang und auffällig sein können und in den Ecken inserieren (Abb. Pu 1-5). Bei *Hydrocyphon* und *Scirtes* sind keine Hornbildungen vorhanden. Allerdings besitzt *Scirtes exoletus* WATERHOUSE, 1880 (Australien) 4 Hörner, vielleicht ein Hinweis auf einen paraphyletischen Charakter der Gattung. Auch bei *Prionocyphon* variiert die Zahl der Hornbildungen auf dem Pronotum: *P. limbatus* LECONTE, 1865 (Nordamerika) hat 4, bei *P. niger* KITCHING & ALLSOPP, 1987 (Australien) fehlen sie.

Bei *Elodes*, *Microcara* und *Prionocyphon* befinden sich auf dem 1.-4. Abdominaltergit Stigmen, bei *Scirtes haemisphaericus* nur auf dem 1. und 2. Abdomen mit wenigstens gattungscharakteristischen zapfenförmigen Anhängen (Haftorgane), die oft (immer) sexualdimorph ausgebildet sind (Abb. Pu 8-12).

2.3.3. Bestimmungstabelle für die Gattungen

(nach BERTRAND 1972, ZWICK & ZWICK 2008a, c). Die Puppen von *Sacodes* LECONTE, 1854 sind unbekannt.

1 Pronotum mit zwei Paar fadenförmigen Fortsätzen, von denen die hinteren reduziert sein können (Abb. Pu 1-5). Körper mit oder ohne kurze, dichte Behaarung 2

1* Pronotum ohne fadenförmige Fortsätze (Abb. Pu 6, 7). Körper immer mit kurzer, dichter Behaarung, wenigstens auf dem Prothorax 6

2 Hintere Fortsätze auf dem Pronotum etwa so lang wie die vorderen (Abb. Pu 2-5). 3

2* Hintere Fortsätze auf dem Pronotum deutlich kürzer als die vorderen oder fehlend (*P. serricornis*) (Abb. Pu 1). . . . . *Prionocyphon* L. REDTENBACHER, 1858 (*serricornis*)

3 Die kurze, dichte Behaarung ist auf dem Meso- und Metathorax sowie den Abdominalsegmenten reduziert (Abb. Pu 2). . . . . *Cyphon* PAYKULL, 1799 (*coarctatus, variabilis?*)

3* Die Behaarung ist sowohl auf dem Thorax als auch dem Abdomen dicht (Abb. Pu 4) . . . 4

4 Die fadenförmigen Fortsätze auf dem Pronotum sind relativ lang (Abb. Pu 3, 4). Die paarigen Kaudalfortsätze sind einfach (Abb. Pu 8, 9, 11), oder es sind zusätzliche Hakenorgane vorhanden (Abb. Pu 10). 5

4* Die fadenförmigen Fortsätze auf dem Pronotum sind relativ kurz (Abb. Pu 5). Beim ♀ ein, beim ♂ zwei Paar Kaudalfortsätze vorhanden (Abb. Pu 12).
. . . . *Microcara* C. G. THOMSON, 1859 (*testacea*)

5 Männchen ohne große zusätzliche Hakenorgane am Abdomenende (Abb. Pu 8). Weibchen mit konischem Körperende, die Hakenorgane sind länger (Abb. Pu 8). Pronotum relativ schmaler. Der Abstand der hinteren Hörner des Pronotum zur Mittellinie bzw. den Außenecken ist etwa gleich groß (Abb. Pu 3). . . . . *Elodes* LATREILLE, 1796 (*johni, minuta, tricuspis*)

5* Männchen mit großen zusätzlichen Hakenorganen am Abdomenende (Abb. Pu 10). Weibchen mit abgestutztem Körperende und paramedianem rechtwinkligem Vorsprung zwischen den Hakenorganen (Abb. Pu 11). Pronotum relativ breiter. Die hinteren Hörner des Pronotum stehen der Mittellinie näher als den Außenecken. . . . . *Odeles* KLAUSNITZER, 2004 (*marginata*)

6(1) Die kurze Behaarung ist nur auf dem Thorax ausgebildet (Abb. Pu 6).
. . . . *Scirtes* ILLIGER, 1807 (*haemisphaericus*)

6* Die kurze Behaarung ist auf dem Thorax und dem Abdomen gleich dicht (Abb. Pu 7).
. . . . *Hydrocyphon* L. REDTENBACHER, 1858 (*deflexicollis*)

2.3.4. Entwicklungsdauer

NYHOLM (1972b) fand bei einer Zucht von *Cyphon ochraceus* eine Puppenzeit von 14 Tagen. ZWICK (2007) beobachtete unter Laborbedingungen eine Entwicklungsdauer (Präpupa und Puppe) bei *Elodes tricuspis* von 12 bis 15 Tagen, die Puppen von *Scirtes haemisphaericus* schlüpften nach nur 3 Tagen.

2.4. Imago

2.4.1. Ökologische Ansprüche

Neben euryöken Arten (z. B. *Cyphon coarctatus, C. padi, C. palustris, C. variabilis*) gibt es auch ausgesprochen stenöke (z. B. *Elodes johni, Cyphon kongsbergensis, C. hilaris, C. punctipennis*). Nur in wenigen Fällen allerdings reicht unsere Kenntnis überhaupt aus, derartige Einschätzungen zu treffen.

Verschiedene *Cyphon*-Arten leben wegen ihrer ähnlichen Habitatansprüche vergesellschaftet im selben Biotop (das Problem der „Nischenüberlagerung“ wurde bisher kaum untersucht).

Einige Vergesellschaftungen findet man relativ oft, sodass die Annahme besteht, es könnte sich um ± gesetzmäßig auftretende Assoziationen handeln (Tabelle 23).

Viele Scirtidenarten haben sehr individuenreiche Populationen. Bekannt ist dies von *Scirtes haemisphaericus, Cyphon laevipennis* und *Cyphon padi*. Ausgesprochen individuenarm scheinen die Populationen von *Cyphon punctipennis* zu sein. In manchen Biotopen erreichen die Scirtidae große Häufigkeit. So waren in einem Zwischenmoor in der Oberlausitz 28,1 % aller über einen längeren Zeitraum mit einem Käscher gesammelten Käfer Scirtidae (Schlegel 1962). Nickel (1989) fand in der Umgebung von Tübingen maximal 220 Exemplare von *Cyphon coarctatus* pro m^2.

Bei einer Bekämpfung von Stechmückenlarven mit einem Präparat, das einen monomolekularen Film auf der Wasseroberfläche hervorruft, wurde eine sehr große Zahl von Larven von *Microcara testacea* getötet (Aspöck et al. 1978), woraus auf eine erhebliche Populationsgröße geschlossen werden kann.

Tabelle 23: Beobachtete Vergesellschaftungen von *Cyphon*-Arten.

Arten	Habitat	Quelle
C. ruficeps, C. variabilis, C. coarctatus	montane Lagen (über 900 m NN)	Klausnitzer 1966a
C. pubescens, C. laevipennis	mäßig saure Sphagneten	Nyholm 1955, Klausnitzer 1966c
C. padi, C. laevipennis	Phragmitetum	Nyholm 1955
C. padi, C. kongsbergensis, C. punctipennis	montane Sphagnum-Moore	Nyholm 1955
C. ruficeps, C. coarctatus, C. palustris, C. variabilis, C. pubescens, C. padi	Kalkalpen (Schweiz; 1100-1200 m NN), Teiche, Waldwiesenkomplex	Nyholm 1950

2.4.2. Verhalten

Die meisten Scirtidae sind sehr fluglustig und beweglich und können deshalb weit entfernt von potentiellen Entwicklungsstätten gefunden werden. Die Imagines werden aber im Regelfall in der Nähe des Lebensraumes der Larven gefunden (z. B. Ufervegetation von Teichen und Mooren), mitunter treten sie aber auch ± weit entfernt auf (Dispersionsflüge, Verdriftung durch Luftströmungen).

Die Angehörigen der Gattung *Scirtes* haben verdickte Hinterschenkel und können gut springen.

Von *Hydrocyphon deflexicollis* ist bekannt, dass sich die Imago unter Wasser bewegen kann. Mindestens ist dies zum Verlassen des Puppenquartiers nötig. Durch die Behaarung sind die Käfer unbenetzbar.

Viele *Cyphon*-Arten meiden das direkte Sonnenlicht und schwärmen eher nachmittags bis zum frühen Abend (Nyholm 1972b, Klausnitzer unveröffentlicht). Auch *Prionocyphon serricornis* scheut das Tageslicht und fliegt besonders in der Dämmerung. Es wird sogar vom Schwärmen dieser Art an Holzstapeln und alten Stämmen berichtet. Auch andere Scirtidae scheinen abends und nachts zu fliegen, da bei Lichtfängen außer *P. serricornis* verschiedene *Cyphon*-Arten, vor allem die Männchen (z. B. *C. coarctatus, C. hilaris, C. laevipennis, C. padi, C. palustris, C. pubescens, C. variabilis*) und *Hydrocyphon deflexicollis* beobachtet werden (z. B. Kerstens 1961, Nyholm 1972b, Nilsson 1980, Wieser & Kofler 1991, 2002, Kofler 1999, Klausnitzer, unpubliziert).

Hydrocyphon deflexicollis wurde auch regelmäßig von Dorn an einem großen Verandafenster bei Thale (Harz) gefunden (Horion 1955 und Sammlungsmaterial).

Einige Arten werden bevorzugt durch die gelbe Farbe (Gelbschalen) angelockt, z. B. *Cyphon padi* und *Cyphon variabilis* (Klausnitzer 1965).

In den Anschwemmungen von Insekten an Meeresufern (besonders Ostsee) dominieren oft Coccinellidae, Scirtidae können aber ebenfalls nennenswert zu finden sein (Palmén 1944, Palm 1948, zitiert nach Nyholm 1972b). Bei einer derartigen Ansammlung am Weststrand der Halbinsel Darß (Mecklenburg-Vorpommern) dominierte *Cyphon variabilis* (Klausnitzer, unpubliziert).

Kopulation

Die Kopulation (Abb. A 58) beschreibt Nyholm (1972b) sehr anschaulich, sodass seine Ausführungen hier – etwas gekürzt – zitiert seien:

„Ein Weibchen von *C. coarctatus* wurde am 22.6.1970 in ein durch Nylongewebe abgedecktes, bis zur Hälfte locker mit Moos (Sphagnum) gefülltes Glas eingeschlossen und im Freien aufgestellt. Am folgenden Tage hatte sich ein Männchen, offenbar durch vom unbegatteten Weibchen abgegebene Riechstoffe herangelockt, eingefunden und auf dem Nylontuch niedergelassen. Das Weibchen hatte das Moos verlassen und saß auf der Unterseite des Tuches in der Nähe des Männchens. Die beiden Tiere wurden unmittelbar, zusammen mit etwas Moos, in eine Glasröhre gebracht. Nachdem sie sich nach der Überführung beruhigt hatten, blieben sie etwa eine Viertelstunde ein Stück voneinander entfernt fast unbeweglich im Moos sitzen. Dann suchte das Männchen das Weibchen auf und lief zuerst einige Mal um dieses herum. Das Weibchen blieb dabei am selben Platz sitzen, machte aber unablässlich zuckende Bewegungen, gleich schnell wiederholten Kniebeugen, ein Benehmen, das ich auch bei den Weibchen anderer *Cyphon*-Arten während des Vorspiels zur Begattung beobachtet habe.

Nach den Runden um das Weibchen kroch das Männchen auf den Rücken desselben und fing an, die speziell behaarte Partie der Elytren um das Scutellum abzulecken. Auch die Spitze des weiblichen Abdomen wurde vom Männchen mit den Mundwerkzeugen bearbeitet. Diese Aktivität von seiten des Männchens, die ich mehrmals bei *Cyphon*-Pärchen vor der eigentlichen Kopulation beobachtete, dient dem Zweck, das Weibchen begattungsbereit zu machen. Man sieht das Weibchen während dieser Aufwartung des Männchens das 9. Hinterleibssegment weit hinausstrecken und die Geschlechtsöffnung auftun. Unzweifelhaft wird dabei auch der Prehensor zur Spitze des Abdomen befördert, um gleich beim Applizieren der Ductusmündung an die Vaginalöffnung die Spermatophore greifen zu können, welch letztere während dieser Vorbereitung zur Kopulation, wenn nicht schon früher, im männlichen Geschlechtsgang nach hinten so weit verschoben worden ist, dass ihr Hinterende sich an dessen Mündung befindet.

In dem hier besprochenen Falle erfolgte nun nach diesen Präludien die Vereinigung der Kopulationsorgane überraschend schnell im Laufe von ein paar Sekunden. Das Männchen saß dabei nicht auf dem Rücken des Weibchens, sondern halbwegs auf dessen Unterseite.

Der Aedoeagus wurde zur Spitze des Abdomen weit hinausgestreckt. Ob die Haken des Ventralstückes des Aedoeagus [Penis] im Augenblicke der Zusammenkopplung der Begattungsorgane als Haftvorrichtung dienten, konnte ich wegen des raschen Ablaufs des Vorganges und der lebhaften Bewegungen der Tiere nicht direkt beobachten. War dies der Fall, so wurden die Haken dann sehr schnell wieder los gemacht, sobald der Prehensor die Spermatophore erfasst hatte. Die durch den Griff des Prehensors um die Spermatophore bewirkte Vereinigung der beiden Tiere war unmittelbar eine so feste, dass das Männchen sich bei den Bewegungen des Weibchens willenlos hin und her schleudern und mitschleppen ließ. Das Männchen wurde also sofort hintenüber geworfen, und die Tiere nahmen alsdann für den Rest der Kopulation die „tail-to-tail" Stellung ein.

Nach der aufgeregten Aktivität vor und bei der Zusammenkopplung blieb das Pärchen nun eine längere Zeit ruhig sitzen, wobei doch der Hinterleib sowohl des Männchens wie des Weibchens ziemlich schnelle pumpende Bewegungen, gleich verstärkten Atembewegungen, ausführte. Die freien Haken des Ventralstückes des um die Längsachse stark gedrehten Aedoeagus schlugen im Takt mit den Bewegungen des Abdomen. Diese Bewegungen hatten offenbar den Zweck, die Spermatophore aus dem männlichen Genitalapparat herauszupressen, während die rhythmischen Hinterleibsbewegungen des Weibchens durch ihre ziehende oder vielleicht richtiger saugende Wirkung das Pressen des Männchens unterstützte. In diesem Zustande verweilten die Tiere etwa 25 Minuten, bis es ihnen gelang, die Spermatophore aus dem männlichen Abdomen völlig loszumachen. Diese ragte nun mit ihrem Vorderteil in dem in der Vaginalöffnung noch befindlichen Prehensor steckend, fast in ihrer ganzen Länge frei hinaus. Nach ungefähr einer halben Minute holte dann das Weibchen durch einen gleichmäßigen Zug die Spermatophore in die Bursa herein, zog das Genitalsegment ein und setzte sich zur Ruhe. Das Männchen zog, sobald es von der Spermatophore befreit worden war, den Aedoeagus ins Abdomen zurück, lief davon und suchte beim Öffnen der Glasröhre sofort fliegend zu entwischen."

Bei vielen Arten erfolgt die Kopulation unmittelbar nach dem Schlüpfen der Imagines bei der ersten Begegnung. Bei *Scirtes haemisphaericus* wurde eine Dauer von mindestens 30 Minuten beobachtet (ZWICK & ZWICK 2008b).

2.4.3. Nahrung

Über die Nahrung der Imagines liegen kaum direkte Beobachtungen vor. Nach dem Bau der Mundwerkzeuge, besonders der Mandibeln von *Microcara, Prionocyphon* und *Cyphon*, könnte man schließen, dass sie räuberisch leben. Als Nahrung kämen vielleicht weichhäutige Insekten (etwa Blattläuse) in Frage. Der lange Incisivus von *Elodes, Odeles* und *Sacodes* assoziiert ebenfalls eine Raubmandibel. Allerdings sind die Basen der Mandibeln so weit voneinander getrennt, dass die Spitzen nur dann interagieren könnten, wenn sie punktgenau aufeinander träfen, sodass eine räuberische Lebensweise wohl nicht zutreffen dürfte. *Hydrocyphon* und *Scirtes* haben flache, sehr dünne, kleine Mandibeln, die vermuten lassen, dass die Imagines keine feste Nahrung aufnehmen. Sie wurden auch nicht beim Blütenbesuch beobachtet. Allerdings fanden sich viele *Scirtes haemisphaericus* auf Blättern von Phragmites, die mit Blattläusen besetzt waren, „Honigtau" war vorhanden, ob er aufgenommen wurde, bleibt offen (KLAUSNITZER, unveröffentlicht).

ZWICK (2007) untersuchte die Verhältnisse bei *Elodes tricuspis*. Er legt dar, dass die Mandibeln keine funktionelle Bedeutung haben (im Gegensatz zu *Cyphon*, wo im Darm Pollen, Pilzhyphen und Sporen gefunden wurden) und dass die Imagines nur flüssige Nahrung aufnehmen könnten, z. B. Nektar und Honigtau. Darmuntersuchungen ergaben keine festen Partikel. Gelegentlich werden Scirtidae (z. B. *Cyphon coarctatus*, *C. padi, Elodes minuta* auf Blüten (Apiaceae, Rosaceae) beobachtet (NYHOLM 1972b, KLAUSNITZER, unpubliziert). Auch an Pilzen und saftenden Bäumen werden gelegentlich Exemplare gefunden (Nyholm 1972b).

2.4.4. Sexualität

Sexualindex

Die beiden Geschlechter sind in den *Cyphon*-Populationen ungefähr in gleicher Anzahl vertreten. Beim Sammeln mit dem Kescher gewinnt man oft mehr Männchen als Weibchen, weil sich die Weibchen meist mehr versteckt halten. Das Einsammeln durch „Niedertreten" ergibt in der Regel mehr Weibchen als Männchen (Nyholm 1972b).

Bei *Cyphon hilaris* (66,7 % ♂) und *Cyphon kongsbergensis* (63,7 % ♂) wurde bei Kescherfängen am Ufer eines naturnahen Teiches in der Oberlausitz ein deutliches Überwiegen der Männchen gefunden. Bei *C. laevipennis*, *C. padi* und *C. variabilis* war der Sexualindex annähernd ausgeglichen (Klausnitzer 1971a).

Caspers (1980) stellte bei Emergenzuntersuchungen eines kleinen Waldbaches bei Bonn in 2 Untersuchungsjahren (1976, 1977) jeweils unterschiedliche Verhältnisse fest: *Cyphon coarctatus* ♂ 85,4 % bzw. 73,3 %; *Elodes johni* ♂ 58,7 % bzw. 29,5 %; *Odeles marginata* ♂ 63,1 % bzw. 39,1 %.

2.5. Überwinterung

Die Überwinterung erfolgt entweder als Larve (*Elodes*, *Odeles*, *Prionocyphon*, *Microcara*, *Scirtes*, *Cyphon* partim) oder als Imago (*Cyphon* partim). In abgestorbenen Phragmites-Stengeln und unter Steinen wurden überwinternde Käfer von *Cyphon laevipennis* und *C. variabilis* gefunden. Nach dem Vorkommen von Eiern im Abdomen sezierter Weibchen ist es wahrscheinlich, dass außer den genannten Arten noch weitere *Cyphon* als Imago überwintern. Über *Sacodes* und *Hydrocyphon* liegen keine Beobachtungen vor.

Die Studien von Nyholm (1972b) und eigene Erhebungen (Klausnitzer 1971a) ergaben als Rückschlüsse aus der Phänologie (Tabelle 24) eine Überwinterung als Imagines vorwiegend bei Arten der *Cyphon variabilis*-Gruppe. Larven-Überwinterung liegt hauptsächlich in der *Cyphon coarctatus*-Gruppe vor. Offen bleibt auch bei den hier genannten Arten, ob die Überwinterung ausschließlich oder überwiegend in dem betreffenden Stadium erfolgt. Für eine Überwinterung als Ei gibt es keine Hinweise. *Cyphon variabilis* und *C. hilaris* könnten in Nordschweden als Puppe überwintern (Nyholm 1972b). Genannt wird auch der Fund einer Puppe von *Cyphon laevipennis* bei Stockholm.

Tabelle 24: Überwinterungsmodus der in Mitteleuropa vorkommenden *Cyphon*-Arten. Über *Cyphon putonii* und *C. ruficeps* liegen keine gesicherten Angaben vor.

Art	Überwinterungsmodus
coarctatus	Larve
hilaris	Larve oder Imago
kongsbergensis	Larve
laevipennis	Imago
ochraceus	Larve
padi	Imago
palustris	Larve
pubescens	Imago
punctipennis	Imago ?
variabilis	Imago

Zur Überwinterung begeben sich die *Cyphon*-Imagines oft ziemlich weit vom Ufer weg. Die in Sphagnum-Mooren im Sommer nachgewiesenen Arten (*Cyphon padi, C. variabilis*) scheinen im Herbst die Moospolster zu verlassen, um anderswo den Winter zu überstehen (Lehmann 1958). Brugge (1979) fand Imagines von *Cyphon laevipennis* unter Ulmenborke in Fraßgängen von Scolytidae.

Bei Arten, die über das gesamte Gebiet Europas oder den größten Teil desselben verbreitet sind, kann der Verlauf der Entwicklung im Süden und im Norden ihres Areals ± verschieden sein, indem sich die Fortpflanzung mit zunehmender geographischer Breite immer mehr verzögert. Nyholm (1972b) gibt eine Zusammenstellung der schwedischen Funde von *Cyphon variabilis* südlich und nördlich des 61. Breitengrades. Aus dieser Zusammenstellung geht hervor, dass das Maximum der Fänge von Imagines im südlicheren Teil des Landes um etwa einen Monat früher erreicht wird, das Minimum aber dennoch in beiden Fällen in die erste Hälfte des August fällt. Der Vorsprung der süd- und mittelschwedischen Populationen scheint von den nördlichen im Laufe des Sommers eingeholt zu werden.

Nach bisheriger Kenntnis folgt die Entwicklung der einzelnen *Cyphon*-Arten in Mitteleuropa demselben Schema wie in Nordeuropa, nur mit Verschiebungen, die durch die südlichere Lage bedingt werden (Wiebes & Wiebes-Rijks 1964).

2.6. Generationenzahl

Wahrscheinlich sind die meisten Scirtidae in Mitteleuropa univoltin. Genauer bekannt ist dies, außer bei verschiedenen *Cyphon*-Arten, z. B. von *Odeles hausmanni* (Beier 1949). Von dieser Art werden die Junglarven im Spätsommer gefunden, die Überwinterung erfolgt im 2. oder 3. Larvenstadium, die Verpuppung im August/September des nächsten Jahres. Das Schlüpfen der Puppe und die Eiablage geschehen rasch hintereinander, sodass die Gesamtentwicklung etwa ein volles Jahr dauert. Nach Rasmussen (1978) liegt bei *Elodes minuta* und *Odeles marginata* eine semivoltine Entwicklung vor.

Von den meisten Arten werden zur gleichen Jahreszeit verschiedene Larvenstadien gefunden. Beispielsweise enthielt dieselbe Phytotelme gleichzeitig Larven von *Prionocyphon serricornis* in mehreren Stadien. Jedoch verschiebt sich das Zahlenverhältnis der einzelnen Stadien vom Herbst des einen Jahres zum Sommer des anderen Jahres zugunsten der letzten Larvenstadien. Außerdem werden Puppen und Imagines der meisten Arten vorwiegend zu einer bestimmten Jahreszeit gefunden.

2.7. Gegenspieler

Beim Bestimmen von in Ethanol konservierten Scirtidae bei der Vorbereitung zur Genitalpräparation wurden im Abdomen eines Weibchens von *Cyphon variabilis* drei Exemplare einer Mermithidae gefunden, die das gesamte Abdomen prall ausfüllten. Es war eine neue Gattung und Art: *Scirtimermis praematura* (Kaiser & Klausnitzer 2000).

Schmidt (2000) fand bei Untersuchungen in Schilfbeständen der Camargue, dass *Cyphon laevipennis* die Hauptnahrung von Teichrohrsänger (*Acrocephalus scirpaceus*) und Tamariskensänger (*Acrocephalus melanopogon*) ist. Es zeigte sich, dass der *Cyphon*-Anteil in der Nahrung von fünf dort häufigen Singvogelarten ziemlich stark variiert. Teichrohrsänger und Tamariskensänger, bei denen Käfer überhaupt den größten Anteil (ca. 30-40 %) an der Gesamtbeute ausmachen, fressen fast nur *Cyphon* (95 % bzw. 98 % der Käfer). Drosselrohrsänger (*Acrocephalus arundinaceus*), Bartmeisen (*Panurus biarmicus*) und Rohrammern (*Emberiza schoeniclus*) hingegen fressen insgesamt etwas weniger Käfer, und von den Käfern machen die Scirtidae „nur“ 50-80 % aus.

Als Beispiel für den Einfluss von aquatischen Prädatoren auf Scirtidae soll auf die Untersuchungen von JEFFRIES (1993, 1996) hingewiesen werden. *Cyphon*-Larven waren die häufigsten Wirbellosen in temporären Kleinstgewässern, aber selten – wohl im Zusammenhang mit dem Vorkommen von Rückenschwimmern – in angrenzenden permanenten Stillgewässern zu finden. Bei einem Freilandexperiment reduzierte *Notonecta glauca* die Anzahl der *Cyphon*-Larven bis zu 50 %. Der Aufenthalt der Larven an der Wasseroberfläche dürfte sie sehr geeignet als Beute für *Notonecta* werden lassen.

2.8. Bioindikation und Gefährdung

Rote Listen für Scirtidae wurden für Deutschland bzw. einzelne Bundesländer mehrfach publiziert (GEISER 1998, BELLSTEDT 1993, 2001, HAASE 1996, HESS et al. 1999, KLAUSNITZER 1996c, SPITZENBERG 1993, ZIEGLER et al. 1994). Eine wirkliche Beurteilung von Bestandesschwankungen ist bei den Scirtidae höchstens sehr lokal begrenzt möglich, für größere Übersichten fehlen die Grundlagen. Die Gefährdung wird gutachterlich aus der strengen Bindung einzelner Arten an gefährdete Habitate (Moore, Fließgewässer, Phytotelmen) geschlossen.

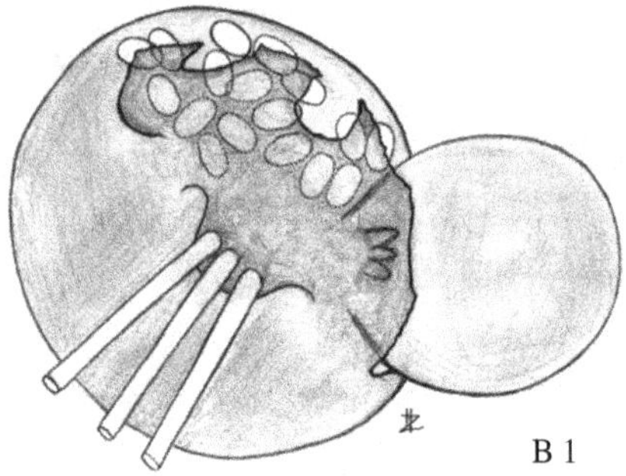

B 1

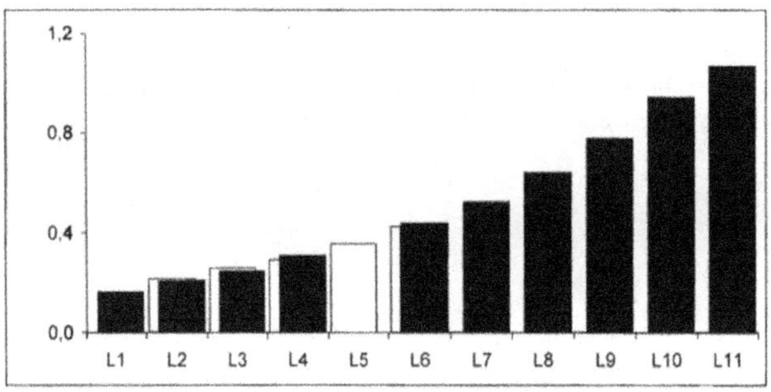

B 2

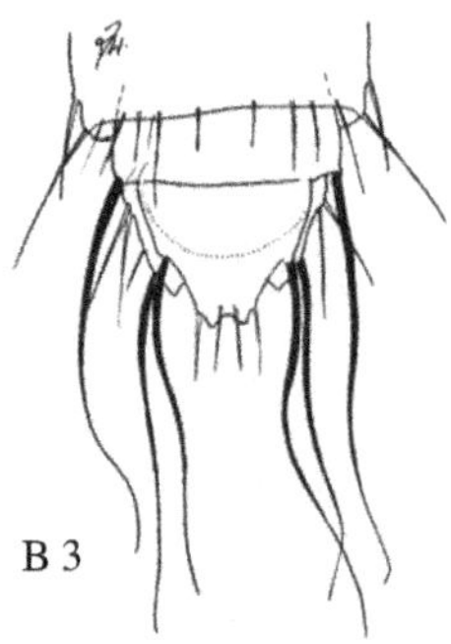

B 3

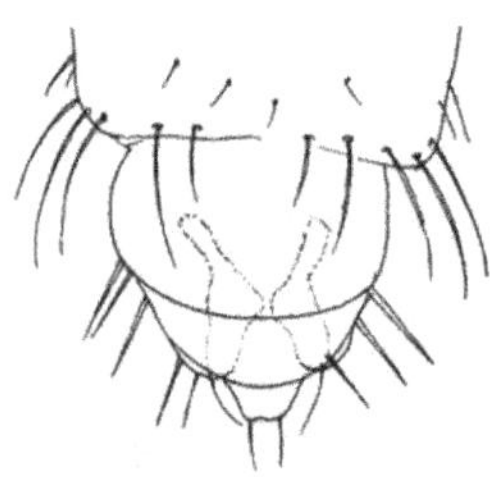

B 5

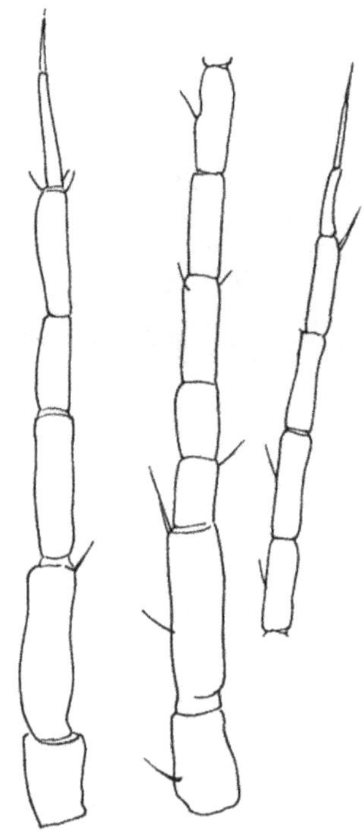

B 4 B 6

Abb. B 1: *Scirtes haemisphaericus*, Eier in einem Spalt von Spirodela, aus dem ein neuer Spross hervorkommt, aus ZWICK & ZWICK (2008b); **Abb. B 2:** *Scirtes haemisphaericus*, geometrisches Mittel der Kopfkapselbreite [mm], die leeren Kästchen deuten Werte von Schätzungen an, aus ZWICK & ZWICK (2008b); **Abb. B 3:** *Scirtes haemisphaericus*, L_1: Abdomenende, ventral, aus ZWICK & ZWICK (2008b); **Abb. B 4:** *Scirtes haemisphaericus*, L_1: Antenne, aus ZWICK & ZWICK (2008b); **Abb. B 5:** *Scirtes haemisphaericus*, L_2: Abdomenende, ventral, aus ZWICK & ZWICK (2008b); **Abb. B 6:** *Scirtes haemisphaericus*, L_2: Antenne, aus ZWICK & ZWICK (2008b).

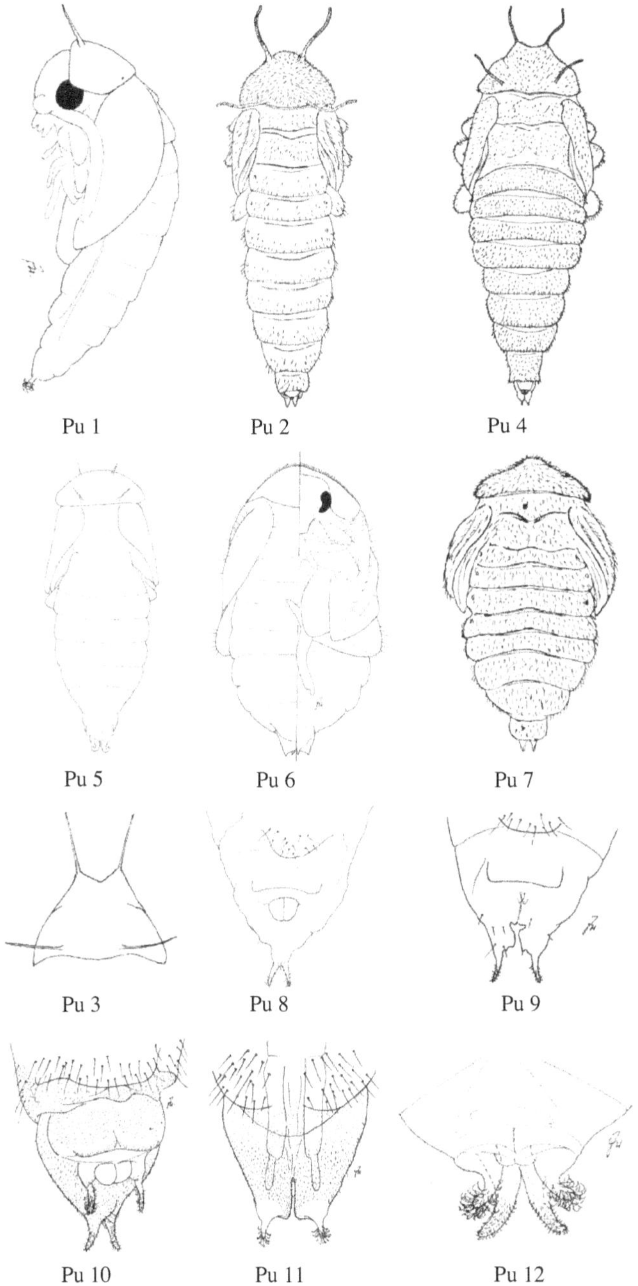

Abb. Pu 1: *Prionocyphon serricornis*, Habitus, lateral (aberrantes Exemplar mit rudimentären hinteren Fortsätzen auf dem Pronotum, aus ZWICK & ZWICK (2008a); **Abb. Pu 2:** *Cyphon variabilis*, Habitus, dorsal, aus BERTRAND (1972); **Abb. Pu 3:** *Elodes tricuspis*, Pronotum, dorsal, aus ZWICK & ZWICK (2008a); **Abb. Pu 4:** *Elodes minuta,* Habitus, dorsal, aus BERTRAND (1972); **Abb. Pu 5:** *Microcara testacea* ♀, Habitus, dorsal, aus ZWICK & ZWICK (2008a); **Abb. Pu 6:** *Scirtes haemisphaericus,* Habitus, rechts dorsal, links ventral, aus ZWICK & ZWICK (2008a); **Abb. Pu 7:** *Hydrocyphon australis*, Habitus, dorsal, aus BERTRAND (1972); **Abb. Pu 8:** *Elodes tricuspis* ♂, Abdomenende, ventral, aus ZWICK & ZWICK (2008a); **Abb. Pu 9:** *Elodes tricuspis* ♀, Abdomenende, ventral, aus ZWICK & ZWICK (2008a); **Abb. Pu 10:** *Odeles marginata* ♂, Abdomenende, dorsal, aus ZWICK & ZWICK (2008c); **Abb. Pu 11:** *Odeles marginata* ♀, Abdomenende, dorsal, aus ZWICK & ZWICK (2008c); **Abb. Pu 12:** *Microcara testacea* ♂, Abdomenende, ventral, aus ZWICK & ZWICK (2008a).

3. Larven

3.1. Allgemeine Charakteristik (Morphologie)

Das Leben in fließenden bzw. stehenden Gewässern hat den Körperbau der Larven in vielen Einzelheiten so geprägt, dass man einen *Elodes*-Typ (*Elodes, Odeles, Hydrocyphon*) (Abb. L 1-5, 9) von einem *Microcara*-Typ (*Scirtes, Microcara, Prionocyphon, Cyphon*) (Abb. L 6-8, 9) unterscheiden kann. Obwohl *Sacodes* in Phytotelmen lebt, zeigt die Larve Merkmale der Fließwasserarten (umweltstabile Merkmale, z. B. Zahl der Zahnborsten, Krallenzähne sind vorhanden). Anpassungen an das Leben in fließenden Gewässern sind die höhere Anzahl der Kammzähne, das Vorhandensein von Kielborsten, Krallenapparat mit vielen Zähnen. Die geringere Anzahl der Kammzähne, das Fehlen von Kielborsten, die kleinere Zahl der Zähne des Krallenapparates sind Anpassungen an die Entwicklung in Stillgewässern.

Der asselförmige Körper ist dorsoventral abgeflacht (Abb. L 1-10). Die Segmente sind ± stark sklerotisiert und pigmentiert. Mitunter tragen sie eine bräunliche Zeichnung, die artcharakteristisch sein kann.

Körperlänge ausgewachsen 5-15 mm.

Kopf prognath, von unterschiedlicher Form (Abb. L 28-37), ± in den Prothorax zurückziehbar.

Die Zahl der Stemmata ist bei den einzelnen Gattungen z. T. verschieden und beträgt maximal 4 auf jeder Seite der Kopfkapsel.

Scapus und Pedicellus sind lang, beide Glieder sind dicht beborstet. Das Flagellum (3. Antennenglied ?) besteht aus zahlreichen kurzen Gliedern (sekundäre Ringelung) (Abb. L 11), insgesamt 40 bis 185 Glieder (beim letzten Stadium), deren Zahl, beginnend mit 7 bei der L_1, von Stadium zu Stadium zunimmt (Benick 1924, 1925, 1926, Zwick & Zwick 2008b). Es handelt sich vermutlich um keine echte Gliederung der Geißel, sondern nur um eine Ringelung. Ein solches „Wachstum“ der Antennen ist eine von nur wenigen Insekten bekannte Besonderheit, innerhalb der Coleoptera ist es einmalig.

Die überaus komplexen Mundwerkzeuge stellen in ihrer Gesamtheit einen Filterapparat dar.

Das Labrum ist mit dem Clypeus verschmolzen (Clypeolabrum) und durch eine Gelenkmembran mit der Kopfkapsel verbunden. Die Vorderecken sind abgerundet, der Vorderrand mit einem dichten Saum langer dünner Borsten besetzt. In den Vorderecken befindet sich eine Sinnesplatte, und es entspringt auf den Ventrallappen je eine große dornartige Borste. Die dorsale Beborstung ist artspezifisch.

Der Epipharynx liegt auf der Ventralseite des Clypeolabrum und ist stark modifiziert (Abb. L 12). Die trapezförmige Vorderwand wird seitlich durch große Ventrallappen (Vl) mit unverzweigten Borsten begrenzt. Dahinter befinden sich verschiedene Strukturen, von denen die 6 Kegelzähne (Z), 6 Sensillen proximal der Kegelzähne, jederseits ein Borstenfeld (Bf), ein Lamellenfeld (Lf) sowie jederseits ein Polsterfeld (Pf) und der Mittelzapfen (Mz) besonders charakteristisch sind.

Die Mandibeln sind konvex gebogen, an der Außenseite entspringen lange Borsten, innen sind sie mit langen Fiederborsten besetzt, die in zwei Feldern angeordnet und jeweils von anderer Gestalt sind (Abb. L 13, 14). Sie sind wesentlich für die Zuführung der Nahrung. Auf der Innenseite folgen das Kammorgan (Prostheca) und die von zwei Gruppen Dichtungsborsten eingeschlossene Mola sowie ein Ventralhaken. Die Dichtungsborsten unterstützen den Mahlvorgang.

Die Spitze der Mandibeln läuft beim letzten Larvenstadium in einen ± spitzen Incisivus (Terminalzahn) aus (Abb. L 13, 14). Bei den jüngeren Stadien und bei *Hydrocyphon* fehlt er (Abb. L 15). Bei *Scirtes* ist das Mandibelende verbreitert und in einzelne Zähnchen aufgelöst (Abb. L 16). Der spitze Incisivus dient bei Arten, die sich in Erdzellen verpuppen, der Anlage dieser Puppenwiege nach Verlassen des Wassers (auch die sich außerhalb der Phytotelme verpuppenden *Sacodes*-Larven besitzen einen langen Terminalzahn). Bei *Cyphon* und *Microcara* ist die Mandibelspitze nicht in einen langen Zahn ausgezogen, die Larven legen keine geschlossene Puppenwiege an. *Hydrocyphon*-Larven verpuppen sich unter Wasser, ein Zahn wäre funktionslos. Bei *Scirtes* steht die Struktur der Mandibelspitze in Zusammenhang mit der Eröffnung des Aerenchyms (vgl. 2.3.1.). Zwick & Zwick (2008c) weisen darauf hin, dass die Unterdrückung der Bezahnung als abgeleitet anzusehen ist, weil die Mandibel der Coleoptera ursprünglich Zähne aufweist.

Der Cardo ist basal stark sklerotisiert und mit Borsten bedeckt (Abb. L 17). Der Stipes trägt innen eine Leiste, außen befinden sich Borsten, innen ein weichhäutiges Mundfeld. Cardo und Stipes bilden außen einen rechten Winkel. Galea und Lacinia sind miteinander verwachsen. Die Galea ist mit Stielkammborsten, innen mit Kammborsten dicht besetzt. Diese Borsten dienen als „Besen“ zur Beförderung von Detritus in die Präoralhöhle. Die Lacinia ist innen mit einem Borstensaum besetzt. Die Maxillarpalpen sind dreigliedrig, dreigliedrig mit einem Terminalkegel oder viergliedrig, zusätzlich ist ein Palpifer abgesetzt (Abb. L 18-21).

Der Hypopharynx wirkt zusammen mit dem Epipharynx als Filterapparat. Dieser Aufgabe dienen vor allem verschiedene Borsten und Kämme (Tabelle 25): Zähnelung der Seitenloben, Krallenapparat (Ka), Krallenzähne (Krz), Kammzähne (Kz), Kammplattenzähne (Kpl), Polster (P), Kammplattenstiele (Kst) (Abb. L 22). Das Sammeln und Konzentrieren der Nahrung wird durch das basal gelegene Suspensorium einschließlich einer Spange und den Pressapparat (Mittelkeil, Zahnplatten, Abschluss durch Bogen), das Polster sowie die Zahnborsten (Zb) und das Kielsklerit (Ks) mit den Kielborsten bzw. Mittelborsten (Mb) unterstützt.

Labium (Abb. L 27) auffallend groß, auf ihm liegt der Hypopharynx, und es schließt als einheitliche große Platte die Mundwerkzeuge nach unten ab. Mentum und Ligula sind miteinander verschmolzen, das Submentum ist breit und transvers. Die Labialpalpen sind zweigliedrig und entspringen an den Ecken des Labiums. Sein Vorderrand ist dicht beborstet.

Der Thorax ist von unterschiedlicher Form und meist breiter als das Abdomen (Abb. L 28-37). Der Prothorax ist deutlich größer als der Meso- und Metathorax. Er ist etwa doppelt so breit wie lang, Meso- und Metathorax sind meist reichlich viermal so breit wie lang.

Die Beine sind relativ kurz (Abb. L 38). Der Femur ist ventral, der Tibiotarsus ventral und dorsal mit zahlreichen in Reihen angeordneten Stachelborsten bedeckt, eine Borste steht lateral. Die Klauen tragen 2 nebeneinander stehende Borsten. Am Tibiotarsus der Vorderbeine befindet sich eine Borstengruppe unbekannter Funktion, das Tibiotarsalorgan (Zwick 2008) (Abb. L 47, 48). Sein Bau kann zur Unterscheidung der Gattungen herangezogen werden.

Von der Dorsalseite sind 8 Abdominalsegmente sichtbar, die nach hinten allmählich an Breite verlieren (Abb. L 1-10). Die Tergite – auch des Thorax – tragen in Gruppen angeordnete Sensilla trichodea und campaniforme Sensillen.

Das 8. Abdominalsegment ist wesentlich größer als das 9., das zu einem kleinen Rest reduziert und in den Bau der Atemkammer eingegangen ist und umschließt dieses (Abb. L 39, 40). Das 9. Tergit ist vielfach etwas nach hinten verlängert, das 8./9. Sternit und das 8. Tergit sind abgestutzt bis abgerundet. Das 8. Sternit und Tergit sind meist deutlich breiter als lang. Am Ende des 8. Abdominalsegments münden die beiden großen annularen Stig-

Tabelle 25: Borstenzahlen des Hypopharynx verschiedener Arten und Gattungen (letztes Larvenstadium).

Art / Gattung	Zahnborsten	Kielborsten	Kammzähne	Krallenzähne	Krallenapparat
Elodes	2	2	10	5	25 (20-30)
Odeles gredleri ?	2	2	12	6	
Odeles hausmanni	2	2	14	8	
Odeles marginata	2	2	12-14	7-8	
Sacodes flavicollis	2	2	8-10	5 (5-7)	29-30
Hydrocyphon deflexicollis	2	2	14-16	3	27
Scirtes	4	0	5 (auch 4 oder 6)	2	22
Microcara	4	0	6 oder 10	0	20 (19-23)
Prionocyphon serricornis	4	0	14	0	24 (23-25)
Cyphon	4	0	9-10	3-5	16

men (andere Stigmenöffnungen gibt es nicht = metapneustisch; Abb. L 42), und es entspringen die 5 oder 7 Rektalpapillen (Abb. L 41).

3.2. Bestimmungstabelle für die Gattungen (letztes Stadium)

(nach Larsson 1938, Bernet Kempers 1943, Klausnitzer 1975a, 1977a, Hannappel & Paulus 1994, 1997)

1 Antennen kurz, höchstens bis zum ersten Abdominalsegment reichend (Abb. L 1-5, 9). Thorax meist deutlich breiter als Abdomen. Die in der Mitte des Hypopharynx stehenden Mittelborsten sind unterteilt in zwei große, gezähnte, distal auf einem Sockel stehende Zahnborsten und in zwei proximal auf einem Sklerit entspringende stabförmige Kielborsten (Abb. L 23, 24). Maxillarpalpen dreigliedrig (Abb. L 17). Dorsale und ventrale Mola-Fläche der Mandibel unterschiedlich skulpturiert, wenn gleich, dann nicht einheitlich mit Lamellen besetzt (Abb. L 13, 14). Clypeolabrum quadratisch bis rechteckig. (*Elodes*-Typ). In fließenden Gewässern, *Sacodes* in Phytotelmen. 2

1* Antennen länger, bis etwa körperlang (Abb. L 6-8, 10). Thorax und die ersten Abdominalsegmente von fast gleicher Breite. Der Hypopharynx trägt vorn in der Mitte 4 große, gezähnte Mittelborsten (Abb. L 25, 26). Maxillarpalpen deutlich viergliedrig (Abb. L 19-21) (Ausnahme: Gattung *Scirtes*: Maxillarpalpus scheinbar dreigliedrig; Abb. L 18). Gesamte Mola-Fläche der Mandibel einheitlich mit fein gezähnten Lamellen besetzt (Abb. L 16). Clypeolabrum trapezförmig. (*Microcara*-Typ). In stehenden Gewässern, *Prionocyphon* in Phytotelmen. 5

2 Antennen mit gebogenem 1. Antennenglied (Scapus) (Abb. L 28-31, 36). Kielsklerit und Zahnborstensockel des Hypopharynx getrennt, Krallenzähne von fast gleicher Länge (Abb. L 23). Mandibeln im letzten Stadium mit ausgeprägtem Incisivus (Abb. L 13, 14) oder nicht (Abb. L 15). Vorderbeine mit Tibiotarsalorgan (Abb. L 47). In fließenden Gewässern . . . 3

2* Antennen mit geradem, nicht gebogenem Scapus (Abb. L 32). Kielsklerit des Hypopharynx mit dem Zahnborstensockel verschmolzen (Pfeil), Krallenzähne an Länge stetig nach proximal zunehmend (Abb. L 24 Pfeil). Mandibeln im letzten Stadium mit ausgeprägtem Incisivus. 8. und 9. Abdominalsegment halbkreisförmig. Vorderbeine ohne Tibiotarsalorgan. In Phytotelmen. . . . . *Sacodes* LeConte, 1854

3 Kopf etwa halb so breit wie der Prothorax (Abb. L 28-31). Tergite des Abdomen an den Seiten mit kantigen Hinterecken. Mandibeln der Larve im letzten Larvenstadium mit deutlich ausgebildetem spitzem Incisivus (Abb. L 13, 14). Mandibeln mit 2 Borstenfeldern. Mola-Fläche durch einen Längsspalt in eine glatte ventrale und eine mit groben Lamellen besetzte dorsale Fläche geteilt. Maxillarpalpen dreigliedrig mit einem Terminalkegel. 4

3* Kopf so breit wie der Prothorax (Abb. L 36). Tergite des Thorax und des Abdomen mit abgerundeten Hinterecken, Tergite des Abdomen am unteren Rand mit langen kräftigen Borsten besetzt. Larve auch im letzten Larvenstadium mit abgerundeter Mandibelspitze (Abb. L 15). Mandibeln mit nur einem Borstenfeld, Mola-Fläche glatt. Maxillarpalpen dreigliedrig ohne Terminalkegel. . . . . *Hydrocyphon* L. REDTENBACHER, 1858

4 Der Vorderrand des Prothorax bildet eine fast gerade Linie (Abb. L 28). Tergite mit kegelförmigen, runden, gerieften, an der Spitze abgerundeten oder scharfspitzigen Borsten besetzt. Clypeolabrum von rechteckiger Form. Vorderrand der Stirn jeweils mit einer langen, dicken, bedornten Borste, die bis zum Vorderrand des Labrum reicht (Abb. L 43, 45). Anzahl der Kammzähne des Hypopharynx 10, Anzahl der Krallenzähne 5 (Abb. L 23). . . . . . . *Elodes* LATREILLE, 1796

4* Prothorax mit seitlich gerundeten, deutlich vorstehenden Vorderecken (Abb. L 29) oder Vorderkante in der Mitte bogenförmig nach vorn gezogen (Abb. L 30, 31). Tergite mit dorsoventral abgeflachten, lanzettförmigen, zugespitzten Borsten besetzt. Clypeolabrum trapezförmig, nach hinten verschmälert. Vorderrand der Stirn ohne lange Borsten. Hypopharynx: Anzahl der Kammzähne der ausgewachsenen Larve 12-14, Anzahl der Krallenzähne 6-8 (Abb. L 22). . . . . *Odeles* KLAUSNITZER, 2004

5(1) Maxillarpalpen dreigliedrig (das 3. Glied trägt einen Terminalkegel, der wie ein winziges 4. Glied wirkt) (Abb. L 18). Länglich-ovale Körperform (Abb. L 7). Mandibeln des letzten Stadiums mit breiter, mit 8 bis 9 Zähnen versehener Spitze (Abb. L 16). Zahl der Hypopharynx-Kammzähne gering (5, in Ausnahmefällen 4 oder 6). Sockel der Mittelborsten des Hypopharynx fast quadratisch; an seiner Basis sitzen 2 lappenartige Krallenzähne, die in mehrere Fortsätze ausgezogen sind (Abb. L 25). 7 Rektalpapillen. . . . . *Scirtes* ILLIGER, 1807

5* Maxillarpalpen deutlich viergliedrig (Abb. L 19-21). Körperseiten fast parallel (Abb. L 6, 8, 10). Ausgewachsene Larven mit einer großen, ungeteilten Mandibelspitze. Zahl der Kammzähne höher (10 oder 14). Sockel der Mittelborsten des Hypopharynx länger als breit (Abb. L 26). 5 Rektalpapillen (vgl. Abb. L 41) 6

6 Anzahl der Krallenzähne des Hypopharynx gering (3 bis 5), Krallenzähne lappenartig ausgebildet (Abb. L 26). – 4. Glied des Maxillarpalpus klein, nur 1/6 so lang wie das 3. (Abb. L 21 Pfeil), letzteres mit 5 Querreihen von Sinnesstäbchen. Clypeolabrum trapezförmig, distal mit vorgezogenen Vorderecken (Abb. L 37). Anzahl der Kammzähne 9-10. Lateral sind die Abdominalsegmente mit einigen langen Borsten besetzt. 8. Abdominalsegment trapezförmig (Abb. L 10). . . . . *Cyphon* PAYKULL, 1799

LARSSON (1938) unterscheidet 4 Arten an der Form des 8. Tergit und den Sinnesstäbchen auf dem 3. Glied der Maxillarpalpen. Die Definition der Arten bleibt aus heutiger Sicht unsicher. Die gewählten Merkmale könnten aber einen Ansatzpunkt für künftige Untersuchungen liefern.

6* Hypopharynx ohne Krallenzähne. 7

7 4. Glied des Maxillarpalpus halb so lang wie das 3. Glied, letzteres mit 5 Reihen von Sinnesstäbchen (Abb. L 19). Clypeolabrum trapezförmig, mit stark ausgebildeten Vorderecken, die an ihren abgerundeten Spitzen jeweils eine starke Borste tragen (Abb. L 35). Hypopharynx mit 14 Kammzähnen. 8. Abdominalsegment distal breit abgestutzt, nur wenig schmäler als das 7. Segment (Abb. L 8). Vorderbeine ohne Tibiotarsalorgan. . . . . *Prionocyphon* L. REDTENBACHER, 1858

7* 4. Glied des Maxillarpalpus 1/3 bis halb so lang wie das 3., das 4 Reihen von Sinnesstäbchen trägt (Abb. L 20). Clypeolabrum trapezförmig bis rechteckig, ohne stark ausgeprägte Vorderecken (Abb. L 33). Anzahl der Kammzähne des Hypopharynx 10 oder 6. 8. Abdominalsegment trapezförmig aber schmäler als das 7. Segment (Abb. L 6). Vorderbeine mit Tibiotarsalorgan (Abb. L 48). . . . . *Microcara* C.G. THOMSON, 1859

3.3. Bestimmungstabelle für Arten der Gattung *Odeles*

1 Prothorax mit seitlich gerundeten, stark vorstehenden Vorderecken (Abb. L 2, 29). Thorax ohne gruppenförmig angeordnete kräftige Borsten. Clypeolabrum deutlich trapezförmig (Abb. L 29). – Abdomen mit dorsoventral abgeflachten, lanzettförmigen, zugespitzten Borsten besetzt. . . . . *marginata* (FABRICIUS, 1798)

1* Die Vorderkante des Prothorax ist in der Mitte bogenförmig nach vorn gezogen (Abb. L 3, 4, 30, 31). Auf dem Thorax befinden sich in gruppenförmiger Anordnung kräftige Borsten. Clypeolabrum schwach trapezförmig bis rechteckig (Abb. L 30, 31). 2

2 Am Hinterrand eines jeden Abdominalsegments stehen 4 oder 6 kräftige Borsten, die den Vorderrand des folgenden Tergit überragen (Abb. L 3). Clypeolabrum schwach trapezförmig bis rechteckig (Abb. L 30). Anzahl der Kammzähne des Hypopharynx 14. Anzahl der Krallenzähne 8. . . . . *hausmanni* (GREDLER, 1857)

2* Hinterrand der Tergite ohne derartige Borsten, jedoch mit kleinen, kräftigen, vorn abgestutzten Borsten besetzt (Abb. L 4). Clypeolabrum von rechteckiger Form mit abgerundeten Seiten (Abb. L 31). Anzahl der Kammzähne 12. Anzahl der Krallenzähne 6. . . . . *gredleri* (KIESENWETTER, 1863) ?

Die Herkunft der Larven dieser Art (Kalabrien, Sizilien, Sardinien) (HANNAPPEL 1991) lässt Zweifel an der Zuordnung zu *Odeles gredleri* aufkommen.

3.4. Bestimmungstabelle zur Trennung von Arten der Gattung *Elodes*

ZWICK (2007) und ZWICK & ZWICK (2008b, c) geben folgende Bestimmungstabelle zur Unterscheidung von *Elodes*-Larven.

1 Kopf stark trapezförmig und nach vorn verbreitert, die Ränder träfen sich (bei gedachter Verlängerung über die abgestumpften Vorderecken hinaus) unter einem deutlich spitzen Winkel ($< 90°$), die Strecke von dort nach innen zum Antennenansatz verläuft horizontal (Abb. L 45). Kopfseiten ziemlich gerade, kurz vor den Vorderecken kaum gewölbt. Tergitborsten stumpf (Abb. L 46). . . . . *minuta* (LINNAEUS, 1767)

1* Kopf nach vorn weniger stark erweitert, die Ränder schließen (bei gedachter Verlängerung über die Seitenecken hinaus) einen rechten oder fast stumpfen Winkel ein. Form des Seitenrandes und Tergitbeborstung je nach Art verschieden. 2

2 Tergitborsten scharfspitzig (Abb. L 44). Die beborstete Seitenpartie des Kopfes sanft nach außen gewölbt, die Strecke von der abgestumpft rechteckigen Außenecke zum Antennenansatz ist schräg nach vorn gerichtet (Abb. L 43). *tricuspis* NYHOLM, 1985

2* Tergitborsten stumpf, keulenförmig. Beborstete vordere Seitenpartie des Kopfes deutlich nach außen gewölbt, die Vorderkante zieht von der verrundeten Außenecke horizontal zum Antennenansatz (Abb. L 47) . . . . *johni* KLAUSNITZER, 1975

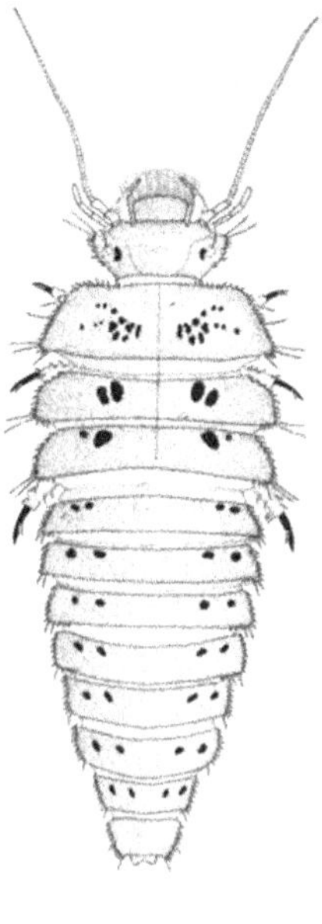

L 1

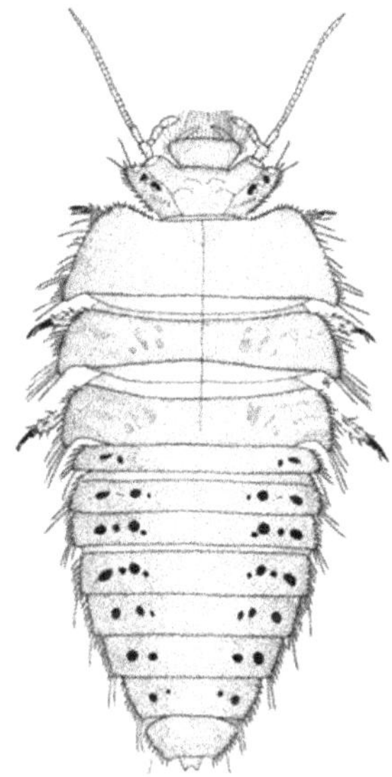

L 2

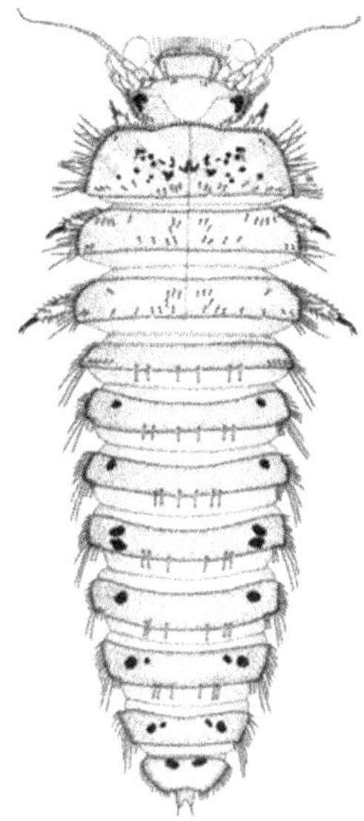

L 3

L 4

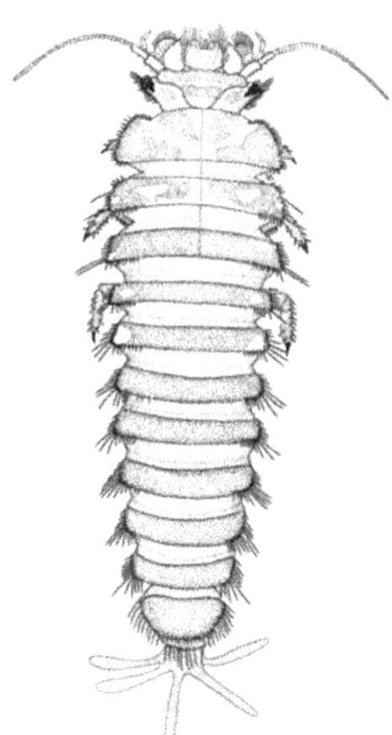

L 5

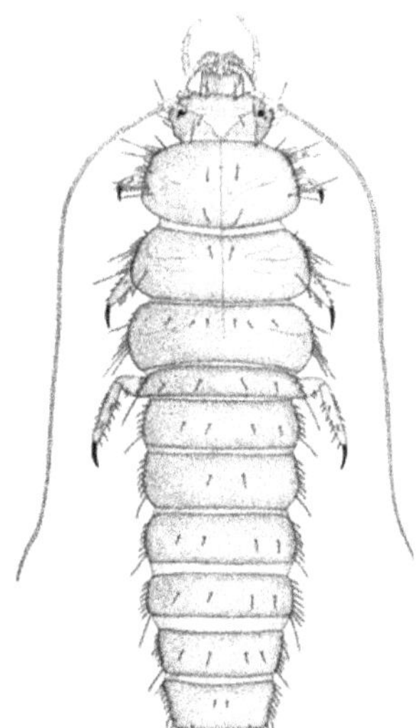

L 6

Abb. L 1: *Elodes* sp., Habitus, dorsal, aus HANNAPPEL & PAULUS (1994); **Abb. L 2:** *Odeles marginata,* Habitus, dorsal, aus HANNAPPEL & PAULUS (1994); **Abb. L 3:** *Odeles hausmanni,* Habitus, dorsal, aus HANNAPPEL & PAULUS (1994); **Abb. L 4:** *Odeles gredleri,* Habitus, dorsal, aus HANNAPPEL & PAULUS (1994); **Abb. L 5:** *Sacodes flavicollis,* Habitus, dorsal, aus HANNAPPEL & PAULUS (1994); **Abb. L 6:** *Microcara testacea*, Habitus, dorsal, aus HANNAPPEL & PAULUS (1994).

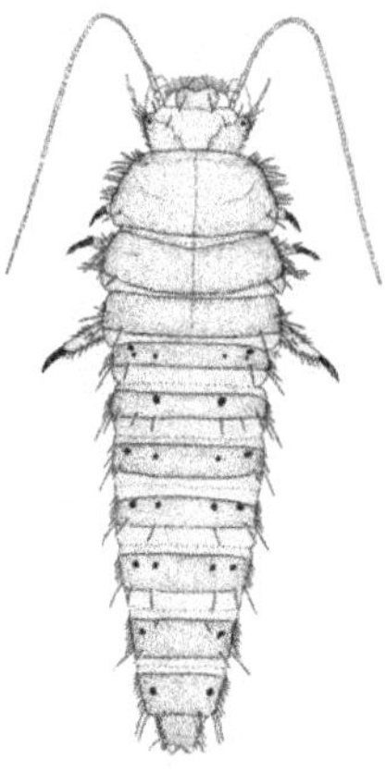

L 7

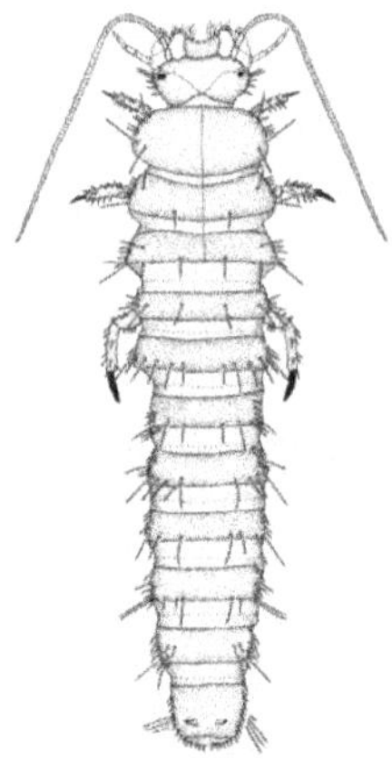

L 8

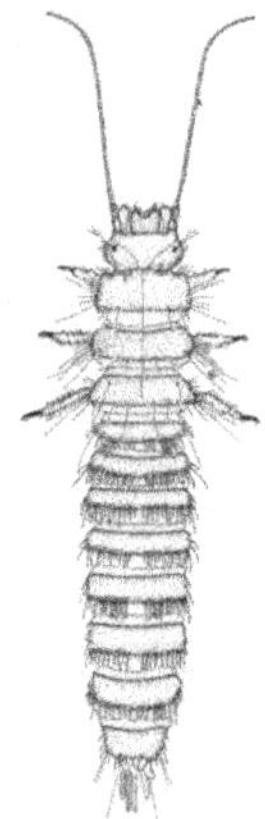

L 9

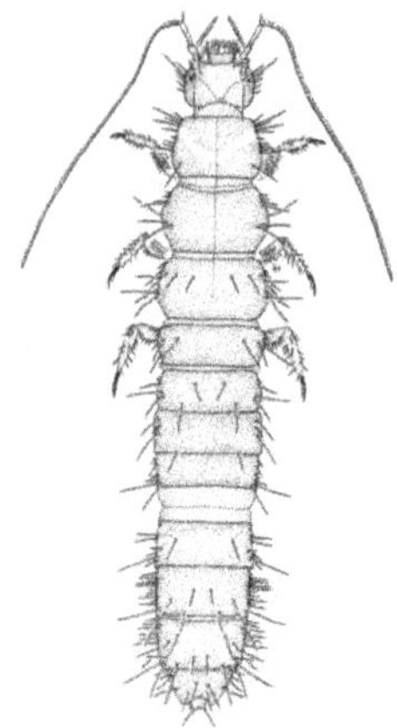

L 10

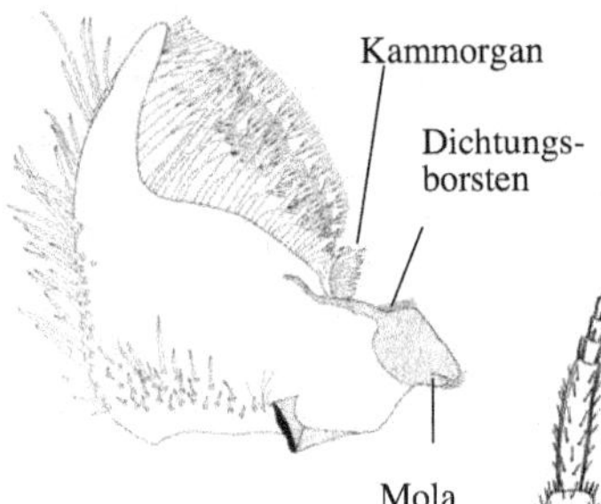

L 13

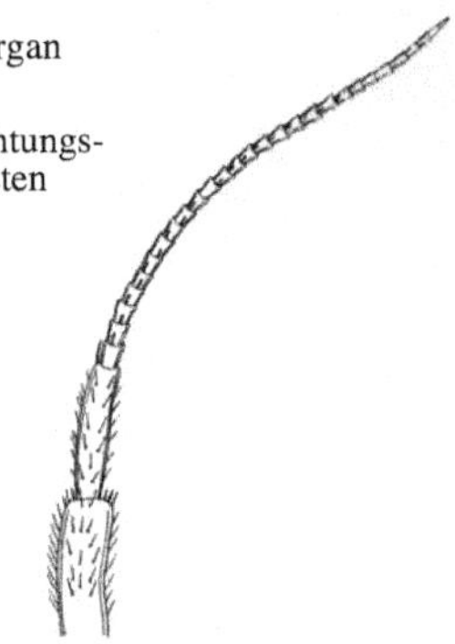

L 11

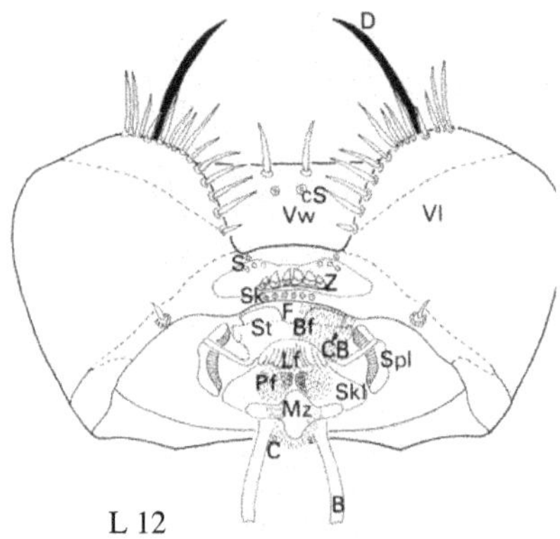

L 12

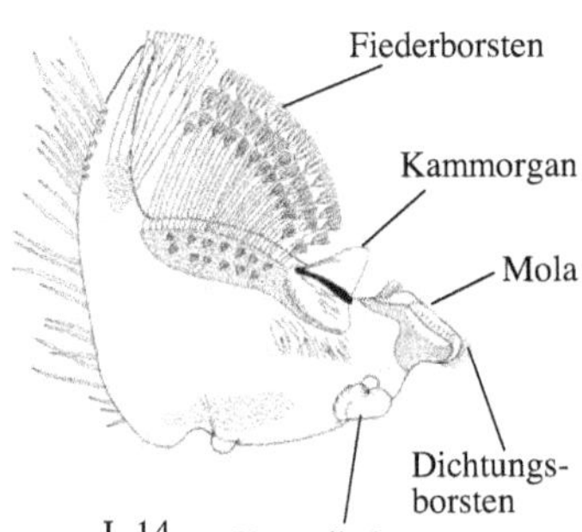

L 14

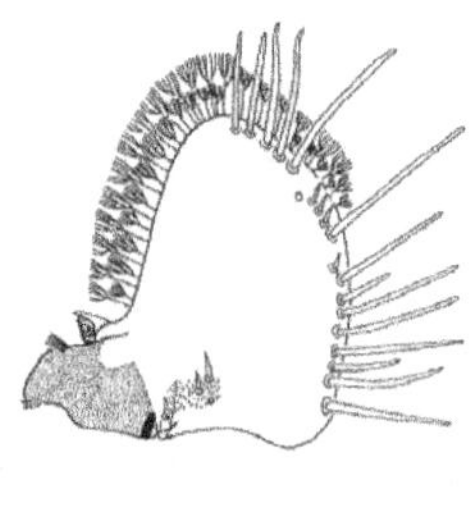

L 15

L 16

Abb. L 7: *Scirtes haemisphaericus*, Habitus, dorsal, aus Hannappel & Paulus (1994); **Abb. L 8** *Prionocyphon serricornis*, Habitus, dorsal, aus Hannappel & Paulus (1994); **Abb. L 9** *Hydrocyphon deflexicollis,* Habitus, dorsal, aus Hannappel & Paulus (1994); **Abb. L 10:** *Cyphon* sp., Habitus, dorsal, aus Hannappel & Paulus (1994); **Abb. L 11:** *Elodes* sp., Antenne; **Abb. L 12:** Scirtidae, Epipharynx, schematisch, aus Hannappel & Paulus (1987); **Abb. L 13:** *Elodes* sp., Mandibel, letztes Stadium, dorsal, aus Hannappel & Paulus (1987); **Abb. L 14:** *Elodes* sp., Mandibel, letztes Stadium, ventral, aus Hannappel & Paulus (1987); **Abb. L 15:** *Hydrocyphon deflexicollis,* Mandibel, letztes Stadium, aus Hannappel & Paulus (1994); **Abb. L 16:** *Scirtes haemisphaericus,* Mandibel, letztes Stadium, aus Hannappel & Paulus (1994).

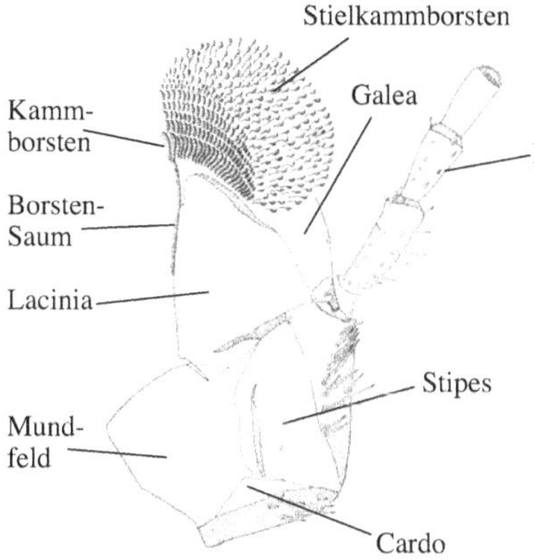

L 17

L 18

L 19

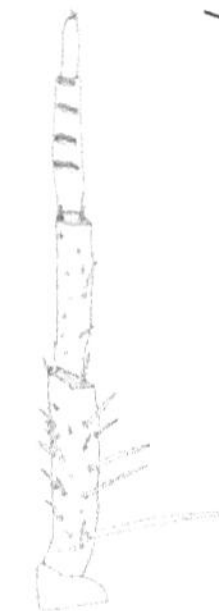

L 20

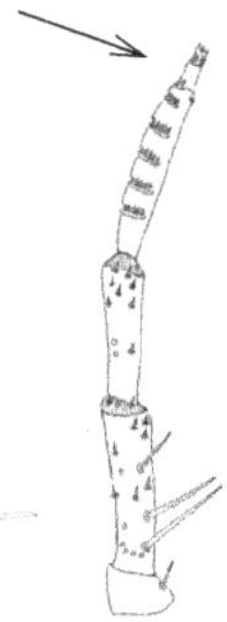

L 21

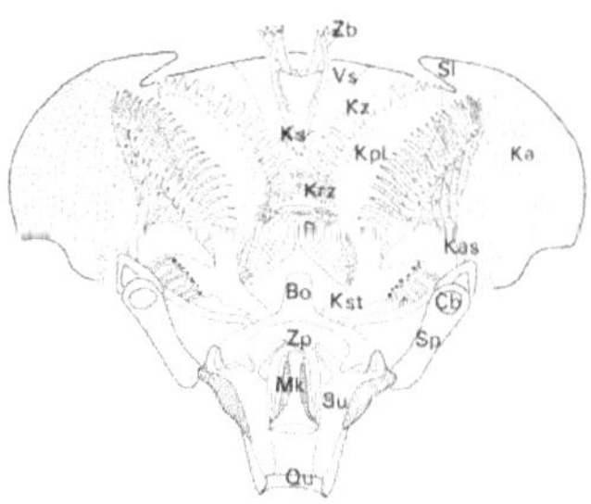

L 22

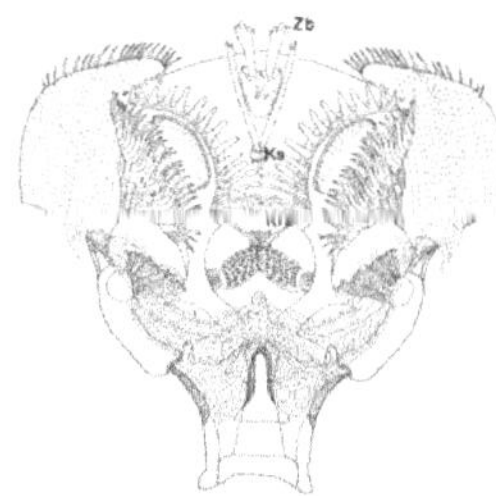

L 23

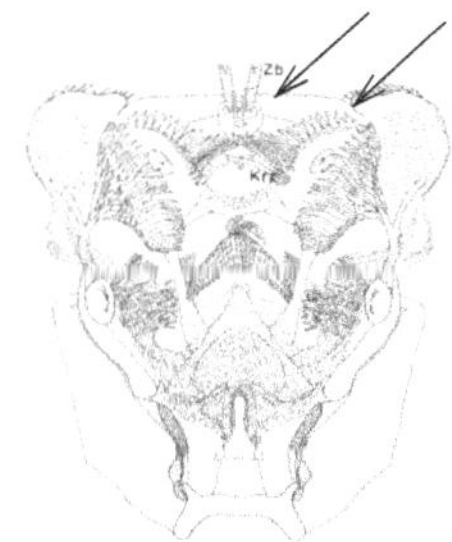

L 24

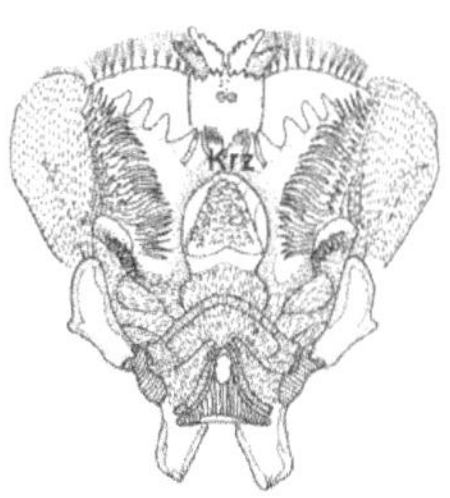

L 25

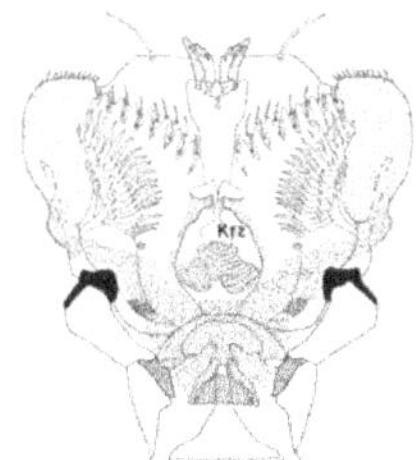

L 26

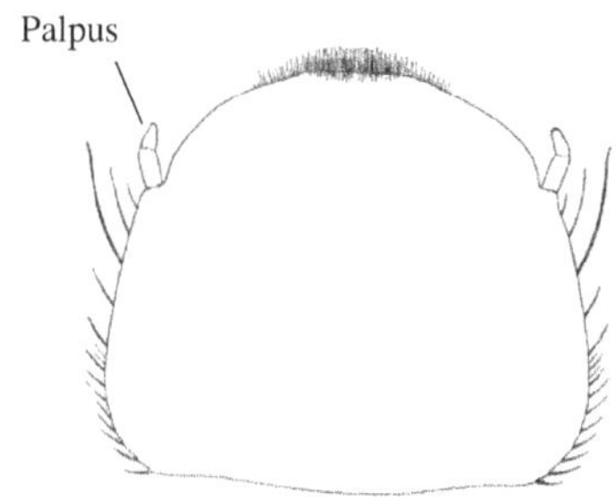

L 27

Abb. L 17: *Odeles marginata,* linke Maxille, ventral, aus HANNAPPEL & PAULUS (1987); **Abb. L 18:** *Scirtes haemisphaericus,* Maxillarpalpus, ventral, aus HANNAPPEL & PAULUS (1987); **Abb. L 19:** *Prionocyphon serricornis,* Maxillarpalpus, ventral, aus HANNAPPEL & PAULUS (1994); **Abb. L 20:** *Microcara testacea,* Maxillarpalpus, ventral, aus HANNAPPEL & PAULUS (1994); **Abb. L 21:** *Cyphon* sp., Maxillarpalpus, ventral, aus HANNAPPEL & PAULUS (1994); **Abb. L 22:** Scirtidae (*Odeles* sp.), Hypopharynx, schematisch, aus HANNAPPEL & PAULUS (1987); **Abb. L 23:** *Elodes* sp., Hypopharynx, aus HANNAPPEL & PAULUS (1994); **Abb. L 24:** *Sacodes flavicollis,* Hypopharynx, aus HANNAPPEL & PAULUS (1994); **Abb. L 25:** *Scirtes haemisphaericus*, Hypopharynx, aus HANNAPPEL & PAULUS (1994); **Abb. L 26:** *Cyphon* sp., Hypopharynx, aus HANNAPPEL & PAULUS (1994); **Abb. L 27:** *Odeles hausmanni,* Labium, nach BEIER (1949).

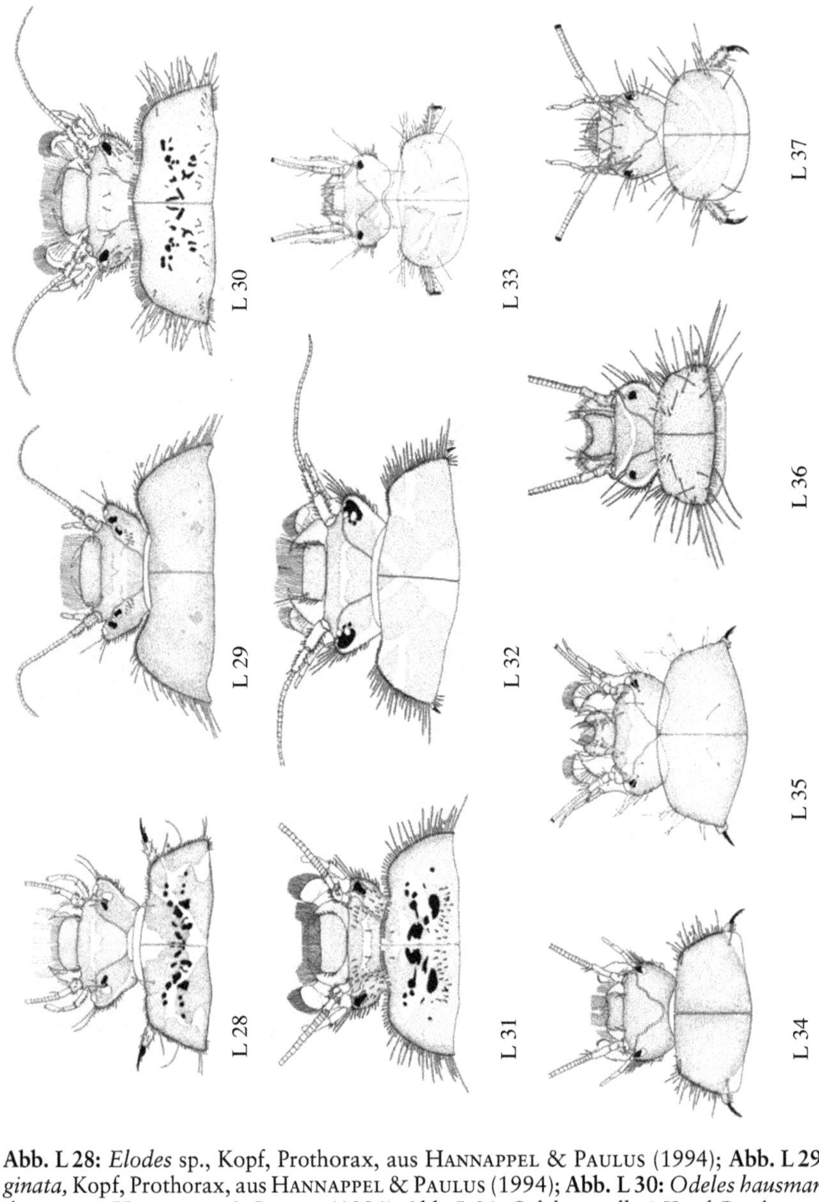

Abb. L 28: *Elodes* sp., Kopf, Prothorax, aus HANNAPPEL & PAULUS (1994); **Abb. L 29:** *Odeles marginata,* Kopf, Prothorax, aus HANNAPPEL & PAULUS (1994); **Abb. L 30:** *Odeles hausmanni,* Kopf, Prothorax, aus HANNAPPEL & PAULUS (1994); **Abb. L 31:** *Odeles gredleri,* Kopf, Prothorax, aus HANNAPPEL & PAULUS (1994); **Abb. L 32:** *Sacodes flavicollis,* Kopf, Prothorax, aus HANNAPPEL & PAULUS (1994); **Abb. L 33:** *Microcara testacea,* Kopf, Prothorax, aus HANNAPPEL & PAULUS (1994); **Abb. L 34:** *Scirtes haemisphaericus,* Kopf, Prothorax, aus HANNAPPEL & PAULUS (1994); **Abb. L 35:** *Prionocyphon serricornis,* Kopf, Prothorax, aus HANNAPPEL & PAULUS (1994); **Abb. L 36:** *Hydrocyphon deflexicollis,* Kopf, Prothorax, aus HANNAPPEL & PAULUS (1994); **Abb. L 37:** *Cyphon* sp., Kopf, Prothorax, aus HANNAPPEL & PAULUS (1994).

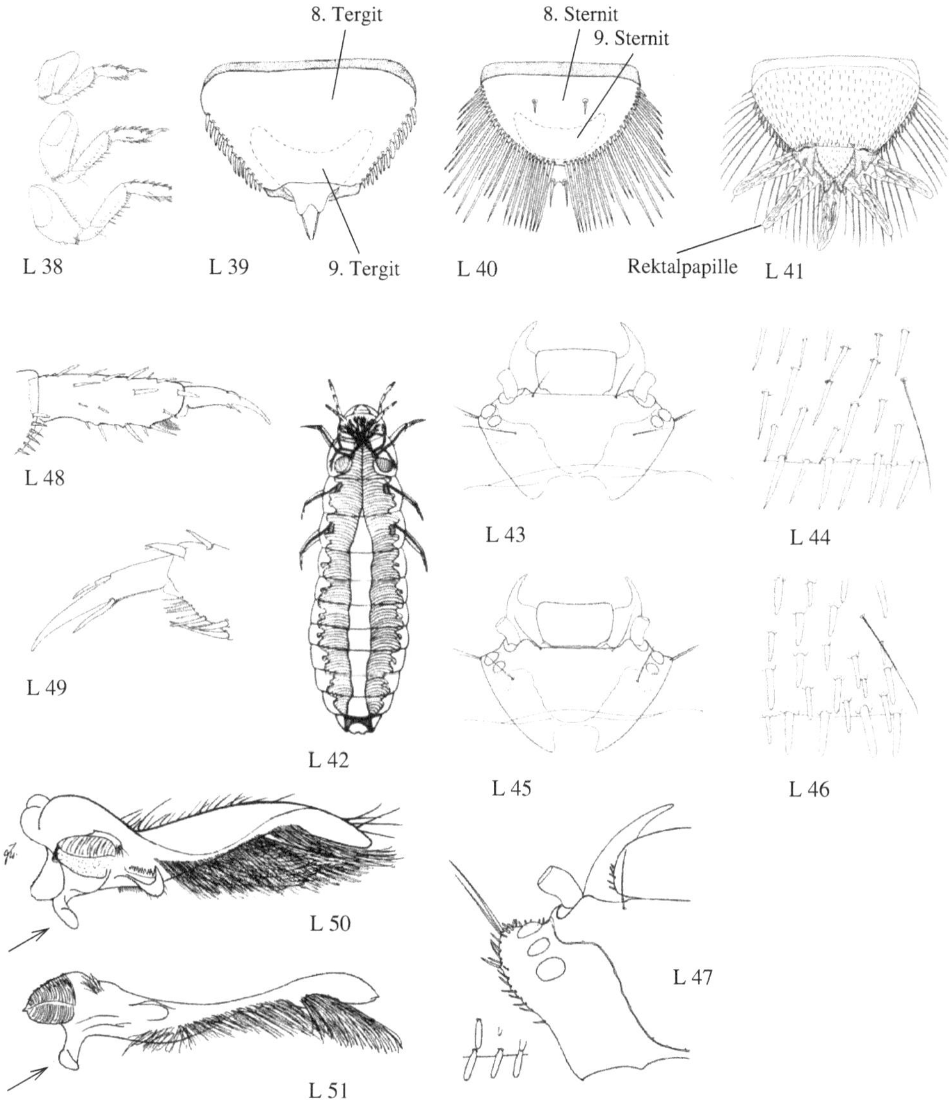

Abb. L 38: *Odeles hausmanni,* Vorder-, Mittel-, Hinterbein, aus Beier (1949); **Abb. L 39:** *Odeles hausmanni,* 8./9. Abdominalsegment, dorsal, aus Hannappel & Paulus (1987); **Abb. L 40:** *Odeles hausmanni,* 8./9. Abdominalsegment, ventral, aus Hannappel & Paulus (1987); L **Abb. 41:** *Odeles hausmanni,* Branchialorgan, aus Beier (1949); **Abb. L 42:** *Prionocyphon limbatus,* Tracheensystem, schematisch, aus Usinger (1956); **Abb. L 43:** *Elodes tricuspis,* Kopfkapsel, dorsal, aus Zwick (2007); **Abb. L 44:** *Elodes tricuspis,* 3. Abdominalsegment, dorsal, aus Zwick (2007); **Abb. L 45:** *Elodes minuta,* Kopfkapsel, dorsal, aus Zwick (2007); **Abb. L 46:** *Elodes minuta,* 3. Abdominalsegment, dorsal, aus Zwick (2007); **Abb. L 47:** *Elodes johni,* Kopfkapsel, dorsal (linke Hälfte); daneben Borsten am Kaudalrand des 3. Abdominalsegment, dorsal, aus Zwick & Zwick (2008c); **Abb. L 48:** *Elodes tricuspis,* Vorderbein, Tibiotarsalorgan, aus Zwick (2008); **Abb. L 49:** *Elodes tricuspis,* Vorderbein, Tibiotarsalorgan, aus Zwick (2008); **Abb. L 50:** *Elodes minuta,* linke Mandibel des letzten Larvenstadiums, Blick auf die Innenkante. Pfeil weist auf den Ventralhaken, aus Zwick & Zwick (2008c); **Abb. L 51:** *Microcara testacea,* linke Mandibel des letzten Larvenstadiums, Blick auf die Innenkante (das Kammorgan ist beschädigt). Pfeil weist auf den Ventralhaken, aus Zwick & Zwick (2008c).

4. Bestimmungstabelle für die Gattungen (Imagines)

Die Bestimmungstabelle (nach KLAUSNITZER 1971b, 1992, 1996a, 2004b, LOHSE 1979) gilt nur für Arten, die im hier behandelten geographischen Raum vorkommen.

1 Hinterbeine als Sprungbeine ausgebildet, Hinterschenkel stark verdickt (0,67-0,76 mm breit) (Abb. G 1). Größerer Enddorn der Hinterschienen etwa so lang oder länger als das 1. Metatarsenglied. Körperlänge 3,0-3,5 mm. . . . . *Scirtes* ILLIGER, 1807 (S. 207)

1* Hinterbeine nicht als Sprungbeine ausgebildet, Hinterschenkel nicht auffällig verdickt (Abb. G 2). Größerer Enddorn der Hinterschienen etwa 1/4, höchstens 1/3 so lang wie das 1. Glied der Metatarsen (Abb. G 3-8) 2

2 Vorder- und Seitenrand des Pronotum ineinander ohne eine Andeutung von vorspringenden Vorderwinkeln übergehend (Abb. G 9-12) 3

2* Vorderecken des Pronotum einen deutlichen Winkel bildend, meist stumpf vorspringend, der Vorderrand dazwischen ist ± weit nach vorn ausgebogen (Abb. G 13-15) 6

3 3. Antennenglied deutlich kürzer als das 2. (Abb. G 16-18). Pronotumbasis jederseits mit einem kleinen Punktgrübchen nahe der Randlinie etwa in der Mitte (Abb. G 9-11 Pfeile). 2. Metatarsenglied mit einem zahnartigen Fortsatz (Abb. G 2-4 Pfeile). 8. Sternit der ♂♂ aus einem unpaaren Stiel und paarigen Pterygien bestehend (Abb. G 24-26). Mittelnaht (Diskrimen) auf dem Metaventrit vollständig ausgebildet (Abb. A 3-5). 4

3* 3. Antennenglied etwas länger, wenigstens fast so lang wie das 2. (Abb. G 19). Pronotumbasis ohne Punktgrübchen (Abb. G 12). 2. Metatarsenglied nicht zahnartig ausgezogen (Abb. G 5). 8. Sternit der ♂♂ ohne Stiel, mit paarigen Pterygien (Abb. G 27). Mittelnaht (Diskrimen) auf dem Metaventrit nur auf der knappen Hälfte ausgebildet (Abb. A 8). Körperlänge 3,5-5,5 mm. . . . . *Microcara* C. G. THOMSON, 1859 (S. 219)

4 Pronotum und Scutellum einfarbig gelbrot, die Elytren einfarbig dunkelbraun bis schwarz (Abb. F 4). Vorderrand des Pronotum ± gerade bis deutlich gebogen, Seitenrand etwas schräg, Pronotum dadurch trapezförmig wirkend (Abb. G 11). 3. Glied der Labialpalpen deutlich kürzer als das 2. Glied, schwach gebogen (Abb. G 28). Penis (Abb. G 34) vollständig in eine Pars dorsalis (Oberstück) und eine Pars ventralis (Unterstück) geteilt. Körperlänge 3,3-4,3 mm. . . . . *Sacodes* LECONTE, 1854

4* Färbung nicht in diesem Kontrast erscheinend (Abb. F 1-3). Vorderrand des Pronotum meist deutlicher nach vorn gezogen, gleichmäßiger gerundet, dadurch ± halbkreisförmig bis queroval erscheinend (Abb. G 9, 10). 3. Glied der Labialpalpen fingerförmig, kürzer als das 2. Glied (Abb. G 29) oder länger (Abb. G 30). Vorderteil des Penis aus einem dachrinnenförmigen Oberstück und einem darunter liegenden, aus zwei abgeplatteten Stäbchen („Latten") gebildeten Unterstück bestehend (Abb. G 35 Pfeil, 37). Die Teilung in ein Unter- und Oberstück ist unvollendet, hinten hängen beide Stücke noch zusammen. Körperlänge 2,8-6,3 mm 5

5 3. Antennenglied nur wenig kleiner als das 2. (Abb. G 17). Körper meist breit oval, Antennen und Beine kürzer (Abb. F 3). Seitlich inserierendes 3. Glied der Labialpalpen der Spitze des 2. Gliedes relativ stark genähert, länger als dieses, ungefähr in der Mitte eingelenkt (Abb. G 30). Das 2. Glied der Maxillarpalpen der ♂♂ ist meist das längste oder es ist ± gleichlang dem 4. (Abb. G 39), selten ist dieses das längste. Prosternalfortsatz relativ lang (ca. 0,30 mm) (Abb. G 43 Pfeil) oder etwas kürzer (0,18 mm; *hausmanni*-Gruppe). Pala des Oberstücks des Penis ohne Mittelkamm (Abb. G 37). Parameroide vor der Mitte mit einem bei manchen Arten gezähnten beweglichen Zäpfchen (Abb. G 38 Pfeil). Parameren an der Außenseite mit einer Reihe von 5-11 Zähnchen (Abb. G 45 Pfeil). Lateralsklerite des Tegmen ± rechteckig, am Vorder- und Seitenrand versteift (Abb. G 45 Pfeil). 9. Sternit der ♂♂ meist mit schmalem Stiel, dessen Seitenrand versteift ist (Bacilla lateralia) und einer in der Mitte zugespitzten Platte, die hinten bis zu den Seiten mit relativ langen Haaren dicht besetzt ist (Abb. G 49). Das 8. Tergit der ♂♂ ist stets ganzrandig (Abb. G 51), eine Bucht ist nicht vorhanden, es ist besonders in der hinteren Hälfte mit kurzen, kräftigen Borsten sehr dicht bedeckt. ♀♀ ohne Sklerotisierung in der Bursa. Körperlänge 2,8-5,2 mm. . . . . *Odeles* KLAUSNITZER, 2004 (S. 148)

5* 3. Antennenglied viel kleiner als das 2. (Abb. G 16). Körper schlanker, Antennen und Beine länger (Abb. F 1, 2). 3. Glied der Labialpalpen proximal der Mitte des 2. Gliedes inserierend, kürzer als das 2. Glied (Abb. G 29). Das 4. Glied der Maxillarpalpen der ♂♂ ist meist das längste (Abb. G 40). Prosternalfortsatz relativ kurz (ca. 0,10 mm) (Abb. G 44 Pfeil). Pala des Oberstücks des Penis hinten mit einem Mittelkamm (Abb. G 35). Parameroide an der Außenseite meist mit einem ± weit vom Ende entfernten kleinen spitzen Zahn (Abb. G 36 Pfeil). Parameren seitlich ohne Zähnchenreihe, hinten oft laterad oder ventrad gerichtete, bei manchen Arten bewegliche Dornen oder bedornte Anhänge (Abb. G 46 Pfeil) bzw. einfach zugespitzt (Abb. G 47). Sklerite in der Verbindungsmembran zwischen Tegmen und Penis ± stabförmig, hinten etwas plattenförmig erweitert (Abb. G 48). Die Bacilla lateralia des 9. Sternit der ♂♂ sind meist weit voneinander getrennt und bilden keinen stark abgesetzten Stiel. Die Platte ist hinten weniger scharf zugespitzt, die Behaarung ist ± gleichmäßig auf die gesamte hintere Hälfte verteilt (Abb. G 50). 8. Tergit der ♂♂ hinten bei einigen Arten ganzrandig (Abb. G 52), bei anderen ± tief eingebuchtet, wodurch sehr unterschiedlich geformte Distalfortsätze entstehen, die vielfach Borsten, Dornen, Zähnchen oder andere Bildungen tragen (Abb. G 53). ♀♀ mit Sklerotisierung in der Bursa (Abb. G 54 Pfeil). Körperlänge 3,5-6,3 mm. . . . . *Elodes* LATREILLE, 1796 (S. 88)

6(2) 1. Antennenglied sehr viel dicker als die nächsten Glieder, 3. Antennenglied sehr klein (Abb. G 20, 21), bei den ♂♂ 4.-10. Glied nach innen zahnartig erweitert (Abb. G 21 Pfeil), bei den ♀♀ sind diese Glieder schlank, ohne Erweiterung zur Spitze (Abb. G 20). 2. Glied des Labialpalpus fast an der Basis mit rechtwinklig seitenständigem, großem 3. Glied (Abb. G 31). Scutellum länger als an der Basis breit (Abb. G 55). Körperlänge 3,0-4,9 mm.
. . . . *Prionocyphon* L. REDTENBACHER, 1858 (S. 233)

6* 1. Antennenglied nicht auffällig vergrößert (Abb. G 22, 23), Antennen fadenförmig. 3. Glied des Labialpalpus an oder neben der Spitze des 2. Gliedes eingelenkt (Abb. G 32, 33). Scutellum etwa so lang wie an der Basis breit (Abb. G 56, 57) 7

7 3. Antennenglied der ♂♂ knapp 1/2 bis etwa 1/3 so lang wie das 2. Glied (Abb. G 22). 5. Glied der Metatarsen 2/3 bis 3/4 so lang wie das 2.-4. zusammen (Abb. G 7). Letztes Glied der Maxillarpalpen viel kürzer (1/3 bis 1/2) als das vorletzte (Abb. G 41). 3. Glied auf dem 2. Glied des Labialpalpus fast endständig inserierend (Abb. G 32). Mandibeln ohne abgesetzte Spitze, gerundet, wenig sklerotisiert, flach (Abb. G 58). Mesosternum mit einer langen schmalen Grube, die nach hinten verlängert ist (Abb. G 60 Pfeil). Prehensor vorn mit charakteristischem Sklerit (Kapitellum), das nach hinten in zwei kurze, ± breit getrennte Schenkel ausläuft (Abb. G 62). An die Schenkel schließt sich je eine lange Platte an (Brachiole). Die Brachiolen sind mit dichten Reihen kräftiger stachelartiger Borsten bedeckt. Körperlänge 2,0-3,0 mm.
. . . . *Hydrocyphon* L. REDTENBACHER, 1858 (S. 181)

7* 3. Antennenglied der ♂♂ minimal etwa halb so lang wie das 2. Glied, meist 2/3 bis 3/4 (Abb. G 23). 5. Glied der Metatarsen etwa halb so lang wie das 2.-4. zusammen (Abb. G 8). Letztes Glied der Maxillarpalpen mindestens so lang wie das vorletzte, meist länger (Abb. G 42). 3. Glied auf dem 2. Glied des Labialpalpus schräg seitlich annähernd terminal inserierend (Abb. G 33). Mandibeln mit scharfer Spitze, kräftig sklerotisiert (Abb. G 59). Vorderrand des Mesosternum in der Mitte mit einer urnenförmigen Vertiefung, dahinter in der Mitte mit einer dreieckigen Grube; hinten gerade (Abb. G 61). Prehensor anders gebaut (Abb. G 63, 64). Körperlänge 2,2-4,4 mm.
. . . . *Cyphon* PAYKULL, 1799 (S. 250)

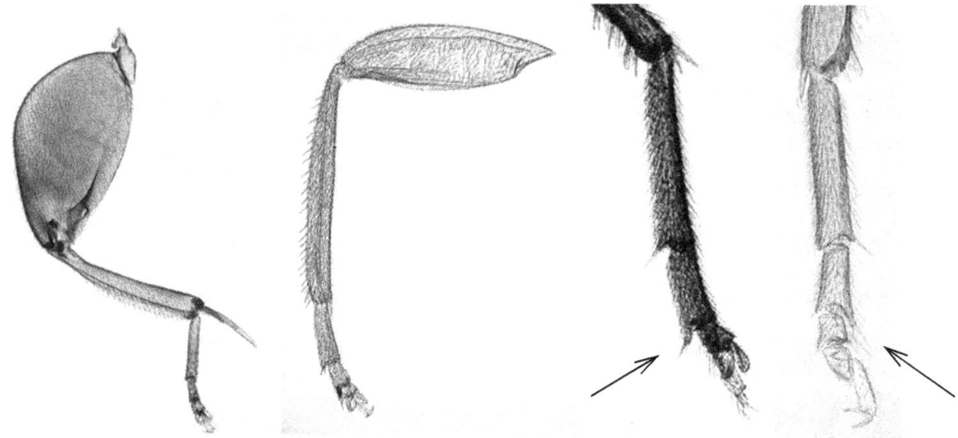

G 1 G 2 G 3 G 4

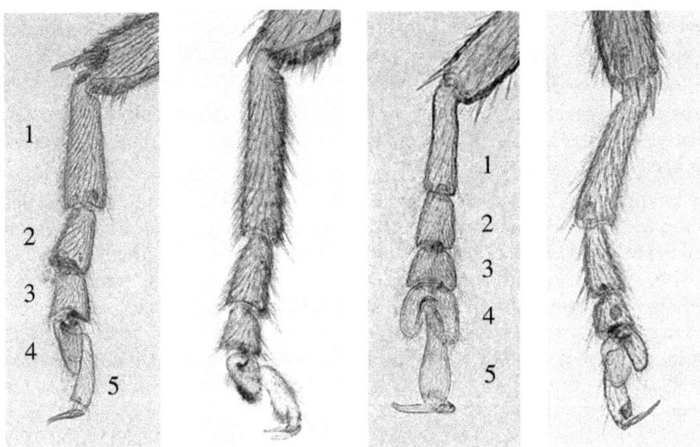

G 5 G 6 G 7 G 8

Abb. G 1: *Scirtes hemisphaericus* ♀, Hinterbein; **Abb. G 2:** *Odeles asturica* ♀, Hinterbein; **Abb. G 3:** *Elodes minuta* ♂, Metatarsus; **Abb. G 4:** *Sacodes flavicollis* ♀, Metatarsus; **Abb. G 5:** *Microcara testacea* ♂, Metatarsus; **Abb. G 6:** *Prionocyphon serricornis* ♂, Metatarsus; **Abb. G 7:** *Hydrocyphon deflexicollis* ♂, Metatarsus; **Abb. G 8:** *Cyphon coarctatus* ♂, Metatarsus.

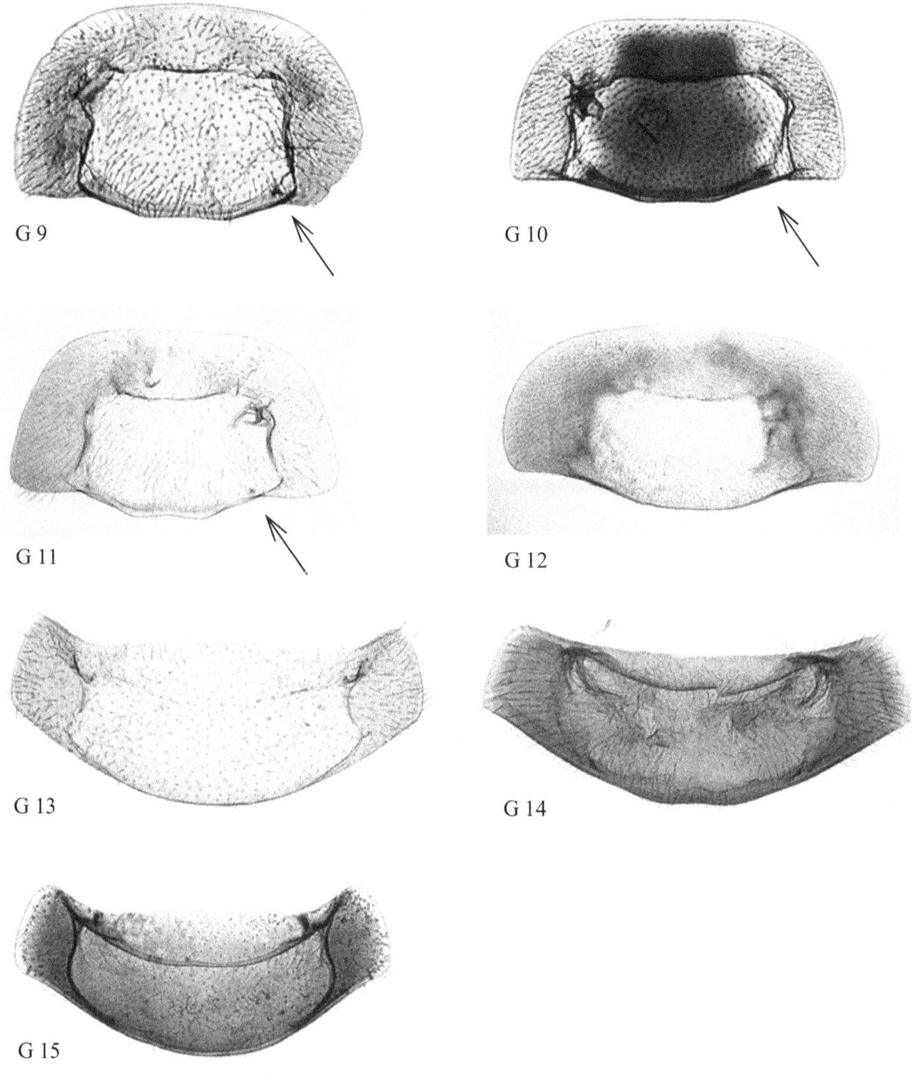

Abb. G 9: *Elodes minuta* ♀, Pronotum; **Abb. G 10:** *Odeles marginata* ♀, Pronotum; **Abb. G 11:** *Sacodes flavicollis* ♀, Pronotum; **Abb. G 12:** *Microcara testacea* ♂, Pronotum; **Abb. G 13:** *Prionocyphon serricornis* ♂, Pronotum; **Abb. G 14:** *Hydrocyphon deflexicollis* ♂, Pronotum; **Abb. G 15:** *Cyphon coarctatus* ♂, Pronotum.

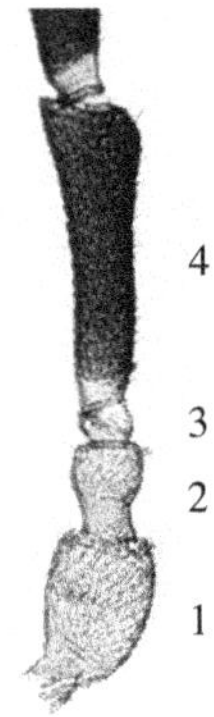

G 16

G 17

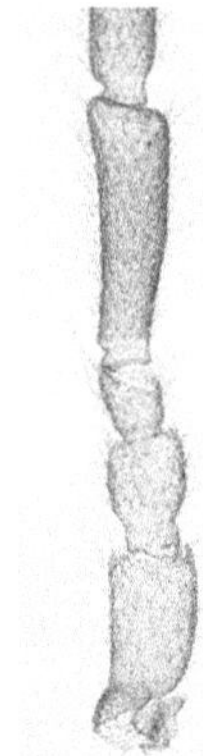

G 18

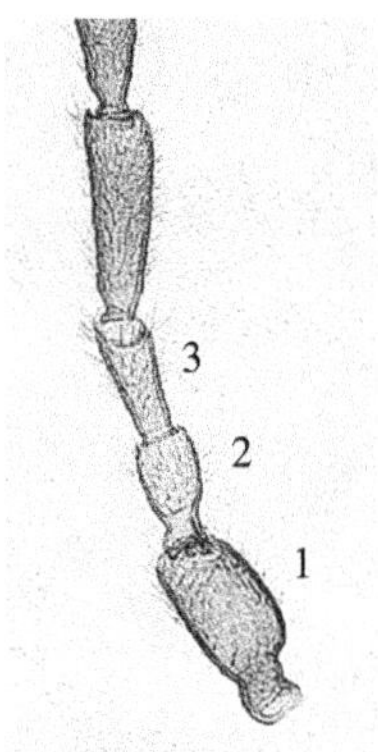

G 19

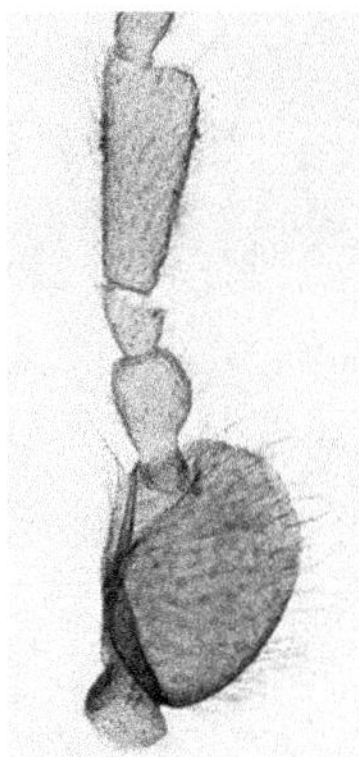

G 20

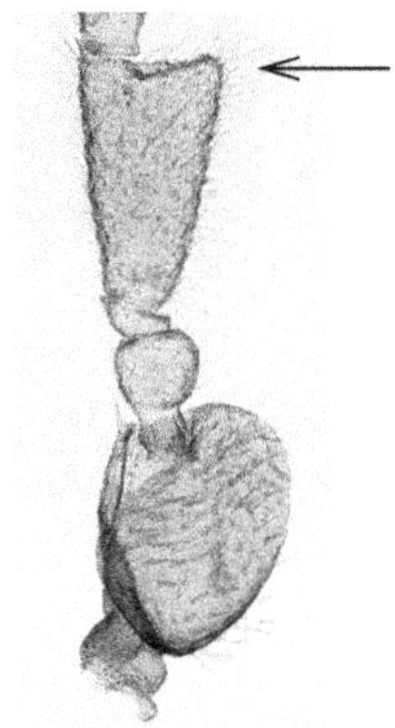

G 21

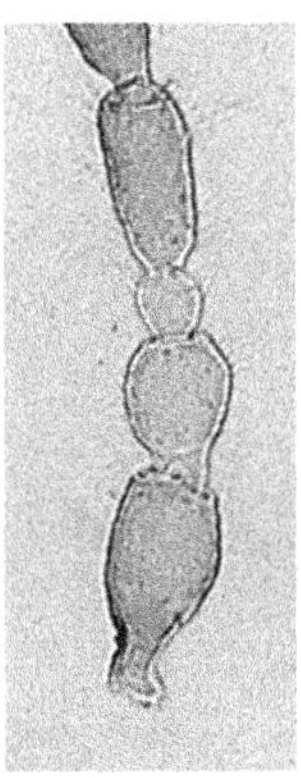

G 22

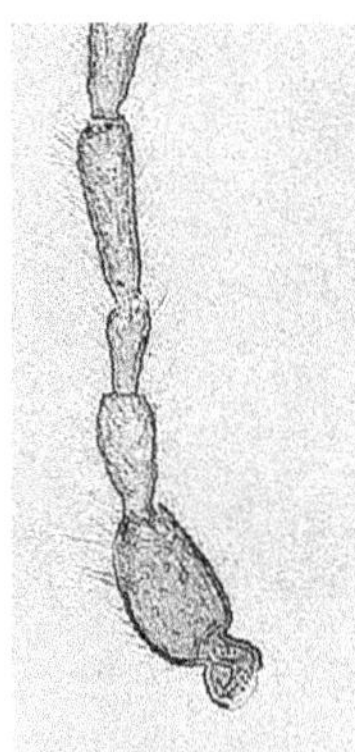

G 23

Abb. G 16: *Elodes minuta* ♂, 1.-4. Antennenglied; **Abb. G 17:** *Odeles marginata* ♂, 1.-4. Antennenglied; **Abb. G 18:** *Sacodes flavicollis* ♀, 1.-4. Antennenglied; **Abb. G 19:** *Microcara testacea* ♂, 1.-4. Antennenglied; **Abb. G 20:** *Prionocyphon serricornis* ♀, 1.-4. Antennenglied; **Abb. G 21:** *Prionocyphon serricornis* ♂, 1.-4. Antennenglied; **Abb. G 22:** *Hydrocyphon deflexicollis* ♂, 1.-4. Antennenglied; **Abb. G 23:** *Cyphon coarctatus* ♀, 1.-4. Antennenglied.

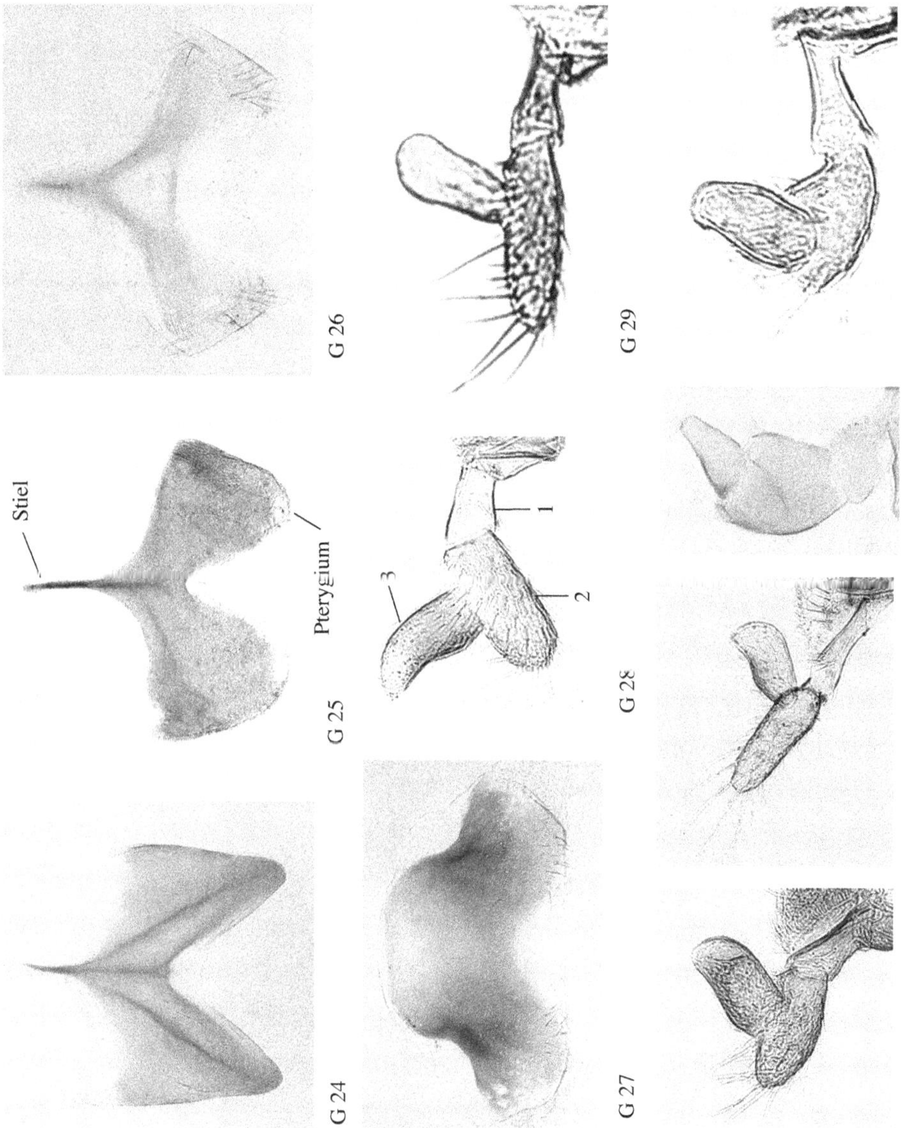

Abb. G 24: *Elodes scutellaris* ♂, 8. Sternit; **Abb. G 25:** *Odeles marginata* ♂, 8. Sternit; **Abb. G 26:** *Sacodes flavicollis* ♂, 8. Sternit; **Abb. G 27:** *Microcara testacea* ♂, 8. Sternit; **Abb. G 28:** *Sacodes flavicollis* ♀, linker Labialpalpus; **Abb. G 29:** *Elodes minuta* ♂, linker Labialpalpus; **Abb. G 30:** *Odeles horstaspoecki* ♂, linker Labialpalpus; **Abb. G 31:** *Prionocyphon serricornis* ♀, linker Labialpalpus; **Abb. G 32:** *Hydrocyphon deflexicollis* ♀, linker Labialpalpus; **Abb. G 33:** *Cyphon variabilis* ♂, linker Labialpalpus.

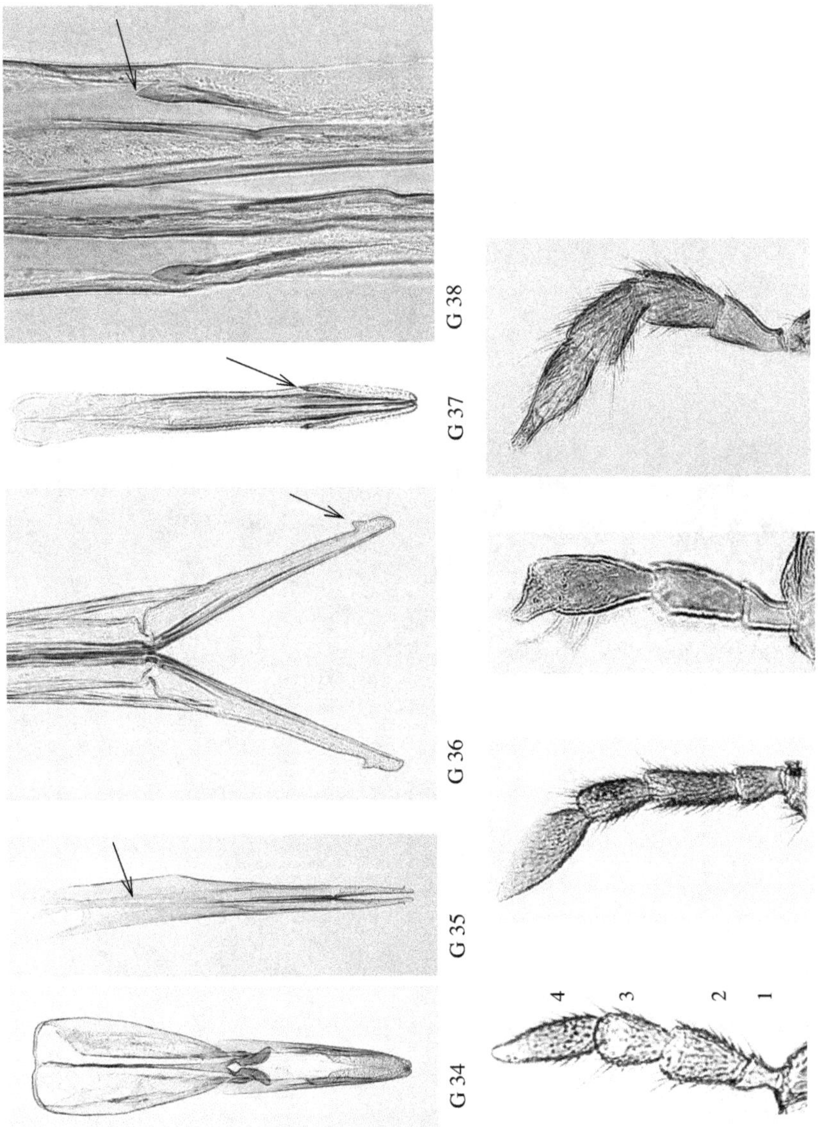

Abb. G 34: *Sacodes flavicollis* ♂, Penis; **Abb. G 35:** *Elodes minuta* ♂, Penis; **Abb. G 36:** *Elodes minuta* ♂, Penis, Parameroide; **Abb. G 37:** *Odeles horstaspoecki* ♂, Penis; **Abb. G 38:** *Odeles gredleri* ♂, Penis, Parameroide; **Abb. G 39:** *Odeles horstaspoecki* ♂, Maxillarpalpus; **Abb. G 40:** *Elodes minuta* ♂, Maxillarpalpus; **Abb. G 41:** *Hydrocyphon deflexicollis* ♂, Maxillarpalpus; **Abb. G 42:** *Cyphon coarctatus* ♀, Maxillarpalpus.

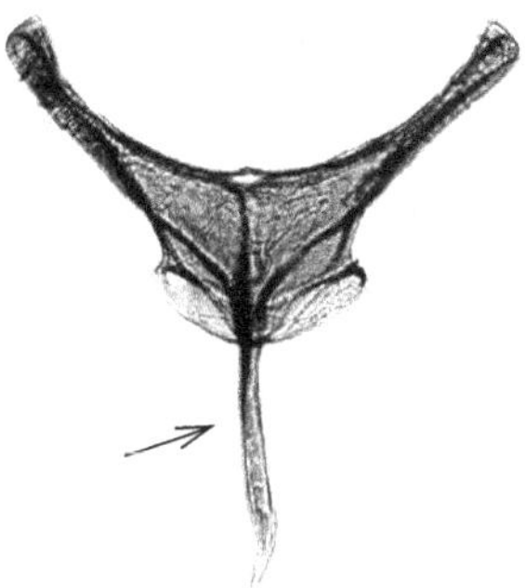

G 43

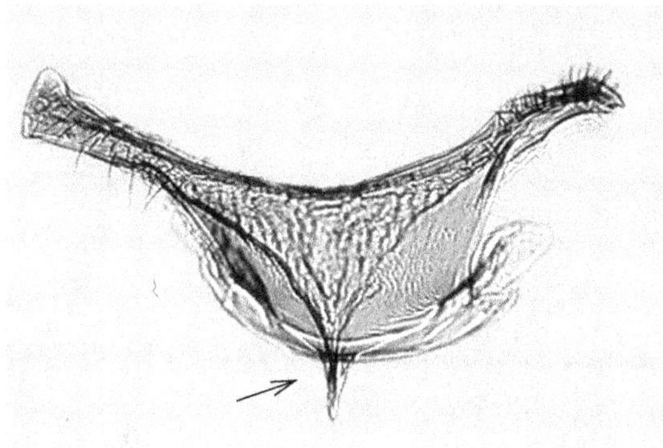

G 44

G 48

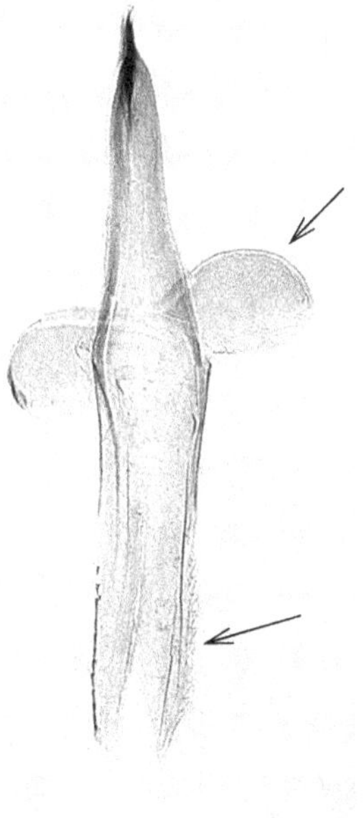

G 45

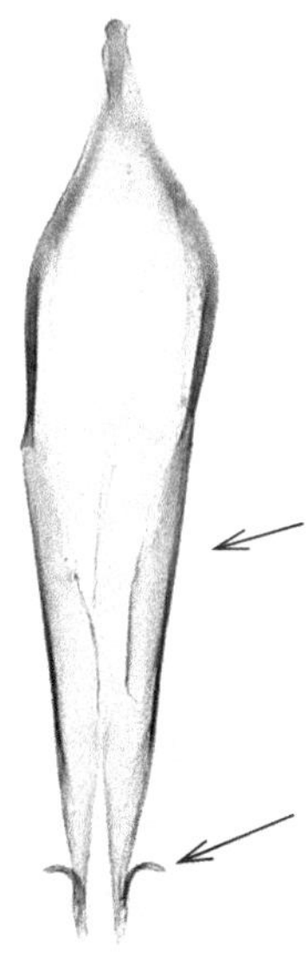

G 46

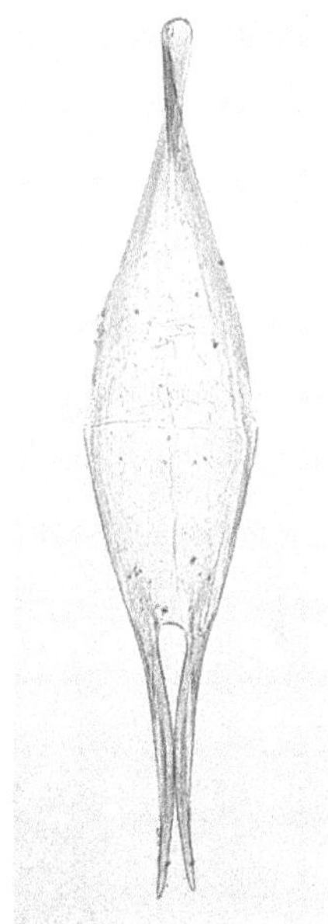

G 47

Abb. G 43: *Odeles marginata* ♂, Prosternalfortsatz; **Abb. G 44:** *Elodes minuta* ♀, Prosternalfortsatz; **Abb. G 45:** *Odeles hausmanni* ♂, Tegmen; **Abb. G 46:** *Elodes minuta* ♂, Tegmen; **Abb. G 47:** *Elodes sericea* ♂, Tegmen; **Abb. G 48:** *Elodes minuta* ♂, Sklerit Verbindungsmembran.

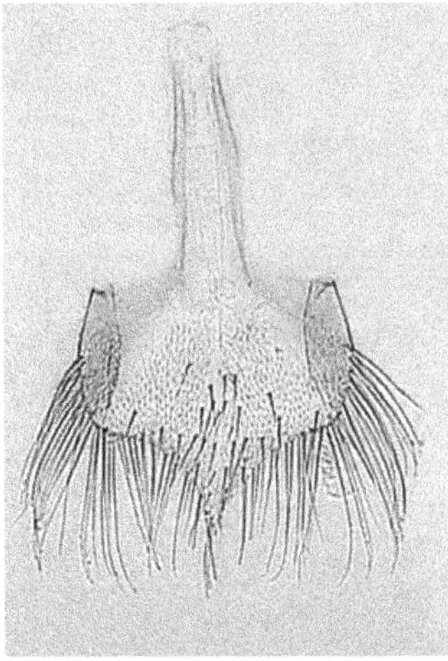
G 49

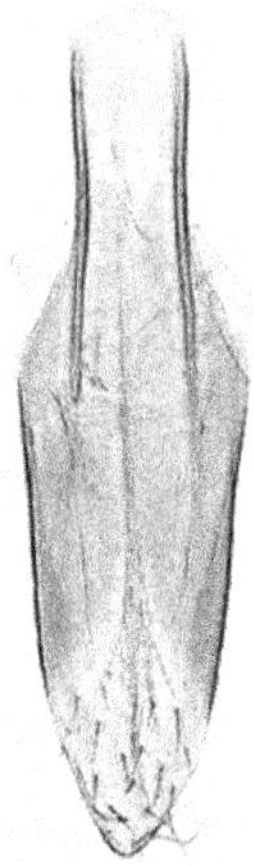
G 50

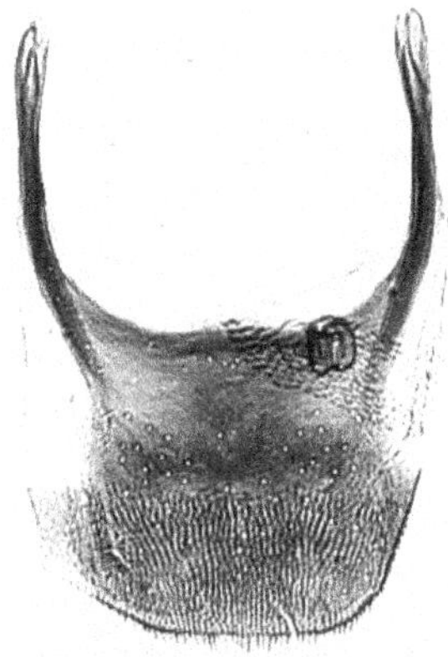
G 51

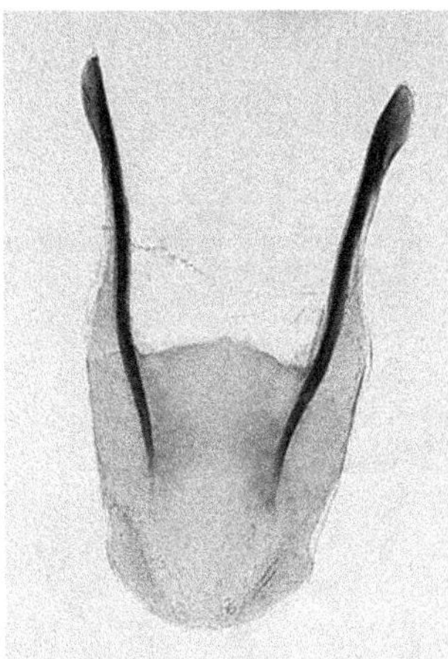
G 52

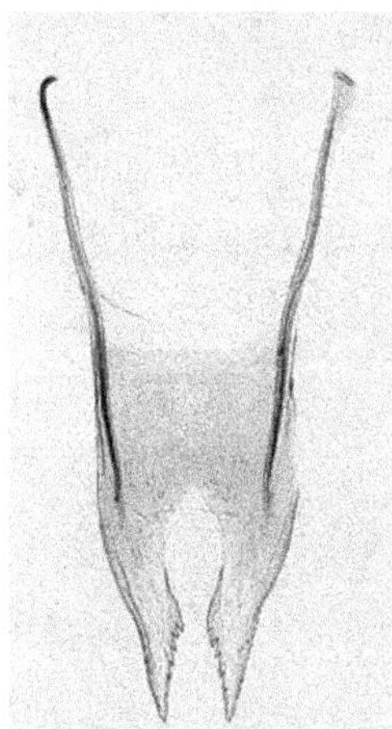
G 53

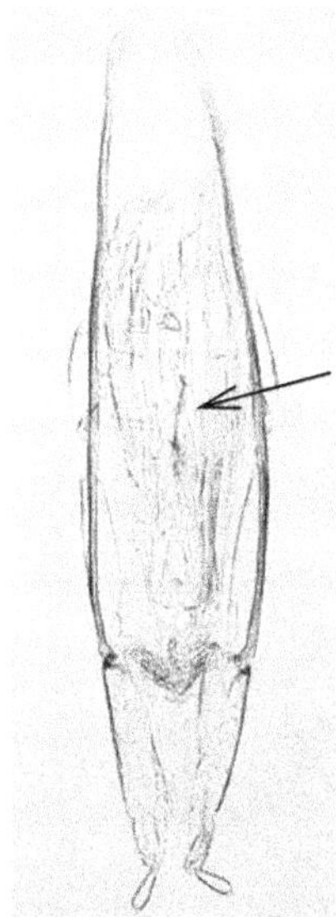
G 54

Abb. G 49: *Odeles marginata* ♂, 9. Sternit; **Abb. G 50:** *Elodes microps* ♂, 9. Sternit; **Abb. G 51:** *Odeles hausmanni* ♂, 8. Tergit; **Abb. G 52:** *Elodes eberti* ♂, 8. Tergit; **Abb. G 53:** *Elodes denticulata* ♂, 8. Tergit; **Abb. G 54:** *Elodes johni* ♀, Ovipositor.

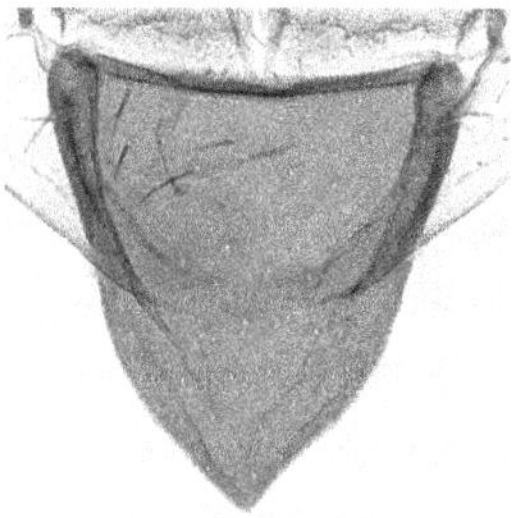
G 55

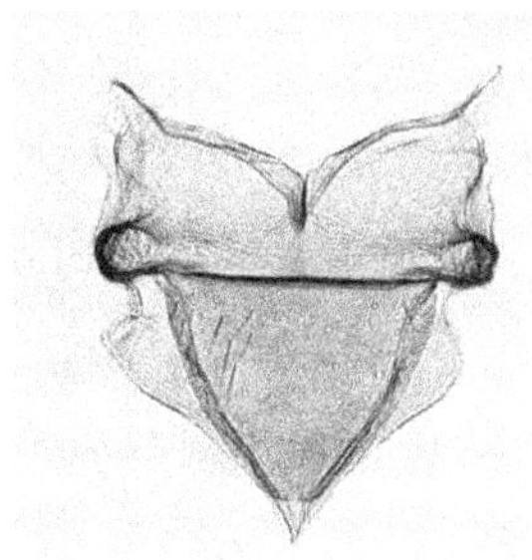
G 56

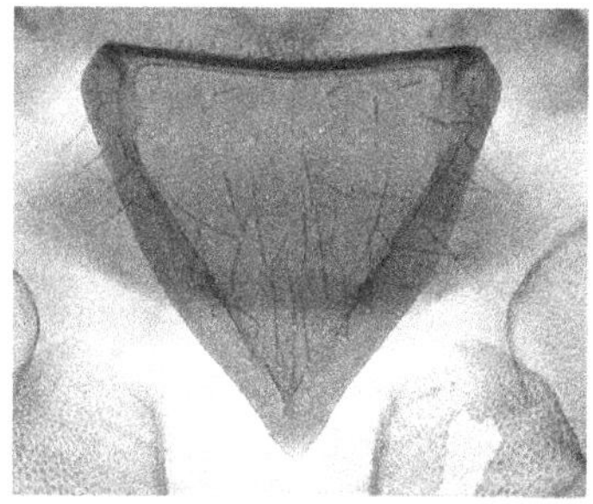
G 57

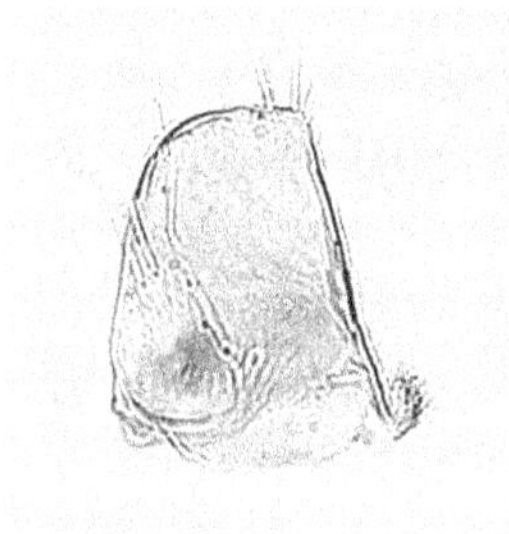

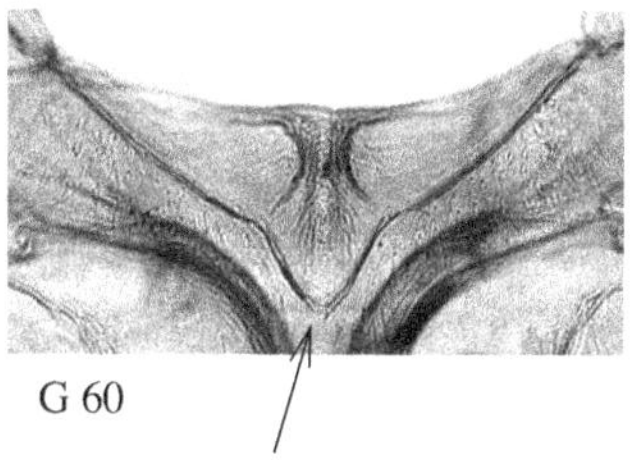
G 60

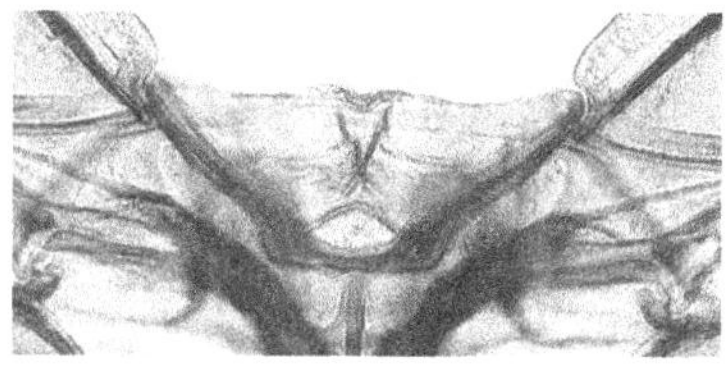
G 61

G 58

G 59

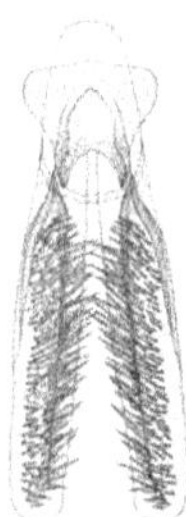
G 62

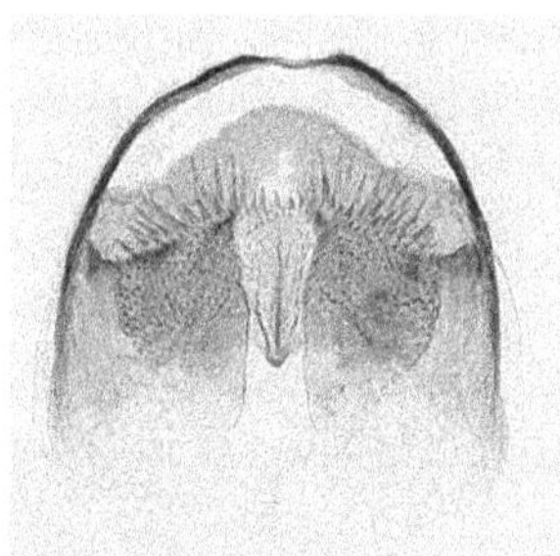
G 63

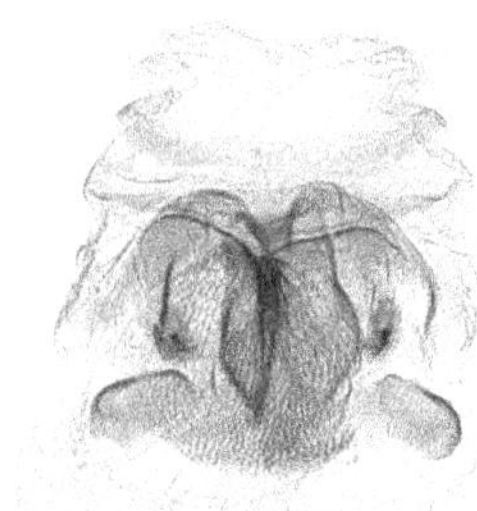
G 64

Abb. G 55: *Prionocyphon serricornis* ♀, Scutellum: **Abb. G 56:** *Hydrocyphon deflexicollis* ♂, Scutellum; **Abb. G 57:** *Cyphon coarctatus* ♂, Scutellum; **Abb. G 58:** *Hydrocyphon deflexicollis* ♂, Mandibel; **Abb. G 59:** *Cyphon coarctatus* ♂, linke Mandibel; **Abb. G 60:** *Hydrocyphon deflexicollis* ♂, Mesosternalgrube; **Abb. G 61:** *Cyphon coarctatus* ♂, Mesosternalgrube; **Abb. G 62:** *Hydrocyphon segrex* ♀, Prehensor, aus Nyholm (1972a); **Abb. G 63:** *Cyphon coarctatus* ♀, Prehensor; **Abb. G 64:** *Cyphon variabilis* ♀, Prehensor.

5. *Elodes* LATREILLE, 1796

Typusart: *Lampyris minuta* LINNAEUS, 1767

Zitat der Originalbeschreibung: Précis des caractères génériques des Insectes, disposés dans un ordre naturel: 44.

Synonyme:

Helodes AGASSIZ, 1847: 393, 506 [Homonym] [ungerechtfertigte Veränderung]
Sarabandus LEECH, 1955: 34, Typusart *Cyphon robustus* LECONTE, 1875

5.1. Beschreibung

Körper ± länglich oval. Die Färbung der Körperoberfläche (Abb. F 1, 2) variiert sehr stark, sodass diesem Merkmal nur bei wenigen Arten diagnostischer Wert zukommt. Die Punktur und Behaarung ist bei den einzelnen Arten relativ uniform. Die meisten Arten sind oberseits gelblich behaart. Auf dem Kopf, dem Pronotum und dem Scutellum trägt jeder Punkt eine meist nach hinten gerichtete Borste. Zwischen den Borstenpunkten sind bei stärkerer Vergrößerung kleine, unregelmäßig gestellte Punkte erkennbar. Am Kopf häufen sich diese kleinen Punkte vielfach an den Wangen, auf dem Scutellum fehlen sie meist.

Körperlänge 3,5-6,3 mm.

Kopf vorn meist heller als auf der Stirn.

Antennen fast so lang wie der Körper. 3. Antennenglied im Verhältnis zum 2. Antennenglied ± stark verkleinert (Tabelle 26). Bei den Männchen ist dies stärker ausgeprägt als bei den Weibchen (Abb. E 1, 2). Ein Index (Quotient aus der maximalen Länge des 2. zum 3. Antennenglied) liegt bei den Männchen durchschnittlich bei 2,5-3,5; bei den Weibchen bei 2,0-2,5. Das 4. Antennenglied ist im Vergleich zu den Gliedern 5-11 deutlich verlängert, 11. Glied zylindrisch.

Das Labrum ist reichlich doppelt so breit wie lang (2,1-2,5), fast rechteckig, mit gerundeten Vorderecken und Seiten (Abb. E 3, 4). Der Vorderrand ist schwach gebogen bis gerade. Breite ♂ 0,23-0,25 mm; ♀ 0,26-0,27 mm. Länge ♂ 0,10-0,12 mm; ♀ 0,12-0,13 mm (*E. minuta*).

Die symmetrischen Mandibeln sind in einen langen, schmalen Incisivus ausgezogen, die Innenkante ist dicht und lang beborstet (Abb. E 5) (KLAUSNITZER 1967a). Länge (ohne Berücksichtigung der Krümmung) 0,32-0,35 mm; Breite an der Basis 0,15-0,17 mm (*E. minuta*).

Lacinia und Galea sind an der Spitze mit starken Borsten dicht besetzt (Abb. E 6). 1. Glied der Maxillarpalpen kurz, distal etwas verdickt, 2. Glied zylindrisch, fast doppelt so lang wie das 1., etwas länger als das 3., 4. Glied der Männchen meist das längste (Tabelle 27) und pfriemförmig, zugespitzt.

Tabelle 26: Maße der Antennenglieder von *Elodes minuta* [mm].

Antennenglied	Länge ♂	max. Breite ♂	Länge ♀	max. Breite ♀
1.	0,25	0,16	0,28	0,16
2.	0,13	0,10	0,14	0,10
3.	0,05	0,08	0,07	0,07
4.	0,41	0,14	0,44	0,12
5.	0,33	0,13	0,35	0,12
11.	0,37	0,07	0,34	0,07

Tabelle 27: Maße der Glieder der Maxillarpalpen von *Elodes minuta* [mm].

Glied	Länge ♂	Länge ♀
1.	0,10	0,09
2.	0,15	0,18
3.	0,12	0,15
4.	0,20	0,22

Tabelle 28: Maße der Glieder der Labialpalpen von *Elodes minuta* [mm].

Glied	Länge ♂	Länge ♀
1.	0,07	0,08
2.	0,13	0,18
3.	0,08	0,10

3. Glied der Labialpalpen apikal breit gerundet, proximal der Mitte des 2. Gliedes inserierend (der Abstand zur Spitze beträgt 0,08-0,11 mm) und rechtwinklig nach innen gerichtet (Abb. E 7, 8). Maße der Glieder in Tabelle 28.

Pronotum breit gerundet, Vorderecken sind nicht abgesetzt (Abb. E 9). Die Hinterecken sind deutlich markiert. An der Basis ist jederseits etwa in der Mitte ein Punktgrübchen vorhanden. Die Proportion ist durch einen Index aus dem Quotienten der maximalen Breite und der maximalen Länge des Pronotum beschreibbar und beträgt etwa 1,5-1,8. Maximale Breite (♂) 1,50-1,60 mm; Länge in der Mitte 0,90-0,95 mm; maximale Breite (♀) 1,70-1,75 mm; Länge in der Mitte 1,00-1,10 mm (*E. minuta*).

Prosternalfortsatz relativ kurz (♂ und ♀: ca. 0,10 mm) und spitz endend (Abb. E 10).

Mesosternum mit einem kurzen (0,05-0,08 mm; *E. minuta*), spitzen dreieckigen Fortsatz zwischen den Coxen (Abb. E 12 Pfeil).

Scutellum (Abb. E 11) in der Mitte 0,33-0,34 mm lang; an der Basis 0,39-0,40 mm breit (*E. minuta*).

Elytren oft an der Spitze geschwärzt, mitunter ist die Verdunkelung ausgedehnter und über Naht und Seitenrand ausgebreitet, oder sie sind bis auf eine ± große helle Schultermakel geschwärzt (Abb. F 2). Die Elytren können vier ± gut ausgebildete Längsrippen oder -linien tragen, bei verschiedenen Arten fehlen diese jedoch. Die Punktur unterscheidet sich von den anderen Teilen der Körperoberfläche dadurch, dass hinter den Borstenpunkten eine Grube vorhanden ist, die von der Borste in der Mitte überdeckt wird und als grobe Punktierung bei niedriger Vergrößerung in Erscheinung tritt (Abb. A 19). Zwischen diesen Punkten befinden sich unregelmäßig angeordnete sehr kleine Punkte.

Der Metaventrit ist in der Mitte durch eine vollständig ausgebildete Naht (Diskrimen) geteilt, die aber unmittelbar vor dem Vorderrand erlischt (Abb. E 13 Pfeil).

Die Beine sind in der gesamten Gattung uniform gebaut. Gelegentlich kann ihre Färbung zur Artdiagnose herangezogen werden. 1. Glied der Metatarsen etwa so lang wie das 2. bis

Tabelle 29: Maße der Glieder der Hinterbeine von *Elodes minuta* [mm]. * = ohne Fortsatz, ** = ohne Krümmung.

	Länge ♂	Länge ♀
Femur	1,35	1,50
Tibia	1,50	1,68
Tibia, längerer Enddorn	0,13	0,17
Tibia, kürzerer Enddorn	0,12	0,14
Tarsus 1. Glied	0,52	0,60
Tarsus 2. Glied*	0,22	0,31
Tarsus 3. Glied	0,09	0,08
Tarsus 4. Glied	0,08	0,11
Tarsus 5. Glied	0,13	0,17
Klaue**	0,04	0,08

5. zusammen (Tabelle 29), Vorderecke des 2. Gliedes innen mit einem spitzen Fortsatz (Abb. E 14 Pfeil).

Männchen

Die Hinterkante des 6. Sternit ist bei den in der Westpaläarktis vorkommenden Arten glatt und ohne besondere Auszeichnungen. Bei *Elodes burmensis* KLAUSNITZER, 1974 (Burma), *E. cognata* (KLAUSNITZER, 1980) und *E. indubia* (KLAUSNITZER, 1980) (beide Nordindien) sowie einigen anderen Arten aus der Orientalis ist sie jedoch nach hinten vorgezogen und trägt eine Dörnchenreihe oder -gruppe (KLAUSNITZER 1974d, 1980d).

7. Sternit apikal mehr oder minder tief eingebuchtet (Abb. E 15), außerdem ist es bei vielen Arten grubenförmig vertieft. Die Form des 7. Sternit, vor allem die apikale Ausrandung und die Grubenbildung sind von vielen Autoren, angefangen von TOURNIER (1868), als diagnostisches Merkmal verwendet worden. Maße finden sich in den Bestimmungstabellen bei den einzelnen Arten.

Das 8. Sternit ist bei allen *Elodes*-Arten nach dem gleichen Bauplan gestaltet, der als typisch für diese Gattung angesehen werden kann (z. B. Abb. E 36, 63). Es besteht aus paarigen Pterygien und einem unpaaren Stiel. In seiner Form ist es variabel (deutlich abweichend bei *E. longulus* und *E. luteata*; Abb. E 173, 179). Das 8. Sternit liegt innerhalb des Abdomen und bedeckt zusammen mit dem 9. Sternit den Penis auf der Ventralseite. Der unpaare Stiel dürfte eine Neubildung sein (Ausnahme: bei *E. improvisa* sind die Pterygien hinten zugespitzt, ein schmaler Stiel ist vorn nicht abgesetzt; Abb. E 54). Am Grunde der Pterygien liegen oft gegabelte Versteifungsleisten (Flügelleisten), mitunter gabelt sich der Stiel außerdem weiter hinten in der Nähe des Vorderrandes der Pterygien. Maße finden sich in den Bestimmungstabellen bei den einzelnen Arten.

Das 9. Sternit fast aller *Elodes*-Arten besteht aus einer Platte und Bacilla lateralia, an der Spitze ist es stets mit relativ langen Borsten besetzt (Abb. E 71, 241). Die Bacilla lateralia sind weit voneinander getrennt und bilden keinen stark abgesetzten Stiel, zwischen ihnen befindet sich eine feine Membran. Die Platte ist hinten etwas zugespitzt, die Behaarung ist ± gleichmäßig auf die gesamte hintere Hälfte verteilt. Form und Ausdehnung der Platte sowie Länge und Form der Stäbchen sind in einigen Fällen artspezifisch, z. B. bei *E. lohsei* und *E. venustula* (Abb. E 41, 49). Das 9. Sternit schließt ventral unmittelbar an den Penis an und bedeckt ihn. Bei *Elodes apicalis* LECONTE, 1865 und *E. sternalis* KLAUSNITZER, 1974 (Nordamerika) läuft die Platte in zwei lange Distalfortsätze aus (KLAUSNITZER 1974c) (Ausnahme). Maße in Tabelle 30.

Das 7. Tergit ist eine breite, am Rande jederseits mit einem Stigma versehene Platte mit gut entwickelten Bacilla lateralia (Abb. E 17), die schräg aus der Platte herausragen (Tabelle 31). Länge der Platte 0,46-0,49 mm; Breite 0,74-0,78 mm (*E. minuta*).

8. Tergit hinten ganzrandig (z. B. Abb. E 45) oder ± tief eingebuchtet (z. B. Abb. E 212), wodurch sehr unterschiedlich geformte Distalfortsätze entstehen, die vielfach Haare, Borsten, Dornen, Zähnchen oder andere Bildungen tragen, wodurch sie zu einem wesentlichen Merkmal zur Unterscheidung der Arten werden (z. B. Abb. E 260-263). Maße finden sich in den Bestimmungstabellen bei den einzelnen Arten. Das 8. Tergit von *Elodes tricuspis* weicht in seiner Form erheblich ab (Abb. E 72). Bei der *Elodes rufotestacea*-Gruppe ist die Platte nahezu völlig reduziert und es sind nur die Bacilla lateralia erhalten (KLAUSNITZER 2004d) (Parallele zur *Cyphon variabilis*-Gruppe).

9. Tergit aus einer Platte mit seitlich gelegenen langen Bacilla lateralia bestehend, die an der Basis ± stark sklerotisiert ist, distal aber zunehmend weichhäutig wird und hinten mit einigen Haaren besetzt ist (Abb. E 19). Maße in Tabelle 32.

Tabelle 30: Maße des 9. Sternit verschiedener *Elodes*-Arten [mm].

Art	Länge	Breite
algirina	1,17	0,31
angelinii	1,33	0,36
arcana	1,18	0,30
australis	1,70	0,34
bertiae	0,92	0,35
corsica	0,96	0,28
cretica	1,24	0,47
denticulata	0,98-1,15	0,25-0,30
elongata	1,16	0,35
holgeri	1,42	0,30
johni	1,36	0,42
malickyi	1,23	0,33
microps	1,15	0,33
nocturna	1,07-1,10	0,33-0,36
novacretica	1,45	0,46
pendens	1,23	0,28
tricuspis	1,12-1,18	0,28-0,33

Tabelle 31: Länge der Bacilla lateralia des 7. Tergit verschiedener *Elodes*-Arten [mm].

Art	Länge
algirina	0,50
angelinii	0,58
corsica	0,35
denticulata	0,43-0,45
holgeri	0,47
johni	0,40
microps	0,44
minuta	0,36-0,38
tricuspis	0,28-0,40

Das ± schlanke Tegmen läuft vorn in eine senkrecht gestellte, abgeplattete Spitze aus (z. B. Abb. E 33, 68). Die meist bereits ab der Mitte gespaltenen und distal mit Sinnesporen bedeckten Parameren tragen hinten oft laterad oder ventrad gerichtete, bei manchen Arten bewegliche Dornen bzw. bedornte Anhänge (z. B. Abb. E 149, 230), oder sie sind einfach zugespitzt (z. B. Abb. E 69) (wichtiges diagnostisches Merkmal). Bei *Elodes lohsei* und *E. venustula* liegt ein stark abweichender Bau vor (Abb. E 38-40, 46-48). Maße finden sich in den Bestimmungstabellen bei den einzelnen Arten.

In der Verbindungsmembran zwischen Penis und Tegmen befindet sich eine stäbchenförmige Sklerotisierung, die hinten etwas plattenförmig erweitert ist (Abb. E 20). Maße in Tabelle 33.

Penis schlank und langgestreckt, hinten mehr oder minder tief in zwei schenkelartige Parameroide gespalten (z. B. Abb. E 42, 98), die dicht mit Sinnesporen bedeckt sind. Sie tragen an der Außenseite meist einen ± weit vom Apex entfernten kleinen spitzen Zahn (z. B. Abb. E 59, 67) (wichtiges diagnostisches Merkmal). Die Parameroide sind durch eine schmale, wenig sklerotisierte Zone von der Basis des Penis getrennt und können lateral abgespreizt werden. Der Vorderteil des Penis besteht aus einem dachrinnenförmigen Oberstück und einem darunterliegenden, aus zwei abgeplatteten Stäbchen („Latten") bestehenden Unterstück. Die Teilung in ein Unter- und Oberstück ist unvollkommen, hinten hängen beide Stücke noch zusammen. Die Innenseite des Oberstücks trägt hinten einen medianen Längskamm, der sich an der Basis der Parameroide teilt und diese versteift. Maße finden sich in den Bestimmungstabellen bei den einzelnen Arten.

Weibchen:

Der Hinterrand des 7. Sternit ist meist schwach ausgerandet, manchmal ± gerade abgestutzt (Abb. E 16). 7. Sternit 0,56-0,57 mm lang; 1,32-1,33 mm breit (*E. minuta*).

Das 8. Sternit (Abb. E 21-23) besteht aus einer einheitlichen Platte, deren größter Teil nur wenig sklerotisiert ist. An den Seiten wird sie durch je ein Stäbchen verfestigt. Diese Stäbchen sind vorn bei allen daraufhin untersuchten Arten voneinander getrennt. Hinten ist das 8. Sternit ganzrandig, schwach eingebuchtet bis tief gespalten (diagnostisches Merkmal).

Tabelle 32: Maße des 9. Tergit verschiedener *Elodes*-Arten [mm]. Die Angaben zur Länge sind wegen der schwachen Sklerotisierung des Hinterrandes nicht genau.

Art	Länge	Breite
algirina	0,95	0,46
angelinii	1,20	0,62
arcana	1,20	0,58
australis	1,60	0,75
bertiae	0,75	0,44
corsica	0,75	0,32
cretica	1,05	0,32
denticulata	1,08	0,30
dubia	1,00	0,43
elongata	1,05	0,43
holgeri	1,20	0,38
johni	1,10	0,61
malickyi	1,10	0,52
microps	1,10	0,42
nocturna	0,85-1,10	0,39-0,54
novacretica	1,00	0,36
pendens	1,10	0,38
pollux	0,78	0,35
tricuspis	1,00-1,23	0,31-0,44

Tabelle 33: Länge der stäbchenförmige Sklerotisierung in der Verbindungsmembran zwischen Penis und Tegmen verschiedener *Elodes*-Arten [mm].

Art	Länge
algirina	0,38
angelinii	0,40
arcana	0,45
australis	0,44
bertiae	0,34-0,43
cretica	0,44
denticulata	0,33-0,40
dubia	0,33
elongata	0,40
johni	0,44
malickyi	0,31
nocturna	0,30-0,35
novacretica	0,44
pendens	0,41
pollux	0,43
tricuspis	0,37-0,40

Der Hinterrand ist mit kurzen Haaren bedeckt. Maße finden sich in der provisorischen Bestimmungstabelle.

Das 7. Tergit besteht aus einer breiten Platte mit gut entwickelten Bacilla lateralia (Abb. E18), die aus der Platte herausragen (0,45-0,47 mm). Länge der Platte 0,48-0,50 mm; Breite ca. 0,68-0,72 mm (*E. minuta*). Bis zum 6. Tergit sind Bacilla lateralia nicht ausgebildet.

Das 8. Tergit (Abb. E24) besteht aus einer meist deutlich sklerotisierten Platte, die von zwei Seitenstäbchen (Bacilla lateralia) gestützt wird, hinten ist sie behaart. Die Platte zeigt bei manchen Arten eine beginnende Auflösung und kann deshalb am Hinterrand ihre geschlossene Form verlieren, auch ist die Mitte gewöhnlich schwächer sklerotisiert. Maße finden sich in der provisorischen Bestimmungstabelle.

Das 9. Sternit und das 9. Tergit bilden einen langen schlanken Ovipositor (Abb. E25). Länge gesamt 1,70-1,90 mm; Länge Baculi 1,20-1,36 mm; Länge Coxite 0,43-0,45 mm; Länge Styli 0,08-0,09 mm (*E. minuta*).

Bursa mit Sklerotisierungen, die wenig ausgeprägt (dünne Stäbchen) (Abb. E26, 27, 29) oder als deutliche Sklerite ausgebildet sein können (Abb. E28, 30, 31). Sie werden von Nyholm (1984) als Prehensor bezeichnet, im Folgenden aber als Bursalsklerite, da sie nicht – wie ursprünglich für den Prehensor definiert – unmittelbar dem Ergreifen der Spermatophore dienen.

5.2. Verbreitung

Paläarktis, Nearktis, Orientalis (Myanmar, Thailand, Laos, Vietnam). Pic (Katalog 1914 und viele weitere Arbeiten) sowie andere Autoren nennen Arten auch aus anderen tiergeographischen Regionen. Alle bisher beispielhaft untersuchten Vertreter aus der Neotropis,

Äthiopis und Australis zeigen jedoch andere Merkmals-Komplexe und lassen sich nicht in das auf Synapomorphien beruhende Konzept der Gattung *Elodes* einfügen. Sie gehören in andere Gattungen, die größtenteils noch gar nicht oder nicht ausreichend definiert wurden.

5.3. Ökologie und Biologie

Unsere Kenntnis über die Lebensweise der einzelnen Arten ist sehr lückenhaft. Es scheint so als wären sie an fließende Gewässer gebunden. Allerdings schließt dies auch eine Entwicklung der Larven in langsam fließenden Gräben ein. FREITAG et al. (2001) beobachteten eine Förderung des Vorkommens von Larven durch den Dammbau von Bibern (*Castor fiber*).

5.4. Phylogenie

Autapomorphien:

Imagines:

- 3. Antennenglied deutlich kleiner als das 2. (Abb. E 1, 2).
- 7. Sternit der ♂♂ apikal eingebuchtet und mit einer grubenförmigen Vertiefung (man geht in der Annahme, dass das 7. Sternit in seiner ursprünglichen Ausbildungsform breit und gleichmäßig gerundet war – wie bei den Weibchen zu finden – sicher nicht fehl) (Abb. E 15).
- 8. Sternit der ♂♂ mit unpaarem Stiel und paarigen Pterygien (z. B. Abb. E 36).
- 9. Sternit der ♂♂ aus einer hinten mit langen Borsten versehenen Platte und Bacilla lateralia bestehend (z. B. Abb. E 71).
- 8. Tergit bei einem Teil der Arten eingebuchtet, dadurch sind Distalfortsätze ausgebildet, die vielfach Haare, Borsten, Dornen, Zähnchen oder andere Bildungen tragen (z. B. Abb. E 212, 216, 217) (siehe unten).
- Parameren bei vielen Arten hinten mit laterad oder ventrad gerichteten, bei manchen Arten beweglichen Dornen oder bedornten Anhängen (z. B. Abb. E 149, 230) (siehe unten).
- Verbindungsmembran zwischen Tegmen und Penis mit stäbchenförmiger Sklerotisierung (Abb. E 20).

Larven (nach KLAUSNITZER 1974f, 1975a, HANNAPPEL & PAULUS 1987):

- Sensilla basiconica sind auf dem Terminalkegel und in einer oder zwei Querreihen auf dem 3. Glied des Maxillarpalpus angeordnet.
- Die Anzahl der Kammzähne auf dem Hypopharynx ist verringert.

Zweifellos dürfte die Auflösung der Platte des 8. Tergit und die Bildung von Distalfortsätzen als apomorph anzusehen sein. Allerdings bleibt offen, ob dieser Vorgang mehrfach stattgefunden hat, sodass die Ausbildung einer Bucht vielleicht keine Synapomorphie der Gesamtheit dieser Arten ist (KLAUSNITZER 1974a). Von einem ganzrandigen 8. Tergit der Männchen könnten zwei Entwicklungslinien ausgegangen sein, einerseits die Ausbildung einer Bucht, die zu Distalfortsätzen führte: kurz, lang bis zur völligen Auflösung der Platte (*E. rufotestacea*-Gruppe), andererseits die Ausbildung eines Mittelfortsatzes (nur *E. tricuspis*).

Bisher wurden aus der Westpaläarktis sechs Arten mit einem ganzrandigen 8. Tergit bekannt. Dieses Merkmal ist wahrscheinlich plesiomorph, gemeinsame abgeleitete Merkmale der betreffenden Arten konnten bisher nicht gefunden werden. Sie gehören möglicherweise an verschiedene Stellen des phylogenetischen Systems von *Elodes*. Es fällt jedoch auf, dass sie alle im gleichen geographischen Raum vorkommen (vielleicht haben sie also doch einen nur ihnen gemeinsamen Vorfahren).

Das gemeinsame Areal dieser Teilgruppe könnte von der Kaukasusregion ausgehen, die ein gewisses Zentrum darzustellen scheint. Dort kommen außer *Elodes lohsei* auch *E. eberti* und *E. improvisa* vor. *E. eberti* geht weiter nach Osten bis zum Iran. Von West nach Ost folgen *E. sericea* – *E. improvisa* – *E. venustula* – *E. lohsei* – *E. eberti* (weitere, hier nicht behandelte Arten schließen sich an). Der Fundort von *Elodes spinidens* in Marokko deutet unter Umständen an, dass diese Art mit den anderen genannten in keinem näheren Verwandtschaftsverhältnis steht. Dafür spricht auch der Dorn an den Parameren, bei den anderen Arten sind die Parameren einfach zugespitzt (vielleicht eine Plesiomorphie) oder es ist ein stark abgeleiteter Mittelfortsatz vorhanden (*E. lohsei, E. venustula*). Selbstverständlich sind die Bemerkungen zum Areal der Artengruppe nur vorläufig, da von allen Arten (außer *Elodes sericea*) nur einzelne Fundorte bekannt sind.

Innerhalb der Gattung *Elodes* lassen sich nach dem Bau der Parameren drei verschiedene Gruppen unterscheiden:

- Parameren einfach zugespitzt
- Parameren an der Spitze mit einem laterad gerichteten Dorn (Haken)
- Parameren an der Spitze mit einem ventrad gerichteten Dorn (Haken)

Die phylogenetische Wertung dieses Merkmals kann vorläufig nicht näher diskutiert werden. Die einfach zugespitzten Parameren könnten als plesiomorph angesehen werden (es wäre aber auch eine Reduktion der Dorne denkbar). Nimmt man Plesiomorphie an, so wären die Dornen (wahrscheinlich Neubildungen) eine Synapomorphie der anderen Arten. Bedarf schon dieser Schritt noch näherer Untersuchung, so kann zunächst kein Vorschlag zur phylogenetischen Beurteilung der lateraden bzw. ventraden Orientierung der Paramerendorne vorgelegt werden.

Synapomorphien einzelner Artengruppen:

Arten	Synapomorphien
lohsei + *venustula*	Tegmen mit schlankem Mittelfortsatz, der an der Spitze gegabelt ist (Parameren ?), daneben entspringt jederseits ein wellenartig strukturiertes Chitinstäbchen. 9. Sternit stärker sklerotisiert
bertiae + *pollux*	Spitzen der Distalfortsätze des 8. Tergit mit einer Gruppe längerer Haare; 8. Sternit mit großen, hinten breit gerundeten Pterygien, deren Seiten- und Hinterrand durch einen schmalen sklerotisierten Streifen verstärkt ist und mit einem schmalen, hinten doppelt gegabelten Stiel
longulus + *luteata*	8. Sternit mit kurzem Stiel und lang nach hinten ausgezogenen Pterygien

5.5. Bestimmungstabelle für die Arten (♂♂)

Die einzelnen Arten lassen sich vorläufig nur im männlichen Geschlecht durch eine Untersuchung vor allem des 8. Tergit, des Tegmen und des Penis sicher determinieren. Auch die ♀♀ lassen sich unterscheiden, sind aber nur von relativ wenigen Arten sicher bekannt, da die Zuordnung gesammelter Tiere oft problematisch ist. Eine provisorische Bestimmungstabelle folgt im Anschluss.

Ein Bindestrich (–) steht vor zusätzlichen Merkmalen, die bei der Alternative nicht genannt wurden.

Um die Bestimmung zu erleichtern, wurden 5 Artengruppen gebildet, die nach diagnostischen Charakteristika definiert werden (phylogenetische Zusammenhänge sollen nicht zum Ausdruck gebracht werden).

1 Parameren hinten einfach zugespitzt (Abb. E 38, 48, 55, 60, 68, 75, 85, 91, 99, 104, 108, 112, 118, 122, 128). . . . . Gruppe 1

In diese Gruppe gehört möglicherweise auch *novaki* J. MÜLLER, 1916 aus Kroatien. Der Holotypus zeigt nach MÜLLER (1916) und RUTA (2009) eine charakteristische Färbung (die Variabilität ist unbekannt). Die Parameren enden spitz (Abb. E 326). Die Parameroide tragen an der Spitze einen nach innen gerichteten Zahn (Abb. E 327). An der Basis der Parameroide befindet sich eine Struktur, die nicht geklärt werden kann. Leider ist der Holotypus nicht völlig intakt, sodass das 8. Tergit nicht untersucht werden kann.

1* Spitze der Parameren komplex gestaltet, mit Zähnen, Fortsätzen oder Anhängen verschiedener Form und unterschiedlicher Orientierung (z. B. Abb. E 149, 230, 233, 265). 2

2 8. Tergit hinten fast ganzrandig, nur äußerst schwach eingebuchtet, Hinterecken etwas verstärkt (Abb. E 32). – Parameren mit einem nach vorn und unten gerichteten kurzen (0,06-0,08 mm), etwas gebogenen Dorn (Abb. E 33, 34). Parameroide distal etwas verdickt, ohne seitlichen Zahn (Abb. E 35). 8. Sternit mit abgesetztem, spitzem kleinem (0,03 mm) Zahn (Pfeil) zwischen den Pterygien, der Stiel gabelt sich in kräftige Stäbchen (Abb. E 36). Gesamtlänge Penis 1,19-1,22; Ø 1,21 mm; 0,16-0,20; Ø 0,18 mm breit; Schlankheitsindex: 6,1-7,4; Ø 6,8. Tegmen 0,88-0,94; Ø 0,91 mm lang; 0,26-0,30; Ø 0,28 mm breit. 8. Sternit insgesamt 0,61 mm lang; 0,61 mm breit. 8. Tergit 0,72-0,76; Ø 0,74 mm lang; 0,46-0,48; Ø 0,47 mm breit (Platte). Körperlänge 3,8-4,0 mm. Marokko. . . . . *spinidens* KLAUSNITZER, 2001

2* 8. Tergit hinten tief eingebuchtet, es sind deutliche Distalfortsätze ausgebildet (z. B. Abb. E 212, 251). 3

3 Platte des 8. Tergit zu einem schmalen Steg reduziert, Distalfortsätze länger (z. B. Abb. E 134, 174). Index DP (vergleiche 1.2.1.) 3,4-32,0 (ausgesprochen niedrige Werte von ca. 3,0 sind Ausnahmen innerhalb der Variationsbreite). 4

3* Platte des 8. Tergit in größerem Umfang erhalten, Distalfortsätze kürzer (z. B. Abb. E 297). Index DP 0,3-2,4 (höhere Werte über 2,5 sind Ausnahmen innerhalb der Variationsbreite). . . 5

4 Distalfortsätze des 8. Tergit spitz zulaufend, mit deutlich abgesetzter Spitze (ohne aufgesetzten Dorn) (z. B. Abb. E 141). . . . . Gruppe 2 (S. 93)

4* Distalfortsätze des 8. Tergit hinten gerundet, mit deutlich aufgesetztem Dorn oder einem Dornenfeld an der Spitze (z. B. Abb. E 198). . . . . Gruppe 3 (S. 95)

5(3) Paramerendorn nach der Seite gerichtet, gebogen bis ± gerade (z. B. Abb. E 265, 266). Platte des 8. Tergit in größerem Umfang erhalten: DP = 1,1-2,4. . . . . Gruppe 4 (S. 97)

5* Paramerendorn nach vorn gerichtet, auf der Unterseite der Parameren liegend (z. B. Abb. E 253), dahinter setzen sich die Parameren meist noch ein Stück fort. Platte des 8. Tergit in geringerem Umfang erhalten: DP = 1,7-3,1. . . . . Gruppe 5 (S. 100)

Gruppe 1

1 Tegmen mit schlankem Mittelfortsatz, der an der Spitze gegabelt ist, daneben entspringt jederseits ein langes (0,70-1,05 mm) wellenartig strukturiertes Stäbchen (die Homologie der beiden Teile ist unklar, vielleicht entsprechen diese Stäbchen den Parameren) (Abb. E 38-40, 46-48). 9. Sternit relativ stark sklerotisiert, mit vielen Mikrotrichen bedeckt (Abb. E 41, 49). 8. Tergit hinten ganzrandig, Platte annähernd quadratisch (Abb. E 37, 45). – Vorderrand des 8. Sternit zwischen den Pterygien sklerotisiert und mit einem kleinen Vorsprung in der Mitte (Abb. E 44, 52 Pfeile). 2

1* Tegmen mit ± langen Parameren, ohne gegabelten Mittelfortsatz und ohne laterale wellenartig strukturierte Stäbchen (z. B. Abb. E 68). 9. Sternit meist schwächer sklerotisiert (Abb. E 71). 8. Tergit hinten ganzrandig (z. B. Abb. E 62), mit einem Mittelfortsatz (Abb. E 72 Pfeil) oder ± tief eingebuchtet (z. B. Abb. E 80). 3

2 Mittelfortsatz des Tegmen ab Ansatzstelle der Seitenfortsätze länger (0,95-0,97 mm) (Abb. E 38 Pfeil, 39). Länge der Spitzen des Mittelfortsatzes 0,25-0,30 mm. Seitliche Stäbchen 0,97-1,05 mm lang. Spitze des 9. Sternit in der gesamten Breite mit ca. 24-30 längeren Haaren (Abb. E 41). Seitenzahn der Parameroidspitze des Penis einfach (Abb. E 43). Stiel des 8. Sternit länger (0,45-0,48 mm) (Abb. E 44). Gesamtlänge Penis 1,49-1,59; Ø 1,55 mm; 0,25-0,32;

Ø 0,28 mm breit; Schlankheitsindex: 5,7-6,2; Ø 5,5. Tegmen 1,53-1,67; Ø 1,60 mm lang; 0,26-0,33; Ø 0,29 mm breit. 8. Sternit insgesamt 0,78-0,89; Ø 0,85 mm lang; 0,52-0,60; Ø 0,56 mm breit. 8. Tergit 0,93-1,02; Ø 0,97 mm lang; 0,47-0,56; Ø 0,53 mm breit (Platte). Körperlänge 4,1-4,5 mm. Nordwest-Kaukasus. . . . . *lohsei* KLAUSNITZER, 2000

2* Mittelfortsatz des Tegmen ab Ansatzstelle der Seitenfortsätze kürzer (0,50-0,57 mm) (Abb. E 46 Pfeil). Länge der Spitzen des Mittelfortsatzes 0,06-0,08 mm. Seitliche Stäbchen 0,70-0,76; Ø 0,73) mm lang. Spitze des 9. Sternit (Abb. E 49) jederseits mit 4 längeren Haaren. Seitenzahn der Parameroidspitze des Penis seitlich gespalten, dadurch zweiteilig (Abb. E 51). Stiel des 8. Sternit kürzer (0,30-0,35 mm) (Abb. 52). Gesamtlänge Penis 1,38-1,40; Ø 1,39 mm; 0,22-0,23; Ø 0,23 mm breit; Schlankheitsindex: 6,0-6,4; Ø 6,2. Tegmen 1,39-1,41; Ø 1,40 mm lang; 0,31-0,32; Ø 0,32 mm breit. 8. Sternit insgesamt 0,62-0,63; Ø 0,63 mm lang; 0,54-0,59; Ø 0,57 mm breit. 9. Sternit insgesamt 1,03-1,11; Ø 1,07 mm lang; 0,28-0,30; Ø 0,29 mm breit. 8. Tergit 0,77-0,79; Ø 0,78 mm lang; 0,37-0,38; Ø 0,38 mm breit (Platte). Körperlänge 4,0-4,1 mm. Östliche Türkei. . . . . *venustula* KLAUSNITZER, 2002

3(1) 8. Tergit hinten ganzrandig (Abb. E 53, 62, 64), höchstens sehr schwach (0,02-0,03 mm) eingebuchtet (Abb. E 65). 4

3* 8. Tergit hinten ± tief eingebuchtet (z. B. Abb. E 80, 94), eingekerbt (Abb. E 107) oder mit einem Mittelfortsatz (Abb. E 72). 6

4 8. Sternit mit einem breiten (0,22 mm), kurzen Stiel, die Distalfortsätze sind nicht flügelartig ausgebildet, sondern schlank, allmählich zugespitzt; hinten sind die Spitzen kräftig sklerotisiert und deutlich nach innen gebogen (Abb. E 54). Das 8. Sternit ist 0,63 mm tief eingebuchtet. Parameren an der Spitze etwas nach innen gebogen, an der Basis jeweils mit nach innen gerichtetem gezähntem Fortsatz (Abb. E 55 Pfeil, 56). – Parameroide mit seitlichem Zahn und von diesem ausgehender schräger Kante, bis zur Spitze 0,09 mm lang (Abb. E 57). Gesamtlänge Penis 1,83; ca. 0,18 mm breit; Schlankheitsindex: 10,2. Tegmen 1,47 mm lang; 0,25 mm breit. 7. Sternit maximal 1,31 mm breit; maximal 0,59 mm lang. 8. Sternit insgesamt 1,13 mm lang; 0,54 mm breit. 8. Tergit 1,01 mm lang; 0,32 mm breit (Platte). Körperlänge 5,5 mm. Östliche Türkei. . . . . *improvisa* KLAUSNITZER, 1990

4* 8. Sternit mit einem schmalen (0,02 mm), langen Stiel und flügelartigen Seitenfortsätzen (Pterygien) (Abb. E 63, 70), meist an der Basis der Pterygien deutlich gegabelt, hinten mit einer kleinen, dreieckigen, nach einer 2. Gabel sklerotisierten Fläche. Parameren des Tegmen gerade oder nach außen gebogen, ohne abgesetztes Zähnchen auf der Innenseite (Abb. E 60, 61, 68, 69). 5

5 Parameroide hinter dem seitlich gerichteten Zahn lang ausgezogen (0,13-0,15 mm) (Abb. E 58, 59 Pfeil), mit einer von dem Seitenzahn ausgehenden Kante. Tegmen mit kurzen, nach außen gekrümmten Paramerenspitzen (Abb. E 60, 61). Tegmen kürzer (1,39-1,41; Ø 1,40 mm lang). Hinterrand des 8. Tergit gerade bis schwach gebogen, kurz und gleichmäßig, nicht auffällig, behaart (Abb. E 62). 8. Sternit (Abb. E 63) mit ± deutlicher zahnartiger Struktur an den Vorderecken der Pterygien (Pfeil). Gesamtlänge Penis 1,74-1,90; Ø 1,82 mm; 0,23-0,27; Ø 0,25 mm breit; Schlankheitsindex: 6,4-8,3; Ø 7,4. 7. Sternit maximal 1,22-1,24; Ø 1,23 mm breit; maximal 0,53-0,54; Ø 0,54 mm lang; Bucht 0,08-0,09; Ø 0,09 mm tief. 8. Sternit insgesamt 0,95-1,03; Ø 1,00 mm lang; 0,62-0,75; Ø 0,71 mm breit. 8. Tergit 0,78-1,04; Ø 0,92 mm lang; 0,48-0,56; Ø 0,52 mm breit (Platte). Körperlänge 4,0-5,5 mm. Kaukasus-Region, Ukraine, Iran. . . . . *eberti* KLAUSNITZEr, 1970

5* Die distale Verlängerung hinter dem seitlich gerichteten Zahn der Parameroide ist deutlich kürzer (0,03-0,07 mm) (Abb. E 66, 67 Pfeil), eine auffällige Kante ist nicht ausgebildet. Parameren ± gerade (Abb. E 68, 69) oder etwas nach innen gebogen. Tegmen länger (1,59-1,86; Ø 1,69 mm lang). 8. Tergit meist mit schwach beginnender Einbuchtung (0,02-0,03 mm) (Abb. E 65). 8. Sternit ohne zahnartige Struktur an den Vorderecken der Pterygien (Abb. E 70). Gesamtlänge Penis 1,62-2,18; Ø 1,90 mm; 0,13-0,28; Ø 0,20 mm breit; Schlankheitsindex: 7,0-13,4; Ø 9,7. 7. Sternit maximal 1,20-1,39; Ø 1,32 mm breit; maximal 0,57-0,65; Ø 0,61 mm lang; Bucht 0,08-0,12; Ø 0,10 mm tief. 8. Sternit insgesamt 0,80-0,92; Ø 0,86 mm lang; 0,48-0,68; Ø 0,61 mm breit. 8. Tergit 1,02-1,08; Ø 1,04 mm lang; 0,45-0,56; Ø 0,52 mm breit (Platte). Körperlänge 4,5-5,5 mm. Griechenland (Festland und westgriechische Inseln). . . . . *sericea* KIESENWETTER, 1859

Die Variabilität dieser Art ist beachtlich und betrifft vor allem Größe und Form der Parameroide, des 8. Sternit, den Hinterrand des 8. Tergit sowie Länge und Form der Parameren, die aber immer schlank sind.

6(3) Platte des 8. Tergit mit einem schlanken dreieckigen Mittelfortsatz, der in einen ventralwärts gebogenen Haken ausläuft (Abb. E 72 Pfeil). Seitlich ist die Platte in Form von zwei schmalen Fortsätzen erhalten, die an der Spitze etwas ausgezackt enden und mit Dörnchen besetzt sind (Abb. E 73, 74). – Parameren des Tegmen spitz zulaufend (Abb. E 75), vorn innen mit einer kleinen abgesetzten Spitze (Abb. E 76). Parameroide hinter einem seitlichen Zähnchen lang ausgezogen (0,09-0,11 mm) (Abb. E 77, 78). Gesamtlänge Penis 1,63-1,68; Ø 1,66 mm; 0,13-0,17; Ø 0,15 mm breit; Schlankheitsindex: 9,9-12,8; Ø 11,4. Tegmen 1,30-1,45; Ø 1,37 mm lang; 0,23-0,25; Ø 0,24 mm breit. 7. Sternit maximal 1,10-1,20; Ø 1,17 mm breit; maximal 0,56-0,60; Ø 0,58 mm lang; Bucht 0,09-0,12; Ø 0,10 mm tief. 8. Sternit mit schlankem Stiel, der vorn etwas eingekerbt sein kann, Pterygien hinten innen mit einer kleinen Spitze, 8. Sternit insgesamt 0,73-0,79; Ø 0,76 mm lang; 0,42-0,53; Ø 0,47 mm breit. 8. Tergit 1,08-1,09; Ø 1,08 mm lang; 0,42-0,49; Ø 0,46 mm breit (Platte); seitliche Fortsätze der Platte 0,26-0,28; Ø 0,27 mm lang; Mittelfortsatz 0,34-0,37; Ø 0,35 mm lang. Spitze der Elytren stets (?) angedunkelt. Körperlänge 4,1-5,7 mm. In Europa weit verbreitet. . . . . *tricuspis* NYHOLM, 1985

6* 8. Tergit ohne Mittelfortsatz, hinten ± tief eingebuchtet (z. B. Abb. E 80, 94) oder nur schwach eingekerbt (Abb. E 107). 7

7 Distalfortsätze des 8. Tergit an der Spitze, am Rand und/oder auf der Fläche mit einer Anzahl deutlicher Zähne oder Dörnchen (z. B. Abb. E 82, 89, 95, 103). 8

7* Distalfortsätze des 8. Tergit ohne Zähne; Spitze, Rand und Fläche ohne deutliche Zähnchen oder Dornen (z. B. Abb. E 111, 116, 125, 131). 11

8 Rest der Platte des 8. Tergit in der Mitte breiter (0,17-0,26 mm) (Abb. E 80, 81, 88). DP = 1,0-2,4. Parameren kürzer (0,32-0,42 mm) (Abb. E 85, 91). Flügel des 8. Sternit schmaler, Stiel länger, mit Abzweigungen an der Basis der Pterygien (Abb. E 87, 93). IB = 1,4-2,0. IP = 3,3-6,0. ST = 1,7-2,1. 9

8* Rest der Platte des 8. Tergit in der Mitte schmaler (0,02-0,11 mm) (Abb. E 94, 102). DP = 5,9-48,5. Parameren sehr schlank und lang (0,85-1,12 mm) (Abb. E 99, 104). Flügel des 8. Sternit sehr breitflächig, Stiel kürzer, unverzweigt (Abb. E 101, 106). IB = 1,0-1,2. IP = 12,1-74,5. ST = 2,1-3,2. 10

9 Apex der Distalfortsätze des 8. Tergit mit einer Reihe großer, deutlich abgesetzter Zähnchen besetzt (4-5 große am Vorderrand und 9-11 kleine Dornen dahinter) (Abb. E 80-84). Bucht etwas flacher (IB = 1,4-2,0; Ø 1,6), Platte in größerem Umfang erhalten (DP = 1,0-2,4; Ø 1,8. IP = 3,3-5,9; Ø 4,8) (Abb. E 80, 81). Beim Holotypus ist der Seitenrand der Distalfortsätze nach innen geklappt (Präparationsartefakt), dadurch erscheinen sie abgestutzt (Abb. E 80, 82). Parameroide apikal mit einem seitlichen Dorn, dahinter etwas erweitert (Abb. E 86) und 0,04-0,06 mm lang. Parameren schlank, allmählich zugespitzt und etwas nach außen gebogen (Abb. E 85). Stiel des 8. Sternit kürzer: 0,36-0,45; Ø 0,41 (Abb. E 87). Penis gedrungener: Schlankheitsindex 7,1-9,6; Ø 7,9. Gesamtlänge Penis 1,49-1,75; Ø 1,63 mm; 0,17-0,23; Ø 0,21 mm breit. Tegmen 1,21-1,35; Ø 1,28 mm lang; 0,26-0,29; Ø 0,28 mm breit. 7. Sternit maximal 1,18 mm breit; maximal 0,56 mm lang; Bucht 0,07 mm tief. 8. Sternit insgesamt 0,66-0,74; Ø 0,70 mm lang; 0,49-0,63; Ø 0,56 mm breit. 8. Tergit 0,87-1,10; Ø 1,00 mm lang; 0,43-0,64; Ø 0,55 mm breit; Bucht 0,25-0,40; Ø 0,36 mm tief; Platte in der Mitte 0,17-0,26; Ø 0,22 mm lang. ST = 1,7-2,0; Ø 1,9. Körperlänge 4,9 mm. Griechenland (Festland). . . . . *nocturna* KLAUSNITZER, 1979

9* Dornenfeld an der Spitze der Distalfortsätze des 8. Tergit die gesamte Spitze bedeckend und aus kleinen, gleichgroßen Dornen bestehend (Abb. E 88, 89). Bucht etwas tiefer (IB = 1,5), Platte in geringerem Umfang erhalten (DP = 1,8. IP = 6,0). Parameroide hinter dem Seitendorn distal etwas verlängert (0,035 mm) und eingebuchtet (Abb. E 90). Parameren schärfer zugespitzt, von der breiteren Basis stärker abgesetzt (Abb. E 91, 92). Stiel des 8. Sternit länger: 0,55 mm (Abb. E 93). Penis schlanker: Schlankheitsindex 11,2. Gesamtlänge Penis 1,57 mm; 0,14 mm breit. Tegmen 1,35 mm lang; 0,20 mm breit. 7. Sternit maximal 1,16 mm breit; maximal 0,58 mm lang; Bucht 0,10 mm tief. 8. Sternit insgesamt 0,84 mm lang; 0,68 mm breit. 8. Tergit

1,19 mm lang; 0,56 mm breit; Bucht 0,43 mm tief; Platte in der Mitte 0,20 mm lang. ST = 2,1. Körperlänge 5,5-6,0 mm. Kroatien, Montenegro. . . . . *arcana* KLAUSNITZER, 1972

10(8) Distalfortsätze des 8. Tergit zum Apex nicht lappenartig verbreitert (unterhalb der Spitze sind sie 0,05 mm breit) (Abb. E 94), unterhalb der Spitze mit einer ± deutlich sichtbaren Querreihe von größeren Dornen, an die sich ein Feld kräftiger Dornen anschließt (Abb. E 95, 96), an der Außenseite ganzrandig. Rest der Platte in der Mitte etwas breiter (0,05-0,11; Ø 0,09 mm). Tegmen (Abb. E 99) kürzer: 1,46-1,63; Ø 1,55 mm. Penis (Abb. E 97) kürzer: 1,63-1,85; Ø 1,79 mm. Parameroide (Abb. E 98) hinter dem Seitenzahn 0,02 mm lang. Penis 0,13-0,17; Ø 0,15 mm breit; Schlankheitsindex: 10,8-14,1; Ø 12,4. Tegmen 0,20-0,22; Ø 0,21 mm breit. 7. Sternit maximal 1,24 mm breit; maximal 0,63 mm lang; Bucht 0,07 mm tief. 8. Sternit (Abb. E 101) 0,75-0,86; Ø 0,81 mm lang; 0,72-0,76; Ø 0,74 mm breit. 8. Tergit 1,20-1,33; Ø 1,30 mm lang; 0,42-0,52; Ø 0,47 mm breit; Bucht 0,57-0,70; Ø 0,65 mm tief. IB = 1,1-1,2; Ø 1,2; DP = 5,9-11,4; Ø 7,8; IP = 12,1-24,0; Ø 15,8; ST = 2,3-3,2; Ø 2,8. Körperlänge 4,2-5,1 mm. Kreta. . . . . *cretica* KLAUSNITZER, 1973

10* Distalfortsätze des 8. Tergit breiter (unterhalb der Spitze sind sie 0,10 mm breit), zum Apex auffällig lappenartig verbreitert (Abb. E 102), am Außenrand mit einer Reihe größerer Dornen (Abb. E 103), die Dornen auf der Fläche der Distalfortsätze unterhalb der Spitze sind etwa gleich groß. Rest der Platte in der Mitte sehr schmal (0,02-0,03; Ø 0,02 mm). Tegmen (Abb. E 104) länger: 1,66-1,80; Ø 1,72 mm. Penis länger: 1,64-2,11; Ø 1,90 mm. Parameroide (Abb. E 105) hinter dem Seitenzahn 0,02 mm lang. Penis 0,12-0,21; Ø 0,16 mm breit; Schlankheitsindex: 9,3-14,1; Ø 12,2. Tegmen 0,19-0,21; Ø 0,20 mm breit. 7. Sternit maximal 1,30 mm breit; maximal 0,63 mm lang; Bucht 0,13 mm tief. 8. Sternit (Abb. E 106) 0,85 mm lang; 0,93 mm breit. 8. Tergit 1,34-1,49; Ø 1,41 mm lang; 0,44-0,67; Ø 0,53 mm breit; Bucht 0,82-0,97; Ø 0,88 mm tief. IB = 1,0-1,1; Ø 1,0; DP = 29,0-48,5; Ø 40,5; IP = 46,7-74,5; Ø 64,4; ST = 2,1-3,0; Ø 2,7. Körperlänge 4,8-6,0 mm. Kreta. . . . . *novacretica* KLAUSNITZER, 1990

11(7) Platte des 8. Tergit hinten kurz dreieckig eingeschnitten (0,20-0,25 mm) (Pfeil), dadurch sind sehr kurze Distalfortsätze ausgebildet, die distal schräg abgeschnitten sind, Spitzen etwas stärker sklerotisiert und behaart (Abb. E 107). DP = 0,5-0,8. – Parameroide nach dem seitlichen Zähnchen lang (0,11-0,12 mm) (Abb. E 109). Gesamtlänge Penis 2,03-2,13; Ø 2,08 mm; 0,25-0,27; Ø 0,26 mm breit; Schlankheitsindex: 7,9-8,1; Ø 8,0. Parameren sehr lang (0,91 mm), Tegmen (Abb. E 108) 2,07-2,11; Ø 2,09 mm lang; 0,23-0,28; Ø 0,26 mm breit. 7. Sternit maximal 1,33 mm breit; maximal 0,66 mm lang; Bucht 0,08 mm tief. 8. Sternit mit schlankem Stiel (Abb. E 110), insgesamt 0,97 mm lang; 0,75 mm breit. 8. Tergit 1,12-1,20; Ø 1,16 mm lang; 0,56-0,64; Ø 0,60 mm breit; Platte in der Mitte 0,33-0,40; Ø 0,37 mm lang. IB = 2,3-3,0; Ø 2,7; IP = 3,0-3,4; Ø 3,2; ST = 1,9-2,0; Ø 2,0. Körperlänge 5,7 mm. Griechenland. . . . . *holgeri* KLAUSNITZER, 2003

11* Platte des 8. Tergit hinten tiefer eingebuchtet, jedoch ist ein größerer Teil der Platte erhalten; DP = 1,6-3,3. Es sind deutlich längere Distalfortsätze ausgebildet (Abb. E 111, 116, 125, 131). 12

12 Distalfortsätze des 8. Tergit mit auffällig nach außen gebogenen Spitzen (Abb. E 111 Pfeil); DP = 3,3. – Parameren schlank, mit abgesetzter schmaler Spitze (0,08 mm lang) (Abb. E 112, 113). Parameroide hinter dem Seitendorn 0,04 mm lang (Abb. E 114). Gesamtlänge Penis 1,74 mm; 0,17 mm breit; Schlankheitsindex: 10,3. Tegmen 1,60 mm lang; 0,29 mm breit. 8. Sternit mit kurzem schmalem Stiel (Abb. E 115), insgesamt 0,71 mm lang; 0,70 mm breit. 8. Tergit 1,02 mm lang; 0,67 mm breit; Bucht 0,46 mm tief; Platte in der Mitte 0,14 mm lang. IB = 1,3; IP = 7,3; ST = 1,5. Körperlänge 4,6-5,2 mm. Libanon, Westliche Türkei. . . . . *akbesianus* PIC, 1898

12* Distalfortsätze des 8. Tergit nahezu gerade (Abb. E 116) bzw. dreieckig zugespitzt (Abb. E 125, 131). DP = 1,4-1,9. 13

13 Parameren des Tegmen schlank, nicht deutlich vom übrigen Tegmen abgesetzt, hinten zugespitzt, etwas nach innen gebogen, länger (0,42-0,63 mm) (Abb. E 122, 128). Distalfortsätze des 8. Tergit kürzer, an der Basis breiter (0,22-0,24 mm) (Abb. E 125, 131), Bucht flacher (0,13-0,25 mm), Spitze mit Haaren (Abb. E 126, 132). 14

13* Parameren kürzer (0,27-0,28 mm) und deutlich vom übrigen Tegmen abgesetzt (Pfeil), kaum nach innen gebogen, kegelförmig, mit breiter Basis; an der Spitze befindet sich ventral ein winziges Zähnchen (Abb. E 118, 119). Distalfortsätze des 8. Tergit viel schlanker, Spitze unbehaart (Abb. E 117), Bucht tiefer (0,47-0,49 mm) (Abb. E 116). – Parameroide hinter dem Spitzenzahn verlängert (0,04-0,05 mm) (Abb. E 120). Gesamtlänge Penis 1,70-1,77; Ø 1,73 mm; 0,14-0,19; Ø 0,16 mm breit; Schlankheitsindex: 8,9-12,6; Ø 10,8. Tegmen 1,35-1,37; Ø 1,36 mm lang; 0,22-0,23; Ø 0,23 mm breit. 7. Sternit maximal 1,19-1,29; Ø 1,24 mm breit; maximal 0,64-0,65; Ø 0,65 mm lang; Bucht 0,09-0,11; Ø 0,10 mm tief. 8. Sternit mit breitem, kurzem Stiel (Abb. E 121), insgesamt 0,74 mm lang; 0,63 mm breit. 8. Tergit 1,26-1,35; Ø 1,31 mm lang; 0,47-0,59; Ø 0,53 mm breit; Bucht 0,47-0,49; Ø 0,48 mm tief; Platte in der Mitte 0,26-0,29; Ø 0,28 mm lang. IB = 1,5-1,6; Ø 1,6; DP = 1,6-1,9; Ø 1,8; IP = 4,7-4,8; Ø 4,8; ST = 2,1-2,9; Ø 2,5. Körperlänge 4,3-4,6 mm. Zypern. . . . . *malickyi* KLAUSNITZER, 1976

14 Innenrand der Parameren glatt, Spitze außen nicht gezähnelt (Abb. E 122, 123), Parameren kürzer (0,42-0,49 mm), Tegmen kürzer (1,27-1,31; Ø 1,29 mm). Parameroide des Penis mit deutlichem Seitenzahn (Pfeil), dahinter verlängert (0,10-0,11 mm) (Abb. E 124), Penis etwas kürzer: 1,31-1,40; Ø 1,38 mm; 0,12-0,20; Ø 0,16 mm breit; Schlankheitsindex: 7,1-11,7; Ø 9,0. Tegmen 1,27-1,31; Ø 1,29 mm lang; 0,22-0,26; Ø 0,24 mm breit. 7. Sternit maximal 1,12 mm breit; maximal 0,50 mm lang; Bucht 0,08 mm tief. 8. Sternit mit kurzem, breitem Stiel (Abb. E 127), insgesamt 0,67-0,78; Ø 0,73 mm lang; 0,57-0,72; Ø 0,65 mm breit. 8. Tergit (Abb. E 125) 0,79-0,84; Ø 0,82 mm lang; 0,47-0,55; Ø 0,51 mm breit; Bucht 0,13-0,22; Ø 0,18 mm tief; Platte in der Mitte 0,14-0,26; Ø 0,20 mm lang. IB = 1,6-3,0; Ø 2,3; DP = 1,5-1,6; Ø 1,6; IP = 3,2-5,6; Ø 4,4; ST = 1,4-1,8; Ø 1,6. Pronotum dunkelbraun, Vorder- und Seitenrand schmal hellbraun gesäumt. Elytren gelbbraun, Naht, Seitenrand und Apex dunkelbraun. Körperlänge 3,9-4,1 mm. Korsika. . . . . *bertiae* KLAUSNITZER, 1988

14* Innenrand der Parameren mit dichter Zähnchenreihe (16-30 Zähnchen Pfeil; etwa 0,30-0,35 mm lang), Spitze außen gezähnelt (Abb. E 128, 129), Parameren länger (0,62-0,63 mm), Tegmen länger (1,59-1,61; Ø 1,60 mm). Parameroide des Penis ohne Seitenzahn (Abb. E 130), Penis etwas länger: 1,44-1,49; Ø 1,46 mm; 0,20-0,22; Ø 0,21 mm breit; Schlankheitsindex: 6,5-7,3; Ø 7,0. Tegmen 1,59-1,61; Ø 1,60 mm lang; 0,34-0,36; Ø 0,35 mm breit. 7. Sternit maximal 1,25 mm breit; maximal 0,60 mm lang; Bucht 0,07 mm tief. 8. Sternit mit kurzem, breitem Stiel (Abb. E 133), insgesamt 0,78 mm lang; 0,73 mm breit. 8. Tergit (Abb. E 131) 0,81-0,84; Ø 0,83 mm lang; 0,51-0,54; Ø 0,53 mm breit; Bucht 0,24-0,25; Ø 0,25 mm tief; Platte in der Mitte 0,14-0,17; Ø 0,16 mm lang. IB = 1,6-1,7; DP = 1,4-1,8; Ø 1,6; Ø 1,7; IP = 4,9-5,8; Ø 5,4; ST = 1,5-1,6; Ø 1,6. Pronotum einfarbig hellbraun. Elytren einfarbig hellbraun. Körperlänge 4,3-4,5 mm. Korsika. . . . . . *pollux* KLAUSNITZER, 2008

Gruppe 2

1 Distalfortsätze des 8. Tergit apikal mit auffällig gezähnten Rändern, mit einem Dornenfeld (Abb. E 135, 142, 143). 2

1* Distalfortsätze des 8. Tergit ohne gezähnte Ränder und ohne Dornenfeld (Abb. E 151, 158, 165, 170). 3

2 Seitendorne der Parameren des Tegmen auffällig nach vorn gebogen (Pfeil) (Abb. E 137-139) (0,08-0,13; Ø 0,11 mm lang). Außenrand hinten und Innenrand der Distalfortsätze insgesamt sowie die Spitze mit Dornen besetzt (Abb. E 134, 135). Parameren nicht deutlich vom übrigen Tegmen abgesetzt (Abb. E 137). Parameroide mit auffällig abgesetztem Seitendorn (Abb. E 136), dahinter 0,04 mm lang. 8. Sternit mit schlankem Stiel (Abb. E 140), insgesamt 0,75-0,79; Ø 0,77 mm lang; 0,60-0,65; Ø 0,63 mm breit. Gesamtlänge Penis 1,53-1,59; Ø 1,56 mm; 0,11-0,22; Ø 0,17 mm breit; Schlankheitsindex: 7,2-13,9; Ø 10,6. Tegmen 1,26-1,27; Ø 1,27 mm lang; 0,38-0,39; Ø 0,39 mm breit. 7. Sternit maximal 1,28 mm breit; maximal 0,56 mm lang; Bucht 0,07 mm tief. 8. Tergit 1,36-1,37; Ø 1,37 mm lang; 0,58-0,60; Ø 0,59 mm breit; Bucht 0,62-0,68; Ø 0,65 mm tief; Platte in der Mitte 0,10-0,13; Ø 0,12 mm lang. IB = 1,1-1,2; Ø 1,2; DP = 5,2-6,2; Ø 5,7; IP = 10,5-13,6; Ø 12,1; ST = 2,3-2,4; Ø 2,4. Körperlänge 4,8-5,2 mm. Kroatien, Bosnien und Herzegowina. . . . . *pendens* KLAUSNITZER, 1990

2* Seitendorne der Parameren des Tegmen deutlich nach der Seite gerichtet (Abb. 144, 145) (0,08-0,10 mm lang). Distalfortsätze des 8. Tergit distal mit großen Zähnchen dicht bedeckt, Innenrand mit besonders großen Zähnchen (Abb. E 141-143). Parameren deutlich vom übrigen Tegmen abgesetzt (0,38-0,43 mm) (Abb. E 144). Parameroide mit auffällig abgesetztem Seitendorn (Abb. E 146), dahinter 0,04-0,06; Ø 0,06 mm lang. 8. Sternit mit breiterem Stiel (Abb. E 147), insgesamt 0,88-0,89; Ø 0,88 mm lang; 0,64-0,65; Ø 0,64 mm breit. Gesamtlänge Penis 1,56-1,74; Ø 1,63 mm; 0,18-0,25; Ø 0,22 mm breit; Schlankheitsindex: 7,0-8,7; Ø 7,7. Tegmen 1,36-1,48; Ø 1,41 mm lang; 0,32-0,44; Ø 0,36 mm breit. 7. Sternit maximal 1,24 mm breit; maximal 0,58 mm lang; Bucht 0,07 mm tief. 8. Tergit 1,31-1,37; Ø 1,34 mm lang; 0,44-0,47; Ø 0,46 mm breit; Bucht 0,62-0,65; Ø 0,64 mm tief; Platte in der Mitte 0,18-0,19; Ø 0,19 mm lang. IB = 1,2-1,3; Ø 1,3; DP = 3,3-3,4; Ø 3,4; IP = 7,2-7,3; Ø 7,3; ST = 2,9-3,0; Ø 3,0. Körperlänge 4,8-5,0 mm. Bisher aus Deutschland, Belgien, Slowakei, Ungarn und Rumänien bekannt, wohl weiter verbreitet. . . . . *johni* KLAUSNITZER, 1975

3(1) Die Parameren sind unterhalb der Spitzendornen auf der Innenseite glatt (Abb. E 149, 156). 4

3* Die Parameren tragen unterhalb der Spitzendornen auf der Innenseite dorn- oder lappenartige Erweiterungen (Abb. E 161-163, 167-169). 5

4 Paramerendorn auffällig groß (0,18-0,23; Ø 0,20 mm) (Abb. E 148, 149). Distalfortsätze des 8. Tergit kürzer (0,52-0,61; Ø 0,56 mm), Spitze dornartig abgesetzt, auf einer breiteren Innenfläche schwach behaart (Abb. E 150-152). Parameren nicht auffällig vom Tegmen abgesetzt (Abb. E 148). Parameroide (Abb. E 153) hinter dem Seitenzahn 0,05-0,08 mm lang. Gesamtlänge Penis 1,52-1,87; Ø 1,68 mm; 0,16-0,26; Ø 0,23 mm breit; Schlankheitsindex: 5,8-10,3; Ø 7,8. Tegmen 1,36-1,40; Ø 1,38 mm lang; 0,28-0,35; Ø 0,32 mm breit. 7. Sternit maximal 1,24 mm breit; maximal 0,56 mm lang; Bucht 0,07 mm tief. 8. Sternit mit kurzem, vorn verbreitertem Stiel, der sich an der Basis der Pterygien und hinten gabelt (Abb. E 154), insgesamt 0,70-0,71; Ø 0,71 mm lang; 0,65-0,66; Ø 0,66 mm breit. 8. Tergit 1,22-1,47; Ø 1,36 mm lang; 0,43-0,55; Ø 0,49 mm breit; Bucht 0,50-0,60; Ø 0,55 mm tief; Platte in der Mitte 0,19-0,26; Ø 0,22 mm lang. IB = 1,4-3,9; Ø 2,9; DP = 2,3-2,9; Ø 2,6; IP = 5,7-7,3; Ø 6,4; ST = 2,5-3,2; Ø 2,8. Körperlänge 4,7-5,5 mm. Europa ohne den Norden. . . . . *elongata* TOURNIER, 1868

4* Paramerendorn kleiner (0,08 mm) (Abb. E 155, 156). Distalfortsätze des 8. Tergit sehr lang (0,77 mm) (Abb. E 157), Spitze nicht dornartig abgesetzt, auf der Fläche in einer schmalen Zone fein behaart (Mikrotrichen) (Abb. E 158). Parameren relativ deutlich vom übrigen Tegmen abgesetzt (Abb. E 155). Parameroide (Abb. E 159) hinter dem Seitenzahn 0,04 mm lang. Gesamtlänge Penis 1,86 mm; 0,23 mm breit; Schlankheitsindex: 8,1. Tegmen 1,50 mm lang; 0,33 mm breit. 7. Sternit maximal 1,27 mm breit; maximal 0,58 mm lang; Bucht 0,08 mm tief. 8. Sternit mit kurzem, vorn verbreitertem Stiel, der sich an der Basis der Pterygien und hinten gabelt (Abb. E 160), insgesamt 0,82 mm lang; 0,65 mm breit. 8. Tergit 1,51 mm lang; 0,35 mm breit; Bucht 0,77 mm tief; Platte in der Mitte 0,12 mm lang. IB = 1,2; DP = 6,4; IP = 12,6; ST = 4,3. Körperlänge 4,9-5,6 mm. Südfrankreich, Algerien. . . *abeillei* KLAUSNITZER, 1990

5(3) Parameren mit einem hakenförmigen, nach außen gerichteten Spitzendorn. Außer einem Paar verdickter, lappenartiger Fortsätze (Abb. E 163 Pfeil) ist manchmal unmittelbar unterhalb des Spitzendorns der Parameren ein kleiner lateraler, nach außen gerichteter Dorn vorhanden (Abb. E 161 Pfeil, 162), Apex mitunter mit zusätzlichen subterminalen Seitenzähnen. Parameroide hinter den Spitzendornen nur wenig verlängert (0,03-0,04 mm) (Abb. E 164). Gesamtlänge Penis 1,84-1,89; Ø 1,87 mm; 0,15-0,28; Ø 0,22 mm breit; Schlankheitsindex: 6,8-12,3; Ø 9,0. Tegmen 1,32-1,60; Ø 1,46 mm lang; 0,36-0,40; Ø 0,38 mm breit. 7. Sternit maximal 1,37 mm breit; maximal 0,65 mm lang; Bucht 0,10 mm tief, von auffälligen Haarreihen begrenzt. 8. Sternit (Abb. E 166) insgesamt 0,70-0,71; Ø 0,71 mm lang; 0,69-0,70; Ø 0,70 mm breit. Distalfortsätze (Abb. E 165) mit spitzen Dörnchen (Mikrotrichen ?) dicht bedeckt. 8. Tergit (Abb. E 165) 1,33-1,75; Ø 1,54 mm lang; 0,48-0,58; Ø 0,54 mm breit; Bucht 0,70-1,10; Ø 0,91 mm tief; Platte in der Mitte 0,07-0,15; Ø 0,12 mm lang. IB = 1,1-1,2; Ø 1,1; DP = 4,8-14,1; Ø 8,4; IP = 8,9-22,7; Ø 14,1; ST = 2,7-3,2; Ø 2,9. Körperlänge 4,2-5,0 mm. Süditalien. . . . . *angelinii* KLAUSNITZER, 1987

5* Enddorn der Parameren ± gerade, schräg nach vorn gerichtet, nicht hakenförmig. Parameren an den Schenkeln mit je einem nach innen gerichteten zugespitzten flachen Fortsatz (Abb. E 168 Pfeil, 169), Apex ohne Zusatzdornen. Parameroide hinter den Spitzendornen etwas weniger verlängert und abgerundet (0,03 mm) (Abb. E 171). Gesamtlänge Penis 1,73-1,78; Ø 1,76 mm; 0,23-0,28; Ø 0,26 mm breit; Schlankheitsindex: 6,4-7,5; Ø 7,0. Tegmen 1,22-1,29; Ø 1,26 mm lang; 0,28-0,33; Ø 0,31 mm breit. 8. Sternit mit schlankem Stiel

(Abb. E 166), insgesamt 0,71-0,76; Ø 0,74 mm lang; 0,60-0,66; Ø 0,63 mm breit. Distalfortsätze (Abb. E 170) mit spitzen Dörnchen (Mikrotrichen ?) dicht bedeckt. 8. Tergit (Abb. E 165) 1,38-1,41; Ø 1,40 mm lang; 0,43-0,44; Ø 0,44 mm breit; Bucht 0,77-0,78; Ø 0,78 mm tief; Platte in der Mitte 0,09-0,11; Ø 0,10 mm lang. IB = 1,1-1,1; Ø 1,1; DP = 7,1-8,5; Ø 7,8; IP = 12,8-15,3; Ø 14,1; ST = 3,1-3,3; Ø 3,2. Körperlänge 4,2-4,4 mm. Süditalien. . . . . *calabriae* KLAUSNITZER, 1987

Gruppe 3

1 8. Sternit mit auffällig kurzem Stiel (0,10-0,20 mm) und lang nach hinten ausgezogenen Flügeln (Abb. E 173, 179). Parameroide nach dem Seitenzahn lang und schmal ausgezogen (0,08 mm) (Abb. E 178, 184). 2

1* 8. Sternit mit relativ langem Stiel (0,30-0,45 mm) und breiten kurzen Flügeln (Abb. E 190, 196, 202, 211m 223). Parameroide nach dem Seitenzahn kurz bis mittellang (0,03-0,04 mm) (Abb. E 195, 201, 210, 222, 231) (Ausnahme *amicula* 0,07-0,08 mm; Abb. E 189). . . . 3

2 Flügel des 8. Sternit mit breiter Basis, nach hinten lang und gleichmäßig allmählich zugespitzt (Abb. E 173). Dorn an der Spitze der Distalfortsätze des 8. Tergit kürzer (0,02 mm) (Abb. E 175 Pfeil), Distalfortsätze breiter (Abb. E 174). Parameroide (Abb. E 178) hinter dem Seitenzahn 0,08 mm lang. Gesamtlänge Penis 1,57 mm; 0,17 mm breit; Schlankheitsindex: 9,2. Paramerenspitzen mit einem nach vorn gerichteten 0,18 mm langen Dorn (Abb. E 177); Tegmen (Abb. E 176) 1,19 mm lang; 0,33 mm breit. 7. Sternit maximal 1,26 mm breit; maximal 0,60 mm lang; Bucht 0,08 mm tief. 8. Sternit mit sehr kurzem Stiel (ca. 0,10 mm), insgesamt 0,80 mm lang; 0,56 mm breit. 8. Tergit 1,43 mm lang; 0,67 mm breit; Bucht 0,82 mm tief; Platte in der Mitte 0,07 mm lang. IB = 1,1; DP = 11,7; IP = 20,4; ST = 2,1. Körperlänge 5,2 mm. Bulgarien. . . . . *longulus* KLAUSNITZER, 1990

2* Flügel des 8. Sternit mit schmalerer Basis, sie gehen nach hinten in lange Fortsätze über, die bis zum Ende nahezu parallel bleiben und unterhalb der Spitze erweitert sind (Abb. E 179). Dorn an der Spitze der Distalfortsätze des 8. Tergit groß und länger (0,05 mm) (Abb. E 181 Pfeil), Distalfortsätze schmaler, an der Außenseite dicht und lang behaart (Abb. E 180). Parameroide (Abb. E 184) hinter dem Seitenzahn 0,07-0,08 mm lang. Gesamtlänge Penis 1,51-1,74; Ø 1,65 mm; 0,18-0,20; Ø 0,19 mm breit; Schlankheitsindex: 8,4-8,7; Ø 8,5. Paramerenspitzen mit schräg nach vorn gerichtetem Dorn (ab Spitze der Paramere 0,13-0,15 mm lang) (Abb. E 183); Tegmen (Abb. E 182) 1,10-1,30; Ø 1,23 mm lang; 0,32-0,34; Ø 0,33 mm breit. 7. Sternit maximal 1,40 mm breit; maximal 0,66 mm lang; Bucht 0,11 mm tief. 8. Sternit mit kurzem Stiel (0,15-0,20 mm), insgesamt 1,15-1,16; Ø 1,16 mm lang; 0,64-0,71; Ø 0,68 mm breit. 8. Tergit 1,35-1,54; Ø 1,46 mm lang; 0,45-0,53; Ø 0,48 mm breit; Bucht 0,83-0,96; Ø 0,89 mm tief; Platte in der Mitte 0,03-0,04; Ø 0,04 mm lang. IB = 1,0-1,0; Ø 1,0; DP = 20,8-32,0; Ø 24,9; IP = 34,8-51,3; Ø 40,8; ST = 2,7-3,3; Ø 3,0. Körperlänge 4,2-4,8 mm. Westliche Türkei. . . . . *luteata* KLAUSNITZER, 1979

3(1) Distalfortsätze apikal mit Sinnesborsten und mehreren kleinen Zähnchen, von denen keines deutlich dornartig abgesetzt ist (Abb. E 186, 192). 4

3* Distalfortsätze apikal mit einem einzelnen deutlich abgesetzten Dorn (Abb. E 198, 204, 214, 214-216, 225-227). 5

4 Distalfortsätze des 8. Tergit etwa in der Mitte von der breiten Basis abgesetzt und nach hinten verschmälert (Abb. E 185), apikal abgerundet und mit einigen Borsten, Zähnchen und einem winzigen Dörnchen besetzt (Abb. E 186). Basis der Distalfortsätze mit einem schrägen Feld von Dörnchen und Mikrotrichen dicht bedeckt. Parameren mit lateralen, gelenkig verbundenen, langen (ohne Berücksichtigung der Krümmung 0,14-0,18; Ø 0,15 mm), schmalen und mit mehreren z. T. großen und kleinen Dornen besetzten Spitzendornen (Abb. E 187, 188), dahinter setzen sich die Parameren noch 0,05 mm fort. Parameroide hinter dem Seitendorn 0,07-0,08 mm lang ausgezogen (Abb. E 189). Gesamtlänge Penis 1,46-1,64; Ø 1,56 mm; 0,15-0,21; Ø 0,18 mm breit; Schlankheitsindex: 7,8-9,7; Ø 8,9. Tegmen 1,07-1,22; Ø 1,15 mm lang; 0,25-0,32; Ø 0,29 mm breit. 7. Sternit maximal 1,24 mm breit; maximal 0,55 mm lang; Bucht 0,08 mm tief. 8. Sternit mit schlankem Stiel (Abb. E 190), insgesamt 0,59-0,71; Ø 0,64 mm lang; 0,42-0,55; Ø 0,48 mm breit. 8. Tergit 1,22-1,34; Ø 1,29 mm lang; 0,42-0,65; Ø 0,54 mm breit; Bucht 0,62-0,67; Ø 0,65 mm tief; Platte in der Mitte 0,08-0,12; Ø 0,10 mm lang. IB = 1,1-1,2; Ø

1,2; DP = 5,6-7,8; Ø 6,4; IP = 10,8-15,3; Ø 12,8; ST = 2,1-2,9; Ø 2,5. Körperlänge 3,8-4,0 mm. Griechenland (Festland und Insel Thasos). . . . . *amicula* KLAUSNITZER, 1980

4* Distalfortsätze des 8. Tergit ohne abgestufte Verschmälerung, ± parallel (Abb. E 191), apikal abgerundet und direkt an der Spitze ohne Zähnchen (nur ein winziger Dorn ist vorhanden), auf der Innenseite und der Fläche jedoch mit zahlreichen Dornen besetzt (Abb. E 192). Parameren des Tegmen mit ventrad gerichteten mehrspitzigen kürzeren (0,10-0,12; Ø 0,10 mm) und breiteren Dornen (Abb. E 193, 194), dahinter setzen sich die Parameren noch 0,04-0,07 mm fort, am Apex entspringen einige Haare. Parameroide hinter dem kürzeren und breiteren Seitendorn kürzer (0,04 mm) (Abb. E 195). Gesamtlänge Penis 1,62-1,71; Ø 1,67 mm; 0,14-0,16; Ø 0,15 mm breit; Schlankheitsindex: 10,7-11,6; Ø 11,2. Tegmen 1,19-1,22; Ø 1,21 mm lang; 0,22-0,32; Ø 0,27 mm breit. 7. Sternit maximal 1,39 mm breit; maximal 0,57 mm lang; Bucht 0,10 mm tief. 8. Sternit mit schlankem Stiel (Abb. E 196), insgesamt 0,80 mm lang; 0,54 mm breit. 8. Tergit 1,54-1,60; Ø 1,57 mm lang; 0,53-0,62; Ø 0,58 mm breit; Bucht 0,88-0,91; Ø 0,90 mm tief; Platte in der Mitte 0,08-0,09; Ø 0,08 mm lang. IB = 1,1-1,2; Ø 1,1; DP = 10,1-11,0; Ø 10,6; IP = 17,8-19,3; Ø 18,6; ST = 2,6-2,9; Ø 2,8. Körperlänge 4,7-5,1 mm. Italien. . . . . *venetae* KLAUSNITZER, 1987

5(3) Paramerendorne hakenförmig und kurz (0,05-0,06 mm), dahinter sind die Parameren nicht verlängert (Abb. E 200). Tegmen gleichmäßig und stärker nach hinten verjüngt (Abb. E 199 Pfeil). – Distalfortsätze des 8. Tergit mit rundem Apex, auf dem ein Dorn entspringt (0,03-0,05; 0,04 mm lang); besonders Innenrand und Spitze mit zahlreichen spitzen Dörnchen (Abb. E 198); schlank (hinter der Spitze 0,17 mm breit), an der Basis breiter, im Mittelteil etwas schmaler (Abb. E 197). Parameroide (Abb. E 201) hinter dem Seitendorn kurz (0,03 mm). Gesamtlänge Penis 1,90-2,09; Ø 2,02 mm; 0,20-0,26; Ø 0,23 mm breit; Schlankheitsindex: 7,3-10,5; Ø 9,1. Tegmen 1,47-1,59; Ø 1,54 mm lang; 0,37-0,40; Ø 0,38 mm breit. 7. Sternit maximal 1,34 mm breit; maximal 0,63 mm lang; Bucht 0,10 mm tief. 8. Sternit mit schlankem Stiel (Abb. E 202), insgesamt 1,14-1,18; Ø 1,16 mm lang; 0,76-0,77; Ø 0,77 mm breit. 8. Tergit 1,73-1,83; Ø 1,78 mm lang; 0,68-0,82; Ø 0,73 mm breit; Bucht 1,10-1,32; Ø 1,21 mm tief; Platte in der Mitte 0,07-0,10; Ø 0,08 mm lang. IB = 1,05-1,09; Ø 1,07; IP = 17,3-26,1; Ø 23,0; ST = 2,2-2,6; Ø 2,4. Körperlänge 4,7-5,3 mm. Griechenland (Festland). . . . . *australis* KLAUSNITZER, 1990

5* Paramerendorne ± gerade oder nach außen geschweift und länger (0,08-0,12 mm), dahinter sind die Parameren stets verlängert, ca. 0,10 mm (Abb. E 207, 208, 218-220, 229, 230). Tegmen weniger stark nach hinten verjüngt (Abb. E 207, 218, 229). 6

6 Seitendorne der Parameren des Tegmen länger (0,10-0,12; Ø 0,11 mm), ± gerade, einspitzig; etwas schräg nach hinten gerichtet (Abb. E 207, 208). Distalfortsätze des 8. Tergit distal lappig erweitert, dort max. 0,14-0,16 mm breit (Abb. E 203); Spitzendorn 0,02-0,04 mm lang. Basis der Distalfortsätze schmal, apikal mit zahlreichen kurzen Dörnchen auf der gesamten Fläche (Abb. E 204-206). Platte des 8. Tergit stark reduziert (0,04-0,05 mm lang) (Abb. E 203), DP = 20,8-26,5; Ø 23,5. Penis länger (1,75-1,81; Ø 1,83 mm), etwas schlanker (Abb. E 209), Schlankheitsindex: 8,3-11,7; Ø 9,9. Parameroidspitzen nach dem Seitendorn kürzer (0,02-0,03 mm) (Abb. E 204). – Penis 0,15-0,22; Ø 0,19 mm breit. Tegmen 1,15-1,32; Ø 1,25 mm lang; 0,23-0,34; Ø 0,29 mm breit. 7. Sternit maximal 1,24-1,32 mm breit; maximal 0,60-0,65 mm lang; Bucht 0,09-0,10 mm tief. 8. Sternit mit schlankem Stiel (Abb. E 211), insgesamt 0,72-0,83; Ø 0,78 mm lang; 0,56-0,73; Ø 0,66 mm breit. 8. Tergit 1,63-1,83; Ø 1,71 mm lang; 0,52-0,65; Ø 0,58 mm breit; Bucht 1,04-1,16; Ø 1,09 mm tief. IB = 1,1-1,1; Ø 1,1; IP = 32,6-41,5; Ø 36,9; ST = 2,8-3,2; Ø 3,0. Körperlänge 5,2-6,3 mm. Griechenland (östliche Inseln), Türkei (Westen). . . . . *sieberi* KLAUSNITZER, 1973

6* Seitendorne der Parameren des Tegmen etwas kürzer (0,08-0,10; Ø 0,09 mm), meist in mehreren Zähnen endend (Abb. E 219, 220, 230), selten einspitzig. Distalfortsätze am Ende nicht lappenförmig erweitert, allmählich schmaler werdend (Abb. E 212, 213, 224), Dörnchen anders geformt und angeordnet (Abb. E 216, 221). Platte des 8. Tergit weniger stark reduziert (0,10-0,17 mm lang) (Abb. E 212, 213, 224), DP = 3,4-6,0. Penis kürzer (1,50-1,60; Ø 1,56 mm), etwas gedrungener (Abb. E 221), Schlankheitsindex: 9,2-12,0; Ø 10,5. Parameroidspitzen nach dem Seitendorn länger (0,04-0,07 mm) (Abb. E 222, 231). 7

7 Spitzen der Distalfortsätze des 8. Tergit mit einem kleinen, aus der übrigen Bedornung deutlich herausragenden kürzeren Apikaldorn (0,008-0,019; Ø 0,013 mm lang) (Abb. E 214-216). Dis-

talfortsätze 0,1 mm unterhalb der Spitze meist schmaler (0,06-0,07 mm), Rand weniger bedornt. Dornen auf der einen Seite gerade, auf der anderen bogenförmig eingeschnitten; die Dornen stehen dichter (Abb. E 217). Paramerendorne schlanker, meist zweispitzig, selten einspitzig, 0,08-0,10; Ø 0,09 mm lang. Spitzen der Parameren distal etwas mehr verlängert (0,04-0,06; Ø 0,05 mm) (Abb. E 219, 220). Parameroide (Abb. E 236) hinter dem Seitenzahn 0,04-0,05 mm lang. Gesamtlänge Penis 1,50-1,60; Ø 1,56 mm; 0,13-0,21; Ø 0,16 mm breit; Schlankheitsindex: 9,2-12,0; Ø 10,9. Tegmen 1,06-1,10; Ø 1,08 mm lang; 0,22-0,29; Ø 0,26 mm breit. 7. Sternit maximal 1,14-1,18; Ø 1,16 mm breit; maximal 0,53-0,55; Ø 0,54 mm lang; Bucht 0,07-0,10; Ø 0,08 mm tief. 8. Sternit mit schlankem Stiel (Abb. E 223), insgesamt 0,63-0,68; Ø 0,66 mm lang; 0,49-0,52; Ø 0,51 mm breit. 8. Tergit 1,17-1,20; Ø 1,18 mm lang; 0,52-0,55; Ø 0,53 mm breit; Bucht 0,54-0,60; Ø 0,57 mm tief; Platte in der Mitte 0,09-0,12; Ø 0,10 mm lang. IB = 1,1-1,2; Ø 1,2; DP = 4,5-6,0; Ø 5,4; IP = 9,8-12,0; Ø 11,2; ST = 2,2-2,3; Ø 2,2. Grube auf dem 7. Sternit von der Form einer halben Ellipse, tiefer. Körperlänge 4,5-6,0 mm. Die häufigste Art der Gattung, in ganz Europa. . . . . . *minuta* (LINNAEUS, 1767)

7* Spitzen der Distalfortsätze des 8. Tergit mit einem deutlich längeren Apikaldorn (Pfeil) (0,022-0,038; Ø 0,029 mm) (Abb. E 225-227). Distalfortsätze 0,1 mm unterhalb der Spitze meist breiter (0,12-0,13 mm), Rand stärker bedornt. Dornen konisch zugespitzt, Spitzen viel länger ausgezogen; die Dornen stehen weniger dicht (Abb. E 228). Paramerendorne gedrungener, meist mehrspitzig, 0,09-0,11; Ø 0,10 mm lang. Spitzen der Parameren distal etwas weniger entwickelt (0,04-0,05; 0,04 mm) (Abb. E 230). Parameroide (Abb. E 236) hinter dem Seitenzahn 0,05-0,07 mm lang. Gesamtlänge Penis 1,56-1,59; Ø 1,57 mm; 0,15-0,21; Ø 0,17 mm breit; Schlankheitsindex: 9,3-10,3; Ø 9,8. Tegmen 1,14-1,22; Ø 1,18 mm lang; 0,23-0,28; Ø 0,26 mm breit. 7. Sternit maximal 1,16-1,19; Ø 1,18 mm breit; maximal 0,51-0,63; 0,58 mm lang; Bucht 0,07-0,08; Ø 0,07 mm tief. 8. Sternit mit schlankem Stiel, insgesamt 0,60-0,72; Ø 0,67 mm lang; 0,53-0,56; Ø 0,54 mm breit. 8. Tergit 1,16-1,30; Ø 1,23 mm lang; 0,48-0,53; Ø 0,51 mm breit; Bucht 0,51-0,58; Ø 0,54 mm tief; Platte in der Mitte 0,12-0,17; Ø 0,15 mm lang. IB = 1,2-1,3; Ø 1,3; DP = 3,1-4,3; Ø 3,6; IP = 7,2-9,7; Ø 8,2; ST = 2,2-2,7; Ø 2,4. Grube auf dem 7. Sternit halbkreisförmig, flacher. Körperlänge 4,5-5,8 mm. In Europa, den Norden ausgenommen, weit verbreitet. . . . . *pseudominuta* KLAUSNITZER, 1971

Gruppe 4

1 Parameren des Tegmen hinter dem kurzen (0,01-0,02 mm lang), nach vorn gerichteten Seitenzahn breit abgerundet (0,06-0,07 mm), mit kleinem Zusatzzahn (Pfeil) (0,01-0,02 mm) (Abb. E 232-234). Distalfortsätze des 8. Tergit hinten mit Dornen und abgesetzter, wie umgeschlagen wirkender, scharfer Spitze (Abb. E 235). – Parameroide (Abb. E 236) hinter dem Seitenzahn 0,05-0,07 mm lang. Gesamtlänge Penis 1,71-1,81 mm; 0,15-0,20 mm breit; Schlankheitsindex: 9,1-11,4. Tegmen 1,51-1,53 mm lang; 0,28-0,29 mm breit. 7. Sternit maximal 1,38-1,40 mm breit; maximal 0,61-0,62 mm lang; Bucht 0,08-0,09 mm tief. 8. Sternit mit schlankem Stiel, insgesamt 0,77-0,85 mm lang; 0,65-0,69 mm breit. 8. Tergit 1,23-1,43 mm lang; 0,45-0,55 mm breit; Bucht 0,30-0,34 mm tief; Platte in der Mitte 0,37-0,42 mm lang. IB = 2,1-2,4; DP = 0,7-0,9; IP = 3,3-3,4; ST = 2,6-2,7. Körperlänge 4,8-5,0 mm. Frankreich (Seealpen). . . . . *globulus* KLAUSNITZER, 1990

1* Parameren ohne Zusatzzahn, hinten nicht breit abgerundet, mit einem meist nach der Seite gerichteten scharfen längeren Zahn (Abb. E 238, 246, 265, 275, 282, 285, 291, 298, 304) (*E. denticulata* kann einen Zusatzzahn haben: Abb. E 266; die Distalfortsätze des 8. Tergit sind jedoch völlig anders gebaut; Abb. E 258-263). 2

2 Distalfortsätze des 8. Tergit kurz (0,14-0,17 mm), hinten an der Außenseite mit zahnartigen Dornen besetzt, daneben befindet sich innen ein mit Dörnchen besetzter schmaler Streifen, messerförmig nach innen gebogen (Abb. E 239 Pfeil), Bucht flacher (0,11-0,16 mm). – Parameroide (Abb. E 240) hinter dem Seitenzahn 0,03 mm lang. Gesamtlänge Penis 1,40-1,52 mm; 0,17-0,18 mm breit; Schlankheitsindex: 8,2-8,4. Parameren mit einem nach außen gebogenen Dorn (0,08 mm lang) (Abb. E 237, 238); Tegmen 1,20-1,22 mm lang; 0,25-0,26 mm breit. Stiel des 8. Sternit vorn etwas verbreitert, insgesamt 0,65-0,67 mm lang; 0,50-0,51 mm breit. 8. Tergit 0,97-1,06 mm lang; 0,46-0,51 mm breit; Platte in der Mitte 0,34-0,42 mm lang. IB = 3,1-4,8; DP = 0,3-0,5; IP = 2,5-2,9; ST = 2,1-2,2. Körperlänge ca. 4,0 mm. Westliche Türkei. . . . . *microps* KLAUSNITZER, 2002

2* Distalfortsätze des 8. Tergit länger (0,24-0,56 mm) (bei *flavoangularis* etwas kürzer), nicht messerförmig nach innen gebogen (z.B. Abb. E267), Bucht tiefer (0,20-0,56 mm). 3

3 Distalfortsätze des 8. Tergit subapikal (0,064-0,080 mm hinter der Spitze) mit einem einzelnen deutlich abgesetzten Dorn (Abb. E243 Pfeil, 244, 250) (möglicherweise liegt eine schwache Asymmetrie vor, der Abstand des Dorns scheint zwischen links und rechts unterschiedlich zu sein). Dieser hat eine breite Basis (0,03-0,04 mm) und ist 0,010-0,015 mm hoch. Außenrand der Distalfortsätze an der Spitze mit wenigen Zähnchen, Platte mit kurzen Börstchen. Parameroide halbkugelig endend, nach außen schwach dornenförmig abgesetzt, hinter dem Seitendorn nur wenig verlängert (ca. 0,025 mm) (Abb. E247). – Parameren mit seitlich gerichtetem hakenförmigem Apikaldorn (Abb. E245, 246), hinten mit kurzen Dörnchen. Der Stiel des 8. Sternit gabelt sich an der Basis der Pterygien und distal am Vorderrand (Abb. E248); insgesamt 0,63 mm lang; 0,58-0,63 mm breit. 9. Sternit 0,97 mm lang; 0,33-0,35 mm breit; Länge der Spitzenborsten 0,08-0,11 mm. 8. Tergit 0,94-0,97 mm lang; Breite der Platte 0,47-0,55 mm; Tiefe der Bucht in der Mitte 0,15-0,20 mm; Länge der Platte in der Mitte 0,54-0,55 mm; Länge der Bacilla lateralia 0,60-0,65 mm. 9. Tergit ca. 1,0 mm lang (Spitze häutig); 0,40-0,46 mm breit. Tegmen 1,07-1,11 mm lang; 0,27-0,31 mm breit; Dorn (ohne Krümmung) 0,050-0,055 mm lang. Länge des Sklerits der Verbindungsmembran 0,30 mm. Penis 1,20-1,32 mm lang; 0,17-0,18 mm breit; Schlankheitsindex 7,06-7,33. IB = 3,5-4,6; DP = 0,3-0,4; IP = 1,7-1,8; ST = 1,8-2,0. Körperlänge 4,8-5,0 mm. Östliche Türkei. . . . . *flavoangularis* Klausnitzer, 1990

Exemplare aus Van und Bitlis zeigen einige deutliche Unterschiede zu den aus Hizan und Mutki (Prov. Erzurum und Bingöl) stammenden Typusexemplaren:

A Pronotum gelbbraun. Elytren variabel, von gelbbraun mit dunkler Naht und dunkler Scutellarregion bis schwarz mit schwachem hellen Streifen. Beine dunkelbraun. Ende der Distalfortsätze breit, nicht spitz (Abb. E243, 244). Breite auf der Höhe der Dornspitze 0,050 mm, Außenrand der Distalfortsätze an der Spitze mit wenigen Zähnchen. . . . . *flavoangularis* aus Erzurum und Bingöl

A* Pronotum schwarz. Elytren schwarz mit gelbbraunen Schulterecken. Beine dunkelbraun. Ende der Distalfortsätze spitz (Abb. E249, 250). Breite auf der Höhe der Dornspitze 0,025 mm, Außenrand der Distalfortsätze an der Spitze glatt. – Maße: Basis des Dorns an der Spitze der Distalfortsätze 0,04 mm, Höhe 0,02 mm. Parameroide hinter dem Seitendorn ca. 0,033 mm. 8. Sternit 0,70 mm lang; 0,60 mm breit. 9. Sternit 1,01 mm lang; 0,32 mm breit; Länge der Spitzenborsten 0,10 mm. 8. Tergit 0,92 mm lang; Breite der Platte 0,47 mm; Tiefe der Bucht in der Mitte 0,21 mm; Länge der Platte in der Mitte 0,53 mm; Länge der Bacilla lateralia 0,65 mm. 9. Tergit ca. 0,93 mm lang; 0,48 mm breit. Tegmen 1,15 mm lang; 0,28 mm breit; Dorn (ohne Krümmung) 0,065 mm lang. Länge des Sklerits der Verbindungsmembran 0,23 mm. Penis 1,28 mm lang; 0,24 mm breit; Schlankheitsindex 5,33. . . . . *flavoangularis* aus Bitlis und Van.

3* Distalfortsätze des 8. Tergit ohne subapikalen Dorn (z.B. Abb. E267). Parameroide hinter dem Seitendorn deutlich verlängert (0,03-0,06 mm) (z.B. Abb. E256, 270). 4

4 Distalfortsätze des 8. Tergit an der Spitze, am Rand und/oder auf der Fläche mit einer Anzahl deutlicher Zähne oder Dörnchen (Abb. E258-263, 267-269, 272, 273, 277-279). 5

4* Spitze, Rand und Fläche der Distalfortsätze des 8. Tergit ohne Zähnchen oder Dornen (Abb. E290, 291, 294-296, 301, 302, 301, 302), jedoch meist dicht behaart. 8

5 Distalfortsätze des 8. Tergit mit einer großen Spitze, hinter der der Innenrand und der hintere Teil auffällig gezähnt sind (Abb. E258-263). Die Zähnelung ist relativ variabel und umfasst meist auch den Außenrand. Parameroide hinter den Seitenzähnchen meist länger (0,04-0,06 mm) (Abb. E256, 257). – Gesamtlänge Penis 1,23-1,57; Ø 1,51 mm; 0,14-0,23; Ø 0,18 mm breit; Schlankheitsindex: 6,8-9,1; Ø 8,3. Parameren hinten rundlich, hinter dem Seitendorn nach hinten nicht verlängert (Abb. E264, 265). Bei manchen Exemplaren befindet sich an der Basis ein zweiter kleiner Dorn (Pfeil), die Paramerenspitze ist im Ganzen breiter (Abb. E266). Tegmen (Abb. E264) 1,26-1,58 mm lang; 0,26-0,28 mm breit. 7. Sternit maximal 1,26-1,28 mm breit; maximal 0,55-0,56 mm lang; Bucht 0,08-0,10 mm tief. 8. Sternit mit schlankem Stiel, insgesamt 0,63-0,71 mm lang; 0,43-0,52 mm breit. 8. Tergit 0,96-1,23; Ø 1,11 mm lang; 0,33-0,52; Ø 0,44 mm breit; Bucht 0,30-0,49; Ø 0,39 mm tief; Platte in der Mitte 0,17-0,26; Ø = 0,22 mm

lang. IB = 1,4-1,8; Ø 1,6; IP = 4,2-6,2; Ø 5,1; ST = 2,3-3,3; Ø 2,6. Körperlänge 3,3-4,8 mm. Italien, Sizilien. . . . . *denticulata* KLAUSNITZER, 1973

5* Distalfortsätze des 8. Tergit hinten nicht in eine lange Spitze ausgezogen und kräftig gezähnt (Abb. E 267-269, 272-274, 278, 279, 284, 285). Parameroide hinter den Seitenzähnchen kürzer (0,03mm) (Abb. E 270, 280, 286) (Ausnahme: *E. dubia* 0,04-0,05 mm; Abb. E 276). . . 6

6 Distalfortsätze des 8. Tergit außen mit einem abgegrenzten Feld kräftiger Dornen (Pfeil), das bis zur Spitze reicht (Abb. E 267-269), Bucht flacher (0,19-0,28; Ø 0,24 mm). Parameroide außen durch eine stärker sklerotisierte Zone ± deutlich abgesetzt, die in der Mitte eine Linie bilden kann (Abb. E 270), hinter dem Seitenzahn 0,03 (selten 0,04) mm lang. Parameren mit etwas gebogenem Seitendorn (Abb. E 271). Gabelungen des Stiels des 8. Sternit weniger deutlich. – Gesamtlänge Penis 1,10-1,39; 1,31 mm; 0,13-0,20; 0,17 mm breit; Schlankheitsindex: 6,7-10,2; Ø 8,1. Tegmen 1,11-1,12 mm lang; 0,25-0,31 mm breit. 7. Sternit maximal 1,14-1,15 mm breit; maximal 0,50-0,52 mm lang; Bucht 0,08-0,11 mm tief. 8. Sternit mit vorn verbreitertem Stiel, insgesamt 0,54-0,65 mm lang; 0,44-0,48 mm breit. 8. Tergit 0,72-0,93; Ø 0,86 mm lang; 0,33-0,46; Ø 0,40 mm breit; Bucht 0,19-0,28; Ø 0,24 mm tief; Platte in der Mitte 0,17-0,20; Ø 0,18 mm lang. IB = 1,6-1,9; Ø 1,8; DP = 1,1-1,6; Ø 1,3; IP = 4,0-5,2; Ø 4,7; ST = 2,2-2,6; Ø 2,4. Körperlänge 3,9 mm. Korsika. . . . . *corsica* PIC, 1898

6* Distalfortsätze hinten dicht mit Dörnchen besetzt, aber ohne ein deutlich abgegrenztes Feld kräftiger Dornen an der Außenseite (Abb. E 272-274, 278, 279). Bucht des 8. Tergit tiefer (0,48-0,56 mm). Parameroide außen nicht durch eine stärker sklerotisierte Zone ± deutlich abgesetzt, die in der Mitte eine Linie bildet (Abb. E 276, 280). Tegmen mit ± geradem Seitendorn (Abb. E 275, 281, 282). Stiel des 8. Sternit an der Basis der Pterygien und vor dem Hinterrand gegabelt (Abb. E 277, 287). 7

7 Parameroide hinten rund, etwas länger (0,04-0,05 mm), Seitenzahn stärker ausgebildet (Abb. E 276). Die gesamte Innenseite des Apex der Distalfortsätze des 8. Tergit ist mit kurzen, verschieden großen, unregelmäßig angeordneten Zähnchen besetzt (Abb. E 273, 274 Pfeil). Parameren vom übrigen Tegmen etwas stufenförmig abgesetzt, Spitzendorne länger (0,13-0,16; Ø 0,15 mm) (Abb. E 275). Gesamtlänge Penis 1,36-1,68; Ø 1,56 mm; 0,15-0,30; Ø 0,21 mm breit; Schlankheitsindex: 5,6-10,9; Ø 8,0. Tegmen 1,16-1,27; Ø 1,22 mm lang; 0,30-0,41; Ø 0,36 mm breit. 7. Sternit maximal 1,21-1,27 mm breit; maximal 0,51-0,52 mm lang; Bucht 0,09-0,10 mm tief. 8. Sternit (Abb. E 277) insgesamt 0,55-0,71; Ø 0,65 mm lang; 0,55-0,65; Ø 0,59 mm breit. 8. Tergit 1,16-1,28; Ø 1,23 mm lang; 0,38-0,49; Ø 0,45 mm breit; Bucht 0,39-0,48; Ø 0,43 mm tief; Platte in der Mitte 0,24-0,31; Ø 0,28 mm lang. IB = 1,5-1,8; Ø 1,7; DP = 1,3-2,0; Ø 1,6; IP = 3,8-4,8; Ø 4,4; ST = 2,5-3,1; Ø 2,7. Körperlänge 4,8 mm. Algerien, Tunesien. . . . . *dubia* KLAUSNITZER, 1972

7* Parameroide hinten rund, kürzer (0,03 mm), Seitenzahn wenig ausgebildet (Abb. E 280). Innenseite des Apex der Distalfortsätze des 8. Tergit mit kleinen, ± regelmäßig angeordneten Zähnchen dicht besetzt, am Ende auch auf der Fläche stark bedornt (Abb. E 278, 279). Tegmen nach hinten gleichmäßig verjüngt (Abb. E 281), Parameren vom übrigen Tegmen nicht stufenförmig abgesetzt, Spitzendorne kürzer (0,07-0,08 mm) (Abb. E 282). Gesamtlänge Penis 1,57 mm; 0,11 mm breit; Schlankheitsindex: 14,3. Tegmen 1,33 mm lang; 0,32 mm breit. 7. Sternit maximal 1,24 mm breit; maximal 0,52 mm lang; Bucht 0,10 mm tief. 8. Sternit (Abb. E 287) insgesamt 0,67 mm lang; 0,52 mm breit. 8. Tergit 1,31 mm lang; 0,36 mm breit; Bucht 0,56 mm tief; Platte in der Mitte 0,25 mm lang. IB = 1,4; DP = 2,2; IP = 5,2; ST = 3,6. Körperlänge 4,5-4,9 mm. Algerien. . . . . *algirina* PIC, 1898

8(4) 8. Tergit breiter (ST = 2,1-2,8), Distalfortsätze breiter, von der breiten Basis zum Apex ± zunehmend verengt (Abb. E 283, 294, 295, 301). Seitenzahn der Parameren gerade oder gebogen, nicht hakenförmig (Abb. E 285, 298, 304), 0,03-0,08 mm lang. 8. Tergit (0,89-1,13 mm), Tegmen (1,03-1,09 mm) und Penis (1,31-1,44 mm) durchschnittlich kürzer. 9

8* 8. Tergit schmal, schlank (Abb. E 288) (ST = 3,9-4,2; Ø 4,0), mit schmalen, etwas parallelen schlanken, apikal zugespitzten und etwas stärker sklerotisierten Distalfortsätzen (Abb. E 289). Seitenzahn der Parameren hakenförmig gebogen (Abb. E 291), 0,03-0,04 mm lang. 8. Tergit (1,47 mm), Tegmen (1,52 mm) und Penis (1,77 mm) durchschnittlich länger. – Parameroide (Abb. E 292) hinter dem Seitenzahn 0,03 mm lang. Gesamtlänge Penis 1,67-1,48; Ø 1,77 mm; 0,16-0,28; Ø 0,20 mm breit; Schlankheitsindex: 6,3-11,3; Ø 9,4. Tegmen

1,46-1,59; Ø 1,52 mm lang; 0,34-0,41; Ø 0,37 mm breit. 7. Sternit maximal 1,26-1,30 mm breit; maximal 0,58-0,60 mm lang; Bucht 0,07-0,08 mm tief. 8. Sternit mit schlankem Stiel, der sich an der Basis der Pterygien gabelt (Abb. E 293), insgesamt 0,75 mm lang; 0,56 mm breit. 8. Tergit 1,44-1,54; Ø 1,47 mm lang; 0,34-0,40; Ø 0,37 mm breit; Bucht 0,45-0,48; Ø 0,46 mm tief; Platte in der Mitte 0,30-0,43; Ø 0,36 mm lang. IB = 2,1-2,6; Ø 2,3; DP = 1,1-1,6; Ø 1,3; IP = 3,3-4,8; Ø 4,1. Körperlänge 4,8-5,2 mm. Kreta. . . *secundocretica* KLAUSNITZER, 1980

9 Platte des 8. Tergit vorn in der Mitte wenig sklerotisiert, dadurch schmal vertieft erscheinend (Abb. E 294, 295 Pfeil, 301). Spitzen der Distalfortsätze glatt (Abb. E 296, 302). 10

9* Platte an der Basis des 8. Tergit annähernd gleichmäßig sklerotisiert (Abb. E 283). Spitze der Distalfortsätze mit einem Büschel dünner Haare. – Distalfortsätze des 8. Tergit mit breiter Basis, allmählich verschmälert (Abb. E 283), Fläche mit Haaren und Mikrotrichen bedeckt. Paramerendorn etwas gebogen (Abb. E 285), 0,03-0,04 mm lang. Stiel des 8. Sternit vorn relativ breit (0,08-0,10 mm), an der Basis der Pterygien gegabelt (Abb. E 287). Parameroide (Abb. E 286) hinter dem wenig ausgeprägten Seitenzahn 0,03 mm lang, nahezu kugelförmig. Gesamtlänge Penis 1,25-1,42; Ø 1,31 mm; 0,17-0,22; Ø 0,20 mm breit; Schlankheitsindex: 5,7-8,4; Ø 6,6. Tegmen 0,96-1,10; Ø 1,03 mm lang; 0,24-0,32; Ø 0,28 mm breit. 7. Sternit maximal 1,03-1,11 mm breit; maximal 0,48-0,52 mm lang; Bucht 0,06 mm tief. 8. Sternit insgesamt 0,54-0,66; Ø 0,60 mm lang; 0,43-0,55; Ø 0,49 mm breit. 8. Tergit 0,87-0,91; Ø 0,89 mm lang; 0,40-0,42; Ø 0,41 mm breit; Bucht 0,25-0,29; Ø 0,27 mm tief; Platte in der Mitte 0,20-0,22; Ø 0,21 mm lang. IB = 1,7-1,8; Ø 1,8; DP = 1,2-1,4; Ø 1,3; IP = 4,1-4,4; Ø 4,3; ST = 2,1-2,2; Ø 2,2. Körperlänge 3,8-4,2 mm. Algerien. *chobauti* ABEILLE DE PERRIN, 1894

10 Basis der Distalfortsätze breiter, nach dem Apex stärker verjüngt (Abb. E 294, 295), Spitze weniger abgesetzt (Abb. E 296), dicht behaart, besonders an der Basis mit Kämmen aus 3 bis 4 nebeneinander stehenden Mikrotrichen. Bacilla lateralia des 8. Tergit ± gerade (Abb. E 294-295). Tegmen ± parallelseitig, Parameren etwas stufenförmig abgesetzt (Abb. E 297), Spitzenzahn der Parameren gerade bis schwach gekrümmt (Abb. E 298), 0,04-0,07 mm lang. Stiel des 8. Sternit an der Basis der Pterygien gegabelt (Abb. E 300). Parameroide (Abb. E 299) hinter dem deutlich abgesetzten Seitenzahn 0,03-0,04 mm lang. Gesamtlänge Penis 1,06-1,47; Ø 1,32 mm; 0,15-0,29; Ø 0,21 mm breit; Schlankheitsindex: 4,9-7,4; Ø 6,5. Tegmen 0,85-1,17; Ø 1,04 mm lang; 0,20-0,30; Ø 0,26 mm breit. 7. Sternit maximal 1,29-1,30 mm breit; maximal 0,50-0,51 mm lang; Bucht 0,06-0,07 mm tief. 8. Sternit insgesamt 0,50-0,61; Ø 0,56 mm lang; 0,49-0,63; Ø 0,56 mm breit. 8. Tergit 0,75-1,09; Ø 0,97 mm lang; 0,35-0,51; Ø 0,45 mm breit; Bucht 0,30-0,41; Ø 0,37 mm tief; Platte in der Mitte (nur sklerotisierter Teil) 0,10-0,18; Ø 0,14 mm lang. IB = 1,3-1,5; Ø 1,4; DP = 2,3-3,5; Ø 2,9; IP = 6,1-8,5; Ø 7,4; ST = 2,1-2,3; Ø 2,2. Körperlänge 3,5-4,0 mm. Sardinien, Korsika. . . . . . *tournieri* KIESENWETTER, 1871

10* Distalfortsätze deutlich schmaler, mit schmaler Basis, bis zum spitz abgesetzten Apex annähernd parallel (Abb. E 301, 302), Fläche behaart und mit Mikrotrichen. Bacilla lateralia des 8. Tergit schwach S-förmig gebogen (Abb. E 301). Tegmen stärker nach hinten konvergierend (Abb. E 303). Seitenzahn der Parameren gerade (Abb. E 304), 0,05-0,08 mm lang. Stiel des 8. Sternit etwa in der Mitte der Pterygien gegabelt (Abb. E 306). Parameroide abgerundet, fast kugelförmig, Seitenzahn wenig ausgebildet (Abb. E 305 Pfeil), dahinter 0,04 mm lang. Gesamtlänge Penis 1,39-1,48; Ø 1,44 mm; 0,14-0,20; Ø 0,17 mm breit; Schlankheitsindex: 7,4-9,9; Ø 8,7. Tegmen (Abb. E 287) 1,04-1,14; Ø 1,09 mm lang; 0,24-0,32; Ø 0,28 mm breit. 7. Sternit maximal 1,09-1,12 mm breit; maximal 0,48-0,50 mm lang; Bucht 0,07-0,08 mm tief. 8. Sternit insgesamt 0,68-0,69; Ø 0,68 mm lang; 0,57-0,60; Ø 0,59 mm breit. 8. Tergit 1,04-1,22; Ø 1,13 mm lang; 0,37-0,45; Ø 0,41 mm breit; Bucht 0,40-0,41; Ø 0,40 mm tief; Platte in der Mitte 0,17-0,27; Ø 0,23 mm lang. IB = 1,4-1,7; Ø 1,6; DP = 1,5-2,4; Ø 2,0; IP = 4,5-6,1; Ø 5,3; ST = 2,7-2,8; Ø 2,8. Körperlänge 4,5-5,5 mm. Korsika, Sardinien, Sizilien.. . . . . *genei* GUÉRIN-MÉNEVILLE, 1843

Gruppe 5

1 Distalfortsätze des 8. Tergit unterhalb der Spitze an der Außen- und Innenkante mit ca. 40 Dornen besetzt, mit einem in der Bedornung stehenden Zahn an der Spitze; dahinter mit kurzen dreieckigen Dornen dicht bedeckt; Innenrand mit großen Dornen (Abb. E 251). Parameren an der Spitze mit einem nach unten (vorn) gerichteten, einfach zugespitzten, größeren Haken (ohne Berücksichtigung der Krümmung 0,13-0,15 mm) (Abb. E 252, 253 Pfeil), hinten weich-

häutig, zugespitzt. – Parameroide nach dem Seitendorn ausgezogen, Distalabschnitt 0,035 mm lang, mit vielen Sinnesporen (Abb. E 254). Sklerotisierte Verbindung der Bacilla lateralia des 8. Tergit an der Basis der Platte mit schwach sklerotisierten, schräg nach hinten gerichteten Fortsätzen, die in der Mitte nicht miteinander verbunden sind (Abb. E 251). Gesamtlänge Penis 1,59-1,65 mm; 0,15-0,16 mm breit; Schlankheitsindex: 12,1. Tegmen 1,26-1,32 mm lang; 0,26-0,30 mm breit. 8. Sternit mit schlankem, kurzem, ungegabeltem Stiel und großen Pterygien (Abb. E 255), insgesamt 0,63-0,66 mm lang; 0,55-0,57 mm breit. 8. Tergit 1,09-1,20; Ø 1,15 mm lang; 0,51-0,53; Ø 0,52 mm breit; Bucht 0,46-0,48; 0,47 mm tief; Platte in der Mitte 0,15-0,16; Ø 0,16 mm lang. IB = 1,2-1,3; Ø 1,3; DP = 3,0-3,1; Ø 3,1; IP = 7,3-7,5; Ø 7,4; ST = 2,1-2,4; Ø 2,3. Körperlänge 4,6-4,9 mm. Östliche Türkei. . . . . *persimilis* KLAUSNITZER, 2002

1* Spitze, Rand und Fläche der Distalfortsätze des 8. Tergit wesentlich weniger bedornt (Abb. E 316, 322) oder ohne Zähnchen oder Dornen (Abb. E 309). 2

2 Distalfortsätze des 8. Tergit in eine lange, deutlich abgesetzte und gebogene Spitze ausgezogen (Abb. E 309). Paramerendorn ohne Berücksichtigung der Krümmung 0,10-0,12 mm lang, deutlich nach außen gebogen, einspitzig (Abb. E 307, 308). – Parameroide (Abb. E 310) hinter dem Seitenzahn 0,04 mm lang. Gesamtlänge Penis 1,68-1,73; Ø 1,71 mm; 0,13-0,18; Ø 0,15 mm breit; Schlankheitsindex: 9,3-13,2; Ø 11,6. Tegmen 1,22-1,23; Ø 1,23 mm lang; 0,28-0,29; Ø 0,28 mm breit. 8. Sternit mit schlankem, unverzweigtem Stiel und großen Pterygien (Abb. E 311), insgesamt 0,67-0,69; Ø 0,68 mm lang; 0,62-0,64; Ø 0,63 mm breit. 8. Tergit 1,06-1,17; Ø 1,13 mm lang; 0,49-0,52; Ø 0,50 mm breit; Bucht 0,43-0,50; Ø 0,46 mm tief; Platte in der Mitte 0,17-0,27; Ø 0,24 mm lang. IB = 1,3-1,6; Ø 1,5; DP = 1,7-2,9; Ø 2,2; IP = 4,3-6,8; Ø 5,2; ST = 2,2-2,3; Ø 2,2. Körperlänge 4,9 mm. Östliche Türkei. . . . . *megalopus* KLAUSNITZER, 2002

2* Distalfortsätze des 8. Tergit allmählich zugespitzt, nicht mit einer abgesetzten, gebogenen Spitze (Abb. E 315, 321). Paramerendorne ± gerade, ein- oder mehrspitzig (Abb. E 313, 319). . 3

3 Paramerendorne am Ende in 4 große Zähne gespalten, größer (0,14-0,22 mm lang) (Abb. E 312, 313 Pfeil). Spitzen der Parameren weichhautig, mit einem Haarbüschel (Abb. E 313). Parameroide nach dem Seitendorn schlank ausgezogen, Distalabschnitt länger (0,035 mm), mit vielen Sinnesporen (Abb. E 314). Distalfortsätze des 8. Tergit mit deutlich abgesetzter zahnartiger Spitze, mit kurzen Dornen im Spitzenfeld, davor dünn behaart (Abb. E 316). Sklerotisierte Verbindung der Bacilla lateralia des 8. Tergit an der Basis der Platte schwach sklerotisiert, von den innen verbundenen Fortsätzen gehen schräge Schenkel nach hinten aus, sodass der Eindruck eines liegenden X entsteht (Abb. E 315 Pfeil). Gesamtlänge Penis 1,42-1,52; Ø 1,46 mm; 0,16-0,21; Ø 0,19 mm breit; Schlankheitsindex: 6,9-8,9; Ø 7,7. Tegmen 1,10-1,12; Ø 1,11 mm lang; 0,25-0,27; Ø 0,26 mm breit. 7. Sternit maximal 1,08-1,14 mm breit; maximal 0,47-0,51 mm lang; Bucht 0,05-0,06 mm tief. 8. Sternit mit schlankem Stiel und schräg nach hinten gerichteter Gabelung (Abb. E 317), insgesamt 0,57-0,70; Ø 0,64 mm lang; 0,54-0,63; Ø 0,59 mm breit. 8. Tergit 1,12-1,19; Ø 1,15 mm lang; 0,55-0,56; Ø 0,55 mm breit; Bucht 0,46-0,51; Ø 0,49 mm tief; Platte in der Mitte 0,16-0,22; Ø 0,19 mm lang. IB = 1,3-1,4; Ø 1,4; DP = 2,3-2,9; Ø 2,6; IP = 5,1-7,1; Ø 6,2; ST = 2,0-2,2; Ø 2,1. Körperlänge 4,0-4,3 mm. Spanien. . . . . *scutellaris* TOURNIER, 1868

3* Paramerendorne gerade, einfach zugespitzt, kleiner (0,07 mm lang) (Abb. E 321). Spitzen der Parameren hinten mit glattem Rand (Abb. E 320). Seitendorn der Parameroide schwach entwickelt, hinten abgerundet, Distalabschnitt kürzer (0,03 mm), mit wenigen Sinnesporen (Abb. E 322). Distalfortsätze des 8. Tergit allmählich zugespitzt (Abb. E 323, 324), Zahn an der Spitze ohne Dornen; Distalfortsätze mit schlanken Dornen dicht bedeckt (Abb. E 324). Bacilla lateralia des 8. Tergit an der Basis der Platte ohne Unterbrechung durch einen nach vorn gerichteten Bogen kräftig miteinander verbunden (Abb. E 323). Gesamtlänge Penis 1,35 mm; 0,14 mm breit; Schlankheitsindex: 9,6. Tegmen 1,02 mm lang; 0,19 mm breit. 7. Sternit maximal 1,02 mm breit; maximal 0,47 mm lang; Bucht 0,09 mm tief. 8. Sternit mit schlankem Stiel, der vorn und in der Mitte gegabelt ist (Abb. E 325), insgesamt 0,43 mm lang 0,50 mm breit. 8. Tergit 1,07 mm lang; 0,44 mm breit; Bucht 0,45 mm tief; Platte in der Mitte 0,16 mm lang. IB = 1,4; DP = 2,8; IP = 6,7; ST = 2,4. Körperlänge 4,0-4,5 mm. Georgien. . . . . *pseudoscutellaris* KLAUSNITZER, 1973

Provisorische Bestimmungstabelle für Weibchen

Die Weibchen der Gattung *Elodes* sind ganz sicher (wenigstens bei den meisten Arten) bestimmbar. Geeignete Merkmale finden sich vor allem an den Bursalskleriten und dem 8. Sternit (Tabelle 34). Allerdings kann vorläufig noch keine umfassende Bestimmungstabelle für die Arten der Westpaläarktis vorgelegt werden, weil von vielen keine sicher zuordenbaren Weibchen untersucht werden konnten.

Tabelle 34: Merkmale der ♀♀ ausgewählter *Elodes*-Arten.

Merkmal	Arten
8. Sternit hinten gespalten	*angelinii, denticulata, elongata, johni, sericea*
8. Sternit hinten nicht oder kaum gespalten	*minuta, pseudominuta, sieberi, tricuspis*
Bursalsklerite wenig sklerotisiert, aus mehreren Stäbchen gebildet	*angelinii, denticulata, minuta, pseudominuta, sieberi*
Bursalsklerite ± kompakt	*tricuspis* (0,24 mm lang; 0,13 mm breit), *sericea* (1,17 mm lang; 0,27 mm breit)

Die folgende Bestimmungstabelle kann für Mittel- und Nordeuropa verwendet werden. Die Weibchen von *E. minuta* und *E. pseudominuta* können vorläufig nicht getrennt werden. CASPERS (1980) stellte fest, dass die Weibchen von *E. johni* mit 5,07 ± 0,3 mm durchschnittlich größer als die von *E. pseudominuta* sind (4,4 mm).

1 8. Sternit hinten mit einem tiefen dreieckigen Spalt (0,17-0,20 mm tief) (Abb. E 26). Ovipositor wenig sklerotisiert. 2

1* 8. Sternit hinten höchstens mit einer flachen Einbuchtung (0,02-0,03 mm tief) (Abb. E 25, 27). Ovipositor stärker sklerotisiert (Abb. E 30, 32). 3

2 Ovipositor als einige schwache Stäbchen sichtbar: ein unpaares in der Mitte und lateral je ein deutlich sichtbares, daneben ein weiteres sehr schwach sklerotisiertes Stäbchen (Abb. E 31). – Maße: 8. Sternit: 0,75-0,80 mm lang; 0,48-0,50 mm breit. 8. Tergit: 1,23-1,30 mm lang; Platte 0,44-0,45 mm breit; Platte 0,40-0,45 mm lang; Bacilla lateralia 0,96-1,00 mm lang. Ovipositor 1,76-1,80 mm lang. . . . . *elongata* TOURNIER, 1868

2* Der Ovipositor enthält keine Sklerite, auf seinen Längsfalten (im Bereich des Ansatzes der Bacilla lateralia eng und fast knitterfaltig verworren) befindet sich ein dichter Besatz mit haarfeinen Mikrotrichen, deren Spitzen nach hinten gerichtet sind; je nach Stellung auf den Falten scheinen sie nach innen oder außen zu zeigen (Abb. E 27) . . . . *johni* KLAUSNITZER, 1975

3(1) Ovipositor geschlossen erscheinend (0,24 mm lang; 0,13 mm breit), mit zwei sklerotisierten leicht gebogenen Seitenstreifen zwischen denen eine dreieckige Platte liegt (Abb. E 32). – Maße: 8. Sternit: 0,85-0,90 mm lang; 0,45-0,48 mm breit. 8. Tergit: 1,20-1,25 mm lang; Platte 0,46-0,49 mm breit; Platte 0,51-0,56 mm lang; Bacilla lateralia 0,80-0,84 mm lang. Ovipositor 1,50-1,53 mm lang. . . . . *tricuspis* NYHOLM, 1985

3* Ovipositor langgestreckt, scheidenförmig, an den Seiten mit je zwei langen Stäbchen (Abb. E 30). – Maße: 8. Sternit: 0,94-1,02 mm lang; 0,45-0,60 mm breit. 8. Tergit: 1,30-1,40 mm lang; Platte 0,56-0,80 mm breit; Platte 0,60-0,70 mm lang; Bacilla lateralia 1,02-1,12 mm lang. Ovipositor 1,70-1,90 mm lang. . . . .
. . . . *minuta* (LINNAEUS, 1767) und *pseudominuta* KLAUSNITZER, 1971

5.6. Artenübersicht

Elodes abeillei **Klausnitzer, 1990 (*Helodes*)**

Zitat der Originalbeschreibung (♂): Entomologische Nachrichten und Berichte 34: 238.

Literatur: Klausnitzer (2008e).

Verbreitung: Atlantomediterrane Art.

Nachweise: Frankreich: Provence: Apt (locus typicus), Gonfaron, Colmars; Rhône-Alpes: Cruas; Languedoc-Roussillon: Villefort (Klausnitzer 1990b). – Algerien: Gde Kabylie, Forêt d'Akfadou, 22 km E Yakouren (Klausnitzer 2008e).

Ökologie, Phänologie und Biologie: Die Imagines wurden Mitte Mai in einer Höhe von 1050 m gefunden.

Elodes akbesianus **Pic, 1898 (*Helodes*)**

Zitat der Originalbeschreibung: La Feuille des jeunes Naturalistes (3) 29: 26.

Literatur: Klausnitzer (1972b, 1991a): Revision 1 ♀ aus Amanus. Klausnitzer (2006g: Redeskription ♂).

Verbreitung: Syrische Art.

Nachweise: Libanon: Prov. Nord-Libanon, Fnaideq, Waldgebiet Qammouaa (Klausnitzer 2006g). – Türkei: „Haute-Syrie. Akbes" (locus typicus, liegt heute in der Türkei) (Pic 1898a). Amanus (Prov. Hatay) (Klausnitzer 1972b).

Ökologie, Phänologie und Biologie: Die Imagines wurden Ende Mai in einer Höhe von 1300-1800 m in der Ufervegetation im Quellbereich eines kleinen Baches gefunden.

Elodes algirina **Pic, 1898 (*Helodes*)**

Zitat der Originalbeschreibung: La Feuille des jeunes Naturalistes (3) 29: 27.

Literatur: Klausnitzer (1991a: Ergänzung Redeskription).

Bemerkung: Von Pic (1898a) als *Helodes chobauti* ab. var. *algirinus* beschrieben.

Verbreitung: Mauretanische Art.

Nachweise: Algerien: Teniet, Azazga, Yakouren (locus typicus, welcher ?) (Pic 1898a).

Ökologie, Phänologie und Biologie: Die Imagines wurden Mitte Juni gefunden.

Elodes amicula **Klausnitzer, 1980 (*Helodes*)**

Zitat der Originalbeschreibung (♂): Aquatic Insects 2: 123.

Literatur: Klausnitzer (1990f, 1998a).

Verbreitung: Pontomediterrane Art, die auf das Gebiet des Hellenischen Westbalkan beschränkt ist.

Nachweise: Griechenland: Insel Thasos: 5 km E Marié (locus typicus) (Klausnitzer 1980b). Thrakien: Westhang des Berges Heptadendros, NE Sapka. Thessalien: oberhalb Prínos (Klausnitzer 1990f). Vlachovouni-Gebirge, S Krokilio (Klausnitzer 1998a).

Ökologie, Phänologie und Biologie: Die Imagines wurden Ende Mai bis Mitte Juni in einer Höhe von 400 bis 900 m am Ufer dicht überwachsener kleiner Bäche, Rinnsale und Bächlein in einem Buchenwald gefunden.

Elodes angelinii **Klausnitzer, 1987 (*Helodes*)**

Zitat der Originalbeschreibung (♂): Entomologische Nachrichten und Berichte 31: 249.

Literatur: Angelini (1991), Klausnitzer (1990a).

Verbreitung: Adriatomediterrane Art, Süditalien, vielleicht dem Dinodal zugehörig.

Nachweise: Italien: Basilicata: Pietrapertosa (locus typicus), Monte Pollino; Calabria, Lorica (Klausnitzer 1987b, 1990a). Calabria (Angelini 1991).

Ökologie, Phänologie und Biologie: Die Imagines wurden Ende Mai bis Mitte Juli in einer Höhe von 1000 bis 1700 m gefunden.

Elodes arcana **Klausnitzer, 1972 (*Helodes*)**

Zitat der Originalbeschreibung (♂): Entomologische Nachrichten 16: 69.

Verbreitung: Pontomediterrane Art, die auf das Gebiet des Dinarischen Westbalkan beschränkt ist.

Nachweise: Kroatien: Pridvorje (Ort mehrfach vorhanden, nach der geografischen Lage der Fundorte in Montenegro könnte der Ort in Dalmatien zutreffend sein) (Klausnitzer 1972b). – Montenegro: Kameno (locus typicus), Cetinje (Klausnitzer 1972b).

Elodes australis **Klausnitzer, 1990 (*Helodes*)**

Zitat der Originalbeschreibung (♂): Entomologische Nachrichten und Berichte 34: 248.

Literatur: Klausnitzer (1980b: als *Elodes pseudominuta* aufgefasst und abgebildet, 1998a).

Verbreitung: Pontomediterrane Art.

Nachweise: Griechenland: Gebirge Ost-Griechenlands: Pilion-Gebirge (locus typicus), Vermion-Gebirge, Pierias-Gebirge, Ossa-Gebirge (Klausnitzer 1980b, 1990f, 1998a).

Ökologie, Phänologie und Biologie: Vorwiegend im Mittelgebirge am Ufer von kleinen Bächen, z. T. schnell fließenden Sturzbächlein, einem Quellbach und einem kleinen Schieferbach. Die Imagines wurden Ende Mai bis Mitte Juni in einer Höhe von 480 bis 1500 m gefunden.

Elodes bertiae **Klausnitzer, 1988 (*Helodes*)**

Zitat der Originalbeschreibung (♂): Entomologische Nachrichten und Berichte 32: 36.

Literatur: Klausnitzer (1974c: als *Elodes corsica* Pic, 1898 aufgefasst, 1990f, 2008b: Ergänzung Beschreibung).

Verbreitung: Tyrrhenische Art, Endemit auf Korsika.

Nachweise: Korsika: „Corse“ (locus typicus) (Klausnitzer 1974c, 1988a), Fundortangaben bei Klausnitzer (1990f, 2008b).

Ökologie, Phänologie und Biologie: Die Imagines wurden Mitte Mai bis Mitte Juni in einer Höhe von 1000 m am Ufer von Quellbächen gefunden.

Elodes calabriae **Klausnitzer, 1987 (*Helodes*)**

Zitat der Originalbeschreibung (♂): Entomologische Nachrichten und Berichte 31: 247.

Literatur: Klausnitzer (1990a).

Verbreitung: Adriatomediterrane Art, Süditalien, vielleicht dem Dinodal zugehörig.

Nachweise: Italien: Calabria, Paola (locus typicus) (Klausnitzer 1987b, 1990a).

Ökologie, Phänologie und Biologie: Die Imagines wurden Ende Juli in einer Höhe von 900 m gefunden.

Elodes chobauti ABEILLE DE PERRIN, **1894** (***Helodes***)

Zitat der Originalbeschreibung: L'Échange, Revue Linnéenne 10: 92.

Literatur: KLAUSNITZER (1972b: Redeskription, 1991a: Ergänzung Redeskription, 1997).

Verbreitung: Mauretanische Art.

Nachweise: Algerien: Tenier (= Theniet el Had?; locus typicus, Lectotypus) (KLAUSNITZER 1972b, 1991a). Djurdjura, Col de Tizi-N'Kouilal (KLAUSNITZER 1997). Fundortangabe bei KLAUSNITZER (1997).

Ökologie, Phänologie und Biologie: Die Imagines wurden Mitte Mai bis Mitte Juni in einer Höhe von 1700 bis 1800 m gefunden.

Elodes corsica PIC, **1898** (***Helodes***)

Zitat der Originalbeschreibung: Miscellanea Entomologica 6: 137.

Literatur: KLAUSNITZER (1974c, 1988a: Redeskription, 1990f), PIC (1914), WINKLER (1932).

Verbreitung: Tyrrhenische Art, Endemit auf Korsika.

Nachweise: Korsika: Corse (locus typicus) (PIC 1898b). „Corse" (KLAUSNITZER 1988a). Fundortangaben bei KLAUSNITZER (1990f).

Ökologie, Phänologie und Biologie: Die Imagines wurden Mitte Mai bis Mitte Juni in einer Höhe von 1400 m am Ufer von Quellbächen gefunden.

Elodes cretica KLAUSNITZER, **1973** (***Helodes***)

Zitat der Originalbeschreibung (♂): Entomologische Nachrichten 17: 37.

Literatur: KLAUSNITZER (1980b, 1990f: Ergänzung Beschreibung).

Verbreitung: Kretische Art, Endemit.

Nachweise: Kreta: Kakópetros (locus typicus), Iraklion, „Moni Veniu", Áyios Ioánnis, „Antr. Iovis, Mt. Ida" (Lage der Orte unklar) (KLAUSNITZER 1973b, 1980b, 1990f).

Ökologie, Phänologie und Biologie: Die Imagines wurden Ende Februar und im Mai in einer Höhe von 350 bis 470 m am Ufer von Bächen gefunden.

Elodes denticulata KLAUSNITZER, **1973** (***Helodes***)

Zitat der Originalbeschreibung (♂): Entomologische Nachrichten 17: 37.

Literatur: ANGELINI (1991), KLAUSNITZER (1990a, 1990f), ZWICK (1978).

Verbreitung: Adriatomediterrane Art. In Italien weit verbreitet.

Nachweise: Italien: Die Beschreibung erfolgte nach einem einzigen Exemplar, das nur mit „Italien" beschriftet war (KLAUSNITZER 1973b). Piemonte, Liguria, Emilia-Romagna, Toscana, Marche, Umbria, Lazio, Abruzzi, Basilicata, Calabria (KLAUSNITZER 1990a, f). Calabria (ANGELINI 1991). Campania (ZWICK 1978). – Sizilien: Francavilla (KLAUSNITZER 1990f).

Ökologie, Phänologie und Biologie: Die Imagines wurden Ende April bis Anfang Oktober in einer Höhe von 680 bis 1450 m am Ufer eines Bergbaches und eines schattigen Bächleins gefunden.

Elodes dubia **KLAUSNITZER, 1972 (*Helodes*)**

Zitat der Originalbeschreibung (♂): Entomologische Nachrichten 16: 71.

Literatur: KLAUSNITZER (1991a: Ergänzung Beschreibung)

Verbreitung: Mauretanische Art.

Nachweise: Algerien: Mt. Edough (locus typicus; der Fundort könnte bei Ste.-Croix de l'Edough liegen) (KLAUSNITZER 1972b, 1991a). – Tunesien: Fundortangaben bei KLAUSNITZER (1991a).

Ökologie, Phänologie und Biologie: Die Imagines wurden Mitte Mai in einer Höhe von 510 bis 600 m gefunden. Sammelorte waren ein Rinnsal in der Macchie, Quellbächlein in Korkeichenwald und ein Bach im Wald.

Elodes eberti **KLAUSNITZER, 1970 (*Helodes*)**

Zitat der Originalbeschreibung (♂): Entomologische Nachrichten 14: 181.

Literatur: KLAUSNITZER (1972a, 1974e, 1973; 1990e: Ergänzung Beschreibung, 2000b: Koordinaten Fundorte, 2008e: ssp *caucasicus* eingezogen)

Verbreitung: Iran: Provinz Teheran, Bojnūrd, Kuh-e Aladagh (locus typicus), Prov. Zanjān, Elburs-Gebirge, Prov. Fārs (KLAUSNITZER 1970b, 1972a, 1990e, Fundortkartei unveröffentlicht). Vielleicht eine iranische Art. Die Subspezies *E. eberti caucasicus* KLAUSNITZER, 1970 wurde eingezogen, da ein abgegrenztes Areal nicht mehr wahrscheinlich ist (KLAUSNITZER 2008e).

Nachweise: Aserbaidschan: Lenkoran, Talysh-Gebirge (KLAUSNITZER 1970b, 1972a, Fundortkartei unveröffentlicht). – Türkei: Provinz Artvin ? (IABLOKOFF-KHNZORIAN 1973, RUTA & KLAUSNITZER 2007). – Ukraine: KLAUSNITZER (2008e).

Ökologie, Phänologie und Biologie: Die Imagines wurden Mitte Mai bis Mitte Juli in einer Höhe von 1033 bis 2700 m gefunden (Iran).

Elodes elongata **TOURNIER, 1868 (*Helodes*)**

Zitat der Originalbeschreibung: Description des Dascillides du Bassin du Léman: 34.

Synonyme:

koelleri KLAUSNITZER, 1970: 180 (*Helodes*)

subterranea MULSANT & REY, 1875: 189 (*Helodes*)

Literatur: ANDERSON et al. (1997), BOUKAL et al. (2007), COULON (1987), FRANK & KONZELMANN (2002), DROST (2008), GEREND (2003), JELÍNEK (1993), KLAUSNITZER (1970b: Beschreibung, 1971b, 1972a, 1975c, 1975g, h, 1979a, 1990a, 1990f: Ergänzung Redeskription, 1992, 1994, 1999), KLAUSNITZER et al. (2003), KÖHLER & KLAUSNITZER (1998), KÖHLER (1992), MAHLER & HANSEN (1983: Verbreitungskarte Europa), MAXIMENKOV (1995), NYHOLM (1985: Redeskription).

Verbreitung: In Europa weit verbreitet, ohne den äußersten Süden, auch auf der Iberischen Halbinsel, in Italien nur im Norden, auf der Balkanhalbinsel nur wenige Fundorte (europäisch-mediterran).

Nachweise: Belgien: COULON (1987: Verbreitungskarte). – Dänemark: MAHLER & HANSEN (1983). – Deutschland: Fundortkartei KLAUSNITZER (unveröffentlicht), KÖHLER & KLAUSNITZER (1998). Bayern, Baden, Niedersachsen, Sachsen-Anhalt, Thüringen, Sachsen (KLAUSNITZER 1970b, 1971b, 1972a, 1975g, h, 1994; KLAUSNITZER et al. 2003: Verbreitungskarte Thüringen, FRANK & KONZELMANN 2002; Baden-Württemberg, KÖHLER 1992). – Frankreich: Paris (KLAUSNITZER 1972a). NYHOLM (1985). Hautes-Pyrénées, Cauterets; Pyrénées-Atlantiques, Itxassou; „Pont d'Espagne" (Lage des Ortes unklar) (KLAUSNITZER 1990f). – Griechenland: Kariá (Lage unklar, mehrere gleichnamige Orte vorhanden) (KLAUSNITZER 1979a). – Großbritannien: Fundortkartei KLAUSNITZER (unveröffentlicht). – Irland: NYHOLM (1985), ANDERSON et al. (1997). – Italien: Piemonte, Lombardia, Trentino-Alto Adige (KLAUSNITZER, 1970b, 1972a, 1990a, NYHOLM 1985). – Luxemburg: GEREND (2003). – Niederlande: DROST (2008: Verbreitungskarte). Fundortkartei KLAUSNITZER (unveröffentlicht). – Österreich: Fundortkartei KLAUSNITZER (unveröffentlicht). – Polen: Przemyśl (Ort mehrfach vorhanden) (KLAUSNITZER 1972a). – Rumänien: Herkulesbad (= Băile Herculane) (KLAUSNITZER 1972a). Fundorte bei KLAUSNITZER (1975c). Karpaten (Fundortkartei KLAUSNITZER, unveröffentlicht). – Schweiz: Alpes du Valais (locus typicus) (TOURNIER, 1868). Tessin: Lugano, Wallis: Monte Legnone (= Monte Leone ?) (KLAUSNITZER 1972a). Kantone Aargau, Bern, Fribourg, Genève, Graubünden, Solothurn, Tessin, Waad, Wallis (KLAUSNITZER 1972a, 1999: Verbreitungskarte). Fribourg (NYHOLM 1985). – Slowakei: Poruba pod Vihorlatom, Remetské Hámre (KLAUSNITZER 1970b, 1972a). JELÍNEK (1993). – Spanien: Madrid: Peña Labra (= Peñalara ?) (KLAUSNITZER 1990f), Cantabria: Espinama, Reinosa (KLAUSNITZER 1972a). Navarra: Burguete (Pyreneen) (KLAUSNITZER 1990f). – Tschechien: Bílovice (Ort mehrfach vorhanden) (KLAUSNITZER 1972a). Böhmen (JELÍNEK 1993). Mähren (BOUKAL et al. 2007). – Ukraine: MAXIMENKOV (1995). – Ungarn: mehrere Fundorte (KLAUSNITZER 1972a).

Ökologie, Phänologie und Biologie: Die Imagines wurden in einer Höhe von 750 bis 800 m bzw. 1800 m (Pyrenäen) gefunden. COULON (1987) fand in Belgien Imagines zwischen Mitte Mai und Mitte Juli.

Elodes flavoangularis KLAUSNITZER, 1990 (*Helodes*)

Zitat der Originalbeschreibung (♂): Zeitschrift der Arbeitsgemeinschaft Österreichischer Entomologen 42: 22.

Literatur: RUTA & KLAUSNITZER (2007)

Verbreitung: Kaspische Art.

Nachweise: Türkei: Provinzen Bitlis: Hizan (locus typicus), Bingöl, Erzurum, Van (KLAUSNITZER 1990c, 2002a, RUTA & KLAUSNITZER 2007).

Ökologie, Phänologie und Biologie: Die Imagines wurden Anfang bis Mitte Juni gefunden.

Elodes genei GUÉRIN-MÉNEVILLE, 1843

Zitat der Originalbeschreibung: Species et Iconographie générique des Animaux articulés. Insectes Coléoptères. 3, 9: 12.

Literatur: KLAUSNITZER (1971c: Redeskription, 1972a, 1990f), TOURNIER (1868), WINKLER (1932), PIC (1914).

Verbreitung: Tyrrhenische Art (+ Sizilien?). Aus Korsika und Sardinien beschrieben.

Nachweise: Korsika: Bastia, Bellier (Angabe auf Etikett fraglich) (KLAUSNITZER 1972a, 1990f). – Sardinien: U. Lostia (Angabe auf Etikett fraglich) (KLAUSNITZER 1972a). Fundortangaben bei KLAUSNITZER (1990f). – Sizilien: nach WINKLER-Katalog (KLAUSNITZER 1971c, 1972a).

Ökologie, Phänologie und Biologie: Die Imagines wurden in einer Höhe von 70 m und 250 m am Ufer eines Quellbaches in der Macchie sowie einem breiten Bach in Weideland gefunden.

Elodes globulus Klausnitzer, 1990 (*Helodes*)

Zitat der Originalbeschreibung (♂): Entomologische Nachrichten und Berichte 34: 240.

Verbreitung: Atlantomediterrane Art ? Frankreich (Seealpen), alpin ? Vielleicht Art des Dinodal (Malicky 2006: 351, Gruppe 5).

Nachweise: Frankreich: Provence, Alpes maritimes, Sospel (locus typicus), St.-Martin-d'Entraunes (Klausnitzer 1990f).

Elodes holgeri Klausnitzer, 2003

Zitat der Originalbeschreibung (♂): Entomologische Nachrichten und Berichte 47: 199.

Literatur: Klausnitzer (2008e).

Verbreitung: Pontomediterrane Art, die auf das Gebiet des Hellenischen Westbalkan beschränkt ist.

Nachweise: Griechenland: Kastri (locus typicus), Arkadien (Arkadien ist eine zentrale Landschaft und ein Nomos (Verwaltungsbezirk) der Peloponnes mit der Hauptstadt Tripolis) (Klausnitzer 2003b); Andrítsaina (Klausnitzer 2008e).

Ökologie, Phänologie und Biologie: Die Imagines wurden Ende Mai gefunden.

Elodes improvisa Klausnitzer, 1990 (*Helodes*)

Zitat der Originalbeschreibung (♂): Entomologische Nachrichten und Berichte 34: 125.

Literatur: Klausnitzer (2000b: Koordinaten Fundort).

Verbreitung: Kaspische Art.

Nachweise: Türkei: Provinzen Artvin, „Karagöl" (locus typicus), Bingöl, Rize, Van (Klausnitzer 1990b, g, 2002a, Ruta & Klausnitzer 2007).

Ökologie, Phänologie und Biologie: Die Imagines wurden Anfang Juni in einer Höhe von 1700 m gefunden.

Elodes johni Klausnitzer, 1975 (*Helodes*)

Zitat der Originalbeschreibung: Beiträge zur Entomologie 25: 329.

Literatur: Boukal et al. (2007), Caspers (1980), Coulon (1987), Frank & Konzelmann (2002), Klausnitzer (1978, 1990f: Ergänzung Redeskription, 1992, 1998c), Köhler (1992), Köhler & Klausnitzer (1998), Renner (1982), Renner & Grundmann (1984), Siede (1992).

Verbreitung: Bisher nur aus Mitteleuropa bekannt, südlich bis Rumänien.

Nachweise: Belgien: Coulon (1987: Verbreitungskarte). – Deutschland: Alsbach (locus typicus) (Fundort nicht geklärt: in Hessen oder Rheinland-Pfalz) (Klausnitzer 1975e). Baden-Württemberg, Hessen, Rheinland, Nordrhein-Westfalen (Klausnitzer 1990f, 1998c, Caspers 1980: Emergenz, Frank & Konzelmann 2002, Köhler 1992, Köhler & Klausnitzer 1998, Renner 1982, Renner & Grundmann 1984, Siede 1992). – Rumänien: Kronstadt (= Braşov) (Klausnitzer 1990f). – Slowakei: Ružomberok (Klausnitzer 1990f). – Tschechien: Böhmen, Mähren (Boukal et al. 2007). – Ungarn: Transdanubien, Vác (Klausnitzer 1978). Fundortangaben bei Klausnitzer (1990f).

Ökologie, Phänologie und Biologie: Caspers (1980) stellte bei Emergenzuntersuchungen eines kleinen Waldbaches bei Bonn ein Schlupfmaximum im Mai fest. Bemerkenswert ist die große Häufigkeit dieser ansonsten nur in einzelnen Exemplaren gefundenen Art. Nach *Cyphon coarctatus* (42,6 %) war *Elodes johni* mit 34,8 % vor *Odeles marginata* (18,0 %)

die zweithäufigste Art. Man kann annehmen, dass sie ein kaltstenothermer Bewohner des Krenal bzw. Rhithral ist. Die von COULON (1987) genannten Funddaten liegen zwischen Mitte und Ende Juli.

Elodes lohsei KLAUSNITZER, 2000

Zitat der Originalbeschreibung (♂): Entomologische Blätter 96: 24.

Literatur: KLAUSNITZER (2002a).

Verbreitung: Kaspische Art, Südrussland, Kaukasus-Region.

Nachweise: Russland: NW-Kaukasus, Krasnodar-Kreis, Daschowskoje am Fluss Belaya (locus typicus); Krasnodar-Kreis, Bezirk Apsheronsk, Kamülinowa Poljana (KLAUSNITZER 2000b).

Ökologie, Phänologie und Biologie: Die Imagines wurden Mitte Juni gefunden.

Elodes longulus KLAUSNITZER, 1990 (_Helodes_)

Zitat der Originalbeschreibung (♂): Entomologische Nachrichten und Berichte 34: 247.

Verbreitung: Pontomediterrane Art, nur Ostbalkan.

Nachweise: Bulgarien: „Katundere", Malko Tărnovo (locus typicus) (KLAUSNITZER 1990f).

Ökologie, Phänologie und Biologie: Die Imagines wurden Mitte Juni in einer Höhe von 200 m am Ufer eines Baches gefunden.

Elodes luteata KLAUSNITZER, 1979 (_Helodes_)

Zitat der Originalbeschreibung (♂): Reichenbachia 17: 335.

Literatur: KLAUSNITZER (2002a).

Verbreitung: Pontomediterrane Art, nur Ostbalkan.

Nachweise: Türkei: Provinz Istanbul, Istanbul (locus typicus) (KLAUSNITZER 1979b, 2002a).

Ökologie, Phänologie und Biologie: Die Imagines wurden Mitte Mai und Anfang Juni am Ufer eines Baches gefunden.

Elodes malickyi KLAUSNITZER, 1976 (_Helodes_)

Zitat der Originalbeschreibung (♂): Polskie Pismo Entomologiczne 46: 699.

Literatur: KLAUSNITZER (1990f).

Verbreitung: Zyprische Art, Endemit.

Nachweise: Zypern: „Platrea" (locus typicus) (Lage des Ortes unklar), Mesopotamos (= Mésa Potámoi) (KLAUSNITZER 1976c, 1990f).

Ökologie, Phänologie und Biologie: Die Imagines wurden Ende April und Mitte Mai in einer Höhe von 1000 bis 1300 m am Ufer von Quellbächen und kleinen Bächen gefunden.

Elodes megalopus KLAUSNITZER, 2002

Zitat der Originalbeschreibung (♂): Entomologische Blätter 98: 129.

Verbreitung: Kaspische Art.

Nachweise: Türkei: Provinzen Ordu, Gülebü (locus typicus), Rize, Samsun, Trabzon (KLAUSNITZER 2002a, RUTA & KLAUSNITZER 2007).

Ökologie, Phänologie und Biologie: Die Imagines wurden Mitte bis Ende Mai in einer Höhe von 1600 m am Ufer eines Baches gefunden.

Elodes microps KLAUSNITZER, 2002

Zitat der Originalbeschreibung (♂): Entomologische Blätter 98: 130.

Verbreitung: Pontomediterrane Art.

Nachweise: Türkei: Provinzen Sivas, Suşheri (locus typicus), Ordu (KLAUSNITZER 2002a).

Ökologie, Phänologie und Biologie: Die Imagines wurden Ende Mai bis Anfang Juni am Ufer eines Baches gefunden.

Elodes minuta (LINNAEUS, 1767) (*Lampyris*)

Zitat der Originalbeschreibung: Systema Naturae. Editio Duodecima Reformata: 645.

Synonyme:

caudata SCOPOLI, 1763: 40 (*Cantharis*)
discicollis PIC, 1941: 1 Zuordnung unklar
laeta PANZER, 1793: 8: 8 (*Cistela*)
melanura FABRICIUS, 1792: 22 (*Galleruca*)
nebrodensis RAGUSA, 1884: 335 (*Helodes*) Zuordnung unklar
nigripennis TOURNIER, 1868: 35 (*Helodes*)
pallida FABRICIUS, 1775: 117 (*Cistela*)
testacea SCHILSKY, 1888: 188 (*Helodes*)

Literatur: ALEXANDROVITCH et al. (1996), BARŠEVSKIS (1993), BENICK (1925: Biologie), BOUKAL et al. (2007), BRANDSTETTER & KAPP (1998), BURAKOWSKI et al. (1983), COULON (1987), DROST (2008), FOCARILE (1960), FRANK & KONZELMANN (2002), GEISER (2001), GEREND (2003), GÜRLICH et al. (1995), HANSEN (1964), JELÍNEK (1993), KAHLEN (1987), KLAUSNITZER (1965, 1966b, 1970b: Redeskription, 1971b, 1972a, 1990a, 1990c, 1990f, 1992, 1994, 1999, 2002a: Koordinaten Türkei), KLAUSNITZER et al. (2003), KÖHLER (1992), KÖHLER & KLAUSNITZER (1998), MAHLER & HANSEN (1983: Verbreitungskarte Europa), MAXIMENKOV (1995), MONSJAWITSCHJUS (1981), NYHOLM (1972c), RASMUSSEN (1978, 1979), RUTA et al. (2003), SOLODOVNIKOV (1999), TOURNIER (1868), WÖRNDLE (1950), ZWICK & HECHT (2008: Biologie).

E. minuta ist sehr variabel. Geographische Zuordnungen einzelner Formen sind bisher nicht möglich. Die Variabilität betrifft außer der Färbung:

- Penis: Länge des apikalen Abschnitts nach dem Lateralzahn, Gesamtlänge, Schlankheitsindex.
- Tegmen: Gestalt des Paramerenzahnes (einspitzig, zweispitzig, dreispitzig, vierspitzig).
- 8. Tergit: Breite der Distalfortsätze unterhalb der Spitze (schmal oder breiter). Distalfortsätze nach hinten stark verengt oder ± gleichmäßig breit. Länge des Enddornes (Problem *minuta-pseudominuta*). Zahnfeld an der Basis der Distalfortsätze (ja oder nein). Bedornung stärker oder schwächer. Innenkante der Distalfortsätze gezähnelt (andere Art ?).

Verbreitung: „Habitat in Europa" schrieb LINNAEUS (1767). Wahrscheinlich ist die Art in ganz Europa weit verbreitet, ohne die nördlichen Gebiete, im Süden gibt es nur einzelne Funde. Die ältere Literatur ist nicht verwertbar, weil auch andere Arten unter diesem Namen verborgen sein können.

Nachweise: Albanien: ? KLAUSNITZER (1966b). – Belgien: COULON (1987: Verbreitungskarte). – Bulgarien: KLAUSNITZER (1972a). – Dänemark: HANSEN (1964). RASMUSSEN (1978, 1979), MAHLER & HANSEN (1983). KLAUSNITZER (1996). – Deutschland: in allen Bundesländern (Fundortkartei KLAUSNITZER, unveröffentlicht, KÖHLER & KLAUSNITZER 1998). Fundorte bei KLAUSNITZER (1965, 1971b, 1994, KLAUSNITZER et al. 2003: Verbreitungskarte Thüringen, FRANK & KONZELMANN 2002: Baden-Württemberg, GÜRLICH et al.

1995: Schleswig-Holstein, KÖHLER 1992). – Finnland: KLAUSNITZER (1996). – Frankreich: KLAUSNITZER (1972a). Pyrénées-orientales: Maury, Vernet-les-Bains (KLAUSNITZER 1990f). – Großbritannien: Fundortkartei KLAUSNITZER (unveröffentlicht). – Italien: Lombardia, Friuli-Venezia Giulia (FOCARILE 1960, KLAUSNITZER 1990a). Südtirol (KAHLEN 1987). – Lettland: BARŠEVSKIS (1993). – Liechtenstein: BRANDSTETTER & KAPP (1998). – Litauen: MONSJAWITSCHJUS (1981), MAXIMENKOV (1995). – Luxemburg: GEREND (2003). – Niederlande: DROST (2008: Verbreitungskarte). Fundortkartei KLAUSNITZER (unveröffentlicht). – Norwegen: KLAUSNITZER (1972a, 1996). – Österreich: KLAUSNITZER (1972a). Nordtirol (WÖRNDLE 1950). Vorarlberg (BRANDSTETTER & KAPP 1998). Salzburg (GEISER 2001). – Polen: KLAUSNITZER (1972a). BURAKOWSKI et al. (1983). RUTA et al. (2003). – Rumänien: KLAUSNITZER (1975c). – Russland: KLAUSNITZER (1972a, 1996). – Schweden: KLAUSNITZER (1996). – Schweiz: Kantone Aargau, Bern, Basel-Land, Fribourg, Genève, St. Gallen, Solothurn, Thurgau, Tessin, Waad, Wallis, Zürich (KLAUSNITZER 1972a, 1999: Verbreitungskarte). – Slowakei: KLAUSNITZER (1972a). JELÍNEK (1993). – Spanien: Katalonien: Séo de Urgel (Pyrenäen) (KLAUSNITZER 1972a, 1990f). – Tschechien: KLAUSNITZER (1972a). Böhmen, Mähren (JELÍNEK 1993, BOUKAL et al. 2007). – Türkei: Bolu, Kastamonu (KLAUSNITZER 1990c, 2002a, RUTA & KLAUSNITZER 2007). – Ungarn: KLAUSNITZER (1972a). – Weißrussland: ALEXANDROVITCH et al. (1996). SOLODOVNIKOV (1999).

Ökologie, Phänologie und Biologie: Die Larven leben in Quellen, Quellbächen, Entwässerungsgräben von Feldern, Brandungszone von Seen und stillen Bachbuchten. Zweijährige Entwicklung (RASMUSSEN 1978, ZWICK & HECHT 2008) mit ausgedehnter, manchmal bimodaler Flugzeit der Imagines. COULON (1987) fand in Belgien Imagines zwischen Anfang Mai und Ende Juli. Die Imagines wurden bis zu einer Höhe von 1000 m (Türkei) gefunden.

Elodes nocturna KLAUSNITZER, 1979 (*Helodes*)

Zitat der Originalbeschreibung (♂): Reichenbachia 17: 17.

Literatur: KLAUSNITZER (1998a).

Verbreitung: Pontomediterrane Art, die auf das Gebiet des Hellenischen Westbalkan beschränkt ist.

Nachweise: Griechenland: Katara, Katara-Pass (locus typicus); Pindos-Gebirge, nördlich des Katara-Passes (KLAUSNITZER 1979, 1998a).

Ökologie, Phänologie und Biologie: Die Imagines wurden Anfang bis Mitte Juni in einer Höhe von 1000 bis 1700 m im Mittelgebirge gefunden.

Elodes novacretica KLAUSNITZER, 1990 (*Helodes*)

Zitat der Originalbeschreibung (♂): Entomologische Nachrichten und Berichte 34: 250.

Verbreitung: Kretische Art, Endemit.

Nachweise: Kreta: Ostkreta: Flória, Mesaflia (locus typicus), Katsifarianá, Voutás (KLAUSNITZER 1990f).

Ökologie, Phänologie und Biologie: Die Imagines wurden im Mai und Anfang Oktober in einer Höhe von 500 m am Ufer eines Baches gefunden.

Elodes pendens KLAUSNITZER, 1990 (*Helodes*)

Zitat der Originalbeschreibung (♂): Entomologische Nachrichten und Berichte 34: 246.

Verbreitung: Pontomediterrane Art, die auf das Gebiet des Dinarischen Westbalkan beschränkt ist.

Nachweise: Bosnien und Herzegowina: Jajce (locus typicus), Travnik, Trnovo Poljana (KLAUSNITZER 1990f). – Kroatien: Ivančići (KLAUSNITZER 1990f).

Ökologie, Phänologie und Biologie: Die Imagines wurden Mitte Juni bis Ende Juli gefunden.

Elodes persimilis **KLAUSNITZER, 2002**

Zitat der Originalbeschreibung (♂): Entomologische Blätter 98: 125.

Literatur: KLAUSNITZER (2003a).

Verbreitung: Kaspische Art.

Nachweise: Türkei: Provinz Giresun, Kümbet (locus typicus) (KLAUSNITZER 2002a).

Ökologie, Phänologie und Biologie: Die Imagines wurden Ende Mai am Ufer eines Baches gefunden.

Elodes pollux **KLAUSNITZER, 2008**

Zitat der Originalbeschreibung (♂): Entomologische Nachrichten und Berichte 51: 221.

Verbreitung: Tyrrhenische Art, Endemit auf Korsika.

Nachweise: Korsika: Haute-Corse (Forêt de Valdo-Niello; locus typicus) (KLAUSNITZER 2008b).

Ökologie, Phänologie und Biologie: Die Typen wurden Mitte Juni in einer Höhe von 1050 m gefunden.

Elodes pseudominuta **KLAUSNITZER, 1971 (*Helodes*)**

Zitat der Originalbeschreibung (♂): Entomologische Nachrichten 15: 6.

Literatur: ALEXANDROVITCH et al. (1996), BARŠEVSKIS (1993), BELLSTEDT (1987), BOUKAL et al. (2007), CASPERS (1980), COULON (1987), DROST (2008), FRANK & KONZELMANN (2002), GEREND (2003), GÜRLICH et al. (1995), HANSEN et al. (1993), HERGER (1991), JELÍNEK (1993), KAHLEN (1987), KLAUSNITZER (1972a, 1975c, 1975g, 1990a, 1990f, 1990g, 1992, 1994, 1999), KLAUSNITZER et al. (2003), KÖHLER (1992), KÖHLER & KLAUSNITZER (1998), MAHLER & HANSEN (1983: Verbreitungskarte Europa), MAXIMENKOV (1995), RUTA et al. (2003).

Verbreitung: Europa bis zur östlichen Türkei.

Nachweise: Belgien: COULON (1987: Verbreitungskarte). – Dänemark: MAHLER & HANSEN (1983). HANSEN et al. (1993). KLAUSNITZER (1996). – Deutschland: alle Bundesländer (Fundortkartei KLAUSNITZER, unveröffentlicht, KÖHLER & KLAUSNITZER 1998). Fundorte bei KLAUSNITZER (1972a, 1975g, 1994, KLAUSNITZER et al. 2003: Verbreitungskarte Thüringen, BELLSTEDT 1987, CASPERS 1980: Emergenz, FRANK & KONZELMANN 2002: Baden-Württemberg, GÜRLICH et al. 1995: Schleswig-Holstein, KÖHLER 1992). – Großbritannien: Fundortkartei KLAUSNITZER (unveröffentlicht). – Italien: Lombardia, Trentino-Alto Adige (KLAUSNITZER 1972a, 1990a). Südtirol (KAHLEN 1987). – Lettland: BARŠEVSKIS (1993). – Luxemburg: GEREND (2003). – Niederlande: DROST (2008: Verbreitungskarte). Fundortkartei KLAUSNITZER (unveröffentlicht). – Österreich: Salzburg (Zell am See, Badgastein) (KLAUSNITZER 1972a). – Polen: Glatzer Gebirge (= Kłodzko) (locus typicus), Tatry (KLAUSNITZER 1971c, 1972a). RUTA et al. (2003). – Rumänien: Herkulesbad (= Băile Herculane) (KLAUSNITZER 1972a). Fundorte bei KLAUSNITZER (1975c). – Russland: MAXIMENKOV (1995). – Schweiz: Kantone Bern, Graubünden, Schaffhausen, Tessin, Wallis (KLAUSNITZER 1972a, 1999: Verbreitungskarte). Fundorte bei HERGER (1991). – Spanien: Cataluña, Castilla (KLAUSNITZER 1972a). Cataluña, Pyrenäen, Ribas de Fresser (KLAUSNITZER 1990f). – Tschechien: Mariánské Lázně (KLAUSNITZER 1972a). Böhmen (JELÍNEK 1993). Böhmen,

Mähren (BOUKAL et al. 2007). – Türkei: Provinzen Ankara, Erzurum (KLAUSNITZER 1972a, 1990g). – Ungarn: Fundortkartei KLAUSNITZER, unveröffentlicht. – Weißrussland: ALEXANDROVITCH et al. (1996).

Ökologie, Phänologie und Biologie: Die Imagines wurden Anfang Juni bis Mitte Juli gefunden.

Elodes pseudoscutellaris **KLAUSNITZER, 1973 (*Helodes*)**

Zitat der Originalbeschreibung (♂): Entomologische Nachrichten 17: 36.

Literatur: KLAUSNITZER (2003a: Ergänzung Beschreibung).

Verbreitung: Kaspische Art, Kaukasus.

Nachweise: Georgien: „Owtshaly" (locus typicus) (Lage des Ortes unklar), Manglisi (KLAUSNITZER 1973b).

Ökologie, Phänologie und Biologie: Die Imagines wurden Mitte Mai und Ende Juli gefunden.

Elodes scutellaris **TOURNIER, 1868 (*Helodes*)**

Zitat der Originalbeschreibung: Description des Dascillides du Bassin du Léman: 33.

Literatur: KLAUSNITZER (2003a: Redeskription).

Verbreitung: Adriatomediterrane Art.

Nachweise: Spanien: TOURNIER (1868): „Espagne. Sierra-de-Jaen. Région alpine au delà des arbres, bord d'un ruisseau" (locus typicus). „Cercedilla", „Jaca". Jaén (Andalucia) hat die Koordinaten 37°46'30"N; 3°47'42"W; Jaca (Aragón, Pyrenäen) 42°34'00"N; 0°33'08"W; Cercedilla (Madrid) 40°44'39"N; 4°04'07"W. Bei „Cercedilla" ist ein Lesefehler der Handschrift nicht auszuschließen („Cercadillo" ist möglich) (KLAUSNITZER 2003a).

Ökologie, Phänologie und Biologie: Die Imagines wurden Mitte Juli gefunden.

Elodes secundocretica **KLAUSNITZER, 1980 (*Helodes*)**

Zitat der Originalbeschreibung (♂): Aquatic Insects 2: 125.

Literatur: KLAUSNITZER (1990f).

Verbreitung: Kretische Art, Endemit.

Nachweise: Kreta: Perivólia (locus typicus), Chliaro, Kakópetros, Katsifarianá (KLAUSNITZER 1980b, 1990f).

Ökologie, Phänologie und Biologie: Die Imagines wurden Mitte bis Ende Mai in einer Höhe von 260 bis 500 m am Ufer von kleineren und größeren Bächen gefunden.

Elodes sericea **KIESENWETTER, 1859 (*Helodes*)**

Zitat der Originalbeschreibung: Berliner Entomologische Zeitschrift 3: 22.

Literatur: KLAUSNITZER (1970b: Redeskription, 1972a, 1979a, 1980b, 1990e: Ergänzung Redeskription, 1998a), TOURNIER (1868).

KLAUSNITZER (1979a) machte darauf aufmerksam, dass sich unter der als *E. sericea* aufgefassten Art 2 Formen (als A und B bezeichnet) verbergen könnten. Das Tegmen der Form B wurde 1970 (b) (Seite 183, Abb. 21) dargestellt und das Tegmen der Form A 1974 (f) (Seite 541, Abb. 120). Die Untersuchung weiteren Materials zeigt, dass die Variabilität von Penis und Tegmen viel größer ist als ursprünglich angenommen, sodass die ursprüngliche Konzeption von zwei Formen aufgegeben wurde (KLAUSNITZER 1998a).

Die Variabilität zeigt sich besonders in der Form der Distalfortsätze der Parameroide des Penis, die außerdem sehr unterschiedlich lang sein können.

Verbreitung: Pontomediterrane Art, die im Gebiet des Hellenischen Westbalkan sowie verschiedenen westgriechischen Inseln vorkommt: Skiathos, Euböa, Skopelos, Andros, Tinos, Kea, Serifos und Naxos vorkommt (vikariierend mit *E. sieberi*). Für die bei WINKLER (1932) genannten Vorkommen in Italien und im Kaukasus sind keine Belege bekannt.

Nachweise: Griechenland: „Parnes" (= Parnaß) bei Athen (locus typicus) (KIESENWETTER 1959). Festland: Pindos-Gebirge nördlich des Katara-Passes; Vardousia-Gebirge; Pilion-Gebirge; Attika (zw. Kapandriti und Varnava, W Marathon); Peloponnes (Andritsaina); Pendayi (= Pendayioi); Karpenision; Velóusi; „Polydroson". – Griechenland: Inseln: Skiathos (Kechries-Bucht); Euböa (oberhalb Paradision, W von Dimitrios, S von Prokopion, W Vutás, Steni Dirfis, E von Alexi (unterhalb von Paradision), S von Komiton, SW Platanistos, SE der Abzweigung nach Kutrulo); Skopelos (Ag. Trifonas); Andros (N von Apikia, Refmata, Remmata, Kloster Ag. Nikolaos); Tinos (Kaloni, Karia); Kea (Mylopotamos); Serifos (W von Stadt Serifos, oberhalb Sikariá); Naxos (südlich Koronis, oberhalb Koronis) (KLAUSNITZER 1972a, 1979a, 1980b, 1998a).

Ökologie, Phänologie und Biologie: Imagines wurden an sehr unterschiedlichen Gewässern gefunden: verschmutzte Bäche, Quellrinnsale, Quellen, Karstquellen, Bäche in der Macchie, verkrautete und dicht bewachsene Rinnsale, große Bäche, hygropetrische Habitate sowie Tümpel. Sie wurden Mitte April bis Ende Oktober in einer Höhe von 0 bis 1350 m gesammelt.

Elodes sieberi KLAUSNITZER, 1973 (*Helodes*)

Zitat der Originalbeschreibung (♂): Entomologische Nachrichten 17: 113.

Literatur: KLAUSNITZER (1979a: Ergänzung Beschreibung, 1980b, 1990f, 1998a, 2002a).

Verbreitung: Pontomediterrane Art, vielleicht aber auch ein syrisches Faunenelement. Griechenland (östliche Inseln): Ikaria, Lesbos, Chios, Rhodos, Samos, Samothraki und westliche Türkei (Karte bei KLAUSNITZER 2002a). Es ist anzunehmen, dass die Art auch noch auf anderen ostgriechischen Inseln vorkommt. Ihr Areal scheint von dem Insel-Teilareal der *Elodes sericea* scharf getrennt zu sein (KLAUSNITZER 1998a).

Nachweise: Griechenland: Ikaria (Milopo-Monokampion, locus typicus, KLAUSNITZER (1973c), E Plagia (KLAUSNITZER 1980b), Samothraki (W von Kremniotissa, Agistros potamos bei Akra Agistros); Lesbos (Lepetimnos) (KLAUSNITZER 1979a); Chios (N Afrodisia (KLAUSNITZER 1979a), Wikion (KLAUSNITZER 1990f)); W Christomos (KLAUSNITZER 1990f), E Karavostamon (KLAUSNITZER 1990f), E Raches (KLAUSNITZER 1990f)); Samos (NE Kalithea (KLAUSNITZER 1980b, 1990f), Manolates (KLAUSNITZER 1980b)); Rhodos (N Laerma (KLAUSNITZER 1979a), NO Profilia (KLAUSNITZER 1979a), Epta Piges (KLAUSNITZER 1979a, 1990f), zwischen Psinthos bis Archipolis (KLAUSNITZER 1990f, 1998a). – Türkei: West-Anatolien, Provinzen Antalya, Balikesir, Burdur, Bursa, Canakkale, Izmir, Manisa, Muğla, Altintas (?) (KLAUSNITZER 1998a, RUTA & KLAUSNITZER 2007).

Ökologie, Phänologie und Biologie: Die Imagines wurden Anfang Mai bis Anfang Juni sowie Anfang November in einer Höhe von 10 bis 1100 m an hygropetrischen Felswänden, Rieselquellen, Quellbächen, Schluchtbächen, Seezuflüssen und Tümpeln gefunden.

Elodes spinidens KLAUSNITZER, 2001

Zitat der Originalbeschreibung (♂): Entomologische Nachrichten und Berichte 45: 123.

Verbreitung: Mauretanische Art.

Nachweise: Marokko: Hoher Atlas (KLAUSNITZER 2001).

Ökologie, Phänologie und Biologie: Die Imagines wurden Mitte Juni in einer Höhe von 2000 bis 2700 m gefunden.

Elodes tournieri KIESENWETTER, **1871 (*Helodes*)**

Zitat der Originalbeschreibung: Berliner Entomologische Zeitschrift 15: 88.

Synonym:

pallidithorax PIC, 1898b: 137 (KLAUSNITZER 1972b)

Literatur: HANNAPPEL (1991), KIESENWETTER (1871), KLAUSNITZER (1971c Redeskription, 1972a, 1972b: Angaben zu *pallidithorax* PIC, 1898, 1990a, 1990f, 1991a, 2008e), PIC (1914), WINKLER (1932).

Der Unterart-Status von *Elodes tournieri africana* KLAUSNITZER, 1972: 70 (*Helodes*) aus Tunesien wurde zurückgezogen (KLAUSNITZER 2008e).

Verbreitung: Tyrrhenische Art ?.

Nachweise: Korsika: Ajaccio (KLAUSNITZER 1972). – Sardinien: „Sardinia" (locus typicus) (KIESENWETTER 1871b). Sassari (fraglich, ob Provinz oder Ort gemeint), Mores, Enas; U. Lostia (Angabe auf Etikett fraglich) (KLAUSNITZER 1971c, 1972a). Fundortangaben bei KLAUSNITZER (1990f), HANNAPPEL (1991), HANNAPPEL & PAULUS (1997), Fundortkartei KLAUSNITZER (unveröffentlicht).

Ökologie, Phänologie und Biologie: Imagines an schattigen Waldbächlein, an einem Bach und einem Quellbächlein in Weideland und einem verwachsenen Bächlein; Ende Juni.

Elodes tricuspis NYHOLM, **1985**

Zitat der Originalbeschreibung (♂, ♀): Entomologica scandinavica 15: 438.

Synonym:

Elodes elongata – sensu KLAUSNITZER (1970:180), nec TOURNIER, 1868.

NYHOLM (1985) hat *E. elongata* TOURNIER, 1868 anders als KLAUSNITZER (1970b) aufgefasst. Die von KLAUSNITZER (1970b) als *E. elongata* redeskribierte Art war mithin namenlos und erhielt die Bezeichnung *E. tricuspis* NYHOLM, 1985. Als Begründung wurde die Form der Grube des 7. Sternit des Männchens herangezogen. Weder 1985 noch heute war diese Aktion unbestreitbar, da TOURNIER (1868) auch andere Arten gemeint haben könnte und Typen nicht verfügbar waren und sind. Ich habe NYHOLMS Änderungen übernommen und lasse die Gelegenheit, sie in diesem Band zu korrigieren ungenutzt, da sonst die Konfusion im Gebrauch des Namens „*elongata*" noch größer würde, als sie jetzt schon ist.

Literatur: BOUKAL et al. (2007), COULON (1987), DROST (2008), GÜRLICH et al. (1995), HANSEN et al. (2000), HORION (1972), JELÍNEK (1993), KLAUSNITZER (1970b: Beschreibung als *elongata* TOURNIER, 1868; 1971b, 1972a, 1974f, 1975g, 1990a, 1990f, 1992, 1994, 1998c, 1999), KLAUSNITZER et al. (2003), KÖHLER & KLAUSNITZER (1998), MAHLER & HANSEN (1983: Verbreitungskarte Europa), MAXIMENKOV (1995), RENNER (1981, 1999), ZWICK (1978, 2007: Biologie).

Verbreitung: Mittel- und Nordeuropa, wenige Nachweise in Südeuropa, nicht auf der Balkanhalbinsel.

Nachweise: Belgien: COULON (1987: Verbreitungskarte). – Dänemark: MAHLER & HANSEN (1983). KLAUSNITZER (1996). HANSEN et al. (2000). – Deutschland: Bayern, Hessen, Nordrhein-Westfalen, Niedersachsen, Schleswig-Holstein, Brandenburg, Thüringen, Sachsen (KLAUSNITZER 1971b, 1972a, 1975g, 1994, KLAUSNITZER et al. 2003: Verbreitungskarte Thüringen, Fundortkartei KLAUSNITZER, unveröffentlicht, GÜRLICH et al. 1995:

Schleswig-Holstein, KÖHLER & KLAUSNITZER 1998, RENNER 1981, 1999, ZWICK 1978, 2007). – Finnland: mehrere Fundorte (NYHOLM 1985). KLAUSNITZER (1996). – Frankreich: Fundortkartei KLAUSNITZER (unveröffentlicht). – Großbritannien: Fundortkartei KLAUSNITZER (unveröffentlicht). – Niederlande: DROST (2008: Verbreitungskarte). Fundortkartei KLAUSNITZER (unveröffentlicht). – Norwegen: zahlreiche Fundorte (NYHOLM 1985). KLAUSNITZER (1996). – Österreich: Fundortkartei KLAUSNITZER (unveröffentlicht). – Polen: Szczecin, Jelenia Góra (KLAUSNITZER 1972a). – Russland: Karelien, mehrere Fundorte (NYHOLM 1985). MAXIMENKOV (1995). KLAUSNITZER (1996). – Schweden: Södermanland, „Nacka" (in Södermanland nicht gefunden) (locus typicus), außerdem zahlreiche weitere Fundorte (NYHOLM 1985). KLAUSNITZER (1996). – Schweiz: Kanton Schaffhausen (NYHOLM 1985, KLAUSNITZER 1999). – Tschechien: Šumperk, Hlinsko (Ort mehrfach vorhanden) (KLAUSNITZER 1972a). Böhmen, Mähren (JELÍNEK 1993, BOUKAL et al. 2007). – Ukraine: Kolomyja, Lwow (Ort auch in Russland vorhanden) (KLAUSNITZER 1972a). – Ungarn: Siófok (KLAUSNITZER 1972a).

Ökologie, Phänologie und Biologie: ZWICK (2007) fand die Larven in einem schmalen Wiesenbach.

Elodes venetae KLAUSNITZER, 1987 (*Helodes*)

Zitat der Originalbeschreibung (♂): Entomologische Nachrichten und Berichte 31: 247.

Literatur: KLAUSNITZER (1990a).

Verbreitung: Adriatomediterrane Art, Italien (Alpen), alpin ? Vielleicht dem Dinodal zugehörig.

Nachweise: Italien: Veneto, Treviso (locus typicus), Prealpi Venetae, „Cansiglio" (Lage des Ortes unklar); Friuli-Venezia Giulia, Casarsa della Delizia (KLAUSNITZER 1987b, 1990a).

Ökologie, Phänologie und Biologie: Die Imagines wurden Mitte Mai bis Mitte Juli gefunden.

Elodes venustula KLAUSNITZER, 2002

Zitat der Originalbeschreibung (♂): Entomologische Blätter 98: 122.

Verbreitung: Kaspische Art.

Nachweise: Türkei: Provinz Rize, Çamlihemsin (locus typicus) (KLAUSNITZER 2002a).

Ökologie, Phänologie und Biologie: Die Imagines wurden Ende Mai am Ufer eines Baches gefunden.

Unklare Arten

Elodes chrysocomes ABEILLE DE PERRIN, 1872 (*Helodes*)

Zitat der Originalbeschreibung: Bulletin de la Société Entomologique de France 1872: xlii.

Nachweise: Frankreich: Colmars (Basses-Alpes)

Elodes kiesenwetteri TOURNIER, 1868 (*Helodes*)

Zitat der Originalbeschreibung: Description des Dascillides du Bassin du Léman: 34.

Literatur: HORION (1935).

Nachweise: Slowenien: Carniole, Monts Nanos (locus typicus) (TOURNIER 1868).

Elodes novaki J. MÜLLER, 1916 (*Helodes*)

Zitat der Originalbeschreibung: Entomologische Blätter 12: 90.

Die Identität dieser Art ist fraglich. Das untersuchte Exemplar (ein einziges Männchen) stammt aus Zentraldalmatien (Knin) (KLAUSNITZER 2004d, 2008e, RUTA 2009). Die beschriebene Färbung ist sehr charakteristisch. Angaben zu Penis und Tegmen finden sich in der Bestimmungstabelle.

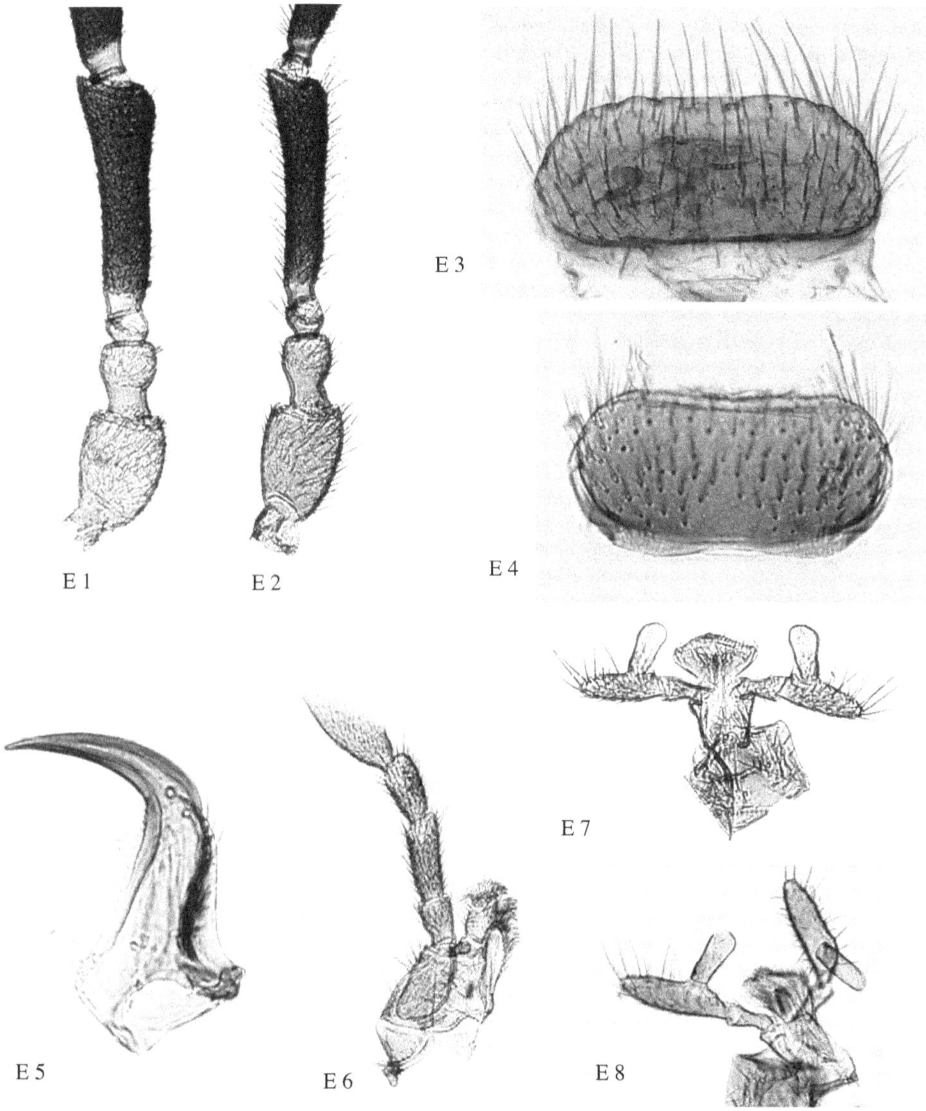

Abb. E 1: *Elodes minuta* ♂, 1.-4. Antennenglied; **Abb. E 2:** *Elodes minuta* ♀, 1.-4. Antennenglied; **Abb. E 3:** *Elodes minuta* ♂, Labrum; **Abb. E 4:** *Elodes minuta* ♀, Labrum; **Abb. E 5:** *Elodes minuta* ♂, rechte Mandibel; **Abb. E 6:** *Elodes minuta* ♂, Maxille; **Abb. E 7:** *Elodes minuta* ♂, Labium; **Abb. E 8:** *Elodes minuta* ♀, Labialpalpen.

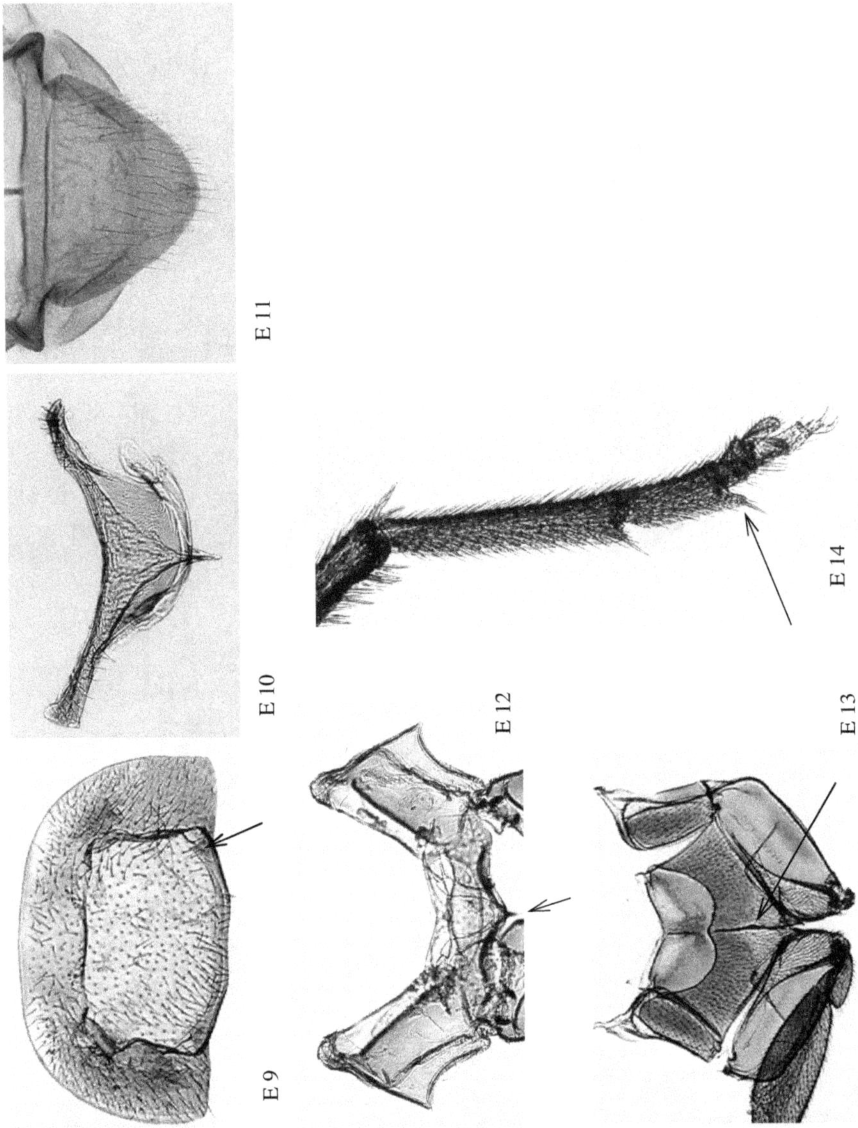

Abb. E 9: *Elodes minuta* ♀, Pronotum; **Abb. E 10:** *Elodes minuta* ♀, Prosternalfortsatz; **Abb. E 11:** *Elodes minuta* ♀, Scutellum; **Abb. E 12:** *Elodes minuta* ♂, Mesosternum; **Abb. E 13:** *Elodes minuta* ♂, Metasternum; **Abb. E 14:** *Elodes minuta* ♂, Metatarsus.

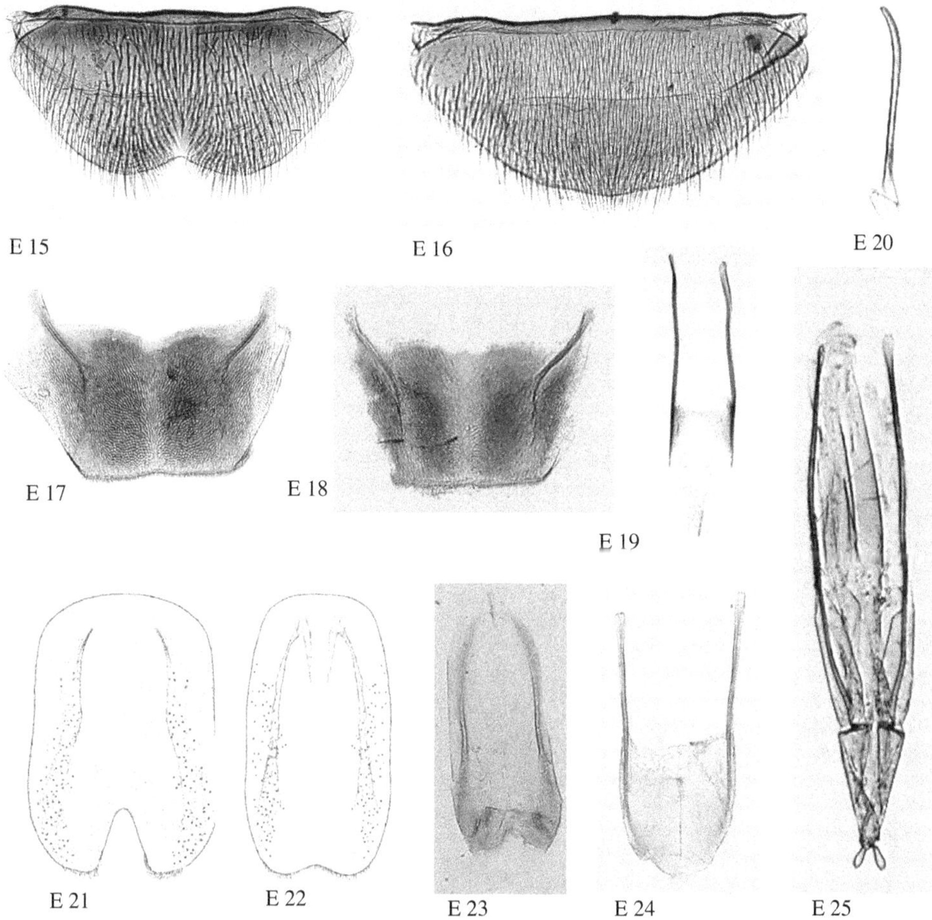

Abb. E 15: *Elodes minuta* ♂, 7. Sternit; **Abb. E 16:** *Elodes minuta* ♀, 7. Sternit; **Abb. E 17:** *Elodes minuta* ♂, 7. Tergit; **Abb. E 18:** *Elodes minuta* ♀, 7. Tergit; **Abb. E 19:** *Elodes minuta* ♂, 9. Tergit; **Abb. E 20:** *Elodes minuta* ♂, Sklerit Verbindungsmembran; **Abb. E 21:** *Elodes elongata* ♀, 8. Sternit, aus Nyholm (1984); **Abb. E 22:** *Elodes tricuspis* ♀, 8. Sternit, aus Nyholm (1984); **Abb. E 23:** *Elodes minuta* ♀, 8. Sternit; **Abb. E 24:** *Elodes minuta* ♀, 8. Tergit; **Abb. E 25:** *Elodes minuta* ♀, Ovipositor.

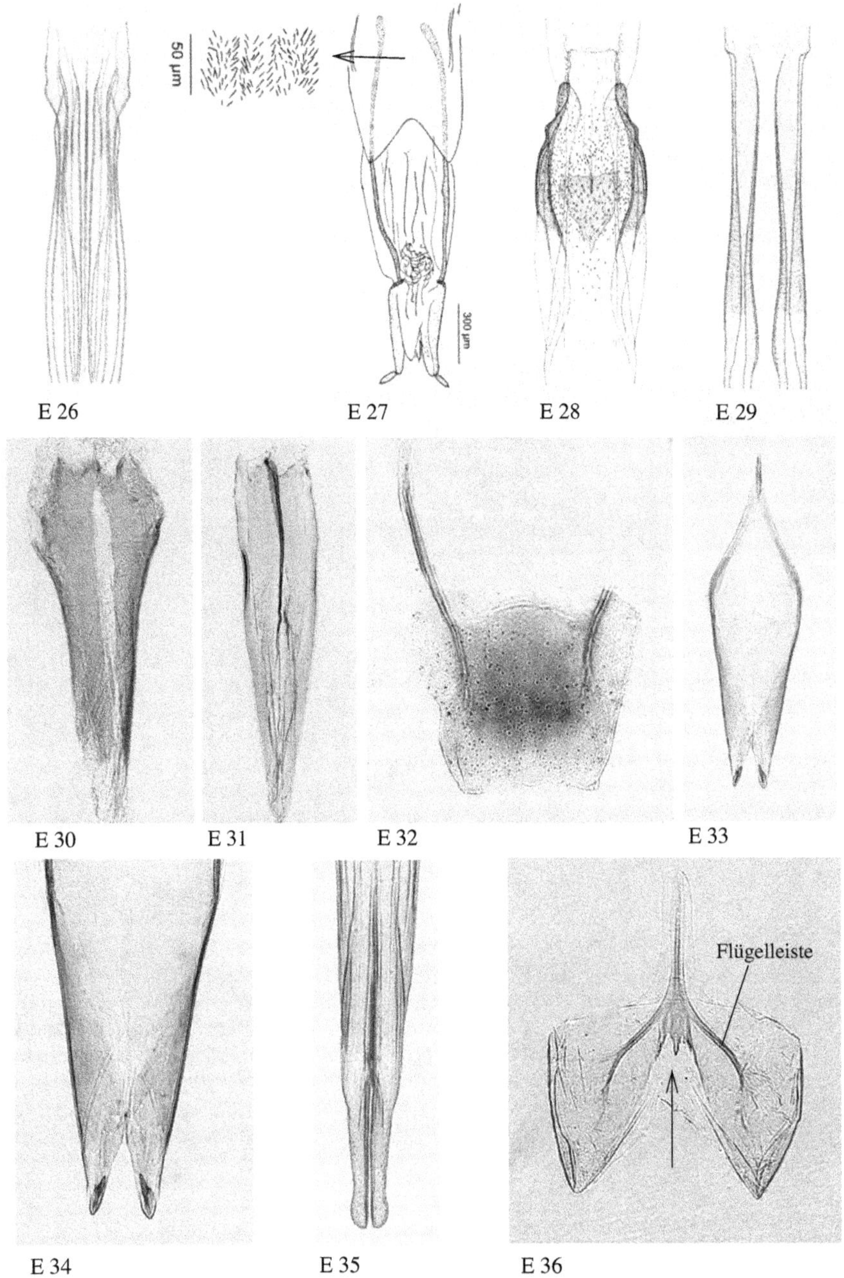

Abb. E 26: *Elodes elongata* ♀, Bursalsklerite, aus Nyholm (1984); **Abb. E 27:** *Elodes johni* ♀, Bursalsklerite, darunter Details der Mikrotrichen, aus Zwick & Zwick (2008c); **Abb. E 28:** *Elodes tricuspis* ♀, Bursalsklerite, aus Nyholm (1984); **Abb. E 29:** *Elodes minuta* ♀, Bursalsklerite, aus Nyholm (1984); **Abb. E 30:** *Elodes eberti* ? ♀, Bursalsklerite; **Abb. E 31:** *Elodes sericea* ♀, Bursalsklerite; **Abb. E 32:** *Elodes spinidens,* 8. Tergit, **Abb. E 33:** *Elodes spinidens,* Tegmen, **Abb. E 34:** *Elodes spinidens,* Tegmen, Paramerenspitzen; **Abb. E 35:** *Elodes spinidens,* Penis, Parameroide; **Abb. E 36:** *Elodes spinidens,* 8. Sternit.

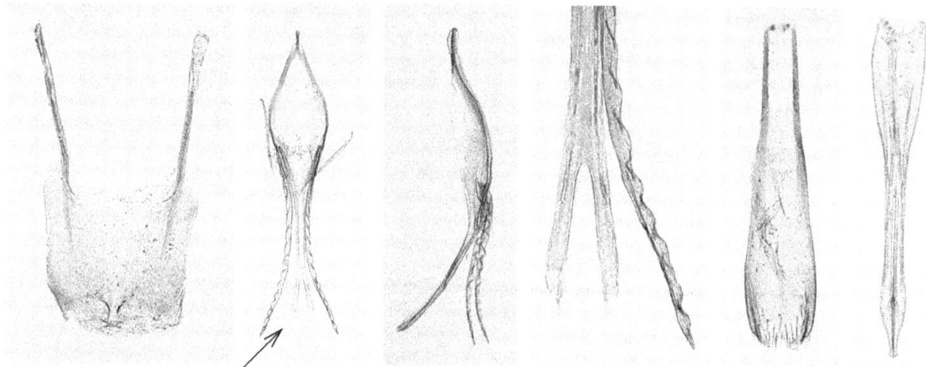

E 37 E 38 E 39 E 40 E 41 E 42

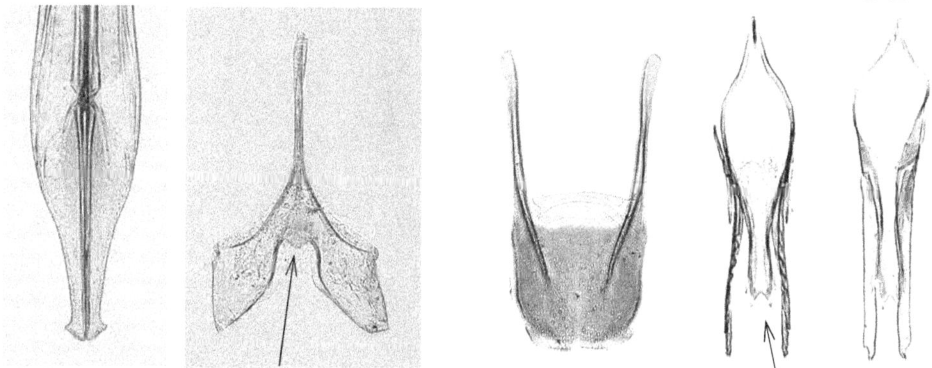

E 43 E 44 E 45 E 46 E 47

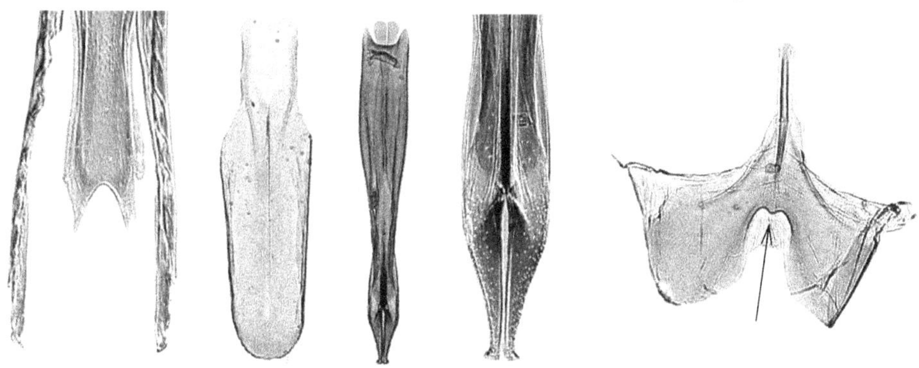

E 48 E 49 E 50 E 51 E 52

Abb. E 37: *Elodes lohsei,* 8. Tergit; **Abb. E 38:** *Elodes lohsei,* Tegmen, dorsal; **Abb. E 39:** *Elodes lohsei,* Tegmen, lateral; **Abb. E 40:** *Elodes lohsei,* Tegmen, dorsal, Paramerenspitze; **Abb. E 41:** *Elodes lohsei,* 9. Sternit; **Abb. E 42:** *Elodes lohsei,* Penis; **Abb. E 43:** *Elodes lohsei,* Penis, Parameroide; **Abb. E 44:** *Elodes lohsei,* 8. Sternit; **Abb. E 45:** *Elodes venustula,* 8. Tergit; **Abb. E 46:** *Elodes venustula,* Tegmen; **Abb. E 47:** *Elodes venustula,* Tegmen (Variante); **Abb. E 48:** *Elodes venustula,* Tegmen, Paramerenspitzen; **Abb. E 49:** *Elodes venustula,* 9. Sternit; **Abb. E 50:** *Elodes venustula,* Penis; **Abb. E 51:** *Elodes venustula,* Penis, Parameroide; **Abb. E 52:** *Elodes venustula,* 8. Sternit.

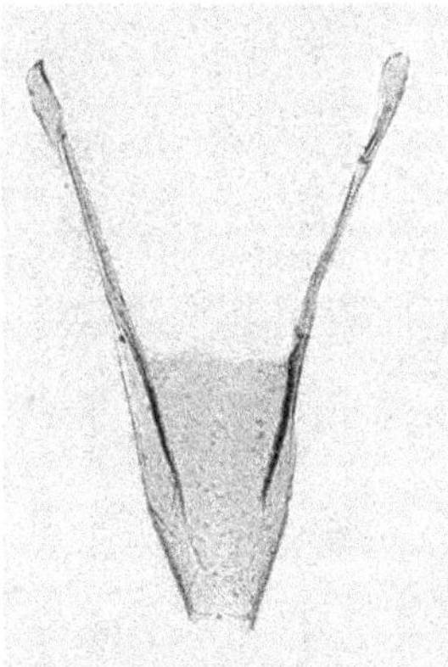

E 53

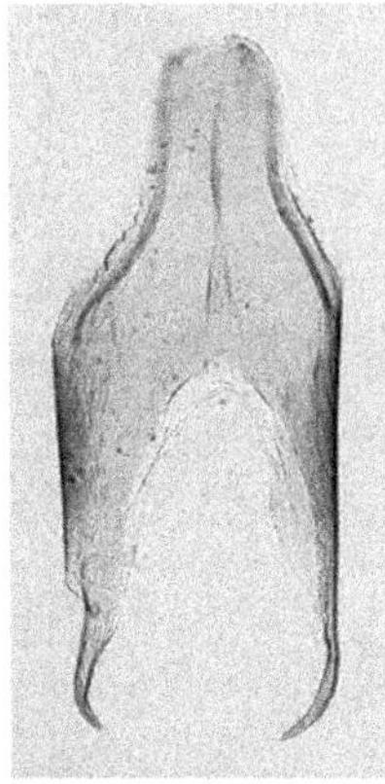

E 54

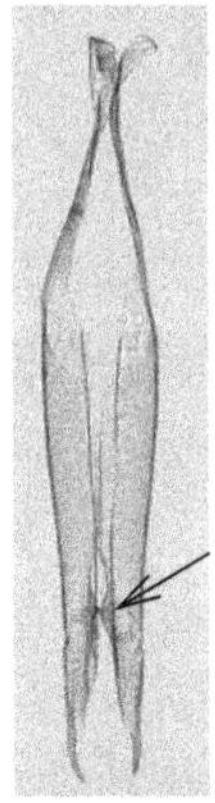

E 55

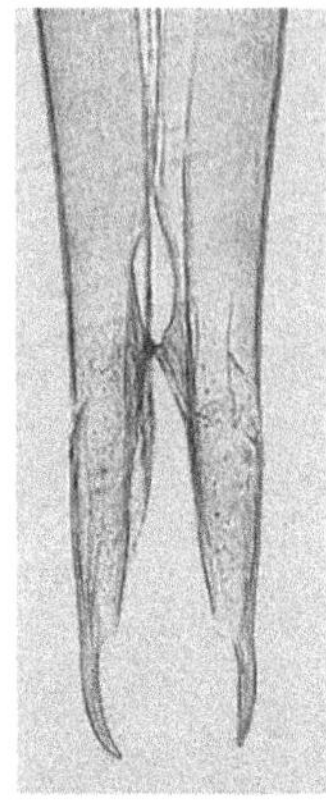

E 56

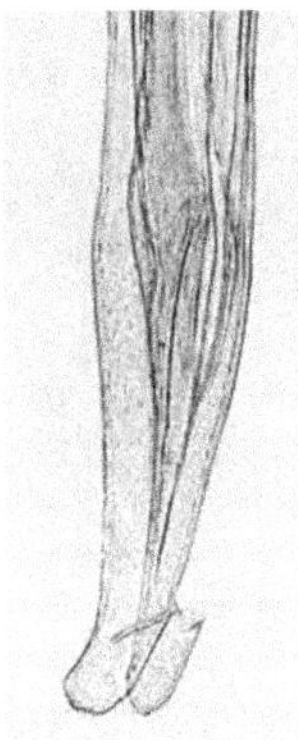

E 57

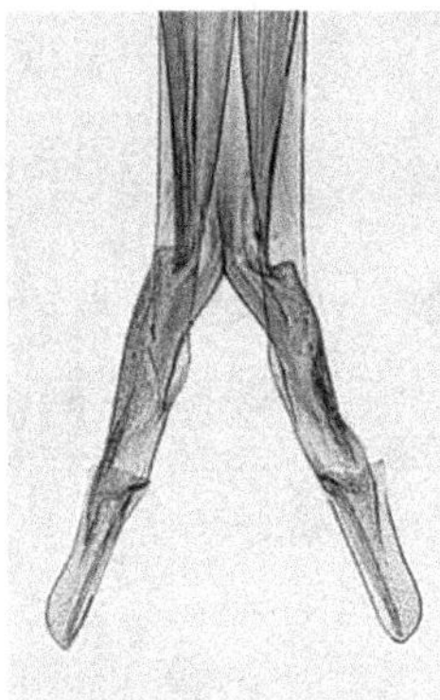

E 58

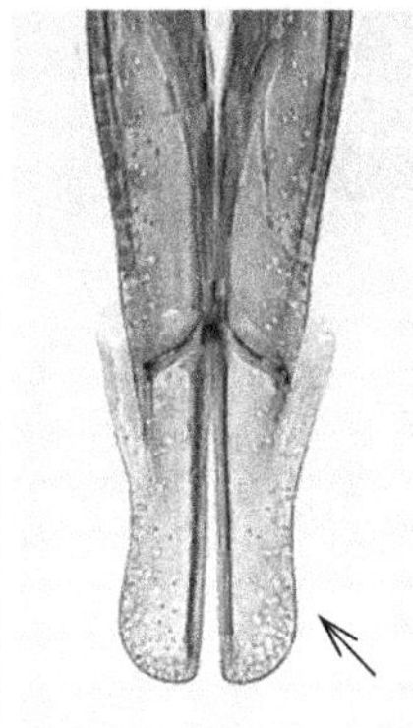

E 59

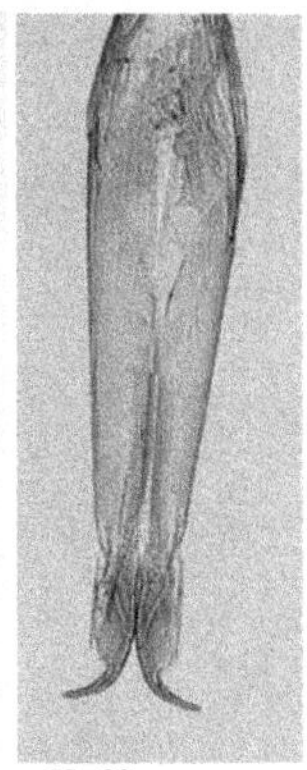

E 60

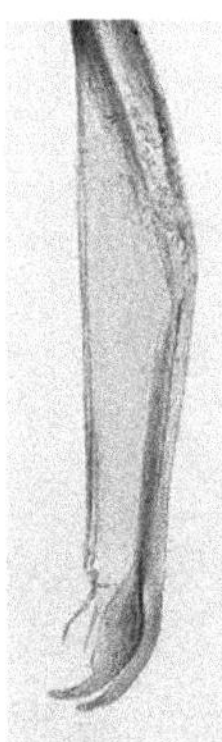

E 61

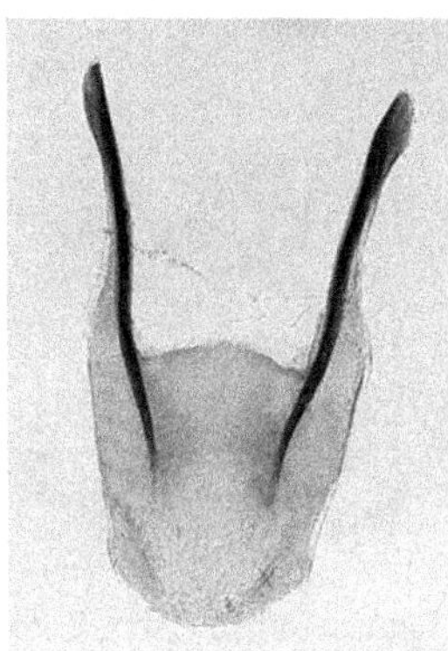

E 62

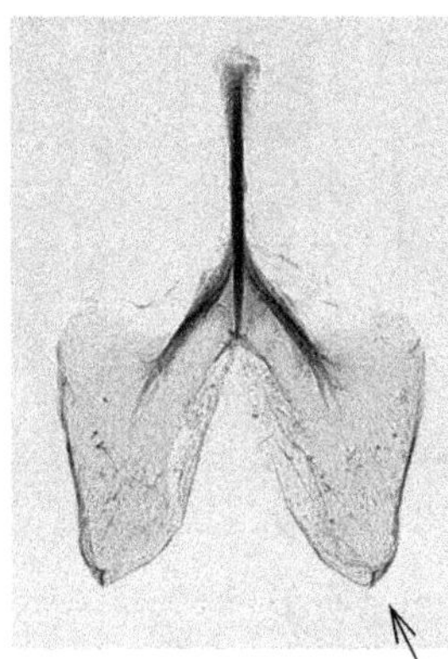

E 63

Abb. E 53: *Elodes improvisa,* 8. Tergit; **Abb. E 54:** *Elodes improvisa,* 8. Sternit; **Abb. E 55:** *Elodes improvisa,* Tegmen; **Abb. E 56:** *Elodes improvisa,* Tegmen, Paramerenspitzen; **Abb. E 57:** *Elodes improvisa,* Penis, Parameroide; **Abb. E 58:** *Elodes eberti,* Penis; **Abb. E 59:** *Elodes eberti,* Penis, Parameroide; **Abb. E 60:** *Elodes eberti,* Tegmen, dorsal; **Abb. E 61:** *Elodes eberti,* Tegmen, lateral; **Abb. E 62:** *Elodes eberti,* 8. Tergit; **Abb. E 63:** *Elodes eberti,* 8. Sternit.

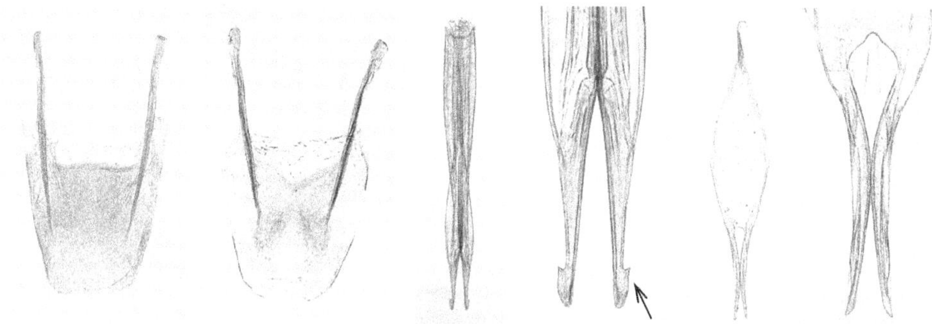

E 64 E 65 E 66 E 67 E 68 E 69

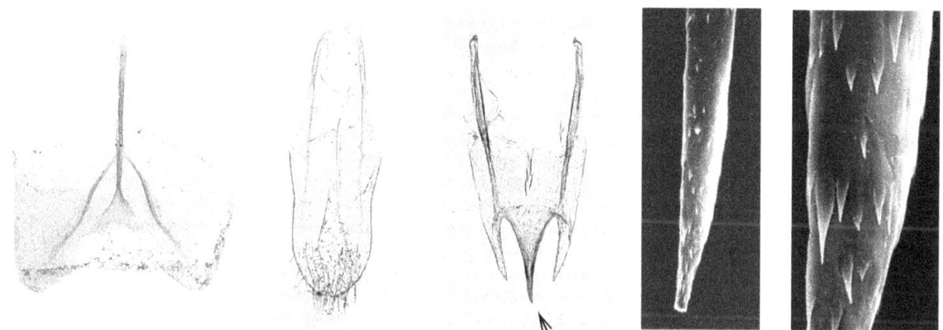

E 70 E 71 E 72 E 73 E 74

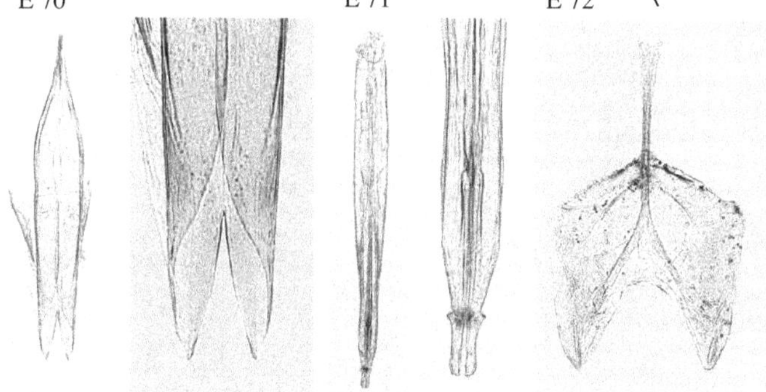

E 75 E 76 E 77 E 78 E 79

Abb. E 64: *Elodes sericea,* 8. Tergit (ohne Bucht); **Abb. E 65:** *Elodes sericea,* 8. Tergit (mit kleiner Bucht); **Abb. E 66:** *Elodes sericea*, Penis; **Abb. E 67:** *Elodes sericea*, Penis, Parameroide; **Abb. E 68:** *Elodes sericea*, Tegmen; **Abb. E 69:** *Elodes sericea*, Tegmen, Parameren; **Abb. E 70:** *Elodes sericea,* 8. Sternit; **Abb. E 71:** *Elodes sericea,* 9. Sternit; **Abb. E 72:** *Elodes tricuspis,* 8. Tergit; **Abb. E 73:** *Elodes tricuspis,* 8. Tergit, seitlicher Fortsatz; **Abb. E 74:** *Elodes tricuspis,* 8. Tergit, seitlicher Fortsatz, Detail; **Abb. E 75:** *Elodes tricuspis,* Tegmen; **Abb. E 76:** *Elodes tricuspis,* Tegmen, Paramerenspitze; **Abb. E 77:** *Elodes tricuspis,* Penis; **Abb. E 78:** *Elodes tricuspis,* Penis, Parameroide; **Abb. E 79:** *Elodes tricuspis,* 8. Sternit.

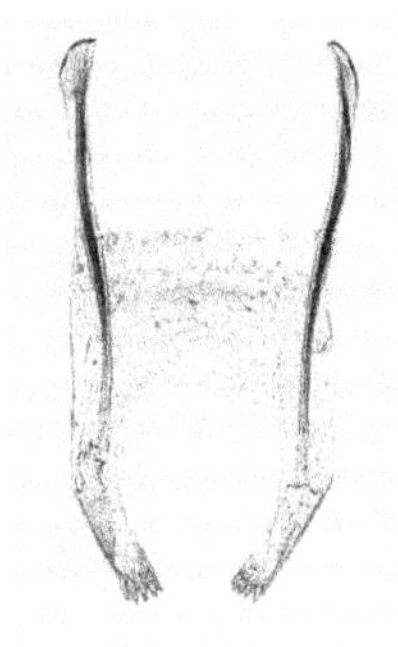
E 80
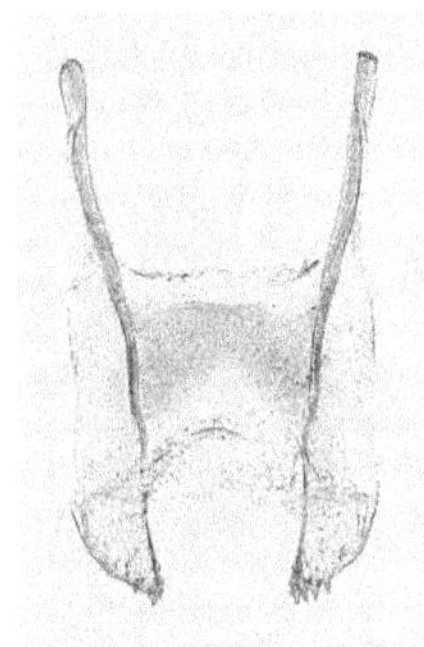
E 81
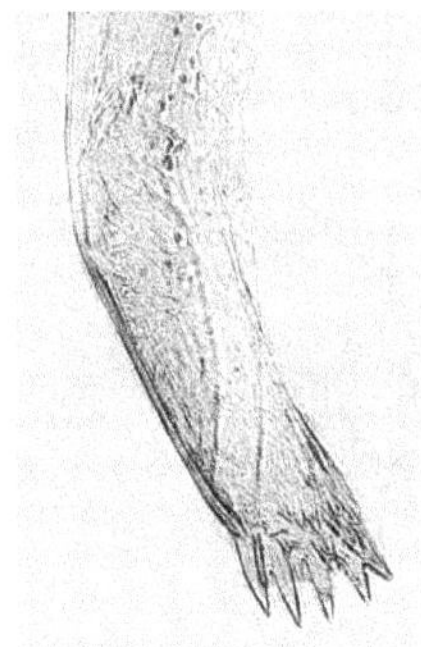
E 82
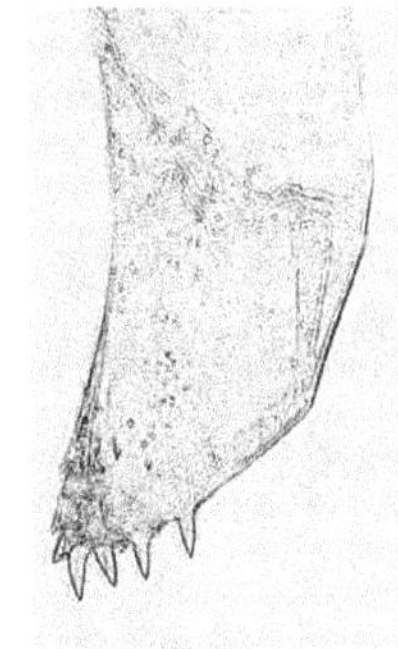
E 83

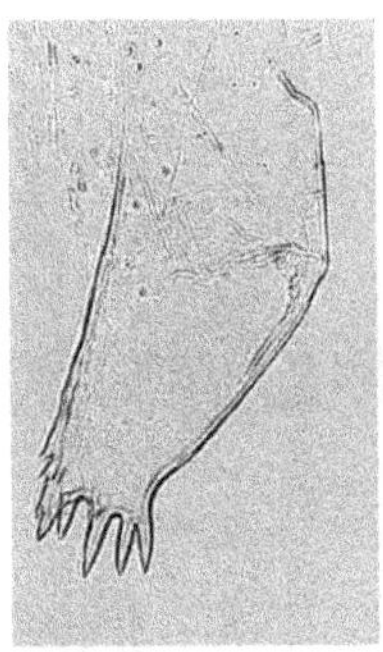
E 84
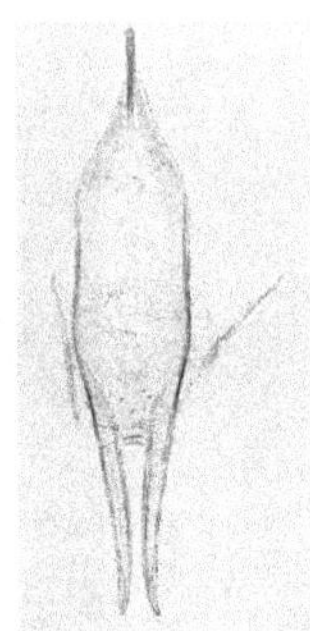
E 85
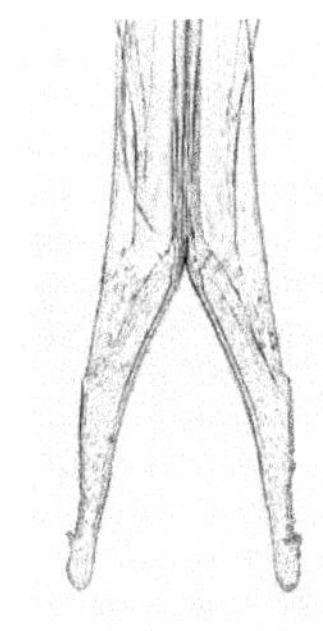
E 86
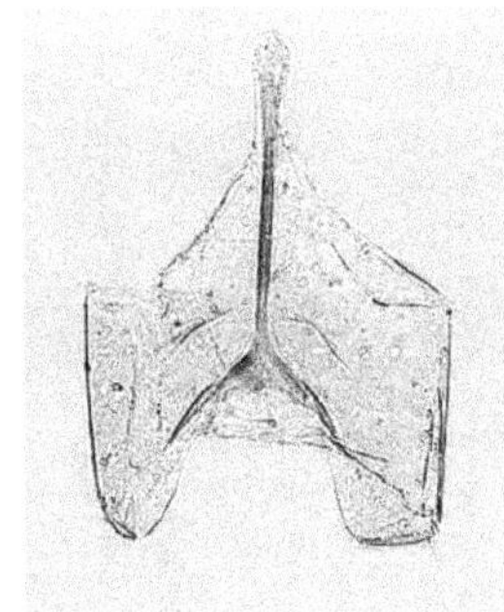
E 87

E 88
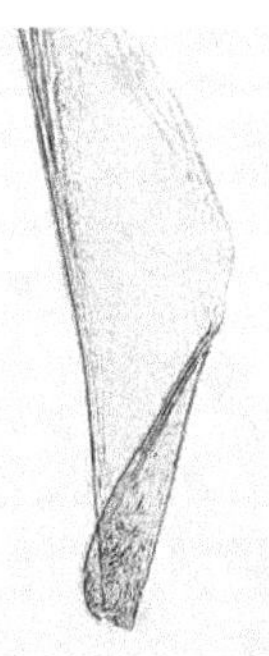
E 89
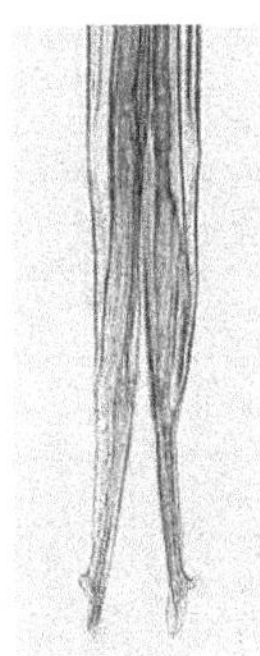
E 90
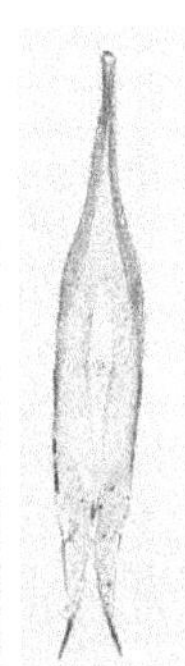
E 91
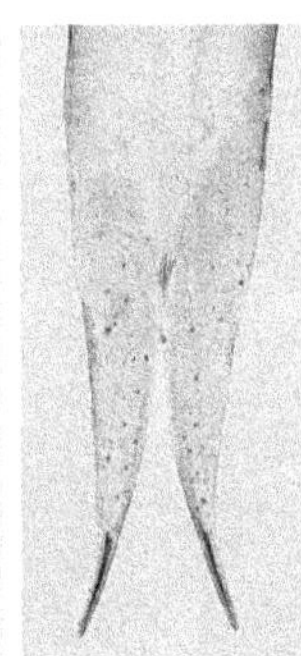
E 92
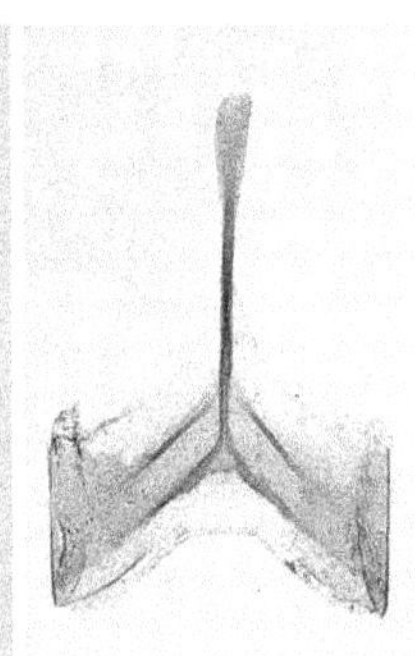
E 93

Abb. E 80: *Elodes nocturna,* 8. Tergit; **Abb. E 81:** *Elodes nocturna,* 8. Tergit; **Abb. E 82:** *Elodes nocturna,* 8. Tergit, Spitze Distalfortsatz; **Abb. E 83:** *Elodes nocturna,* 8. Tergit, Spitze Distalfortsatz; **Abb. E 84:** *Elodes nocturna,* 8. Tergit, Spitze Distalfortsatz; **Abb. E 85:** *Elodes nocturna,* Tegmen; **Abb. E 86:** *Elodes nocturna,* Penis, Parameroide; **Abb. E 87:** *Elodes nocturna,* 8. Sternit; **Abb. E 88:** *Elodes arcana,* 8. Tergit (Spitze Distalfortsatz etwas umgeschlagen); **Abb. E 89:** *Elodes arcana,* 8. Tergit, Spitze Distalfortsatz; **Abb. E 90:** *Elodes arcana,* Penis, Parameroide; **Abb. E 91:** *Elodes arcana,* Tegmen; **Abb. E 92:** *Elodes arcana,* Tegmen, Parameren; **Abb. E 93:** *Elodes arcana,* 8. Sternit.

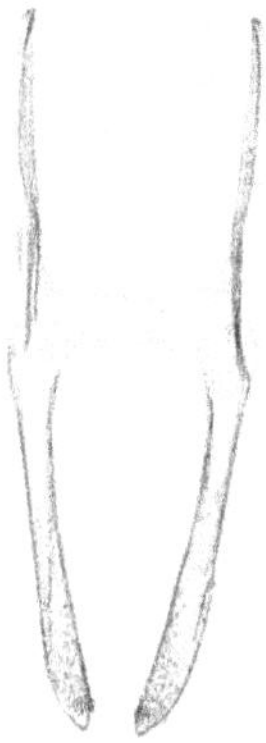
E 94

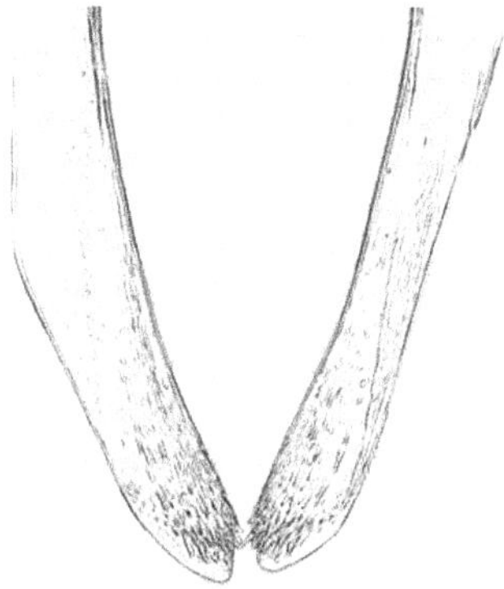
E 95

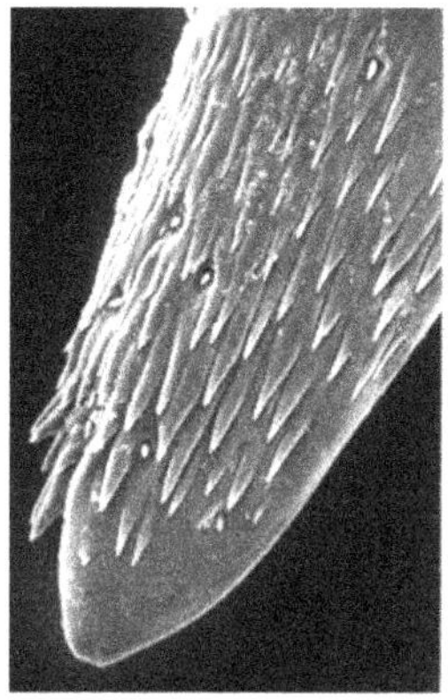
E 96

E 97

E 98

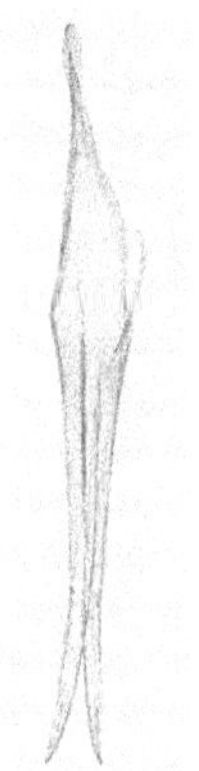
E 99

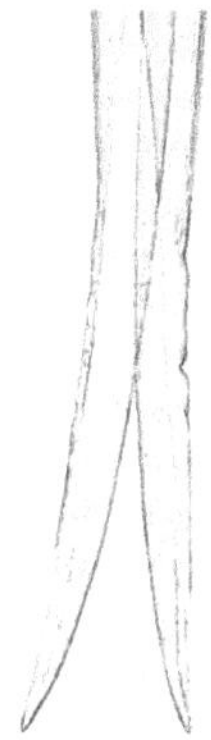
E 100

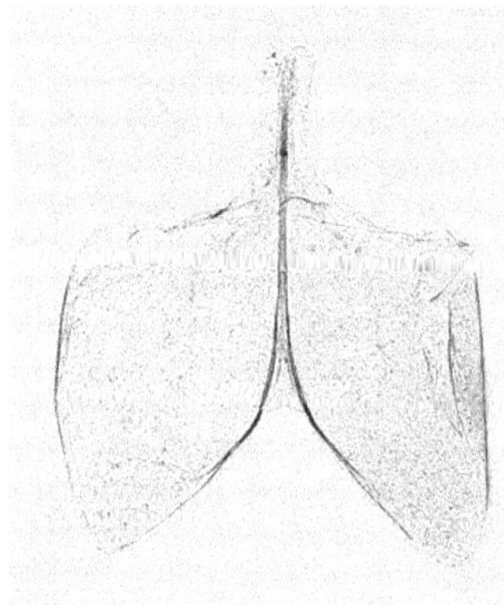
E 101

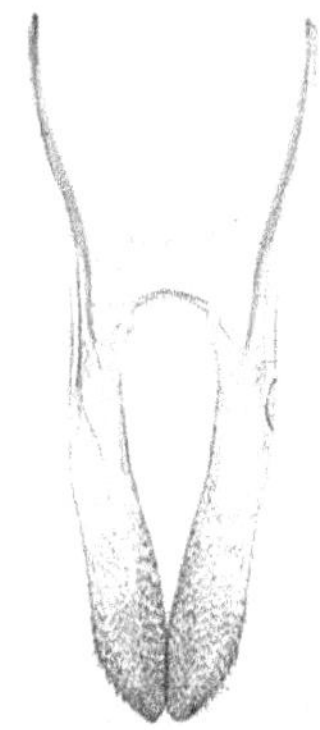
E 102

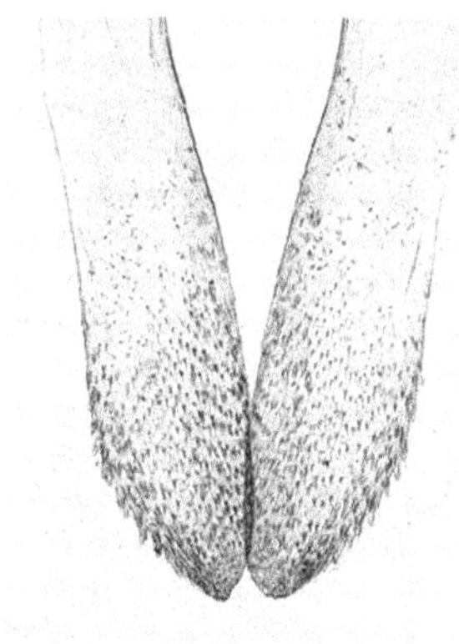
E 103

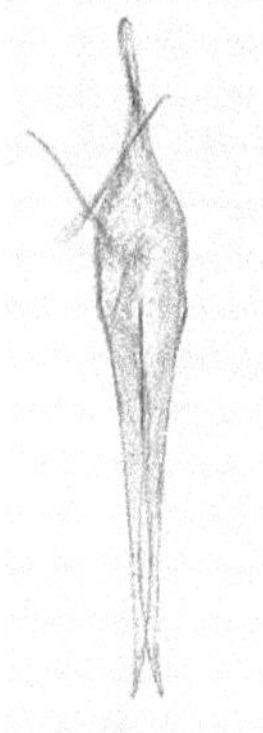
E 104

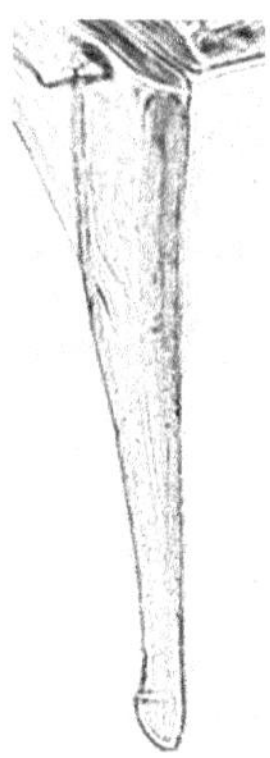
E 105

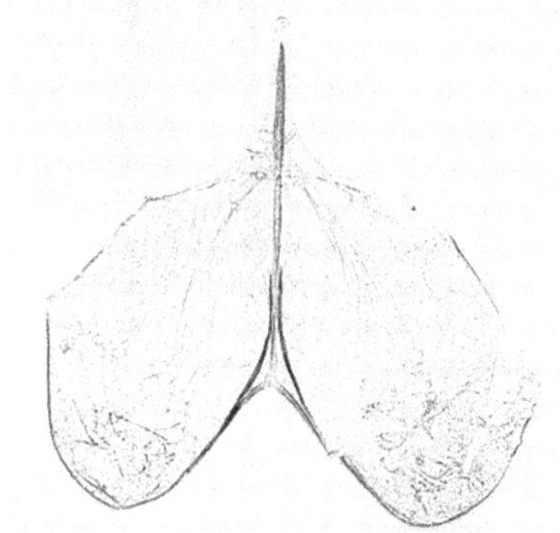
E 106

Abb. E 94: *Elodes cretica,* 8. Tergit; **Abb. E 95:** *Elodes cretica,* 8. Tergit, Spitzen Distalfortsätze; **Abb. E 96:** *Elodes cretica,* 8. Tergit, Spitze Distalfortsatz, Detail; **Abb. E 97:** *Elodes cretica,* Penis; **Abb. E 98:** *Elodes cretica,* Penis, Parameroide; **Abb. E 99:** *Elodes cretica,* Tegmen; **Abb. E 100:** *Elodes cretica,* Tegmen, Parameren; **Abb. E 101:** *Elodes cretica,* 8. Sternit; **Abb. E 102:** *Elodes novacretica,* 8. Tergit; **Abb. E 103:** *Elodes novacretica,* 8. Tergit, Spitzen Distalfortsätze; **Abb. E 104:** *Elodes novacretica,* Tegmen; **Abb. E 105:** *Elodes novacretica,* Penis, Parameroid; **Abb. E 106:** *Elodes novacretica,* 8. Sternit.

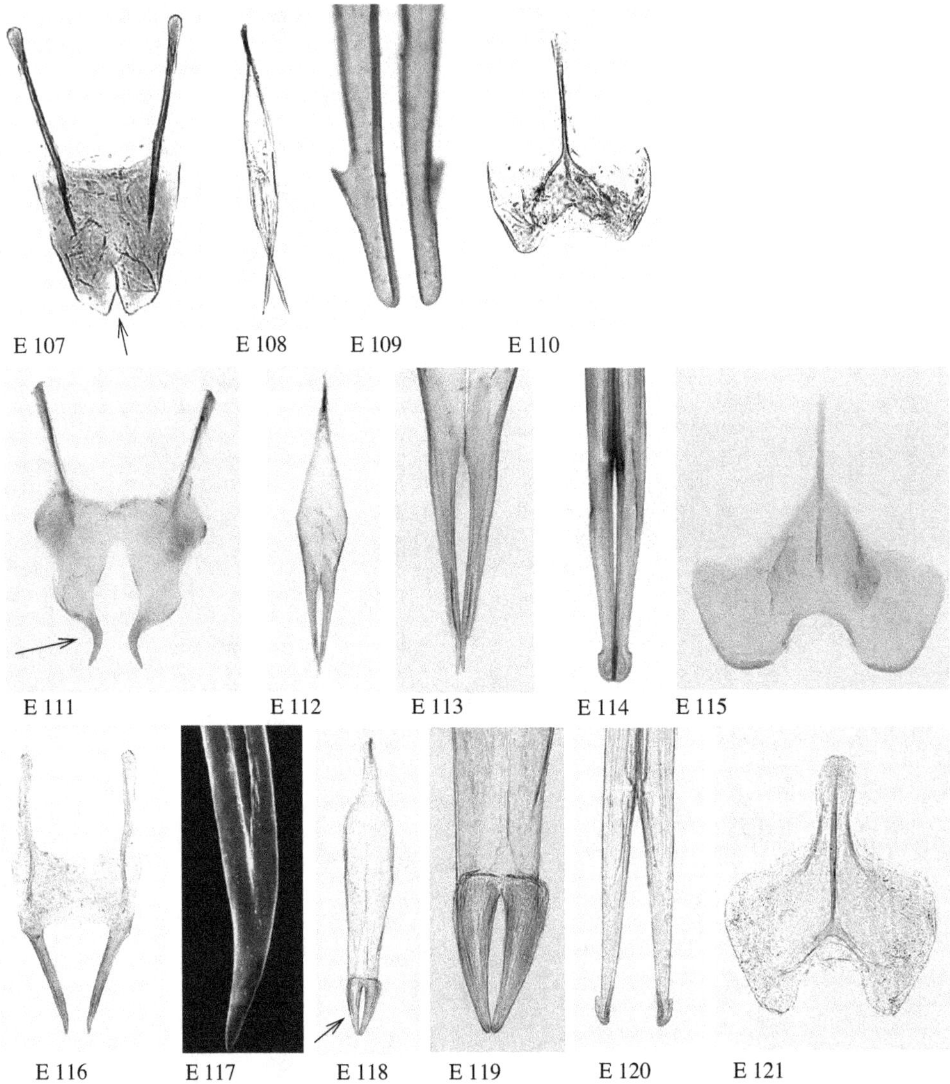

Abb. E 107: *Elodes holgeri,* 8. Tergit; **Abb. E 108:** *Elodes holgeri,* Tegmen ; **Abb. E 109:** *Elodes holgeri,* Penis, Parameroide; **Abb. E 110:** *Elodes holgeri,* 8. Sternit; **Abb. E 111:** *Elodes akbesianus,* 8. Tergit; **Abb. E 112:** *Elodes akbesianus,* Tegmen; **Abb. E 113:** *Elodes akbesianus,* Tegmen, Paramerenspitzen; **Abb. E 114:** *Elodes akbesianus,* Penis, Parameroide; **Abb. E 115:** *Elodes akbesianus,* 8. Sternit; **Abb. E 116:** *Elodes malickyi,* 8. Tergit; **Abb. E 117:** *Elodes malickyi,* 8. Tergit, Spitze Distalfortsatz, Detail; **Abb. E 118:** *Elodes malickyi,* Tegmen; **Abb. E 119:** *Elodes malickyi,* Tegmen, Paramerenspitzen; **Abb. E 120:** *Elodes malickyi,* Penis, Parameroide; **Abb. E 121:** *Elodes malickyi,* 8. Sternit.

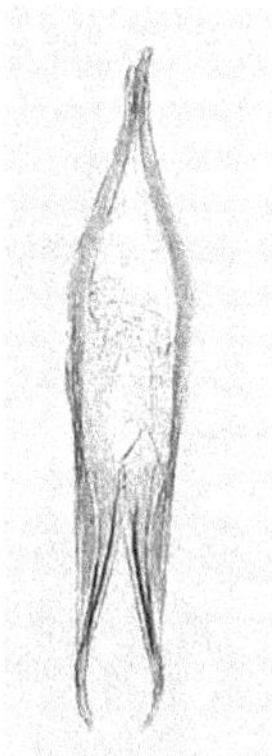
E 122

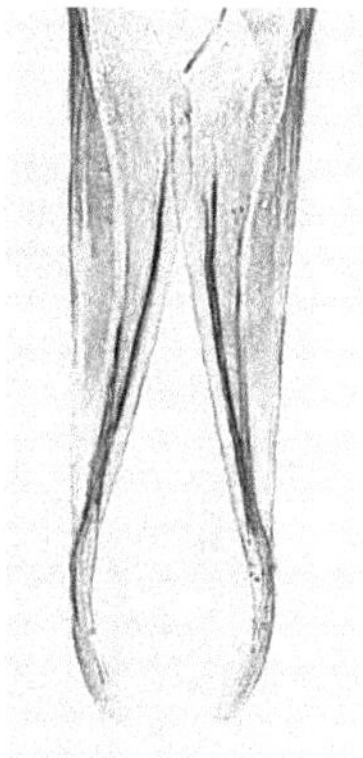
E 123

E 124

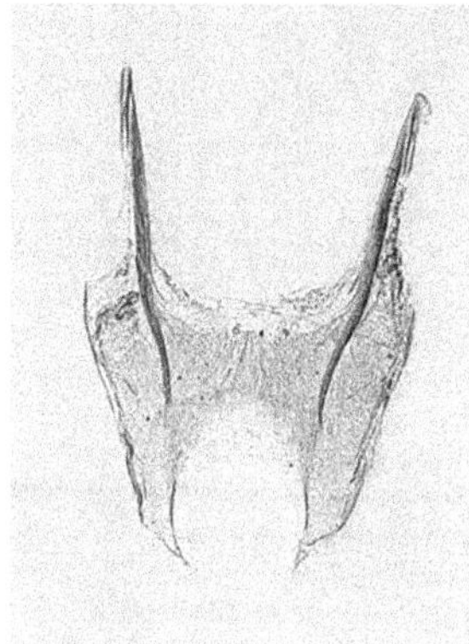
E 125

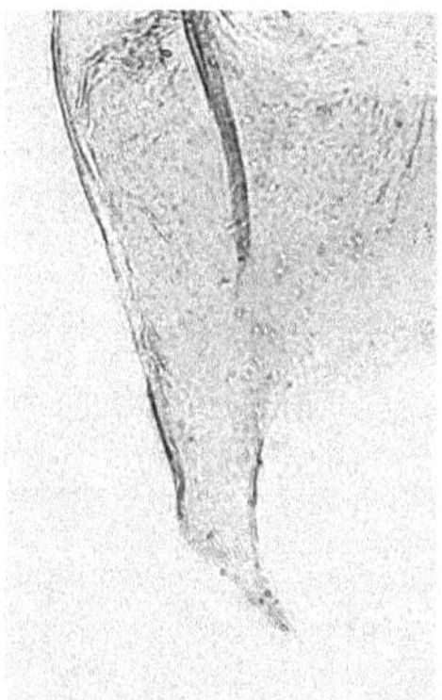
E 126

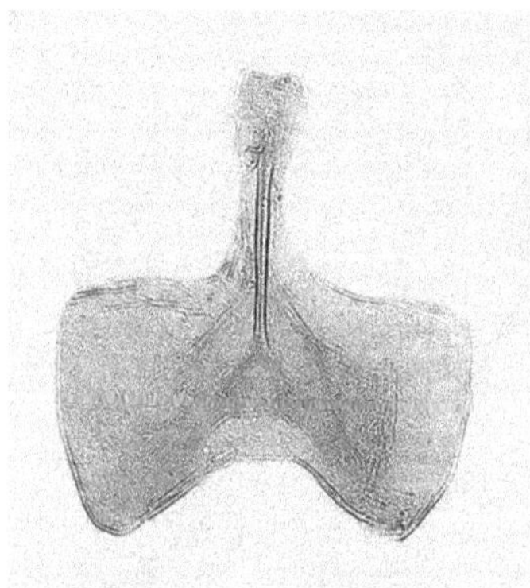
E 127

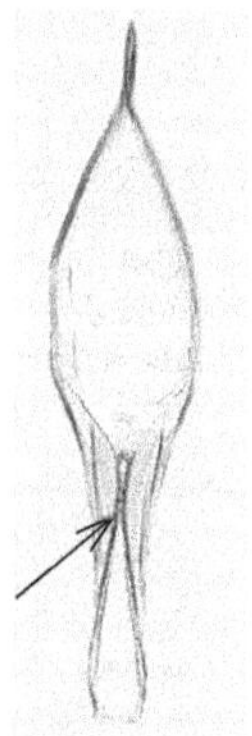
E 128

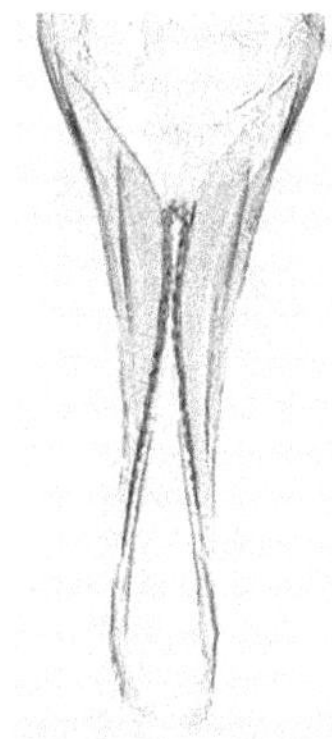
E 129

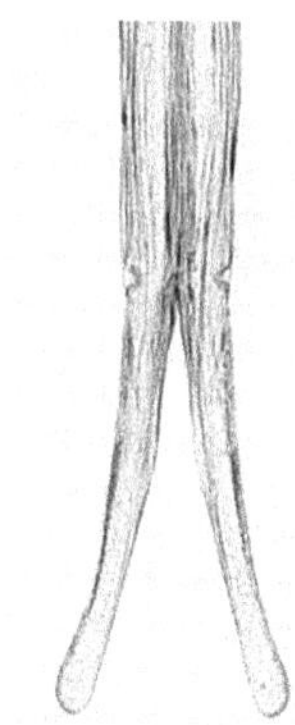
E 130

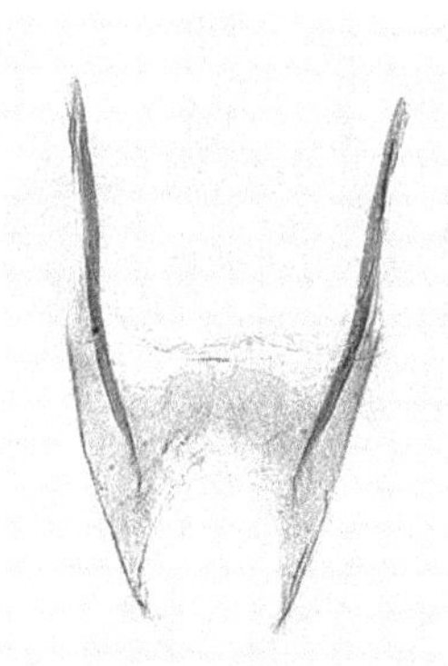
E 131

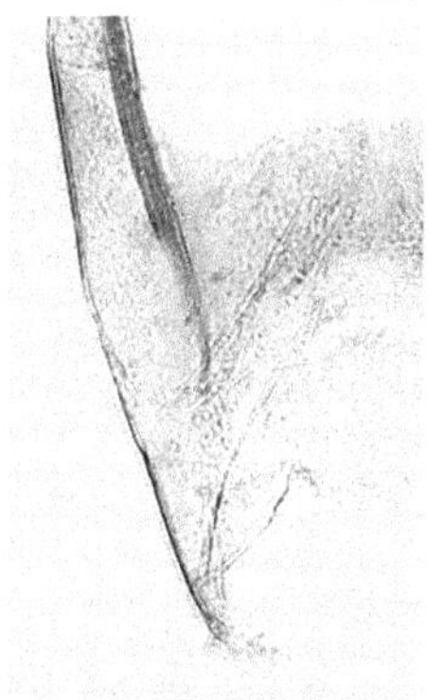
E 132

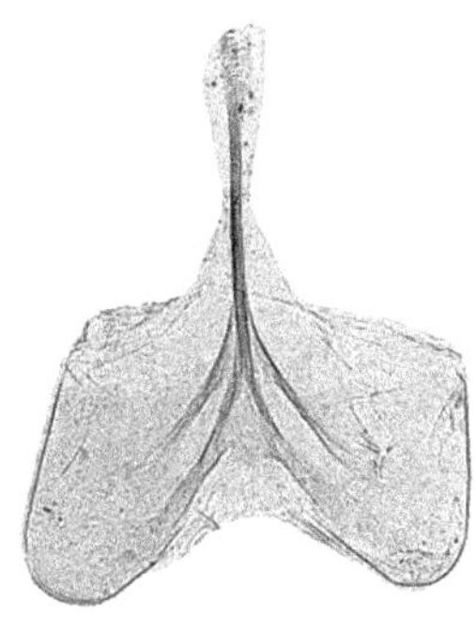
E 133

Abb. E 122: *Elodes bertiae,* Tegmen; **Abb. E 123:** *Elodes bertiae,* Tegmen, Paramerenspitzen; **Abb. E 124:** *Elodes bertiae,* Penis, Parameroid; **Abb. E 125:** *Elodes bertiae,* 8. Tergit; **Abb. E 126:** *Elodes bertiae*, 8. Tergit, Spitze Distalfortsatz; **Abb. E 127:** *Elodes bertiae,* 8. Sternit; **Abb. E 128:** *Elodes pollux*, Tegmen; **Abb. E 129:** *Elodes pollux*, Tegmen, Paramerenspitzen; **Abb. E 130:** *Elodes pollux*, Penis, Parameroide; **Abb. E 131:** *Elodes pollux*, 8. Tergit; **Abb. E 132:** *Elodes pollux*, 8. Tergit, Spitze Distalfortsatz; **Abb. E 133:** *Elodes pollux*, 8. Sternit.

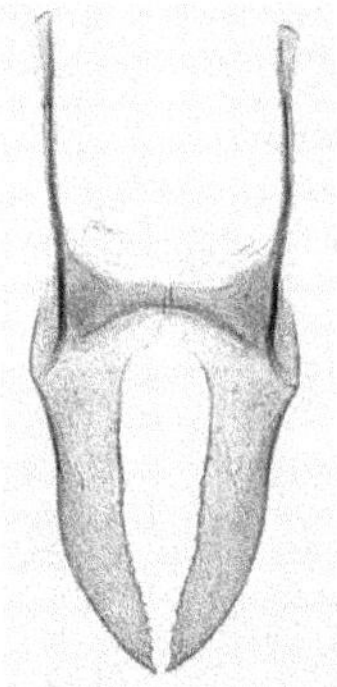
E 134

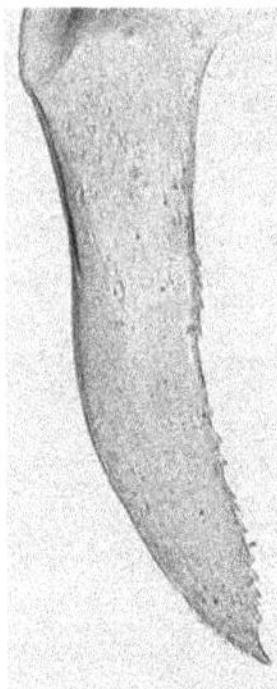
E 135

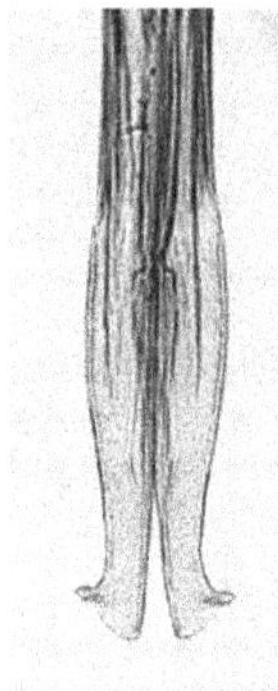
E 136

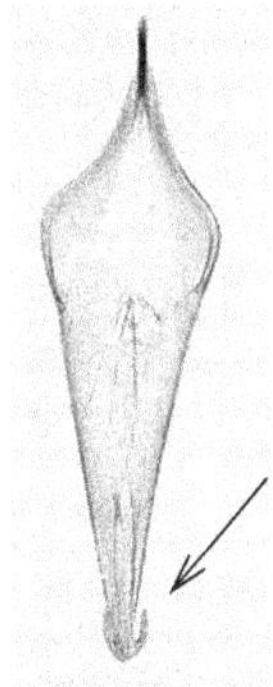
E 137

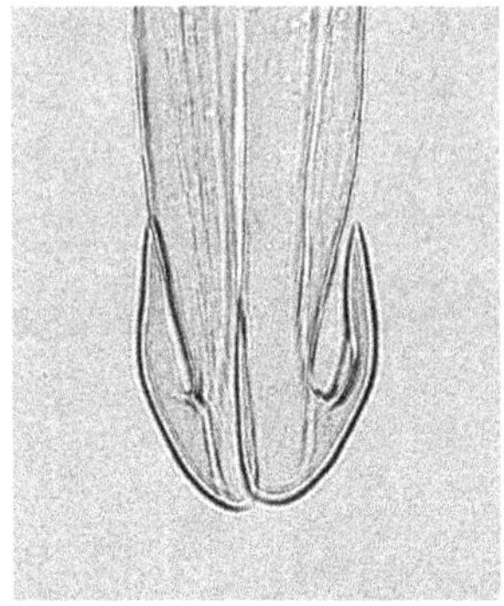
E 138

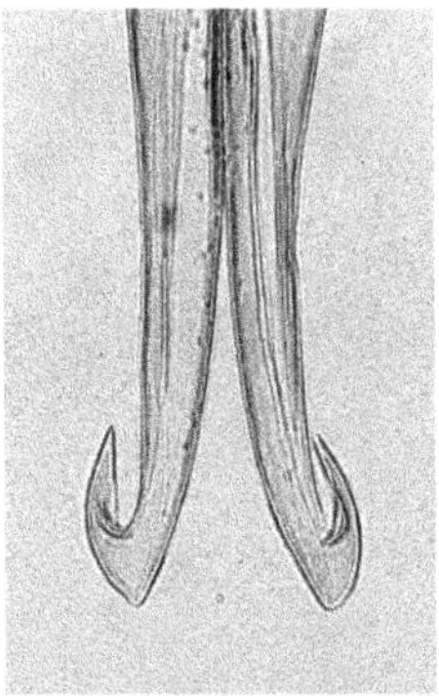
E 139

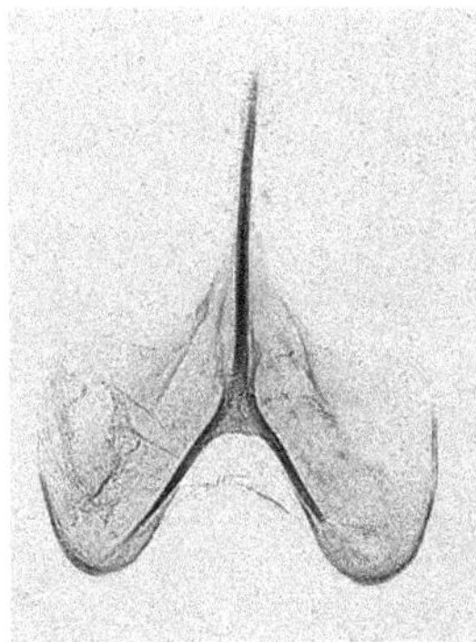
E 140

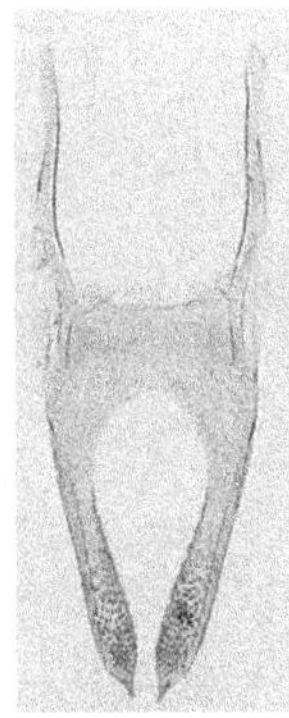
E 141

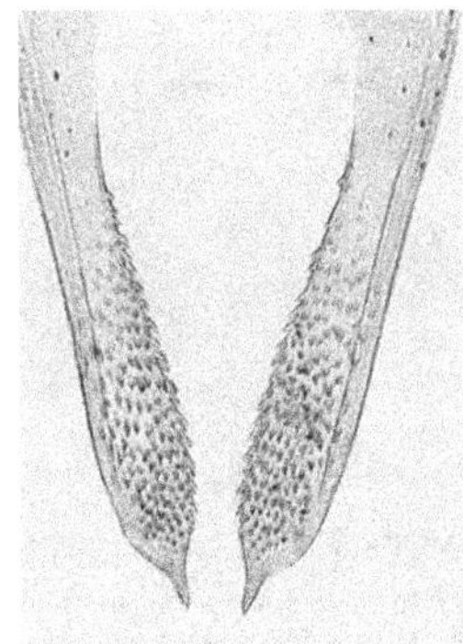
E 142

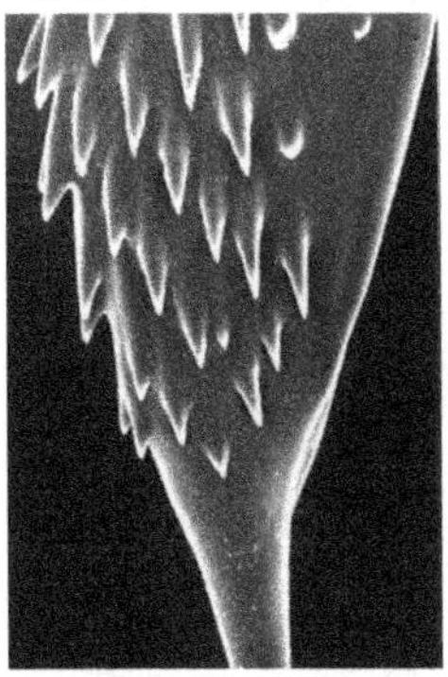
E 143

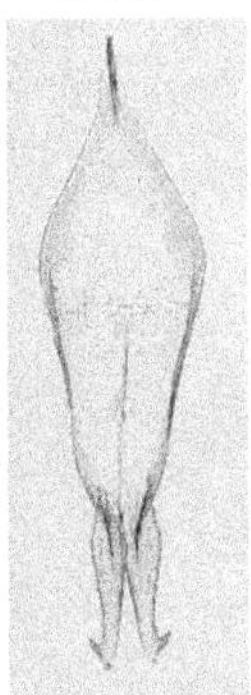
E 144

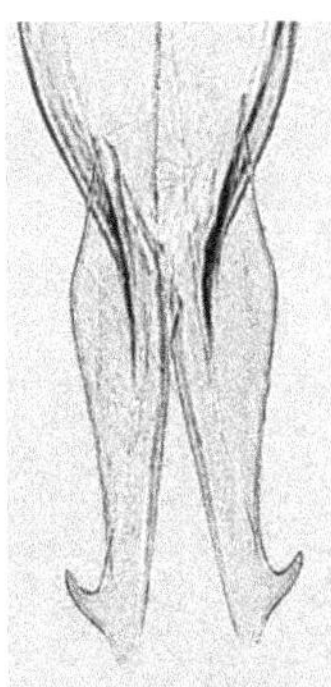
E 145

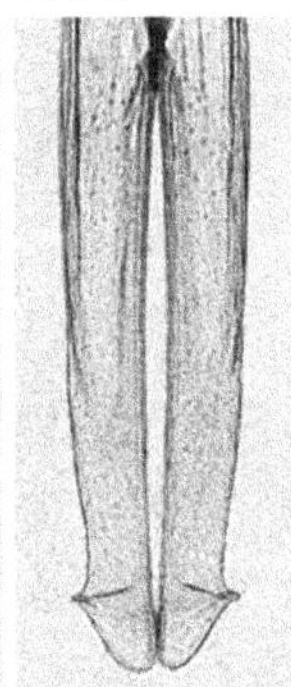
E 146

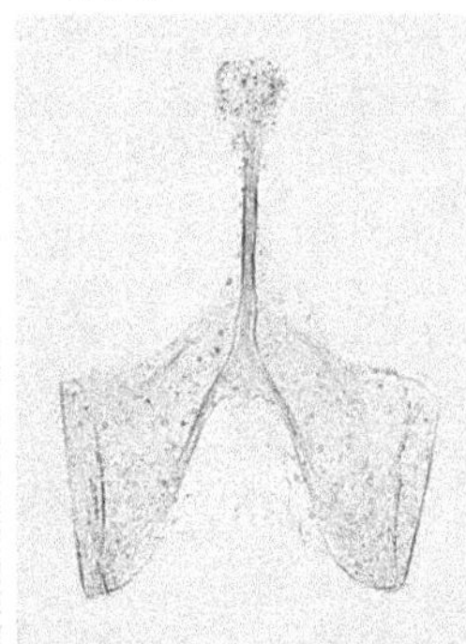
E 147

Abb. E 134: *Elodes pendens,* 8. Tergit; **Abb. E 135:** *Elodes pendens,* 8. Tergit, Distalfortsatz; **Abb. E 136:** *Elodes pendens,* Penis, Parameroide; **Abb. E 137:** *Elodes pendens,* Tegmen; **Abb. E 138:** *Elodes pendens,* Tegmen, Paramerenspitze; **Abb. E 139:** *Elodes pendens,* Tegmen, Paramerenspitze; **Abb. E 140:** *Elodes pendens,* 8. Sternit; **Abb. E 141:** *Elodes johni,* 8. Tergit; **Abb. E 142:** *Elodes johni,* 8. Tergit, Spitzen Distalfortsätze; **Abb. E 143:** *Elodes johni,* 8. Tergit, Spitze Distalfortsatz, Detail; **Abb. E 144:** *Elodes johni,* Tegmen; **Abb. E 145:** *Elodes johni,* Tegmen, Paramerenspitzen; **Abb. E 146:** *Elodes johni,* Penis, Parameroide; **Abb. E 147:** *Elodes johni,* 8. Sternit.

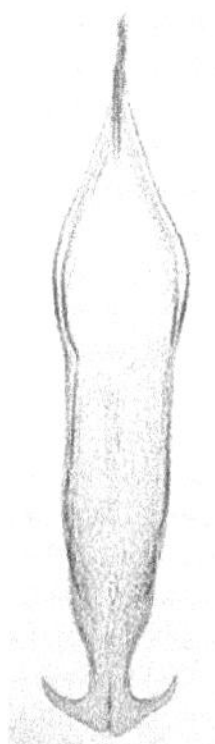
E 148

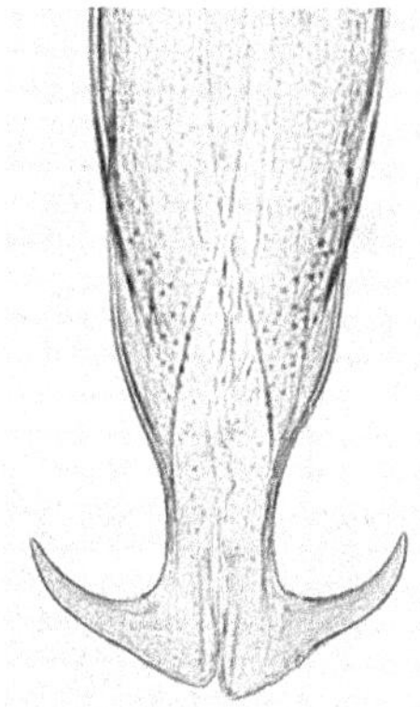
E 149

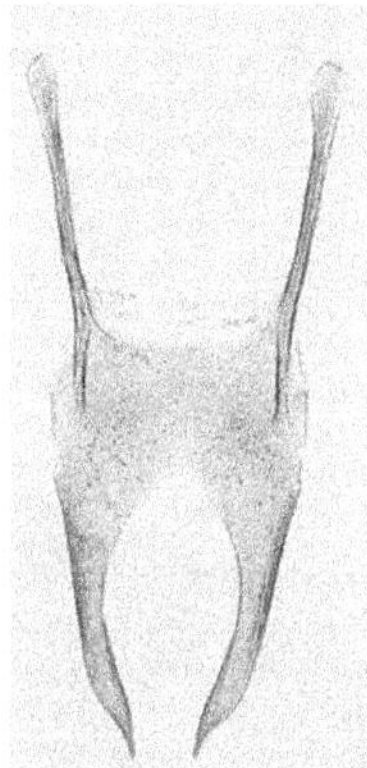
E 150

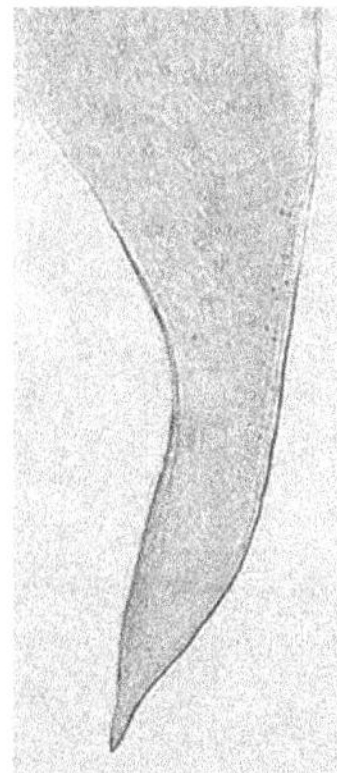
E 151

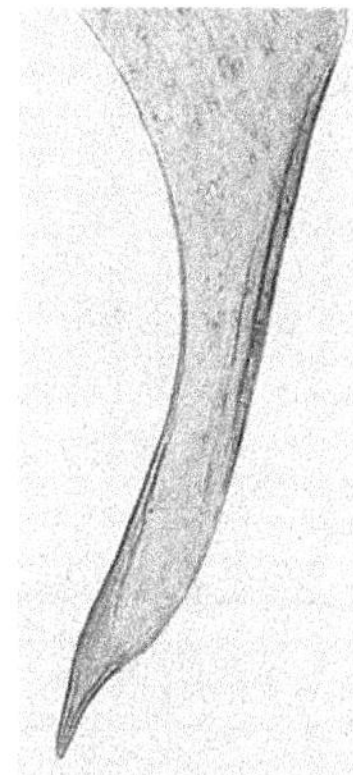
E 152

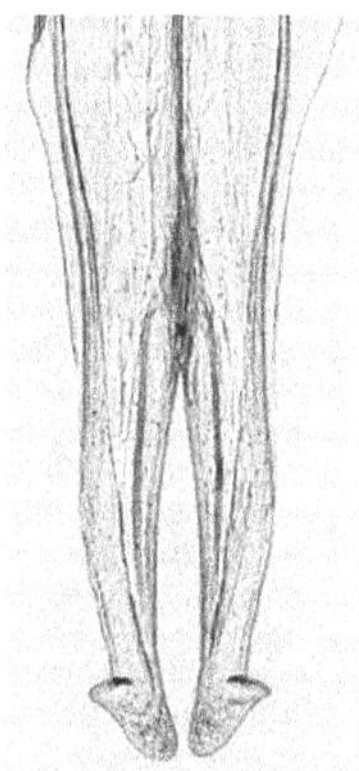
E 153

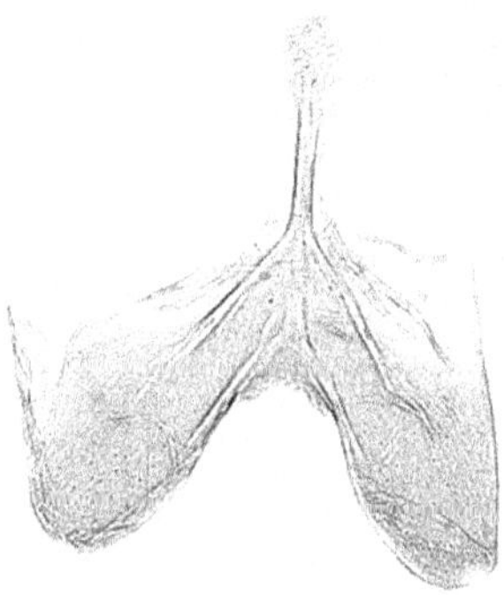
E 154

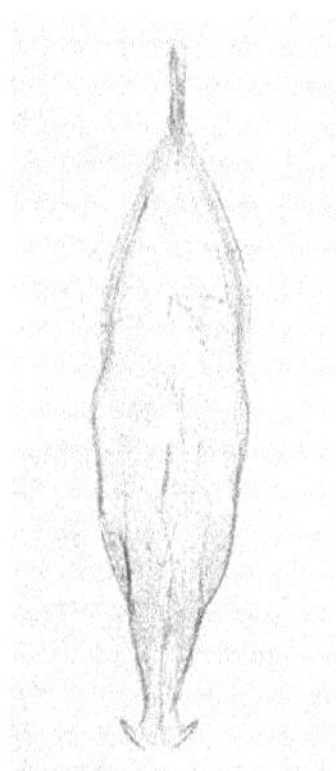
E 155

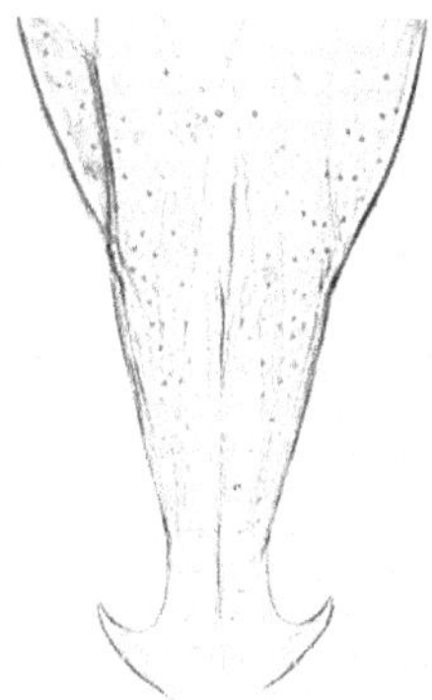
E 156

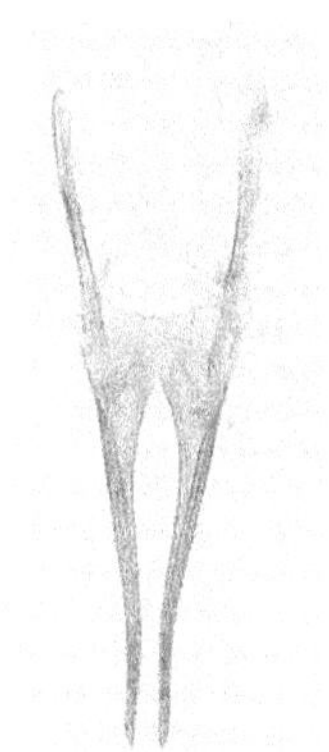
E 157

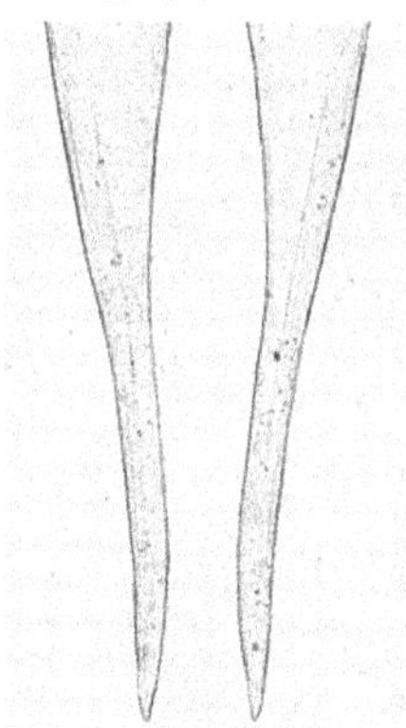
E 158

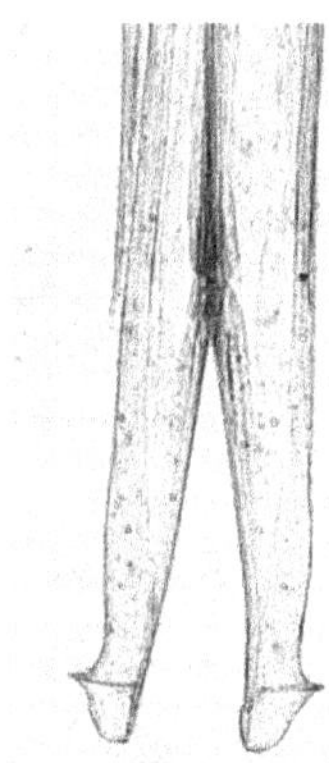
E 159

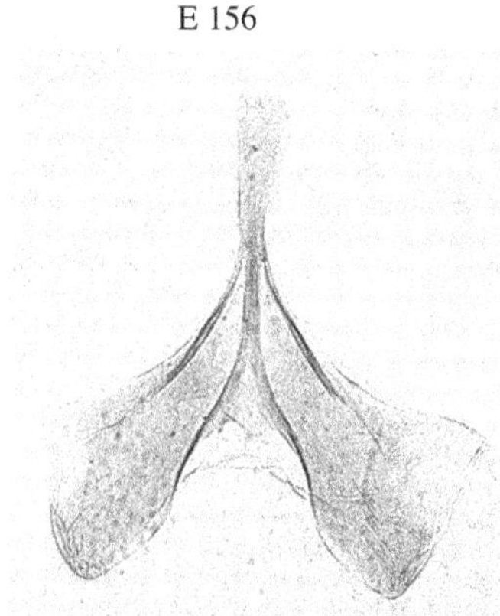
E 160

Abb. E 148: *Elodes elongata,* Tegmen; **Abb. E 149:** *Elodes elongata,* Tegmen, Paramerenspitze; **Abb. E 150:** *Elodes elongata,* 8. Tergit; **Abb. E 151:** *Elodes elongata,* 8. Tergit, Spitze Distalfortsatz; **Abb. E 152:** *Elodes elongata,* 8. Tergit, Spitze Distalfortsatz; **Abb. E 153:** *Elodes elongata,* Penis, Parameroide; **Abb. E 154:** *Elodes elongata,* 8. Sternit; **Abb. E 155:** *Elodes abeillei,* Tegmen; **Abb. E 156:** *Elodes abeillei,* Tegmen, Paramerenspitzen; **Abb. E 157:** *Elodes abeillei,* 8. Tergit; **Abb. E 158:** *Elodes abeillei,* 8. Tergit, Spitzen Distalfortsätze; **Abb. E 159:** *Elodes abeillei,* Penis, Parameroide; **Abb. E 160:** *Elodes abeillei,* 8. Sternit.

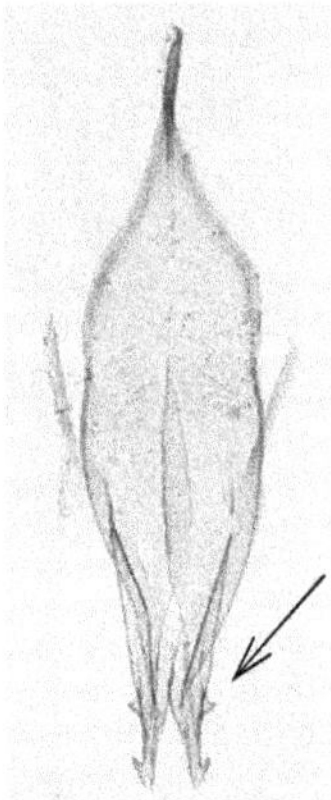
E 161

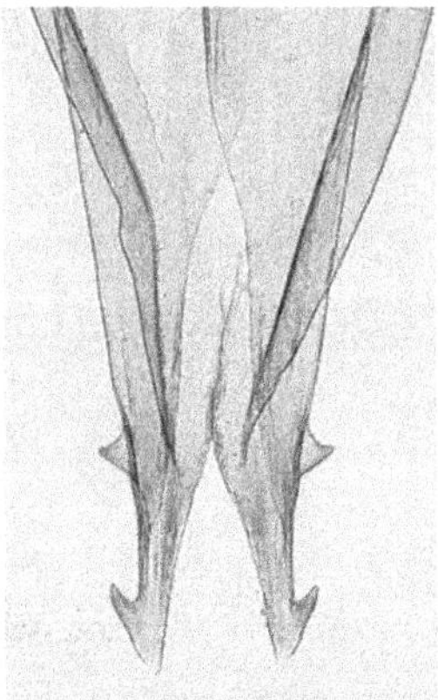
E 162

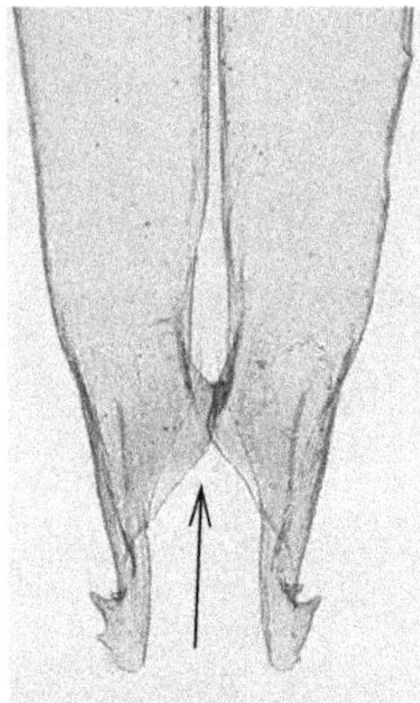
E 163

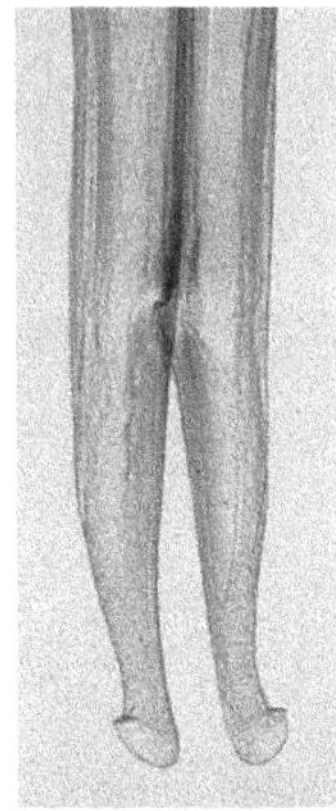
E 164

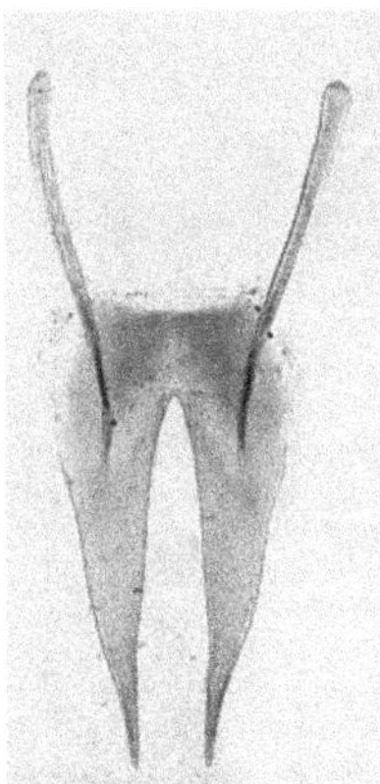
E 165

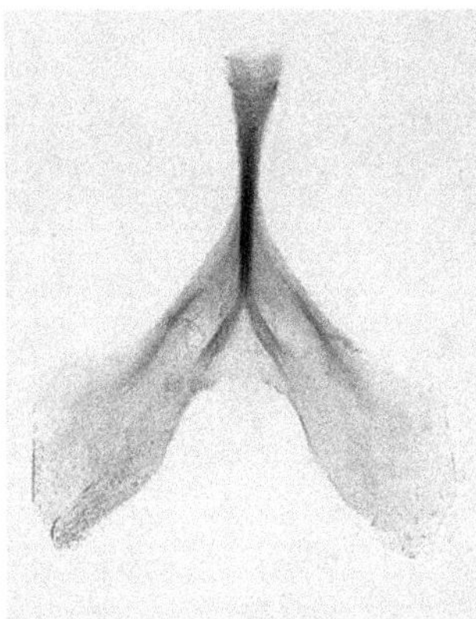
E 166

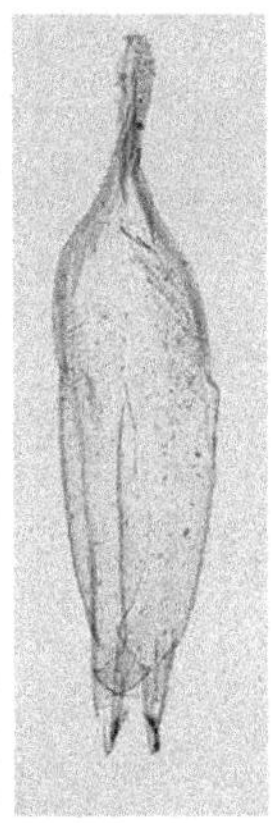
E 167

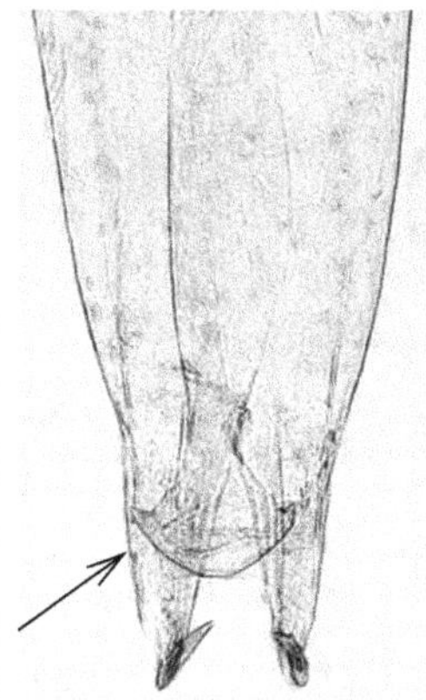
E 168

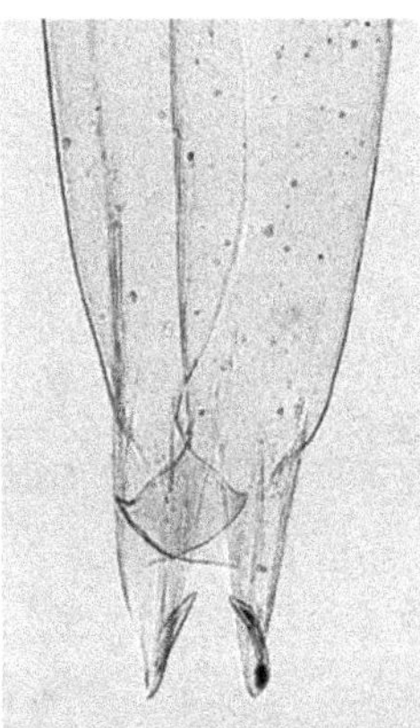
E 169

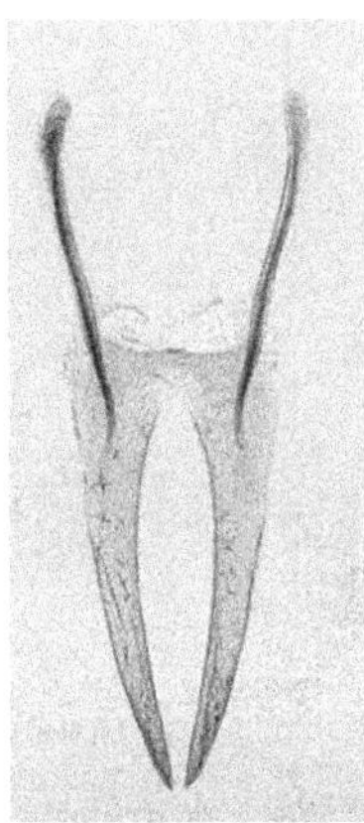
E 170

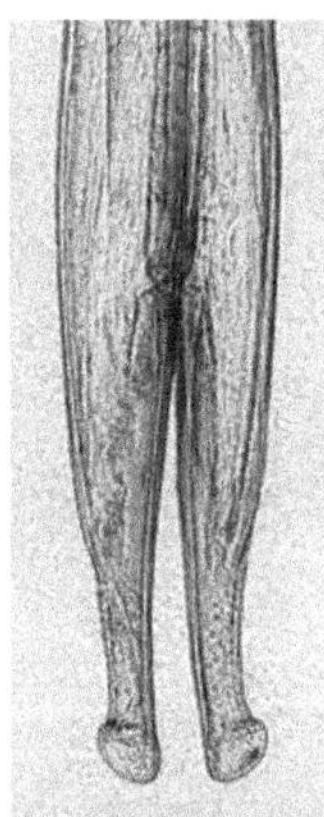
E 171

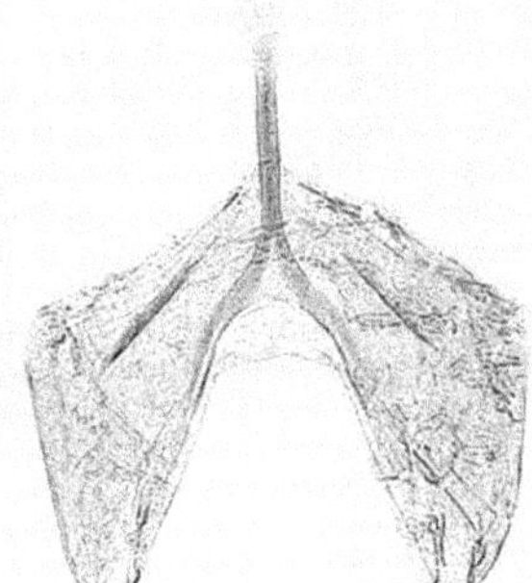
E 172

Abb. E 161: *Elodes angelinii,* Tegmen; **Abb. E 162:** *Elodes angelinii,* Tegmen, Paramerenspitzen; **Abb. E 163:** *Elodes angelinii,* Tegmen, Paramerenspitzen; **Abb. E 164:** *Elodes angelinii,* Penis, Parameroide; **Abb. E 165:** *Elodes angelinii,* 8. Tergit; **Abb. E 166:** *Elodes angelinii,* 8. Sternit; **Abb. E 167:** *Elodes calabriae,* Tegmen; **Abb. E 168:** *Elodes calabriae,* Tegmen, Paramerenspitzen; **Abb. E 169:** *Elodes calabriae,* Tegmen, Paramerenspitzen; **Abb. E 170:** *Elodes calabriae,* 8. Tergit; **Abb. E 171:** *Elodes calabriae,* Penis, Parameroide; **Abb. E 172:** *Elodes calabriae,* 8. Sternit.

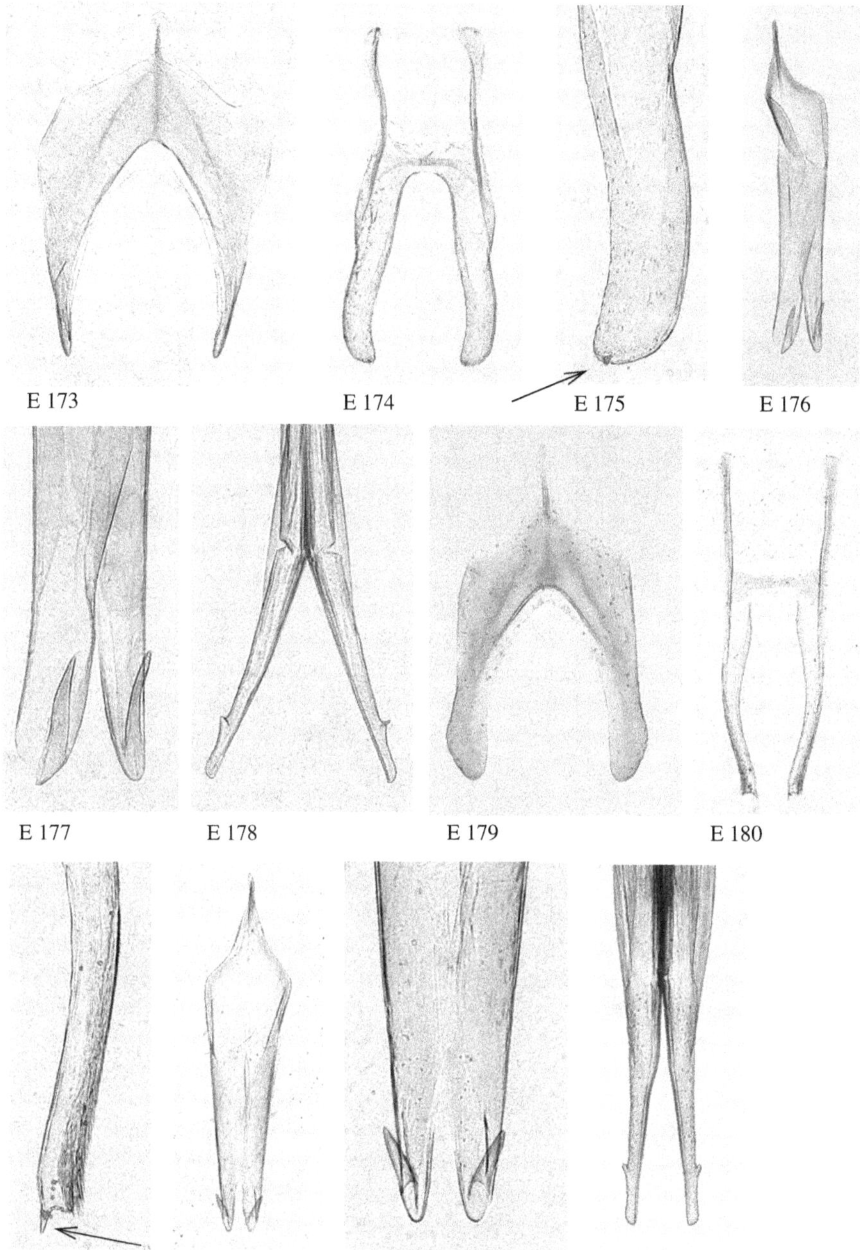

E 173 E 174 E 175 E 176

E 177 E 178 E 179 E 180

E 181 E 182 E 183 E 184

Abb. E 173: *Elodes longulus,* 8. Sternit; **Abb. E 174:** *Elodes longulus,* 8. Tergit; **Abb. E 175:** *Elodes longulus,* 8. Tergit, Spitze Distalfortsatz; **Abb. E 176:** *Elodes longulus,* Tegmen; **Abb. E 177:** *Elodes longulus,* Tegmen, Paramerenspitze; **Abb. E 178:** *Elodes longulus,* Penis, Parameroide; **Abb. E 179:** *Elodes luteata,* 8. Sternit; **Abb. E 180:** *Elodes luteata,* 8. Tergit; **Abb. E 181:** *Elodes luteata,* 8. Tergit, Spitze Distalfortsatz; **Abb. E 182:** *Elodes luteata,* Tegmen; **Abb. E 183:** *Elodes luteata,* Tegmen, Paramerenspitzen; **Abb. E 184:** *Elodes luteata,* Penis, Parameroide.

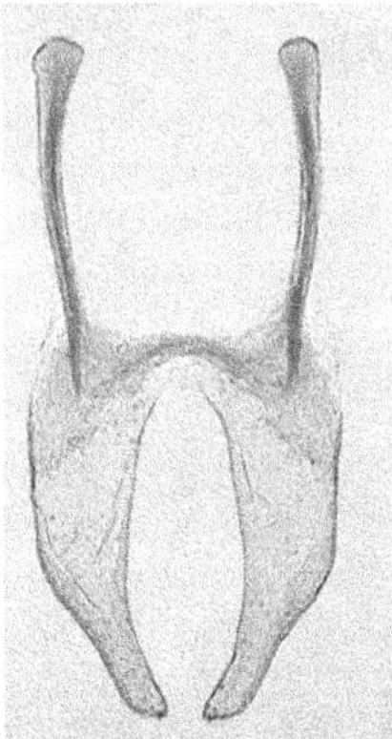
E 185
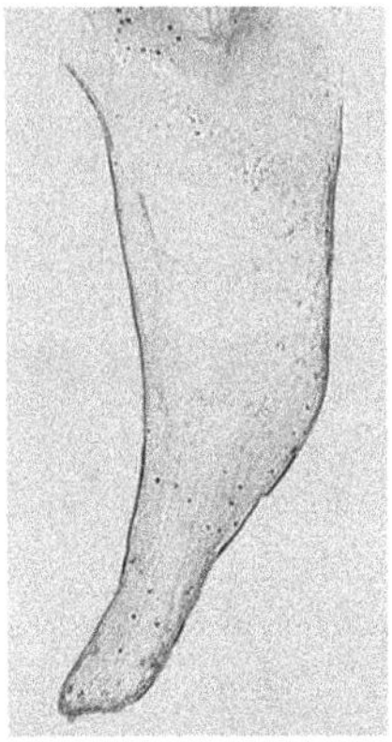
E 186
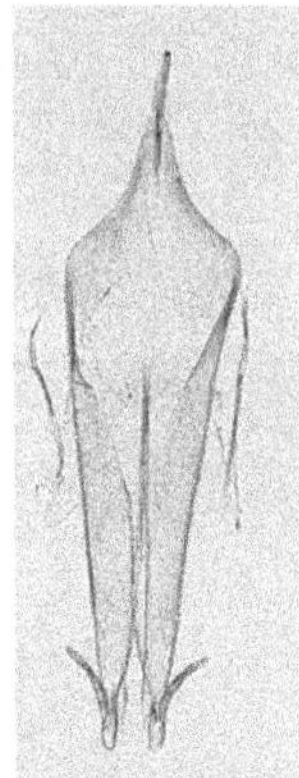
E 187
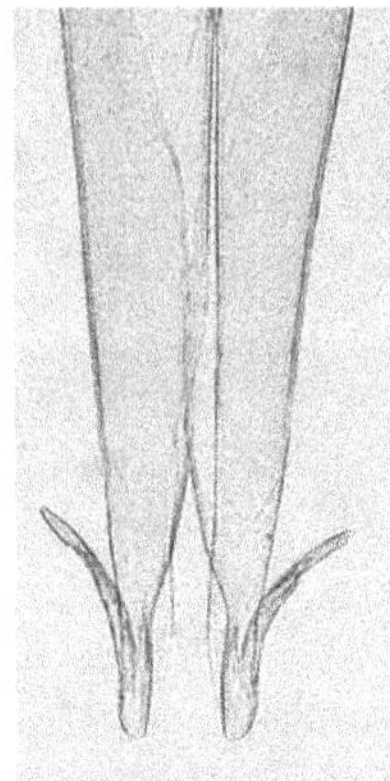
E 188
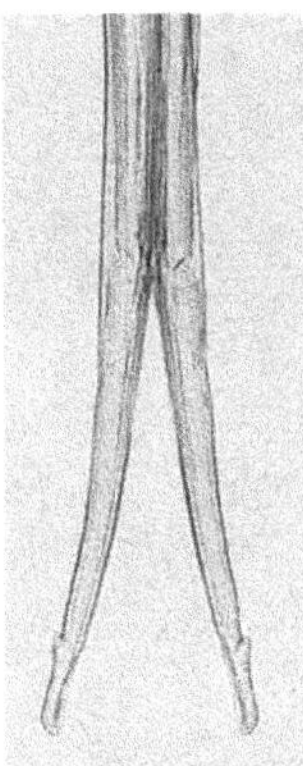
E 189
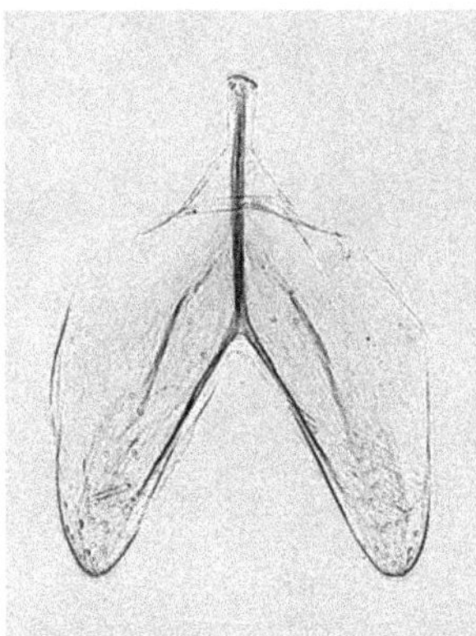
E 190
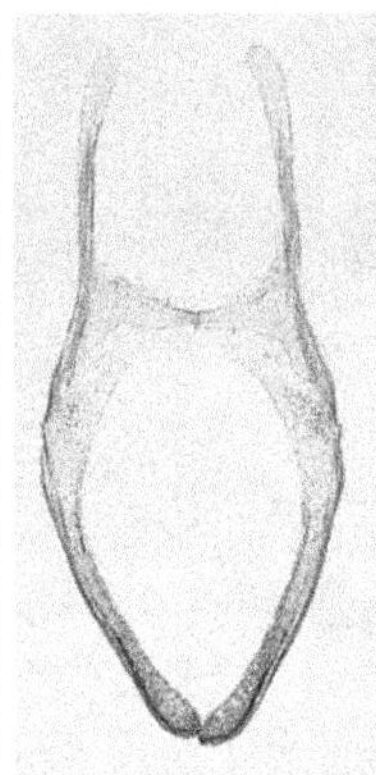
E 191
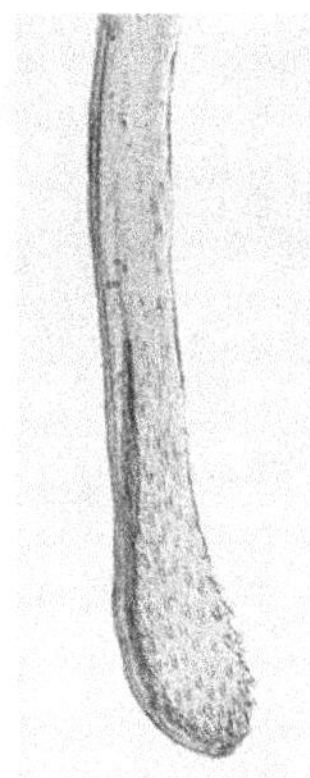
E 192
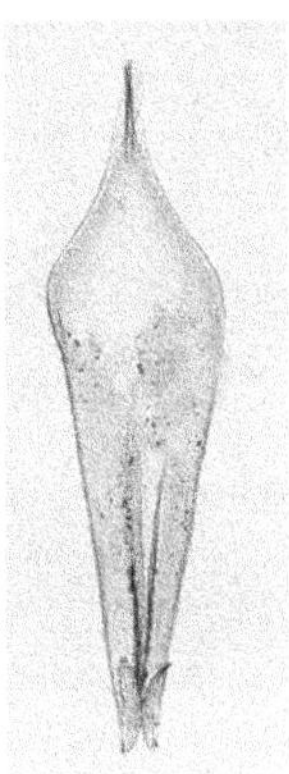
E 193
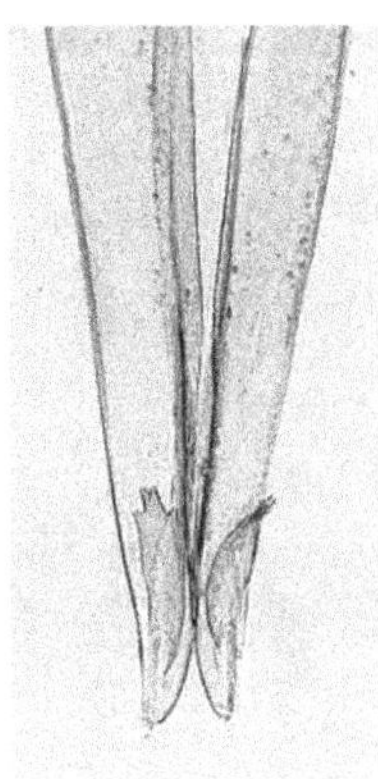
E 194
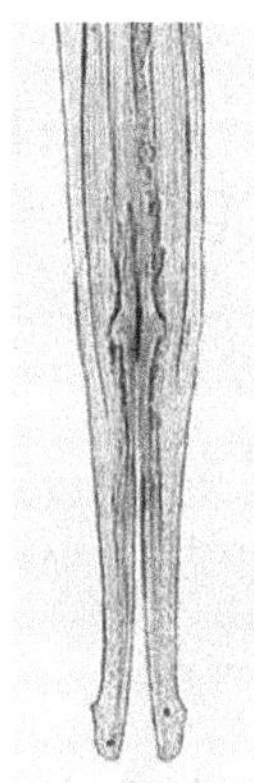
E 195
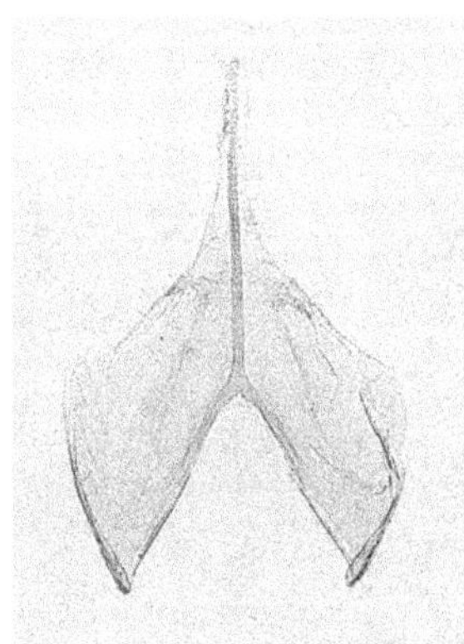
E 196

Abb. E 185: *Elodes amicula,* 8. Tergit; **Abb. E 186:** *Elodes amicula,* 8. Tergit, Distalfortsatz; **Abb. E 187:** *Elodes amicula,* Tegmen; **Abb. E 188:** *Elodes amicula,* Tegmen, Paramerenspitzen; **Abb. E 189:** *Elodes amicula,* Penis, Parameroide; **Abb. E 190:** *Elodes amicula,* 8. Sternit; **Abb. E 191:** *Elodes venetae,* 8. Tergit; **Abb. E 192:** *Elodes venetae,* 8. Tergit, Distalfortsatz; **Abb. E 193:** *Elodes venetae,* Tegmen; **Abb. E 194:** *Elodes venetae,* Tegmen, Paramerenspitzen; **Abb. E 195:** *Elodes venetae,* Penis, Parameroide; **Abb. E 196:** *Elodes venetae,* 8. Sternit.

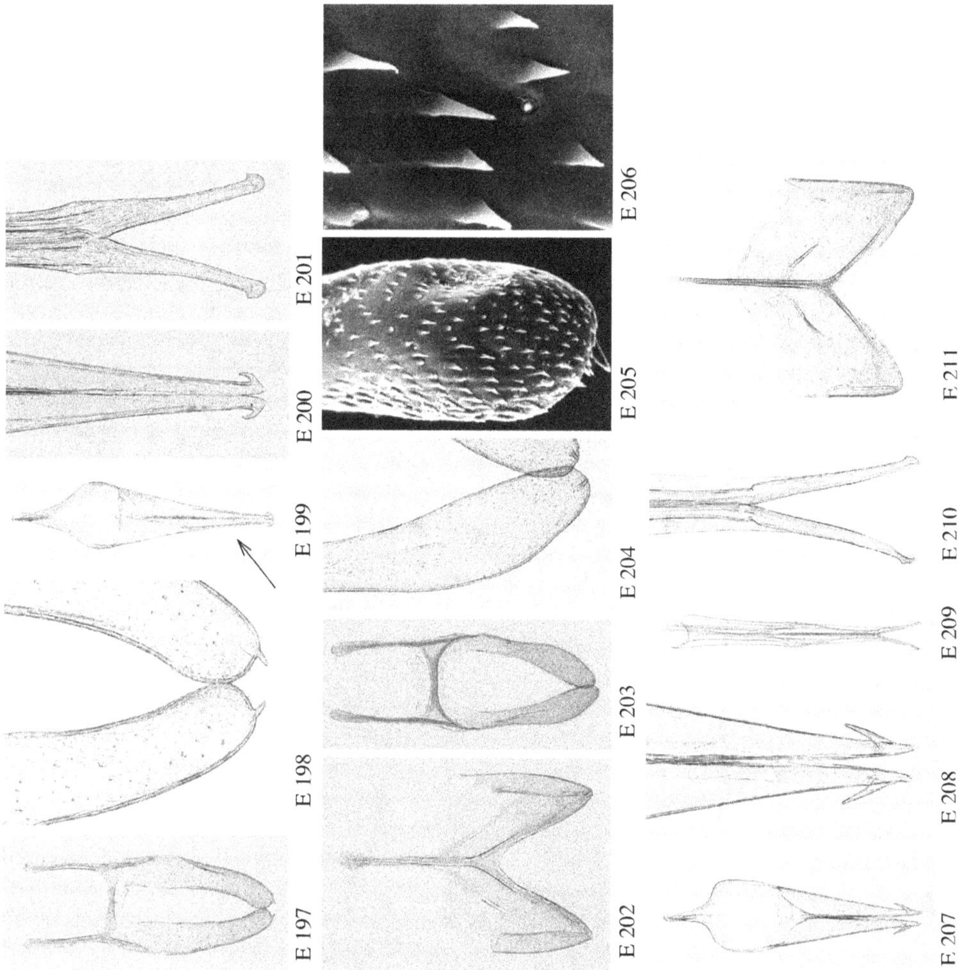

Abb. E 197: *Elodes australis,* 8. Tergit; **Abb. E 198:** *Elodes australis,* 8. Tergit, Spitzen Distalfortsätze; **Abb. E 199:** *Elodes australis,* Tegmen; **Abb. E 200:** *Elodes australis,* Tegmen, Paramerenspitzen; **Abb. E 201:** *Elodes australis,* Penis, Parameroide; **Abb. E 202:** *Elodes australis,* 8. Sternit; **Abb. E 203:** *Elodes sieberi,* 8. Tergit; **Abb. E 204:** *Elodes sieberi,* 8. Tergit, Spitzen Distalfortsätze; **Abb. E 205:** *Elodes sieberi,* 8. Tergit, Spitze Distalfortsatz, Detail; **Abb. E 206:** *Elodes sieberi,* 8. Tergit, Spitze Distalfortsatz, Detail; **Abb. E 207:** *Elodes sieberi,* Tegmen; **Abb. E 208:** *Elodes sieberi,* Tegmen, Paramerenspitzen; **Abb. E 209:** *Elodes sieberi,* Penis; **Abb. E 210:** *Elodes sieberi,* Penis, Parameroide; **Abb. E 211:** *Elodes sieberi,* 8. Sternit.

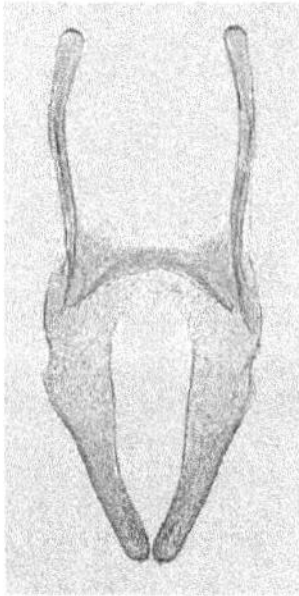
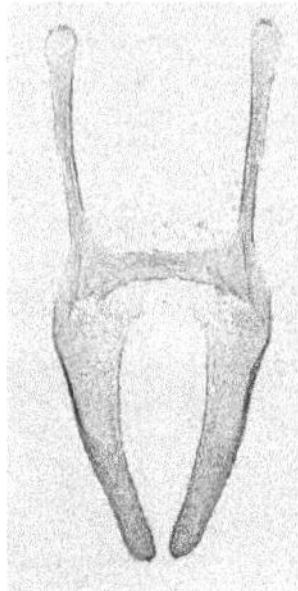
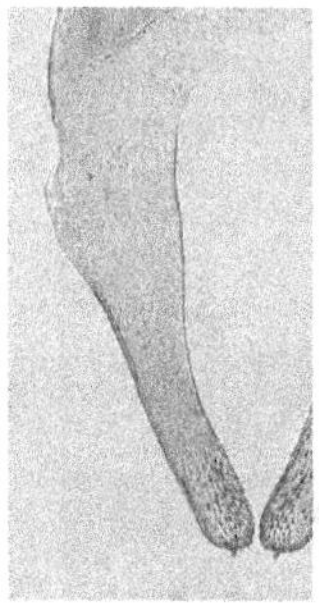
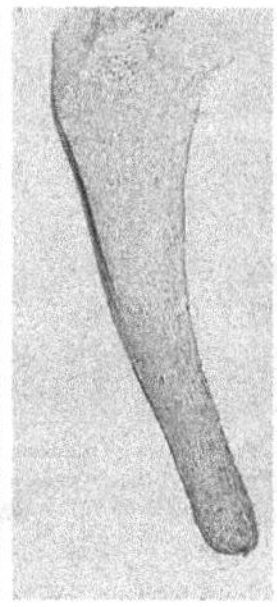
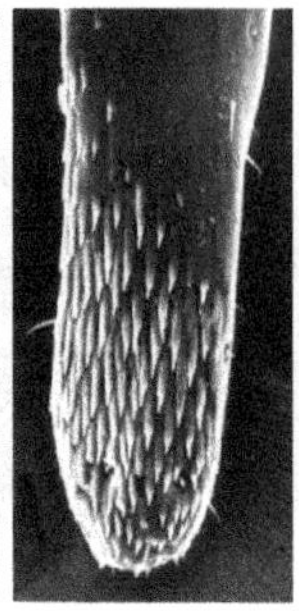
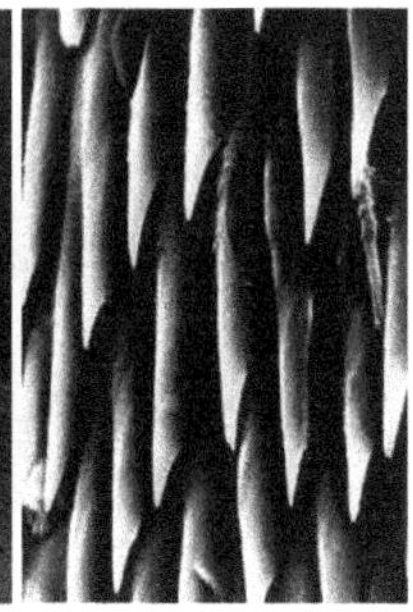

E 212 E 213 E 214 E 215 E 216 E 217

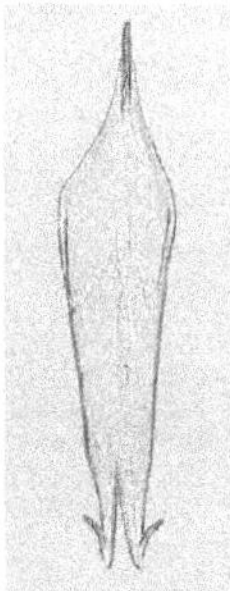
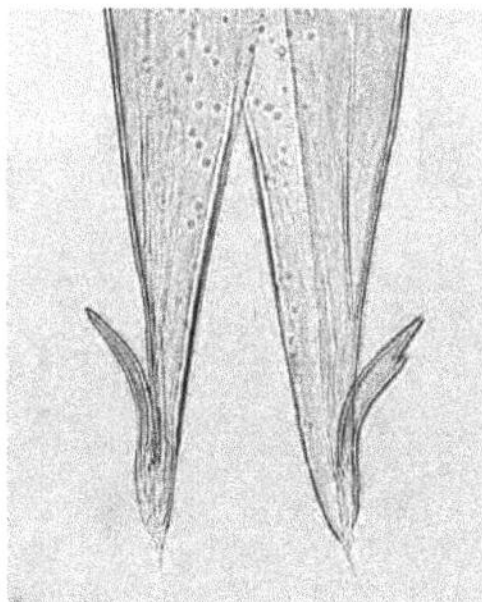
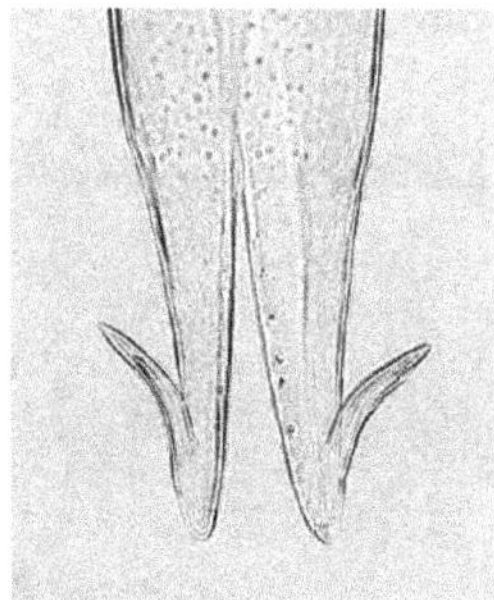

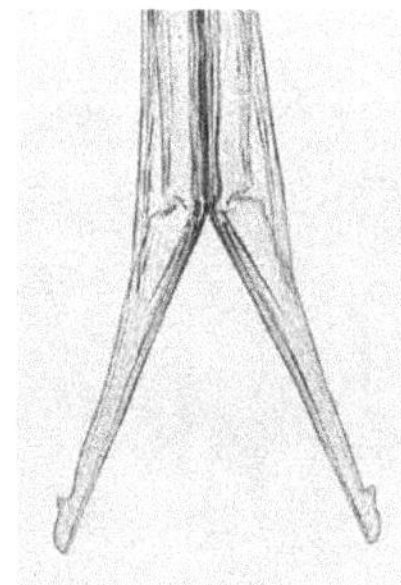

E 218 E 219 E 220 E 221 E 222

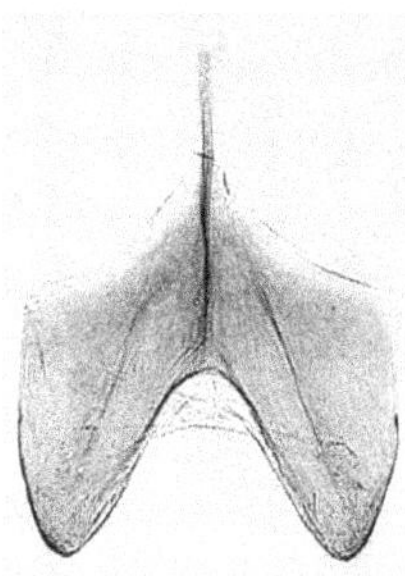
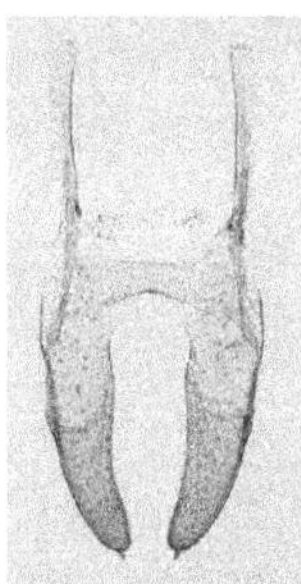
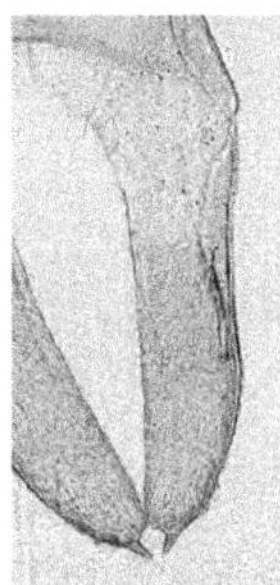
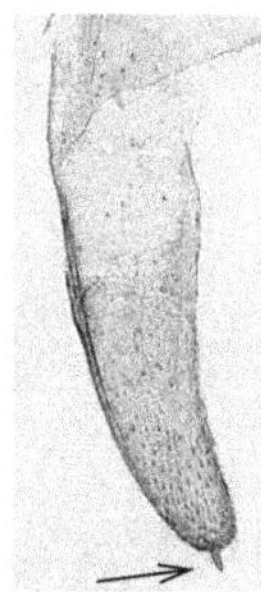

E 223 E 224 E 225 E 226

Abb. E 212: *Elodes minuta,* 8. Tergit; **Abb. E 213:** *Elodes minuta,* 8. Tergit; **Abb. E 214:** *Elodes minuta,* 8. Tergit, Distalfortsatz; **Abb. E 215:** *Elodes minuta,* 8. Tergit, Distalfortsätze; **Abb. E 216:** *Elodes minuta,* 8. Tergit, Spitze Distalfortsatz, Detail; **Abb. E 217:** *Elodes minuta,* 8. Tergit, Spitze Distalfortsatz, Detail; **Abb. E 218:** *Elodes minuta,* Tegmen; **Abb. E 219:** *Elodes minuta,* Tegmen, Paramerenspitzen; **Abb. E 220:** *Elodes minuta,* Tegmen, Paramerenspitzen; **Abb. E 221:** *Elodes minuta,* Penis; **Abb. E 222:** *Elodes minuta,* Penis, Parameroide; **Abb. E 223:** *Elodes minuta,* 8. Sternit; **Abb. E 224:** *Elodes pseudominuta,* 8. Tergit; **Abb. E 225:** *Elodes pseudominuta,* 8. Tergit, Distalfortsätze; **Abb. E 226:** *Elodes pseudominuta,* 8. Tergit, Distalfortsatz.

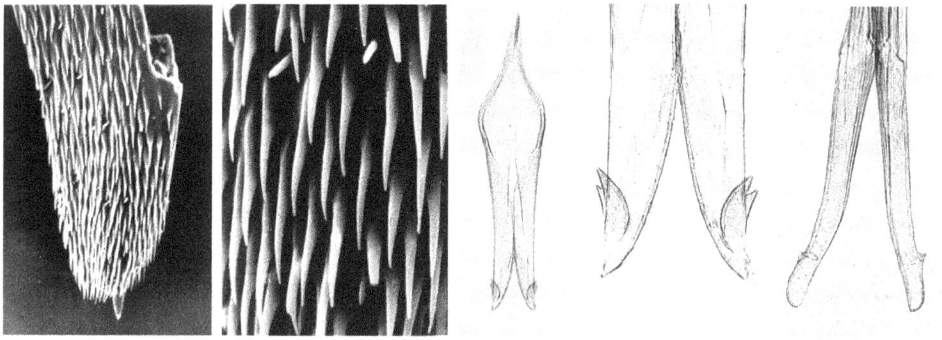

E 227 E 228 E 229 E 230 E 231

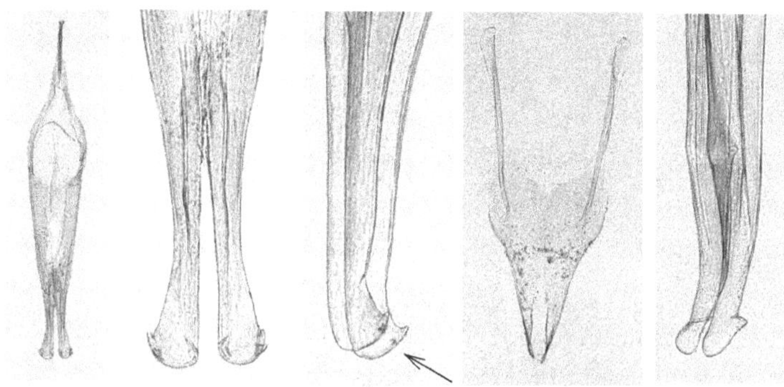

E 232 E 233 E 234 E 235 E 236

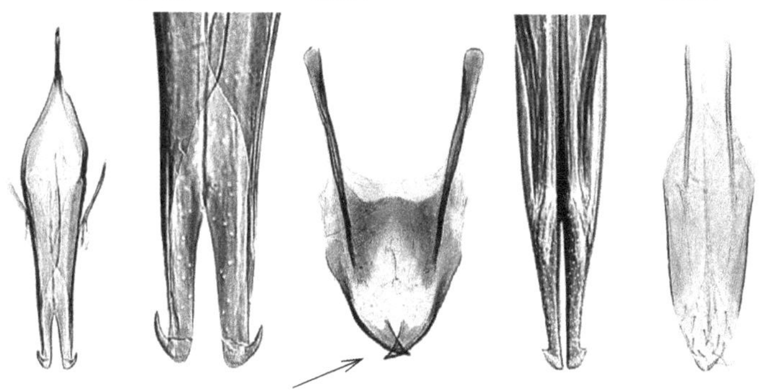

E 237 E 238 E 239 E 240 E 241

Abb. E 227: *Elodes pseudominuta,* 8. Tergit, Spitze Distalfortsatz, Detail; **Abb. E 228:** *Elodes pseudominuta,* 8. Tergit, Spitze Distalfortsatz, Detail; **Abb. E 229:** *Elodes pseudominuta,* Tegmen; **Abb. E 230:** *Elodes pseudominuta,* Tegmen, Paramerenspitzen; **Abb. E 231:** *Elodes pseudominuta,* Penis, Parameroide; **Abb. E 232:** *Elodes globulus,* Tegmen; **Abb. E 233:** *Elodes globulus,* Tegmen, Paramerenspitzen, dorsal; **Abb. E 234:** *Elodes globulus,* Tegmen, Paramerenspitzen, lateral; **Abb. E 235:** *Elodes globulus,* 8. Tergit; **Abb. E 236:** *Elodes globulus,* Penis, Parameroide; **Abb. E 237:** *Elodes microps,* Tegmen; **Abb. E 238:** *Elodes microps,* Tegmen, Paramerenspitzen; **Abb. E 239:** *Elodes microps,* 8. Tergit; **Abb. E 240:** *Elodes microps,* Penis, Parameroide; **Abb. E 241:** *Elodes microps,* 9. Sternit.

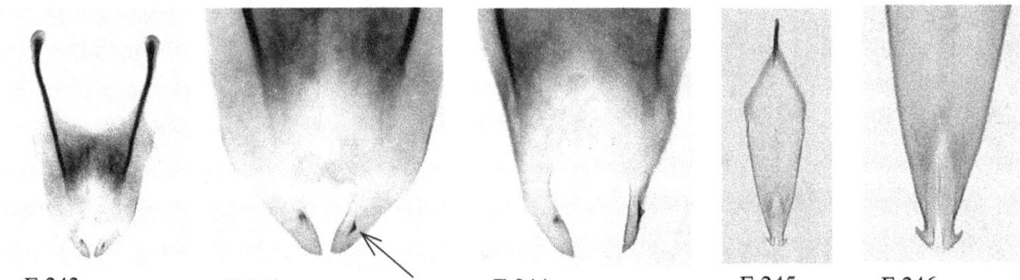

E 242 E 243 E 244 E 245 E 246

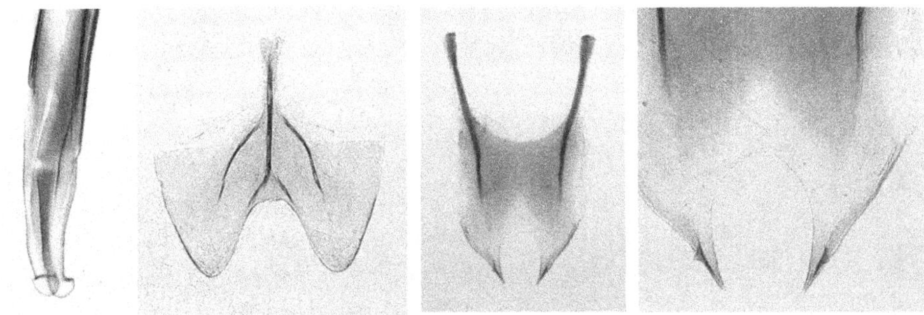

E 247 E 248 E 249 E 250

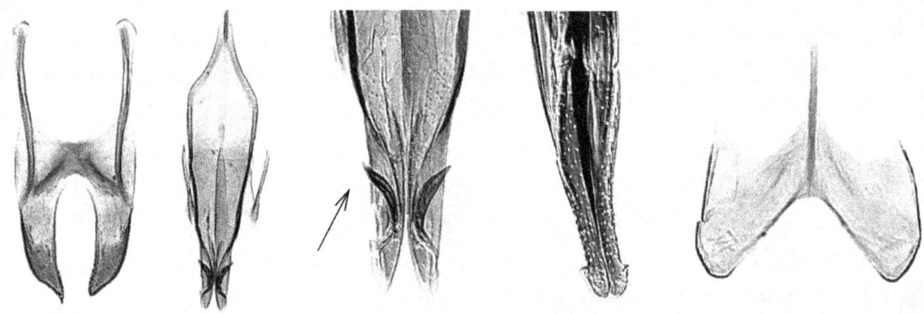

E 251 E 252 E 253 E 254 E 255

Abb. E 242: *Elodes flavoangularis,* 8. Tergit; **Abb. E 243:** *Elodes flavoangularis,* 8. Tergit, Spitze Distalfortsatz; **Abb. E 244:** *Elodes flavoangularis,* 8. Tergit, Spitze Distalfortsatz; **Abb. E 245:** *Elodes flavoangularis,* Tegmen; **Abb. E 246:** *Elodes flavoangularis,* Tegmen, Paramerenspitze; **Abb. E 247:** *Elodes flavoangularis,* Penis, Parameroide; **Abb. E 248:** *Elodes flavoangularis,* 8. Sternit; **Abb. E 249:** *Elodes flavoangularis,* 8. Tergit; **Abb. E 250:** *Elodes flavoangularis,* 8. Tergit, Spitze Distalfortsatz; **Abb. E 251:** *Elodes persimilis,* 8. Tergit; **Abb. E 252:** *Elodes persimilis,* Tegmen; **Abb. E 253:** *Elodes persimilis,* Tegmen, Paramerenspitzen; **Abb. E 254:** *Elodes persimilis,* Penis, Parameroide; **Abb. E 255:** *Elodes persimilis,* 8. Sternit.

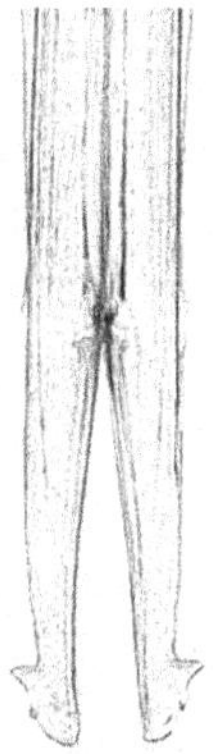

E 256

E 257

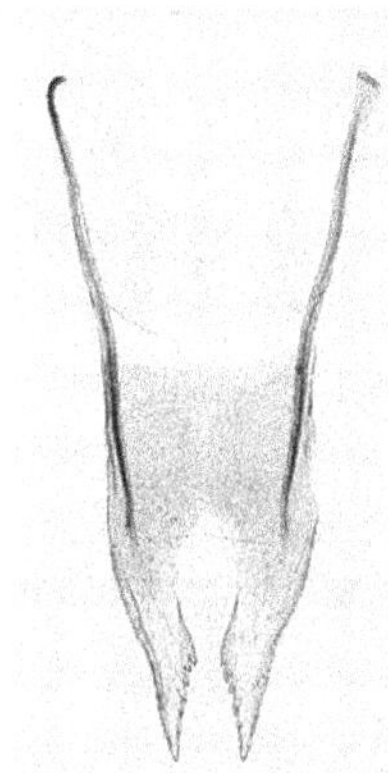

E 258

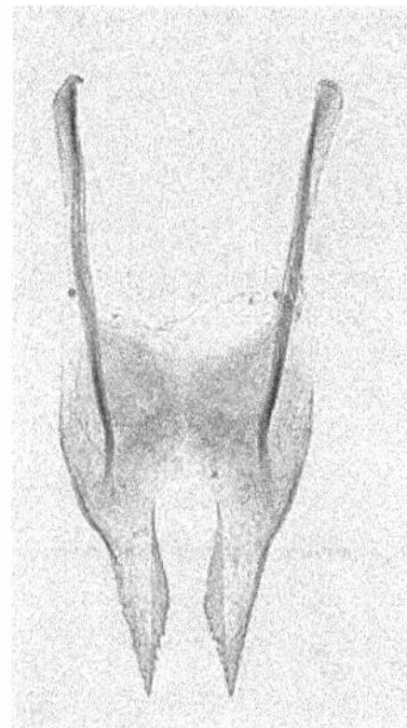

E 259

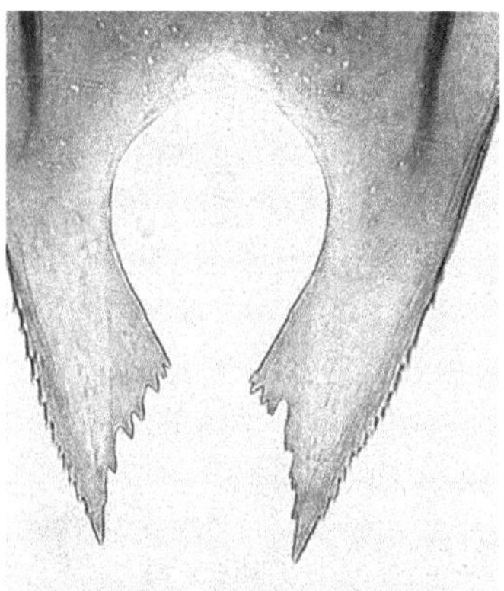

E 260

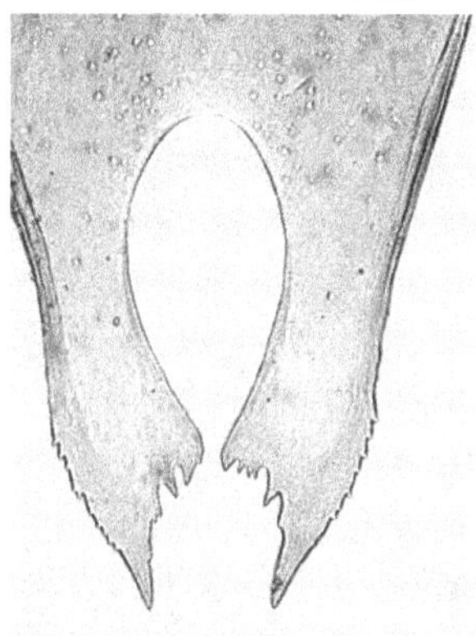

E 261

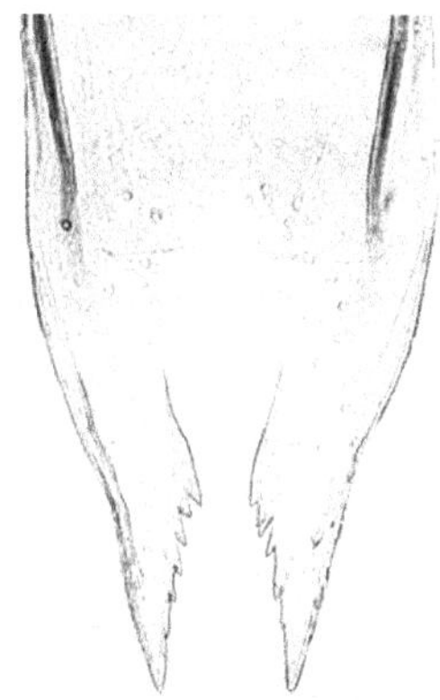

E 262

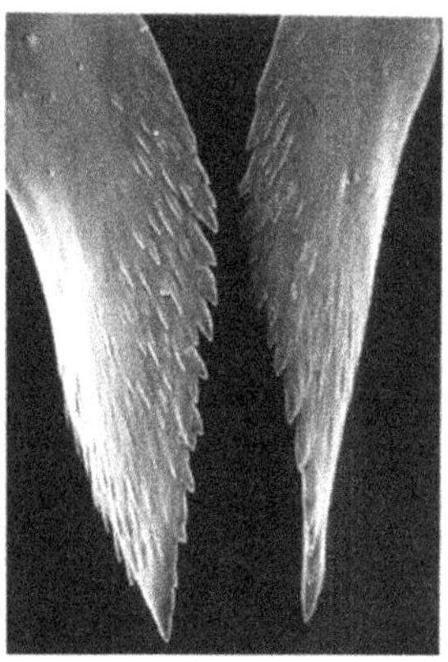

E 263

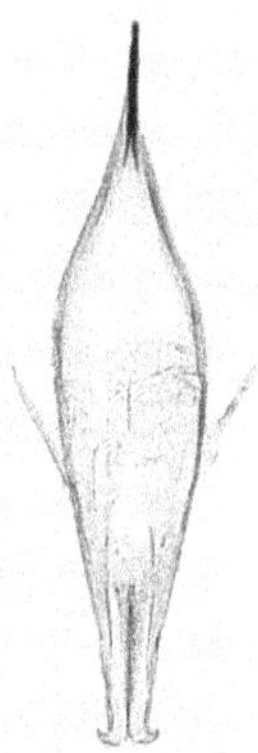

E 264

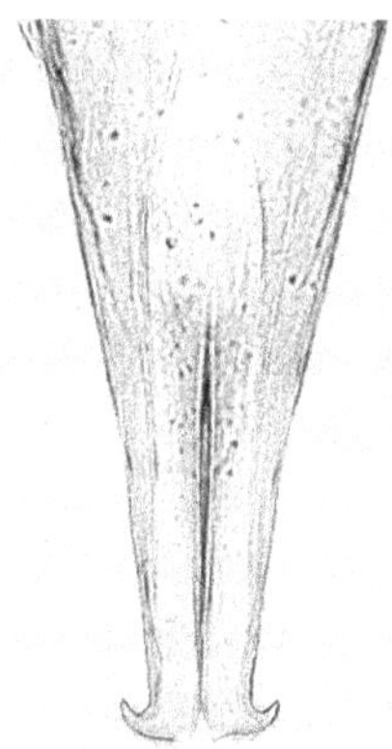

E 265

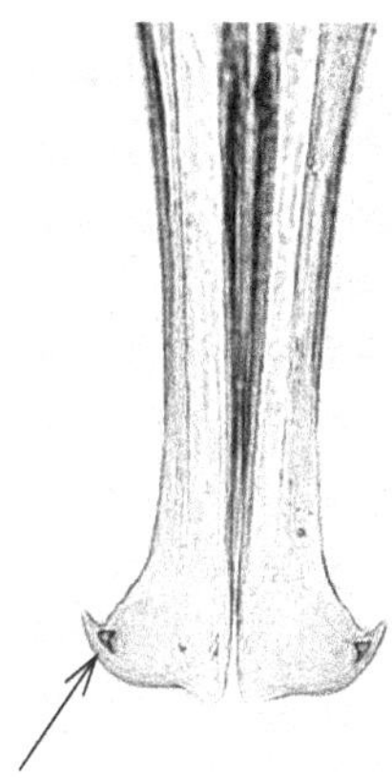

E 266

Abb. E 256: *Elodes denticulata,* Penis, Parameroide, dorsal; **Abb. E 257:** *Elodes denticulata,* Penis, Parameroide, lateral; **Abb. E 258:** *Elodes denticulata,* 8. Tergit; **Abb. E 259:** *Elodes denticulata,* 8. Tergit; **Abb. E 260:** *Elodes denticulata,* 8. Tergit, Spitzen Distalfortsätze; **Abb. E 261:** *Elodes denticulata,* 8. Tergit, Spitzen Distalfortsätze; **Abb. E 262:** *Elodes denticulata,* 8. Tergit, Spitzen Distalfortsätze; **Abb. E 263:** *Elodes denticulata,* 8. Tergit, Spitze Distalfortsatz, Detail; **Abb. E 264:** *Elodes denticulata,* Tegmen; **Abb. E 265:** *Elodes denticulata,* Tegmen, Paramerenspitzen; **Abb. E 266:** *Elodes denticulata,* Tegmen, Paramerenspitzen.

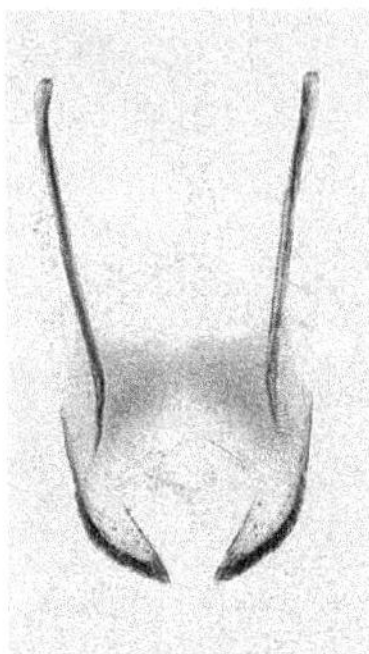
E 267
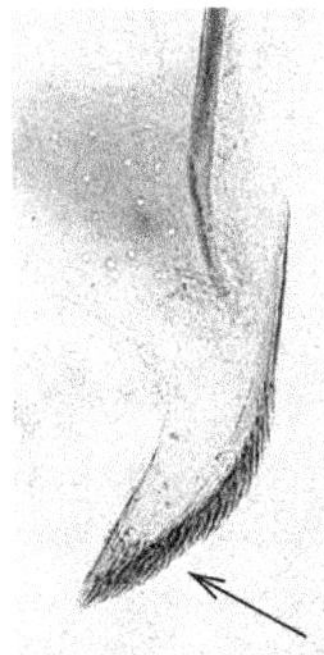
E 268
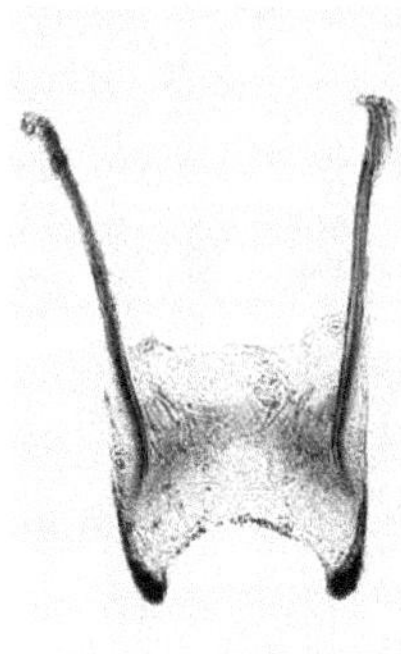
E 269
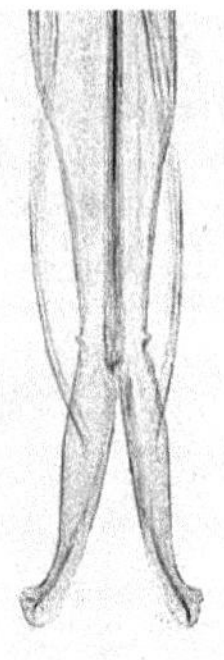
E 270
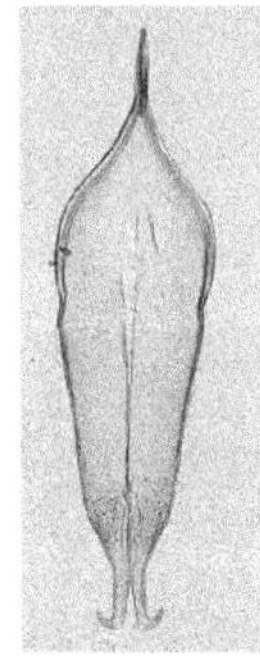
E 271
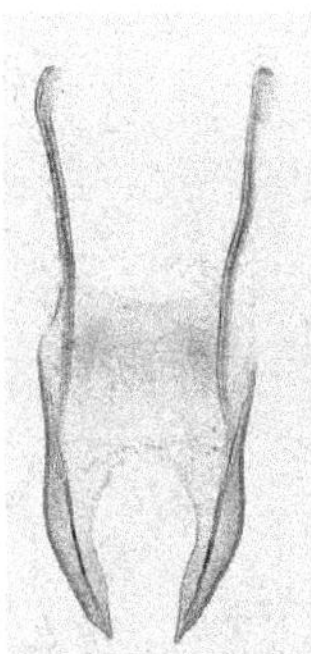
E 272
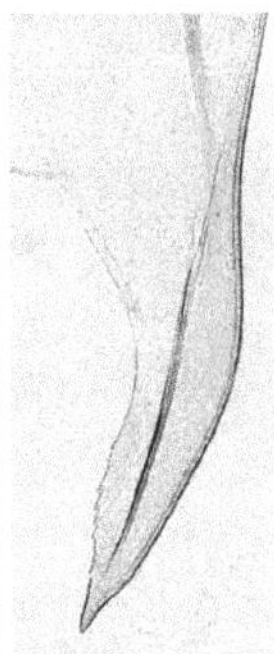
E 273
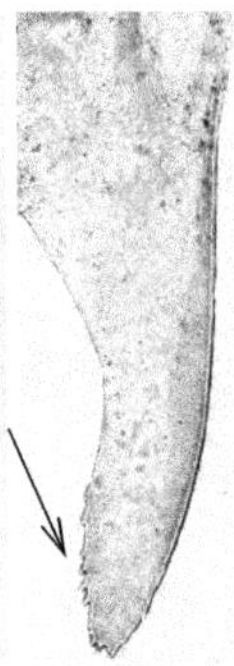
E 274
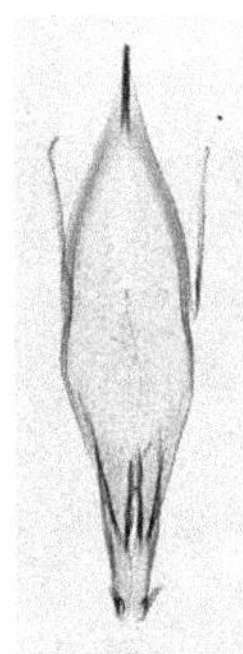
E 275
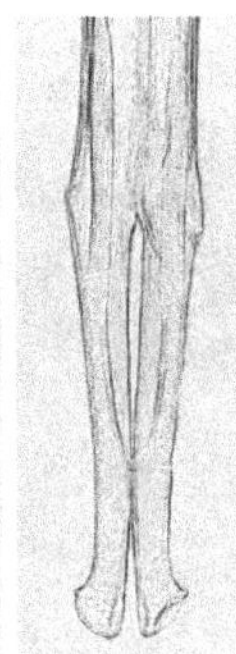
E 276
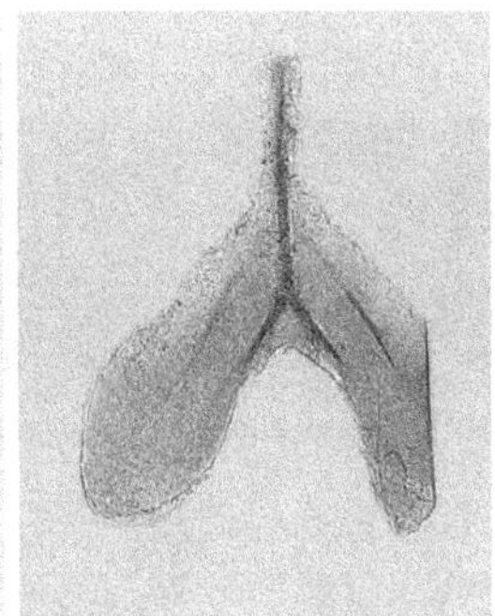
E 277
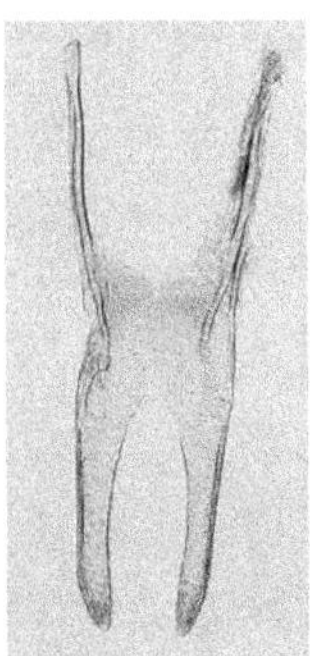
E 278
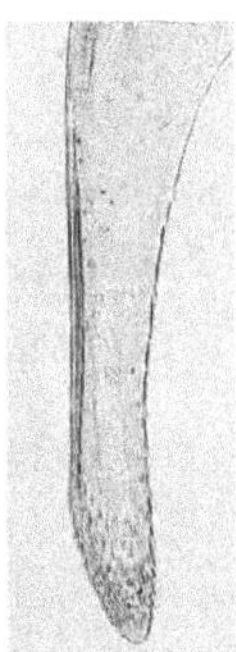
E 279
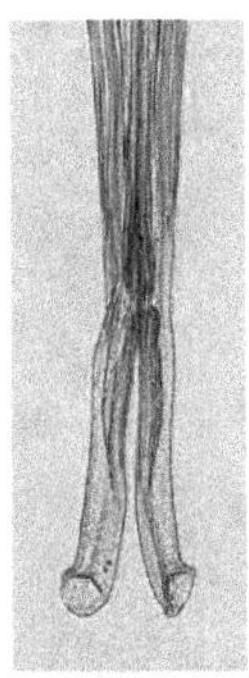
E 280
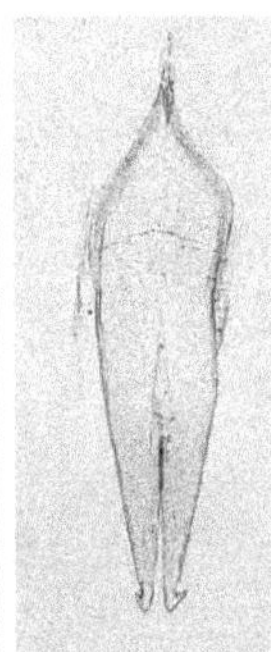
E 281
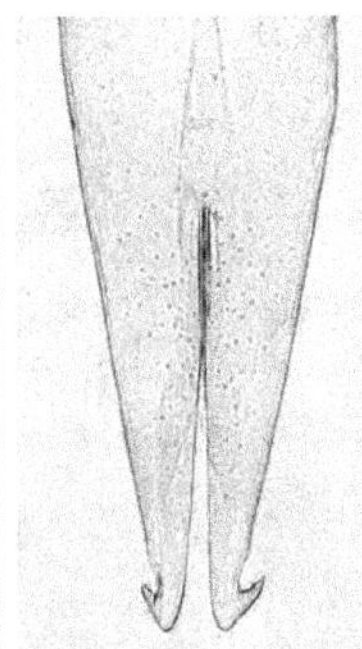
E 282

Abb. E 267: *Elodes corsica,* 8. Tergit; **Abb. E 268:** *Elodes corsica,* 8. Tergit, Distalfortsatz; **Abb. E 269:** *Elodes corsica,* 8. Tergit (aberrantes Exemplar); **Abb. E 270:** *Elodes corsica,* Penis, Parameroide; **Abb. E 271:** *Elodes corsica,* Tegmen; **Abb. E 272:** *Elodes dubia,* 8. Tergit; **Abb. E 273:** *Elodes dubia,* 8. Tergit, Spitze Distalfortsatz; **Abb. E 274:** *Elodes dubia,* 8. Tergit, Spitze Distalfortsatz; **Abb. E 275:** *Elodes dubia,* Tegmen; **Abb. E 276:** *Elodes dubia,* Penis, Parameroide; **Abb. E 277:** *Elodes dubia,* 8. Sternit; **Abb. E 278:** *Elodes algirina,* 8. Tergit; **Abb. E 279:** *Elodes algirina,* 8. Tergit, Distalfortsatz; **Abb. E 280:** *Elodes algirina,* Penis, Parameroid; **Abb. E 281:** *Elodes algirina,* Tegmen; **Abb. E 282:** *Elodes algirina,* Tegmen, Paramerenspitze.

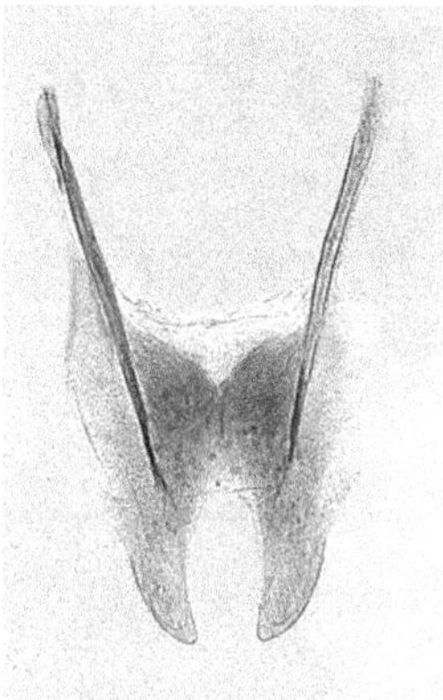

E 283

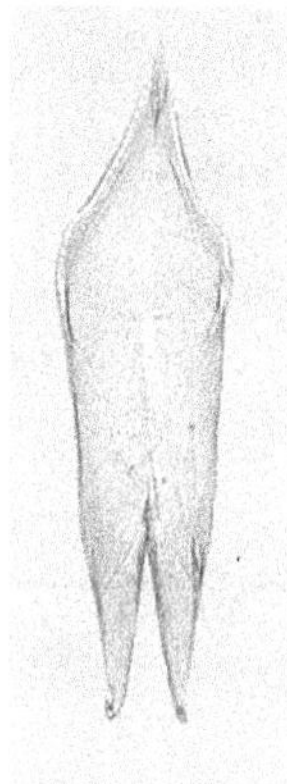

E 284

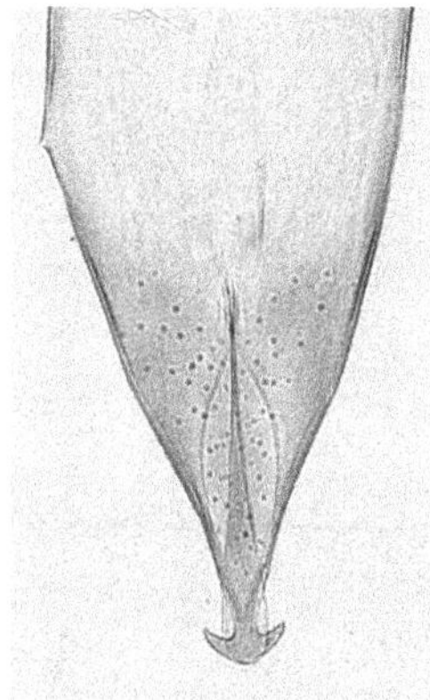

E 285

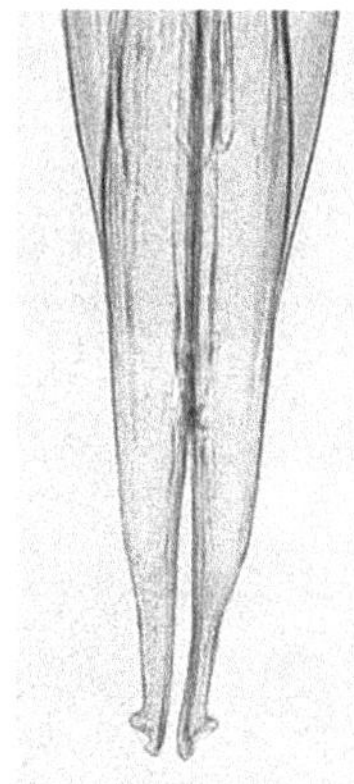

E 286

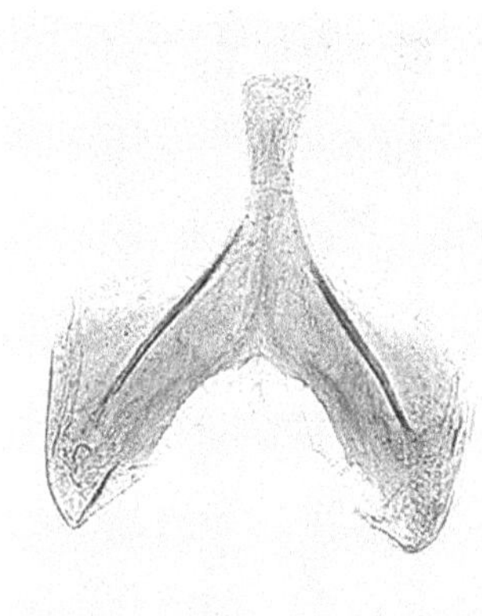

E 287

E 288

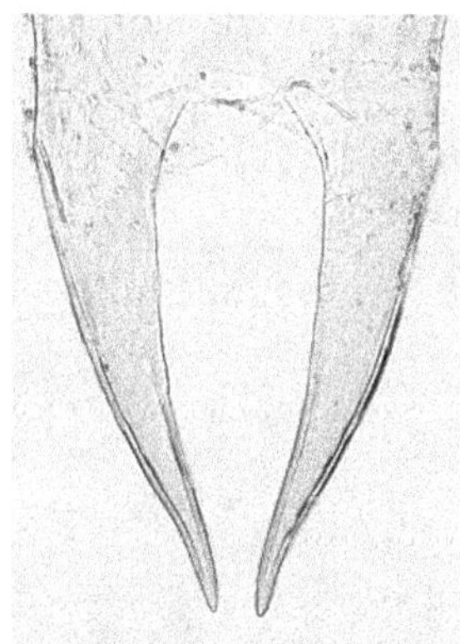

E 289

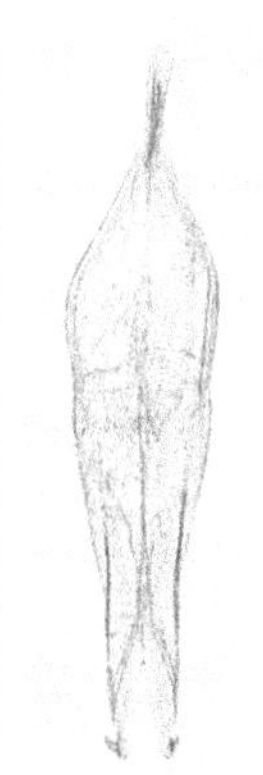

E 290

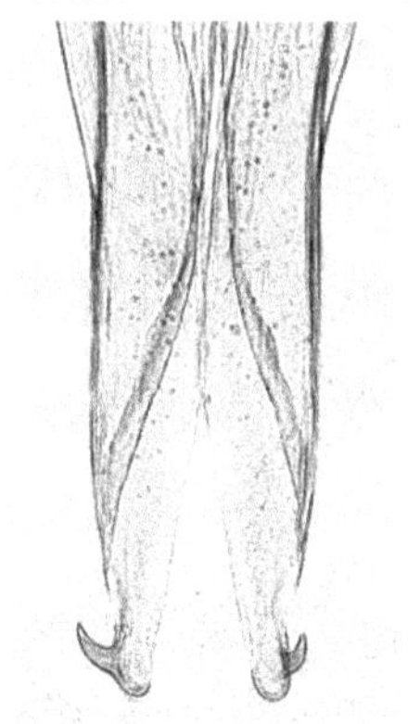

E 291

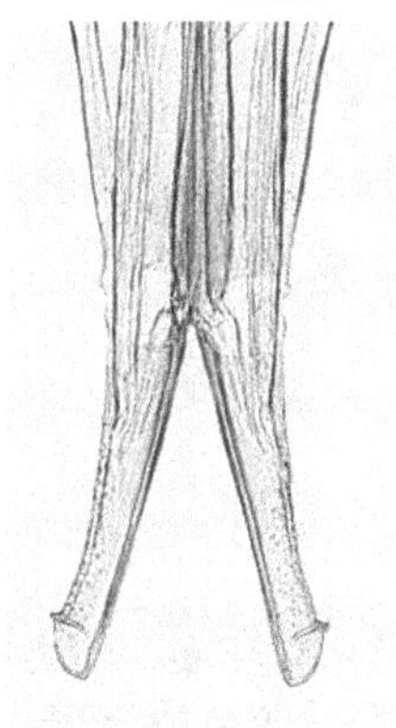

E 292

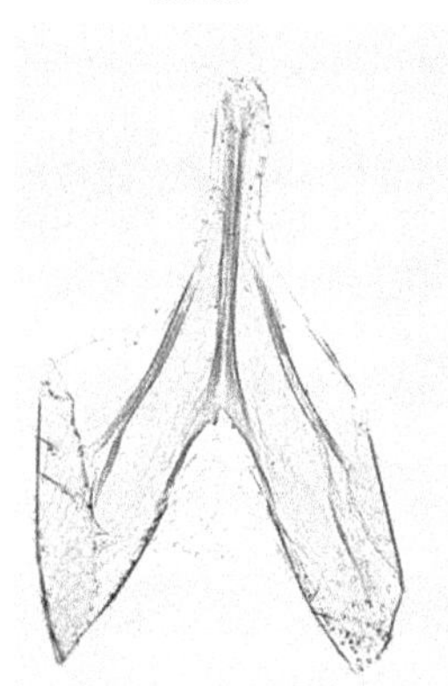

E 293

Abb. E 283: *Elodes chobauti,* 8. Tergit; **Abb. E 284:** *Elodes chobauti,* Tegmen; **Abb. E 285:** *Elodes chobauti,* Tegmen, Paramerenspitzen; **Abb. E 286:** *Elodes chobauti,* Penis, Parameroide; **Abb. E 287:** *Elodes chobauti,* 8. Sternit; **Abb. E 288:** *Elodes secundocretica,* 8. Tergit; **Abb. E 289:** *Elodes secundocretica,* 8. Tergit, Spitzen Distalfortsätze; **Abb. E 290:** *Elodes secundocretica,* Tegmen; **Abb. E 291:** *Elodes secundocretica,* Tegmen, Paramerenspitzen; **Abb. E 292:** *Elodes secundocretica,* Penis, Parameroide; **Abb. E 293:** *Elodes secundocretica,* 8. Sternit.

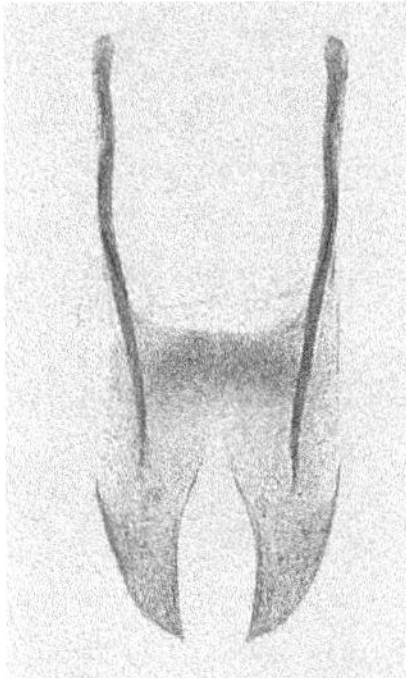
E 294

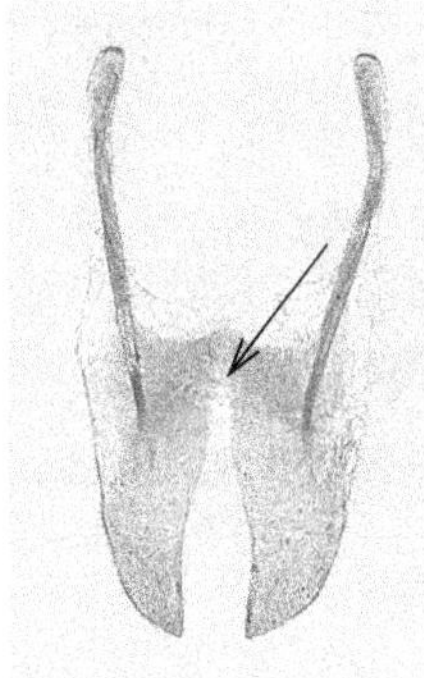
E 295

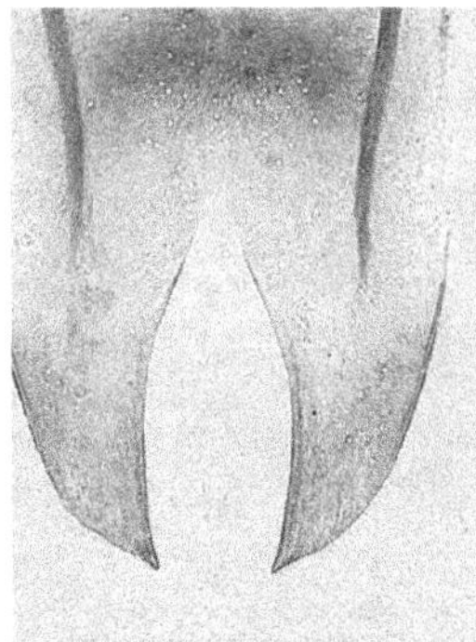
E 296

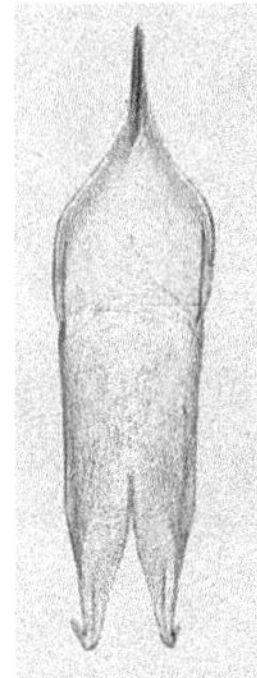
E 297

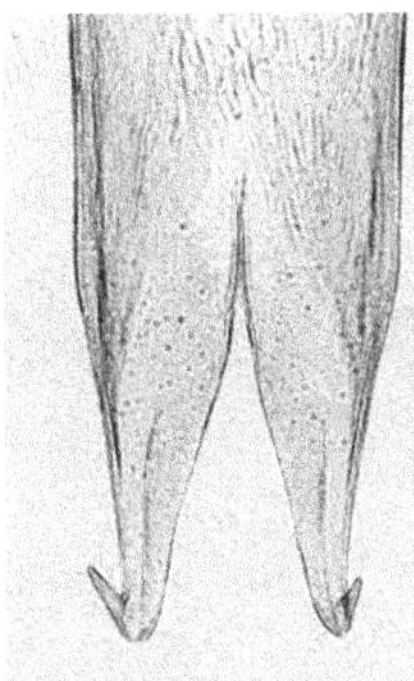
E 298

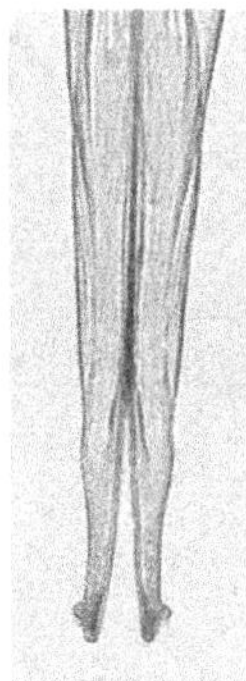
E 299

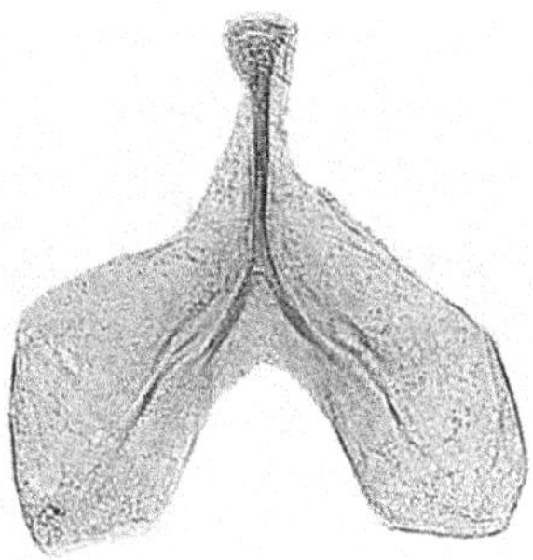
E 300

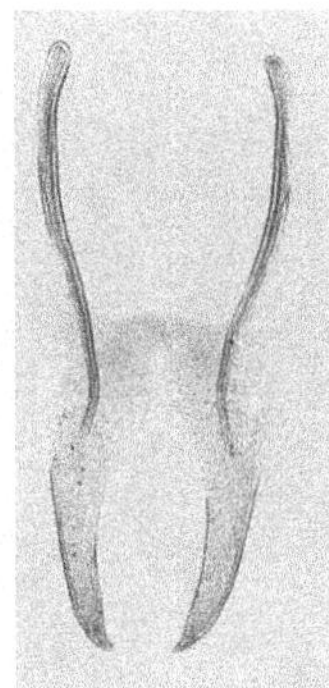
E 301

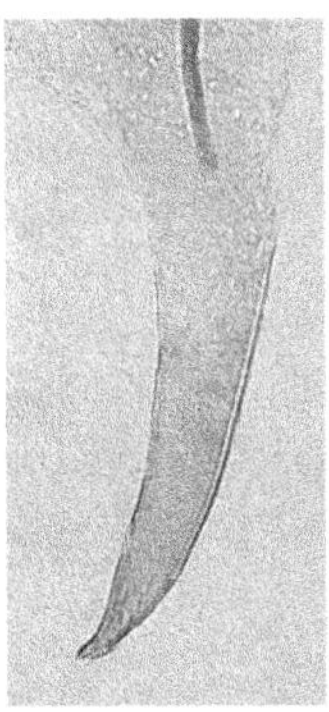
E 302

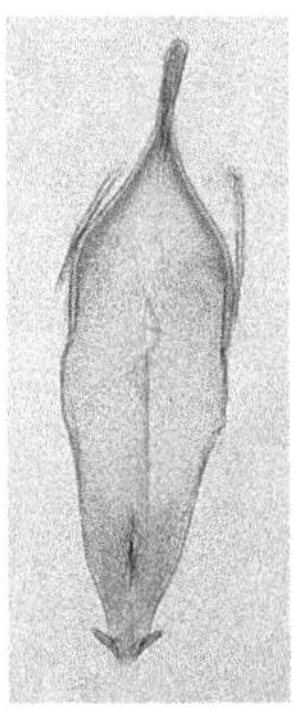
E 303

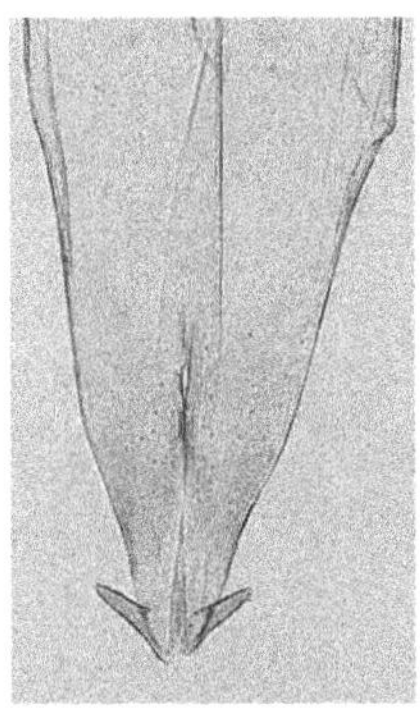
E 304

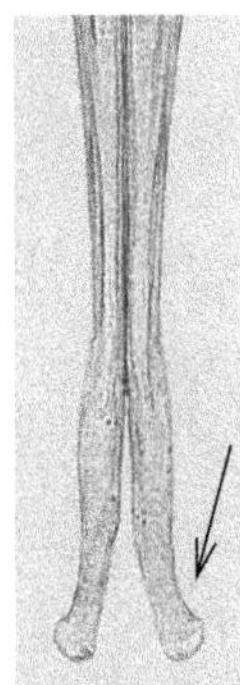
E 305

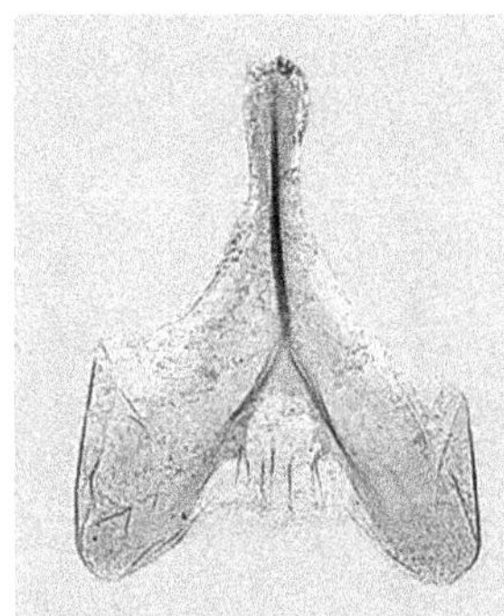
E 306

Abb. E 294: *Elodes tournieri,* 8. Tergit; **Abb. E 295:** *Elodes tournieri,* 8. Tergit; **Abb. E 296:** *Elodes tournieri,* 8. Tergit, Spitzen Distalfortsätze; **Abb. E 297:** *Elodes tournieri,* Tegmen; **Abb. E 298:** *Elodes tournieri,* Tegmen, Paramerenspitzen; **Abb. E 299:** *Elodes tournieri,* Penis, Parameroide; **Abb. E 300:** *Elodes tournieri,* 8. Sternit; **Abb. E 301:** *Elodes genei,* 8. Tergit; **Abb. E 302:** *Elodes genei,* 8. Tergit, Distalfortsatz; **Abb. E 303:** *Elodes genei,* Tegmen; **Abb. E 304:** *Elodes genei,* Tegmen, Paramerenspitzen; **Abb. E 305:** *Elodes genei,* Penis, Parameroide; **Abb. E 306:** *Elodes genei,* 8. Sternit.

E 307

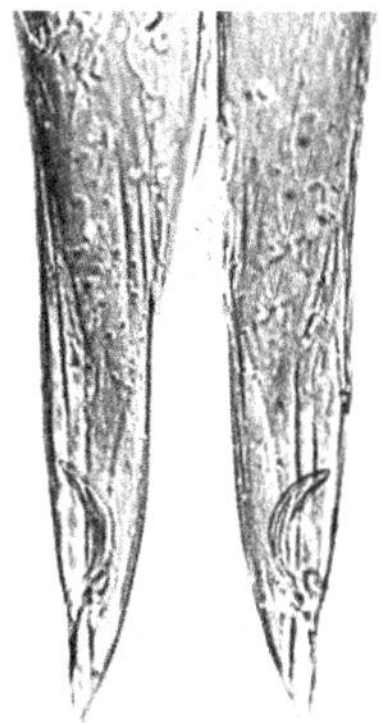
E 308

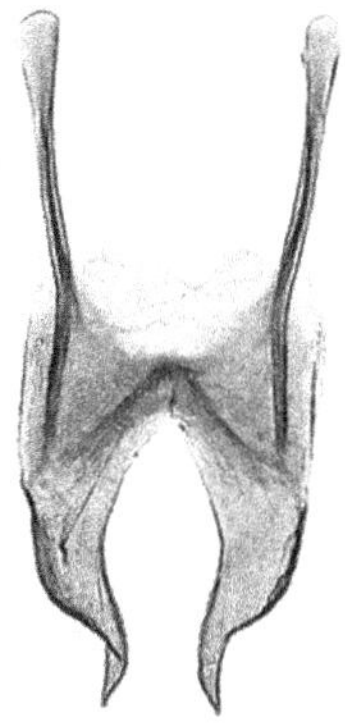
E 309

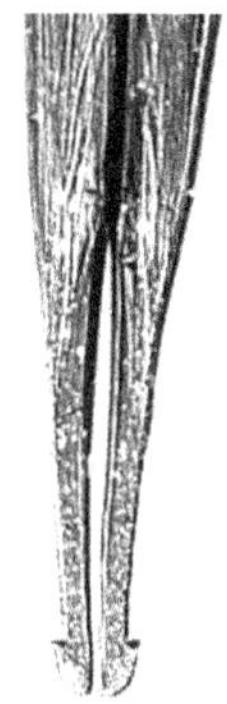
E 310

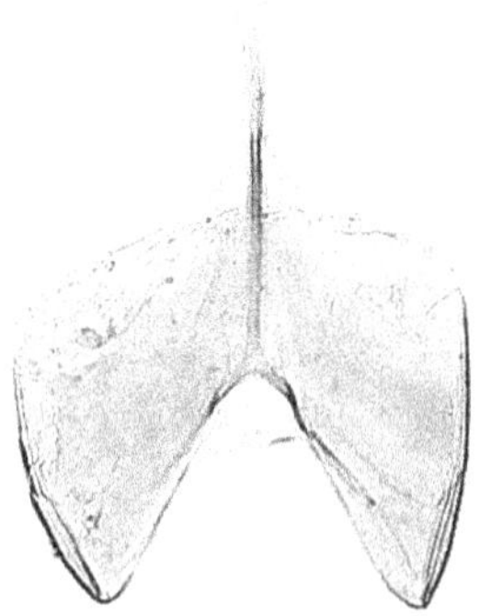
E 311

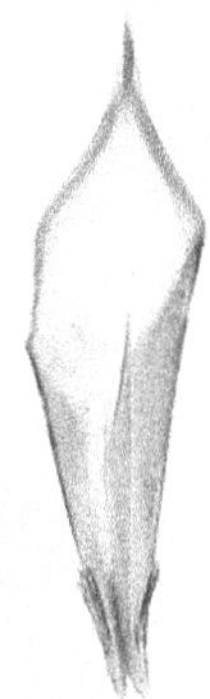
E 312

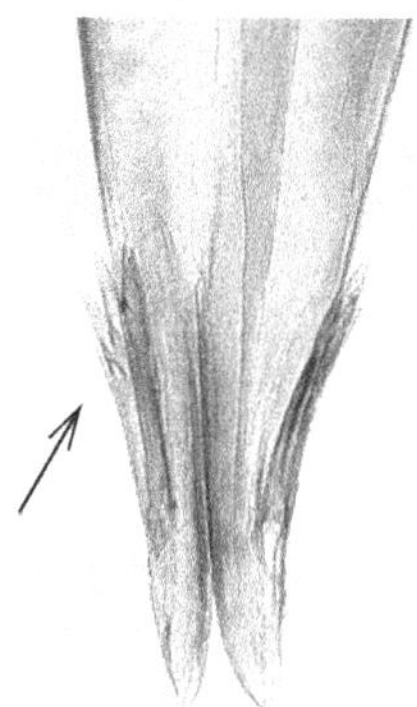
E 313

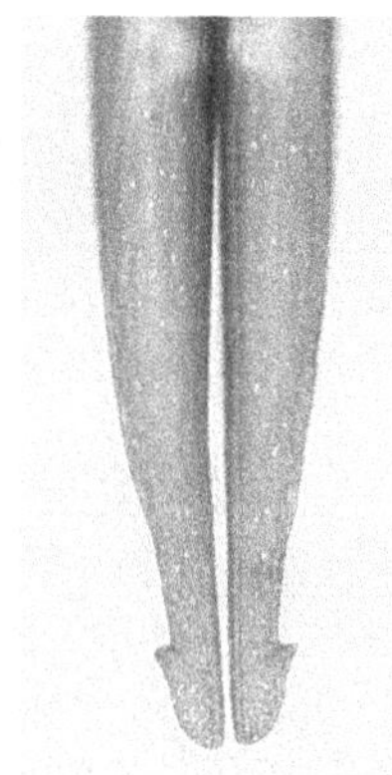
E 314

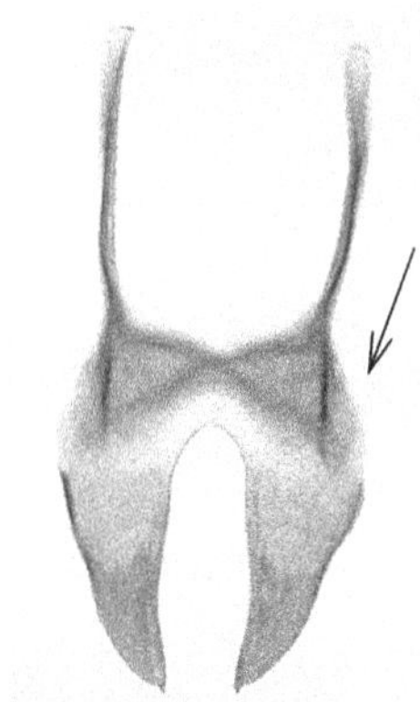
E 315

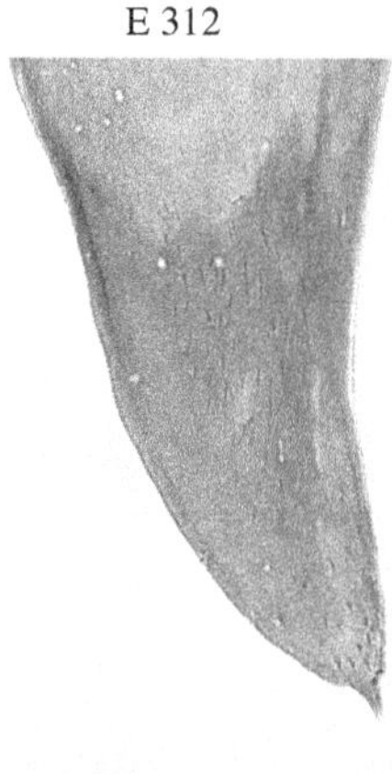
E 316

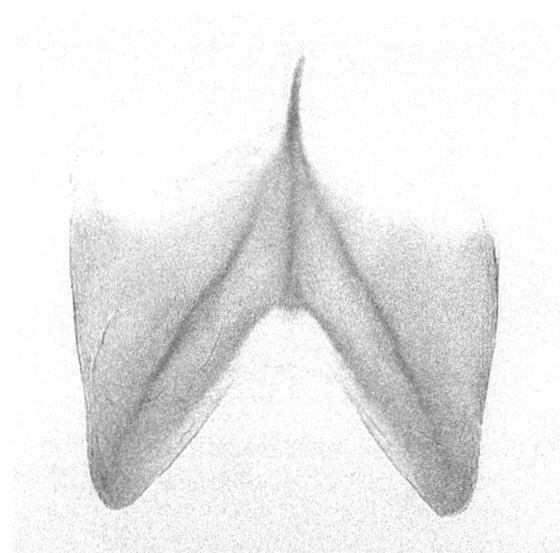
E 317

Abb. E 307: *Elodes megalopus,* Tegmen; **Abb. E 308:** *Elodes megalopus,* Tegmen, Paramerenspitzen; **Abb. E 309:** *Elodes megalopus,* 8. Tergit; **Abb. E 310:** *Elodes megalopus,* Penis, Parameroide; **Abb. E 311:** *Elodes megalopus,* 8. Sternit; **Abb. E 312:** *Elodes scutellaris,* Tegmen; **Abb. E 313:** *Elodes scutellaris,* Tegmen, Paramerenspitzen; **Abb. E 314:** *Elodes scutellaris,* Penis, Parameroide; **Abb. E 315:** *Elodes scutellaris,* 8. Tergit; **Abb. E 316:** *Elodes scutellaris,* 8. Tergit, Spitze Distalfortsatz; **Abb. E 317:** *Elodes scutellaris,* 8. Sternit.

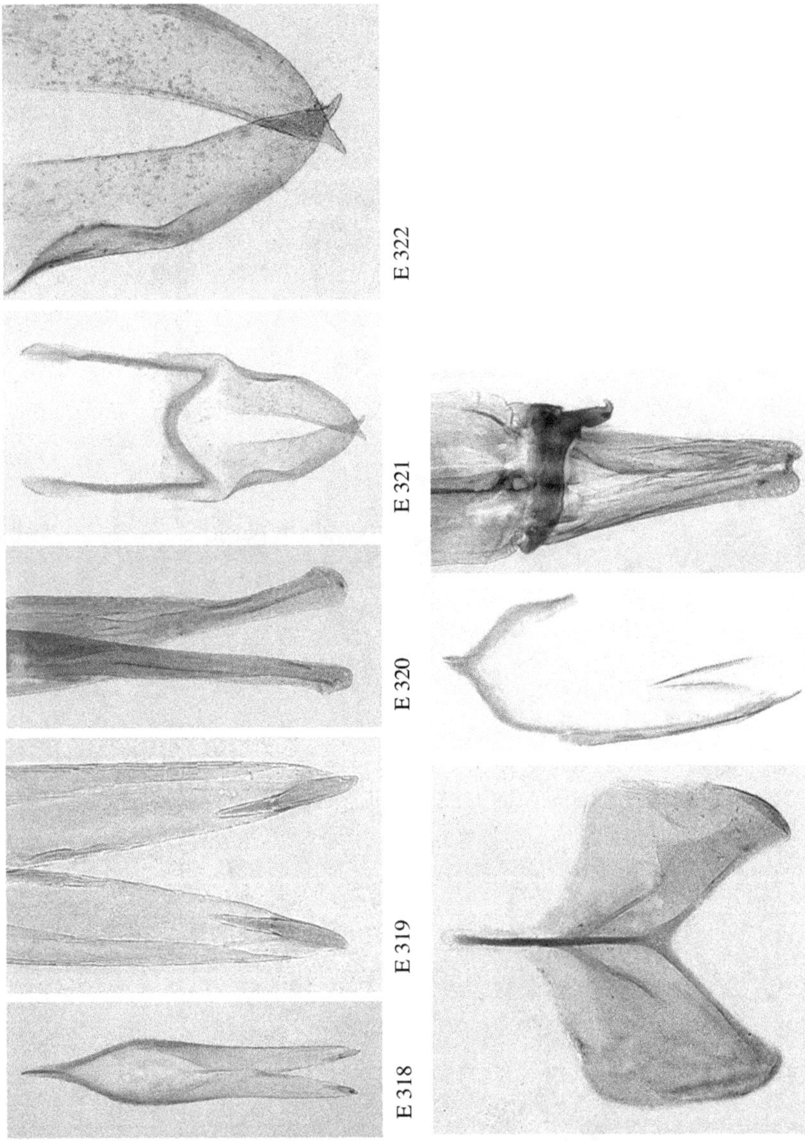

Abb. E 318: *Elodes pseudoscutellaris,* Tegmen: **Abb. E 319:** *Elodes pseudoscutellaris,* Tegmen, Paramerenspitzen; **Abb. E 320:** *Elodes pseudoscutellaris,* Penis, Parameroid; **Abb. E 321:** *Elodes pseudoscutellaris,* 8. Tergit; **Abb. E 322:** *Elodes pseudoscutellaris,* 8. Tergit, Spitzen Distalfortsätze; **Abb. E 323:** *Elodes pseudoscutellaris,* 8. Sternit; **Abb. E 324:** *Elodes novaki,* Tegmen, nach RUTA (2009); **Abb. E 325:** *Elodes novaki,* Penis, Parameroide, nach RUTA (2009).

6. *Odeles* Klausnitzer, 2004

Typusart: *Cistela marginata* Fabricius, 1798

Zitat der Originalbeschreibung: Entomologische Abhandlungen, Staatliches Museum für Tierkunde Dresden 62: 80.

6.1. Beschreibung

Körper ± breit oval. Die Färbung der Körperoberfläche ist zur Charakterisierung der verschiedenen Arten recht gut brauchbar (Abb. F 3, 22-43).

Körperlänge 2,8-5,2 mm.

Kopf meist dunkelbraun bis schwarzbraun, oft nach vorn etwas heller werdend.

Antennen die Mitte des Körpers knapp überragend, dunkelbraun bis schwarzbraun, das 1.-3. Antennenglied sind meist gelbbraun, mitunter auch das 4. (wenigstens an der Basis) oder die gesamte Antenne ist einfarbig gelbbraun. Der Scapus ist bei manchen Arten etwas dunkler als das 2. und 3. Antennenglied. 3. Antennenglied deutlich kleiner als das 2. (Abb. O 1-10). Bei den Männchen ist diese Differenz etwas stärker ausgeprägt als bei den Weibchen (Abb. O 1, 2) (Tabelle 35). Der Quotient aus der maximalen Länge des 2. zum 3. Antennenglied liegt bei den Männchen durchschnittlich zwischen 1,8 und 2,2; bei den Weibchen bei 1,4-1,6. Scapus breiter als die übrigen Antennenglieder, 4.-10. Antennenglied ± zylindrisch, aber Spitze etwas breiter, 11. zylindrisch, hinten zugespitzt.

Labrum transvers, zwei- bis dreimal so breit wie lang. Breite ♂ 0,37 mm; ♀ 0,38 mm. Länge ♂ 0,20 mm; ♀ 0,17 mm (*O. marginata*); Breite ♂ 0,19 mm; Länge ♂ 0,10 mm (*O. horstaspoecki*). Vorderrand schwach eingebuchtet (Abb. O 13-17). Bei den Männchen der *O. armilabris*-Gruppe ist es stark modifiziert (Abb. O 11, 12).

Mandibeln mit langem, spitzem Incisivus, Schneide dünn beborstet, Außenrand mit starken Borsten (Abb. O 20-22); Länge (ohne Berücksichtigung der Krümmung) 0,33-0,36 mm; Breite an der Basis 0,20-0,22 mm (*O. marginata*); oder Mandibeln flach, scheibenförmig, stumpf, ohne abgesetzten Incisivus (*O. armilabris*-Gruppe) (Abb. O 18, 19).

Maxillen (Abb. O 23-26) mit stark beborsteter Galea und Lacinia, annähernd dreieckigem Cardo und länglichem Stipes. Die Längenverhältnisse der einzelnen Glieder der Maxillarpalpen sind unterschiedlich (Tabelle 36). Das 4. Glied läuft entweder spitz aus (Abb. O 26) oder es endet ± stumpf (Abb. O 23-25), seine Form kann zur Unterscheidung von Arten herangezogen werden.

Labium (Abb. O 27, 29-34) mit annähernd quadratischem bis rechteckigem Submentum, auf das ein kurzes, an der Basis schmales Mentum folgt, das wiederum ein wenig sklerotisiertes, breit auslappendes Prämentum trägt. Seitlich inserierendes 3. Glied der Labialpalpen der Spitze des 2. Gliedes relativ stark genähert (bei *O. marginata* ca. 0,02 mm). 3. Glied

Tabelle 35: Maße der Antennenglieder von *Odeles marginata* [mm].

Antennenglied	Länge ♂	max. Breite ♂	Länge ♀	max. Breite ♀
1.	0,27	0,13	0,26	0,12
2.	0,15	0,11	0,15	0,11
3.	0,07	0,08	0,10	0,08
4.	0,38	0,14	0,31	0,13
5.	0,33	0,13	0,26	0,12
11.	0,35	0,08	0,30	0,08

Tabelle 36: Maße der Glieder der Maxillarpalpen von *Odeles marginata* (m) und *O. horstaspoecki* (h) [mm].

Glied	Länge ♂ m	Länge ♀ m	Länge ♂ h
1.	0,08	0,08	0,06
2.	0,16	0,16	0,10
3.	0,14	0,14	0,08
4.	0,17	0,15	0,13

Tabelle 37: Maße der Glieder der Labialpalpen von *Odeles marginata* (m) und *O. horstaspoecki* (h) [mm].

Glied	Länge ♂ m	Länge ♀ m	Länge ♂ h
1.	0,07	0,08	0,05
2.	0,07	0,08	0,07
3.	0,08	0,10	0,07

etwa so groß oder ein wenig größer als das 2. Glied (Tabelle 37), meist am Ende breit gerundet, gerade oder etwas gebogen.

Pronotum (Abb. F 3, 20-46) entweder einfarbig gelbbraun, mitunter mit einem dunklen Fleck hinter dem Vorderrand oder dunkelbraun bis schwarzbraun mit einem schmalen hellen Vorder- und Seitenrand oder mit relativ breiten hellbraunen bis gelbbraunen Seiten. Punktur sehr unterschiedlich, grob gekörnelt bis zerstreut und schwach. Vorderrand annähernd gerade bis deutlich gebogen. Pronotum stets deutlich breiter als lang, an der Basis jederseits mit einem Punktgrübchen (Abb. O 35-37). Länge 0,85-0,90 mm; Breite 1,40-1,60 mm (*O. marginata*).

Prosternalfortsatz relativ lang (♂: 0,30-0,33 mm; ♀: 0,27 mm; *marginata*) (Abb. O 40) oder etwas kürzer (*hausmanni*-Gruppe) (♂: 0,18 mm) (Abb. O 38, 39).

Mesosternalfortsatz kaum ausgeprägt, nur ein kurzes breites Dreieck bildend (Abb. O 41, 42).

Der Metaventrit des Metasternum ist in der Mitte durch eine vollständig ausgebildete Naht (Diskrimen) geteilt (Abb. A 4).

Scutellum dunkelbraun bis schwarzbraun, fast so lang wie an der Basis breit (Abb. O 43), in der Mitte 0,28 mm lang; an der Basis 0,35 mm breit (*O. marginata*).

Elytren einfarbig hellbraun bis schwarzbraun oder mit einem ± ausgedehntem hellen Längsfleck; Naht, Seitenrand und Apex bleiben dunkel (Abb. F 3, 20-43).

Beine hellbraun bis dunkelbraun, mitunter Schenkel dunkler oder gefleckt bzw. Tarsen heller. 1. Glied des Metatarsus lang (Tabelle 38), 2. Glied mit einem spitzen distalen Fortsatz (Abb. O 44 Pfeil, 45-47).

3.-6. Sternit einfarbig braun bis schwarzbraun (Abb. F 47, 49). Bei vielen Arten sind das 3. und 4. (oft auch das 5.) von der Mitte ausgehend ausgedehnt gelbbraun gefärbt (Abb. F 48, 50-52, 95, 96).

Tabelle 38: Maße der Glieder der Hinterbeine von *Odeles marginata* [mm]. * = ohne Zahn; ** = ohne Krümmung.

	Länge ♂	Länge ♀
Femur	1,15	1,23
Tibia	1,22	1,35
Tibia, längerer Enddorn	0,13	0,12
Tibia, kürzerer Enddorn	0,08	0,08
Tarsus 1. Glied	0,37	0,41
Tarsus 2. Glied*	0,17	0,14
Tarsus 3. Glied	0,08	0,07
Tarsus 4. Glied	0,08	0,08
Tarsus 5. Glied	0,13	0,15
Klaue**	0,07	0,06

Männchen

Das 7. Sternit (Abb. O 48-50, 52, 53, 56, 58-61) ist manchmal schwach, bei anderen aber auch tief eingebuchtet (0,04-0,05 mm) (Abb. O 54, 55). Bei den anderen Arten ist der Hinterrand nach außen gerundet oder gerade abgestutzt. Meist ist es gleichmäßig, locker und relativ kurz behaart, bei einigen Arten jedoch dicht und lang (Abb. O 49, 50, 62). 7. Sternit 0,47-0,50 mm lang; 1,16-1,20 mm breit (*O. marginata*).

Das 8. Sternit (Abb. O 66-68) ist relativ homogen gebaut, es weist großflächige Pterygien und einen relativ kurzen schmalen Stiel auf (0,13-0,19 mm). Gesamtlänge 0,40-0,41 mm; maximale Breite 0,44-0,45 mm (*O. marginata*).

9. Sternit mit schmalem bis breiterem Stiel (Pfeile), dessen Seitenrand versteift ist (Bacilla lateralia) und einer hinten in der Mitte zugespitzten Platte, die dort bis zu den Seiten mit relativ langen Haaren dicht besetzt ist, wobei eine Konzentration an der Spitze und an den Seiten zu beobachten ist (Abb. O 69-71). Die Form der Platte sowie die Länge und Form der Stäbchen sind zur Diagnose brauchbar. Gesamtlänge 0,63-0,66 mm; maximale Breite 0,31-0,33 mm (*O. marginata*).

Bei einzelnen Arten können die Stäbchen des 7. Tergit fehlen und sind nur als Randverdickung der Platte bemerkbar (z. B. *O. marginata*, Abb. O 75), bei anderen Arten (z. B. *O. hausmanni*, Abb. O 74) sind kurz herausragende Bacilla lateralia ausgebildet (0,09-0,12 mm lang). Länge der Platte 0,42-0,44 mm; Breite 0,76-0,80 mm (*O. marginata*).

Das 8. Tergit ist hinten stets ganzrandig (Abb. O 76-79), eine Bucht ist nicht vorhanden. Es besteht aus einer meist kräftig sklerotisierten Platte, die von zwei kräftigen Seitenstäbchen (Bacilla lateralia) gestützt wird und ist besonders in der hinteren Hälfte mit kurzen, kräftigen Borsten (z. T. Börstchenkämmen) sehr dicht bedeckt. Gesamtlänge 0,51-0,52 mm; maximale Breite der Platte 0,45-0,46 mm; Länge der Bacilla lateralia 0,30-0,35 mm (*O. marginata*).

9. Tergit mit großer, hinten meist wenig sklerotisierter Platte und Bacilla lateralia unterschiedlicher Länge (Abb. O 80-83). Der Hinterrand ist bei manchen Arten nicht scharf begrenzt, der hintere Teil des 9. Tergit ist mit kurzen dünnen Haaren ± dicht besetzt. Gesamtlänge ca. 0,50-0,54 mm; maximale Breite der Platte 0,29-0,31 mm; Länge der Bacilla lateralia bis zum Vorderrand der Platte 0,12-0,13 mm (*O. marginata*).

Die Parameren des Tegmen sind auf der Dorsalseite verkürzt und an der Außenseite gezähnt (5-11 Zähnchen) (Abb. O 84-87). Gesamtlänge 0,78-0,82 mm; maximale Breite 0,10-0,14 mm (*O. marginata*).

Zwischen Tegmen und Penis befindet sich in der dorsalen Verbindungsmembran jederseits eine flügelartige, rechteckige Sklerotisierung, die am Vorder- und Seitenrand versteift ist; 0,15-0,20 mm lang; 0,13-0,14 mm breit (Abb. O 85-87) (*O. marginata*) (Ausnahmen: *O. armilabris* und *O. bulgharensis*, Abb. O 84).

Die Spitze des Penis ist tief gespalten (die Mündung des Ductus ejaculatorius ist unmittelbar vom Teilungsprozess betroffen), die Parameroide sind überwiegend weichhäutig, die Latten des Unterstücks reichen bis zur Spitze und verleihen Festigkeit. Parameroide vor der Mitte mit einem bei manchen Arten gezähnten beweglichen Zäpfchen (Pfeil), Oberstück ohne Medialkamm (Abb. O 88-90). Die interspezifischen Differenzierungen im Bau des Penis sind im Vergleich zu anderen Gattungen gering. Die sklerotisierten Streifen der Ventralseite des Penis bilden selbständige Stäbchen, oder sie sind in ihrer gesamten Länge mit den Penisseiten membranös verbunden (*O. armilabris*-Gruppe). Gesamtlänge des Penis 0,78-0,88 mm; maximale Breite der Pala 0,10-0,12 mm (*O. marginata*).

Weibchen

7. Sternit hinten gerundet oder abgestutzt (Abb. O 51, 57), gleichmäßig beborstet oder doppelt (zwischen kurzen dicht gestellten entspringen einzelne große und dickere Borsten; Abb. O 51, 52 Pfeile, 64). 7. Sternit 0,53-0,54 mm lang; 1,34-1,40 mm breit (*O. marginata*).

8. Sternit (Abb. O 91) eine einheitliche Platte bildend, die hinten etwas dreieckig eingeschnitten und schwach beborstet ist. Jederseits der Mitte befinden sich nach hinten schwächer werdende Stäbchen. Länge gesamt 0,80-0,82 mm; Breite maximal 0,36-0,37 mm (*O. marginata*).

Das 6. Tergit (Abb. O 72) bildet eine transverse einheitliche Platte.

7. Tergit mit kurzen Bacilla lateralia (Abb. O 92), die aus der Platte herausragen (0,13-0,14 mm). Länge der Platte 0,50-0,53 mm; Breite ca. 0,78-0,84 mm (*O. marginata*).

Platte des 8. Tergit klein, Bacilla lateralia sehr lang (Abb. O 93). Länge gesamt 1,50-1,52 mm; Länge Platte 0,35-0,36 mm; Breite Platte 0,25-0,30 mm; Länge Bacilla lateralia 1,16-1,20 mm (*O. marginata*).

Das 9. Sternit und das 9. Tergit bilden einen langen schlanken Ovipositor (Abb. O 94). Länge gesamt 2,03-2,10 mm; Länge Baculi 1,62-1,65 mm; Länge Coxite 0,34-0,36 mm; Länge Styli 0,07-0,08 mm (*O. marginata*).

Bursa ohne Sklerotisierung.

6.2. Verbreitung

Die Gattung *Odeles* Klausnitzer, 2004 ist mit bisher 23 bekannten Arten in der paläarktischen sowie wenigen Arten in der orientalischen Region verbreitet (Klausnitzer 2004b, d, 2005b, 2008a, c, Yoshitomi 2005). Außerdem existieren einige weitere Beschreibungen, die vorab nicht sicher gedeutet werden können.

Betrachtet man die (wenigen) Fundorte einiger aus Europa bekannten Arten, zeigen sich Parallelen zu einigen von Malicky (2000, 2006) für Trichoptera als Refugien außerhalb des Mediterrangebietes und als Dinodal beschriebenen Verhältnissen. Dies trifft besonders für Fließgewässerarten (Bachbewohner) zu, wobei niedrige und mittlere Höhenlagen von Gebirgen (600-1500 m) als Lebensraum infrage kommen.

6.3. Ökologie und Biologie

Entwicklung in fließenden Gewässern, Quellbächen, Oberläufen von Bächen. Larven oft an Steinen sitzend, ernähren sich möglicherweise (auch) von abgeschabtem Aufwuchs.

6.4. Phylogenie

Autapomorphien:

Imagines:

- 8. Sternit der ♂♂ mit großflächigen Flügeln und einem relativ kurzen Stiel (Abb. O 66-68).
- 9. Sternit der ♂♂ mit schmalem Stiel, dessen Seitenrand versteift ist (Bacilla lateralia) und einer in der Mitte zugespitzten Platte, die hinten bis zu den Seiten mit relativ langen Haaren dicht besetzt ist (Abb. O 69-71).
- Parameren an der Außenseite gezähnt (Abb. O 84-87).

- Verbindungsmembran zwischen Tegmen und Penis jederseits mit einer flügelartigen, rechteckigen Sklerotisierung, die am Vorder- und Seitenrand versteift ist (Abb. O 85-87) (Ausnahme: *O. armilabris*-Gruppe).
- Die Spitze des Penis ist tief gespalten (die Mündung des Ductus ejaculatorius ist unmittelbar vom Teilungsprozess betroffen).
- Platte des 8. Tergit der ♀♀ klein, Bacilla lateralia sehr lang (Abb. O 93).

Larven (nach KLAUSNITZER 1974f, 1975a, HANNAPPEL & PAULUS 1987):

- Die Anzahl der Krallenzähne auf dem Hypopharynx ist vermehrt (7-8).
- Die eingesenkten Borsten der digitiformen Sensillen auf dem Kielsklerit des Hypopharynx sind von keiner Aufwölbung umgeben.
- Tergite mit Chemorezeptoren.

Unter den in der Westpaläarktis vorkommenden Arten der Gattung *Odeles* können fünf Artengruppen unterschieden werden (Tabelle 39), die sich jeweils durch abgeleitete Merkmale umgrenzen lassen. Lediglich der monophyletische Charakter der *Odeles marginata*-Gruppe ist nicht sicher (KLAUSNITZER 2008a).

Tabelle 39: Artengruppen der Gattung *Odeles* in der Westpaläarktis.

Artengruppe	Literatur
armilabris-Gruppe	NYHOLM (1974), KLAUSNITZER (2004d)
hausmanni-Gruppe	KLAUSNITZER (2004d)
apenninicola-Gruppe	KLAUSNITZER (2008a)
granosicollis-Gruppe	KLAUSNITZER (2008a)
marginata-Gruppe	KLAUSNITZER (2008a)

Odeles armilabris-Gruppe

Es fallen zwei Arten auf, die durch ein stark modifiziertes Labrum der Männchen gekennzeichnet sind (eine solche morphologische Eigentümlichkeit ist sonst innerhalb der Scirtidae nicht bekannt) (Abb. O 11, 12) und die als *Odeles armilabris*-Gruppe zusammengefasst werden (ein auch durch andere Merkmale gekennzeichnetes Monophylum, z. B. Mandibeln ohne großen Apikalzahn; Abb. O 18, 19; Verbindungsmembran zwischen Penis und Tegmen ohne Sklerotisierung; Abb. O 84) (NYHOLM 1974, KLAUSNITZER 2004d).

Die sklerotisierten Streifen der Ventralseite des Penis der anderen in der Westpaläarktis vorkommenden Arten bilden selbständige Stäbchen – dies ist ein Merkmal, das möglicherweise als Synapomorphie angesehen werden kann. Träfe dies zu, wäre die *Odeles armilabris*-Gruppe das Adelphotaxon aller übrigen in der Westpaläarktis nachgewiesenen *Odeles*-Arten.

Odeles hausmanni-Gruppe

O. hausmanni und *O. horstaspoecki* sind möglicherweise Schwesterarten. Synapomorphien: 7. Sternit der Männchen hinten tief eingebuchtet (Abb. O 54, 55). Tegmen vorn spitz (Abb. O 85, 86 Pfeile), bei den anderen Arten ist es breit gerundet (die Wertung dieses Merkmals bleibt unklar).

Odeles apenninicola-Gruppe

Odeles apenninicola und *O. styriaca* sind durch zwei Merkmalsmodifikationen gekennzeichnet, die als apomorph angesehen werden können, sodass es sich um eine monophyletische Teilgruppe und möglicherweise um Schwesterarten handeln könnte. Synapomorphien: ein sehr breites Labrum (etwa dreimal so breit wie lang, bei den anderen Arten der Gattung *Odeles* etwa doppelt so breit wie lang) (Abb. O 13, 14). 7. Sternit mit abgeleiteter Behaarung: ♂ mit langer, äußerst dichter Behaarung (35-40 Haare pro 0,01 mm^2) (Abb. O 49, 50, 62); ♀ mit zweierlei Behaarung, zwischen dicht gestellten, kurzen (0,03-0,04 mm) befinden sich eingestreute dickere und längere Härchen (0,07-0,09) (Abb. O 51, 52, 64).

Odeles granosicollis-Gruppe

Die Arten sind durch ein dicht und sehr kräftig gekörnelt punktiertes Pronotum gekennzeichnet (Abb. F 44, 45). Möglicherweise ist diese Merkmalsmodifikation als apomorph anzusehen, sodass es sich vielleicht um eine monophyletische Teilgruppe und bei *O. granosicollis* und *O. calpensis* um Schwesterarten handeln könnte.

Odeles marginata-Gruppe

Es lassen sich mehrere gemeinsame Merkmale finden, deren Charakter jedoch offen bleibt, weshalb die Gruppe informellen Charakter hat und ausdrücklich nicht als Monophylum konstituiert wird. Merkmale sind: Tegmen vorn breit gerundet (Abb. O 87 Pfeil), Stäbchen des 9. Sternit (♂) zu einem einheitlichen, stark abgesetzten, schmalen, median gelegenen Proximalstab vereinigt (Pfeil), Platte breit (Abb. O 71). Frei liegende Teile der Bacilla lateralia des 8. Tergit (♂) relativ kurz (Abb. O 79), frei liegende Teile der Bacilla lateralia des 9. Tergit (♂) ebenfalls relativ kurz (Abb. O 83 Pfeil), Prosternalfortsatz relativ lang (Abb. O 40), Mandibeln in der Mitte schmal (Abb. O 22), 3. Glied der Labialpalpen deutlich nach außen gebogen (Abb. O 32-34), 7. Tergit (♂) ohne Bacilla lateralia (Abb. O 75), ♀ mit Bacilla lateralia (Abb. O 92).

Hornbildungen bei *Odeles*-Männchen

Die Männchen von *Odeles marggii* KLAUSNITZER, 2005 (Orientalis) haben auf dem Clypeus ein auffälliges kleines Horn. Innerhalb der Coleoptera ist das nichts Besonderes, dürfte aber bei den Scirtidae eine Einmaligkeit darstellen. Diese Hornbildung ist keinesfalls mit ähnlichen Auszeichnungen, z. B. der Geotrupidae, Scarabaeidae u. a. Familien zu vergleichen. Das Horn von *Odeles* ist nicht von einem allseits geschlossenen, ± glatten Chitinmantel umschlossen, wie dies bei anderen Familien der Fall ist. Vielmehr dient es vielleicht der Ausscheidung flüssiger Substanzen. Die REM-Aufnahmen deuten ein Bündel feiner „Röhren" an, die massiv umgeben, an der Spitze des Horns offen sind. Außerdem liegen besonders auf der Dorsalseite einige lange Haare. Diese Haare scheinen echte Haare zu sein, d. h. Sensillen, da ein Basalring zu sehen ist. Aus den REM-Bildern lässt sich nichts Sicheres zur Funktion des Horns ableiten. Der geschilderte Aufbau des Horns macht es aber wahrscheinlich, dass es sich um einen exponierten Ort handelt, an dem Drüsen münden. Solche Drüsen sind oft von Haaren umgeben oder begleitet. Man denke nur an die Trichome mancher Myrmekophilen (KLAUSNITZER 2005b).

6.5. Bestimmungstabelle für die Arten

1 Mandibeln ohne großen Apikalzahn (Abb. O 18, 19). Labrum des ♂ stark modifiziert (Abb. O 11, 12). Sklerotisierte Streifen der Ventralseite des Penis in ihrer gesamten Länge mit den Penisseiten membranös verbunden (Abb. O 88). – Pronotum einfarbig hell gelbbraun, höchstens in der Mitte schwach angedunkelt. Elytren einfarbig braun (Abb. F 20, 21). (*armilabris*-Gruppe). 2

1* Mandibeln mit großem Apikalzahn (Abb. O 22-22). Labrum des ♂ eine einfache Platte bildend (Abb. O 13-17). Die sklerotisierten Streifen der Ventralseite des Penis bilden selbständige Stäbchen (Abb. O 89, 90). 3

2 Labrum des ♂ in der Mitte jederseits mit einem nach außen gebogenen schmalen Fortsatz, an den Seiten ein scharf dreieckiger Fortsatz (Abb. O 11). 3. Antennenglied (♂) größer (0,06 mm lang), zylindrisch (Abb. O 3), Antennen einfarbig gelbbraun (Abb. F 20). Scutellum gelbbraun, mit schmalem, dunklem Rand. Alle Beine gelbbraun. Körperlänge 2,8-3,1 mm. Südrussland, Östliche Türkei. . . . . *armilabris* (NYHOLM, 1974)

2* Labrum des ♂ in der Mitte mit einem breiten, vorn schwach eingebuchteten Fortsatz, Seiten lappenförmig und abgerundet (Abb. O 12). 3. Antennenglied (♂) kleiner (0,04-0,05 mm lang), dreieckig (Abb. O 4), 1. bis 3. Antennenglied gelbbraun, die anderen braun, Antennen zur Spitze angedunkelt. Scutellum einfarbig braun (mitunter ist der Rand etwas angedunkelt). Alle Beine braun oder Vorder- und Mittelbeine gelbbraun, Hinterbeine braun. Körperlänge 3,2-3,3 mm. Bulgarien, Mazedonien. . . . . *bulgharensis* (KLAUSNITZER, 1980)

3(1) 7. Sternit mit langer (0,11-0,13 mm), äußerst dichter gleichmäßiger Behaarung: 35-40 Haare pro 0,01 mm^2 (Abb. O 49, 50, 62). Labrum etwa dreimal so breit wie lang (Abb. O 13, 14). ♂♂. (*apenninicola*-Gruppe). 4

3* 7. Sternit mit kürzerer (0,06-0,09 mm), nicht ausgesprochen dichter gleichmäßiger Behaarung: 14-16 Haare pro 0,01 mm^2 (Abb. O 51-61). Labrum etwa dreimal so breit wie lang oder ca. doppelt so breit wie lang (Abb. O 15-17). 5

4 Elytren heller oder dunkler braun, einfarbig (Abb. F 22). 3.-7. Sternit einfarbig dunkelbraun (Abb. F 47). Pronotum dunkelbraun bis schwarzbraun, der Vorderrand und meist auch der Seitenrand sehr schmal gelbbraun gesäumt (Abb. F 22). 2. Antennenglied mehr zylindrisch (Abb. O 5 Pfeil). 7. Sternit 0,55-0,66 mm lang; 1,30-1,41 mm breit (Abb. O 49). Körperlänge 4,1-4,5 (Ø 4,3) mm. Österreich (Steiermark), Slowenien. . *styriaca* KLAUSNITZER, 2008, ♂

4* Elytren hellbraun, die Naht hinter dem Scutellum, der Seitenrand und am Apex ebenfalls die Naht schmal braun gesäumt (Abb. F 23). Sternite 3 und 4 über die Mitte hinaus, auch das 5. (meist nur der Vorderrand) in variierendem Umfang gelbbraun (Abb. F 48). Pronotum schwarzbraun, mit sehr schmalem hellbraunem Vorder- und Seitenrand (Abb. F 23). Rand des 2. Antennengliedes innen stärker gebogen (Abb. O 6 Pfeil). 7. Sternit 0,57-0,58 mm lang; 1,27-1,32 mm breit (Abb. O 50). Körperlänge 4,3-5,2 (Ø 4,9) mm. Italien.
. . . . *apenninicola* KLAUSNITZER, 2008, ♂

5(3) Labrum etwa dreimal so breit wie lang (vgl. Abb. O 13, 14). 7. Sternit mit zweierlei Behaarung, zwischen dicht gestellten, kurzen Härchen (0,01-0,04 mm) befinden sich eingestreute dickere und längere Borsten (0,07-0,09 mm) (Abb. O 51, 52 Pfeile, 64). ♀♀. (*apenninicola*-Gruppe) 6

5* Labrum etwa doppelt so breit wie lang (Abb. O 15-17). 7. Sternit mit gleichartiger Behaarung (0,06-0,09 mm lang) (Abb. O 53-61, 65). 7

6 Elytren heller oder dunkler braun, einfarbig (Abb. F 24). 3.-6. Sternit hell rotbraun, einfarbig, nur das 7. ist zum Teil heller braun. Pronotum einfarbig gelbbraun, der dunkle Kopf kann durchscheinen (Abb. F 24). Die kleinen Härchen des 7. Sternit deutlich länger (0,03-0,04 mm), dichter gestellt (Abb. O 51, 64), die längeren Härchen heben sich weniger deutlich ab (Pfeil). 7. Sternit 0,51 mm lang; 1,22 mm breit. Körperlänge: 4,1-4,3 (Ø 4,2) mm. Österreich (Steiermark), Slowenien. . . . . *styriaca* KLAUSNITZER, 2008, ♀

6* Elytren hellbraun, die Naht hinter dem Scutellum, der Seitenrand und am Apex ebenfalls die Naht schmal braun gesäumt (Abb. F 25). 3. bis 6. Sternit zum größten Teil von der Mitte ausgehend, mitunter ± vollständig gelbbraun, 7. hellbraun. Pronotum einfarbig gelbbraun, hinter dem Vorderrand mit einem schwarzbraunen querovalen Fleck (Abb. F 25). Die kleinen Härchen des 7. Sternit etwas kürzer (0,01-0,02 mm), weniger dicht gestellt, die längeren Härchen sind etwas breiter und heben sich deutlicher ab (Abb. O 52 Pfeil). 7. Sternit 0,67 mm lang; 1,61 mm breit. Körperlänge: 4,6-5,2 (Ø 4,9) mm. Italien. . . . *apenninicola* KLAUSNITZER, 2008, ♀

7(5) Pronotum dicht und sehr kräftig gekörnelt punktiert (Abb. F 44, 45). (*granosicollis*-Gruppe) 8

7* Pronotum weitläufig bis mäßig dicht, fein bis ziemlich fein gekörnelt punktiert (Abb. F 46). 10

8 Sternite einfarbig rotgelb (Abb. F 49). Pronotum auf der Scheibe hell rotbraun, an den Seiten breit rotgelb, keine scharfe Grenze vorhanden, oft ist das Pronotum nahezu einfarbig rotgelb (Abb. F 27). Elytren gelbbraun, Naht schmal braun (Abb. F 27). Körperlänge 3,8-4,7 mm. Mittelspanien. . . . . *granosicollis* KLAUSNITZER, 2008, ♀

8* Wenigstens das 3. und 4. Sternit in der Mitte gelbbraun, übrige braun (Abb. F 50, 52). . 9

9 Größer, Körperlänge 3,7-4,7 mm. Pronotum schwarz, Vorder- und Seitenrand sehr schmal rotbraun gesäumt (0,05-0,08 mm) (Abb. F 26). Elytren gelbbraun, Basis breit, Naht schmal, Seitenrand und Apex breit braun gefärbt (Abb. F 26). 3.-5. Sternit in der Mitte gelbbraun (Abb. F 50), 7. hellbraun, schwach eingebuchtet (Abb. O 53). Mittelspanien. . . . . *granosicollis* KLAUSNITZER, 2008, ♂

9* Kleiner, Körperlänge ♂♂ 3,0-3,3 mm, ♀♀ 3,6-4,0 mm. Pronotum ± dunkel rotbraun mit breit und scharf abgesetzten rotgelben Seiten (♂: 0,23-0,25; ♀: 0,25-0,40 mm) (Abb. F 28, 29). Elytren gelbbraun, Naht breit, Seitenrand in der Mitte breit und Apex schmal braun gefärbt (Abb. F 28, 29). 3.-5. Sternit in der Mitte hellbraun, 7. braun, Hinterrand nicht eingebuchtet (Abb. F 51, 52). Gibraltar, Südportugal. . . . . *calpensis* KLAUSNITZER, 2008

10(7) 7. Sternit hinten tief ausgerandet (Abb. O 54, 55). Tegmen vorn spitz (Abb. O 85, 86 Pfeile). Stäbchen des 9. Sternit weniger von der Platte abgesetzt (Pfeil), Platte schmal und lang (Abb. O 70). Frei liegende Teile der Bacilla lateralia des 8. und 9. Tergit im Verhältnis zur Platte länger (38-55 % der Gesamtlänge) (Abb. O 77, 78, 81, 82). Prosternalfortsatz kürzer (27-30 % der Gesamtlänge) (Abb. O 38, 39). Mandibeln in der Mitte breiter, flächiger (Abb. 20, 21). 3. Glied der Labialpalpen mit annähernd parallelen Seiten (Abb. O 30, 31). ♂♂. (*hausmanni*-Gruppe) 11

10* 7. Sternit auch bei den ♂♂ hinten nicht oder nur schwach und flach ausgerandet (Abb. O 56-61). Tegmen vorn breit gerundet (Abb. O 87 Pfeil). Stäbchen des 9. Sternit der ♂♂ zu einem einheitlichen, stark abgesetzten, median gelegenen Proximalstab vereinigt (Pfeil), Platte breit und kurz (Abb. O 71). Frei liegende Teile der Bacilla lateralia (Pfeil) des 8. und 9. Tergit (♂) relativ kurz: Verhältnis zur Länge der Platte ca. 20 % der Gesamtlänge (Abb. O 79, 83). Prosternalfortsatz länger (43-45 % der Gesamtlänge) (Abb. O 40). Mandibeln in der Mitte schmaler (Abb. O 22). 3. Glied der Labialpalpen deutlich nach außen gebogen (Abb. O 32-34). 12

11 Größer (Tabelle 40), Körperlänge 3,5-4,0 (Ø 3,9) mm. Elytrenlänge 2,70-3,06 (Ø 2,85) mm. Antennen (Abb. O 7): Länge 4. Antennenglied 0,28-0,34 (Ø 0,30) mm; Breite 4. Antennenglied 0,08-0,09 (Ø 0,09) mm; Index maximale Länge / Breite in der Mitte 3,1-4,3 (Ø 3,5). 4. Glied der Maxillarpalpen an der Spitze etwas abgestutzt, eine schmale Kante bildend (Abb. O 24 Pfeil). Pronotum heller oder dunkler rotbraun, Vorderrand schmal, Seitenrand etwas breiter gelbbraun gesäumt (ca. 0,11 mm) (Abb. F 30). Seitenrand und Apex der Elytren dunkel gefärbt (Abb. F 30). Bacilla lateralia des 8. Tergit im Verhältnis zur Platte etwas länger (Abb. O 77). Penis (Abb. O 89). Montane Art in Mitteleuropa und Italien; in Mitteleuropa nur in höheren Gebirgen und deren Vorland. . . . . *hausmanni* (GREDLER, 1857), ♂

11* Kleiner (Tabelle 40), Körperlänge 2,8-3,9 (Ø 3,4) mm. Elytrenlänge 2,09-2,88 (Ø 2,53) mm. Antennen (Abb. O 8): Länge 4. Antennenglied 0,20-0,25 (Ø 0,23) mm; Breite 4. Antennenglied 0,07-0,10 (Ø 0,09) mm; Index maximale Länge / Breite in der Mitte 2,2-3,0 (Ø 2,6). 4. Glied der Maxillarpalpen konisch zugespitzt (Abb. O 25 Pfeil). Pronotum rötlichgelb, vorn mit einem braunen Fleck, der sich auf der Scheibe zu einem helleren, gegen die Seitenränder nicht deutlich abgesetzten Fleck erweitert, Seitenrand noch breiter gelbbraun gesäumt (ca. 0,22 mm) (Abb. F 31). Elytren gelbbraun, Naht und Seitenrand schmal, am Apex ± umfangreich braun (Abb. F 31). Bacilla lateralia des 8. Tergit im Verhältnis zur Platte etwas kürzer (Abb. O 78). Penis (Abb. O 90). Frankreich (Seealpen), Italien (Apenninen), Korsika. . . . . *horstaspoecki* KLAUSNITZER, 2004, ♂ (♀ unbekannt)

Tabelle 40: Maße von *Odeles hausmanni* und *horstaspoecki*.

Merkmal	*hausmanni*	*horstaspoecki*
Länge Penis [mm]	0,82-0,95 (Ø 0,90)	0,66-0,78 (Ø 0,70)
Länge Tegmen [mm]	0,73-0,81 (Ø 0,77)	0,59-0,74 (Ø 0,67)
Breite 7. Sternit [mm]	0,92-1,06 (Ø 0,97)	0,82-0,83 (Ø 0,83)
Länge 7. Sternit [mm]	0,37-0,48 (Ø 0,40)	0,32-0,34 (Ø 0,33)
Länge 8. Tergit [mm]	0,56-0,58 (Ø 0,57)	0,44-0,46 (Ø 0,45)
Länge 9. Sternit (ohne Borsten) [mm]	0,60-0,63 (Ø 0,62)	0,45-0,47 (Ø 0,46)

12(10) Pronotum völlig oder bis auf einen kleinen Fleck vorn in der Mitte einfarbig hell, gelbrot (Abb. F 32-34). 13

12* Pronotum entweder einfarbig dunkel, braun bis schwarz, abgesehen von dem schmal hell gesäumten Vorder- und Seitenrand (Abb. F 35, 36), oder auf der Scheibe dunkel und an den Seiten ± breit gelbrot (Abb. F 37-43). 15

13 Pronotum einfarbig gelbrot (Abb. F 32). Elytren einfarbig gelbbraun oder mit angedunkelter Spitze, ± breit verdunkelten Seiten und Naht oder bis auf eine Schultermakel dunkel (Abb. F 32). Körperlänge 4,2-4,9 mm. Montane Art in Mitteleuropa und Italien; in Mitteleuropa nur in höheren Gebirgen und deren Vorland. . . . . . *hausmanni* (GREDLER, 1857), ♀

13* Pronotum hell rötlichgelb, hinter dem Vorderrand in der Mitte mit einem kleinen, ovalen, dunklen Fleck (Abb. F 33, 34), selten (*gredleri,* ♀) dahinter in größerer Ausdehnung verschwommen angedunkelt. 14

14 Elytren einfarbig, heller oder dunkler braun (Abb. F 33). Mundteile und Antennenbasis gelblich, auch die Hinterschienen und Tarsen hell. Körperlänge 4,4-4,9 mm. Im Alpengebiet weit verbreitet, auch in Italien und der nördlichen Balkanhalbinsel. *gredleri* (KIESENWETTER, 1863), ♀

14* Elytren hell braungelb, meist mit hellbraunem Nahtstreifen und breiter dunkler Längsmakel an den Seiten (Abb. F 34). 1.-4. Antennenglied gelbbraun. Vorderbeine, Tibien und Tarsen der Mittel- und Hinterbeine gelbbraun. Körperlänge 3,9-4,9 mm. Spanien, Pyrenäen, Südwestfrankreich. . . . . *trilineata* (CHEVROLAT, 1865), ♀

15(12) Pronotum einfarbig dunkel, braun bis schwarz oder mit einem schmal hell gesäumten Vorder- und Seitenrand (Abb. F 35, 36). 16

15* Pronotum in der Mitte dunkel, hellbraun oder dunkelbraun bis schwarz, an den Seiten ± breit gelbrot bis braungelb (Abb. F 37-43). Die dunkle Färbung in der Mitte ist gegen die breit rotgelben Seiten ± scharf abgegrenzt, der schwarze Mittelfleck seitlich meist winklig erweitert. 17

16 Vorderbeine ganz hell (Abb. F 35), Schenkel und Schienen rotgelb, Tarsen etwas dunkler, hellbraun. 7. Sternit an der Spitze sehr schwach doppelbuchtig, nicht eingeschweift (Abb. O 56). Elytren einfarbig dunkelbraun bis schwarzbraun (Abb. F 35). Pronotum mit sehr schmalem, hellem Saum (Abb. F 35). Mundteile und Antennenbasis gelblich. Körperlänge 4,0-4,5 mm. Im Alpengebiet weit verbreitet, auch in Italien und der nördlichen Balkanhalbinsel.
. . . . *gredleri* (KIESENWETTER, 1863), ♂

16* Vorderbeine ziemlich dunkel rotbraun (Abb. F 36). 7. Sternit hinten breit und flach ausgerandet. Elytren dunkelbraun mit schrägem hellem Längsfleck (Abb. F 36). Pronotum einfarbig dunkelbraun (Abb. F 36). 1.-3. Antennenglied und Basis des 4. gelbbraun; 1. Glied dorsal mit dunklem Fleck. Körperlänge 4,0 mm. Mittelspanien. *tenebrica* KLAUSNITZER, 2008, ♂ (♀ unbekannt)

17(15) Elytren einfarbig (braun)schwarz, nicht die Naht entlang und am Seitenrand dunkler (Abb. F 3). – 2., 3. und Basis des 4. Antennengliedes (manchmal das gesamte Glied) rotgelb. Pronotum nach vorn gerundet verengt, 1,9-mal so breit wie lang (Abb. O 37), dunkler Mittelfleck scharf vom gelben Seitenrand abgegrenzt, meist in der Mitte winkelig nach außen erweitert (Abb. F 3). 3. Antennenglied schlanker, merklich länger als breit, wenig kürzer als Glied 2, 4. Glied schlanker (Abb. O 2). Körperlänge 4,1-5,2 mm. Fast in ganz West- und Mitteleuropa, vorzugsweise montan. . . . . *marginata* (FABRICIUS, 1798), ♀

Bei manchen ♀♀ sind die Elytren braungelb, Naht, Seitenrand und Spitze geschwärzt, die Schwärzung lässt oft nur noch einen Schrägfleck hinter der Schulter hell (Färbung demnach ähnlich ♂♂).

17* Elytren gelbbraun, an der Naht, dem Seitenrand und Apex ± dunkel (Abb. F 37-43). . . 18

18 Schenkel sämtlicher Beine dunkel rotbraun bis schwarzbraun, viel dunkler als die rötlich gelbbraunen Schienen (Abb. F 37, 38). 7. Sternit höchstens sehr schwach eingebuchtet (Abb. O 58, 59). 19

18* Beine hell gefärbt, rotgelb bis rötlich gelbbraun, höchstens Schenkel der Mittel- und Hinterbeine etwas dunkler, hell rotbraun (Abb. F 39-43). 7. Sternit schwach eingebuchtet (Abb. O 60, 61). 20

19 3. Antennenglied bei den ♂♂ kurz und breit (Pfeil), kaum so lang wie breit, maximale Länge : maximale Breite ca. 0,9:1,0; Glied 4 zur Spitze deutlich verbreitert (Abb. O 1 Pfeil). 7. Sternit am Hinterrand sehr schwach eingebuchtet (Abb. O 58). 2., 3. und Basis des 4. Antennengliedes gewöhnlich rotgelb. Elytren braungelb, Naht, Seitenrand und Spitze geschwärzt (Abb. F 37), die Schwärzung lässt oft nur noch einen Schrägfleck hinter der Schulter hell. Pronotum etwa (1,4) 1,6-mal bis 1,8-mal so breit wie lang (Abb. O 36). Bei manchen ♀ sind die sonst einfach dunklen Elytren wie bei den ♂ gefärbt. 5. Abdominalsegment ± dunkel (Abb. O 95), Abdomen etwas breiter, Länge : Breite ca. 1:1. Körperlänge 4,4-4,8 mm. Fast in ganz West- und Mitteleuropa, vorzugsweise montan. . . . . *marginata* (Fabricius, 1798), ♂ (auch manche ♀)

19* 3. Antennenglied länger (Pfeil), maximale Länge : maximale Breite 1,19:1,0; Glied 4 zur Spitze kaum erweitert (Abb. O 9 Pfeil). 7. Sternit hinten flach abgerundet bis abgestutzt, ohne Andeutung einer Ausrandung (Abb. O 59). 2., 3. und Basis des 4. Antennengliedes gelbrot. Elytren gelb, Basis breit, Naht schmal, Seitenrand und Spitze breit geschwärzt (Abb. F 38). Pronotum mit breitem gelbem Seitenrand, etwa 1,5-mal bis 1,8-mal so breit wie lang. 5. Abdominalsegment in der Mitte ± hell (Abb. O 96), Abdomen etwas schmaler, Länge : Breite ca. 1,2:1. Körperlänge 3,7-4,6 mm. Spanien, Pyrenäen, Südwestfrankreich. *trilineata* (Chevrolat, 1865), ♂

20(18) Elytren kastanienbraun, in der hinteren Hälfte etwas heller, schmutzig gelbbraun, die Naht entlang etwas dunkler (Abb. F 39). Pronotum an den Seiten sehr breit gelb gesäumt (ca. 0,3 mm) (Abb. F 39). Körperlänge 4,1-4,2 mm. Nordwestspanien. . . . . *auriensis* Klausnitzer, 2008, ♂ (♀ unbekannt)

20* Elytren blass rot- oder braungelb, die Naht entlang und am Seitenrand deutlich angedunkelt (Abb. F 40-43). Pronotum an den Seiten breiter (0,26-0,33 mm) oder schmaler (0,14-0,24 mm) gelb gesäumt (Abb. F 40-43). 21

21 Hinterschienen in beiden Geschlechtern gerade (Abb. F 40, 41, O 46 Pfeil). Antennen des ♂ kräftiger (Abb. O 10). Pronotum an den Seiten schmaler gelb gesäumt, beim ♂ 0,14 mm (10,1 %), beim ♀ 0,24 mm (14,4 %) (Abb. F 40, 41). Körperlänge ♂♂ 3,9 mm, ♀♀ 4,3-4,6 mm. Nordwestspanien. . . . . *cantabrica* Klausnitzer, 2008

21* Hinterschienen bei den ♀♀ ziemlich stark, bei den ♂♂ nur schwach gebogen (Abb. F 42, 43, O 47 Pfeil). Antennen des ♂ schlanker. Pronotum an den Seiten breiter gelb gesäumt, beim ♂ 0,26 mm (19,1 %), beim ♀ 0,33 mm (22,9 %) (Abb. F 42, 43). Körperlänge ♂♂ 3,7-3,9 mm, ♀♀ 4,0-4,1 mm. Nordwestspanien. *asturica* Klausnitzer, 2008

6.6. Artenübersicht

Odeles apenninicola Klausnitzer, 2008

Zitat der Originalbeschreibung: Entomologische Nachrichten und Berichte 51: 187.

Verbreitung: Adriatomediterrane Art, vielleicht dem Dinodal zuzuordnen.

Nachweise: Italien: Toskana (Umgebung Florenz; locus typicus), Emilia-Romagna, Umbria. Die Fundorte liegen im nördlichen Mittelitalien, eine Bevorzugung montaner Standorte (Apenninen) kann angenommen werden (Klausnitzer 2008a).

Ökologie, Phänologie und Biologie: Die Typen wurden im Mai und Juni gefunden.

Odeles armilabris (Nyholm, 1974) (*Helodes*)

Zitat der Originalbeschreibung (♂, ♀): Entomologisk Tidskrift 95: 48.

Literatur: Maximenkov (1995).

Verbreitung: Kaspische Art.

Nachweise: Russland: Krasnodarskij Kraj (Maximenkov 1995). – Türkei: Provinz Rize (Çamlıhemşin = locus typicus) (Nyholm 1974).

Ökologie, Phänologie und Biologie: Die Imagines wurden Ende Mai am Rande kleiner, schnell fließender Gebirgsbäche gefunden.

Odeles asturica **KLAUSNITZER, 2008**

Zitat der Originalbeschreibung: Entomologische Nachrichten und Berichte 51: 193.

Verbreitung: Atlantomediterrane Art, Nordwestspanien, vielleicht Dinodal.

Nachweise: Spanien: Provinz Asturias, Llamigo (locus typicus), 17.07.1970 (KLAUSNITZER 2008a).

Odeles auriensis **KLAUSNITZER, 2008**

Zitat der Originalbeschreibung: Entomologische Nachrichten und Berichte 51: 192.

Verbreitung: Atlantomediterrane Art, Nordwestspanien, vielleicht Dinodal.

Nachweise: Spanien: Prov. Orense, Sierra de Oneija (locus typicus) (KLAUSNITZER 2008a).

Odeles bulgharensis **(KLAUSNITZER, 1980) (*Helodes*)**

Zitat der Originalbeschreibung (♂): Entomologische Blätter 76: 59.

Literatur: KLAUSNITZER (2008e).

Verbreitung: Pontomediterrane Art, Hellenischer Westbalkan und Ostbalkan.

Nachweise: Bulgarien: Rila-Gebirge, „Bukowa Gora" (locus typicus) (KLAUSNITZER 1980a). – Mazedonien: KLAUSNITZER (2008e).

Ökologie, Phänologie und Biologie: Die Imagines wurden Mitte August in einer Höhe von 1600 m gefunden.

Odeles calpensis **KLAUSNITZER, 2008**

Zitat der Originalbeschreibung: Entomologische Nachrichten und Berichte 51: 188.

Verbreitung: Atlantomediterrane Art, äußerster Süden der Iberischen Halbinsel.

Nachweise: Portugal: Algarve, Lagos (KLAUSNITZER 2008a). – Spanien: Gibraltar (locus typicus) (KLAUSNITZER 2008a).

Odeles cantabrica **KLAUSNITZER, 2008**

Zitat der Originalbeschreibung: Entomologische Nachrichten und Berichte 51: 193.

Verbreitung: Atlantomediterrane Art, Nordwestspanien, vielleicht Dinodal.

Nachweise: Spanien: Kantabrien, Espinama (locus typicus), 19.07.1970 (KLAUSNITZER 2008a).

Ökologie, Phänologie und Biologie: Die Typen wurden Mitte Juli gefunden.

Odeles granosicollis **KLAUSNITZER, 2008**

Zitat der Originalbeschreibung: Entomologische Nachrichten und Berichte 51: 191.

Verbreitung: Atlantomediterrane Art.

Nachweise: Spanien: Mittelspanien, Provinzen Aragón (Sierra de Albarracín; locus typicus), Madrid, Castilla-León (KLAUSNITZER 2008a).

Ökologie, Phänologie und Biologie: Die Typen wurden Mitte Juni gefunden.

Odeles gredleri **KIESENWETTER, 1863 (*Helodes*)**

Zitat der Originalbeschreibung: Naturgeschichte der Insecten Deutschlands. Erste Abtheilung Coleoptera. Vierter Band: 719.

Synonym:
signaticornis BAUDI DI SELVE, 1873: 227 (*Helodes*)

Literatur: BOUKAL et al. (2007), FRANZ (1974), HANNAPPEL (1991), HORION (1935, 1955), JELÍNEK (1993), KAHLEN (1987), KLAUSNITZER (1971c: Redeskription, 1972a, 1975c, 1990a, 1992, 1998c, 1999, 2004e: Verbreitungskarte, 2008c: Ergänzung der Beschreibung, 2008d: Festlegung Neotypus), KÖHLER & KLAUSNITZER (1998), MÜLLER (1912), TOURNIER (1868), WÖRNDLE (1950).

Verbreitung: Montane Art in Mittel- und stellenweise in Südeuropa, vor allem in den nördlichen Teilen der Balkanhalbinsel (HORION 1955). In der Literatur verzeichnete Funde von Sizilien und Sardinien bedürfen der Überprüfung, auch manches weitere Material aus Italien (vor allem aus dem Süden) sollte nochmals begutachtet werden. HANNAPPEL (1991) beschreibt Larven dieser Art aus Kalabrien, Sizilien und Sardinien. Es bleiben jedoch Zweifel, ob diese wirklich zu *O. gredleri* gehören.

Nachweise: Bosnien und Herzegowina: HORION (1955). – Deutschland: das mehrfach zitierte Vorkommen in Deutschland ist zweifelhaft (HORION 1935) und bedarf belegter Funde (KLAUSNITZER 1998c, KÖHLER & KLAUSNITZER 1998). – Frankreich: „Gall. m.“ (KLAUSNITZER 1972a). – Kroatien: HORION (1955). – Italien: Südtiroler Alpen, Welschnofen (locus typicus) (KIESENWETTER 1863). Lombardia, Trentino Alto Adige Südtirol, Friuli-Venezia Giulia, Liguria, Emilia-Romagna, Toscana, Calabria (HANNAPPEL 1991, HANNAPPEL & PAULUS 1997, HORION 1955, KLAUSNITZER 1972, 1990a, 1999, 2008d, Fundortkartei KLAUSNITZER, unveröffentlicht). Südtirol (KAHLEN 1987). – Österreich: Kärnten, Steiermark, Nordtirol, Vorarlberg (HORION 1955, KLAUSNITZER 1972a, 2004e). Fundorte bei FRANZ (1974). Vorarlberg (MÜLLER 1912). Nordtirol (WÖRNDLE 1950). – Rumänien: Fundorte (Literaturangaben) bei KLAUSNITZER (1975c). – Schweiz: Kantone Graubünden, St. Gallen, Tessin, Wallis (HORION 1955, KLAUSNITZER 1999: Verbreitungskarte). – Slowenien: Krain, „Saavenstein“ (HORION 1955). – Tschechien: Böhmen (JELÍNEK 1993, BOUKAL et al. 2007).

Ökologie, Phänologie und Biologie: Imagines von Mitte April-Mitte Juli, bis 1300 m.

Odeles hausmanni **(GREDLER, 1857) (*Cyphon*)**

Zitat der Originalbeschreibung (♀, ♂ ?): Zeitschrift des Ferdinandeums für Tirol und Vorarlberg, III. Folge, 6. Heft: 65.

Synonym:
bonvouloirii TOURNIER, 1868: 39 (*Helodes*)

Literatur: BEIER (1949), BOUKAL et al. (2007), BRANDSTETTER & KAPP (1998), FRANZ (1943, 1974), GEISER (2001), GERSTMEIER (2000), HANNAPPEL & PAULUS (1987), HORION (1935, 1955), JELÍNEK (1993), KAHLEN (1987), KIESENWETTER (1863), KLAUSNITZER (1971c: Redeskription, 1972a, 1990a, 1992, 1999, 2004d: Ergänzung Redeskription, 2004e: Verbreitungskarte), KÖHLER & KLAUSNITZER (1998), MÜLLER (1912), TOURNIER (1868), WÖRNDLE (1950).

Verbreitung: Montane Art in Mitteleuropa und Italien (HORION 1955). Der von KLAUSNITZER (1972a) genannte Fund in Portugal gehört wahrscheinlich zu einer anderen Art. Angaben aus Griechenland bedürfen der Überprüfung (die Art kommt wahrscheinlich nicht auf der Balkanhalbinsel vor). Als locus typicus gibt GREDLER (1857) „Vistrad“ an (Lage des Ortes noch ungeklärt).

Nachweise: Deutschland: Bayern, Alpen (Horion 1935, 1955, Köhler & Klausnitzer 1998). Oberbayern, Allgäu (Klausnitzer 1972a). Fundorte bei Gerstmeier (2000). – Frankreich: Meeralpen, in hohen Lagen (Horion 1955) (möglicherweise *horstaspoecki*). – Italien: Piemonte, Lombardia, Trentino, Südtirol (Alto Adige), Veneto, Liguria, Emilia-Romagna, Toscana, Marche, Abruzzi, Basilicata, Calabria (Hannappel & Paulus 1997, Horion 1935, 1955, Jelínek 1993, Klausnitzer 1990a, 1999, 2004e, Fundortkartei Klausnitzer, unveröffentlicht). Südtirol (Kahlen 1987). – Österreich: Kärnten, Steiermark, Salzburg, Niederösterreich, Osttirol, Nordtirol, Vorarlberg (Franz 1943, Horion 1935, 1955, Beier 1949, Kahlen 1987, Klausnitzer 1972a, 2004e). Fundorte bei Franz (1974). Vorarlberg (Müller 1912, Brandstetter & Kapp 1998). Nordtirol (Wörndle 1950). Kärnten (Hannappel & Paulus 1987). Salzburg (Geiser 2001). – Schweiz: Kantone Graubünden, Tessin, Wallis (Horion 1955, Klausnitzer 1999: Verbreitungskarte). – Slowakei: Horion (1955). Jelínek (1993). – Tschechien: Mähren (Jelínek 1993). Boukal et al. (2007): nicht in Tschechien. – Ungarn: Zirc, N. Vászoly (Horion 1955).

Ökologie, Phänologie und Biologie: Die Larven leben in der Rieselzone von Quellen (Rheokrenen), in kleinen Bächen in geringer Wassertiefe (2-3 cm), auch in ruhigen, seichten Buchten. Die Imagines werden an den Ufern größerer Bäche in der montanen bis subalpinen Stufe (600 bis 2000 m) gefunden.

Odeles horstaspoecki Klausnitzer, 2004

Zitat der Originalbeschreibung (♂): Denisia 13: 262.

Bemerkung: Es fällt auf, dass die untersuchten Exemplare aus Korsika deutlich kleiner sind als diejenigen aus Italien (Klausnitzer 2004d) (Tabelle 41).

Tabelle 41: Körpermaße [mm] von *Odeles horstaspoecki* aus Korsika bzw. Italien.

	Korsika	Italien
Körperlänge	2,8-3,1 (Ø 3,0)	2,9-3,9 (Ø 3,5)
Elytrenlänge	2,09-2,44 (Ø 2,22)	2,21-2,88 (Ø 2,58)
Elytrenbreite	0,74-0,76 (Ø 0,75)	0,81-1,00 (Ø 0,90)
Pronotumlänge	0,67-0,71 (Ø 0,69)	0,73-0,90 (Ø 0,79)
Pronotumbreite	1,02-1,13 (Ø 1,07)	1,15-1,38 (Ø 1,26)

Verbreitung: Adriatomediterrane Art. Das Areal umfasst die Apenninen, die Alpes-Maritimes und Korsika (Klausnitzer 2004d). Die faunistischen Beziehungen der Tyrrhenis wurden mehrfach dargestellt, zusammenfassend besonders von Holdhaus (1924). Er weist bereits auf den Zusammenhang zwischen Korsika, Sardinien und dem Apennin hin (Elba-Brücke) und erwähnt die große Zahl tyrrhenischer Faunenelemente in dieser Gebirgskette. Ein Areal ohne Sardinien wird allerdings nur durch wenige Beispiele belegt (es ist nicht auszuschließen, dass *Odeles horstaspoecki* auch auf Sardinien vorkommt). Schneider (1971) erörtert anhand verschiedener Wirbeltiere die Riss-eiszeitliche Existenz einer Landverbindung der Zentraltyrrhenis mit Italien (Toskana-Brücke). Ferner diskutiert er eine Provence-Brücke, die die Tyrrhenis im Neogen mit Südostfrankreich verband.

Nachweise: Frankreich: Alpes-Maritimes (Klausnitzer 2004d). – Italien: meiste Fundorte in den Apenninen: Liguria, Santo Stefano d'Aveto (locus typicus), Marche, Toscana, Emilia Romagna, Abruzzi, Lombardia, Calabria (Klausnitzer 2004d). – Korsika: Vizzavona (Klausnitzer 2004d).

Ökologie, Phänologie und Biologie: Die Funddaten liegen zwischen Anfang Juli und Mitte September. Meist stammen die Tiere aus der montanen Zone (eine genaue Angabe: 1300-1500 m).

Odeles marginata (FABRICIUS, 1798) (*Cistela*)

Zitat der Originalbeschreibung: Supplementum Entomologiae systematicae: 103.

Synonyme:

circumfusa MARSHAM, 1802: 227 (*Crioceris*)
delagrangei PIC, 1898a: 26 (*Helodes*) Zuordnung unklar
fuliginosa BOURGEOIS, 1884: 20 (*Helodes*) Zuordnung unklar
limbata LAPORTE, 1840: 259 (*Cyphon*)
nigricans SCHILSKY, 1888: 188 (*Helodes*)
nimbata PANZER, 1794: 24: 15 (*Cistela*)
pyrenaea PIC, 1898a: 26 (*Helodes*)
schilskyi PIC, 1914: 37 (*Cyphon*)
xanthopoda BOURGEOIS, 1884: 20 (*Helodes*) Zuordnung unklar

Literatur: ANGELINI (1991), BELLSTEDT (1987), BOUKAL et al. (2007), BRANDSTETTER & KAPP (1998), BURAKOWSKI et al. (1983), CASPERS (1980), COULON (1987), DROST (2008), FRANK & KONZELMANN (2002), FRANZ (1974), GEISER (2001), GEREND (2003), GÜMBEL (1976), GÜRLICH et al. (1995), HANNAPPEL & PAULUS (1997), HANSEN (1964), HORION (1955), JELÍNEK (1993), JOOST (1976), JOOST et al. (1985), KAHLEN (1987), KIESENWETTER (1863), KLAUSNITZER (1965, 1971b, 1971c: Redeskription, 1972a, 1975c, 1990a, 1992, 1994, 1999), KLAUSNITZER et al. (2003), KÖHLER (1992), KÖHLER & KLAUSNITZER (1998), MAHLER & HANSEN (1983: Verbreitungskarte Europa), MÜLLER (1912), NYHOLM (1972c), RASMUSSEN (1978, 1979), RUTA et al. (2003), SANDROCK (1978), TOURNIER (1868), WÖRNDLE (1950), ZWICK & HECHT (2008: Biologie).

Verbreitung: West- und Mitteleuropa, besonders in gebirgigen Lagen. In der Literatur (KLAUSNITZER 1972a) verzeichnete Fundorte in Spanien (Asturien), Portugal und Algerien gehören sehr wahrscheinlich zu anderen Arten.

Nachweise: Belgien: HORION (1955). COULON (1987: Verbreitungskarte). – Dänemark: HORION (1955), HANSEN (1964), RASMUSSEN (1978, 1979), MAHLER & HANSEN (1983). – Deutschland: alle Bundesländer (HORION 1955, Fundortkartei KLAUSNITZER, unveröffentlicht, KÖHLER & KLAUSNITZER 1998). Fundorte bei KLAUSNITZER (1965, 1971b, 1994, KLAUSNITZER et al. 2003: Verbreitungskarte Thüringen, BELLSTEDT 1987, CASPERS 1980: Emergenz, FRANK & KONZELMANN 2002: Baden-Württemberg, GÜRLICH et al. 1995: Schleswig-Holstein, JOOST 1976, JOOST et al. 1985, KÖHLER 1992). – Frankreich: HORION (1955). – Großbritannien: HORION (1955). – Irland: HORION (1955). ANDERSON et al. (1997). – Italien: HORION (1955). Piemonte, Lombardia, Trentino-Alto Adige, Liguria, Toscana, Calabria (KLAUSNITZER 1990a). Calabria (ANGELINI 1991). – Liechtenstein: BRANDSTETTER & KAPP (1998). – Luxemburg: GEREND (2003). – Niederlande: HORION (1955). DROST (2008: Verbreitungskarte). – Norwegen: HORION (1955). – Österreich: HORION (1955). Fundorte bei FRANZ (1974). Nordtirol (WÖRNDLE 1950, KAHLEN 1987). Vorarlberg (MÜLLER 1912, BRANDSTETTER & KAPP 1998). Salzburg (GEISER 2001).– Polen: HORION (1955). BURAKOWSKI et al. (1983). RUTA et al. (2003). – Rumänien: HORION (1955). Fundorte bei KLAUSNITZER (1975c). – Schweden: „Habitat in Dalekarliae“ (locus typicus) (FABRICIUS 1798). HORION (1955). – Schweiz: HORION (1955). Kantone Aargau, Appenzell, Bern, Basel-Stadt, Fribourg, Genève, Graubünden, Schaffhausen, Schwyz, Tessin, Waad, Wallis, Zürich (KLAUSNITZER 1999: Verbreitungskarte). – Slowakei: HORION (1955). JELÍNEK (1993). – Tschechien: HORION (1955). Böhmen, Mähren (JELÍNEK 1993, BOUKAL et al. 2007). – Ukraine: Kiew (HORION 1955). – Ungarn: mehrere Fundorte (KLAUSNITZER 1972a).

Ökologie, Phänologie und Biologie: Larven in kalten, schnell fließenden Bächen in Gebirgsgegenden (JOOST et al. 1985), aber auch in norddeutschen Waldgebieten. Zweijährige Entwicklung (RASMUSSEN 1978, ZWICK & HECHT 2008) mit strikt unimodaler Flugzeit der

Imagines. CASPERS (1980) stellte bei Emergenzuntersuchungen eines kleinen Waldbaches bei Bonn eine Schlupfzeit von Mitte Mai bis Ende August, mit einem Maximum im Juni fest. COULON (1987) fand in Belgien Imagines zwischen Ende April und Ende Juli.

Odeles styriaca KLAUSNITZER, 2008

Zitat der Originalbeschreibung: Entomologische Nachrichten und Berichte 52: 55.

Literatur: KLAUSNITZER (2008d, e).

Verbreitung: Sehr wahrscheinlich ein extramediterran-europäisches Faunenelement (Dinodal). Dass diese Art nur an zwei Stellen im Alpenvorland gefunden wurde, wo die glazialen Vereisungen nicht hingekommen sind, spricht für einen lokalen Endemismus.

Nachweise: Österreich: Steiermark, Rein nordwestlich Graz (KLAUSNITZER 2008c). – Slowenien: Sevnica (ehemals Lichtenwald in der Untersteiermark) (locus typicus) (KLAUSNITZER 2008c, e).

Ökologie, Phänologie und Biologie: submontan; 360-500 m Seehöhe.

Odeles tenebrica KLAUSNITZER, 2008

Zitat der Originalbeschreibung: Entomologische Nachrichten und Berichte 51: 196.

Verbreitung: Atlantomediterrane Art, Mittelspanien.

Nachweise: Spanien: Kastilien-León, Foncebadón (locus typicus) (KLAUSNITZER 2008a).

Odeles trilineata CHEVROLAT, 1865 (*Helodes*)

Zitat der Originalbeschreibung: Revue et Magazin de Zoologie Pure et Appliquée (2) 17: 352.

Literatur: KLAUSNITZER (1990f), PIC (1914).

Verbreitung: Atlantomediterrane Art.

Nachweise: Frankreich: Südwestfrankreich, Pyrenäen (Hautes-Pyrénées, Pyrénées-orientales). – Spanien: l'Escurial (locus typicus) (CHEVROLAT 1865). Regionen Madrid, Cantabria, Castilla-León, Galicia.

Ökologie, Phänologie und Biologie: Fundorte meist in montaner Zone. Imagines von Anfang Juni bis Anfang Juli.

Beschriebene, aber nicht klar erkennbare Arten

Zur Gattung *Odeles* gehören die folgenden Arten, von denen mit einer Ausnahme keine Typen untersucht werden konnten, die nach den Originalbeschreibungen jedoch nicht sicher zugeordnet werden können. Vielleicht handelt es sich aber auch um valide Arten.

Odeles bonvouloirii (TOURNIER, 1868)

Bereits TOURNIER (1868) kennt vier *Odeles*-Arten (*O. trilineata* sieht er als Synonym von *O. marginata* an). Er beschrieb zusätzlich *O. bonvouloirii*, dessen Deutung bis heute ein nicht völlig geklärtes Rätsel ist. Da ein Typus offenbar nicht mehr existiert bzw. verschollen ist, steht nur die Originalbeschreibung zur Verfügung. Diese ist für die damalige Zeit von herausragender Qualität (KLAUSNITZER 1999). Vor allem folgende Merkmale aus der Beschreibung können zur Deutung der Art herangezogen werden (KLAUSNITZER 2004d):

- Pronotum einfarbig dunkelbraun,
- 7. Sternit breit und tief als querliegendes Rechteck ausgeschnitten,
- Körperlänge 4,5 mm,
- Areal: Alpes du Valais.

Alle diese Merkmale könnten auf *O. hausmanni* zutreffen. Etwas problematisch ist die Beurteilung der Ausrandung des 7. Sternit. Eine ± rechteckige Form ist nicht bekannt, immer handelt es sich um einen Bogen. Erschwerend kommt die Abbildung und Beschreibung von *O. hausmanni* hinzu. Die bei dieser Art vorhandene deutliche Einbuchtung wird überraschend nur andeutungsweise geschildert.
HORION (1955) charakterisiert *O. bonvouloirii* noch durch folgende Merkmale, wobei er sich auf STIERLIN (1898) bezieht: Pronotum und Elytren dunkelgelb, nur Elytren an der Spitze dunkler; 3. Antennenglied halb so lang wie das 2.; Körper oval; Länge 4,5 mm. Diese Angaben passen zu den Weibchen von *O. hausmanni* (mit Ausnahme der Ausrandung des 7. Sternit, die nur bei den Männchen vorkommt).
Schwer zu deuten ist auch die Körperlänge, die TOURNIER (1868) für *O. hausmanni* mit 3,5-3,75 mm angibt.
Es muss nach allem vorläufig als wahrscheinlich angesehen werden, dass es sich bei *O. bonvouloirii* um ein Synonym zu *O. hausmanni* handelt.

Odeles marocanus (PIC, 1939)

Der Holotypus wurde untersucht (KLAUSNITZER 1991a). Es ist ein Weibchen, das für eine Redeskription der Art nicht ausreicht. Auch die von PIC (1939) angegebenen Merkmale lassen eine Charakterisierung nicht zu. Der Fundort (Marokko: Ifrane) lässt die Vermutung zu, dass es sich um eine valide Art handelt. Unverständlich bleibt PICS Vergleich mit *Elodes chobauti* ABEILLE DE PERRIN, 1894. Diese Art gehört in eine andere Gattung, das untersuchte Exemplar jedoch zu *Odeles* KLAUSNITZER. Die Originalbeschreibung gestattet jedenfalls nicht einmal eine sichere Zuordnung zu einer der beiden Gattungen (KLAUSNITZER 2004d).

Odeles peninsularis (PIC, 1898)

Diese Art wurde von PIC (1898) mit *Odeles gredleri* verglichen. Die Unterschiede betreffen die Form des Körpers und des Pronotum, reichen aber nicht aus, die Art zu charakterisieren. Das 7. Sternit ist nicht ausgerandet. Hier wird ein Vergleich zu *Elodes chrysocomes* ABEILLE DE PERRIN, 1872 gezogen, bei dem das 7. Sternit – wie überhaupt bei den Männchen der Gattung *Elodes* – ausgerandet ist. Weiterhin werden die geringe Körpergröße (3,5 mm) und die kurzen Elytren hervorgehoben. Die Art wurde aus „Vient de Cèa en Espagne“ beschrieben (Nordwestspanien). Möglicherweise könnte es sich um ein kleines Exemplar von *Odeles trilineata* handeln, jedoch ist auch eine andere (valide) Art nicht auszuschließen (KLAUSNITZER 2004d).

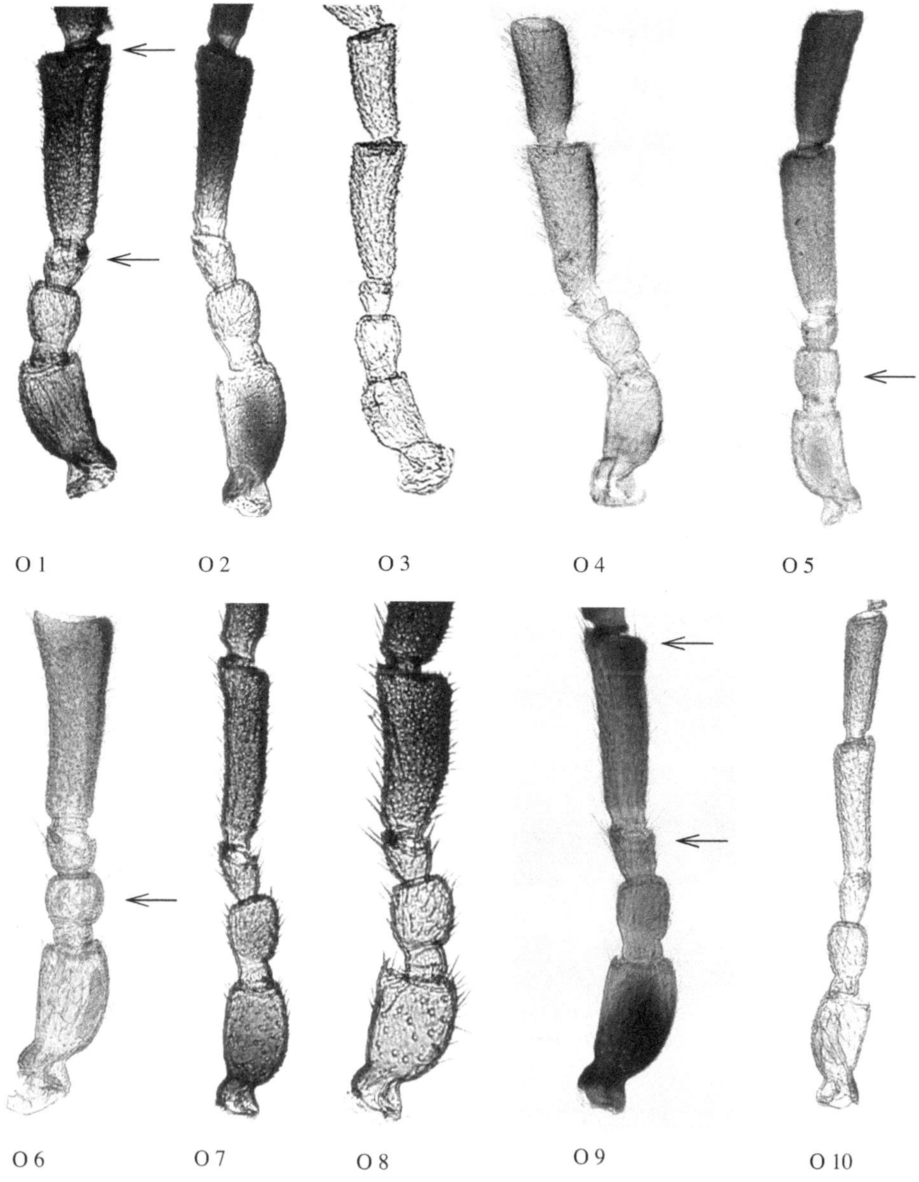

Abb. O 1: *Odeles marginata* ♂, 1.-4. Antennenglied; **Abb. O 2:** *Odeles marginata* ♀, 1.-4. Antennenglied; **Abb. O 3:** *Odeles armilabris* ♂, 1.-5. Antennenglied; **Abb. O 4:** *Odeles bulgharensis* ♂, 1.-5. Antennenglied; **Abb. O 5:** *Odeles styriaca* ♂, 1.-4. Antennenglied; **Abb. O 6:** *Odeles appeninicola* ♂, 1.-4. Antennenglied; **Abb. O 7:** *Odeles hausmanni* ♂, 1.-4. Antennenglied; **Abb. O 8:** *Odeles horstaspoecki* ♂, 1.-4. Antennenglied; **Abb. O 9:** *Odeles trilineata* ♂, 1.-4. Antennenglied; **Abb. O 10:** *Odeles cantabrica* ♀, 1.-5. Antennenglied.

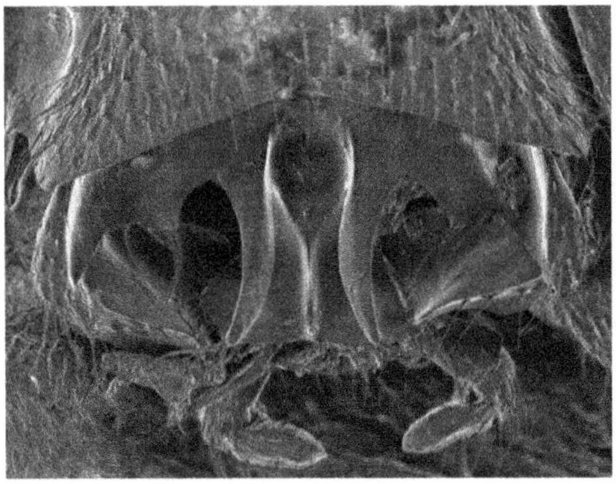

O 11

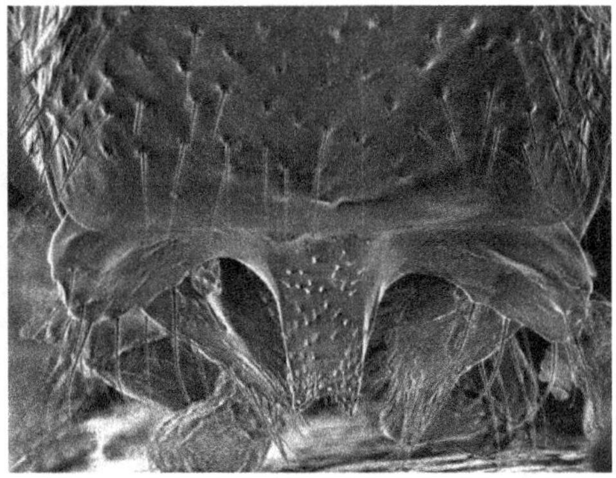

O 12

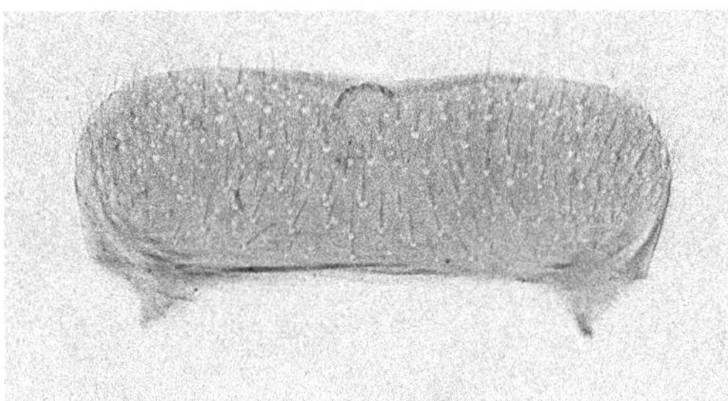

O 13

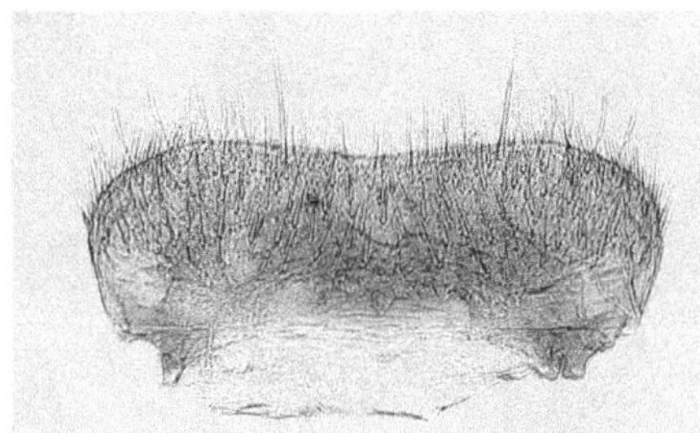

O 14

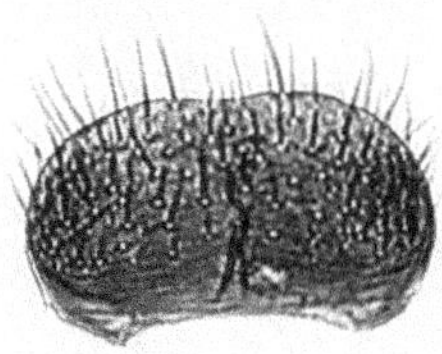

O 15

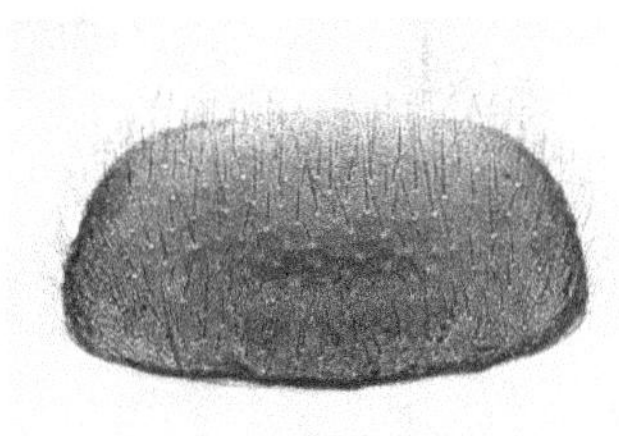

O 16

O 17

Abb. O 11: *Odeles armilabris* ♂, Labrum; **Abb. O 12:** *Odeles bulgharensis* ♂, Labrum; **Abb. O 13:** *Odeles styriaca* ♂, Labrum; **Abb. O 14:** *Odeles appeninicola* ♂, Labrum; **Abb. O 15:** *Odeles hausmanni* ♂, Labrum; **Abb. O 16:** *Odeles gredleri* ♂, Labrum; **Abb. O 17:** *Odeles gredleri* ♀, Labrum.

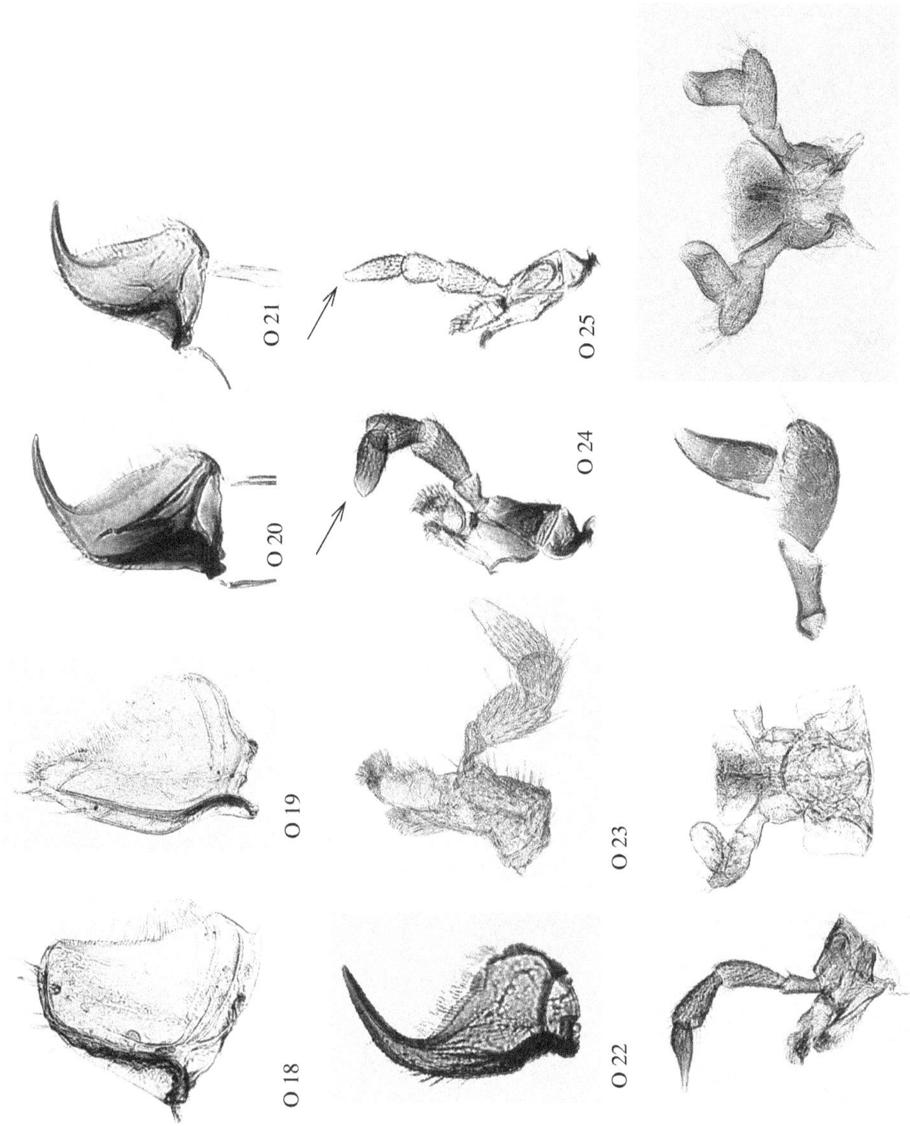

Abb. O 18: *Odeles armilabris* ♂, linke Mandibel; **Abb. O 19:** *Odeles bulgharensis* ♂, linke Mandibel; **Abb. O 20:** *Odeles hausmanni* ♂, linke Mandibel; **Abb. O 21:** *Odeles horstaspoecki* ♂, linke Mandibel; **Abb. O 22:** *Odeles marginata* ♂, linke Mandibel; **Abb. O 23:** *Odeles armilabris* ♂, Maxille; **Abb. O 24:** *Odeles hausmanni* ♂, Maxille; **Abb. O 25:** *Odeles horstaspoecki* ♂, Maxille; **Abb. O 26:** *Odeles marginata* ♂, Maxille; **Abb. O 27:** *Odeles armilabris* ♂, Labium; **Abb. O 28:** *Odeles granosicollis* ♂, Labialpalpus; **Abb. O 29:** *Odeles cantabrica* ♂, Labium.

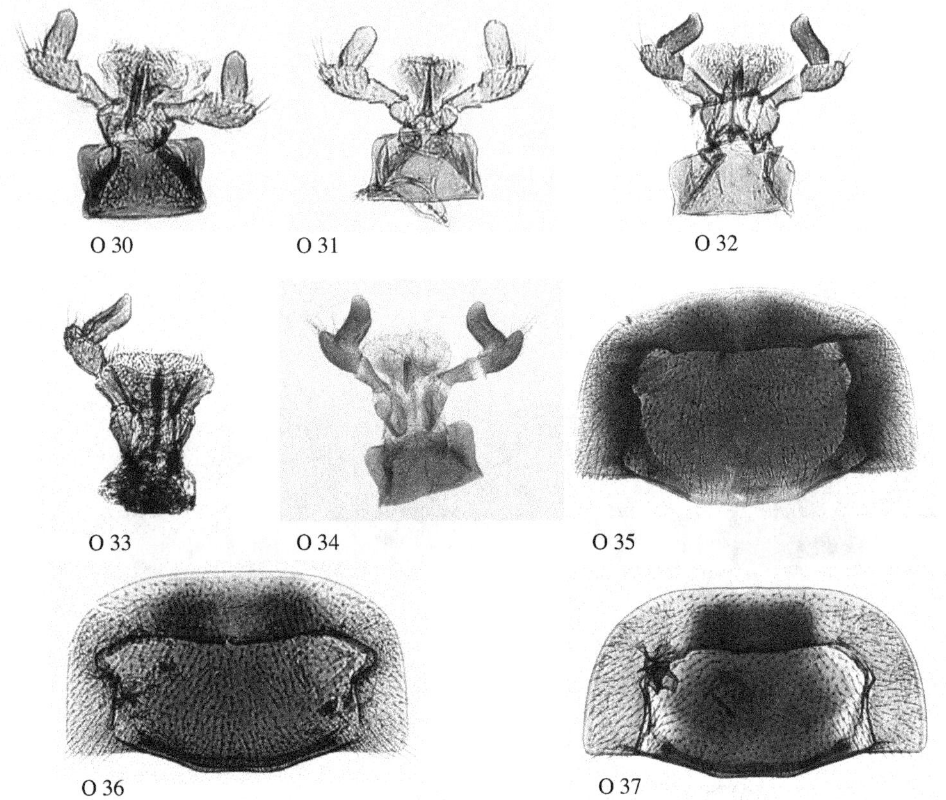

Abb. O 30: *Odeles hausmanni* ♂, Labium; **Abb. O 31:** *Odeles horstaspoecki* ♂, Labium; **Abb. O 32:** *Odeles marginata* ♀, Labium; **Abb. O 33:** *Odeles marginata* ♂, Labium; **Abb. O 34:** *Odeles tenebrica* ♂, Labium; **Abb. O 35:** *Odeles hausmanni* ♂, Pronotum; **Abb. O 36:** *Odeles marginata* ♂, Pronotum; **Abb. O 37:** *Odeles marginata* ♀, Pronotum.

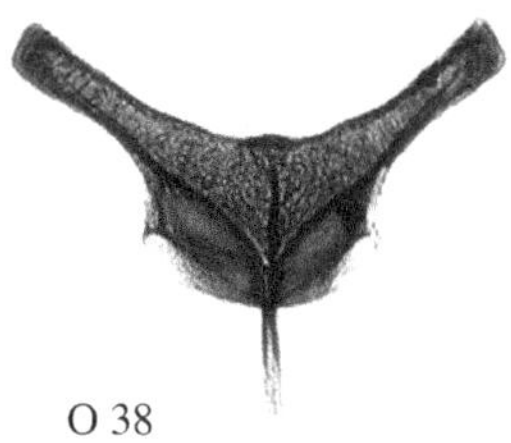

O 38

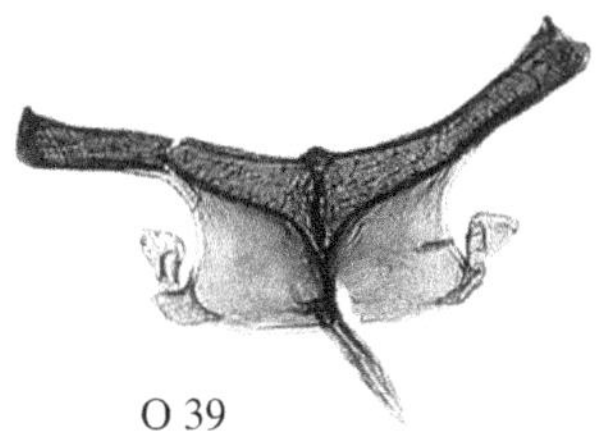

O 39

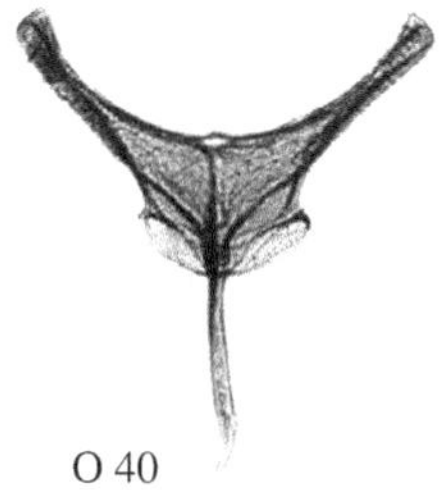

O 40

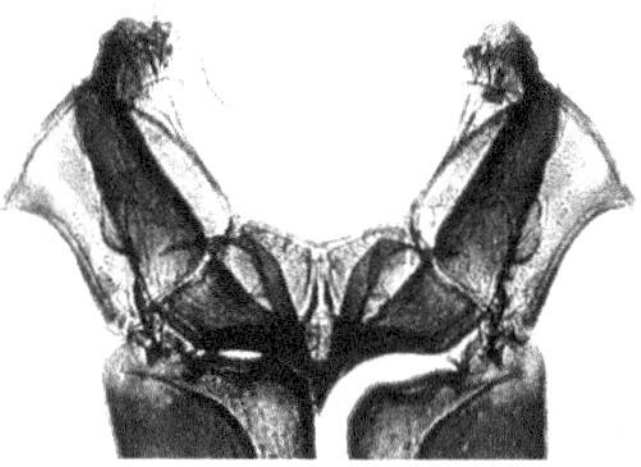

O 41

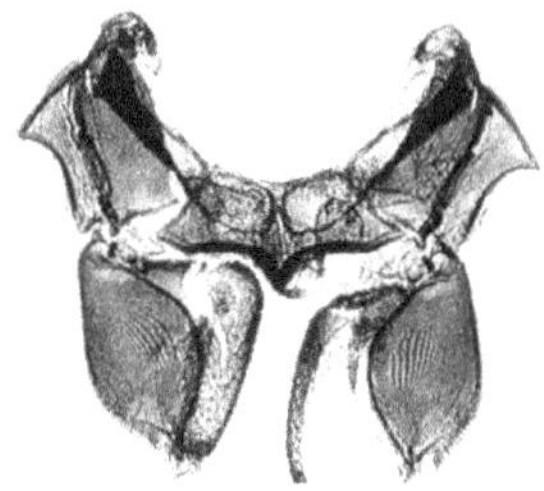

O 42

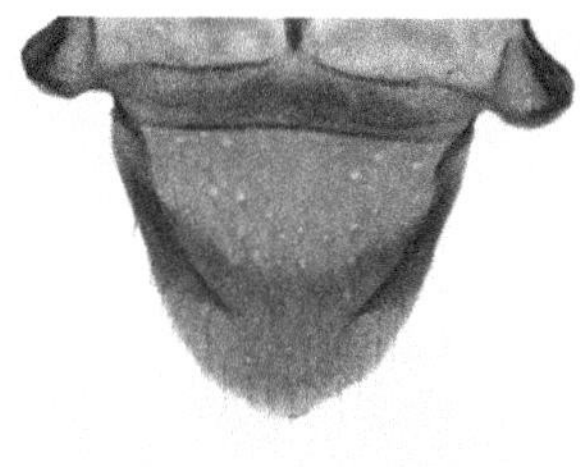

O 43

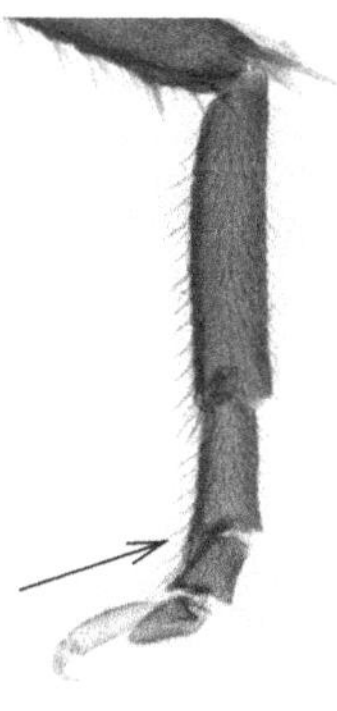

O 44

O 45

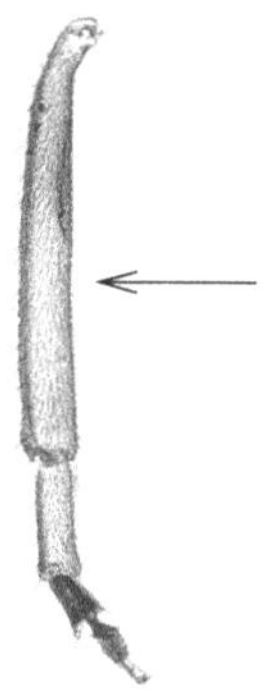

O 46

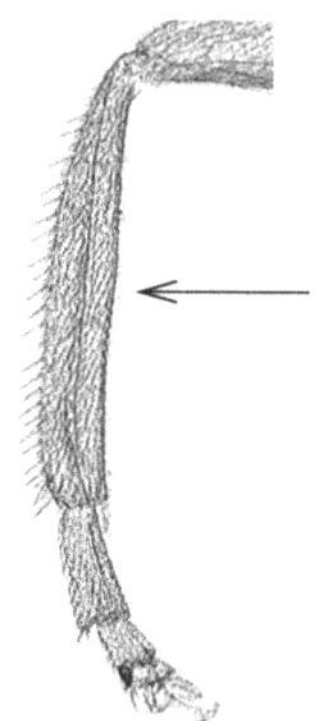

O 47

Abb. O 38: *Odeles hausmanni* ♂, Prosternalfortsatz; **Abb. O 39:** *Odeles horstaspoecki* ♂, Prosternalfortsatz; **Abb. O 40:** *Odeles marginata* ♂, Prosternalfortsatz; **Abb. O 41:** *Odeles hausmanni* ♂, Mesosternalfortsatz; **Abb. O 42:** *Odeles horstaspoecki* ♂, Mesosternalfortsatz; **Abb. O 43:** *Odeles marginata* ♂, Scutellum; **Abb. O 44:** *Odeles hausmanni* ♂, Metatarsus; **Abb. O 45:** *Odeles marginata* ♂, Metatarsus; **Abb. O 46:** *Odeles cantabrica* ♀, Metatibia und -tarsus; **Abb. O 47:** *Odeles asturica* ♀, Metatibia und -tarsus.

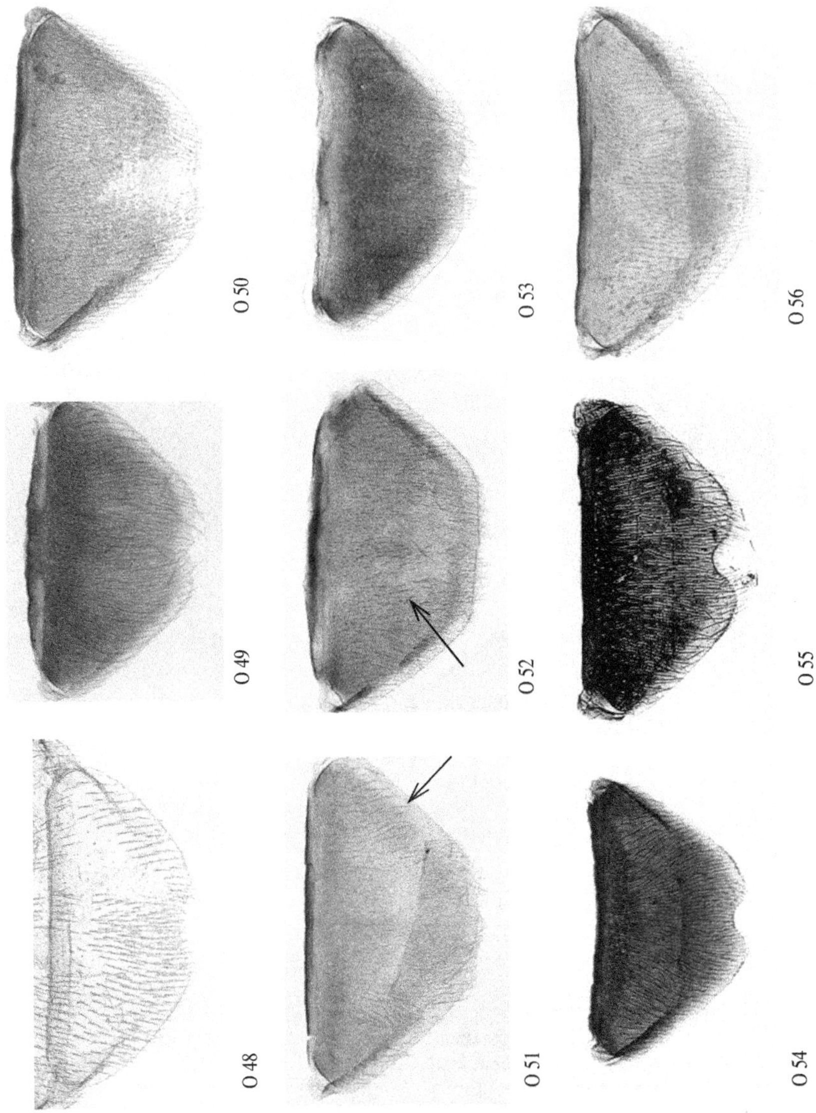

Abb. O 48: *Odeles armilabris* ♂, 7. Sternit; **Abb. O 49:** *Odeles styriaca* ♂, 7. Sternit; **Abb. O 50:** *Odeles appeninicola* ♂, 7. Sternit; **Abb. O 51:** *Odeles styriaca* ♀, 7. Sternit; **Abb. O 52:** *Odeles appeninicola* ♀, 7. Sternit; **Abb. O 53:** *Odeles granosicollis* ♂, 7. Sternit; **Abb. O 54:** *Odeles hausmanni* ♂, 7. Sternit; **Abb. O 55:** *Odeles horstaspoecki* ♂, 7. Sternit; **Abb. O 56:** *Odeles gredleri* ♂, 7. Sternit.

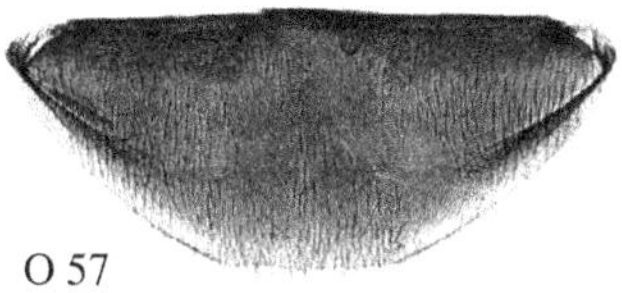
O 57

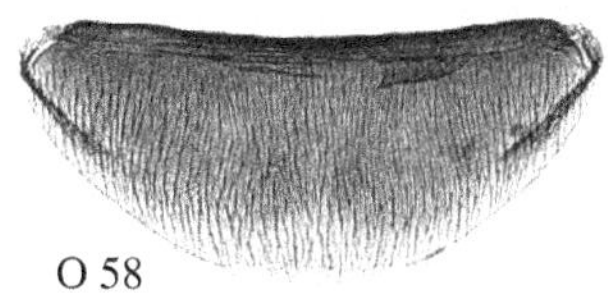
O 58

O 59

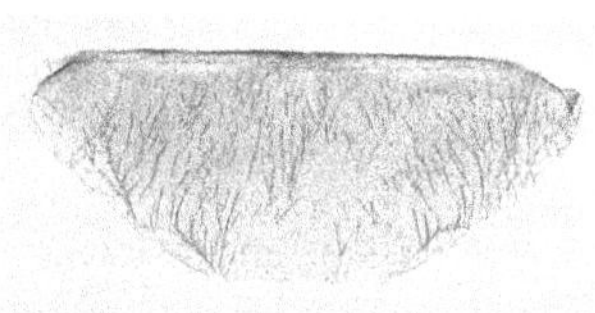
O 60

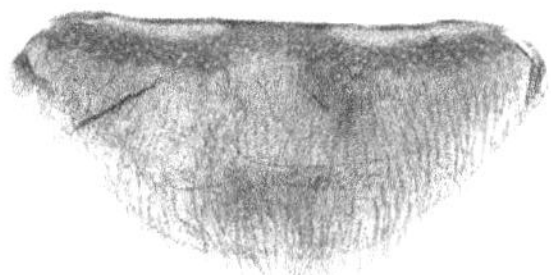
O 61

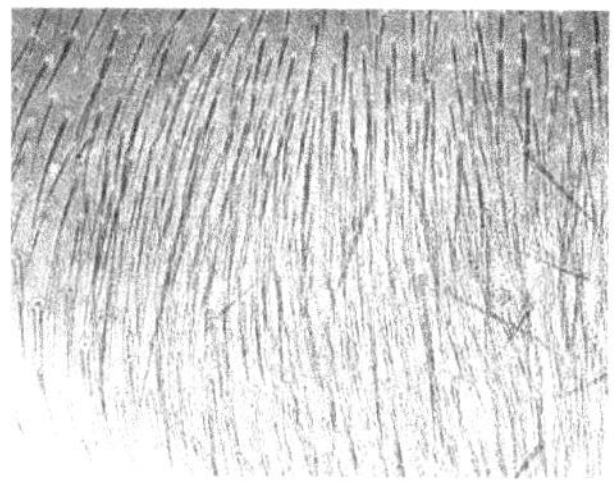
O 62

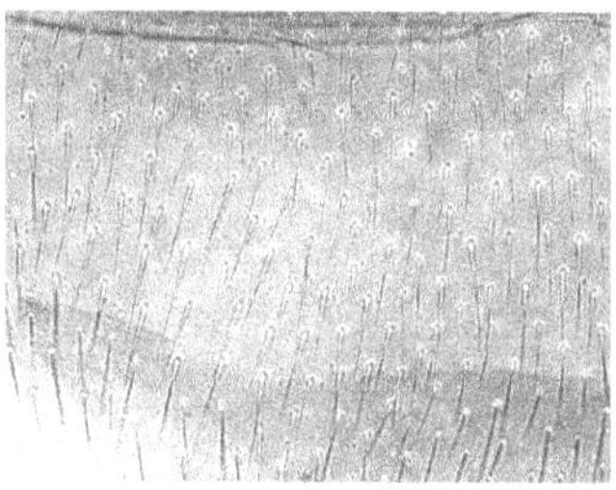
O 63

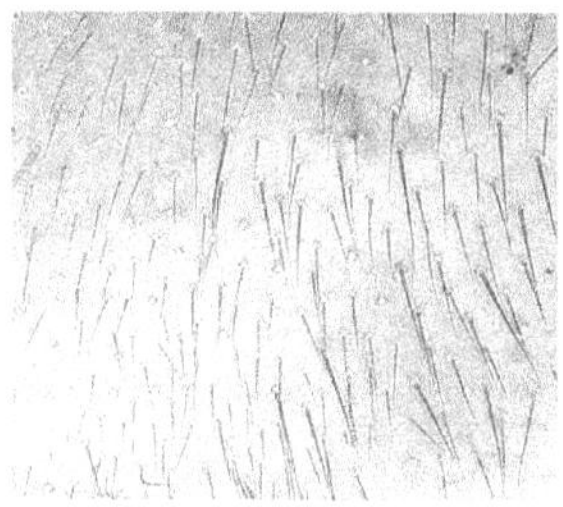
O 64

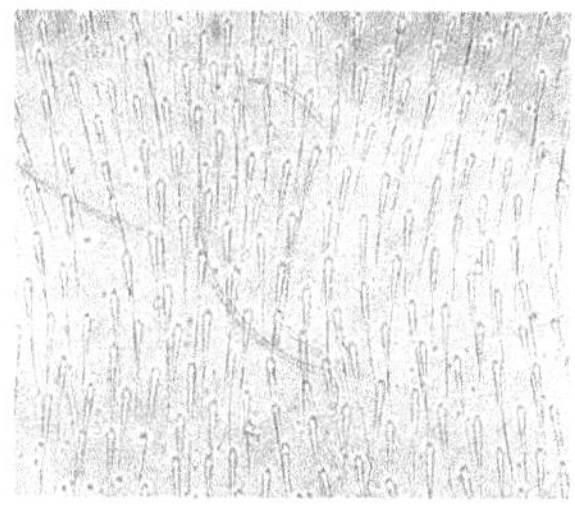
O 65

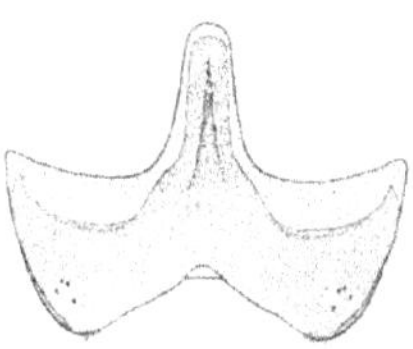
O 66

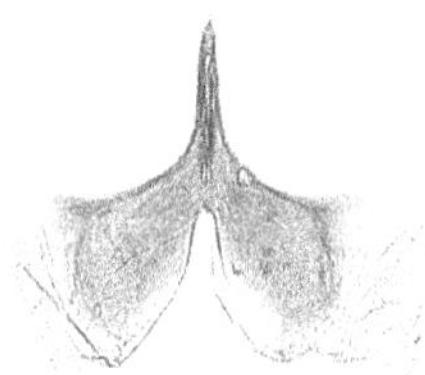
O 67

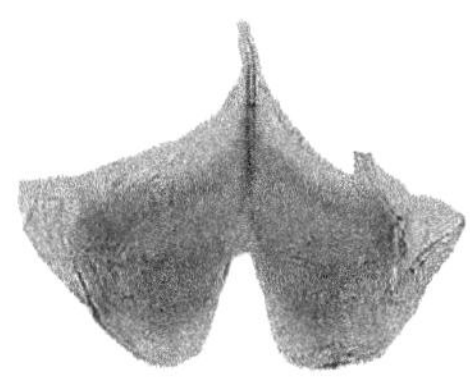
O 68

Abb. O 57: *Odeles marginata* ♀, 7. Sternit; **Abb. O 58:** *Odeles marginata* ♂, 7. Sternit; **Abb. O 59:** *Odeles trilineata* ♂, 7. Sternit; **Abb. O 60:** *Odeles cantabrica* ♂, 7. Sternit; **Abb. O 61:** *Odeles auriensis* ♂, *7. Sternit;* **Abb. O 62:** *Odeles styriaca* ♂, 7. Sternit, Detail; **Abb. O 63:** *Odeles gredleri* ♂, 7. Sternit, Detail; **Abb. O 64:** *Odeles styriaca* ♀, 7. Sternit, Detail; **Abb. O 65:** *Odeles gredleri* ♀, 7. Sternit, Detail; **Abb. O 66:** *Odeles armilabris* ♂, 8. Sternit, aus NYHOLM (1974); **Abb. O 67:** *Odeles hausmanni* ♂, 8. Sternit; **Abb. O 68:** *Odeles marginata* ♂, 8. Sternit.

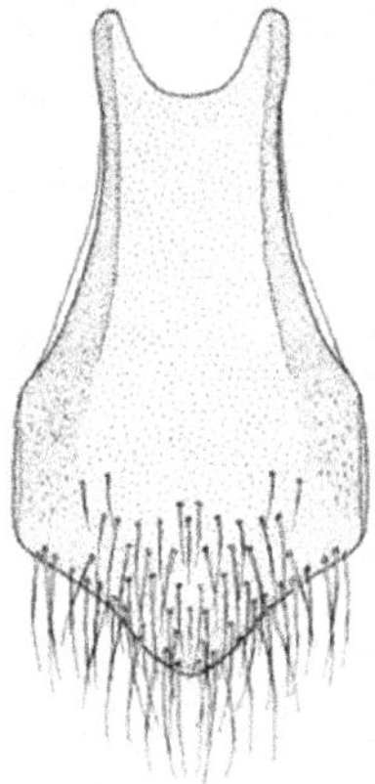

O 69

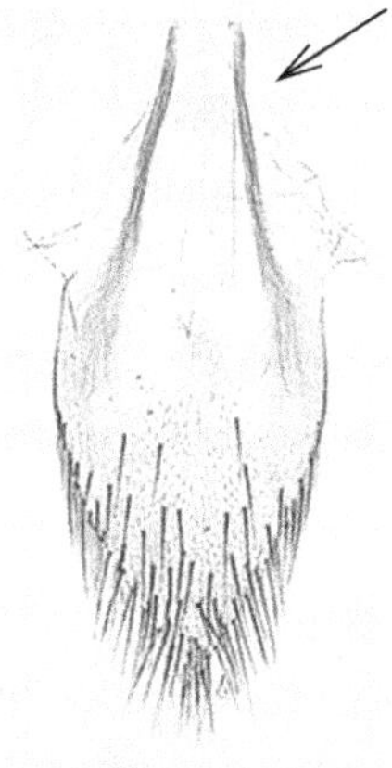

O 70

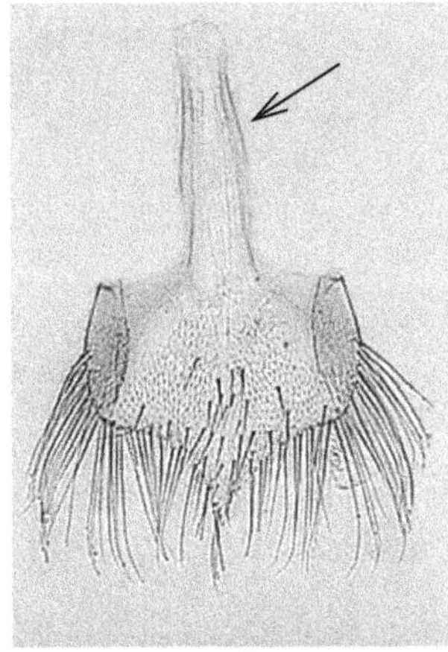

O 71

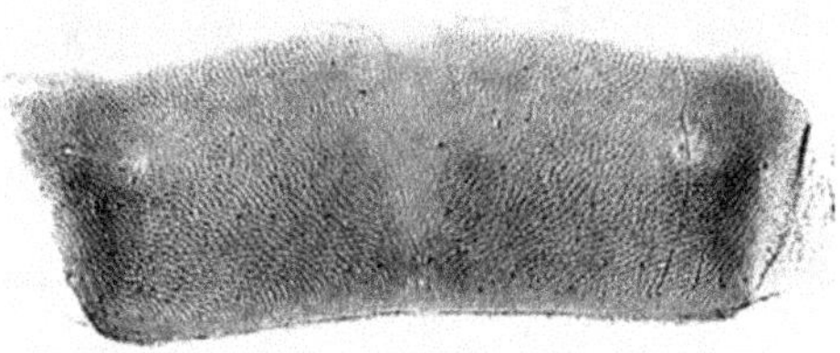

O 72

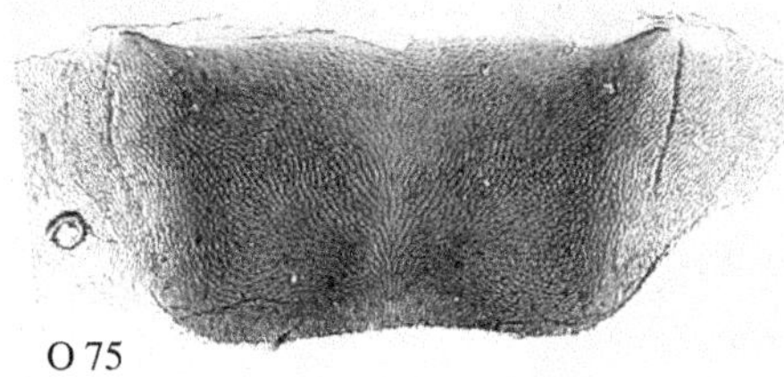

O 75

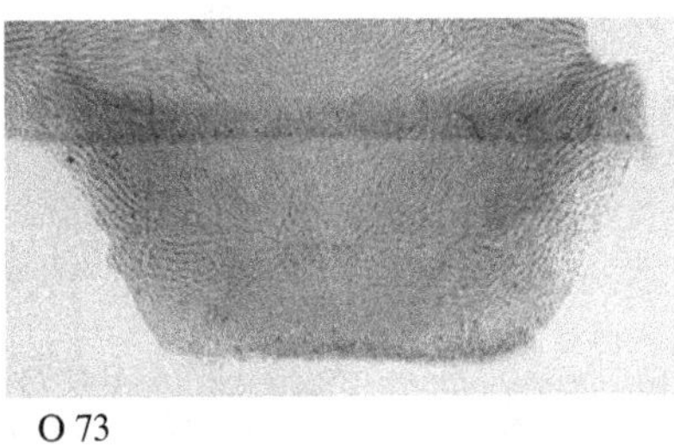

O 73

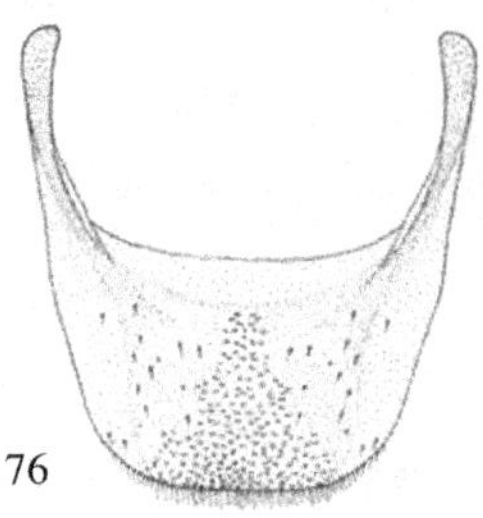

O 76

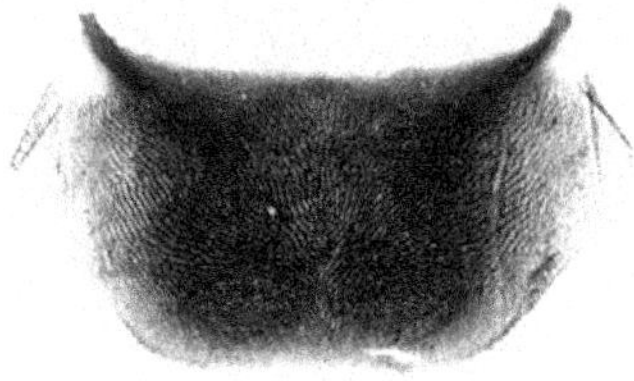

O 74

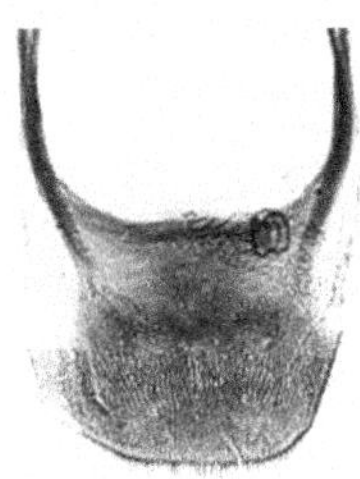

O 77

Abb. O 69: *Odeles armilabris* ♂, 9. Sternit, aus NYHOLM (1974); **Abb. O 70:** *Odeles hausmanni* ♂, 9. Sternit; **Abb. O 71:** *Odeles marginata* ♂, 9. Sternit; **Abb. O 72:** *Odeles marginata* ♀, 6. Tergit; **Abb. O 73:** *Odeles armilabris* ♂, 7. Tergit; **Abb. O 74:** *Odeles hausmanni* ♂, 7. Tergit; **Abb. O 75:** *Odeles marginata* ♂, 7. Tergit; **Abb. O 76:** *Odeles armilabris* ♂, 8. Tergit, aus NYHOLM (1974); **Abb. O 77:** *Odeles hausmanni* ♂, 8. Tergit.

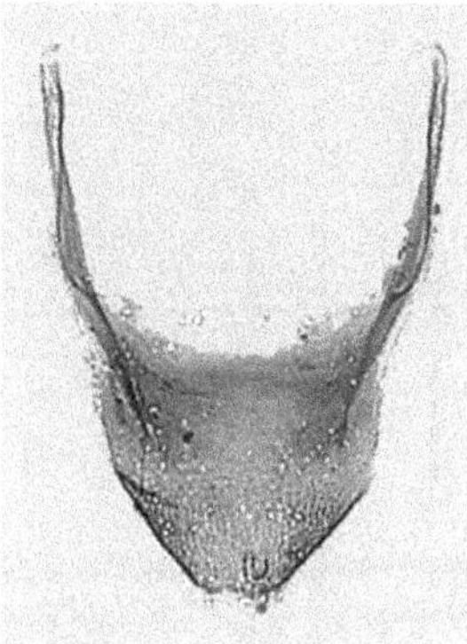

O 78

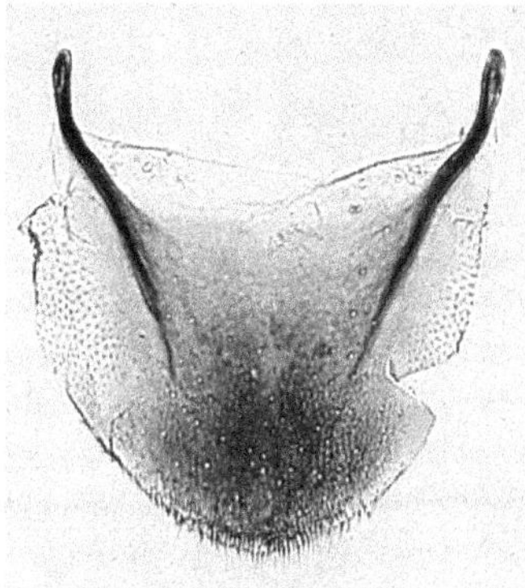

O 79

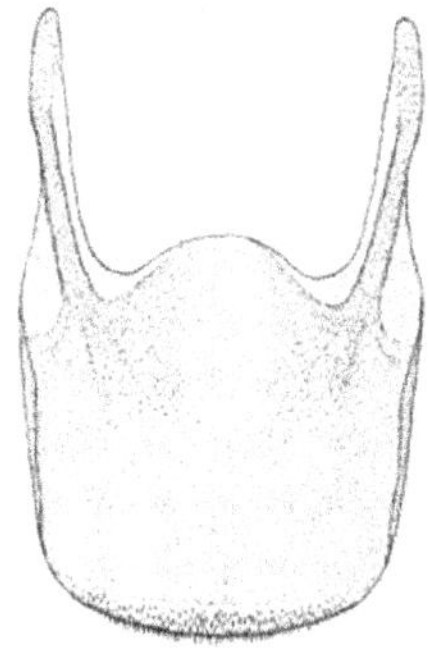

O 80

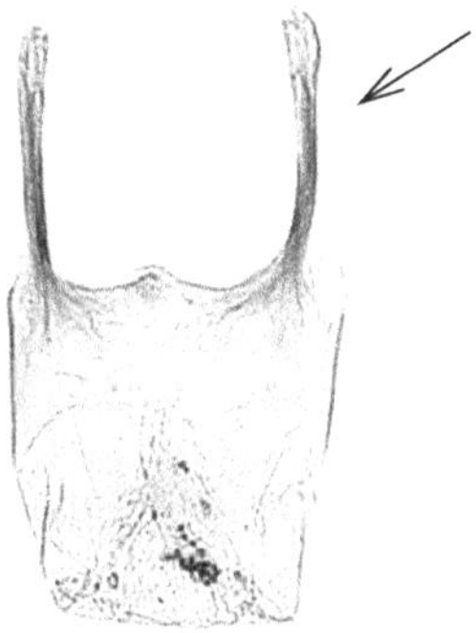

O 81

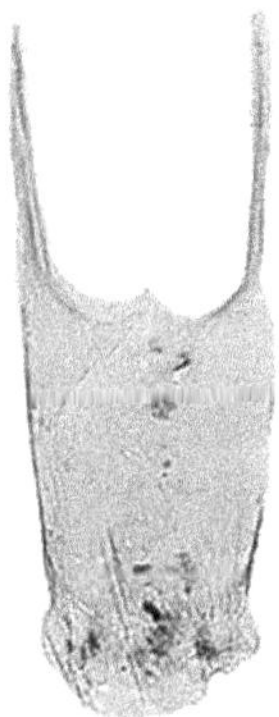

O 82

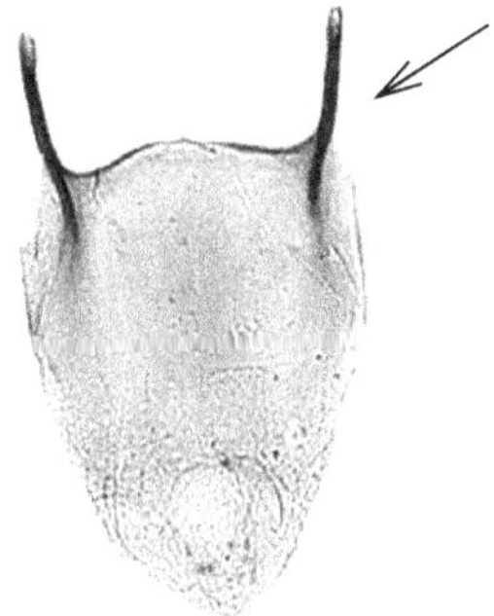

O 83

O 84

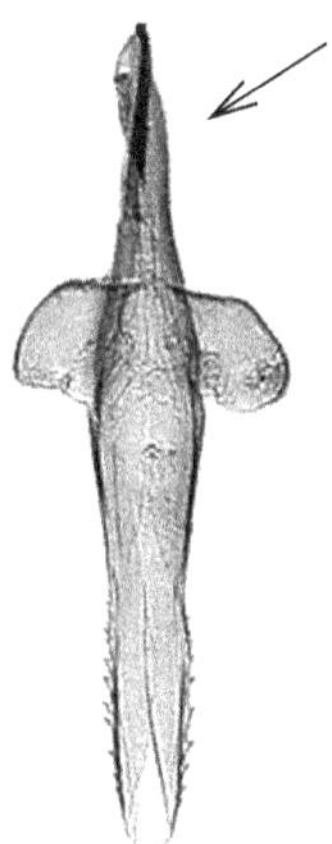

O 85

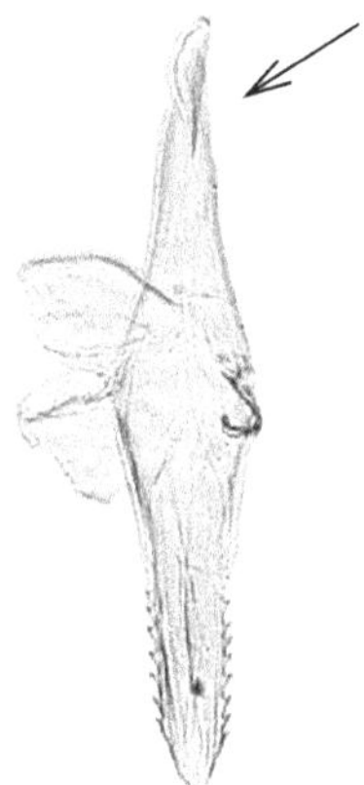

O 86

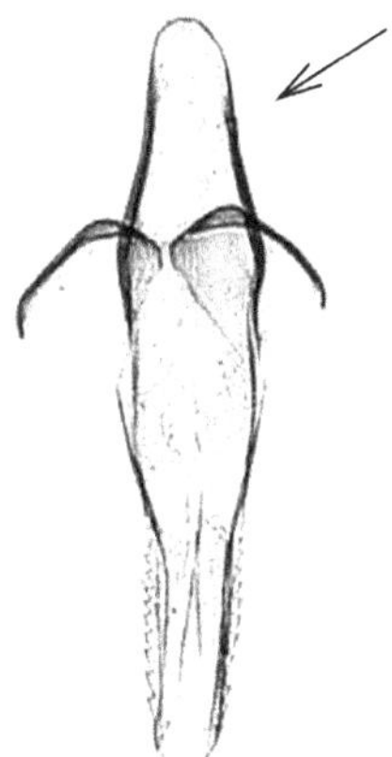

O 87

Abb. O 78: *Odeles horstaspoecki* ♂, 8. Tergit; **Abb. O 79:** *Odeles marginata* ♂, 8. Tergit; **Abb. O 80:** *Odeles armilabris* ♂, 9. Tergit, aus Nyholm (1974); **Abb. O 81:** *Odeles hausmanni* ♂, 9. Tergit; **Abb. O 82:** *Odeles horstaspoecki* ♂, 9. Tergit; **Abb. O 83:** *Odeles marginata* ♂, 9. Tergit; **Abb. O 84:** *Odeles armilabris* ♂, Tegmen, aus Nyholm (1974); **Abb. O 85:** *Odeles hausmanni* ♂, Tegmen; **Abb. O 86:** *Odeles horstaspoecki* ♂, Tegmen; **Abb. O 87:** *Odeles marginata* ♂, Tegmen.

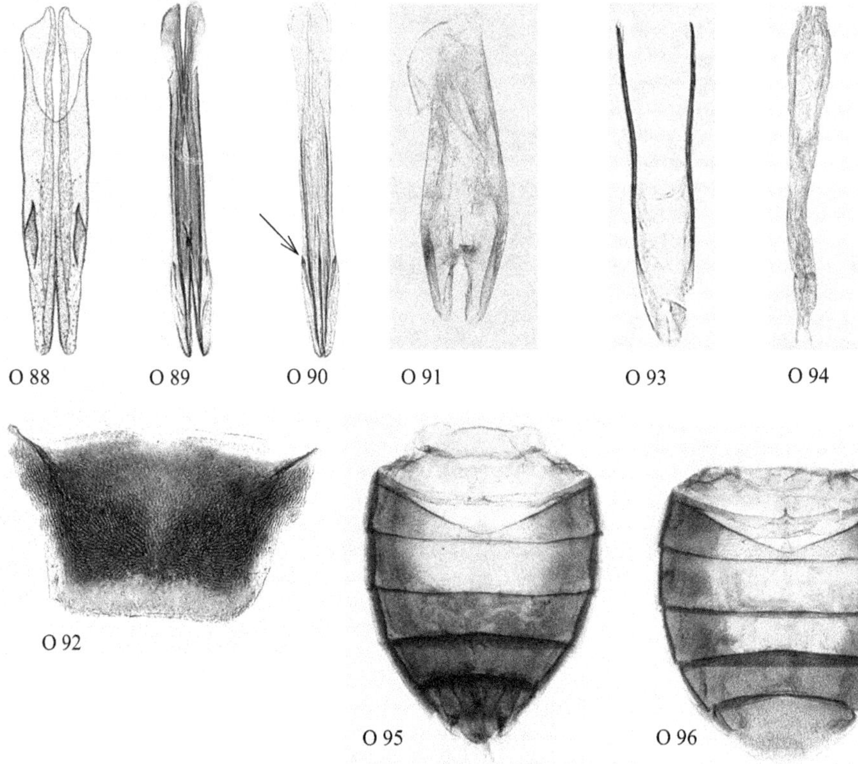

Abb. O 88: *Odeles armilabris* ♂, Penis, aus Nyholm (1974); **Abb. O 89:** *Odeles hausmanni* ♂, Penis; **Abb. O 90:** *Odeles horstaspoecki* ♂, Penis; **Abb. O 91:** *Odeles marginata* ♀, 8. Sternit; **Abb. O 92:** *Odeles marginata* ♀, 7. Tergit; **Abb. O 93:** *Odeles marginata* ♀, 8. Tergit; **Abb. O 94:** *Odeles marginata* ♀, Ovipositor; **Abb. O 95:** *Odeles marginata* ♂, 3.-7. Abdominalsegment; **Abb. O 96:** *Odeles trilineata* ♂, 3.-7. Abdominalsegment.

7. *Sacodes* LeConte, 1854

Zitat der Originalbeschreibung: Proceedings of the Academy of Natural Sciences of Philadelphia 6 (1852, 1853): 356.

Typusart: *Elodes thoracica* Guérin-Méneville, 1843

Synonym:
Flavohelodes Klausnitzer, 1980: 61. Typusart: *Helodes flavicollis* Kiesenwetter, 1859

7.1. Beschreibung

Die Angaben zur Gattung beziehen sich nur auf *Sacodes flavicollis.*

Körper länglich oval (Abb. F 4).

Körperlänge ♂: 3,3-3,7 mm; ♀: 3,9-4,3 mm.

Kopf schwarzbraun, glänzend, fein punktiert.

3. Antennenglied deutlich kleiner als das 2. (Tabelle 42) (Abb. Sa 1, 2), abgeschrägt. Bei den ♂♂ ist das Verhältnis des 2. zum 3. Antennenglied 4,0, bei den ♀♀ 1,6. 2. + 3. Antennenglied gelbbraun (Abb. F 4); 1., 4.-11. braun (Basis und Apex meist schmal heller). Manchmal ist die gesamte Antenne gelbbraun.

Tabelle 42: Maße der Antennenglieder [mm].

Antennenglied	Länge ♂	max. Breite ♂	Länge ♀	max. Breite ♀
1.	0,25	0,16	0,17	0,10
2.	0,12	0,12	0,13	0,08
3.	0,03	0,08	0,08	0,07
4.	0,32	0,14	0,31	0,09
5.	0,28	0,13	0,27	0,09

Labrum (Abb. Sa 3, 4) gelbbraun, zwei- bis dreimal so breit wie lang, Vorderrand sehr schwach eingebuchtet. Breite ♂ 0,27 mm; ♀ 0,30 mm. Länge ♂ 0,14 mm; ♀ 0,10 mm. Bei den ♂ ist das Verhältnis von Breite zu Länge 1,9, bei den ♀ 3,0.

Mandibeln (Abb. Sa 5, 6) mit langem, stark gebogenem, spitzem Incisivus; Incisivus der rechten Mandibel distal der Basis mit einem spitzen Dorn (0,02 mm) (Abb. Sa 7 Pfeil) (nur beim ♀ ?); Schneide mit dicht gestellten, auf der vorragenden Basis mehrreihigen Haarsäumen. Länge (ohne Berücksichtigung der Krümmung) 0,33 mm; maximale Breite 0,22 mm.

Lacinia (Abb. Sa 8) mit einer Reihe kräftiger, gebogener Borsten. 2. Glied der Galea mit Kämmen gerader bzw. etwas gebogener Borsten. Maxillarpalpen (Tabelle 43) gelbbraun; 1. Glied nur am Apex mit Borsten; 2. und 3. dicht beborstet; 4. Glied an der Spitze zugespitzt, weichhäutig.

Labialpalpen (Tabelle 44) mit rechtwinklig stehendem, breitem, etwas gebogenem 3. Glied (Abb. Sa 9). 1. Glied nur mit wenigen dünnen Borsten am Apex; 2. Glied dicht und kräftig beborstet; 3. Glied von der Basis bis zur Mitte mit Borsten, apikal wenig sklerotisiert.

Pronotum einfarbig gelb bis gelbbraun (Abb. F 4), Vorderrand ziemlich gerade bis schwach bogenförmig, Seiten zum Hinterrand etwas schräg laufend, Hinterecken deutlich ausgeprägt, Hinterrand in der Mitte nach hinten ausgebuchtet. Basis jederseits in der Mitte mit einem Punktgrübchen (Abb. Sa 10 Pfeil). Maximale Breite (♂) 1,90 mm; Länge in der Mitte 0,97 mm. Maximale Breite (♀) 1,50 mm; Länge in der Mitte 0,90 mm.

Tabelle 43: Maße der Glieder der Maxillarpalpen [mm].

Glied	Länge ♂	Länge ♀
1.	0,08	0,06
2.	0,13	0,13
3.	0,14	0,11
4.	0,20	0,11

Tabelle 44: Maße der Glieder der Labialpalpen [mm].

Glied	Länge ♂	Länge ♀
1.	0,07	0,07
2.	0,12	0,12
3.	0,09	0,09

Prosternalfortsatz (Abb. Sa 11) schmal und lang (0,22-0,33 mm), apikal wenig sklerotisiert und zugespitzt.

Mesosternalfortsatz lang, an der Spitze etwas spatelförmig verbreitert.

Der Metaventrit des Metasternum ist in der Mitte durch eine fast vollständig ausgebildete Naht (Diskrimen) geteilt, die kurz vor dem Vorderrand erlischt (Abb. A 5).

Scutellum (Abb. Sa 12) gelbbraun; in der Mitte 0,31-0,34 mm lang; an der Basis 0,35-0,40 mm breit.

Elytren oval, einfarbig dunkelbraun bis schwarzbraun (Abb. F 4), selten sind nur der Seitenrand und die Basis dunkel (Elytren mit einem breiten hellen Längsband). Neben der Naht manchmal mit Spuren von eingedrückten Längsfurchen. Maximale Länge 3,70 mm; Breite in der Mitte 1,10 mm.

Beine gelbbraun. 2. Glied des Metatarsus mit spitzem Fortsatz (Abb. Sa 12 Pfeil). Länge der Glieder des Metatarsus siehe Tabelle 45.

Tabelle 45: Maße der Glieder des Metatarsus [mm].

Glied	Länge ♂	Länge ♀
Femur	1,18	1,22
Tibia	1,23	1,31
Tibia, längerer Enddorn	0,10	0,10
Tibia, kürzerer Enddorn	0,09	0,08
1.	0,50	0,39
2. (mit Fortsatz)	0,19	0,19
3.	0,08	0,07
4.	0,09	0,09
5.	0,16	0,15
Klaue (ohne Krümmung)	0,07	0,07

3.-6. Sternit braun bis schwarzbraun.

Männchen

7. Sternit hinten schwach (0,02-0,03 mm) eingebuchtet (Abb. Sa 14), schmal, etwa dreimal so breit wie lang; 0,38-0,48 mm lang; 1,18-1,32 mm breit.

8. Sternit mit gut entwickelten Pterygien und kurzem (0,10-0,15 mm), vorn spitzem unpaarem Stiel, der sich an der Basis der Pterygien gabelt und in diese fortsetzt (Abb. Sa 16). Pterygien an den Vorderecken mit einer Gruppe Borsten (0,06-0,07 mm lang). 8. Sternit etwas breiter als lang; Gesamtlänge 0,37-0,48 mm; maximale Breite 0,41-0,56 mm.

9. Sternit als hinten gerundete, schwach parabolische, nach vorn verschmälerte Platte ausgebildet, die in der hinteren Hälfte mit ca. 50 langen Borsten (ca. 0,07-0,10 mm) besetzt ist (Abb. Sa 17). Der Seitenrand ist stärker sklerotisiert als die Mitte. 9. Sternit reichlich doppelt so lang wie breit; Gesamtlänge 0,53-0,72 mm; maximale Breite 0,25-0,35 mm.

Das 7. Tergit (Abb. Sa 15) besteht aus einer breiten Platte mit kurzen seitlichen, vorn abgestutzten Bacilla lateralia, die aus der Platte herausragen (0,08 mm). Bacilla lateralia am Vorderrand der Platte ösenförmig geöffnet (Pfeil). Länge der Platte 0,45 mm; Breite 0,94 mm.

8. Tergit aus einer hinten gerundeten, aber etwas spitzen, fast dreieckigen Platte mit Kämmen von Mikrotrichen (meist 2-4 Borsten nebeneinander) und Bacilla lateralia bestehend (Abb. Sa 18); Hinterrand dünn und dicht behaart, dazwischen mit einigen längeren Haaren (0,07 mm), besonders am Seitenrand. 8. Tergit etwas länger als breit; Gesamtlänge 0,55-0,62 mm; maximale Breite der Platte 0,48-0,57 mm; Länge der Bacilla lateralia 0,25-0,32 mm.

Das 9. Tergit besteht aus einer schlanken, vor allem hinten wenig sklerotisierten, dicht und dünn behaarten Platte mit Bacilla lateralia (Abb. Sa 19). Gesamtlänge ca. 0,57-0,68 mm; maximale Breite der Platte 0,27-0,40 mm; Länge der Bacilla lateralia bis zum Vorderrand der Platte 0,30-0,34 mm.

Tegmen breit, vorn kurz zugespitzt, mit etwas verstärktem Rand, besonders an den Seiten (Abb. Sa 20). Parameren auf der Dorsalseite bis weit vor die Mitte getrennt, mit kurzen Spitzen, oval endend, ohne besondere Bildungen, aber mit Sinnesporen bedeckt. Das Tegmen bildet eine geschlossene Hülse um den Penis. Gesamtlänge 0,74-0,90 mm; maximale Breite 0,24-0,36 mm; Tiefe des Spaltes 0,13-0,14 mm.

Die Verbindungsmembran zwischen Penis und Tegmen trägt keine Sklerotisierungen.

Penis (Abb. Sa 21) vollständig in eine Pars dorsalis (Oberstück) (Abb. Sa 22) und eine Pars ventralis (Unterstück) geteilt (Abb. Sa 23). An beiden Stücken lässt sich ein Vorder- und ein Hinterteil unterscheiden. Der Vorderteil des Oberstücks bildet eine einheitliche, nach hinten verschmälerte, dadurch dreieckige, vorn gerade abgeschnittene Platte (Pala), die mit einem medialen Längskamm versehen ist, der sich hinten in zwei stärker sklerotisierte Schenkel (Crura) teilt (Abb. Sa 22). An die Crura schließt sich je ein kräftiger Anhang an (Hinterteil), der einen einheitlichen Lappen trägt, der schwach eingeschnitten und mit zahlreichen Sinnesporen und kurzen Dörnchen bedeckt ist. Vorderteil des Unterstücks geteilt, der hintere Teil läuft in eine einheitliche Spitze aus (Abb. Sa 23). Gesamtlänge des Penis 0,92-1,12 mm; Pala bis zur Basis der Crura 0,50-0,65 mm lang; maximale Breite der Pala 0,20-0,36 mm.

Weibchen

Hinterrand des 7. Sternit gebogen, in der Mitte annähernd gerade (Abb. Sa 24); 7. Sternit 0,47-0,51 mm lang; 1,20-1,22 mm breit.

8. Sternit (Abb. Sa 26) eine hinten eingekerbte Platte, die in der Mitte jederseits durch ein Stäbchen verstärkt wird. Stäbchen vorn nicht miteinander verbunden. Hinten ist die Platte mit Sinnesborsten und feinen Haaren bedeckt. Länge gesamt 0,73-0,74 mm; Breite maximal 0,31-0,34 mm.

7. Tergit (Abb. Sa 25) mit kurzen, deutlich ausgeprägten Bacilla lateralia, die aus der Platte herausragen (0,15-0,18 mm). Bacilla lateralia am Vorderrand der Platte ösenförmig geöffnet (Pfeil). Länge der Platte 0,40-0,45 mm; Breite ca. 0,90-0,92 mm.

Das 8. Tergit (Abb. Sa 27) besteht aus einer annähernd quadratischen Platte, an die sich lange Bacilla lateralia anschließen. Platte mit Kämmen von Mikrotrichen, hinten dicht und fein behaart. Länge gesamt 0,96-1,03 mm; Länge Platte 0,27-0,43 mm; Breite Platte 0,39-0,44 mm; Länge Bacilla lateralia 0,67-0,70 mm.

Das 9. Sternit und das 9. Tergit bilden einen langen schlanken Ovipositor (Abb. Sa 28). Länge gesamt 1,36-1,46 mm; Länge Baculi 1,02-1,09 mm; Länge Coxite 0,28-0,29 mm; Länge Styli 0,06-0,08 mm.

7.2. Verbreitung

Aus dieser Gattung sind bisher knapp 20 Arten bekannt (Nordindien, Ferner Osten, Korea, Japan, Kunasir, Taiwan, Nordamerika), von denen eine in Europa vorkommt (KLAUSNITZER 1973c, 1974c, 1977b, 2006a, YOSHITOMI 2005).

7.3. Ökologie und Biologie

Larven in Phytotelmen lebend (bisher nicht bei allen Arten untersucht).

7.4. Phylogenie

Autapomorphien:

Imagines:

- Penis vollständig in eine Pars dorsalis (Oberstück) und eine Pars ventralis (Unterstück) geteilt (Abb. Sa 22, 23).
- Vorderteil des Oberstücks mit medianem Längskamm (Abb. Sa 21, 22).
- Pars dorsalis hinten in 2 Schenkel (Crura) geteilt (Abb. Sa 21, 22).
- Verbindungsmembran zwischen Penis und Tegmen ohne Sklerit.

Larven (HANNAPPEL & PAULUS 1987, KLAUSNITZER 1987a):

- Entwicklung in Phytotelmen.
- Sockelstrukturen der Zahn- und Kielborsten des Hypopharynx miteinander verschmolzen (Abb. L 24).
- Zahl der Zahnborstenspitzen konstant und klein (2) (Abb. L 24).
- Mandibeln mit nur einem Borstenfeld.
- 9. Tergit mit einfachen langen Randborsten.
- Kämme der Kammborsten der Maxillen besonders lang.
- Krallenzähne glatt, an der Spitze gerundet, nach proximal nehmen sie stetig an Länge zu.
- (?) Die Kammzähne sind in ihrer Zahl auf 8-10 reduziert.

7.5. Artenübersicht

Sacodes flavicollis (KIESENWETTER, **1859**) (***Helodes***)

Zitat der Originalbeschreibung: Berliner Entomologische Zeitschrift 3: 22.

Synonym:

carolinae TSCHAPECK, 1859: 425 (*Elodes*)

Literatur: BOUKAL et al. (2007), BURAKOWSKI et al. (1983), FRANZ (1974), HANNAPPEL & PAULUS (1987: Larven), HORION (1955), JELÍNEK (1993), KLAUSNITZER (1971b, 1971c: Redeskription, 1972a, 1975c, f, 1980a, 1987a: Larven, 1990a, 1990d, 1992, 1994, 2008e), NYHOLM (1972c), TOURNIER (1868).

Verbreitung: Pontomediterranes Faunenelement, aber auch mit adriatomediterranem Areal (nicht Ostpaläarktis !). Das von verschiedenen Autoren (auch KIESENWETTER 1874, HORION 1955), mitgeteilte Vorkommen in Japan und Sibirien bezieht sich auf andere Arten (KLAUSNITZER 1972a, 1973c).

Nachweise: Albanien: KLAUSNITZER (1990d, Fundortkartei KLAUSNITZER, unveröffentlicht). – Bosnien und Herzegowina: Sarajevo (KLAUSNITZER 1990a). – Bulgarien: Melnik

(Klausnitzer 1980a, 1987a, 1990a). – Deutschland: eine alte als unwahrscheinlich angesehene Meldung aus dem Erzgebirge (Horion 1955) beruht auf einer Fehlbestimmung (Klausnitzer 1971b, 1994, 2006b). – Griechenland: „Parnes" (= Parnaß) bei Athen (locus typicus) (Kiesenwetter 1859). Festland: Peloponnes; Samarina (Hannappel & Paulus 1987). Inseln: Ionische Inseln (Keffalinia), Euböa (Horion 1955, Klausnitzer 1973c, 1990a). – Italien: Piemonte (Kiesenwetter 1863). Friuli-Venezia Giulia (Görz = Gorízia), Piemonte, Liguria (Horion 1955). Piemonte, Veneto, Friuli-Venezia Giulia, Emilia-Romagna (Klausnitzer 1990a). – Kroatien: Dalmatien (Kiesenwetter 1863, Horion 1955). Horion (1955) gibt unter Dalmatien die Ortsangabe „Castelnuovo", die aber in Kroatien nicht lokalisiert werden kann. Zagreb (Klausnitzer 1990a), Pula (Fundortkartei Klausnitzer, unveröffentlicht). – Österreich: Niederösterreich, Steiermark (Horion 1955). Fundorte bei Franz (1974). – Polen: Horion (1955). „Galizien" (Burakowski et al. 1983). Die historische Region Galizien liegt heute größtenteils in der Ukraine, eine Lage des Fundortes in Polen ist aber nicht ausgeschlossen. – Rumänien: Siebenbürgen, Kronstadt (Horion 1955). Fundorte bei Klausnitzer (1975c, 1990a). Sibiu (Klausnitzer 1987a, 1990a). – Sardinien: Horion (1955): vielleicht zweifelhaft. Klausnitzer (1990a). – Serbien: Vrdnik, Negotin (Klausnitzer 1990a). – Sizilien: Ficuzza (Klausnitzer 2008e). – Slowakei: Horion (1955), Jelínek (1993). – Slowenien: Krain (= Kranj) (Horion 1955). „Carniolia" (Klausnitzer 1990a). – Tschechien: Böhmen (Jelínek 1993). Boukal et al. (2007): wohl nicht in Tschechien. – Türkei: Antalya (Termessos) (Klausnitzer 2008e). – Ungarn: mehrere Fundorte (Klausnitzer 1972a, 1990a, Fundortkartei Klausnitzer, unveröffentlicht). – Ukraine: „Galizien" (Burakowski et al. 1983) (siehe unter Polen).

Ökologie, Phänologie und Biologie: Larven in Phytotelmen, in Rumänien (Sibiu) gemeinsam mit den Larven von *Prionocyphon serricornis*, in Bulgarien (Melnik) mit Larven von Culicidae und Ceratopogonidae (Klausnitzer 1987a). Hannappel & Paulus (1987) fanden die Larven in NW-Griechenland ebenfalls gemeinsam mit *P. serricornis*.

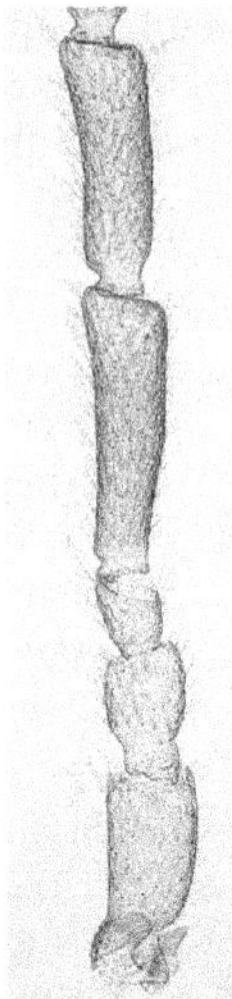
Sa 1

Sa 2

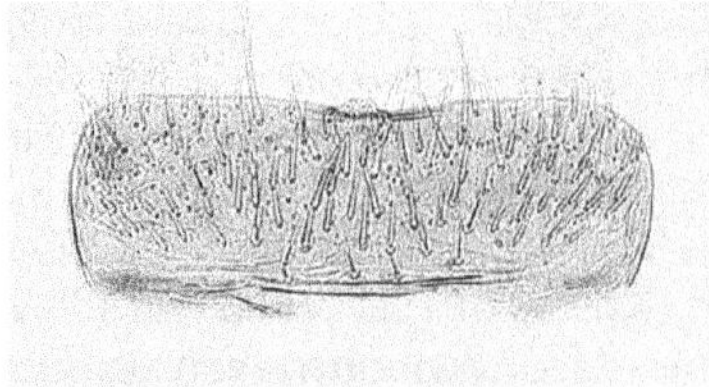
Sa 3

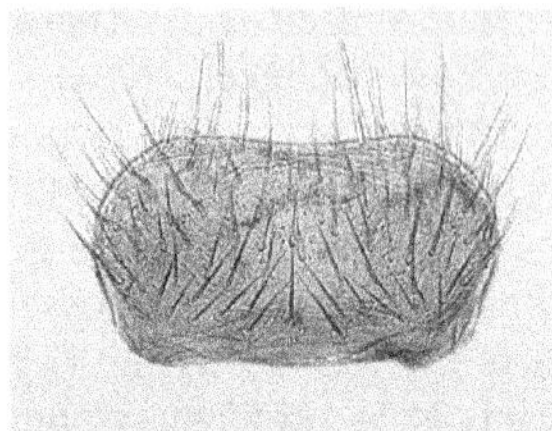
Sa 4

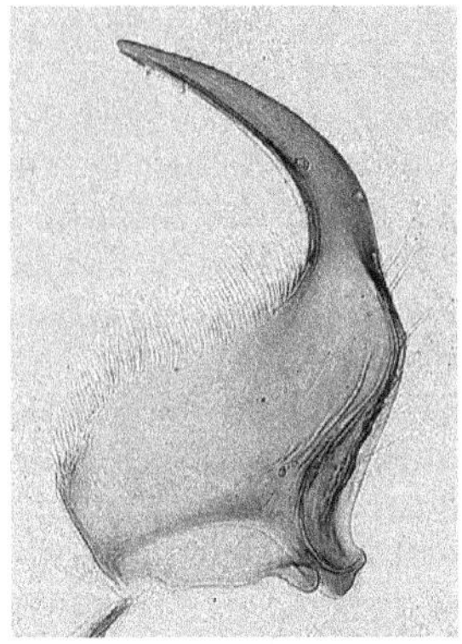
Sa 5

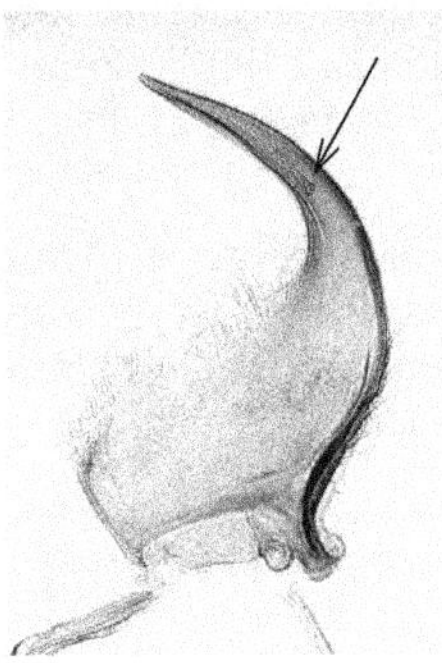
Sa 6

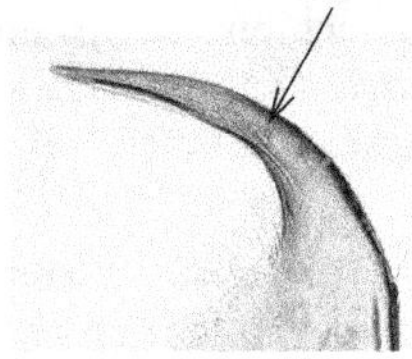
Sa 7

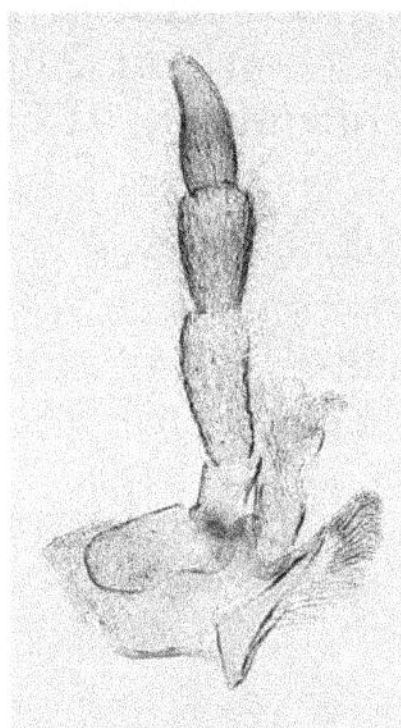
Sa 8

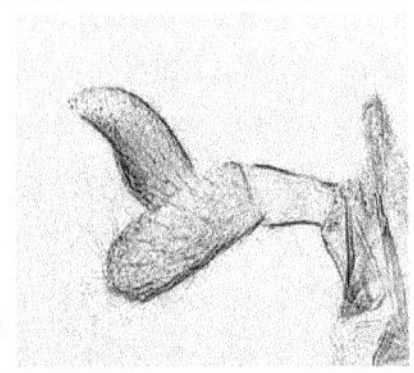
Sa 9

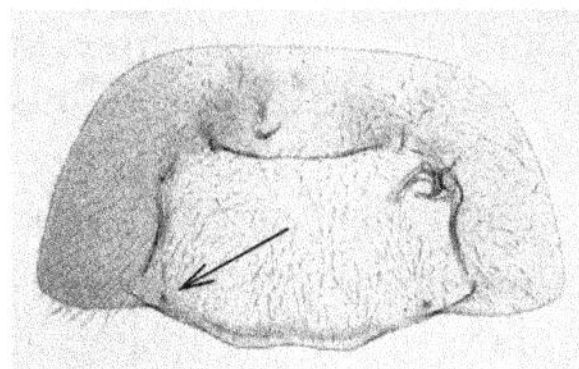
Sa 10

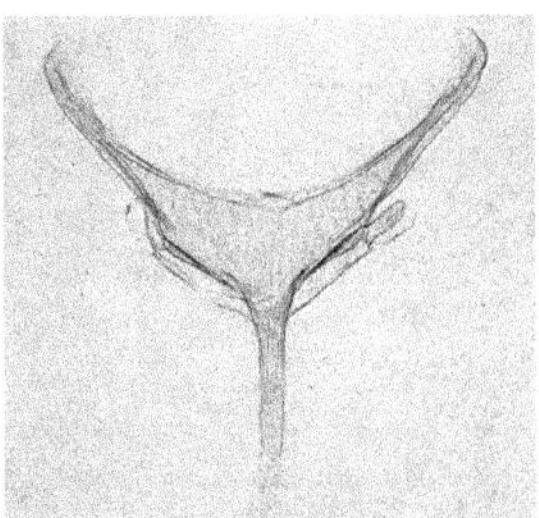
Sa 11

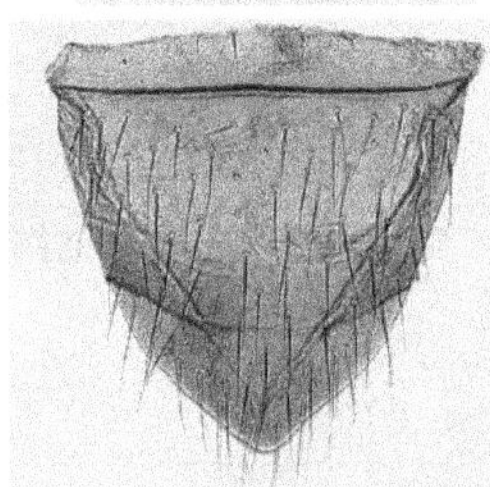
Sa 12

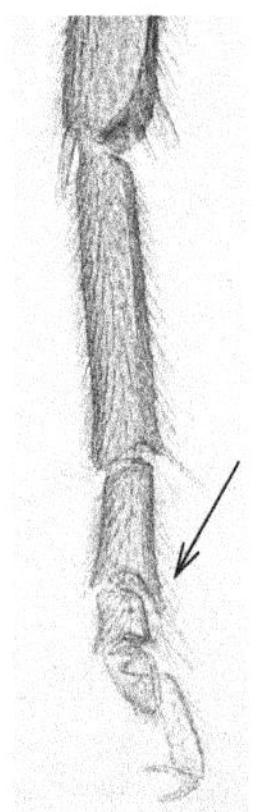
Sa 13

Abb. Sa 1: *Sacodes flavicollis* ♀, 1.-5. Antennenglied: **Abb. Sa 2:** *Sacodes flavicollis* ♂, 1.-5. Antennenglied; **Abb. Sa 3:** *Sacodes flavicollis* ♀, Labrum; **Abb. Sa 4:** *Sacodes flavicollis* ♂, Labrum; **Abb. Sa 5:** *Sacodes flavicollis* ♀, linke Mandibel, ventral; **Abb. Sa 6:** *Sacodes flavicollis* ♀, rechte Mandibel, dorsal; **Abb. Sa 7:** *Sacodes flavicollis* ♀, rechte Mandibel, dorsal, Detail; **Abb. Sa 8:** *Sacodes flavicollis* ♀, linke Maxille; **Abb. Sa 9:** *Sacodes flavicollis* ♀, linker Labialpalpus; **Abb. Sa 10:** *Sacodes flavicollis* ♀, Pronotum; **Abb. Sa 11:** *Sacodes flavicollis* ♀, Prosternalfortsatz; **Abb. Sa 12:** *Sacodes flavicollis* ♂, Scutellum; **Abb. Sa 13:** *Sacodes flavicollis* ♀, Metatarsus.

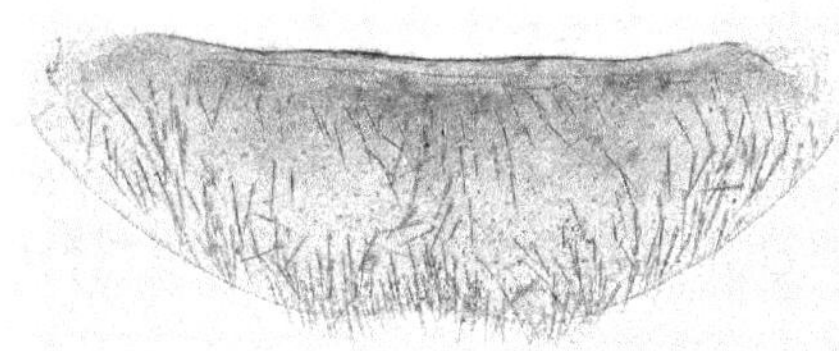
Sa 14

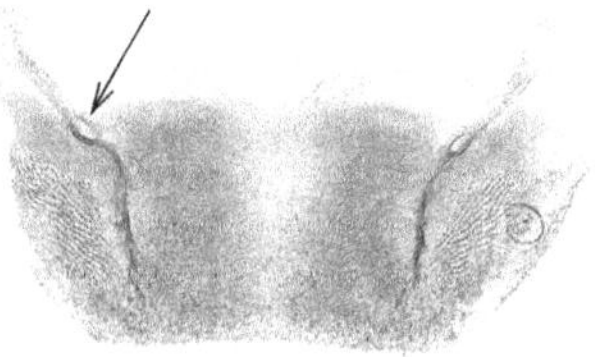
Sa 15

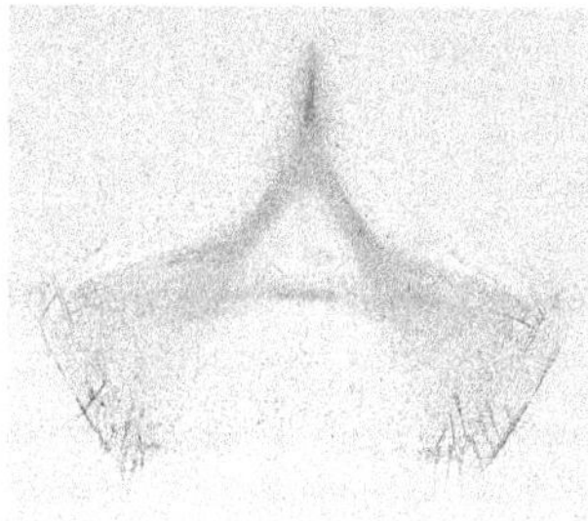

Sa 16 Sa 17

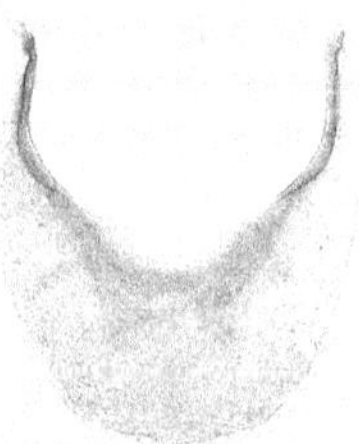

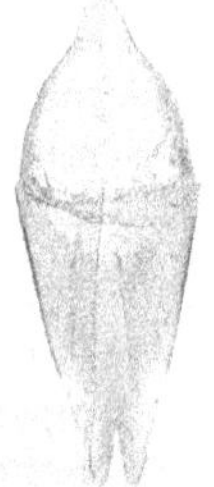

Sa 21

Sa 18 Sa 19 Sa 20

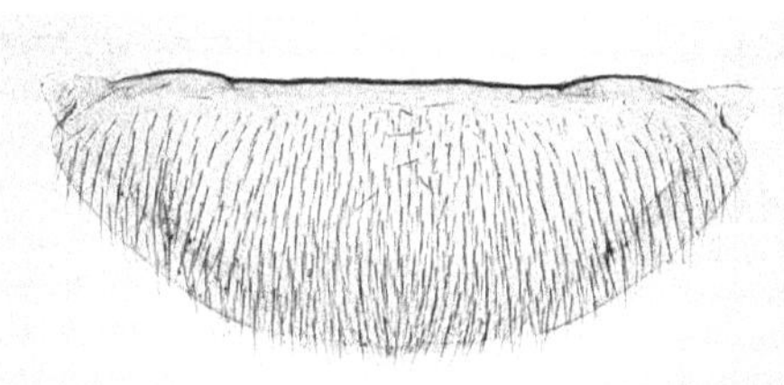
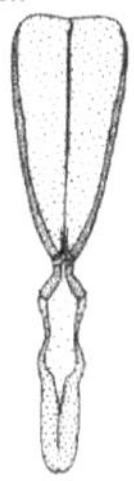
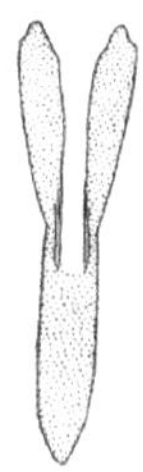
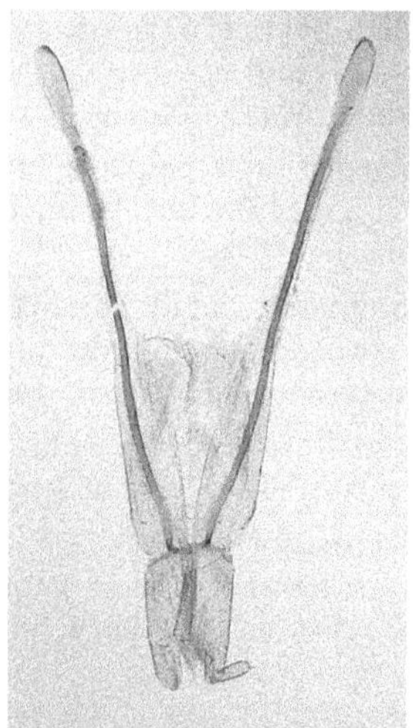
Sa 24 Sa 22 Sa 23

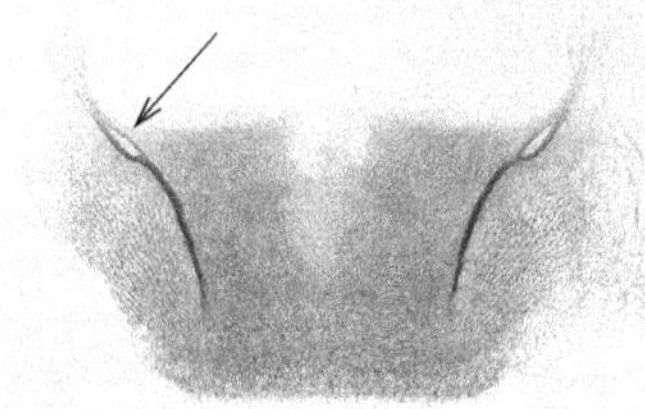

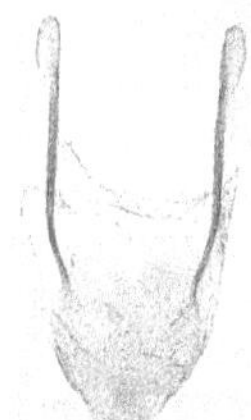
Sa 25 Sa 26 Sa 27 Sa 28

Abb. Sa 14: *Sacodes flavicollis* ♂, 7. Sternit; **Abb. Sa 15:** *Sacodes flavicollis* ♂, 7. Tergit; **Abb. Sa 16:** *Sacodes flavicollis* ♂, 8. Sternit; **Abb. Sa 17:** *Sacodes flavicollis* ♂, 9. Sternit; **Abb. Sa 18:** *Sacodes flavicollis* ♂, 8. Tergit; **Abb. Sa 19:** *Sacodes flavicollis* ♂, 9. Tergit; **Abb. Sa 20:** *Sacodes flavicollis* ♂, Tegmen; **Abb. Sa 21:** *Sacodes flavicollis* ♂, Penis, dorsal; **Abb. Sa 22:** *Sacodes flavicollis* ♂, Penis, schematisch, Pars dorsalis, aus Klausnitzer (1974); **Abb. Sa 23:** *Sacodes flavicollis* ♂, Penis, schematisch, Pars ventralis, aus Klausnitzer (1974); **Abb. Sa 24:** *Sacodes flavicollis* ♀, 7. Sternit; **Abb. Sa 25:** *Sacodes flavicollis* ♀, 7. Tergit; **Abb. Sa 26:** *Sacodes flavicollis* ♀, 8. Sternit; **Abb. Sa 27:** *Sacodes flavicollis* ♀, 8. Tergit; **Abb. Sa 28:** *Sacodes flavicollis* ♀, Ovipositor.

8. *Hydrocyphon* L. REDTENBACHER, 1858: 519

Typusart: *Hydrocyphon deflexicollis* P. W. J. MÜLLER, 1821

Zitat der Originalbeschreibung: Fauna Austriaca. Die Käfer. Nach der analytischen Methode bearbeitet. 2. Auflage: 519.

8.1. Beschreibung

Körper artspezifisch rundlich bis oval (Abb. F 5-7), meist einfarbig hellbraun bis schwarz, bei manchen Arten sind Pronotum und Elytren verschieden gefärbt.

Körperlänge 2,0-3,0 mm.

Kopf fein und mäßig dicht punktiert.

3. Antennenglied klein, viel kürzer als das 2. und 4. Glied (Abb. H 1, 2), an der Spitze schräg abgeschnitten, mit nur einem Borstenkranz dicht hinter dem Distalrand. Das 2. Antennenglied ist bei den Männchen fast rundlich (Abb. H 1), bei den Weibchen meist länglich (Abb. H 2). Das Verhältnis der maximalen Länge zur maximalen Breite des 3. Antennengliedes kann zur Unterscheidung der Arten herangezogen werden. 11. Antennenglied länger als die vorherigen Glieder (Abb. H 1) (Tabelle 46).

Labrum (Abb. H 3) transvers, reichlich doppelt so breit wie lang, Vorderrand etwas ausgebogen. Maße *H. deflexicollis* ♂: Länge 0,08 mm; Breite 0,18 mm.

Mandibeln ohne scharf abgesetzten Incisivus, flach, schmal (Abb. H 4), Innenschneide gerade, an der Basis befindet sich eine kleine beborstete Prostheca (Pfeil). Dorsale Außenseite mit mehreren Borsten. Maße *H. deflexicollis* ♀: Länge 0,15 mm; Breite 0,13 mm.

Maxillen (Abb. H 5) mit kräftig beborsteter Galea, Lacinia mit einem Kamm gebogener Borsten. 1. und 2. Glied der Maxillarpalpen zylindrisch, 3. schwach keulenförmig, 4. kegelförmig. Maße (Tabelle 47).

1. Glied der Labialpalpen zylindrisch, 2. fast kugelförmig, 3. kegelförmig, fast terminal auf dem 2. Glied entspringend, nur etwas seitlich inserierend (Abb. H 6). Maße siehe Tabelle 48.

Pronotum fein und dicht punktiert. Vorderecken deutlich abgesetzt, aber nicht oder kaum nach vorn gezogen, Vorderrand gleichmäßig schwach gebogen. Hinterrand vor dem Scutellum gerade abgestutzt bis schwach eingebogen (Abb. H 7).

Prosternalfortsatz (Abb. H 8) schmal, fast parallel, distal schmal zungenförmig, hinten fein zugespitzt, 0,12-0,14 mm lang (*H. deflexicollis*).

Mesosternalfortsatz kurz (ca. 0,13 mm) und breit (0,06 mm), hinten abgerundet, im Ganzen stark behaart (Abb. H 10). Mesosternalgrube rinnenförmig, hinten zu einer dreieckigen Grube erweitert, die den schmalen Prosternalfortsatz aufnimmt (Abb. H 9).

Tabelle 46: Länge der Antennenglieder von *Hydrocyphon deflexicollis* [mm].

Antennenglied	♂	♀
1.	0,09	0,09
2.	0,07	0,07
3.	0,03	0,05
4.	0,10	0,08
11.	0,16	0,12

Tabelle 47: Länge der Glieder des Maxillarpalpus von *Hydrocyphon deflexicollis* [mm].

Glied	♂	♀
1.	0,04	0,05
2.	0,07	0,06
3.	0,09	0,08
4.	0,04	0,03

Tabelle 48: Länge der Glieder des Labialpalpus von *Hydrocyphon deflexicollis* ♀ [mm].

Glied	♂	♀
1.	0,03	0,03
2.	0,06	0,05
3.	0,03	0,03

Tabelle 49: Länge der Glieder des Metatarsus von *Hydrocyphon deflexicollis* [mm].

Tarsenglied	♂	♀
1.	0,12	0,12
2.	0,06	0,05
3.	0,04	0,04
4.	0,06	0,05
5.	0,11	0,11

Der Metaventrit des Metasternum ist in der Mitte durch eine teilweise reduzierte Naht (Diskrimen) geteilt. Sie ist geht vom Hinterrand aus und erreicht etwa 80 % der Länge des Metaventrit in der Mitte (Abb. A 6).

Scutellum ein etwa gleichseitiges Dreieck bildend, hinten scharf zugespitzt (Abb. H 11), fein und wenig dicht punktiert. Maße *H. deflexicollis*: Basis 0,17-0,18 mm; Schenkel 0,18-0,20 mm.

Elytren dichter und stärker punktiert als Kopf und Pronotum.

1. und 5. Tarsenglied etwa gleich lang, jeweils etwa so lang wie das 2.-3. zusammen (Abb. H 12) (Tabelle 49).

3.-6. Sternit (Abb. H 13) einfarbig.

Männchen

Hinterrand des 7. Sternit fast gerade abgestutzt, schwach gebogen bis breit gerundet (Abb. H 14), an den Seiten deutlich gerandet, im mittleren Drittel weniger scharf begrenzt, dort mit vielen Haaren. Maße (Tabelle 50).

Das 8. Sternit besteht aus einer kleinen, annähernd dreieckigen Platte, die von seitlichen schräg gerichteten Chitinstäbchen gestützt wird, die vorn miteinander verbunden sein können (Pfeile) (Abb. H 15-17). Hinterrand meist etwas eingebuchtet, Hinterecken jeweils mit einer kleinen Gruppe von Borsten. Maße (Tabelle 51).

9. Sternit mit langen, nach hinten konvergierenden, hinten parallelen oder am Ende divergierenden Seitenstäbchen (Abb. H 18-20). Die Bacilla lateralia enden hinten in einer beborsteten Platte (jederseits 12-30 Borsten), in einer schwachen Erweiterung oder als krallenförmige Häkchen. Maße (Tabelle 52).

Hinterrand des 7. Tergit gerade bis flach gerundet, es sind schwach entwickelte Bacilla lateralia vorhanden (Länge bei *H. deflexicollis* 0,13 mm) (Abb. H 21). Maße *H. deflexicollis*: Länge 0,30 mm; Breite 0,66 mm.

Tabelle 50: Maße des 7. Sternit verschiedener *Hydrocyphon*-Arten [mm].

Art	Länge	Breite
australis	0,32	0,89
segrex	0,33	0,88
deflexicollis	0,33	0,82

Tabelle 51: Maße des 8. Sternit verschiedener *Hydrocyphon*-Arten [mm].

Art	Länge	Breite
vicinans	0,25	0,31
australis	0,23	0,35
finitimus	0,21	0,25
deflexicollis	0,24	0,28
championi	0,26	0,40
pernigrans	0,20	0,33
rectangulus	0,32	0,35
illiesi	0,32	0,33

Tabelle 52: Maße des 9. Sternit verschiedener *Hydrocyphon*-Arten [mm].

Art	Länge der Bacilla lateralia	Breite der Platte, hinten	Anzahl Borsten jederseits
minous	0,57	0,29	30
vicinans	0,64	0,21	25
australis	0,52	0,12	12
segrex	0,54	0,20	20
fulvescens	0,53	0,20	20
deflexicollis	0,57-0,60	0,16-0,17	
ovatus	0,55	-	Haken
novaki	0,61-0,63	0,20-0,22	15
championi	0,58	-	Haken
pernigrans	0,58	-	Haken
hamiota	0,68	0,30	
rectangulus	0,53-0,56	0,21-0,25	20
illiesi	0,54	0,24	20

Das 8. Tergit besteht aus einer mit Zeilen (Kämmen) von Mikrotrichen (besonders auffällig bei *H. fulvescens*) besetzten Platte mit gerundetem Hinterrand und langen Bacilla lateralia (Abb. H 22, 23). Der Hinterrand ist mit einem dichten Haarsaum besetzt. Auf dem hinteren Teil der Platte befinden sich mitunter einzelne Borsten. Maße (Tabelle 53).

9. Tergit (Abb. H 24-26) aus einer breiten Platte bestehend, die hinten in der Mitte membranös ist und keine Börstchen und keinen Haarsaum trägt, mit Bacilla lateralia, die hinten spitz zipfelförmig nach unten gebogen sein können (*deflexicollis*- und *pallidicollis*-Artengruppe) (Abb. H 25, 26 Pfeile). Maße (Tabelle 54).

Tegmen vorn mit deutlich abgesetztem Kapulus, hinten in zwei flügelähnliche Parameren gespalten (in der Literatur oft als Pterygien bezeichnet) (z. B. Abb. H 33). Parameren vorn jeweils in einen Lappen ausgezogen, hinten in schmale Zipfel auslaufend, die ± zugespitzt sein können. Innen läuft, vom Kapulus ausgehend, jederseits ein schmales Chitinstäbchen.

Verbindungsmembran zwischen Penis und Tegmen ohne Sklerotisierung.

Der Vorderteil des Penis bildet eine schaufelförmig gerundete Pala. An dieser entspringt jederseits ein Parameroid, das dicht mit Sensillen bedeckt ist. Basis der Pala mit einer Querbrücke. An dieser entspringen zwei nach hinten gerichtete Anhänge, die Prostheme (z. B. Abb. H 34).

Tabelle 53: Maße des 8. Tergit verschiedener *Hydrocyphon*-Arten [mm].

Art	Länge	Breite
minous	0,37	0,40
vicinans	0,40	0,40
australis	0,35	0,43
finitimus	0,38	0,40
fulvescens	0,39	0,45
deflexicollis	0,39	0,40
ovatus	0,40	0,52
novaki	0,40–0,42	0,47–0,53
pernigrans	0,41	0,47
rectangulus	0,33	0,47
illiesi	0,41	0,45
pallidicollis	0,42	0,40
hydrocyphonoides	0,40	0,43

Tabelle 54: Maße des 9. Tergit verschiedener *Hydrocyphon*-Arten [mm].

Art	Länge	Breite
minous	0,34	0,22
vicinans	0,41	0,38
australis	0,30	0,32
finitimus	0,48	0,33
fulvescens	0,35	0,38
deflexicollis	0,32	0,34
ovatus	0,30	0,48
novaki	0,39–0,40	0,47–0,48
pernigrans	0,30	0,46
rectangulus	0,20	0,31
illiesi	0,33	0,37

Weibchen

Hinterrand des 7. Sternit ± gerundet, an den Seiten scharf begrenzt, in der Mitte nicht. Maße *H. deflexicollis*: Länge 0,35 mm; Breite 0,70 mm.

Das 8. Sternit bildet eine weitgehend membranöse geschlossene ovale Platte, seitlich mit Chitinstäbchen, die vorn meist miteinander verbunden sind (Abb. H 29). Maße *H. deflexicollis*: Länge 0,67-0,68 mm; Breite 0,29-0,30 mm. Bei manchen Arten kommt eine akzessorische kleine Platte vor (*H. deflexicollis* 0,37 mm lang), die außer bei der *australis*-Artengruppe und *H. pernigrans* ± sklerotisiert ist (Abb. H 31). Das 8. Sternit ist zur Unterscheidung der Arten gut geeignet.

7. Tergit gleichmäßig gerundet oder mit stumpfwinklig vorgezogener Mitte (Abb. H 27), mit kurzen Bacilla lateralia (0,23 mm). Maße *H. deflexicollis*: Länge 0,39 mm; Breite 0,73 mm.

8. Tergit mit kurzer Platte und langen Bacilla lateralia (Abb. H 28). Maße *H. deflexicollis*: Länge Platte 0,07-0,10 mm; Breite 0,30-0,32 mm; Länge Bacilla lateralia 0,75-0,85 mm.

Das 9. Sternit und das 9. Tergit bilden einen langen Ovipositor (Abb. H 30). Maße *H. deflexicollis*: Gesamtlänge 1,29-1,34 mm; Länge Baculi 0,98-1,00 mm; Länge Coxite 0,24-0,27 mm; Länge Styli 0,07 mm.

Prehensor vorn mit charakteristischem Sklerit, das nach hinten in zwei kurze, ± breit getrennte Schenkel ausläuft (z. B. Abb. H 47). Dieses Sklerit und die Schenkel werden als Kapitellum bezeichnet. An die Schenkel schließt sich je eine Platte an (Brachiole). Die Brachiolen sind mit dichten Reihen langer, kräftiger stachelartiger Borsten bedeckt. Über dem Kapitellum und an der Basis der Brachiolen befindet sich ein schwach sklerotisierter, am Rande schmal versteifter „Deckel". Mit den Brachiolen wird die Spermatophore ergriffen.

8.2. Verbreitung

Die Gattung *Hydrocyphon* ist in der Paläarktischen Region weit verbreitet, besonders in Europa und in Vorder- und Ostasien sowie in der Orientalischen Region (KLAUSNITZER 1970a, 1974f, 1976a, 1980e, 1980f, 2002, 2004f, 2006g, NYHOLM 1967, 1981, YOSHITOMI 2001, 2005, YOSHITOMI & KLAUSNITZER 2003, YOSHITOMI & SATÔ 2003, 2005).

Gegenwärtig liegen Beschreibungen von etwa 100 Arten vor, die durch die Untersuchung des Tegmen und Penis bzw. des Prehensor und des 8. Sternit ein Wiedererkennen gestatten.

8.3. Ökologie und Biologie

Larven in schnell fließenden Bergbächen, Bachstellen mit starkem Gefälle (rheophil), auch in ruhigen Uferzonen größerer Bäche, fast immer montan oder höher. Verpuppung unter Steinen im Wasser ohne Anlage einer Puppenwiege. Die Imagines können sich unter Wasser bewegen. Mindestens ist dies zum Verlassen des Puppenquartiers nötig. Durch die Behaarung sind die Käfer unbenetzbar.

8.4. Phylogenie

An einer Monophylie von *Hydrocyphon* wird gegenwärtig nicht gezweifelt (Nyholm 1967, 1972, Klausnitzer 1974).

Autapomorphien:

Imagines

- Tegmen immer ± deutlich aus einem Kapulus und Parameren bestehend (z.B. Abb. H 33).
- Prehensor mit ± langen, mit kräftigen stachelartigen Borsten besetzten Brachiolen (z.B. Abb. H 47).
- Mandibeln der Imagines weitgehend reduziert (Abb. H 4).
- 3. Antennenglied viel kleiner als das 2. (Abb. H 1, 2).
- 9. Sternit (♂) mit langen Bacilla lateralia (Abb. H 18-20).

Larven (Klausnitzer 1975, Hannappel & Paulus 1987):

- Mola der Mandibeln ohne Lamellen, Oberfläche glatt.
- Campaniforme Sensillen am Vorderrand des Epipharynx völlig reduziert.
- Borsten der Mandibeln einheitlich geformt, nur ein Borstenfeld vorhanden.
- Mandibeln auch im letzten Stadium ohne Incisivus, vorn gerundet (Abb. L 15).
- Rudimentäre Tracheenöffnungen auf den Tergiten modifiziert.
- 9. Tergit halbkreisförmig, distal eingebuchtet.

Puppen

- Merkmalskomplex in Zusammenhang mit der Verpuppung unter Wasser.

Morphologische Reihe:

In der Gattung *Hydrocyphon* gibt es eine morphologische Reihe, die drei wesentliche Stufen zeigt:

1. Penis symmetrisch, Prostheme und Parameroide gleich gebaut (z.B. Abb. H 32),

2. Penis asymmetrisch, Prostheme und Parameroide ungleich gebaut (z.B. Abb. H 51, 81),

2.1 Beide Prostheme vorhanden (z.B. Abb. H 51),

2.2 Nur das linke Prosthem vorhanden (z.B. Abb. H 81).

Diese Merkmale finden in den Artengruppen ihren Niederschlag. Der Verfasser vertritt die Hypothese, dass die Symmetrie als plesiomorph, die zunehmende Asymmetrie als apomorph angesehen werden muss. Demzufolge wäre die *australis*-Artengruppe, auf die Symmetrieverhältnisse des Penis bezogen, paraphyletisch. Dieser Punkt kann hier jedoch nicht diskutiert werden.

Das Hauptmerkmal der *Hydrocyphon pallidicollis*-Artengruppe ist die völlige Reduktion eines der ursprünglich paarigen Prostheme, die sehr wahrscheinlich als Apomorphie gewertet werden kann. Es kann aber nicht ausgeschlossen werden, dass diese Artengruppe dennoch nicht monophyletisch ist, weil Unsicherheiten bestehen bleiben. Bei den gut untersuchten Arten wurde festgestellt, dass das rechte Prosthem fehlt. Einige Beschreibungen äußern sich aber nicht zu diesem Detail. Auch ohne diesen – in Zukunft wohl noch ausräumbaren – Zweifel ist eine mehrfach aufgetretene Reduktion nicht auszuschließen. Das ist ein grundsätzliches Problem bei der Bewertung von Reduktionsmerkmalen.

8.5. Artengruppen

Bereits Nyholm (1967) hat begonnen, die Gattung in Artengruppen zu unterteilen, um damit die tiefgreifenden Unterschiede vor allem im Bau des Penis hervorzuheben und gleichzeitig Ähnlichkeiten zwischen verschiedenen Arten zu dokumentieren. Von einer phylogenetischen Wertung dieser Ähnlichkeiten sind wir größtenteils noch weit entfernt, vorab dienen die Artengruppen der besseren Übersicht über die Gattung, manche sind sicher auch „Bausteine“ für ein noch ausstehendes phylogenetisches System von *Hydrocyphon*.

Insgesamt können bei *Hydrocyphon* 13 Artengruppen unterschieden werden (Klausnitzer 2002c, 2004f, Nyholm 1967, 1981, Yoshitomi 2001, Yoshitomi & Klausnitzer 2003, Yoshitomi & Satô 2003, 2005), von denen 3 im behandelten Gebiet vertreten sind (Tabelle 55).

Tabelle 55: Verzeichnis der Artengruppen der Gattung *Hydrocyphon*. * = in der Westpaläarktis vorkommend.

Artengruppe	Autor
australis-Artengruppe*	Nyholm (1967)
bicolor-Artengruppe	Yoshitomi & Satô (2003)
bicornis-Artengruppe	Yoshitomi & Klausnitzer (2003)
deflexicollis-Artengruppe*	Nyholm (1967)
dentatus-Artengruppe	Yoshitomi & Satô (2003)
kambaiticus-Artengruppe	Nyholm (1981)
kinabalensis-Artengruppe	Yoshitomi & Satô (2005)
mirabilis-Artengruppe	Yoshitomi & Satô (2005)
nyholmi-Artengruppe	Yoshitomi & Satô (2005)
pallidicollis-Artengruppe*	Nyholm (1967)
renati-Artengruppe	Nyholm (1981)
tamilensis-Artengruppe	Yoshitomi & Satô (2005)
yoshitomii-Artengruppe	Klausnitzer (2002)

Zur Unterscheidung der Weibchen können sowohl das 8. Sternit als auch der Prehensor herangezogen werden. Die Aufstellung einer dichotomen Bestimmungstabelle erscheint nicht zweckmäßig. Es werden die einzelnen Arten (soweit bekannt) abgebildet, sodass eine Determination durch einen Vergleich erfolgen kann.

8.6. Bestimmungstabelle für die Artengruppen

1 Penis symmetrisch, Prostheme und Parameroide annähernd gleich gebaut (Abb. H 32, 34, 35, 37, 39, 41, 43). 9. Tergit (♂) mit Bacilla lateralia, die vorn durch einen stärker sklerotisierten „Querriegel“ verbunden sind (Abb. H 24 Pfeil), hinten nicht in einen nach unten umgebogenen Zipfel ausgezogen. 8. Sternit (♂) ± dreieckig, mit innen liegenden Bacilla lateralia, die vorn nicht miteinander verbunden sind (Abb. H 15 Pfeil). 9. Sternit (♂) mit schwach sklerotisierter Platte und kräftigen Bacilla lateralia, die hinten dreieckig, bei einigen Arten ± zugespitzt und umgebogen sind (Abb. H 18). Akzessorische Platte des 8. Sternit (♀) nicht sklerotisiert. Körper länglich oval, meist hell (Abb. F 5). . . . . *australis*-Artengruppe

1* Penis asymmetrisch, Prostheme und/oder Parameroide ungleich gebaut (Abb. H 51, 55, 57, 58, 61, 63, 66, 69, 72, 81, 83, 86, 88, 90, 92, 94). 9. Tergit (♂) ohne sklerotisierten „Querriegel“, hinten in einen nach unten umgebogenen Zipfel ausgezogen (Abb. H 25, 26 Pfeile). Die Bacilla lateralia des 8. Sternit (♂) sind vorn miteinander verbunden (Abb. H 16 Pfeil, 17). 9. Sternit (♂) mit schwach sklerotisierter Platte und kräftigen Bacilla lateralia, die entweder in gebogene Spitzen auslaufen oder breit enden (Abb. H 19, 20). Akzessorische Platte des 8. Sternit (♀) meist sklerotisiert (Abb. H 31). 2

2 Beide Prostheme vorhanden, deutlich verschieden gebaut (Abb. H 51, 55, 57, 58, 61, 63, 66, 69, 72). Parameroide gleich oder fast gleich. 8. Sternit (♂) ± dreieckig, Platte nicht tief eingebuchtet (Abb. H 16). 9. Sternit (♂) mit Bacilla lateralia, die bis zum Hinterende kräftig ausgebildet sind und bei einigen Arten in einem Haken enden (Abb. H 19). Prehensor kürzer, Brachiolen meist ± nach außen gebogen (Abb. H 74-80). Körper meist kurz oval, einfarbig dunkel (Abb. F 6). . . . . *deflexicollis*-Artengruppe

2* Nur ein Prosthem vorhanden, das andere (rechte) ist rückgebildet (Abb. H 81, 83, 86, 88, 90, 92, 94). Parameroide ungleich. Das 8. Sternit (♂) besteht aus einer kleinen ± dreieckigen Platte, die hinten eingebuchtet ist, Bacilla lateralia schwach entwickelt (Abb. H 17). 9. Sternit (♂) mit gut entwickelten langen Bacilla lateralia, die durch eine ± gut ausgebildete hinten beborstete Platte miteinander verbunden sein können (Abb. H 20), bei den meisten Arten mit je einem nach vorn gebogenem Zipfel. Prehensor lang und schlank, Brachiolen ± parallel (Abb. H 96-99). Körper überwiegend hell (Abb. F 7). . . . . *pallidicollis*-Artengruppe

8.7. Bestimmungstabelle für die *australis*-Artengruppe

1 Parameren breit und abgestutzt endend (Pfeil), dort 0,07-0,08 mm breit (Abb. H 40). – Parameroide nur wenig länger als die Prostheme (Abb. H 39), Parameroide stark nach unten gebogen, mit nach außen gebogener Spitze, Pala vorn etwas abgestutzt, Seiten ± gerade. Tegmen mit kurzem dreieckigem Kapulus. Penis 0,58-0,63 mm lang. Tegmen 0,40-0,44 mm lang, 0,30-0,35 mm breit. Prehensor (Abb. H 48) 0,37-0,45 mm lang. 3. Antennenglied verhältnismäßig schlank, (♂) maximale Länge : maximale Breite = 1,5:1. 3. Antennenglied (♀) maximale Länge : maximale Breite = 2:1. Körper gestreckt, länglich oval (Abb. F 5). Elytren kurz vor der Mitte am breitesten, einfarbig gelblich. Pronotum rotgelb. Körperlänge 2,3-2,6 mm. Südfrankreich, Spanien, Italien, Bosnien und Herzegowina, Türkei. . . . . *australis* LINDER, 1864

1* Parameren spitz oder schmal lappenförmig endend (Abb. H 33, 36, 38, 42, 44). 2

2 Prostheme und Parameroide auf annähernd der gleichen Länge endend (Abb. H 32, 34, 35, 37). Parameren schmal lappenförmig endend (Abb. H 33, 36, 38). 9. Sternit hinten nicht in spitze, nach vorn gerichtete Zipfel ausgezogen. 3

2* Parameroide viel weiter hinten (0,13-0,18 mm) als die Prostheme endend (Abb. H 41, 43). Parameren spitz endend (Abb. H 42, 44). 9. Sternit hinten in spitze, nach vorn gerichtete Zipfel ausgezogen (Abb. H 18). 4

3 Prostheme schmaler und lang (Abb. H 32), Spitzenzahn etwas nach außen gekrümmt. Parameroide säbelförmig gebogen, an der Spitze in einem kleinen Zahn endend. Tegmen mit kurzem, vorn zugespitzten Kapulus (Abb. H 33). Penis 0,63 mm lang. Tegmen 0,45 mm lang. Prehensor (Abb. H 45) 0,41 mm lang. 3. Antennenglied (♂) maximale Länge : maximale Breite = 1,3:1. 3. Antennenglied (♀) maximale Länge : maximale Breite = 1,8:1. Körper länglich. Elytren in der Mitte am breitesten, nach vorn und hinten wenig verschmälert, heller oder dunkler braun, dunkler gefärbt als das Pronotum. Pronotum einfarbig gelbbraun oder (öfter) hell braun, an den Seiten aufgehellt. Körperlänge 2,4-2,5 mm. Zypern. . . . . *oblongulus* NYHOLM, 1967

3* Prostheme an der Basis breiter (0,03-0,04 mm), kürzer (0,27-0,28 mm) (Abb. H 34, 35), Spitzenzahn ± gerade (Pfeil), fast rechtwinklig abgesetzt (0,03 mm lang). Parameroide kürzer (0,30-0,33 mm), Spitze scharf gebogen. Tegmen mit kurzem (0,14 mm), breitem (0,07 mm) Kapulus (Abb. H 36). Penis 0,70-0,76 mm lang. Tegmen 0,40-0,43 mm lang, 0,30-0,32 mm breit. Prehensor (Abb. H 46) 0,50-0,55 mm lang. 3. Antennenglied (♂) maximale Länge : maximale Breite = 1,1:1. 3. Antennenglied (♀) maximale Länge : maximale Breite = 1,8:1. Körper lang oval. Elytren im mittleren Teil mit fast parallelen Seiten. Elytren und Pronotum einfarbig braun. Körperlänge 2,5-2,9 mm. Kreta. . . . . *minous* NYHOLM, 1967

3** Prostheme länger (0,33-0,37 mm) und schlanker (0,02 mm), Spitzen etwas gebogen, nicht winkelig abgesetzt. Parameroide länger (0,38-0,46 mm) ± gerade, Hinterende ventralwärts gebogen (Abb. H 37). Tegmen mit langem (0,20 mm), schlankem (0,05 mm) Kapulus (Abb. H 38). Penis 0,72-0,90 mm lang. Tegmen 0,58-0,66 mm lang, 0,30-0,37 mm breit. Prehensor (Abb. H 47) 0,45-0,47 mm lang. 3. Antennenglied (♂) maximale Länge : maximale Breite = 1,3:1. 3. Antennenglied (♀) maximale Länge : maximale Breite = 1,5:1. Körper länglich oval. Elytren in der

Mitte am breitesten. Pronotum etwas heller als die Elytren oder wie diese heller bis dunkler braun. Körperlänge 2,3-2,5 mm. Türkei, Israel. . . . . *vicinans* NYHOLM, 1972

4(1) Parameroide gleichmäßig gebogen (Abb. H 41). Parameren in einer geraden Spitze endend, dicht beborstet (die Borsten können auch kaum zu sehen sein), etwa 0,20 mm vor der Spitze mit einem rundlichen Höcker (Abb. H 42 Pfeil). Kapulus annähernd rechteckig, vorn abgestutzt. Penis 0,63-0,73 mm lang. Tegmen 0,68-0,86 mm lang, 0,32-0,34 mm breit. Prehensor (Abb. H 49) 0,42-0,49 mm lang. 3. Antennenglied (♂) maximale Länge : maximale Breite = 1,3:1. 3. Antennenglied (♀) maximale Länge : maximale Breite = 1,7:1. Körper kürzer oval. Elytren etwa in der Mitte am breitesten, hellbraun. Pronotum hellbraun, an den Seiten deutlich heller. Körperlänge 2,1-2,4 mm. Armenien, Türkei. *finitimus* NYHOLM, 1977

4* Parameroide in der Mitte mit einem ± deutlichen Knick (Abb. H 43). Parameren in einer geschwungenen Spitze endend, ohne Borsten (Abb. H 44). Kapulus vorn gerundet. Penis 0,77-0,78 mm lang. Tegmen 0,74-0,76 mm lang. Prehensor (Abb. H 50) 0,53 mm lang. 3. Antennenglied (♂) maximale Länge : maximale Breite = 1,5:1. 3. Antennenglied (♀) maximale Länge : maximale Breite = 1,5:1. Körper relativ schmal, lang oval. Elytren vor der Mitte am breitesten, hellbraun, auch das Pronotum. Körperlänge 2,3 mm. Griechenland (Inseln Chios, Samos), Türkei (auch Insel Gökçeada), Iran, Kaspisches Meer-Gebiet. . . . . . . *segrex* NYHOLM, 1972

8.8. Bestimmungstabelle für die *deflexicollis*-Artengruppe

1 Parameroide wesentlich, fast doppelt so lang wie die Prostheme (1,7:1,0); linkes Parameroid apikal gegabelt (Pfeil), rechtes einfach zugespitzt (Abb. H 51). Parameren innen kurz vor der Spitze mit einem Zahn (Abb. H 52 Pfeil). 9. Tergit (♂) hinten tief bogenförmig eingebuchtet, Hinterzipfel mit scharf abgesetztem Endzahn; dorsale Verbindungsmembran mit einer sklerotisierten rechteckigen Platte (Abb. H 53 Pfeil). 8. Sternit (♀) mit besonders schmaler Vorderhälfte und breiter Hinterhälfte (Abb. H 54). – Penis 0,77-0,95 mm lang. Tegmen 0,52-0,63 mm lang. Prehensor (Abb. H 74) 0,52-0,58 mm lang. 3. Antennenglied (♂) maximale Länge : maximale Breite = 1,4:1. 3. Antennenglied (♀) maximale Länge : maximale Breite = 2,0:1. Körper kurz oval. Elytren vor der Mitte am breitesten, nach hinten stark verschmälert, hellbraun. Pronotum hellbraun, an den Seiten schmal hell gesäumt. Körperlänge 2,2-2,5 mm. Türkei. . . . . *rivulorum* NYHOLM, 1977

1* Parameroide länger als die Prostheme, aber höchstens 1,1-1,3:1,0 (Abb. H 55, 57, 58, 61, 63, 66, 69, 72). Parameren innen glatt (Abb. H 56, 60, 62, 64, 67, 70, 73). 9. Tergit (♂) ohne sklerotisierte rechteckige Platte in der dorsalen Verbindungsmembran (Abb. H 25). 8. Sternit (♀) mit deutlich weniger abgesetzter Vorderhälfte (Abb. H 28). 2

2 Parameroide schlank, ± parallelseitig, ± symmetrisch, höchstens schwach asymmetrisch (Abb. H 57, 58, 61, 63, 66, 69, 72). 3

2* Parameroide in der Mitte lappenförmig erweitert, asymmetrisch (Abb. H 55). – Penis 0,68-0,76 mm lang. Tegmen (Abb. H 56) 0,47-0,55 mm lang, 0,29-0,30 mm breit. 8. Tergit (♂) mit auffällig langen Kämmen von Mikrotrichen auf der Platte. Prehensor mit langen Brachiolen (Abb. H 75) 0,72 mm lang. 3. Antennenglied (♂) maximale Länge : maximale Breite = 1,4:1. 3. Antennenglied (♀) maximale Länge : maximale Breite = 1,8:1. Körper kurz und breit. Elytren weit vor der Mitte am breitesten, nach hinten stark verschmälert, gelbbraun, einfarbig. Pronotum rötlichgelb, auf der Scheibe dunkler. Körperlänge 2,3-2,5 mm. Spanien. . . . . *fulvescens* NYHOLM, 1977

3 Pala schmaler (0,11-0,12 mm breit); Parameroide sehr lang und schlank, länger als die Pala (Länge Parameroide : Länge Pala = 1,2-1,4:1,0) (Abb. H 57, 58, 61). Rechtes Prosthem an der Spitze deutlich hakenförmig nach unten gebogen (Abb. H 58, 59). Kapulus lang und schlank (Länge : Breite = 3,0-4,0:1,0) (Abb. H 60, 62). 3. Antennenglied (♂) besonders klein, kaum länger als breit: 1,0 mm lang; ♀ 1,6 mm lang. 3. Antennenglied (♂) sehr klein, kaum länger als breit; maximale Länge : maximale Breite = 1,0:1. 3. Antennenglied (♀) maximale Länge : maximale Breite = 1,6:1. 4

3* Pala breiter (0,18-0,23 mm breit); Parameroide nicht ausgesprochen lang und schlank, kaum länger als die Pala (Länge Parameroide : Länge Pala = 1,0-1,2:1,0) (Abb. H 63, 66, 69, 72). Rechtes Prosthem an der Spitze nicht mit deutlichem, nach unten gebogenem Haken. Kapulus kurz und breit (Länge : Breite = 1,5-1,9:1,0) (Abb. H 64, 67, 70, 73). 3. Antennenglied (♂) länger und auch länger als breit: 1,3-1,5 mm lang; ♀ 1,7-2,0 mm lang (Ausnahme: *ovatus* = ♂ 1,0 mm; ♀ 1,7 mm). 5

4 Parameroide scharf und dünn zugespitzt, deutlich länger als die Pala (Länge Parameroide : Länge Pala = 1,3-1,4:1,0) (Abb. H 57); ventralwärts gekrümmte Spitze des rechten Prosthems schmaler (Pfeil), linkes Prosthem hinten skalpellförmig erweitert (Pfeil), Rand fein gezähnt (Abb. H 58, 59). Kapulus ca. viermal so lang wie maximal breit, nach vorn geradlinig verbreitert; Endzipfel der Parameren lang und schmal (Abb. H 60). Penis 0,92-1,0 mm lang. Tegmen 0,60-0,67 mm lang. Prehensor (Abb. H 76) 0,53-0,57 mm lang. Antennen (♂) etwas weniger kräftig gebaut. Körper kurz und breit oval (Abb. F 6). Elytren weit vor der Mitte am breitesten, nach hinten sehr stark verschmälert, braun bis dunkelbraun. Pronotum braun bis dunkelbraun, an den Seiten etwas heller. Körperlänge 2,0-2,6 mm. Mittel- und Südeuropa, Türkei. . . . . *deflexicollis* (P. W. J. Müller, 1821)

4* Parameroide ohne scharf abgesetzte Spitzen, abgerundet endend, nur etwas länger als die Pala (Länge Parameroide : Länge Pala = 1,1-1,2:1,0) (Abb. H 61); ventralwärts gekrümmte Spitze des rechten Prosthems deutlich breiter, linkes Prosthem membranös erweitert, mit kleinen Stacheln besetzt. Kapulus ca. dreimal so lang wie maximal breit, seitlich etwas gerundet; Endzipfel der Parameren kürzer (Abb. H 62). Penis 0,76 mm lang. Tegmen 0,50 mm lang. Prehensor (Abb. H 77) 0,44 mm lang. Antennen (♂) etwas kräftiger gebaut. Körper kurz oval. Elytren weit vor der Mitte am breitesten, nach hinten mäßig stark verschmälert, braun. Pronotum braun, an den Seitenrändern etwas aufgehellt. Körperlänge 2,2-2,3 mm. Italien. . . . . . *proximus* Nyholm, 1967

5(3) Rechtes Prosthem in eine flagellumartige S-förmig gekrümmte Spitze auslaufend (Pfeil); Parameroide symmetrisch (Abb. H 63). Kapulus kurz, schmal (0,07 mm) und breit gerundet (Abb. H 64). 9. Sternit hinten jederseits in auffällig kräftigen Haken endend (Abb. H 65 Pfeil). – Penis 0,70-0,74 mm lang. Tegmen 0,50-0,54 mm lang. Prehensor (Abb. H 78) 0,55 mm lang. Antennen (♂) besonders kräftig gebaut, 4. Glied etwas kürzer als 5. 3. Antennenglied (♀) kürzer, kaum doppelt so lang wie breit. 3. Antennenglied (♂) maximale Länge : maximale Breite = 1,0:1. 3. Antennenglied (♀) maximale Länge : maximale Breite = 1,7:1. Körper kurz oval. Elytren kurz vor der Mitte am breitesten, hellbraun bis braun. Pronotum braun, an den Seiten etwas aufgehellt. Körperlänge 2,3-2,6 mm. Italien. . . . . *ovatus* Nyholm, 1967

5* Rechtes Prosthem nicht in einer langen, flagellumartigen S-förmig gekrümmten Spitze endend; Parameroide schwach asymmetrisch (Abb. H 66, 69, 72). Kapulus breiter (0,11-0,17 mm) (Abb. H 67, 70, 73). 9. Sternit nicht in auffällig kräftigen Haken endend (Abb. H 68, 71). 6

6 Rechtes Prosthem deutlich säbelförmig gebogen (Abb. H 66 Pfeil). Linkes Parameroid hinten lappenförmig erweitert (Pfeil) (die Abbildung in der Originalbeschreibung zeigt dieses Detail nicht). Parameren hinter der Mitte plötzlich stark verschmälert, in einen langen, schmalen Zipfel auslaufend, vorher besonders breit, flügelartig (Abb. H 67). 9. Sternit hinten mit beborsteten Platten (Abb. H 68). 3. Antennenglied (♂) maximale Länge : maximale Breite = 1,3:1. 3. Antennenglied (♀) maximale Länge : maximale Breite = 2,0:1. – Penis 0,71-0,80 mm lang. Tegmen 0,48-0,60 mm lang. Prehensor (Abb. H 79) 0,53-0,56 mm lang. 3. Antennenglied (♀) länger, doppelt so lang wie breit. Körper rundlich oval. Elytren in der Mitte am breitesten, nach vorn und hinten gleichmäßig gerundet, hellbraun bis braun. Pronotum braun. Körperlänge 2,3-2,7 mm. Italien, Balkanhalbinsel. . . . . *novaki* Nyholm, 1967

6* Rechtes Prosthem nicht oder höchstens schwach säbelförmig gebogen (Abb. H 69, 72). Parameren hinter der Mitte allmählich verschmälert, hinten mit kurzem Zipfel (Abb. H 70, 73). 9. Sternit hinten in Haken auslaufend auf denen sich kein Borstenfeld befindet (Abb. H 71). 3. Antennenglied (♂) maximale Länge : maximale Breite = 1,5:1. 3. Antennenglied (♀) maximale Länge : maximale Breite = 1,7:1. 7

7 Kapulus vorn stark verbreitert (0,16-0,17 mm) und ± tief eingebuchtet (Abb. H 70 Pfeil). Pala mit annähernd parallelen Seiten; rechtes Prosthem breiter, zur Spitze erweitert (Abb. H 69). Penis 0,68-0,70 mm lang. Tegmen 0,53-0,55 mm lang. Körper breit, rundlich oval. Elytren kurz vor der Mitte am breitesten, nach hinten mäßig verengt, hellbraun bis braun. Pronotum hell- bis dunkelbraun, an den Seiten deutlich aufgehellt. Körperlänge 2,6-2,7 mm. Spanien, Portugal. . . . . *championi* Reitter, 1903 (♀ unbekannt)

7* Kapulus vorn deutlich schwächer verbreitert (0,12-0,13 mm), abgerundet (Abb. H 73). Pala lang oval, in der Mitte am breitesten; rechtes Prosthem schmaler, in eine abgerundete Spitze auslaufend (Abb. H 72). Penis 0,76-0,79 mm lang. Tegmen 0,52-0,56 mm lang. Prehensor (Abb. H 80) 0,53 mm lang. Körper lang oval. Elytren weit vor der Mitte am breitesten, nach hinten stark verschmälert, dunkelbraun bis fast schwarz. Pronotum dunkelbraun bis schwarz, Vorder- und Hinterrand sehr schmal, Seitenrand breiter aufgehellt. Körperlänge 2,5-2,6 mm. Spanien. . . . . *pernigrans* NYHOLM, 1967

8.9. Bestimmungstabelle für die *pallidicollis*-Artengruppe

1 Prosthem hinten hakenförmig gebogen (Abb. H 81, 83). Der Haken ist 0,06-0,07 mm lang. 2

1* Prosthem hinten spitz, gerundet, gebogen oder stumpf endend, aber nicht einen großen Haken bildend (Abb. H 86, 88, 90, 92, 94). 3

2 Kapulus breit (0,13 mm), vorn eingeschnitten oder ± gerade; Parameren an den Seiten mit je einem spitzen Haken (Pfeil), der durch eine Einbuchtung gebildet wird, hinten enden sie breit (Abb. H 82). Hinterer Haken des Prosthems schlanker, mit schmaler Basis, scharf zugespitzt (Abb. H 81 Pfeil). 9. Sternit eine gerundete Platte bildend, ohne gebogene Spitzen (Abb. H 20). Länge der Parameroide : Länge der Pala = 1,7:1,0. Penis 0,79-0,88 mm lang. Tegmen 0,56-0,63 mm lang. Prehensor (Abb. H 96) 0,63-0,66 mm lang. 3. Antennenglied (♂) maximale Länge : maximale Breite = 1,5:1. 3. Antennenglied (♀) maximale Länge : maximale Breite = 1,5:1. Körper mäßig breit oval. Elytren vor der Mitte am breitesten, nach hinten stark verschmälert, gelbbraun. Pronotum gelbrot, in der Mitte dunkler. Körperlänge 2,4-2,7 mm. Spanien. . . . . *hamiota* NYHOLM, 1972

2* Kapulus schmal (0,05 mm), nach vorn zugespitzt und abgerundet; Parameren an den Seiten gleichmäßig gerundet, hinten jeweils in eine schmale, nach außen gebogene Spitze auslaufend (Abb. H 84). Hinterer Haken des Prosthems gedrungener, mit breiter Basis (Abb. H 83 Pfeil). 9. Sternit hinten mit zwei getrennten Platten und je einer scharf nach vorn gebogenen Spitze (Abb. H 85). Länge der Parameroide : Länge der Pala = 1,2:1,0. Penis 0,76-0,83 mm lang. Tegmen 0,62-0,65 mm lang. 3. Antennenglied (♂) maximale Länge : maximale Breite = 1,2:1. Körper länglich, oval (Abb. F 7). Elytren in der Mitte am breitesten, hellbraun. Pronotum gelbbraun. Körperlänge 2,5-2,7 mm. Algerien. . . . . . *rectangulus* KLAUSNITZER, 1991 (♀ unbekannt)

3 (1) Parameroide apikal zugespitzt (Abb. H 86). Basis des Trigonium deutlich ausgerandet (Pfeil). – Tegmen (Abb. H 87). Körper kurz oval. Elytren in der Mitte am breitesten, Elytren und Pronotum hellbraun. Körperlänge 2,5 mm. Marokko.
. . . . *gereckei* HERNANDO, AGUILERA & RIBERA, 2004 (♀ unbekannt)

3* Parameroide apikal abgerundet, bei einigen Arten erweitert (Abb. H 88, 90, 92, 94). Basis des Trigonium nicht oder nicht deutlich ausgerandet. 4

4 Prosthem etwas länger als die Parameroide, hinten abgerundet (Abb. H 88). Parameroide schlank, hinten nicht lappenförmig erweitert. Parameren sehr schmal, fast parallelseitig, hinten hakenförmig endend (Abb. H 89). – Penis 0,91 mm lang. Tegmen 0,81 mm lang. Körper breit, kurz oval. Elytren vor der Mitte am breitesten, braun. Pronotum braun. Körperlänge 2,2 mm. Algerien. . . . . *illiesi* KLAUSNITZER, 1991 (♀ unbekannt)

4* Prosthem deutlich kürzer als die Parameroide, hinten zugespitzt, gezähnt oder einen kleinen Haken bildend (Abb. H 90, 92, 94). Parameroide etwas breiter, vor allem das linke hinten lappenförmig erweitert. Parameren breiter (Abb. H 91, 93, 95). 5

5 Parameren auf der Innenseite mit einer lappenförmigen Aufspaltung (Pfeil), nach vorn gerichteter Fortsatz breit dreieckig (Abb. H 91). Körper größer (2,9-3,0 mm lang). – Kapulus lang, schmal, nach vorn konvergierend, unterhalb der Spitze parallel. Prosthem relativ lang (linkes Parameroid : Prosthem = 1,3:1,0), schlank, in einem schmalem Haken endend; Pala annähernd symmetrisch (linkes Parameroid : Pala = 1,4:1,0); Endlappen des linken Parameroids glatt (Abb. H 90). Penis 0,89 mm lang. Tegmen 0,89 mm lang. Prehensor (Abb. H 97) 0,86 mm lang. 3. Antennenglied (♂), maximale Länge : maximale Breite = 1,2:1. 3. Antennenglied (♀), maximale Länge : maximale Breite = 1,5:1. Körper überwiegend hell gefärbt, gelblich. Kopf rotbraun, vorn heller, rotgelb. Pronotum rotgelb. Elytren rötlich gelb, vorn um das Scutellum ±

deutlich angedunkelt, weit vor der Mitte am breitesten, nach hinten stark verengt. Mesosternalgrube nach hinten stark, geradlinig zugespitzt. Körperlänge 2,9-3,0 mm. Spanien. . . . . *laeticolor* NYHOLM, 1967

5* Parameren auf der Innenseite glatt, nach vorn gerichteter Fortsatz schmal, etwas gebogen (Abb. H 93, 95). Körper kleiner (2,3-2,8 mm lang). 6

6 Prosthem relativ kürzer (linkes Parameroid : Prosthem = 1,6:1,0), in einer ventralwärts gebogenen Spitze endend; Pala kurz (0,35 mm), asymmetrisch (linkes Parameroid : Pala = 1,9:1,0); Endlappen des linken Parameroids glatt (Abb. H 92). Penis 0,76-0,81 mm lang. Kapulus lang, schmal, zur Spitze konvergierend, Parameren hinten allmählich verschmälert, Spitzen nicht deutlich nach außen gebogen (Abb. H 93). Tegmen 0,53-0,62 mm lang. Prehensor (Abb. H 98) 0,56-0,62 mm lang. 3. Antennenglied (♂) kurz und breit, maximale Länge : maximale Breite = 5:4. 3. Antennenglied (♂), maximale Länge : maximale Breite = 1,3:1. 3. Antennenglied (♀), maximale Länge : maximale Breite = 1,8:1. Körper länglich oval. Elytren in oder kurz vor der Mitte am breitesten, nach vorn und hinten ziemlich stark verschmälert, gelb oder hellbraun. Pronotum ganz rotgelb oder auf der Mitte ± angedunkelt. Körperlänge 2,3-2,5 mm. Korsika, Sardinien, Nordafrika. . . . . *pallidicollis* RAFFRAY, 1873

6* Prosthem relativ länger (linkes Parameroid : Prosthem = 1,4:1,0), in einer ventralwärts gebogenen scharfen Spitze endend; Pala annähernd symmetrisch, lang (0,42-0,43 mm) und schmal (linkes Parameroid : Pala = 1,1:1,0); Endlappen des linken Parameroids fein gezähnt (Abb. H 94). Penis 0,86-0,97 mm lang. Kapulus variabel, Seiten meist gerundet, Parameren hinten mit abgesetzten schmalen, nach außen gebogenen Spitzen (Abb. H 95). Tegmen 0,61-0,64 mm lang. Prehensor (Abb. H 99) 0,60-0,63 mm lang. 3. Antennenglied (♂), maximale Länge : maximale Breite = 1,3:1. 3. Antennenglied (♀), maximale Länge : maximale Breite = 1,6:1. Körper länglich oval. Elytren etwa in der Mitte am breitesten, nach vorn und hinten mäßig stark verengt, hellbraun. Pronotum entweder hell, gelblich mit dunkler Mitte oder überwiegend dunkel rotbraun mit schmalen hellen Seitenrändern. Körperlänge 2,4-2,8 mm. Italien, Sizilien, Nordafrika. . . . . *hydrocyphonoides* (TOURNIER, 1868)

8.10. Artenübersicht

Hydrocyphon australis LINDER, 1864

Zitat der Originalbeschreibung: L'Abeille, Mémoires d'Entomologie 1: xiv.

Literatur: KLAUSNITZER (1990a, 1990f), NYHOLM (1967: Redeskription), RUTA & KLAUSNITZER (2007), TENENBAUM (1915).

Verbreitung: Holomediterrane Art. NYHOLM (1967) bezeichnet diese Art als westmediterran, die neueren Funde deuten aber auf ein größeres Areal hin.

Nachweise: Balearen: TENENBAUM (1915: Literaturangabe, Material nicht revidiert). – Bosnien und Herzegowina: KLAUSNITZER (1990f). – Frankreich: Hérault, „Saint-Bauzile" (Ortsangabe ungenau, mehrfach in Hérault vorhanden) (locus typicus) (LINDER 1864). Languedoc-Roussillon (Aimargues), Provence (Avignon) (NYHOLM 1967). Languedoc-Roussillon (Gard, Serviès-en-Val), Rhône-Alpes (Les Vans) (Fundortkartei KLAUSNITZER, unveröffentlicht). – Italien: Piemonte (Omegna, Voltaggio) (NYHOLM 1967). Ligurien (2 Fundorte) (Fundortkartei KLAUSNITZER, unveröffentlicht). – Sizilien: Messina (NYHOLM 1967). Francavilla di Sicilia (Fundortkartei KLAUSNITZER, unveröffentlicht). – Spanien: Katalonien (Olot), Baskenland (Orduña) (NYHOLM 1967). Aragonien (Teruel), Kastilien-León (Brañuelas) (Fundortkartei KLAUSNITZER, unveröffentlicht). – Türkei: Provinz Antalya (RUTA & KLAUSNITZER 2007).

Ökologie, Phänologie und Biologie: Imagines wurden von Mitte Mai bis Mitte August gefunden, in einem Fall an einem sehr kalkreichen relativ warmen Bach. Eine angegebene Höhe beträgt 1380 m.

Hydrocyphon championi **REITTER, 1903**

Zitat der Originalbeschreibung: Wiener Entomologische Zeitung 22: 177.

Literatur: KLAUSNITZER (1970a: Festlegung Lectotypen), NYHOLM (1967: Redeskription ♂).

Verbreitung: Atlantomediterrane Art. Iberische Halbinsel.

Nachweise: Portugal: Odemira (KLAUSNITZER 2008e). – Spanien: Sierra de Bejar (locus typicus) (REITTER 1903, KLAUSNITZER 1970a). Béjar liegt in der Salamanca, Castilla-León.

Ökologie, Phänologie und Biologie: Imagines wurden Mitte Mai gefunden.

Hydrocyphon deflexicollis **(P.W.J. MÜLLER, 1821) (*Cyphon*)**

Zitat der Originalbeschreibung: Magazin der Entomologie 4: 223.

Synonyme:

ater STEPHENS, 1830: 287 (*Cyphon*)
pini CURTIS, 1836: 602 (*Elodes*)

Literatur: ANDERSON et al. (1997), BOUKAL et al. (2007), BURAKOWSKI et al. (1983), DIETRICH (1865), FRANK & KONZELMANN (2002), FRANZ (1974), GEISER (2001), GEREND (2003), HANDSCHIN (1963), HORION (1955), JELÍNEK (1993), KIESENWETTER (1863), KLAUSNITZER (1971b, 1975c, 1990a, 1990f, 1990g, 1994, 1998a, 1999, 2008e), KLAUSNITZER et al. (2003), KÖHLER & KLAUSNITZER (1998), MÜLLER (1912), NYHOLM (1967: Redeskription, 1976), RUTA & KLAUSNITZER (2007), STIERLIN & GAUTARD (1867), TOURNIER (1868), WÖRNDLE (1950), ZWICK (1978).

Verbreitung: Mittel- und Südeuropa, fehlt südlich der Pyrenäen. Es finden sich in der Literatur auch unrevidierte Angaben aus verschiedenen südlichen Ländern, bei denen nicht klar ist, ob es sich tatsächlich um *H. deflexicollis* handelt oder um eine andere Art. Diese Literaturstellen stammen aus der Zeit vor der Revision der Gattung: Spanien: León, Madrid (HORION 1955), Korsika (HORION 1955), Sardinien (HORION 1955).

Nachweise: Belgien: HORION (1955). – Bosnien-Herzegowina: Sutorina (die Lage des Ortes „Sutorina" ist unklar, auf dem Fundortetikett steht Herzegowina) (KLAUSNITZER 2008e). – Bulgarien: Rhodopen (KLAUSNITZER 1980a, 2008e). – Deutschland: Nordgrenze des Areals ? (HORION 1955, Fundortkartei KLAUSNITZER, unveröffentlicht, KÖHLER & KLAUSNITZER 1998). Einzelne Fundorte bei NYHOLM (1967), KLAUSNITZER (1971b: Ostdeutschland), KLAUSNITZER (1994), KLAUSNITZER et al. (2003: Verbreitungskarte Thüringen), FRANK & KONZELMANN (2002: Baden-Württemberg), ZWICK (1978). – Frankreich: HORION (1955), NYHOLM (1967). Languedoc-Roussilon (Aude), Vienne (Ort mehrfach vorhanden) (NYHOLM 1967). Provence (Alpes-Maritimes, Vésubie), Languedoc-Roussilon (Vallerauge) (Fundortkartei KLAUSNITZER, unveröffentlicht). – Griechenland: KLAUSNITZER (1990f). – Großbritannien: HORION (1955). Schottland (NYHOLM 1967). – Irland: Kerry, Currans (NYHOLM 1967). ANDERSON et al. (1997). – Italien: HORION (1955): mehrere nicht überprüfte Fundortangaben. Mehrere Fundorte in Abruzzo, Ligurien, Piemonte, Toskana, Trentino-Südtirol (NYHOLM 1967, Fundortkartei KLAUSNITZER, unveröffentlicht). – Kroatien: Dalmatien, „Cattaro" (NYHOLM 1967). Plitvica (Fundortkartei KLAUSNITZER, unveröffentlicht). – Luxemburg: GEREND (2003). – Niederlande: Südlimburg (HORION 1955). NYHOLM (1967). – Mazedonien: Pelister bei Bitola (KLAUSNITZER 2008e). – Österreich: HORION (1955). Nordtirol (WÖRNDLE 1950, NYHOLM 1967). Fundorte bei FRANZ (1974). Vorarlberg (MÜLLER 1912). Burgenland, Niederösterreich, Oberösterreich, Wien (Fundortkartei KLAUSNITZER, unveröffentlicht). Salzburg (GEISER 2001). – Polen: HORION (1955), BURAKOWSKI et al. (1983). Beskiden, Limanowa (Fundortkartei KLAUSNITZER, unveröffentlicht). – Rumänien: Siebenbürgen (HORION 1955). Karpaten (Bălan,

Cîmpeni – Ort mehrfach vorhanden) (KLAUSNITZER (1975c). Südkarpaten (Izvorul) (Fundortkartei KLAUSNITZER, unveröffentlicht). – Schweiz: HORION (1955), NYHOLM (1967). Kantone Aargau, Basel-Stadt, Genève, Graubünden, Solothurn, Tessin, Waad, Wallis, Zürich (KLAUSNITZER 1999: Verbreitungskarte). Fundort bei HANDSCHIN (1963). – Slowakei: HORION (1955), JELÍNEK (1993). Bolešov (Fundortkartei KLAUSNITZER, unveröffentlicht). – Slowenien: Julische Alpen, Krain (= Kranj), Bled (HORION 1955, NYHOLM 1967). – Tschechien: HORION (1955). Böhmen, Mähren (JELÍNEK 1993, BOUKAL et al. 2007). Böhmen (Krkonoše), Mähren (Olomouc) (Fundortkartei KLAUSNITZER, unveröffentlicht). – Türkei: Provinzen Artvin, Bursa, Izmir, Rize (NYHOLM 1976, KLAUSNITZER 1990g, 2008e, RUTA & KLAUSNITZER 2007). – Ungarn: HORION (1955). Mátragebirge (Fundortkartei KLAUSNITZER, unveröffentlicht).

Ökologie, Phänologie und Biologie: Fast immer montan oder höher. Larven in schnell fließenden Bächen, Bachstellen mit starkem Gefälle, auch in ruhigen Uferzonen größerer Bäche. Imagines von April bis Oktober, besonders im Juni auf Ufervegetation und Wasserpflanzen, auch unter feucht liegenden Steinen an Gewässerufern, gelegentlich an Verandafenstern angeflogen (HORION 1955). Die enge Bindung an das Leben im Wasser (Verpuppung submers) ist auch früheren Autoren aufgefallen. So schreibt schon DIETRICH (1865): „an einem bemoosten Steine sitzend, den ich aus dem Wasser des Dorfbaches gezogen", oder STIERLIN & GAUTARD (1867): „in ganzen Colonien unter Steinen in Bachbeeten".

Hydrocyphon finitimus NYHOLM, 1977

Zitat der Originalbeschreibung (♂, ♀): Entomologica scandinavica 8: 97.

Literatur: KLAUSNITZER (1990c, 2008e), RUTA & KLAUSNITZER (2007).

Bemerkung: *H. finitimus* und *H. segrex* sind wahrscheinlich nahe verwandt (NYHOLM 1977).

Verbreitung: Kaspische Art.

Nachweise: Armenien: Khosrov (KLAUSNITZER 2008e). – Russland: Südrussland, Kaukasus (RUTA & KLAUSNITZER 2007). – Türkei: Provinzen Muğla (Inlice = locus typicus), Hakkari, Sanliurfa, Trabzon, Urfa (NYHOLM 1977, KLAUSNITZER 1990c, 2008e, RUTA & KLAUSNITZER 2007).

Ökologie, Phänologie und Biologie: Imagines Anfang Mai an einem mäßig schnell strömenden Bach mit zahlreichen kleinen Stromschnellen und einem über größere Steinblöcke fließendem Bach auf der uferbegleitenden Vegetation. Funde von Imagines auch von Ende Mai bis Anfang Juli.

Hydrocyphon fulvescens NYHOLM, 1977

Zitat der Originalbeschreibung (♂, ♀): Entomologica scandinavica 8: 104.

Literatur: KLAUSNITZER (1990f).

Verbreitung: Atlantomediterrane Art.

Nachweise: Spanien: Andalusien, Málaga, Ronda (locus typicus), Cuenca (Provinz) (NYHOLM 1977, KLAUSNITZER 1990f).

Ökologie, Phänologie und Biologie: Die Imagines wurden Mitte Mai in einer Höhe von 700-800 m gefunden.

Hydrocyphon gereckei HERNANDO, AGUILERA & RIBERA, 2004

Zitat der Originalbeschreibung: Linzer biologische Beiträge 63: 389.

Verbreitung: Mauretanische Art ? Bisher ist nur das Typusexemplar bekannt.

Nachweise: Marokko: Oued Zloul (locus typicus) (HERNANDO, AGUILERA & RIBERA 2004).

Ökologie, Phänologie und Biologie: Die Imago wurde Anfang April gefunden.

Hydrocyphon hamiota **NYHOLM, 1972**

Zitat der Originalbeschreibung (♂, ♀): Entomologica scandinavica 3: 36.

Verbreitung: Atlantomediterrane Art.

Nachweise: Spanien: Süden, Andalusien, Marbella (locus typicus) (NYHOLM 1972a). Málaga (San Pedro de Alcántara) (Fundortkartei KLAUSNITZER, unveröffentlicht).

Ökologie, Phänologie und Biologie: Die Imagines wurden Mitte bis Ende April gefunden.

Hydrocyphon hydrocyphonoides **(TOURNIER, 1868) (*Cyphon*)**

Zitat der Originalbeschreibung: Description des Dascillides du Bassin du Léman: 66.

Literatur: KLAUSNITZER (1990a, 1991a), NYHOLM (1977: Redeskription ♂, ♀, Festlegung Lectotypus – Sizilien).

Verbreitung: Holomediterrane Art.

Nachweise: Algerien: Gouraya (KLAUSNITZER 1991a). Tellatlas (Mechta Medjez Ahmar) (Fundortkartei KLAUSNITZER, unveröffentlicht). Italien: Italie méridionale (locus typicus) (TOURNIER 1868). Mehrere Fundorte in Emilia Pomagna, Liguria, Lombardia, Piemonte, Toscana (KLAUSNITZER 1990a). Kalabrien: Aspromonte, Bagaladi, Angitola, Petilia Policastro, „Peloritani" (?), „Podargoni" (?) (NYHOLM 1977, KLAUSNITZER 1990a, Fundort kartei KLAUSNITZER, unveröffentlicht). – Sizilien: Mandanici (NYHOLM 1977). – Tunesien: „Téboursouk" (Lage des Ortes unklar) (KLAUSNITZER 1991a).

Ökologie, Phänologie und Biologie: Die Imagines wurden von Juni bis Juli gefunden.

Hydrocyphon illiesi **KLAUSNITZER, 1991**

Zitat der Originalbeschreibung (♂): Koleopterologische Rundschau 61: 162.

Verbreitung: Mauretanische Art. Es ist nur der Holotypus bekannt.

Nachweise: Algerien: Sidi-Madani-Les Gorges (locus typicus) (es könnte sich um Sidi Mahyadîne im Tellatlas handeln) (KLAUSNITZER 1991a).

Ökologie, Phänologie und Biologie: Das Exemplar wurde im Mai gesammelt.

Hydrocyphon laeticolor **NYHOLM, 1967**

Zitat der Originalbeschreibung (♂, ♀): Opuscula Entomologica 32: 45

Verbreitung: Atlantomediterrane Art. Bisher ist nur nur die Typenserie (3 Exemplare) bekannt.

Nachweise: Spanien: äußerster Süden, Andalusien, Algeciras (locus typicus) (NYHOLM (967).

Ökologie, Phänologie und Biologie: Die Imagines wurden Mitte Mai gesammelt.

Hydrocyphon minous **NYHOLM, 1967**

Zitat der Originalbeschreibung (♀): Opuscula Entomologica 32: 28.

♂: KLAUSNITZER (1970a): Reichenbachia 13: 208.

Verbreitung: Kretische Art, Endemit.

Nachweise: Kreta: Osten, „Assitaes“ (Lage des Ortes unklar) (locus typicus) (NYHOLM 1967). KLAUSNITZER (1970a). Chania (Voutás), Iraklion (Fódhele, Iraklion, Knossos), Lasithi (Sitía), Rethimni (Ayía Galíni) (Fundortkartei KLAUSNITZER, unveröffentlicht).

Ökologie, Phänologie und Biologie: Imagines wurden von Anfang April bis Ende September in einer Höhe zwischen 200 und 550 m gefunden.

Hydrocyphon novaki NYHOLM, 1967

Zitat der Originalbeschreibung (♂, ♀): Opuscula Entomologica 32: 37.

Synonym:
fuscatus KLAUSNITZER, 1970: 206

Literatur: KLAUSNITZER (1966b, 1969b, 1970a, 1990a, 1998a, 2008e).

Verbreitung: Pontomediterrane Art.

Nachweise: Albanien: Krumë, Nordalbanische Alpen (Thethi) (KLAUSNITZER 1966b, 1969b, 1970a). – Bosnien-Herzegowina: Dinarisches Gebirge (Krupa) (KLAUSNITZER 2008e). – Griechenland: Thessalien (Olymp) (Fundortkartei KLAUSNITZER, unveröffentlicht). Insel Thasos (KLAUSNITZER 1998a). – Italien: Lombardia, Trentino-Südtirol (NYHOLM 1967). Piemonte (Garessio), „Selva, Piro“ (Lage des Ortes unklar) (Fundortkartei KLAUSNITZER, unveröffentlicht). – Kroatien: Dalmatien (Solin = locus typicus), Čitluk, Sinj (NYHOLM 1967). Dubrovnik (Fundortkartei KLAUSNITZER, unveröffentlicht).

Ökologie, Phänologie und Biologie: Die Imagines wurden von Ende Mai bis Oktober gefunden. Höhenangaben (soweit vorhanden) liegen zwischen 570 bis 1200 m. Ein Fundort war das Ufer eines dicht verwachsenen Bächleins.

Hydrocyphon oblongulus NYHOLM, 1967

Zitat der Originalbeschreibung (♂, ♀): Opuscula Entomologica 32: 27.

Verbreitung: Cyprische Art, Endemit.

Nachweise: Zypern: Galata (locus typicus), Kyrenia, Boghazi (= Boghaz, liegt östlich der Kyreniakette); Larnaka, „Staurovouni“ (Lage des Ortes unklar) (NYHOLM 1967).

Ökologie, Phänologie und Biologie: Die Imagines wurden Mitte bis Ende Juni gefunden.

Hydrocyphon ovatus NYHOLM, 1967

Zitat der Originalbeschreibung (♂, ♀): Opuscula Entomologica 32: 35.

Literatur: KLAUSNITZER (1970a, 1990a).

Verbreitung: Adriatomediterrane Art.

Nachweise: Italien: Ligurien (Fontanigorda = locus typicus), Emilia-Romagna, Kalabrien, Lombardia, Piemonte, Toskana (NYHOLM 1967, KLAUSNITZER 1970a, 1990a, Fundortkartei KLAUSNITZER, unveröffentlicht).

Ökologie, Phänologie und Biologie: Die Imagines wurden von Juli bis August gefunden.

Hydrocyphon pallidicollis RAFFRAY, 1873

Zitat der Originalbeschreibung: Revue et Magasin de Zoologie Pure et Appliquée (3) 1: 374.

Literatur: KLAUSNITZER (1990f, 1991a), NYHOLM (1967: Redeskription ♂, ♀).

Verbreitung: Holomediterrane Art.

Nachweise: Algerien: Alger, Bains Romains (locus typicus) (RAFFRAY 1873). Bou-Kanefis (möglicherweise Boukhanefis, Tellatlas, Zuordnung Fundort dennoch fraglich) (NYHOLM 1967). „Kaisons Mongaia" (Lage des Ortes unklar) (KLAUSNITZER 1991a). – Korsika: Bastia (NYHOLM 1967). Haute-Corse (Aléria, Galéria, Erbalunga) (KLAUSNITZER (1990f). – Marokko: Oued Ifrane (wohl Aït Ifrane im Hohen Atlas) (KLAUSNITZER 1991a). – Sardinien: Ballao (NYHOLM 1967). Santo Sperate (KLAUSNITZER 1990f).

Ökologie, Phänologie und Biologie: Die Imagines wurden von Ende Juli bis Anfang August gefunden.

Hydrocyphon pernigrans NYHOLM, 1967

Zitat der Originalbeschreibung (♂, ♀): Opuscula Entomologica 32: 39.

Literatur: KLAUSNITZER (1970a, 1990f).

Bemerkung: 1 Exemplar der Syntypenserie von *Hydrocyphon championi* REITTER, 1903 gehört zu dieser Art (KLAUSNITZER 1970a).

Verbreitung: Atlantomediterrane Art. Vielleicht dem Dinodal zugehörig. Es ist nur die Typenserie sowie das Exemplar aus der Sammlung REITTER bekannt.

Nachweise: Spanien: Sierra de Guadarrama, nahe Cercedilla (locus typicus) (NYHOLM 1967). Castilla-León, Brañuelas, aus Syntypenserie von *H. championi* REITTER (KLAUSNITZER 1970a). Galicia, Lugo, Viveiro (KLAUSNITZER 1990f). Kantabrisches Gebirge (Fundortkartei KLAUSNITZER, unveröffentlicht).

Ökologie, Phänologie und Biologie: Larven, Puppen und Imagines befanden sich unter Steinen in einem mäßig rasch fließenden Gebirgsbach in 1500 m Höhe unterhalb kleiner Fälle, Imagines fanden sich Anfang Juli auch auf Gebüsch (zusammen mit *Cyphon pandellei*) (NYHOLM 1967). Imagines auch Anfang Juli bis Mitte August (KLAUSNITZER 1990f).

Hydrocyphon proximus NYHOLM, 1967

Zitat der Originalbeschreibung (♂, ♀): Opuscula Entomologica 32: 34.

Literatur: KLAUSNITZER (1990a).

Verbreitung: Adriatomediterrane Art. Es ist nur die Typenserie bekannt.

Nachweise: Italien: „S. Biase Ceraso, Vallo Lucano" (locus typicus) [San Biase und Ceraso sind verschiedene, nahe gelegene Orte bei Vallo della Lucania in der Region Campania] (NYHOLM (1967).

Ökologie, Phänologie und Biologie: Die Typen wurden Anfang August gefunden.

Hydrocyphon rectangulus KLAUSNITZER, 1991

Zitat der Originalbeschreibung (♂): Koleopterologische Rundschau 61: 162.

Literatur: KLAUSNITZER (1997).

Verbreitung: Mauretanische Art.

Nachweise: Algerien: Tamanart, Collo Skida (locus typicus) (KLAUSNITZER 1991a). Weitere Fundortangaben bei KLAUSNITZER (1991a). Gde Kabylie, L'Arbatache sur El Kseur (KLAUSNITZER 1997).

Ökologie, Phänologie und Biologie: Die Imagines wurden Anfang Mai bis Mitte Oktober in einer Höhe von 300 bis 400 m gefunden.

Hydrocyphon rivulorum NYHOLM, 1977

Zitat der Originalbeschreibung (♂, ♀): Entomologica scandinavica 8: 102.

Verbreitung: Pontomediterrane Art.

Nachweise: Türkei: Provinz Muğla, Marmaris (locus typicus) (NYHOLM 1977).

Ökologie, Phänologie und Biologie: Die Tiere wurden in Rinnsalen mit kleinen Fällen und quellendem Grundwasser von Ende April bis Mitte Mai gefunden. Larven, Puppen und frisch geschlüpfte Imagines befanden sich unter vom Wasser überspritzten Steinen.

Hydrocyphon segrex NYHOLM, 1972

Zitat der Originalbeschreibung (♂, ♀): Entomologica scandinavica 3: 34.

Literatur: KLAUSNITZER (1981b, 1989b, 1990f, 1998a, 2008e), RUTA & KLAUSNITZER (2007).

Verbreitung: Syrische Art ? Umgebung des Kaspischen Meeres und Iran: Kaspisches Meer-Gebiet, „Choramabad“ (KLAUSNITZER 1981b) über die Türkei bis zu den Inseln Chios und Samos.

Nachweise: Aserbaidschan: Nähe Kaspisches Meer (KLAUSNITZER 1981b). Lenkoran (Fundortkartei KLAUSNITZER, unveröffentlicht). – Griechenland: Chios: „Ayio Georgios“ (Lage des Ortes unklar). Samos: Mitilinioí (KLAUSNITZER 1981, 1989b, 1990f, 1998a). – Türkei: Provinzen Adana (Feke = locus typicus), Hatay, Izmir, Muğla, Tunceli (KLAUSNITZER 1989b, NYHOLM 1972a, RUTA & KLAUSNITZER 2007). Insel Gökçeada (KLAUSNITZER 2008e).

Ökologie, Phänologie und Biologie: Die Imagines wurden Ende April bis August gesammelt. In zwei Fällen wird eine Höhe von 50 bzw. 80 m angegeben.

Hydrocyphon vicinans NYHOLM, 1972

Zitat der Originalbeschreibung (♂, ♀): Entomologica scandinavica 3: 33.

Literatur: KLAUSNITZER (1989a, 1989b, 1991a), NYHOLM (1972a)

Bemerkung: NYHOLM (1972a: ähnlich *H. oblongulus*, möglicherweise die Schwesterart)

Verbreitung: Syrische Art.

Nachweise: Israel: „Ein Gedi“ (= En Gedi) (NYHOLM 1972a). Al Quşbīyah (KLAUSNITZER 1989a). – Türkei: Provinz Hatay (Antakya, „Urahat“ = locus typicus) (KLAUSNITZER 1989b, NYHOLM 1972a).

Ökologie, Phänologie und Biologie: Die Imagines wurden von Anfang Mai bis Ende Juni gefunden.

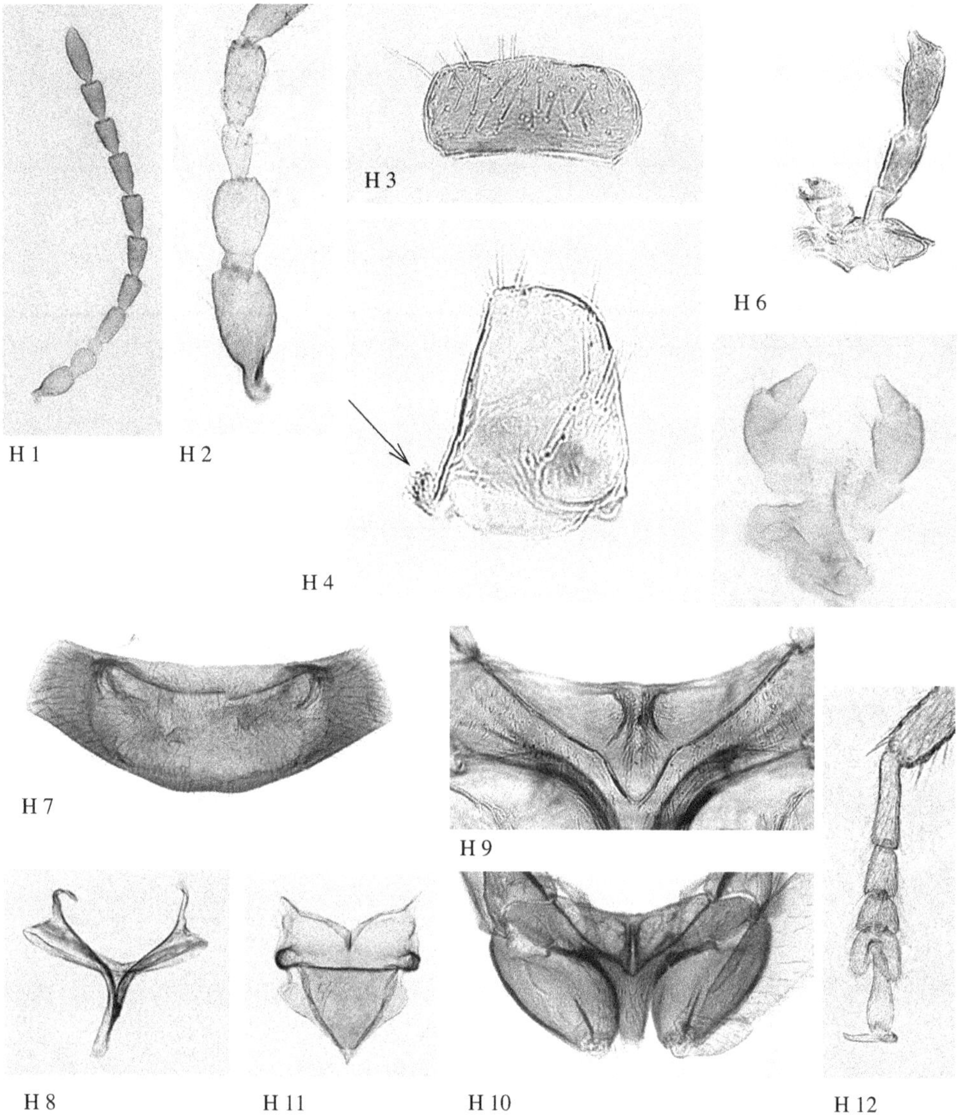

Abb. H 1: *Hydrocyphon deflexicollis* ♂, Antenne; **Abb. H 2:** *Hydrocyphon deflexicollis* ♀, 1.-4. Antennenglied; **Abb. H 3:** *Hydrocyphon deflexicollis* ♂, Labrum; **Abb. H 4:** *Hydrocyphon deflexicollis* ♂, Mandibel; **Abb. H 5:** *Hydrocyphon deflexicollis* ♂, Maxille; **Abb. H 6:** *Hydrocyphon deflexicollis* ♂, Labium; **Abb. H 7:** *Hydrocyphon deflexicollis* ♀, Pronotum; **Abb. H 8:** *Hydrocyphon deflexicollis* ♂, Prosternalfortsatz; **Abb. H 9:** *Hydrocyphon deflexicollis* ♂, Mesosternalgrube; **Abb. H 10:** *Hydrocyphon deflexicollis* ♂, Mesosternalfortsatz; **Abb. H 11:** *Hydrocyphon deflexicollis* ♂, Scutellum; **Abb. H 12:** *Hydrocyphon deflexicollis* ♂, Metatarsus.

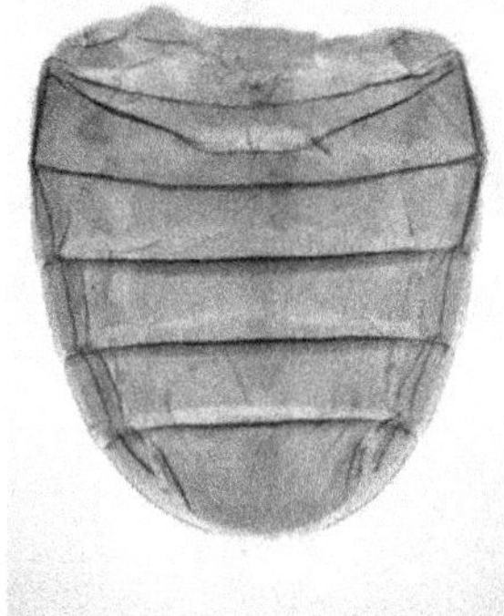

H 13

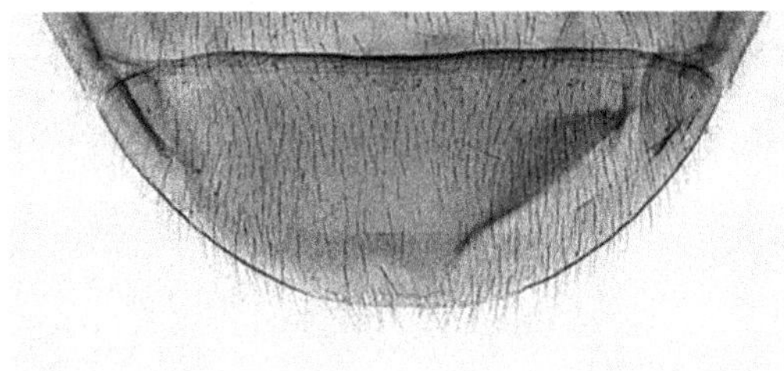

H 14

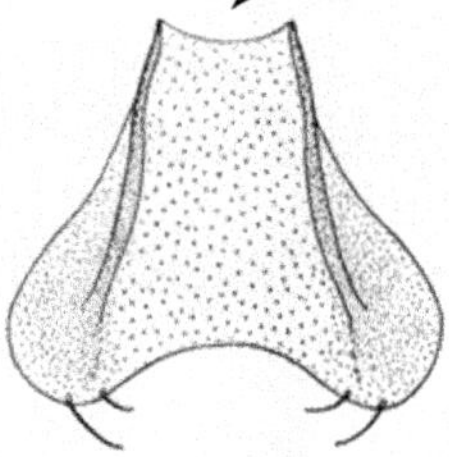

H 15

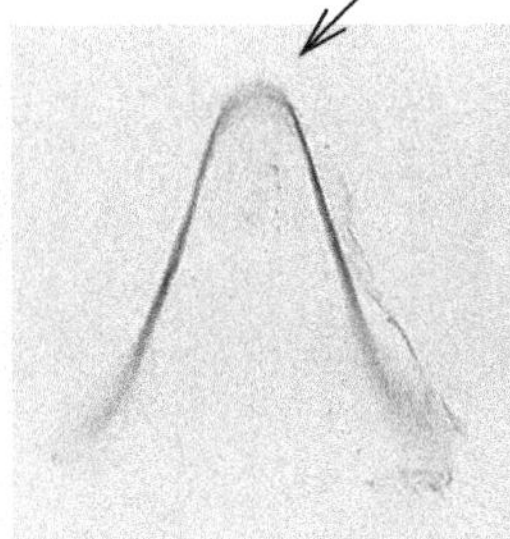

H 16

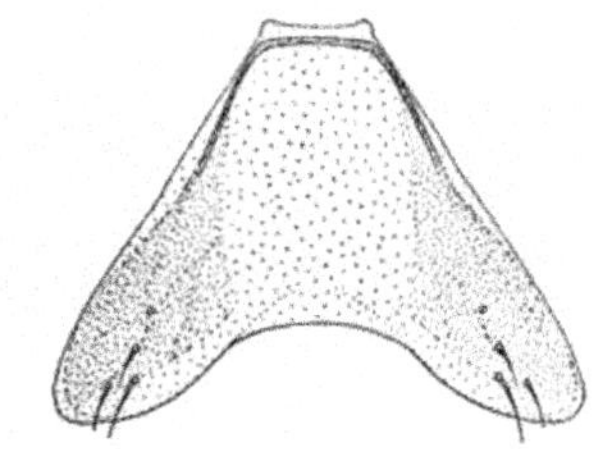

H 17

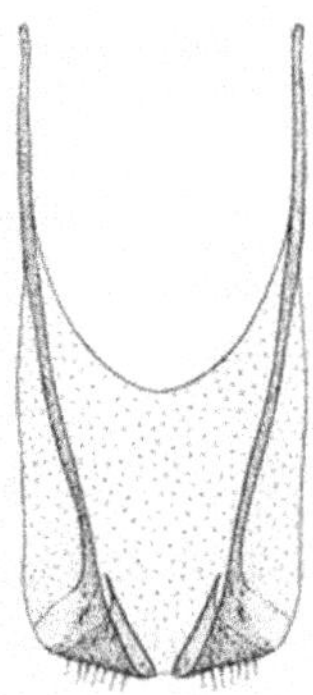

H 18

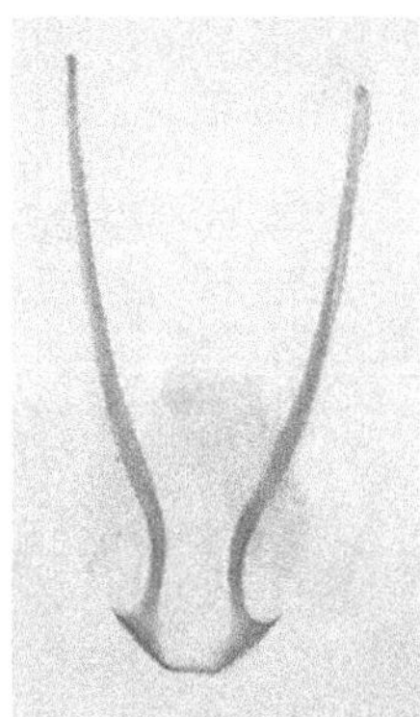

H 19

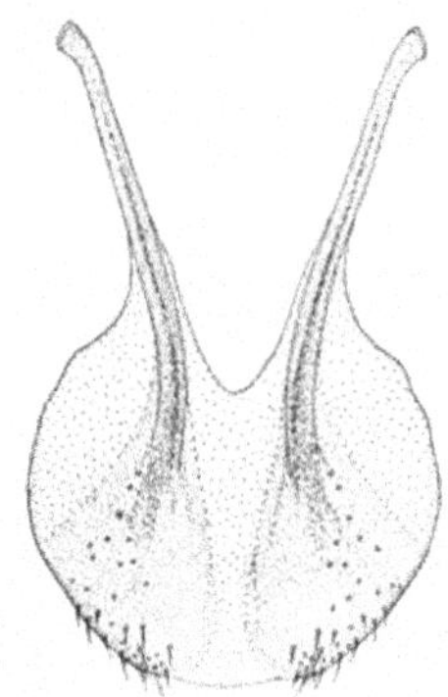

H 20

Abb. H 13: *Hydrocyphon deflexicollis* ♂, 3.-7. Sternit; **Abb. H 14:** *Hydrocyphon deflexicollis* ♂, 7. Sternit; **Abb. H 15:** *Hydrocyphon vicinans* ♂, 8. Sternit, aus Nyholm (1972a); **Abb. H 16:** *Hydrocyphon deflexicollis* ♂, 8. Sternit; **Abb. H 17:** *Hydrocyphon hamiota* ♂, 8. Sternit, aus Nyholm (1972a); **Abb. H 18:** *Hydrocyphon segrex* ♂, 9. Sternit, aus Nyholm (1972a); **Abb. H 19:** *Hydrocyphon deflexicollis* ♂, 9. Sternit; **Abb. H 20:** *Hydrocyphon hamiota* ♂, 9. Sternit, aus Nyholm (1972a).

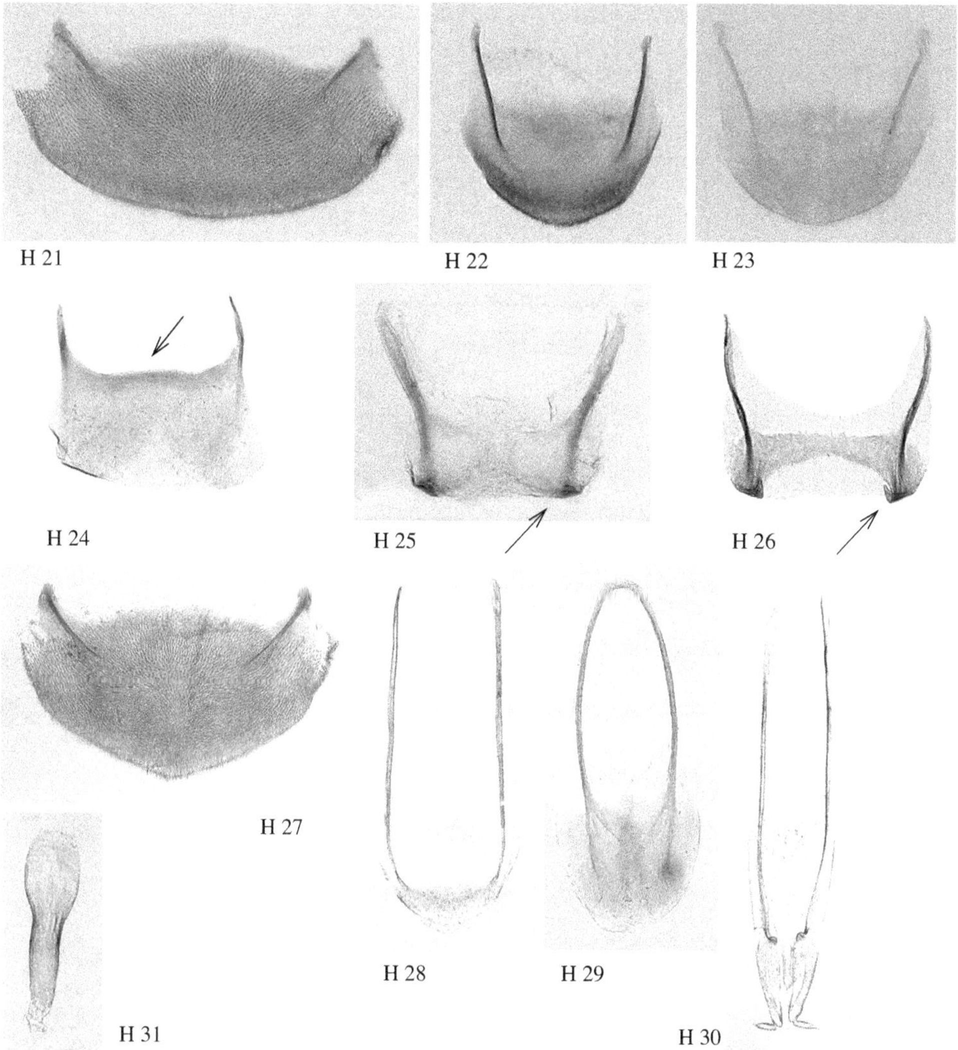

Abb. H 21: *Hydrocyphon deflexicollis* ♂, 7. Tergit; **Abb. H 22:** *Hydrocyphon finitimus* ♂, 8. Tergit; **Abb. H 23:** *Hydrocyphon deflexicollis* ♂, 8. Tergit; **Abb. H 24:** *Hydrocyphon australis* ♂, 9. Tergit; **Abb. H 25:** *Hydrocyphon deflexicollis* ♂, 9. Tergit; **Abb. H 26:** *Hydrocyphon illiesi* ♂, 9. Tergit; **Abb. H 27:** *Hydrocyphon deflexicollis* ♀, 7. Tergit; **Abb. H 28:** *Hydrocyphon deflexicollis* ♀, 8. Tergit; **Abb. H 29:** *Hydrocyphon deflexicollis* ♀, 8. Sternit; **Abb. H 30:** *Hydrocyphon deflexicollis* ♀, Ovipositor; **Abb. H 31:** *Hydrocyphon deflexicollis* ♀, akzessorisches Sklerit.

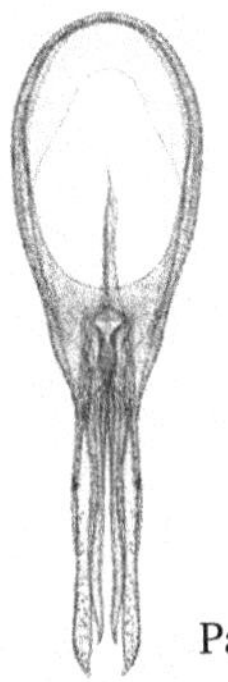

H 32

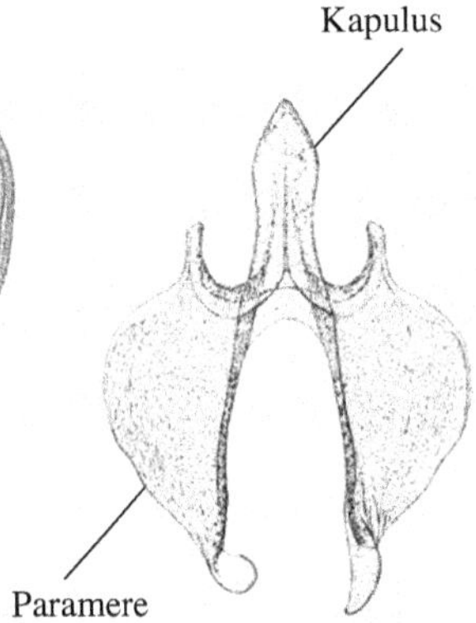

H 33

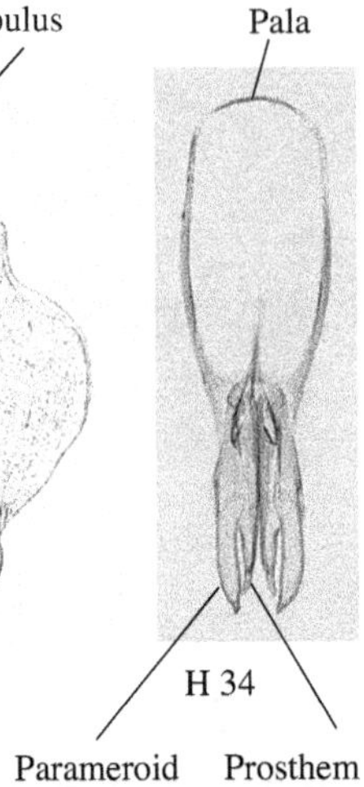

H 34

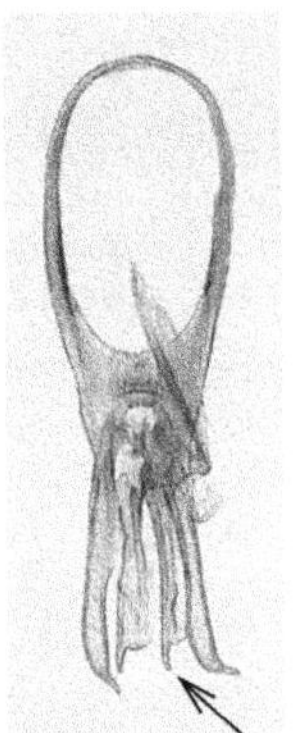

H 35

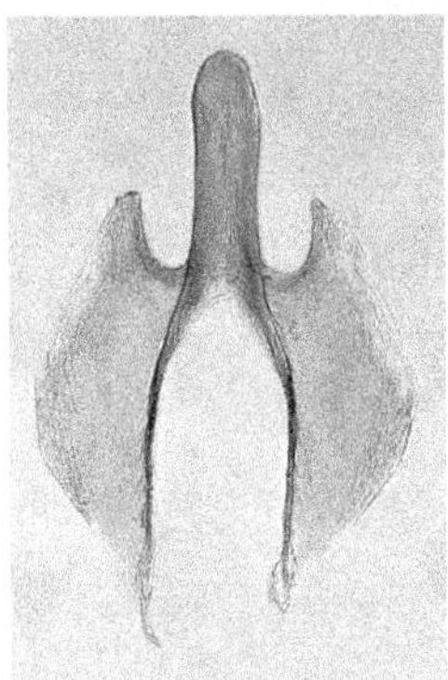

H 36

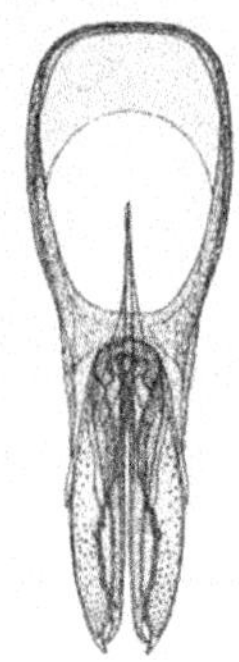

H 37

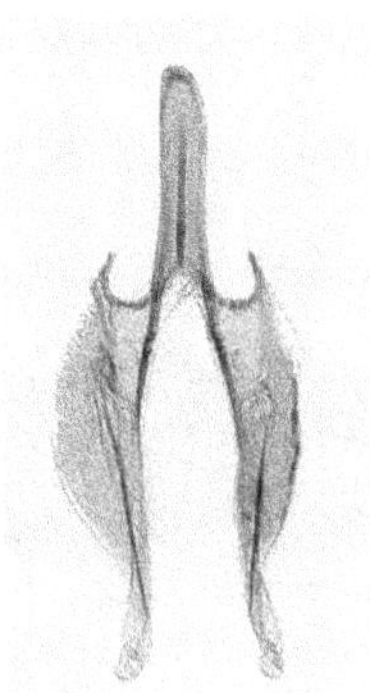

H 38

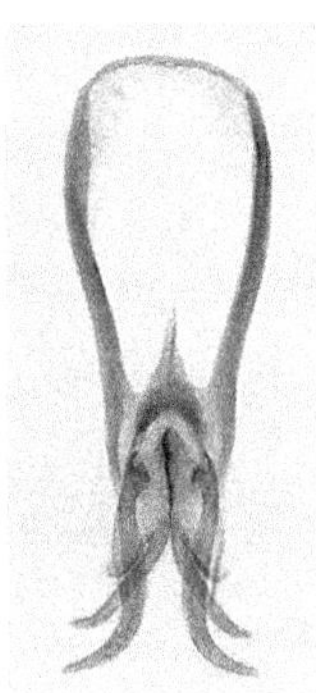

H 39

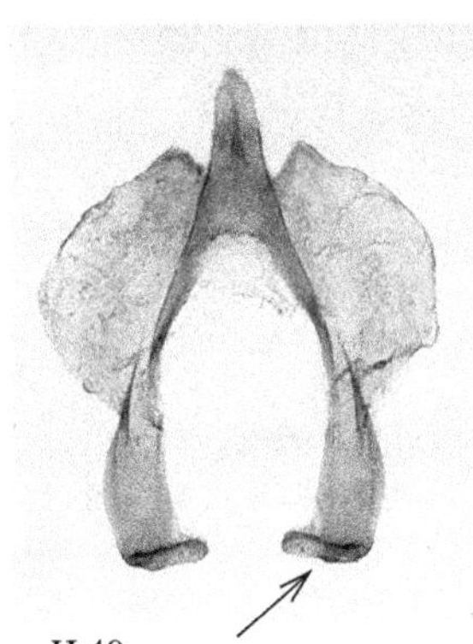

H 40

Abb. H 32: *Hydrocyphon oblongulus* ♂, Penis, aus NYHOLM (1967); **Abb. H 33:** *Hydrocyphon oblongulus* ♂, Tegmen, aus NYHOLM (1967); **Abb. H 34:** *Hydrocyphon minous* ♂, Penis, dorsal; **Abb. H 35:** *Hydrocyphon minous* ♂, Penis, lateral; **Abb. H 36:** *Hydrocyphon minous* ♂, Tegmen; **Abb. H 37:** *Hydrocyphon vicinans* ♂, Penis, aus NYHOLM (1972a); **Abb. H 38:** *Hydrocyphon vicinans* ♂, Tegmen; **Abb. H 39:** *Hydrocyphon australis* ♂, Penis; **Abb. H 40:** *Hydrocyphon australis* ♂, Tegmen.

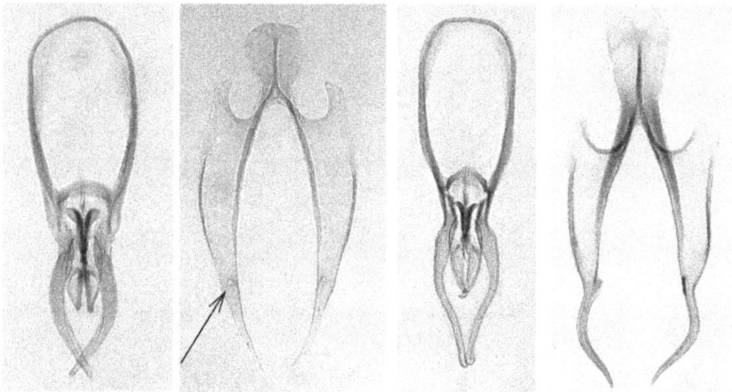

H 41 H 42 H 43 H 44

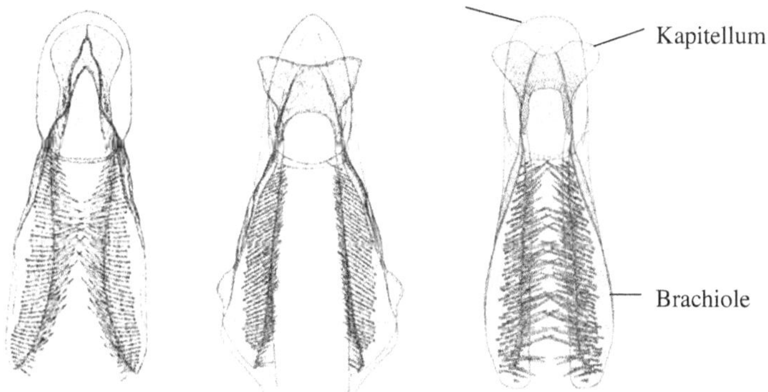

H 45 H 46 H 47

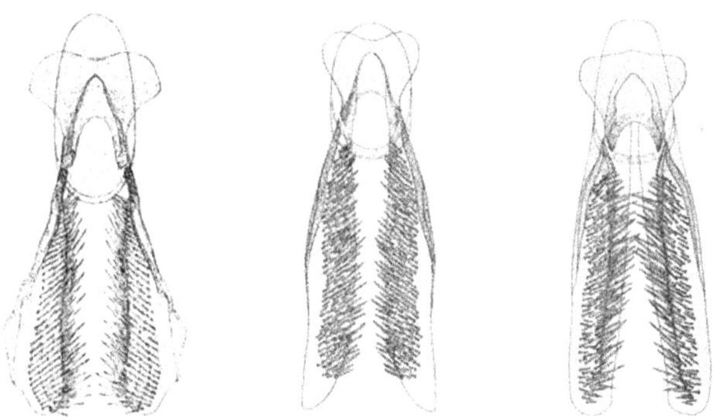

H 48 H 49 H 50

Abb. H 41: *Hydrocyphon finitimus* ♂, Penis; **Abb. H 42:** *Hydrocyphon finitimus* ♂, Tegmen; **Abb. H 43:** *Hydrocyphon segrex* ♂, Penis; **Abb. H 44:** *Hydrocyphon segrex* ♂, Tegmen; **Abb. H 45:** *Hydrocyphon oblongulus* ♀, Prehensor, aus NYHOLM (1967); **Abb. H 46:** *Hydrocyphon minous* ♀, Prehensor, nach NYHOLM (1967); **Abb. H 47:** *Hydrocyphon vicinans* ♀, Prehensor, aus NYHOLM (1972a); **Abb. H 48:** *Hydrocyphon australis* ♀, Prehensor, aus NYHOLM (1967); **Abb. H 49:** *Hydrocyphon finitimus* ♀, Prehensor, aus NYHOLM (1977); **Abb. H 50:** *Hydrocyphon segrex* ♀, Prehensor, aus NYHOLM (1972a).

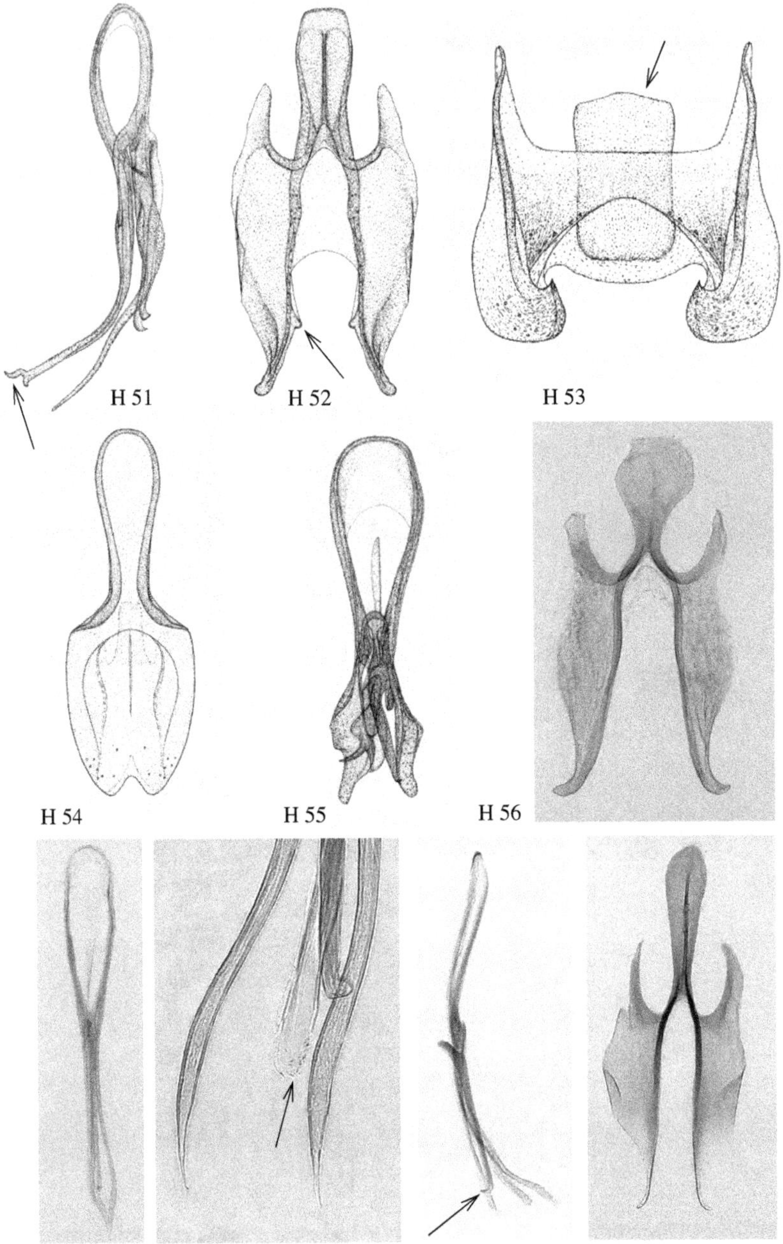

Abb. H 51: *Hydrocyphon rivulorum* ♂, Penis, aus NYHOLM (1977); **Abb. H 52:** *Hydrocyphon rivulorum* ♂, Tegmen, aus NYHOLM (1977); **Abb. H 53:** *Hydrocyphon rivulorum* ♂, 9. Tergit, aus NYHOLM (1977); **Abb. H 54:** *Hydrocyphon rivulorum* ♀, 8. Sternit, aus NYHOLM (1977); **Abb. H 55:** *Hydrocyphon fulvescens* ♂, Penis, aus NYHOLM (1977); **Abb. H 56:** *Hydrocyphon fulvescens* ♂, Tegmen; **Abb. H 57:** *Hydrocyphon deflexicollis* ♂, Penis, dorsal; **Abb. H 58:** *Hydrocyphon deflexicollis* ♂, Penis, linkes Prosthem, Spitze; **Abb. H 59:** *Hydrocyphon deflexicollis* ♂, Penis, lateral; **Abb. H 60:** *Hydrocyphon deflexicollis* ♂, Tegmen.

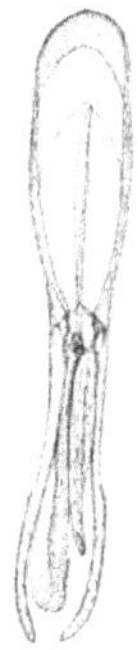

H 61

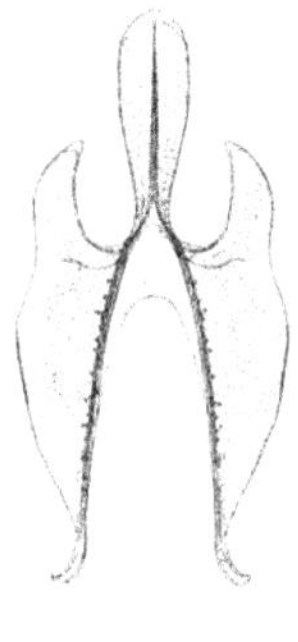

H 62

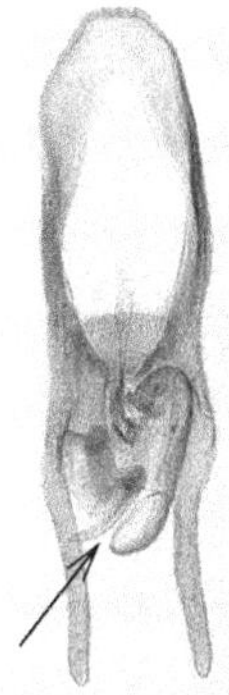

H 63

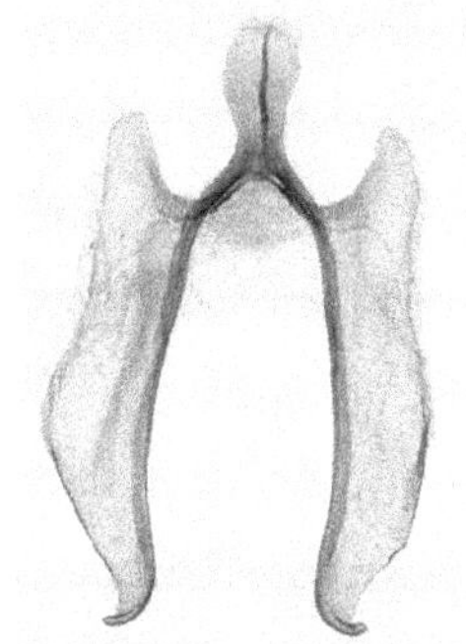

H 64

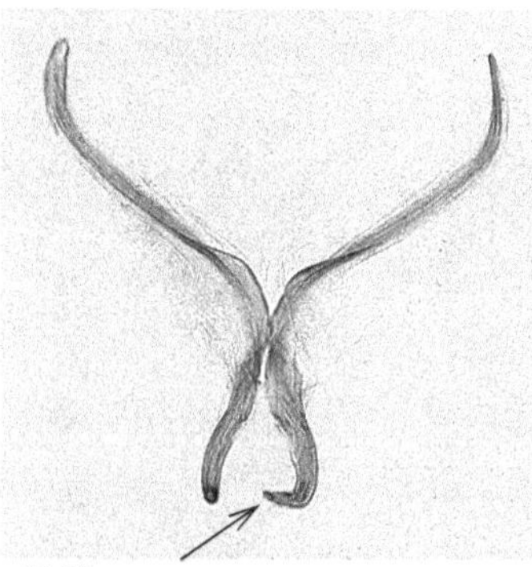

H 65

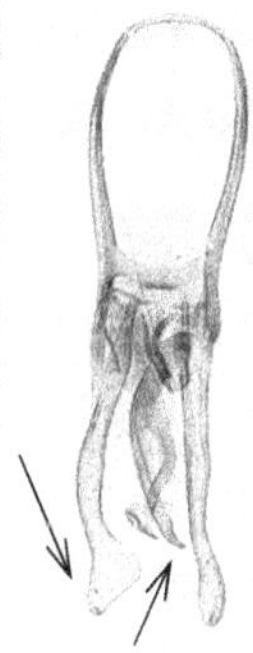

H 66

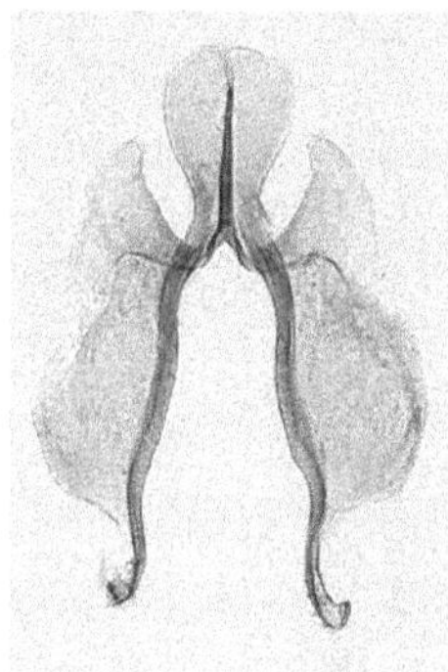

H 67

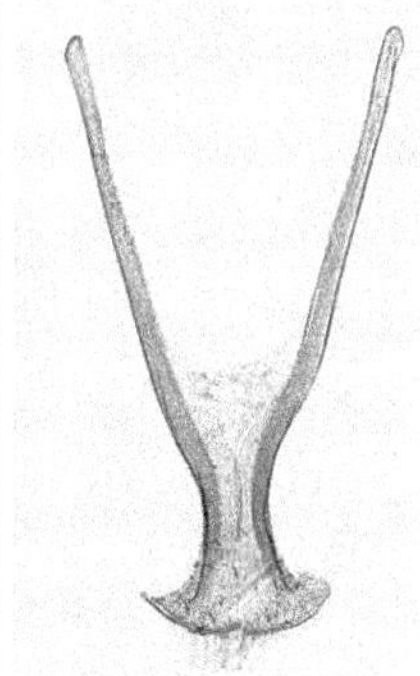

H 68

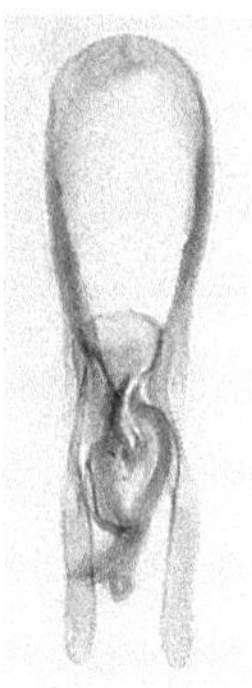

H 69

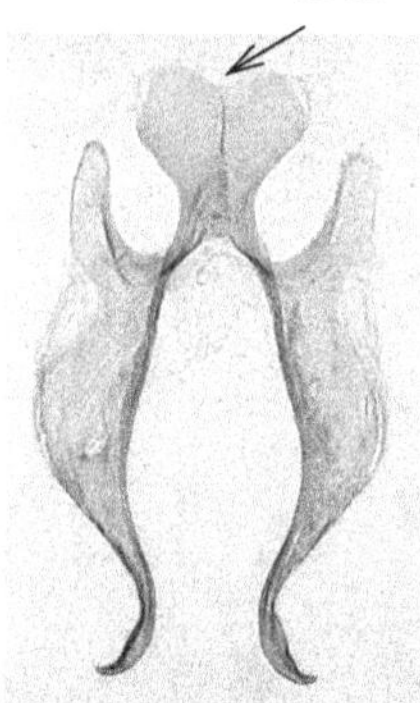

H 70

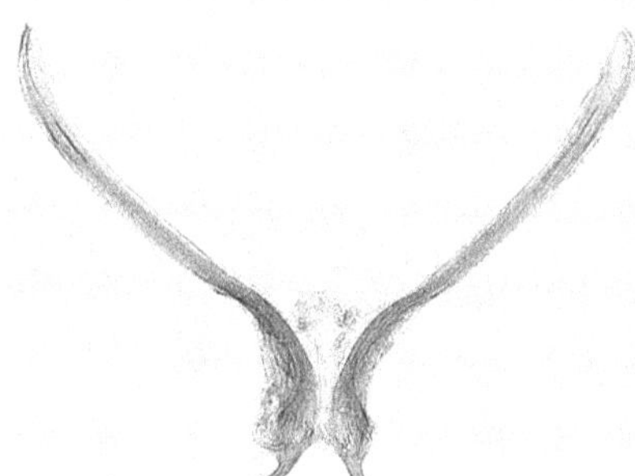

H 71

Abb. H 61: *Hydrocyphon proximus* ♂, Penis, aus NYHOLM (1967); **Abb. H 62:** *Hydrocyphon proximus* ♂, Tegmen, aus NYHOLM (1967); **Abb. H 63:** *Hydrocyphon ovatus* ♂, Penis; **Abb. H 64:** *Hydrocyphon ovatus* ♂, Tegmen; **Abb. H 65:** *Hydrocyphon ovatus* ♂, 9. Sternit; **Abb. H 66:** *Hydrocyphon novaki* ♂, Penis; **Abb. H 67:** *Hydrocyphon novaki* ♂, Tegmen; **Abb. H 68:** *Hydrocyphon novaki* ♂, 9. Sternit; **Abb. H 69:** *Hydrocyphon championi* ♂, Penis; **Abb. H 70:** *Hydrocyphon championi* ♂, Tegmen; **Abb. H 71:** *Hydrocyphon championi* ♂, 9. Sternit.

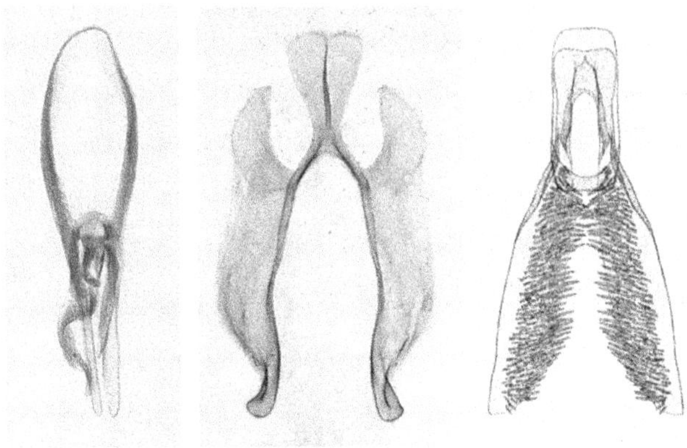

H 72 H 73 H 74

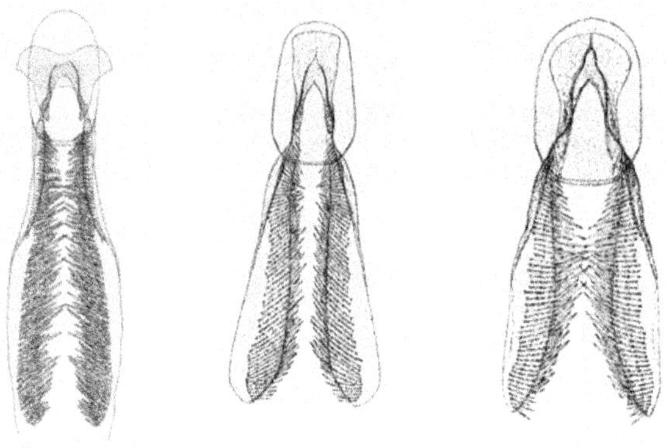

H 75 H 76 H 77

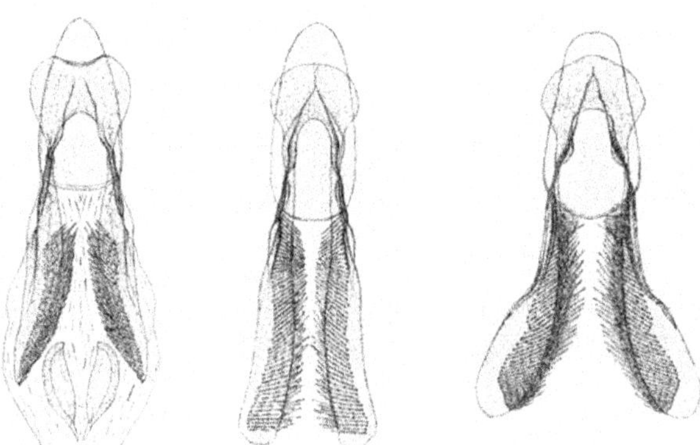

H 78 H 79 H 80

Abb. H 72: *Hydrocyphon pernigrans* ♂, Penis; **Abb. H 73:** *Hydrocyphon pernigrans* ♂, Tegmen; **Abb. H 74:** *Hydrocyphon rivulorum* ♀, Prehensor, aus Nyholm (1977); **Abb. H 75:** *Hydrocyphon fulvescens* ♀, Prehensor, aus Nyholm (1977); **Abb. H 76:** *Hydrocyphon deflexicollis* ♀, Prehensor, aus Nyholm (1967); **Abb. H 77:** *Hydrocyphon proximus* ♀, Prehensor, aus Nyholm (1967); **Abb. H 78:** *Hydrocyphon ovatus* ♀, Prehensor, aus Nyholm (1967); **Abb. H 79:** *Hydrocyphon novaki* ♀, Prehensor, aus Nyholm (1967); **Abb. H 80:** *Hydrocyphon pernigrans* ♀, Prehensor, aus Nyholm (1967).

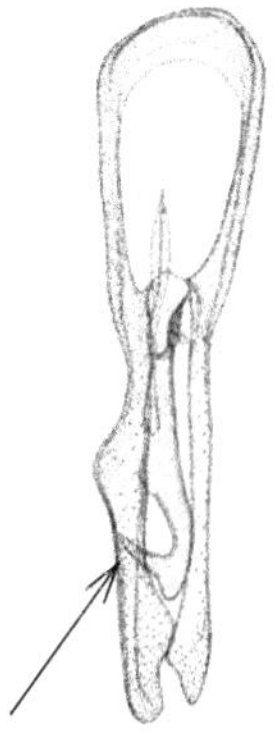
H 81

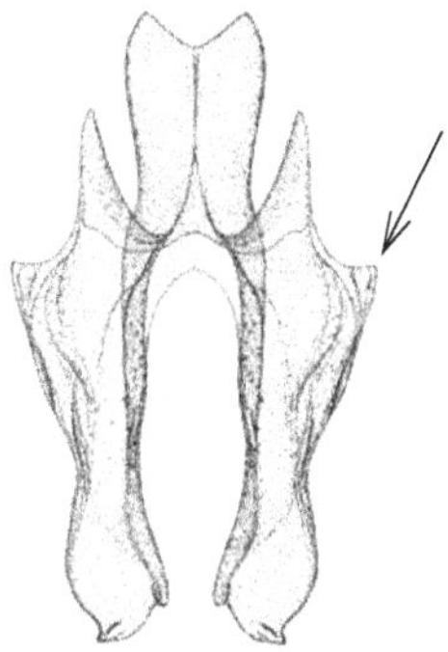
H 82

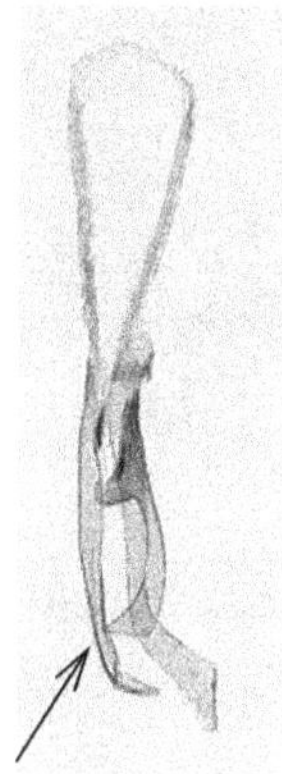
H 83

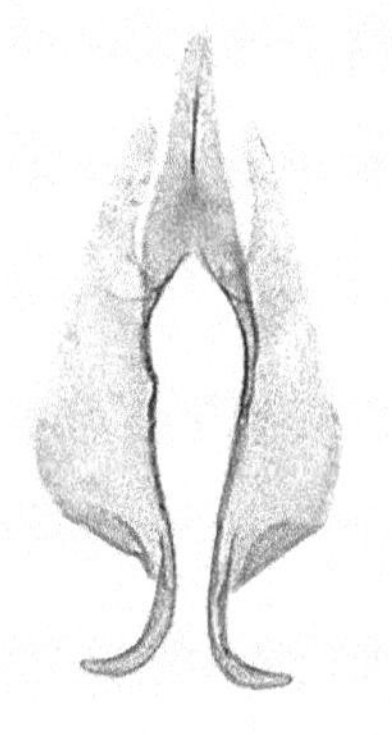
H 84

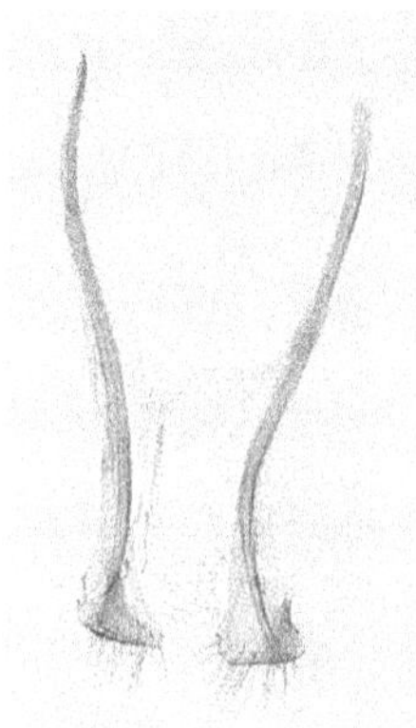
H 85

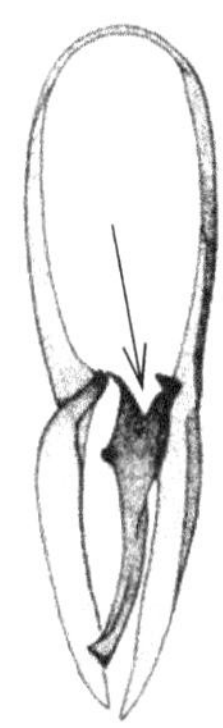
H 86

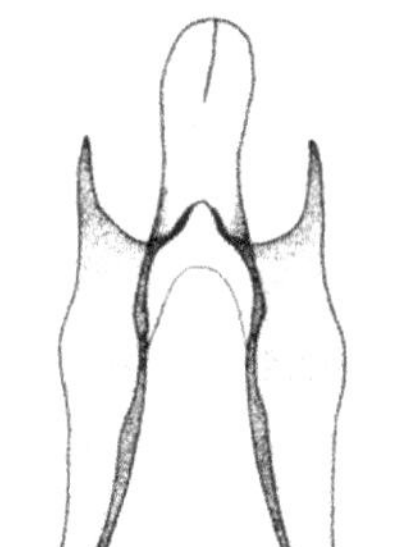
H 87

H 88

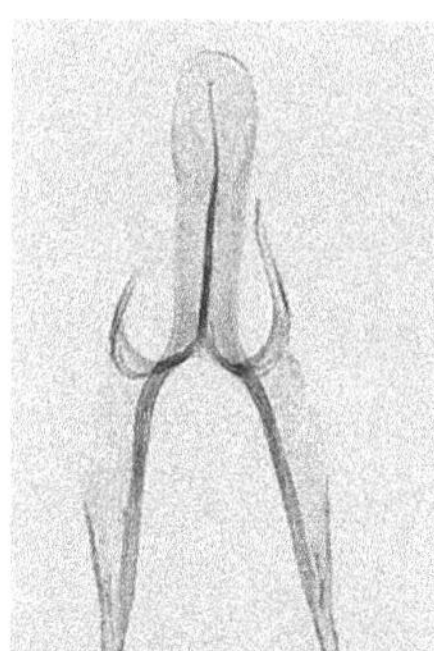
H 89

Abb. H 81: *Hydrocyphon hamiota* ♂, Penis; **Abb. H 82:** *Hydrocyphon hamiota* ♂, Tegmen; **Abb. H 83:** *Hydrocyphon rectangulus* ♂, Penis; **Abb. H 84:** *Hydrocyphon rectangulus* ♂, Tegmen; **Abb. H 85:** *Hydrocyphon rectangulus* ♂, 9. Sternit; **Abb. H 86:** *Hydrocyphon gereckei* ♂, Penis, aus Hernando et al. (2004); **Abb. H 87:** *Hydrocyphon gereckei* ♂, Tegmen, aus Hernando et al. (2004); **Abb. H 88:** *Hydrocyphon illiesi* ♂, Penis; **Abb. H 89:** *Hydrocyphon illiesi* ♂, Tegmen.

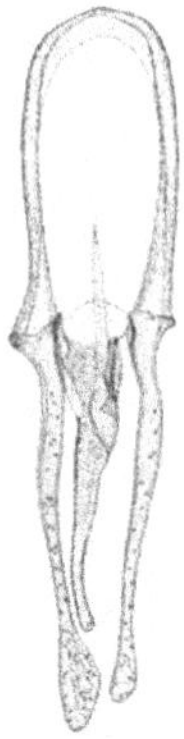

H 90

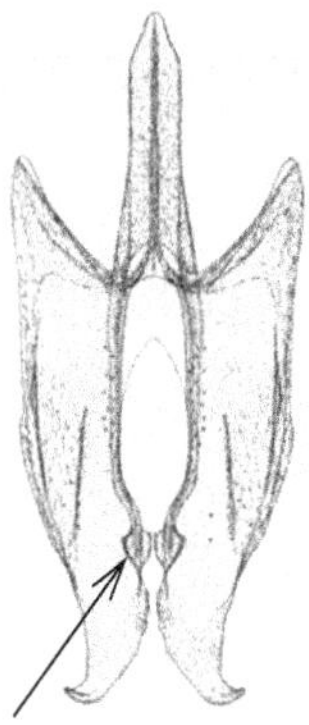

H 91

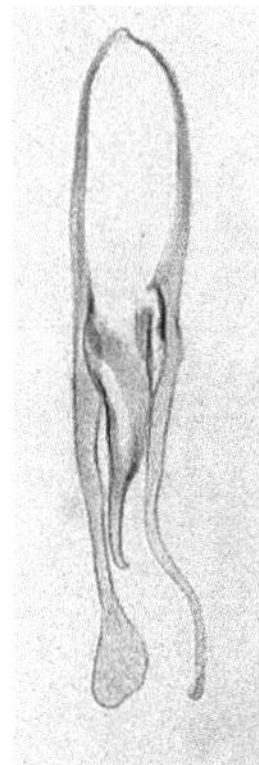

H 92

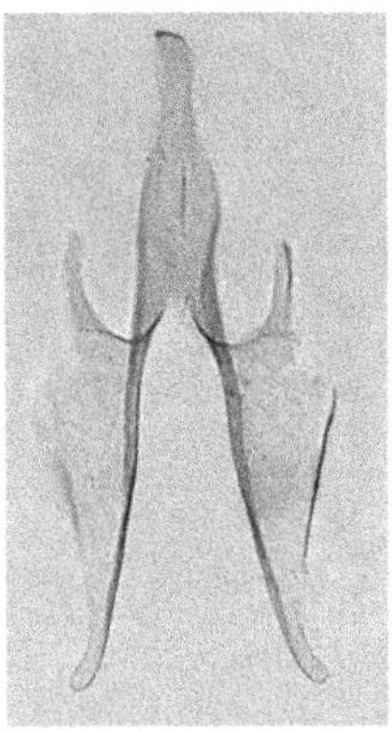

H 93

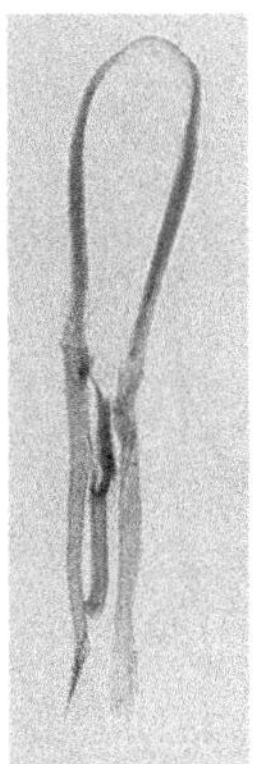

H 94

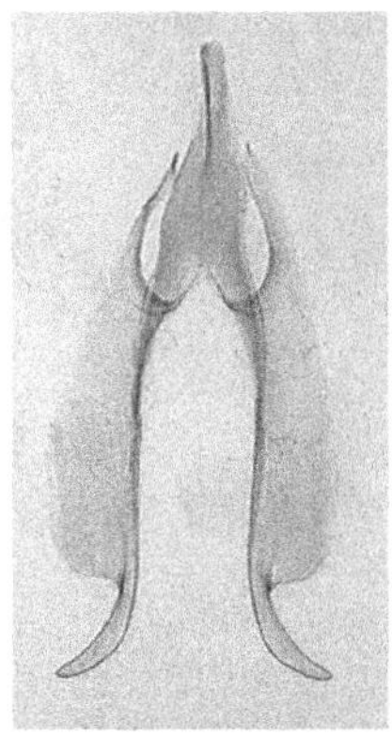

H 95

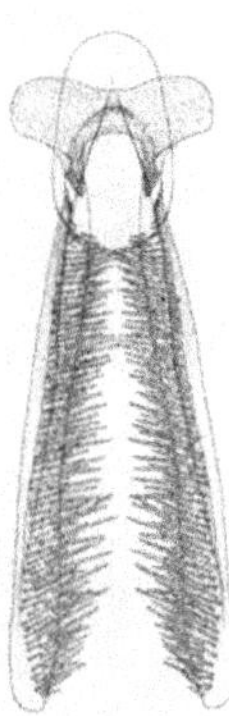

H 96

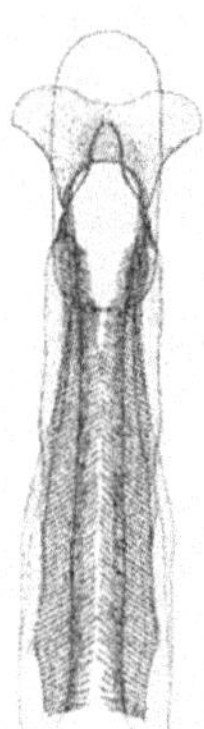

H 97

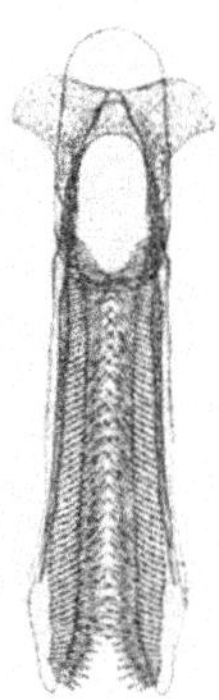

H 98

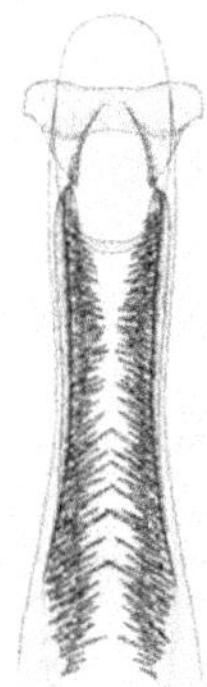

H 99

Abb. H 90: *Hydrocyphon laeticolor* ♂, Penis, aus Nyholm (1967); **Abb. H 91:** *Hydrocyphon laeticolor* ♂, Tegmen, aus Nyholm (1967); **Abb. H 92:** *Hydrocyphon pallidicollis* ♂, Penis; **Abb. H 93:** *Hydrocyphon pallidicollis* ♂, Tegmen; **Abb. H 94:** *Hydrocyphon hydrocyphonoides* ♂, Penis; **Abb. H 95:** *Hydrocyphon hydrocyphonoides* ♂, Tegmen; **Abb. H 96:** *Hydrocyphon hamiota* ♀, Prehensor, aus Nyholm (1972a); **Abb. H 97:** *Hydrocyphon laeticolor* ♀, Prehensor, aus Nyholm (1967); **Abb. H 98:** *Hydrocyphon pallidicollis* ♀, Prehensor, aus Nyholm (1967); **Abb. H 99:** *Hydrocyphon hydrocyphonoides* ♀, Prehensor, aus Nyholm (1977).

9. *Scirtes* ILLIGER, 1807

Typusart: *Chrysomela haemisphaerica* LINNAEUS, 1767
Zitat der Originalbeschreibung: Magazin für Insektenkunde 6: 301.

9.1. Beschreibung

Die Darstellung der Merkmale bezieht sich nur auf die beiden hier behandelten Arten. Das Gesamtbild der Gattung ist wesentlich vielfältiger.

Körper ± abgeplattet, dunkelbraun bis schwarz, kurz und rundlich, dicht kurz behaart (Abb. F 8, 9). Kopf verhältnismäßig klein.

Körperlänge 3,0-3,6 mm, die ♀♀ sind etwas größer.

Scapus etwas verdickt, Pedicellus klein, etwa so lang wie das 3. Antennenglied, aber deutlich breiter, 4. Glied kürzer als das 2.+3. zusammen (Abb. Sc 1, 2). Das 11. Glied ist das längste der Geißel und apikal etwas abgestutzt, besonders bei *S. haemisphaericus*. 1.-3. Antennenglied hell, andere dunkel. Es deuten sich schwache Artunterschiede an (Tabelle 56).

Tabelle 56: Maße der Antennenglieder (AG) [mm].

Art	*haemisphaericus*				*orbicularis*			
AG	Länge ♂	Breite ♂	Länge ♀	Breite ♀	Länge ♂	Breite ♂	Länge ♀	Breite ♀
1.	0,17-0,19	0,08-0,10	0,18-0,19	0,11-0,12	0,17-0,18	0,08-0,09	0,18-0,19	0,10-0,11
2.	0,13-0,14	0,07-0,08	0,13-0,14	0,07-0,08	0,11-0,12	0,07-0,08	0,12-0,13	0,07-0,08
3.	0,10-0,11	0,05-0,06	0,09-0,10	0,05-0,06	0,08-0,09	0,05-0,06	0,09-0,10	0,05-0,06
4.	0,14-0,16	0,06-0,07	0,14-0,15	0,06-0,07	0,13-0,14	0,05-0,06	0,14-0,15	0,06-0,07
5.	0,15-0,16	0,06-0,08	0,15-0,16	0,07-0,08	0,12-0,13	0,05-0,07	0,15-0,16	0,07-0,08
11.	0,20-0,22	0,07-0,08	0,21-0,22	0,07-0,08	0,17-0,18	0,05-0,07	0,19-0,20	0,07-0,08

Labrum queroval, fast (*S. haemisphaericus*) bis reichlich dreimal (*S. orbicularis*) so breit wie lang, Vorderrand gebogen, in der Mitte mit einem wenig sklerotisierten Bereich (Abb. Sc 3). Breite 0,26-0,27 mm; Länge 0,10-0,11 mm (*S. haemisphaericus*); Breite 0,24-0,25 mm; Länge 0,07-0,08 mm (*S. orbicularis*).

Mandibeln symmetrisch, ohne abgesetzten Incisivus, stumpf endend; breit, flach und wenig sklerotisiert; Schneide gerade und ungezähnt, aber dicht saumartig behaart; Basis etwas hervorgehoben und ebenfalls dicht behaart; auf der Oberfläche des inneren Teils mit kurzen Borsten bedeckt, außen mit langen Borsten (Abb. Sc 4). Länge 0,16-0,21 mm; Breite an der Basis 0,16-0,18 mm (beide Arten).

Galea mit mehreren Borstenreihen, Lacinia mit kräftigen apikalen Borsten (Abb. Sc 5). 1.-3. Glied der Maxillarpalpen etwa gleich lang, 4. deutlich länger (Tabelle 57) und schräg abgestutzt.

2. Glied der Labialpalpen etwas gebogen, bedeutend länger als das 1. (Tabelle 58), mit rechtwinklig inserierendem breitem 3. Glied (Abb. Sc 6).

Pronotum transvers, Vorderecken deutlich vorstehend, Vorderrand dazwischen schwach nach vorn ausgerandet bis fast gerade, Hinterrand gleichmäßig gebogen (Abb. Sc 7). Maximale Breite 1,53-1,54 mm; Länge in der Mitte 0,55-0,57 mm (*S. haemisphaericus* ♂); Maximale Breite 1,49-1,50 mm; Länge in der Mitte 0,59-0,60 mm (*S. haemisphaericus*

Tabelle 57: Maße der Glieder der Maxillarpalpen (beide Arten) [mm].

Glied	Länge
1.	0,07-0,09
2.	0,10-0,12
3.	0,08-0,10
4.	0,13-0,16

Tabelle 58: Maße der Glieder der Labialpalpen (beide Arten) [mm].

Glied	Länge
1.	0,04-0,06
2.	0,10-0,13
3.	0,07-0,08

♀); Maximale Breite 1,19-1,24 mm; Länge in der Mitte 0,50-0,51 mm (*S. orbicularis* ♂); Maximale Breite 1,45-1,47 mm; Länge in der Mitte 0,52-0,54 mm (*S. orbicularis* ♀).

Prosternalfortsatz flach, hinten etwas erweitert und abgeplattet, dort mit einigen Borsten, in eine Spitze auslaufend. Länge 0,15-0,20 mm (beide Arten) (Abb. Sc 8).

Mesosternalfortsatz kurz (ca. 0,10-0,14 mm) (beide Arten), annähernd parallelseitig, hinten abgestutzt, schwach eingekerbt, mit einigen langen Borsten (Abb. Sc 9).

Der Metaventrit des Metasternum ist in der Mitte durch eine teilweise reduzierte Naht (Diskrimen) geteilt. Sie geht vom Hinterrand aus und erreicht etwa 65 % der Länge des Metaventrit in der Mitte (Abb. A 7). Die Metacoxen berühren sich in der vollen Länge der Mittellinie.

Scutellum ein etwa gleichseitiges Dreieck bildend: Basis 0,26-0,33 mm breit; Kantenlänge 0,27-0,32 mm (beide Arten), Seitenränder etwas nach außen gebogen (Abb. Sc 10).

Elytren rundlich oval, etwas konvex. Länge 2,82-2,96 mm; maximale Breite 1,13-1,20 mm (*S. haemisphaericus* ♂); Länge 2,98-3,04 mm; maximale Breite 1,13-1,17 mm (*S. haemisphaericus* ♀); Länge 2,60-2,70 mm; maximale Breite 0,91-0,92 mm (*S. orbicularis* ♂); Länge 2,76-2,81 mm; maximale Breite 0,98-1,04 mm (*S. orbicularis* ♀);.

Tabelle 59: Maße der Glieder der Hinterbeine [mm]. * = ohne Krümmung.

Art	*haemisphaericus* ♂		*haemisphaericus* ♀		*orbicularis* ♂		*orbicularis* ♀	
	Länge	Breite	Länge	Breite	Länge	Breite	Länge	Breite
Femur	1,15-1,23	0,63-0,70	1,31-1,32	0,72-0,76	1,17-1,20	0,62-0,67	1,24-1,25	0,72-0,74
Tibia	0,91-1,00	0,15-0,17	1,01-1,09	0,16-0,17	0,93-0,94	0,13-0,15	1,03-1,05	0,15-0,16
Tibia, längerer Enddorn	0,50-0,55	-	0,47-0,48	-	0,39-0,41*	-	0,42-0,43	-
Tibia, kürzerer Enddorn	0,22-0,23	-	0,21-0,22	-	0,18-0,19	-	0,20-0,21	-
Tarsus 1. Glied	0,39-0,48	0,08-0,09	0,40-0,43	0,06-0,07	0,35-0,40	0,08-0,09	0,40-0,42	0,07-0,08
Tarsus 2. Glied	0,13-0,15	0,06-0,07	0,12-0,13	0,06-0,07	0,12-0,13	0,06-0,07	0,12-0,14	0,06-0,07
Tarsus 3. Glied	0,07-0,08	0,06-0,07	0,09-0,10	0,07-0,08	0,08-0,09	0,07-0,08	0,07-0,08	0,06-0,07
Tarsus 4. Glied	0,08-0,09	0,11-0,12	0,09-0,10	0,11-0,12	0,09-0,10	0,10-0,11	0,10-0,11	0,10-0,11
Tarsus 5. Glied	0,11-0,14	0,03-0,04	0,11-0,12	0,03-0,04	0,13-0,14	0,04-0,05	0,12-0,14	0,03-0,04
Klaue*	0,05-0,07	-	0,05-0,06	-	0,05-0,07	-	0,05-0,06	-

Hinterbeine als Sprungbeine ausgebildet (Abb. Sc 22-25). Metafemur stark verdickt, Metatibia mit zwei kräftigen Enddornen, von denen der größere etwas länger als das 1. Glied des Metatarsus ist (Tabelle 59). Ein „Sprungorgan" fehlt.

Männchen

7. Sternit (Abb. Sc 11) hinten flach eingebuchtet (Tiefe der Bucht 0,03-0,04 mm); insgesamt 0,43-0,47 mm lang; 1,28-1,36 mm breit (*S. haemisphaericus*); 0,50-0,51 mm lang; 1,31-1,34 mm breit (*S. orbicularis*).

8. Sternit U-förmig, als gebogene Spange mit verstärkten Seitenrändern ausgebildet. Von der Platte ist nur ein schmaler Streifen erhalten (Breite 0,04-0,05 mm, *S. haemisphaericus*; 0,02-0,03 mm, *S. orbicularis*), die Bucht ist von einer feinen Membran ausgefüllt (Abb. Sc 12). Länge 0,16-0,20 mm; Breite 0,31-0,35 mm (beide Arten).

Das 9. Sternit bildet zwei getrennte, längliche, in der hinteren Hälfte dicht behaarte Sklerite, die durch eine dünne Membran miteinander verbunden sind (Abb. Sc 13). Länge 0,32-0,46 mm; Breite 0,28-0,36 mm (beide Arten).

Das 7. Tergit besteht aus einer Platte mit kurzen Bacilla lateralia, die kaum aus der Platte herausragen (Abb. Sc 14). Länge 0,47-0,48 mm; Breite 0,86-0,90 mm, Länge der Bacilla lateralia 0,12-0,25 mm (*S. haemisphaericus*).

Das 8. Tergit besteht aus einer hinten gerundeten, in der Mitte schwach eingebuchteten Platte mit langen Kämmen von Mikrotrichen (4-8 in einer Reihe). Hinten und am Hinterrand ist sie lang behaart (0,08-0,10 mm), dazwischen stehen auch kurze Haare, vor allem an den Seiten (Abb. Sc 15) und es ist ein dichter Saum feiner Haare vorhanden. Die Bacilla lateralia sind kräftig (Tabelle 60). Die Platte kann an der Basis jederseits durch ein wenig sklerotisiertes Feld („Fensterfleck") (Pfeil) ausgezeichnet sein (*S. haemisphaericus*).

Tabelle 60: Maße des 8. Tergit [mm].

Art	Länge	Breite	Länge Bacilla lateralia
haemisphaericus	0,42-0,46	0,34-0,39	0,30-0,33
orbicularis	0,51-0,54	0,32-0,37	0,35-0,36

9. Tergit eine weniger sklerotisierte, dünn behaarte Platte formend, die am Hinterrand nicht lang beborstet ist, mit langen Bacilla lateralia (Abb. Sc 16). Länge 0,32-0,36 mm; Breite der Platte 0,18-0,21 mm (beide Arten); Länge der Bacilla lateralia 0,22-0,26 mm (*S. haemisphaericus*) bzw. 0,31-0,32 mm (*S. orbicularis*).

Tegmen (Abb. Sc 26, 27) fünfeckig erscheinend, Vorderstück breit abgestutzt, nach hinten schräg verengt. Parameren mit breiter Basis, nach hinten schmaler werdend, dort mit kurzen kegelförmigen Dörnchen besetzt, an den Außenseiten ± kräftig gezähnt.

Verbindungsmembran zwischen Penis und Tegmen ohne Sklerotisierung.

Penis (Abb. Sc 28, 29) symmetrisch, mit kurzer ± runder Pala (etwa so lang wie breit), einem kräftig sklerotisierten, nach hinten verschmälerten Trigonium mit breiter Basis und einem spitz endenden Zentem, dessen Apex hakenförmig nach der Ventralseite gekrümmt ist. Parameroide lang und schmal, annähernd parallelseitig, etwas länger als das Zentem.

Weibchen

7. Sternit hinten in der Mitte tief bogenförmig eingebuchtet (Tiefe der Bucht 0,07-0,08 mm); maximale Länge 0,47-0,50 mm; maximale Breite 1,23-1,42 mm (beide Arten) (Abb. Sc 17).

8. Sternit länglich, nach hinten breiter werdend und aus zwei in der Mitte getrennten Skleriten bestehend, die zahlreiche Sinnesporen tragen und am Hinterrand behaart sind (Abb. Sc 19). Die Bacilla lateralia sind vorn miteinander verbunden, sie laufen in der vorderen Hälfte fast parallel, gehen aber im hinteren Teil etwas auseinander. Länge gesamt 0,84-0,85 mm; maximale Breite 0,31-0,34 mm (beide Arten).

7. Tergit hinten in der Mitte mit einem Feld längerer Borsten und einem Saum feiner Haare (Abb. Sc 18), mit langen Bacilla lateralia, die weit nach vorn aus der Platte herausragen. Länge der Platte in der Mitte 0,50-0,53 mm; Breite ca. 1,00-1,05 mm; Länge der frei stehenden Teile der Bacilla lateralia 0,28-0,30 mm (beide Arten).

8. Tergit aus einer kleinen Platte und sehr langen Bacilla lateralia bestehend (Abb. Sc 20). Länge gesamt 1,33-1,34 mm; Länge der Platte 0,34-0,36 mm; Breite der Platte 0,24-0,30 mm; Länge der Bacilla lateralia 1,07-1,14 mm (beide Arten).

9. Sternit und 9. Tergit (Ovipositor) sehr lang (Abb. Sc 21). Länge gesamt 1,94-1,97 mm; Länge Baculi 1,66-1,67 mm; Länge Coxite 0,26-0,28 mm; Länge Styli 0,04-0,05 mm (beide Arten). Die Baculi sind 0,22-0,25 mm vor der Basis der Coxite verbreitert und tragen einen nach vorn gerichteten spitzen abgegabelten Zahn (Abb. Sc 20 Pfeil).

Bursalsklerite mit zwei nach hinten gerichteten kräftigen Zähnen, in der Mitte befindet sich ein kürzerer unpaarer Zahn (Abb. Sc 30, 31), zusätzlich ein wenig sklerotisierter „Prehensor" (Nyholm 2002).

9.2. Verbreitung

Aus der Gattung *Scirtes* sind bisher 10 sicher definierte Arten aus der Paläarktis bekannt (Klausnitzer 2006a). Die überaus artenreiche Gattung ist wahrscheinlich weltweit verbreitet, allerdings sind nur wenige Arten ausreichend beschrieben. Obwohl Färbung, Form und Größe sehr verschieden sind, kann nur ein Teil der früheren Beschreibungen gedeutet werden (für den Fall, dass Typen nicht verfügbar sind).

9.3. Ökologie und Biologie

Die Larven leben in stehenden Gewässern, die oft eutrophiert sind. Imagines auf der Ufervegetation, mitunter in großer Anzahl. Vermutlich nehmen sie keine feste Nahrung auf, wie aus der Form der Mandibeln geschlossen werden kann. Das Sprungvermögen ist beachtlich, bis 30 cm Weite wurden beobachtet.

9.4. Phylogenie

Autapomorphien:

Imagines:

- Hinterbeine als Sprungbeine ausgebildet: Femur stark verdickt, Tibien mit langen Endspornen (Abb. Sc 22-25).
- Enddornen der Hinterschienen ungleich lang (Abb. Sc 22-24).
- Mandibeln flach, ungezähnt (Abb. Sc 4).
- 8. Sternit (♂) zu einer schmalen Spange reduziert (Abb. Sc 12).
- Platte des 9. Sternit (♂) in zwei getrennte Sklerite aufgelöst (Abb. Sc 13).

Larven:

- Mandibeln mit mehrzähnigen Spitzen (Abb. L 16).
- Die Sensilla basiconica auf dem 3. Glied der Maxillarpalpen in Zweier- oder Dreiergruppen angeordnet (Abb. L 18).
- Anzahl der Kammzähne reduziert (5) (Abb. L 25).
- 5. Kammzahn mit fingerförmigen Fortsätzen (Abb. L 25).
- 7 Rektalpapillen vorhanden.
- Fiederborsten der Mandibeln modifiziert: 1. Feld mit verzweigten Borstenbüscheln; 2. Feld mit kräftigen Stielen und schrägen gezähnten Enden (Abb. L 16).
- Oberhalb der Kegelzähne befinden sich auf dem Epipharynx 2 Gruppen von je 3 Sensillen.
- 4. Glied der Maxillarpalpen als Terminalkegel ausgebildet (Abb. L 18).
- Tibiotarsalorgan mit modifizierten, flaschenputzerähnlichen Borsten.

Puppen

- Merkmalskomplex in Zusammenhang mit der Verpuppung unter Wasser und der Ausnutzung des Aerenchyms von Wasserpflanzen.

Legt man das Merkmalssyndrom der Umwandlung der Hinterbeine zu Sprungbeinen zu Grunde (das *Scirtes* mit *Ora* CLARK, 1865 gemeinsam hat), handelt es sich sehr wahrscheinlich um eine monophyletische Gruppe, zumal noch andere Merkmale diese Hypothese unterstützen, z. B. abgeleitete larvale Kennzeichen. Betrachtet man aber den Bau der invaginierten Sklerite des 8. und 9. Abdominalsegments sowie das Tegmen und vor allem den Penis sowie die Mandibeln der Imagines, begegnet uns eine so große Heterogenität, dass man an eine mehrfache Entwicklung des Sprungvermögens und der anderen Merkmalsausprägungen denken kann und *Scirtes* vielleicht doch kein Monophylum ist.

Innerhalb von *Scirtes* kommen sowohl Arten vor, deren Penes symmetrisch sind (z. B. *Scirtes haemisphaericus* und *S. orbicularis* sowie verschiedene ostasiatische Arten) als auch solche, deren Penes (manchmal auch das Tegmen) Asymmetrien aufweisen (z. B. *Scirtes orbiculatus* (FABRICIUS, 1801)) (NYHOLM 1972c). Diese reichen von relativ geringen Verschiedenheiten bis zu unglaublichen Abwandlungen (WATTS 2004, KLAUSNITZER 2006d).

9.5. Bestimmungstabelle für die Arten

1 Elytren weniger dicht punktiert, im basalen Fünftel deutlich dichter und tiefer als am Apex, hinten sind die Zwischenräume beinahe eben und deutlich glänzend. Behaarung silbergrau, kürzer und lockerer. Körperoberseite ± schwarz (Abb. F 8). Längerer Sprungdorn an den Tibien der Hinterbeine bei beiden Geschlechtern länger (0,47-0,55 mm) und mehr gerade (Abb. Sc 22, 23). Parameroide das Zentem kaum überragend (0,02-0,03 mm) (Abb. Sc 28). Zentem von der breiten Basis des Trigonium zur Spitze annähernd gleichmäßig verschmälert, Spitze gleichmäßig gebogen. Gesamtlänge des Penis 0,67-0,68 mm; maximale Breite der Pala 0,26-0,27 mm; Länge Trigonium + Zentem 0,35-0,36 mm; Länge Parameroide 0,37-0,38 mm. Parameren nur im Spitzenteil außen mit 4 oder 5 Zähnen (Abb. Sc 26), Zähne kleiner (0,009 mm). Gesamtlänge des Tegmen 0,54-0,62 mm; maximal 0,38-0,45 mm breit. Platte des 8. Tergit des ♂ zwischen den Bacilla lateralia mit „Fensterflecken" (Abb. Sc 15 Pfeil). Bursalsklerit 0,36-0,40 mm lang; 0,20-0,22 mm breit; paarige Zähne kürzer (0,05-0,10 mm), ihr Abstand zwischen den inneren Basen etwa so groß oder wenig kürzer als ein einzelner Zahn lang ist (Abb. Sc 31). Körperlänge 3,0-3,6 mm. Europa bis Sibirien. . . . . *haemisphaericus* (LINNAEUS, 1767)

1* Elytren dicht und fein punktiert, Punktur auf der gesamten Elytre etwa gleich, so dicht, dass die einzelnen Punkte meist durch Querrunzeln verbunden sind. Kopf, Pronotum und Elytren länger behaart, Haare gelblich. Körperoberseite meist bräunlich (Abb. F 9), bei manchen Exemplaren jedoch dunkelbraun bis schwarzbraun gefärbt (ähnlich *haemisphaericus*). Längerer Sprungdorn an den Tibien der Hinterbeine bei den ♂♂ kürzer (0,39-0,44 mm ohne Berücksichtigung der Krümmung) und deutlich gebogen (Abb. Sc 24), bei den ♀♀ mehr gerade (Abb. Sc 25) (ähnlich *haemisphaericus*). Parameroide das Zentem deutlicher überragend (0,06-0,07 mm) (Abb. Sc 29). Trigonium mit breiter Basis, ab der Mitte ist das Zentem scharf abgesetzt und stark verschmälert, Spitze einen deutlichen Haken bildend. Gesamtlänge des Penis 0,77-0,90 mm; maximale Breite der Pala 0,27-0,34 mm; Länge Trigonium + Zentem 0,46-0,48 mm; Länge Parameroide 0,53-0,54 mm. Parameren an der gesamten Außenseite auffällig gezähnt, 9-12 Zähne (Abb. Sc 27), Zähne größer (0,018 mm). Gesamtlänge des Tegmen 0,73-0,79 mm; maximal 0,43-0,45 mm breit. Platte des 8. Tergit des ♂ zwischen den Bacilla lateralia ohne deutlich abgesetzte „Fensterflecke“. Bursalsklerit 0,33-0,41 mm lang; 0,25-0,31 mm breit; paarige Zähne länger (0,13-0,18 mm), ihr Abstand zwischen den inneren Basen deutlich kürzer als die beiden Zähne lang sind (0,04-0,07 mm) (Abb. Sc 32). Körperlänge 3,1-3,3 mm. Europa bis zum Kaspischen Meer, Kaukasus. . . . . *orbicularis* (Panzer, 1793)

9.6. Artenübersicht

Scirtes haemisphaericus (Linnaeus, 1767) (*Chrysomela*)

Zitat der Originalbeschreibung: Systema Naturae. Editio Duodecima Reformata, Tomus I, Pars II: 595. (*Chrysomela*)

Linnaeus (1767: 595) schreibt: „*Chrysomela haemisphaerica*“, das ae ist auf einer Letter (Ligatur), also verbunden, die Art muss also *Scirtes haemisphaericus* heißen. Die ursprüngliche Schreibweise wurde wieder hergestellt (Klausnitzer 2008e).

Synonyme:
attenuatus Baudi di Selve, 1872: 92
fuscus DeGeer, 1775: 348 (*Chrysomela*)
latiusculus O. F. Müller, 1776: 84 (*Altica*)

Literatur: Alexandrovitch et al. (1996), Anderson et al. (1997), Barševskis (1993), Boukal et al. (2007), Brandstetter & Kapp (1998), Burakowski et al. (1983), Cuppen (1993), Cuppen & Foster (2005), Drake (1987), Frank & Konzelmann (2002), Franz (1974), Geiser (2001), Gerend (2003), Gürlich et al. (1995), Hansen (1964), Horion (1955), Jelínek (1993), Kahlen (1987), Kiesenwetter (1863), Klausnitzer (1965, 1971b, 1975c, 1989b, 1990a, 1990f, 1992, 1994, 1999, 2000a, 2008e), Klausnitzer et al. (2003), Kofler (1999), Köhler & Klausnitzer (1998), Maximenkov (1995), Monsjawitschjus (1981), Müller (1912), Nyholm (1972c, 2002: Genitalapparat ♀), Ruta et al. (2003), Solodovnikov (1999), Tournier (1868), Wörndle (1950), Zwick & Zwick (2008a, b: Biologie).

Verbreitung: Europa (in Nordeuropa nur im Süden) bis Sibirien (Ostgrenze ?) (Horion 1955), Usbekistan: Samarkand (Maximenkov 1995).

Nachweise: Belgien: Fundortkartei Klausnitzer (unveröffentlicht). – Bulgarien: Sofia, Rhodopen (Klausnitzer 2008e). – Dänemark: Hansen (1964). – Deutschland: alle Bundesländer (Horion 1955, Fundortkartei Klausnitzer, unveröffentlicht, Köhler & Klausnitzer 1998), Fundorte bei Klausnitzer (1965, 1971b, 1994, 2000a, 2002a, Klausnitzer et al. 2003: Verbreitungskarte Thüringen, Frank & Konzelmann 2002: Baden-Württemberg, Gürlich et al. 1995: Schleswig-Holstein). – Finnland: im Süden (Horion 1955). – Frankreich: Fundorte bei Klausnitzer (1990f), Fundortkartei Klausnitzer (unveröffentlicht). – Griechenland: Attika, Peloponnes (Nauplia) (Horion 1955, Fundortkartei Klausnitzer (unveröffentlicht). – Großbritannien: nördlich bis Südschottland (Horion 1955, Drake 1987). – Irland: Horion (1955). Anderson et al. (1997). –

Italien: „im ganzen Gebiet“ (HORION 1955). Lombardia, Veneto, Liguria, Emilia-Romagna, Lazio, Abruzzi, Puglia, Basilicata, Calabria (KLAUSNITZER 1990, Fundortkartei KLAUSNITZER, unveröffentlicht). – Kasachstan: MAXIMENKOV (1995). – Kroatien: Dubrovnik (KLAUSNITZER 2008e). – Lettland: BARŠEVSKIS (1993), MAXIMENKOV (1995). – Liechtenstein: BRANDSTETTER & KAPP (1998). – Litauen: MONSJAWITSCHJUS (1981), MAXIMENKOV (1995). – Luxemburg: GEREND (2003). – Mazedonien: Ohrid (KLAUSNITZER 2008e). – Niederlande: CUPPEN (1993). – Norwegen: Umgebung Oslo (HORION 1955). Agder (CUPPEN & FOSTER 2005). – Österreich: alle Bundesländer (HORION 1955). Fundorte bei FRANZ (1974), Nordtirol (WÖRNDLE 1950, KAHLEN 1987), Kärnten (KOFLER 1999), Vorarlberg (MÜLLER 1912, BRANDSTETTER & KAPP 1998). Salzburg (GEISER 2001). – Polen: BURAKOWSKI et al. (1983), RUTA et al.(2003), Fundortkartei KLAUSNITZER (unveröffentlicht). – Rumänien: Fundorte bei KLAUSNITZER (1975c). – Russland: Kasan (55 °57' N), Olonets, Karelien (60 °58 N), Swirgebiet (~61 ° N) (MAXIMENKOV 1995). – Schweden: nördlich bis „Närke, Gästrikl.“ (Lage des Ortes unklar) (HORION 1955). – Schweiz: Kantone Aargau, Bern, Basel-Land, Fribourg, Genève, Graubünden, Luzern, Neuchatel, St. Gallen, Schwyz, Thurgau, Tessin, Waad, Wallis, Zürich (KLAUSNITZER 1999: Verbreitungskarte). – Serbien: Labudovak (KLAUSNITZER 2008e). – Sizilien: KLAUSNITZER (1990f). – Slowakei: JELÍNEK (1993), Fundortkartei KLAUSNITZER (unveröffentlicht). – Slowenien: Ljubljana (KLAUSNITZER 2008e). – Spanien: Gerona (= Girona), Ciudad Real (HORION 1955). – Tschechien: Böhmen, Mähren (JELÍNEK 1993, Fundortkartei KLAUSNITZER, unveröffentlicht, BOUKAL et al. 2007). – Türkei: Gerede (?), rive f. Karabuk (KLAUSNITZER 1989b, Fundortkartei KLAUSNITZER, unveröffentlicht). – Ukraine: MAXIMENKOV (1995). – Ungarn: Fundortkartei KLAUSNITZER (unveröffentlicht). – Weißrussland: MAXIMENKOV (1995). ALEXANDROVITCH et al. (1996). SOLODOVNIKOV (1999).

Ökologie, Phänologie und Biologie: Larven in schattigen Tümpeln am Waldrand, auch in sonnigen Gewässern im oberflächlichen Pflanzenwuchs (auch an *Lemna*) (ZWICK & ZWICK 2008a), sie kommen auch in Mooren vor. Die Art ist im Gebirge nur in niederen Lagen zu finden (< 800 m). Bei einer Untersuchung von ZWICK & ZWICK (2008b) wurden die ersten Imagines Ende Mai gefunden, das Maximum des Auftretens lag Anfang Juni bis Mitte Juli.

Scirtes orbicularis (PANZER, 1793) (*Altica*)

Zitat der Originalbeschreibung: Fauna Insectorum Germanicae initia; oder Deutschlands Insecten. [Heft 8].

Synonyme:

fulviculus REITTER, 1898: 121 (*Scyrtes*)
pallescens STEPHENS, 1830: 282 Zuordnung unklar

Literatur: ALEXANDROVITCH et al. (1996), ANDERSON et al. (1997), BARŠEVSKIS (1993), BOUKAL et al. (2007), BURAKOWSKI et al. (1983), DRAKE (1987), GEREND (2006), GÜRLICH et al. (1995), HANSEN (1964), HOLZER (2003), HORION (1955), JELÍNEK (1993), KIESENWETTER (1863), KLAUSNITZER (1969a, 1971b, 1990a, 1990f, 1990g, 1992, 1994, 1999), KLAUSNITZER et al. (2003), KÖHLER & KLAUSNITZER (1998), MAXIMENKOV (1995), MÜLLER (1912), RUTA et al. (2003), SOLODOVNIKOV (1999), TOURNIER (1868).

Verbreitung: Europa, ohne Iberische Halbinsel und Balkanhalbinsel bis zum Gebiet des Kaspischen Meeres und Kaukasus.

Nachweise: Aserbaidschan: Lenkoran, Talysch (Ort mehrfach vorhanden) (als *fulviculus*) (KLAUSNITZER 1969a und weitere Exemplare). – Belgien: HORION (1955). – Dänemark: auch Bornholm (HORION 1955, HANSEN 1964). – Deutschland: „Dresdae“ (locus typicus) (PANZER 1793). Bayern, Nordrhein-Westfalen, Niedersachsen, Schleswig-Holstein, Mecklenburg-Vorpommern, Sachsen-Anhalt, Thüringen, Sachsen (HORION 1955, KLAUSNITZER 1971b, 1994, KLAUSNITZER et al. 2003: Verbreitungskarte Thüringen, Fundortkartei

Klausnitzer, unveröffentlicht, Gürlich et al. 1995: Schleswig-Holstein, Köhler & Klausnitzer 1998). – Frankreich: fast im ganzen Gebiet außer Südosten (Horion 1955, Fundortkartei Klausnitzer, unveröffentlicht). – Georgien: Tbilissi (Klausnitzer 1990f, Fundortkartei Klausnitzer, unveröffentlicht). – Großbritannien: Süden und Osten (Horion 1955, Drake 1987). – Irland: Ulster (Horion 1955). Anderson et al. (1997). – Italien: Emilia-Romagna, Trentino-Alto Adige, Veneto (Horion 1955, Klausnitzer 1990a, Fundortkartei Klausnitzer, unveröffentlicht). – Lettland: Barševskis (1993). Luxemburg: Gerend (2006). – Niederlande: Horion (1955). – Österreich: Horion (1955). Kärnten (Fundortkartei Klausnitzer, unveröffentlicht), Vorarlberg (Müller 1912), Steiermark (Holzer 2003). – Polen: Burakowski et al. (1983), Ruta et al. (2003), Fundortkartei Klausnitzer (unveröffentlicht). – Russland: Jaroslawl (39 °51' O), Nowgorod (31 °15 O) (Horion 1955, Maximenkov 1995). – Schweden: nur im Süden (Schonen = Skåne) (Horion 1955). – Schweiz: Kantone Genève, Schaffhausen, Tessin (Klausnitzer 1999: Verbreitungskarte). – Slowakei: Horion (1955). – Tschechien: Horion (1955). Böhmen, Mähren (Jelínek 1993, Fundortkartei Klausnitzer, unveröffentlicht, Boukal et al. 2007). –Türkei: Provinzen Iğdir, Samsun (Klausnitzer 1990g, Ruta & Klausnitzer 2007). – Ukraine: Podolien (Horion 1955). Wolynska Oblast (Gorochov) (Maximenkov 1995, Fundortkartei Klausnitzer, unveröffentlicht). – Ungarn: Fundortkartei Klausnitzer (unveröffentlicht). – Weißrussland: Maximenkov (1995). Alexandrovitch et al. (1996). Solodovnikov (1999).

Ökologie, Phänologie und Biologie: Imagines besonders in der Ebene, in gebirgigen Gegenden nur im Vorland. Am Ufer von Stillgewässern, Moorgewässern und in sumpfigen Waldungen.

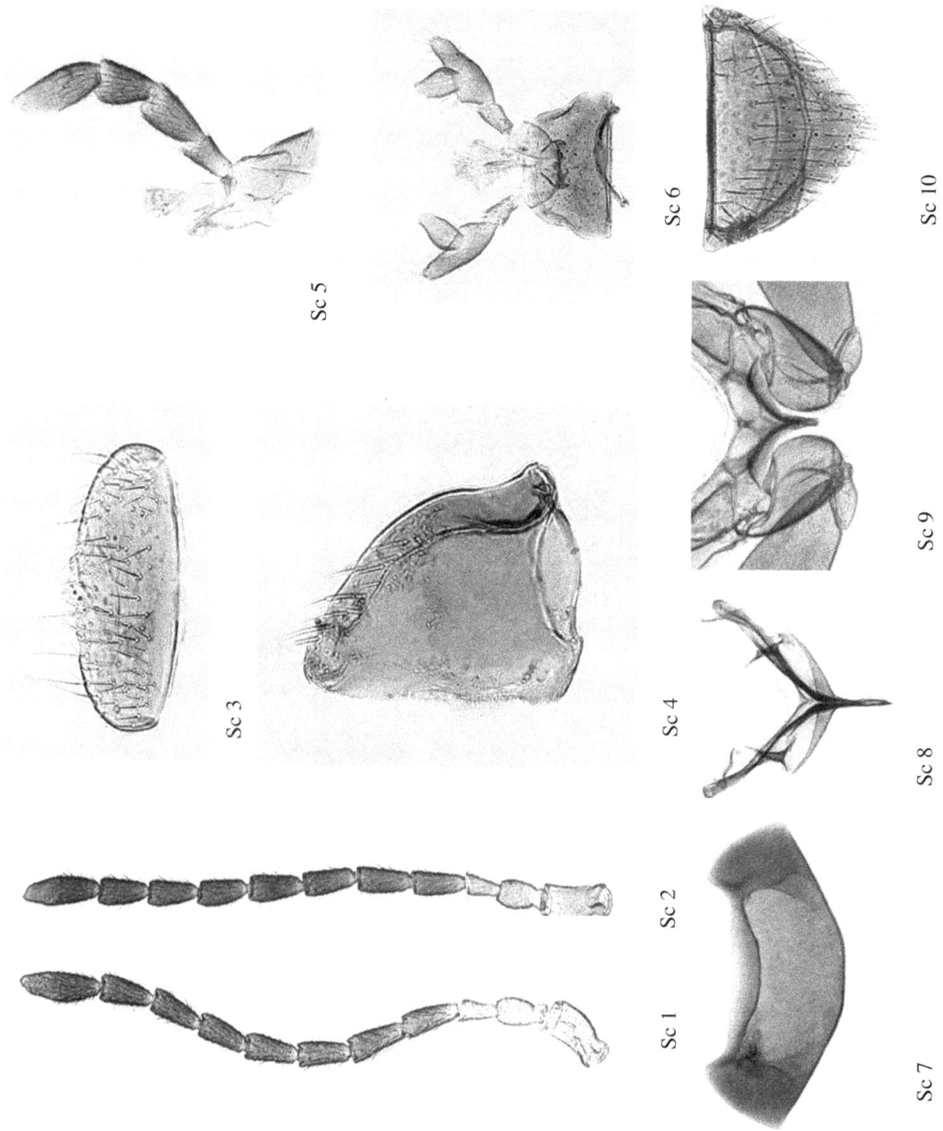

Abb. Sc 1: *Scirtes haemisphaericus* ♂, Antenne; **Abb. Sc 2:** *Scirtes haemisphaericus* ♀, Antenne; **Abb. Sc 3:** *Scirtes haemisphaericus* ♂, Labrum; **Abb. Sc 4:** *Scirtes haemisphaericus* ♂, rechte Mandibel; **Abb. Sc 5:** *Scirtes haemisphaericus* ♂, rechte Maxille; **Abb. Sc 6:** *Scirtes haemisphaericus* ♂, Labium; **Abb. Sc 7:** *Scirtes haemisphaericus* ♀, Pronotum; **Abb. Sc 8:** *Scirtes haemisphaericus* ♀, Prosternalfortsatz; **Abb. Sc 9:** *Scirtes orbicularis* ♀, Mesosternalfortsatz; **Abb. Sc 10:** *Scirtes haemisphaericus* ♂, Scutellum.

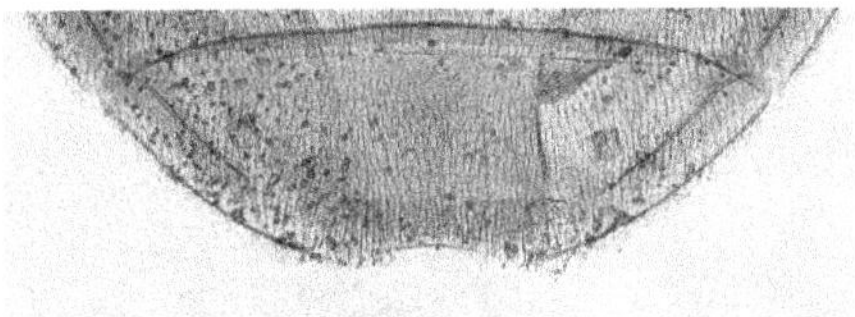
Sc 11

Sc 12

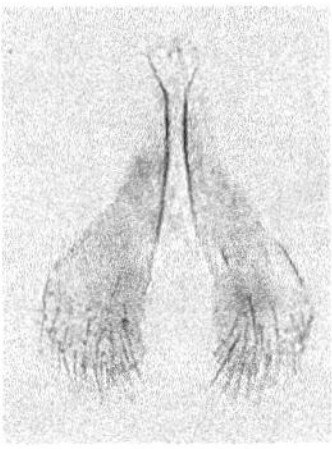
Sc 13

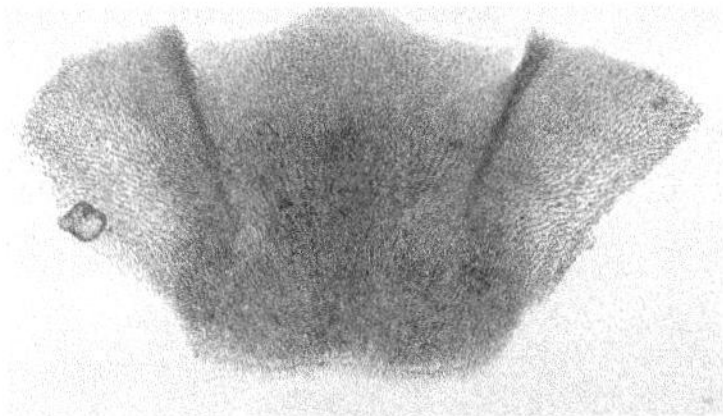
Sc 14

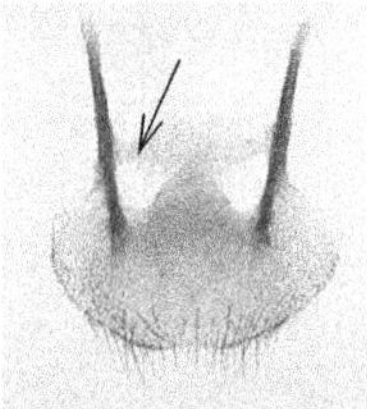
Sc 15

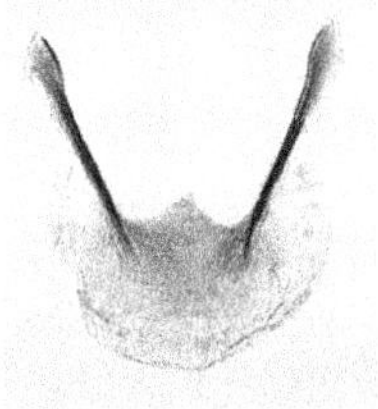
Sc 16

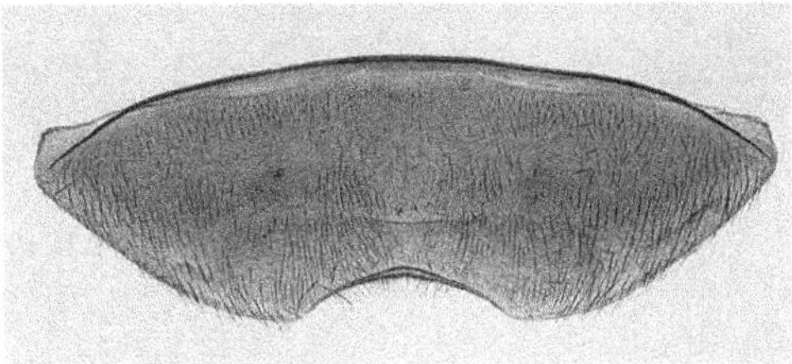
Sc 17

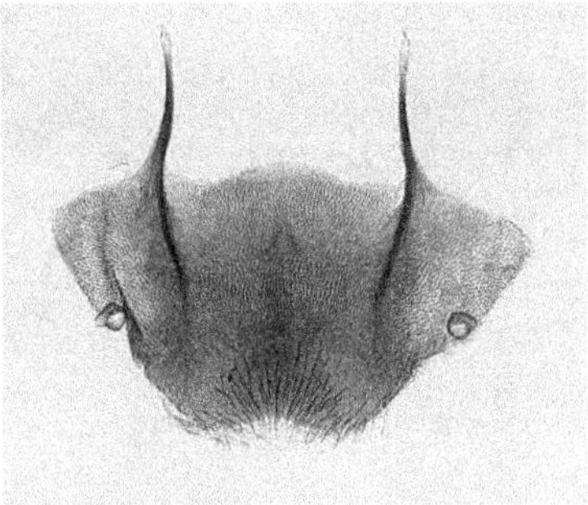
Sc 18

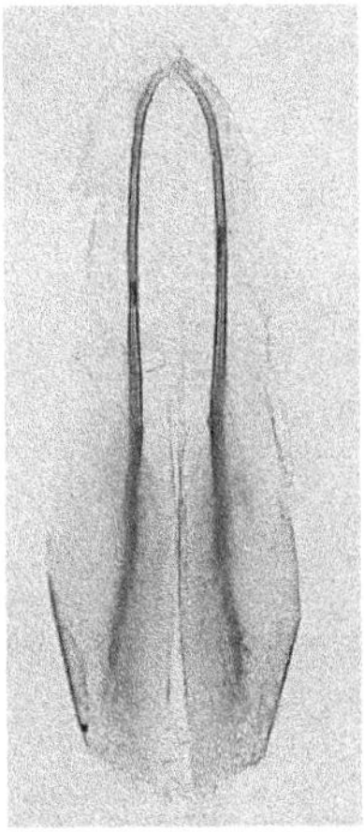
Sc 19

Sc 20

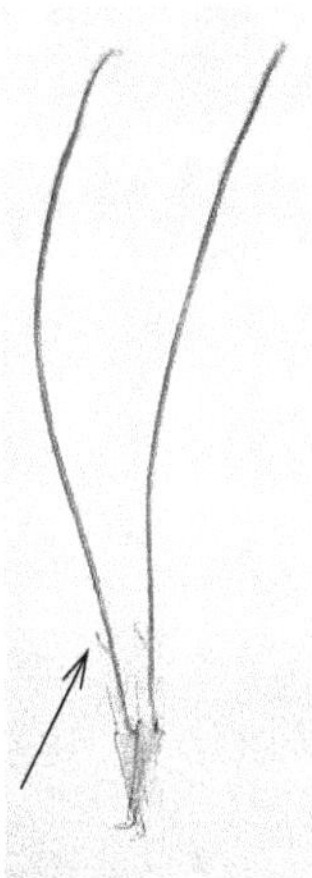
Sc 21

Abb. Sc 11: *Scirtes haemisphaericus* ♂, 7. Sternit; **Abb. Sc 12:** *Scirtes haemisphaericus* ♂, 8. Sternit; **Abb. Sc 13:** *Scirtes haemisphaericus* ♂, 9. Sternit; **Abb. Sc 14:** *Scirtes haemisphaericus* ♂, 7. Tergit; **Abb. Sc 15:** *Scirtes haemisphaericus* ♂, 8. Tergit; **Abb. Sc 16:** *Scirtes haemisphaericus* ♂, 9. Tergit; **Abb. Sc 17:** *Scirtes haemisphaericus* ♀, 7. Sternit; **Abb. Sc 18:** *Scirtes haemisphaericus* ♀, 7. Tergit; **Abb. Sc 19:** *Scirtes haemisphaericus* ♀, 8. Sternit; **Abb. Sc 20:** *Scirtes haemisphaericus* ♀, 8. Tergit (Platte nicht völlig entfaltet); **Abb. Sc 21:** *Scirtes haemisphaericus* ♀, Ovipositor.

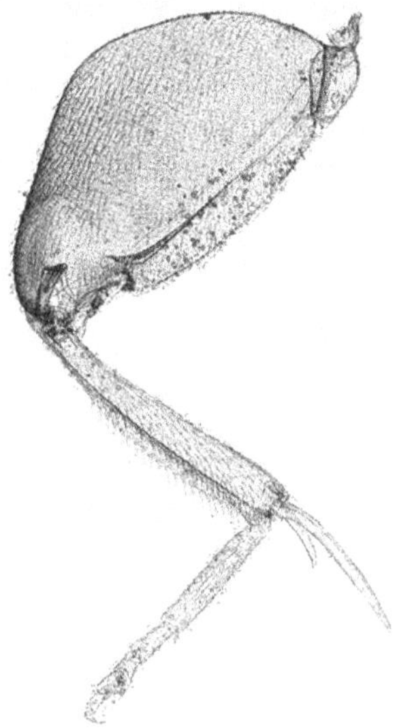

Sc 22

Sc 23

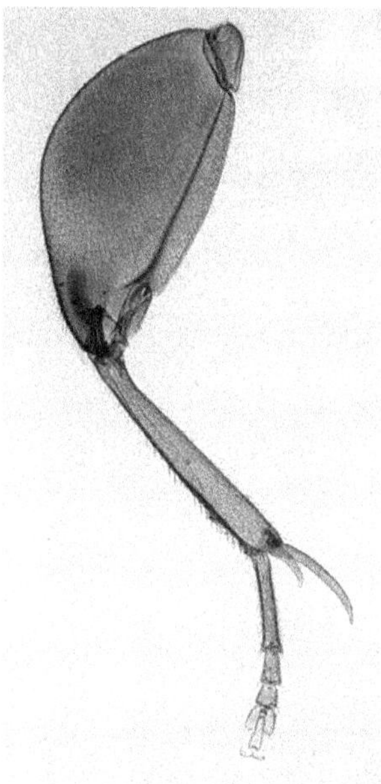

Sc 24

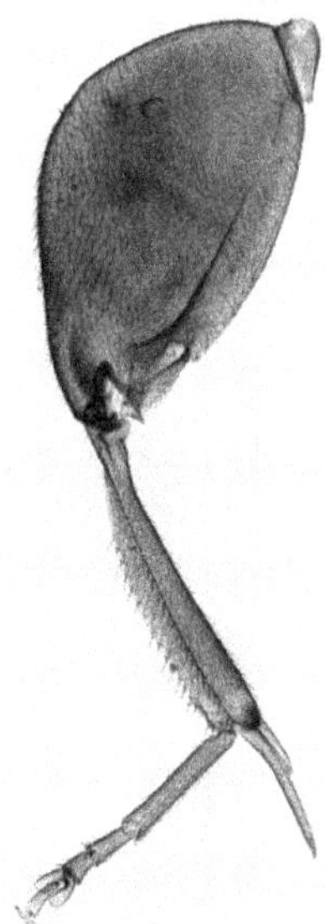

Sc 25

Abb. Sc22: *Scirtes haemisphaericus* ♂, Hinterbein; **Abb. Sc23:** *Scirtes haemisphaericus* ♀, Hinterbein; **Abb. Sc24:** *Scirtes orbicularis* ♂, Hinterbein; **Abb. Sc25:** *Scirtes orbicularis* ♀, Hinterbein.

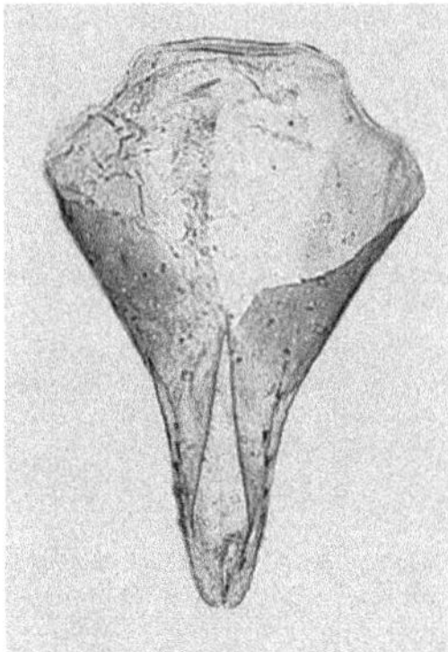

Sc 26

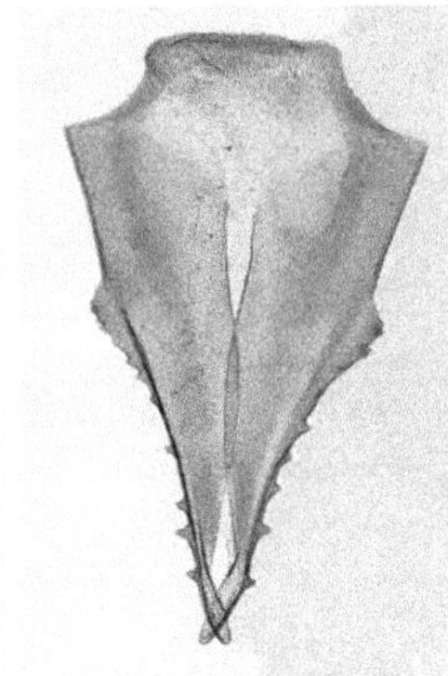

Sc 27

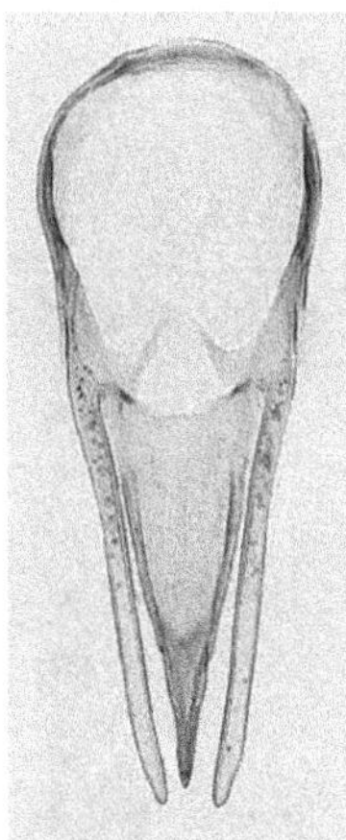

Sc 28

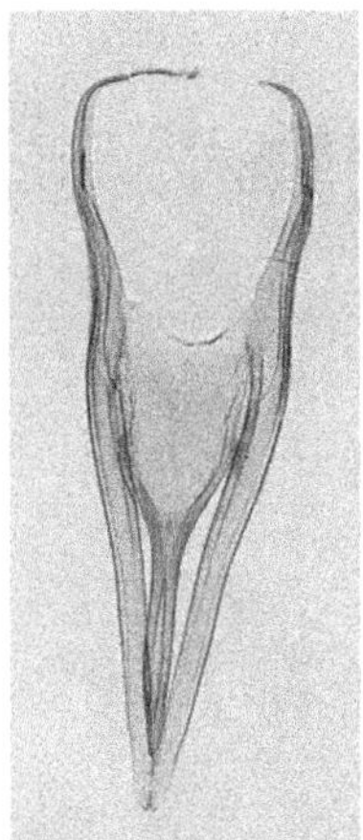

Sc 29

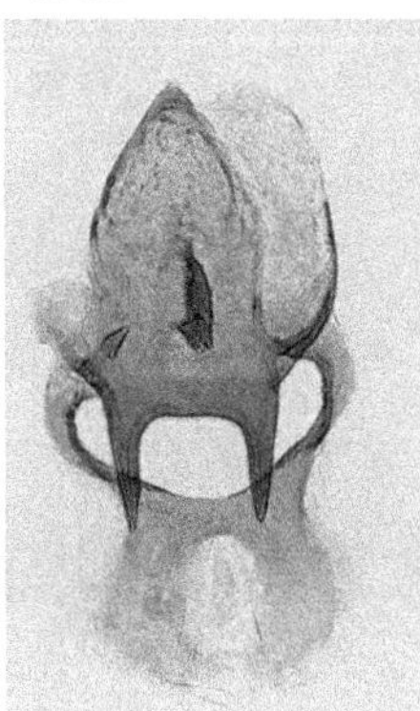

Sc 30

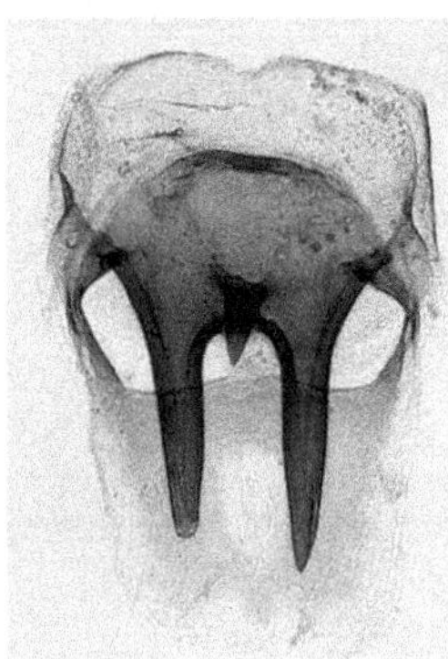

Sc 31

Abb. Sc 26: *Scirtes haemisphaericus* ♂, Tegmen; **Abb. Sc 27:** *Scirtes orbicularis* ♂, Tegmen; **Abb. Sc 28:** *Scirtes haemisphaericus* ♂, Penis; **Abb. Sc 29:** *Scirtes orbicularis* ♂, Penis; **Abb. Sc 30:** *Scirtes haemisphaericus* ♀, Bursalsklerit; **Abb. Sc 31:** *Scirtes orbicularis* ♀, Bursalsklerit.

10. *Microcara* THOMSON, 1859

Zitat der Originalbeschreibung: Skandinaviens Coleoptera, synoptiskt bearbetade. I. Tom: 107.

Typusart: *Galleruca livida* FABRICIUS, 1792 (= *Silpha testacea* LINNAEUS, 1767)

10.1. Beschreibung

Körper ± glänzend, breit, langgestreckt, fast immer ohne Zeichnung und ± einfarbig heller oder dunkler braun (Abb. F 10). Pronotum wenig schmäler als die Elytren, mitunter in der Mitte dunkler als am Rand. Elytren am Rand manchmal dunkel, auch der Apex.

Körperlänge 3,5-5,5 mm.

Kopf braun, an den Seiten mit einer scharfen Kante, die sich um den gesamten Kopf erstreckt und nur durch das Hinterhauptsloch unterbrochen wird.

Antennen (Abb. M 1, 2) relativ lang. 1.-3. Antennenglied hellbraun, 4.-11. Glied braun. Scapus etwas verdickt, Pedicellus deutlich schmaler, das 3. etwas länger und noch schmaler als das 2. Glied (Tabelle 61), wie die übrigen Antennenglieder zylindrisch und zur Spitze hin schwach verdickt.

Tabelle 61: Maße der Antennenglieder [mm] von *M. testacea*.

	♂ Länge	♂ Breite	♀ Länge	♀ Breite
1. Glied	0,30	0,13	0,25	0,11
2. Glied	0,17	0,09	0,17	0,08
3. Glied	0,20	0,08	0,16	0,07
4. Glied	0,32	0,10	0,27	0,07
5. Glied	0,27	0,10	0,20	0,09
11. Glied	0,33	0,08	0,26	0,08

Labrum etwa doppelt so breit wie lang (Abb. M 3), abgeflacht, dicht beborstet, Vorderrand gerade (*M. testacea*: ♂ = 0,29 mm breit; 0,15 mm lang. ♀ = 0,25 mm breit; 0,13 mm lang).

Mandibeln breit (Abb. M 4, 5), Innenrand fast gerade, mit kleiner Erhebung in der Mitte der Schneide (mitunter links und rechts etwas verschieden, sodass eine schwache Asymmetrie vorliegt). Incisivus kurz, wenig gekrümmt, scharf zugespitzt. Die gebogene Außenkante ist dicht und lang beborstet. Länge (ohne Berücksichtigung der Krümmung) 0,29-0,36 mm; Breite in der Mitte auf der Höhe der Erhebung 0,13-0,16 mm; Breite an der Basis 0,24-0,26 mm (*M. testacea*).

Lacinia apikal dicht mit nach innen gebogenen Borsten besetzt (Abb. M 6). Galea distal mit Borstenkämmen, Borsten stumpf, z. T. modifiziert. Maxillarpalpen viergliedrig (Tabelle 62). 1. Glied nur distal mit Borsten, 4. Glied zugespitzt.

Labialpalpen (Tabelle 63) mit annähernd rechtwinklig inserierendem großem 3. Glied, das im basalen Drittel des 2. Gliedes entspringt (Abb. M 7). 1. und 3. Glied fast kahl, 2. dicht und lang beborstet.

Pronotum (Abb. M 8) auffällig transvers (*M. testacea*: ♂♂ = 2,00 mm breit; 1,05 mm lang. ♀♀ = 1,80 mm breit; 0,72 mm lang). Vorderrand nur schwach gebogen, annähernd gerade, Vorderecken abgerundet. Hinterecken etwas schärfer abgesetzt, Hinterrand nach hinten gezogen, innerhalb der Hinterecken eingeschweift.

Tabelle 62: Maße der Glieder der Maxillarpalpen [mm] von *M. testacea.*

Glied	Länge ♂	Länge ♀
1.	0,10	0,08
2.	0,16	0,13
3.	0,13	0,11
4.	0,16	0,13

Tabelle 63: Maße der Glieder der Labialpalpen [mm] von *M. testacea.*

Glied	Länge ♂	Länge ♀
1.	0,11	0,08
2.	0,16	0,11
3.	0,11	0,07

Prosternalfortsatz (Abb. M 9) etwa 0,30 mm lang (*M. testacea*), distal einen kelchartig erweiterten und mit Borsten bedeckten „Kragen" bildend, der einen ebenfalls behaarten Kegel umschließt.

Mesosternalfortsatz stumpf endend, etwa 0,35 mm lang (*M. testacea* ♂), auf der gesamten Länge mit vielen Borsten bedeckt (Abb. M 10).

Der Metaventrit des Metasternum ist in der Mitte durch eine teilweise reduzierte Naht (Diskrimen) geteilt. Sie ist geht vom Hinterrand aus und erreicht etwa 45 % der Länge des Metaventrit in der Mitte (Abb. A 8).

Scutellum annähernd gleichseitig dreieckig, hinten zugespitzt (Abb. M 11) (Seiten bei *M. testacea* 0,27-0,32 mm lang).

Elytren mit schwachen Rippen.

Maße der Glieder der Hinterbeine (Tabelle 64), Metatarsus (Abb. M 12).

Tabelle 64: Maße der Glieder der Hinterbeine [mm] von *M. testacea.*

	Länge ♂	Länge ♀
Femur	1,20	0,97
Tibia	1,34	1,03
Tibia, längerer Enddorn	0,12	0,10
Tibia, kürzerer Enddorn	0,09	0,06
Tarsus 1. Glied	0,31	0,27
Tarsus 2. Glied	0,16	0,12
Tarsus 3. Glied	0,14	0,08
Tarsus 4. Glied	0,12	0,09
Tarsus 5. Glied	0,20	0,14
Klaue	0,09	0,07

Männchen

7. Sternit (Abb. M 13) hinten breit abgerundet, ohne Einbuchtung, maximal 0,63 mm lang; 1,60 mm breit (*M. testacea*).

8. Sternit (Abb. M 14) vorn breit gerundet; es schließen sich seitlich gerichtete Flügel an, die am Hinterrand jeweils ein Feld längerer Borsten (0,05 mm) tragen. Hinten ist das 8. Sternit breit eingebuchtet. Die gesamte Fläche ist mit kurzen Borsten (0,01 mm) dicht bedeckt. Maße von *M. omissa*: 0,27-0,33 mm lang; 0,45-0,56 mm breit.

9. Sternit (Tabelle 65) aus einer breiten, im gesamten Mittelbereich schwach, vorn an den Seiten etwas stärker sklerotisierten Platte bestehend, die hinten an beiden Seiten dicht behaart (dazwischen kaum behaart) und meist sehr schwach eingebuchtet ist (Abb. M 15). Die seitlichen Verfestigungen sind nach hinten etwas verbreitert.

Tabelle 65: Maße des 9. Sternit [mm].

Art	Länge	Breite	Länge Bacilla lateralia
caspica	0,37	0,26	0,21
omissa	0,43	0,42	0,32
pilosula	0,35-0,41	0,28-0,37	0,12-0,15
testacea	0,43-0,46	0,34-0,41	0,27-0,32

7. Tergit (Abb. M 16) mit kurzen Bacilla lateralia (*M. omissa*: 0,35 mm; *M. testacea*: 0,37 mm lang), die etwa 0,10-0,12 mm aus der Platte herausragen. Länge des 7. Tergit (*M. omissa, M. testacea*) 0,61-0,64 mm; Breite 1,10-1,12 mm.

8. Tergit mit geschlossen sklerotisierter Platte und Bacilla lateralia (Abb. M 17, 18). Platte mit langen Haaren (0,03-0,04 mm) besonders in der hinteren Hälfte und am Hinterrand besetzt, dazwischen kürzere Haare (ca. 0,01 mm) sowie spitze Dörnchen und Kämme von Mikrotrichen (ca. 0,01 mm). Außer bei *M. omissa* (Abb. M 18) ragen die Bacilla lateralia weit in die Platte hinein und sind an der Basis schwach gegabelt und miteinander verbunden (Abb. M 17 Pfeil) (*M. dispar* nicht untersucht). Maße siehe Tabelle 66.

Tabelle 66: Maße des 8. Tergit [mm].

Art	Länge	Breite	Länge Bacilla lateralia
caspica	0,44-0,49	0,43-0,48	0,23-0,36
dispar	0,72	0,66	0,40
omissa	0,62-0,66	0,53-0,62	0,25-0,26
pilosula	0,52-0,61	0,47-0,53	0,45-0,50
testacea	0,62-0,64	0,66-0,69	0,45-0,47

9. Tergit mit geschlossener, in der Mitte kaum sklerotisierter Platte (es erscheint ein heller Längsstreifen, Pfeil) und Bacilla lateralia (Abb. M 19). Platte mit feinen, meist gruppenweise angeordneten Mikrotrichen vor allem im hinteren Teil dicht bedeckt; Hinterrand dicht behaart. Die Bacilla lateralia sind an der Basis gegabelt, die inneren Äste laufen aufeinander zu, erreichen einander aber nicht. Maße siehe Tabelle 67.

Tabelle 67: Maße des 9. Tergit [mm].

Art	Länge	Breite	Länge Bacilla lateralia
caspica	0,49-0,55	0,37-0,38	0,30-0,36
omissa	0,55-0,56	0,46-0,50	0,25-0,28
pilosula	0,53-0,62	0,44-0,50	0,30-0,36
testacea	0,61-0,66	0,51-0,59	0,44-0,45

Tegmen (Abb. M 29, 32, 36, 39, 43) mit breiter Basis, nach vorn verjüngt. Die Parameren sind ± weit voneinander getrennt. Ventraltasche nur an den Seiten ausgebildet, Seiten der Parameren breit nach unten umgeschlagen, Vorderrand des ventralen Teils schräg gestellt. Vor allem die Parameren können mit zahlreichen, meist nach vorn gerichteten kurzen Börstchen unterschiedlicher Ausprägung bedeckt sein (Abb. M 40, 44, 45). Bei einigen Arten laufen sie hinten in eine dornartige Spitze aus (*M. caspica, M. dispar*; Abb. M 29, 32). Basalsklerite sind nicht ausgeprägt.

Verbindungsmembran zwischen Penis und Tegmen ohne Sklerit.

Penis (Abb. M 28, 30, 34, 37, 41) mit länglicher, rechteckiger, trapezförmiger oder gerundeter Pala, einem kurzen fast ovalen Trigonium, das in ein spitzes, distal nach unten gebogenes Zentem ausläuft, welches mit verschiedenen kleinen Zähnen besetzt sein kann (Abb. M 31, 38, 42). Ein Mittelblatt ist nicht deutlich ausgebildet. Das Trigonium kann ventralwärts rechtwinklig abgebogen werden. Bei der Kopulation greift die bedornte Spitze des Zentem in die Bursalwand ein (NYHOLM 1972c). Die Parameroide sind von sehr unterschiedlicher Gestalt und mit proximal oder seitlich gerichteten Dörnchen oder kurzen dornartigen Borsten besetzt (Abb. M 35, 38, 42) (bei *M. dispar* kaum vorhanden).

Weibchen

5. Sternit am Hinterrand mit einem sehr kleinen Feld dichter spitzer kleiner Borsten (Sexualbehaarung ?).

6. Sternit mit Sexualbehaarung (Abb. M 20), in der Mitte mit einer Gruppe von ca. 6 enger stehenden Borsten (*M. testacea*) (Abb. M 21).

Hinterrand des 7. Sternit breit gerundet (Abb. M 23). In der Mitte befindet sich eine kleine Gruppe verschlungen angeordneter Borsten (0,04 × 0,04 mm) (Abb. M 22). 7. Sternit 0,58-0,62 mm lang; 1,61-1,74 mm breit (*M. testacea*).

8. Sternit (Abb. M 25) aus einer geschlossenen, wenig sklerotisierten Platte bestehend, deren Vorder- und Seitenrand verstärkt sind (Bacilla lateralia vorn miteinander verbunden). Hinten laufen die Bacilla lateralia in je einer sklerotisierten, seitlich und hinten schwach gerandeten Platte aus, die mit einem dichten Haarsaum besetzt ist. Länge gesamt 1,12 mm; Länge Platte 0,32 mm; Breite Platte 0,40 mm; Länge Bacilla lateralia 0,90 mm (*M. testacea*).

7. Tergit (Abb. M 24) mit frei aus der Platte herausragenden Bacilla lateralia (0,23 mm). Länge insgesamt 0,70 mm; Breite 0,85 mm (*M. testacea*).

8. Tergit aus einer geschlossenen, deutlich sklerotisierten kleinen Platte und langen Bacilla lateralia bestehend (Abb. M 26). Hinterrand mit einem Haarsaum, Platte mit kurzen Dörnchen bedeckt. Gesamtlänge 1,93 mm; Breite der Platte 0,50 mm; Länge der Platte 0,44 mm; Länge der Bacilla lateralia 1,70 mm (*M. testacea*).

Das 9. Sternit und das 9. Tergit bilden einen Ovipositor (Abb. M 27). Länge gesamt 3,01 mm; Länge Baculi 2,54 mm; Länge Coxite 0,40 mm; Länge Styli 0,07 mm (*M. testacea*). Baculi mit einer kurzen Verzweigung im hinteren Teil (Pfeil).

10.2. Verbreitung

Die Gattung ist nach PIC (1914) weltweit verbreitet (Madagaskar, Südamerika, Australien). Einige dieser Arten erwiesen sich jedoch bei näherer Untersuchung als nicht zu *Microcara* gehörig (die meisten sind jedoch bisher nicht revidiert). Die Beurteilung ist aber schwierig, da eine Definition der Gattung durch abgeleitete Merkmale noch weitgehend offen ist. Eine Bearbeitung der außerpaläarktischen Arten steht aus. Interessanterweise hat jede der drei großen südeuropäischen Halbinseln eine eigene *Microcara*-Art, an die sich im Osten eine weitere anschließt, deren Verbreitungsgebiet aber noch unzureichend bekannt ist. Außerhalb Europas wurden in der Paläarktis bisher keine weiteren Arten nachgewiesen, eine Art ist aus Nordamerika bekannt (*Microcara explanata* LECONTE, 1865).

10.3. Ökologie und Biologie

Die Larven von *Microcara testacea* entwickeln sich in Stillgewässern. Eine auffällige Erscheinung ist das Vorkommen von Populationen, die sich in den Körpermaßen deutlich voneinander unterscheiden, so deutlich, dass man an getrennte Arten denken könnte. Die nähere morphologische Untersuchung ergab jedoch in allen derartigen Fällen völlige Übereinstimmung im männlichen Genitalapparat, der zur Kennzeichnung der Arten hervorragend geeignet erscheint. Populationen kleiner Individuen wurden sowohl bei *Microcara testacea* („*M. bohemani*") als auch bei *M. caspica* beobachtet (KLAUSNITZER 1974a).

10.4. Phylogenie

Autapomorphien:

Der monophyletische Charakter der Gattung *Microcara* ist nur sehr schwach begründet. Die Wertung der folgenden Merkmale kann nicht sicher als apomorph erfolgen. In einigen Fällen liegen wohl auch Synapomorphien mit der Gattung *Prionocyphon* vor.

Imagines:

- Prosternalfortsatz distal einen „Kragen" bildend, aus dem ein Kegel hervorragt, der mit Borsten bedeckt ist (Abb. M 9).
- Mesosternalfortsatz lang und mit vielen Borsten bedeckt (Abb. M 10).
- ♀ mit Sexualbehaarung auf dem 6. + 7. Sternit (Abb. M 20-22).
- 8. Sternit des ♀ vorn breit gerundet; es schließen sich seitlich gerichtete Flügel an, die am Hinterrand jeweils ein Feld längerer Borsten tragen, hinten ist das 8. Sternit breit eingebuchtet (Abb. M 25).
- 9. Sternit des ♂ aus einer breiten, im gesamten Mittelbereich jedoch sehr schwach sklerotisierten Platte bestehend (Abb. M 15).
- Mandibeln schwach asymmetrisch (Abb. M 4, 5).

Larven:

- ? Reduktion der Anzahl der Kammzähne (6 oder 10).

M. omissa + *M. pilosula* scheinen Schwesterarten zu sein (Vikarianz ?), *M. caspica* könnte die Schwesterart dieser Gruppe sein (Synapomorphie: flügelartige Parameroide).

10.5. Bestimmungstabelle für die Arten (♂♂)

1 Parameren mit breiter Basis, hinten mit einem scharf zugespitzten, deutlich abgesetzten Zahn (Abb. M 29, 32, 33). 2

1* Parameren breit gerundet oder schlank, hinten nicht zugespitzt und ohne abgesetzten Zahn (Abb. M 36, 39, 40, 43, 45). 3

2 Parameroide flügelartig, breit gerundet, mit zumeist seitlich oder schräg nach hinten gerichteten Zähnchen fast auf der gesamten Fläche, besonders in der Mitte dicht besetzt, Außenrand gezähnt (Abb. M 28), etwas länger oder so lang wie das spitz zulaufende, glatte Zentem, das an der Spitze bei manchen Individuen einige Zähnchen trägt. Pala vorn gerundet, Seiten fast parallel, nicht wesentlich nach hinten verjüngt. Penis insgesamt 0,73-0,93 (Ø 0,79) mm lang; Länge der Pala 0,42-0,63 (Ø 0,48) mm; maximale Breite der Pala 0,16-0,27 (Ø 0,21) mm; Länge Trigonium + Zentem 0,18-0,28 (Ø 0,23) mm; Länge Parameroide 0,23-0,30 (Ø 0,26) mm; Breite eines Parameroids 0,15-0,22 (Ø 0,18) mm. Paramerenspitzen scharf nach innen gebogen, mit kurzen stumpfen Börstchen bedeckt (Abb. M 29). Tegmen insgesamt 0,59-0,69 (Ø 0,65) mm lang; Brei-

te des Vorderteils 0,23-0,30 (Ø 0,25) mm; Länge der Parameren ohne Krümmung 0,25-0,32 (Ø 0,30) mm. Körperlänge 5,0-5,2 bzw. 4,0-4,3 mm. Kaspisches Meer-Gebiet, Kaukasus, Türkei. . . . . *caspica* REITTER, 1889

2* Parameroide schlank, gebogen, mit wenigen kurzen Börstchen, etwa in der Mitte mit einer kurzen, lappenförmigen, am Rande etwas gezähnten Erweiterung (Pfeil), hinten zugespitzt, etwas länger als das annähernd gleich breite, an der Spitze abgerundete, dort mit vielen stumpfen Zähnchen besetzte Zentem (Abb. M 31). Pala vorn gerade abgestutzt, nach hinten verjüngt, Seiten gerade (Abb. M 30). Penis insgesamt 1,01-1,04 mm lang; Länge der Pala 0,57-0,60 mm; maximale Breite der Pala 0,43-0,45 mm; Länge Trigonium + Zentem 0,40-0,49 mm; Länge Parameroide ohne Krümmung 0,42-0,45 mm; Breite eines Parameroids an der Basis 0,07-0,08 mm. Paramerenspitzen fast gerade (Abb. M 32), an der Basis mit einigen Haaren, Parameren auf der gesamten Fläche mit stumpfen kurzen Borsten besetzt (Abb. M 33). Tegmen insgesamt 1,08-1,17 mm lang; Breite des Vorderteils maximal 0,47-0,52 mm; Länge der Parameren 0,41-0,42 mm. Körperlänge 4,4-5,1 mm. Iberische Halbinsel. . . . . *dispar* SEIDLITZ, 1874

3(1) Parameren breit gerundet (Abb. M 36, 39, 40), Parameroide flügelartig erweitert (Abb. M 34, 35, 37, 38). 4

3* Parameren und Parameroide schlank (Abb. M 41, 43). – Vorderstück des Tegmen verjüngt, vorn abgerundet, Parameren nach hinten nur wenig verschmälert, dort mit einem kurzen Spalt (Abb. M 43), im Ganzen mit Dörnchen dicht bedeckt (Abb. M 45). An der Basis der Parameren befindet sich jederseits an der Innenseite eine Dörnchengruppe (Abb. M 44). Tegmen insgesamt 0,97-1,08 (Ø 1,03) mm lang; Breite des Vorderteils 0,46-0,48 (Ø 0,47) mm; Länge der Parameren 0,56-0,67 (Ø 0,62) mm. Parameroide schmal, fast parallelseitig, distal mit einem nach außen gerichteten stumpfen Zahn. Sie überragen das Zentem (Abb. M 41). Zentem vom Trigonium deutlich abgesetzt, Spitze mit dichter Dörnchengruppe (Abb. M 42). Pala des Penis schlank, nach hinten etwas schmaler werdend bis annähernd parallelseitig. Penis insgesamt 1,04-1,19 (Ø 1,13) mm lang; Länge der Pala 0,64-0,67 (Ø 0,66) mm; Breite der Pala 0,27-0,36 (Ø 0,32) mm; Länge Trigonium + Zentem 0,38-0,42 (Ø 0,40) mm; Länge Parameroide 0,48-0,51 (Ø 0,50) mm; Breite Parameroide auf der Höhe der Basis des Zentem 0,07-0,13 (Ø 0,11) mm. Körperlänge 4,4-5,5 bzw. 3,5-4,0 mm. In Europa weit verbreitet. . . . . *testacea* (LINNAEUS, 1767)

4 Parameroide breit flügelförmig erweitert, mit kurzen Dörnchen vor allem im mittleren Teil dicht bedeckt (Abb. M 34, 35). Das lange, schmale, parallelseitige Zentem ist vom Trigonium deutlicher abgesetzt und besitzt an der Spitze einige Zähnchen, es ist deutlich länger als das Zentem (Abb. M 34, 35), beide relativ lang (im Verhältnis zur Länge des Penis; Index Länge Penis zu Länge Trigonium + Prosthem = Ø 3,2). Pala vorn breit gerundet. Penis insgesamt 0,72-0,77 (Ø 0,74) mm lang; Länge der Pala 0,41-0,43 (Ø 0,42) mm; maximale Breite der Pala 0,28-0,33 (Ø 0,31) mm; Länge Trigonium + Zentem 0,22-0,25 (Ø 0,23) mm; Länge Parameroide 0,29-0,34 (Ø 0,32) mm; maximale Breite eines Parameroids 0,14-0,17 (Ø 0,15) mm. Vorderstück des Tegmen kürzer, Parameren breit lappenförmig, deutlich abgesetzt nach außen gebogen, distal ohne auffällige Zähnchen, vor allem an der Spitze mit wenigen kurzen Börstchen locker besetzt (Abb. M 36). Tegmen insgesamt 0,61-0,68 (Ø 0,64) mm lang; maximale Breite des Vorderteils 0,36-0,39 (Ø 0,37) mm; Länge der Parameren 0,28-0,36 (Ø 0,31) mm. Körperlänge 4,4-4,8 mm. Balkanhalbinsel. . . . . *omissa* KLAUSNITZER, 1972

4* Parameroide breit, aber nicht so stark flügelförmig erweitert, distal schmaler werdend, an der Spitze abgestutzt, dichter mit Dörnchen bedeckt (Abb. M 37, 38). Das Trigonium geht allmählicher in das dicht mit Dörnchen besetzte Zentem über (Abb. M 37, 38), beide relativ kurz (im Verhältnis zur Länge des Penis; Index Länge Penis zu Länge Trigonium + Prosthem = Ø 3,8). Parameroide innen an der Basis mit einer dicht mit Dörnchen besetzten Erhebung, die das Zentem an der Basis flankiert. Pala lang, rechteckig, vorn abgestutzt. Penis insgesamt 0,78-0,91 (Ø 0,84) mm lang; Länge der Pala 0,51-0,57 (Ø 0,55) mm; maximale Breite der Pala 0,26-0,36 (Ø 0,32) mm; Länge Trigonium + Zentem 0,21-0,25 (Ø 0,22) mm; Länge Parameroide 0,23-0,30 (Ø 0,25) mm; maximale Breite eines Parameroids 0,11-0,14 (Ø 0,13) mm. Vorderstück des Tegmen länger, schräg zulaufend, an der Basis mit einem kurzen Mittelstreifen (Abb. M 39 Pfeil). Parameren weniger weit nach außen gebogen, zur Spitze kantig abgesetzt, distal mit kräftigen Zähnchen, nach vorn und innen in scharfe Spitzen auslaufend (Abb. M 38, 39). Parameren vor allem am Innenrand und an der Spitze mit kurzen kegelförmigen Borsten. Tegmen insgesamt

0,75-0,84 (Ø 0,79) mm lang; maximale Breite des Vorderteils 0,47-0,52 (Ø 0,50) mm; Länge der Parameren 0,29-0,37 (Ø 0,32) mm. Körperlänge 3,9-5,0 mm. Apenninenhalbinsel. . . . . *pilosula* REITTER, 1911

10.6. Artenübersicht

Microcara caspica REITTER, 1889

Zitat der Originalbeschreibung: Deutsche Entomologische Zeitschrift 1889: 372.

Synonym:
Microcara luteicornis REITTER, 1888: 207

Literatur: KLAUSNITZER (1974a: Redeskription, 1990c, 2008e), MAXIMENKOV (1995).

Bemerkung: MUCHE sammelte fünf *M. caspica* bei Zhelesnowodsk (Russland). Sie sind kleiner als die aus der Sammlung von REITTER und andere Exemplare und haben dunkelbraune Elytren, die nur bei einem Exemplar etwas aufgehellt sind. Offenbar variiert diese Art, wahrscheinlich in gleicher Richtung wie *M. testacea*. Man denkt daran, MUCHES Tiere mit „*bohemani*" zu vergleichen, weil „typische" „*bohemani*" der *testacea* so fern zu stehen scheinen wie die Individuen aus Zhelesnowodsk denen (z. B.) von Lenkoran.

Verbreitung: Kaspische Art, sowohl im Kaspischen Meer-Gebiet als auch im Kaukasus, bis zum westlichen Anatolien.

Nachweise: – Aserbaidschan: Lenkoran (locus typicus, Lectotypus) (REITTER 1889, KLAUSNITZER 1974a, Fundortkartei KLAUSNITZER, unveröffentlicht, MAXIMENKOV 1995). – Georgien: Abchasien (Otkhara, Suchumi) (KLAUSNITZER 2008e), MAXIMENKOV (1995). – Russland: Zhelesnowodsk (= Shelesnowodak) (KLAUSNITZER 1974a), Krasnodar (Fundortkartei KLAUSNITZER, unveröffentlicht), MAXIMENKOV (1995). – Türkei: Provinzen Bolu, Istanbul, Karabük, Samsun (KLAUSNITZER 1990c, RUTA & KLAUSNITZER 2007).

Ökologie, Phänologie und Biologie: Die Imagines wurden Mitte Mai bis Ende August in einer Höhe von 950 m (Suchumi) gefunden.

Microcara dispar SEIDLITZ, 1872

Zitat der Originalbeschreibung: Fauna Baltica. Die Käfer (Coleoptera) der Ostseeprovinzen Rußlands: 329.

Literatur: KLAUSNITZER (1974a: Redeskription, 1990f)

Verbreitung: Atlantomediterrane Art, im Süden der Iberischen Halbinsel.

Nachweise: Portugal: Südportugal (Algarve: Portimão, Quarteira) (KLAUSNITZER 1990f, Fundortkartei KLAUSNITZER, unveröffentlicht). – Spanien: Escorial, Cadiz (locus typicus) (SEIDLITZ 1872). Südspanien (Andalusien: Algeciras, San Roque), „Almonaima" (Lage des Ortes unklar, vielleicht in Portugal) (KLAUSNITZER 1974a, Fundortkartei KLAUSNITZER, unveröffentlicht).

Ökologie, Phänologie und Biologie: Die Imagines wurden Ende Mai bis Anfang Juni gefunden.

Microcara omissa KLAUSNITZER, 1972

Zitat der Originalbeschreibung (♂): Entomologische Nachrichten und Berichte 16: 150

Literatur: KLAUSNITZER (1974a: Abb. Genitale, 1975c, 2008e).

Verbreitung: Pontomediterrane Art, die auf das Gebiet des Dinarischen Westbalkan beschränkt ist (Endemit ?).

Nachweise: Bosnien und Herzegowina: Vlasače, „Ilidža“ (Lage des Ortes unklar) (KLAUSNITZER 1972d, 1974a, Fundortkartei KLAUSNITZER, unveröffentlicht). – Kroatien: Insel Krk (KLAUSNITZER 2008e). – Rumänien: Băle Herculane (= Herkulesbad) (locus typicus). (KLAUSNITZER 1972d), Fundorte bei KLAUSNITZER 1975c, Fundortkartei KLAUSNITZER, unveröffentlicht).

Microcara pilosula **REITTER, 1911**

Zitat der Originalbeschreibung: Fauna Germanica. Die Käfer des Deutschen Reiches. III. Band: 244.

Literatur: ANGELINI (1986, 1991), FOCARILE (1960), KLAUSNITZER (1974a: Abb. Genitale, 1990a, 1990f).

Verbreitung: Adriatomediterrane Art.

Nachweise: Italien: Emilia Romagna, Basilicata, Calabria (ANGELINI 1986, 1991, FOCARILE 1960, KLAUSNITZER 1990a, 1990f, Fundortkartei KLAUSNITZER, unveröffentlicht). – Sizilien: Von REITTER (1911) aus Sizilien beschrieben (locus typicus). In der Sammlung REITTER befindet sich kein Material dieser Art (KLAUSNITZER 1974a).

Ökologie, Phänologie und Biologie: Die Imagines wurden Ende Mai bis Anfang August gefunden.

Microcara testacea **(LINNAEUS, 1767) (*Silpha*)**

Zitat der Originalbeschreibung: Systema Naturae. Editio Duodecima Reformata: 574.

Synonyme:

assimilis STEPHENS, 1830: 284 (*Cyphon*)
bohemani MANNERHEIM, 1844: 196 (*Cyphon*)
livida FABRICIUS, 1792: 22 (*Galleruca*)
mollis MARSHAM, 1802: 225 (*Crioceris*)
obscura STEPHENS, 1830: 285 (*Cyphon*)
tenella OLIVIER, 1795: nr. 54: 9 (*Cistela*)

Literatur: ALEXANDROVITCH et al. (1996), ANDERSON et al. (1997), BARŠEVSKIS (1993), BOUKAL et al. (2007), BRANDSTETTER & KAPP (1998), BURAKOWSKI et al. (1983), CUPPEN (1993), CUPPEN & FOSTER (2005), FRANK & KONZELMANN (2002), FRANZ (1974), GEISER (2001), GEREND (2003), GÜRLICH et al. (1995), HANSEN (1964), HORION (1955), JELÍNEK (1993), KIESENWETTER (1863), KLAUSNITZER (1965, 1971b, 1974a: Abb. Genitale, Synonyme, 1975c, 1981a, 1990a, 1990f, 1994, 2008e), KLAUSNITZER et al. (2003), KLAUSNITZER & MERKL (1987), KOFLER (1999), KÖHLER & KLAUSNITZER (1998), MAXIMENKOV (1995), MONSJAWITSCHJUS (1981), MÜLLER (1912), NILSSON (1980), NYHOLM (1972c), RUTA et al. (2003), SOLODOVNIKOV (1999), TOURNIER (1868), WALTER (1990).

Bemerkung: Die Variation der Färbung, Körpergröße und mancher Proportionen ist erheblich. Dies hat zur Beschreibung einer Reihe von Aberrationen und sogar zu einer scheinbar gut begründeten zweiten Art (*M. bohemani*) geführt.

Verschiedene Autoren behandeln *M. bohemani* als von *M. testacea* verschiedene Art (ERICHSON 1863, KIESENWETTER 1863, TOURNIER 1868, REITTER 1911, KUHNT 1913, DELAHON 1924), während andere (RÜSCHKAMP 1933, HORION 1955) an der Artberechtigung zweifeln. DELAHON hat mehrfach *M. bohemani* determiniert und auch eine Aberration *reinecki* beschrieben. Von letzterer lag mir ein „Paratypus“ vor und außerdem vier Exemplare „*bohemani*“ aus DELAHONS Sammlung. Alle diese Tiere sind *M. testacea*. Der Verfasser konnte darüber hinaus ein großes mittel- und südosteuropäisches Material aus verschiedenen Sammlungen untersuchen. Alle nach äußeren Merkmalen *bohemani*-verdächtigen Tiere (vor allem kleine Individuen, da die geringere Körpergröße als Hauptkennzeichen angegeben wird) wurden genitaluntersucht. Niemals zeigte sich im Bau des Penis und Tegmen irgendeine bemerkenswerte Abweichung gegenüber *Microcara testacea*. Der von DELAHON genannte biologische Unterschied der beiden „Arten" (*bohemani* bereits Mitte Mai aktiv und nur kurze Zeit, *testacea* erst ab Ende Mai bis Juli), den schon RÜSCHKAMP und HORION mit Recht bezweifeln, stimmt schon für die Oberlausitz (immerhin Luckenwalde, dem Beobachtungsort DELAHONS benachbart) nach eigenen Beobachtungen nicht. – Die Untersuchung der Typen (4 Exemplare aus Kavantholm und Oeland) aus der Sammlung MANNERHEIM ergab deren Zugehörigkeit zu *M. testacea*.

Verbreitung: In Europa weit verbreitet, aber nicht bis zum höchsten Norden (HORION 1955), außereuropäische Fundorte fehlen bisher. Die Grenze des Areals in Südwesteuropa ist ungeklärt.

Nachweise: Bulgarien: Rila-Gebirge, Borovets (KLAUSNITZER 1974a). – Dänemark: KLAUSNITZER (1996). – Deutschland: alle Bundesländer (HORION 1955, Fundortkartei KLAUSNITZER, unveröffentlicht, KÖHLER & KLAUSNITZER 1998). Fundorte bei KLAUSNITZER 1965, 1971b, 1994, KLAUSNITZER et al. 2003: Verbreitungskarte Thüringen, FRANK & KONZELMANN 2002: Baden-Württemberg, GÜRLICH et al. 1995: Schleswig-Holstein). – Estland: MAXIMENKOV (1995). – Finnland: nördlich bis „Ostrobottnia" (HORION 1955). – Frankreich: HORION (1955). Fundorte bei KLAUSNITZER (1990f, Fundortkartei KLAUSNITZER, unveröffentlicht). – Irland: ANDERSON et al. (1997). – Großbritannien: HORION (1955, Fundortkartei KLAUSNITZER, unveröffentlicht). – Italien: südlich bis Calabria (~39° N) (HORION 1955). Piemonte, Lombardia, Veneto (KLAUSNITZER 1990a). Südtirol, Emilia-Romagna (Fundortkartei KLAUSNITZER, unveröffentlicht). – Kasachstan: „Amgodzhary" (Lage des Ortes unklar, laut Etikett in Kasachstan) (KLAUSNITZER 2008e). – Kroatien: „Croatia, REITTER" (KLAUSNITZER 1974a). Ludbreg (Fundortkartei KLAUSNITZER, unveröffentlicht). – Lettland: BARŠEVSKIS (1993), MAXIMENKOV (1995). – Liechtenstein: WALTER (1990), BRANDSTETTER & KAPP (1998). – Litauen: MONSJAWITSCHJUS (1981), MAXIMENKOV (1995). – Luxemburg: GEREND (2003). – Niederlande: CUPPEN (1993). – Norwegen: nördlich bis Trondheim (63°25' N), Tromsø (69°39' N) (HORION 1955). Agder (58°40' N) (CUPPEN & FOSTER 2005). – Österreich: alle Bundesländer (HORION 1955). Steiermark (KLAUSNITZER 1988b). Fundorte bei FRANZ (1974). Kärnten (KOFLER 1999). Vorarlberg (MÜLLER 1912, BRANDSTETTER & KAPP 1998). Salzburg (GEISER 2001). – Polen: BURAKOWSKI et al. (1983), RUTA et al. (2003), Fundortkartei KLAUSNITZER (unveröffentlicht). – Rumänien: Siebenbürgen (HORION 1955). Fundorte bei KLAUSNITZER (1975c). – Russland: nördlich bis Olonets, Karelien (60°58 N), Swirgebiet (~61° N) (HORION 1955). MAXIMENKOV (1995). Ishboldino (55° O) (Fundortkartei KLAUSNITZER, unveröffentlicht). – Schweden: nördlich bis Jämtlands Län (~63° N) (HORION 1955). Typen von *M. bohemani* (MANNERHEIM, 1844) aus „Kavantholm" und Öland (KLAUSNITZER 1974a). – Schweiz: Kantone Bern, Genève, St. Gallen, Schaffhausen, Waad, Wallis, Zürich (KLAUSNITZER 1999: Verbreitungskarte). – Slowakei: JELÍNEK (1993), Fundortkartei KLAUSNITZER (unveröffentlicht). – Spanien: südlich bis Granada (37°10' N) (HORION 1955) (sollte überprüft werden, es kommt auch *dispar* in Frage). – Tschechien: Böhmen, Mähren (JELÍNEK 1993, Fundortkartei KLAUSNITZER, unveröffentlichtm BOUKAL et al. 2007). – Ukraine: MAXIMENKOV (1995). – Ungarn: HORION (1955). Hortobágy, Kiskunság (KLAUSNITZER 1981a, KLAUSNITZER & MERKL 1987, Fundortkartei KLAUSNITZER, unveröffentlicht). – Weißrussland: MAXIMENKOV (1995). ALEXANDROVITCH et al. (1996). SOLODOVNIKOV (1999).

Ökologie, Phänologie und Biologie: Larven in stehenden, schattigen Gewässern, vor allem Waldsümpfen und Erlenbrüchen, sie sitzen in den flachen Randpartien zwischen vermoderndem Laub. NILSSON (1980) fand bei Untersuchungen in Nordschweden die meisten Imagines zwischen Ende Juni und Anfang August. CUPPEN (1993) stellte bei wöchentlichen Auswertungen einer Malaise-Falle in den Niederlanden die meisten Imagines Ende Juni fest.

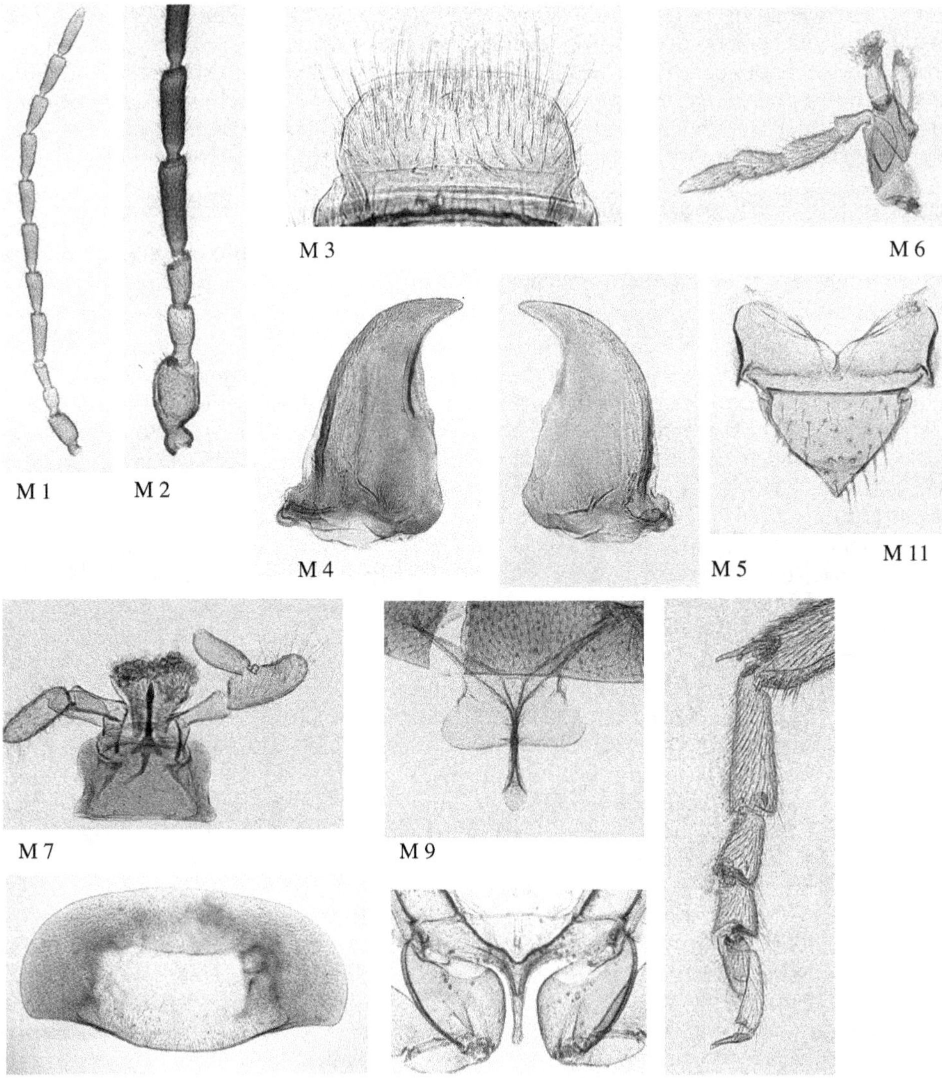

Abb. M 1: *Microcara testacea* ♂, Antenne; **Abb. M 2:** *Microcara testacea* ♀, 1.-5. Antennenglied; **Abb. M 3:** *Microcara testacea* ♂, Labrum; **Abb. M 4:** *Microcara testacea* ♀, linke Mandibel; **Abb. M 5:** *Microcara testacea* ♀, rechte Mandibel; **Abb. M 6:** *Microcara testacea* ♂, Maxille; **Abb. M 7:** *Microcara testacea* ♂, Labium; **Abb. M 8:** *Microcara testacea* ♂, Pronotum; **Abb. M 9:** *Microcara testacea* ♀, Prosternalfortsatz; **Abb. M 10:** *Microcara testacea* ♂, Mesosternalfortsatz; **Abb. M 11:** *Microcara testacea* ♀, Scutellum; **Abb. M 12:** *Microcara testacea* ♂, Metatarsus.

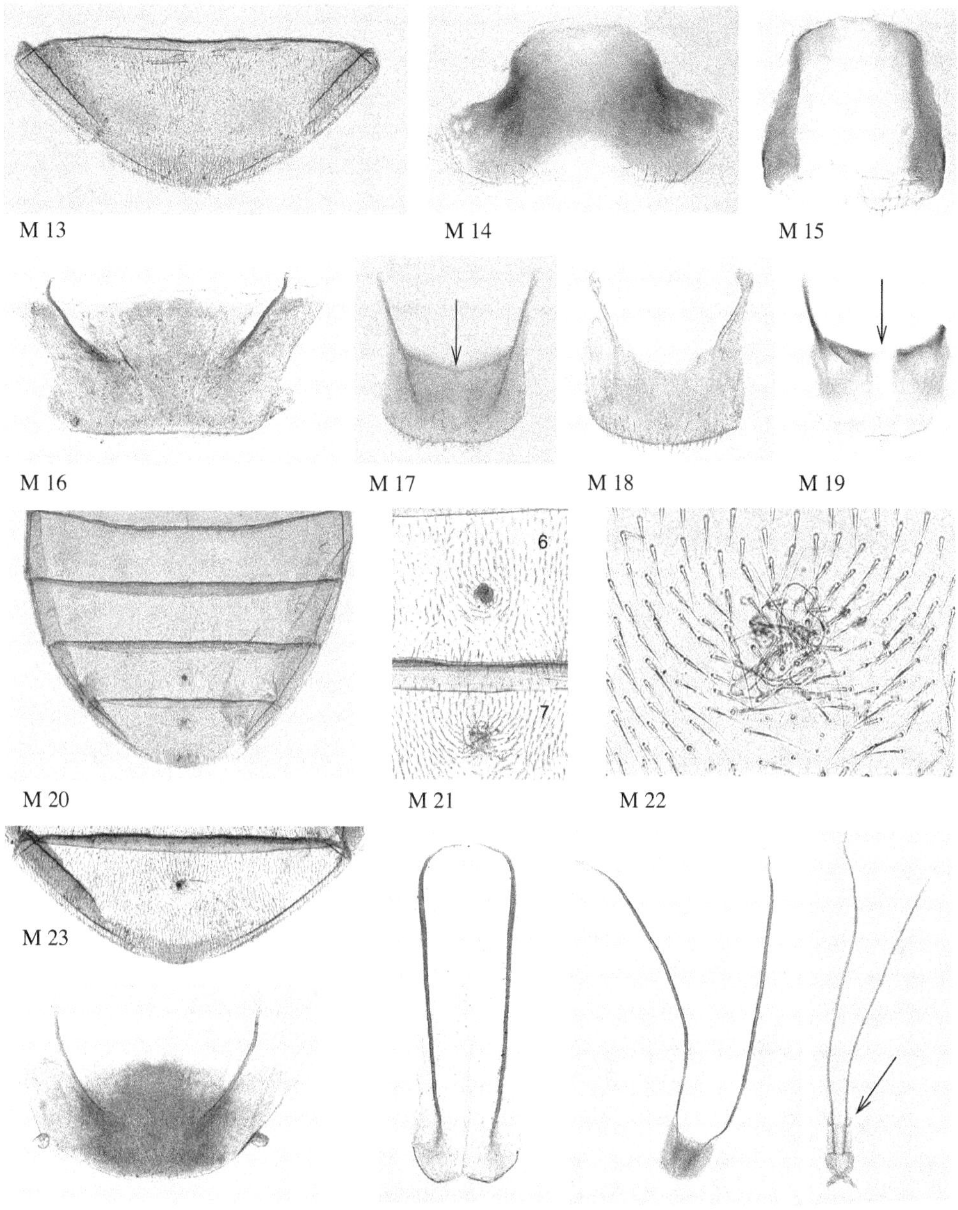

Abb. M 13: *Microcara testacea* ♂, 7. Sternit; **Abb. M 14:** *Microcara omissa* ♂, 8. Sternit; **Abb. M 15:** *Microcara omissa* ♂, 9. Sternit; **Abb. M 16:** *Microcara testacea* ♂, 7. Tergit; **Abb. M 17:** *Microcara pilosula* ♂, 8. Tergit; **Abb. M 18:** *Microcara omissa* ♂, 8. Tergit; **Abb. M 19:** *Microcara omissa* ♂, 9. Tergit; **Abb. M 20:** *Microcara testacea* ♀, 4.-7. Sternit; **Abb. M 21:** *Microcara testacea* ♀, 6./7. Sternit, Sexualbehaarung; **Abb. M 22:** *Microcara testacea* ♀, 7. Sternit, Sexualbehaarung; **Abb. M 23:** *Microcara testacea* ♀, 7. Sternit; **Abb. M 24:** *Microcara testacea* ♀, 7. Tergit; **Abb. M 25:** *Microcara testacea* ♀, 8. Sternit; **Abb. M 26:** *Microcara testacea* ♀, 8. Tergit; **Abb. M 27:** *Microcara testacea* ♀, Ovipositor.

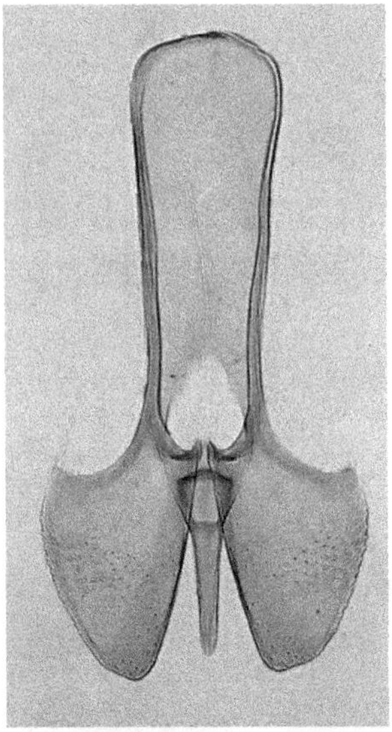

M 28

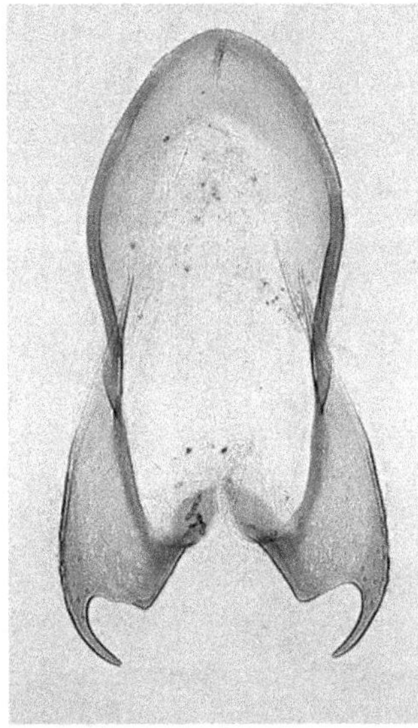

M 29

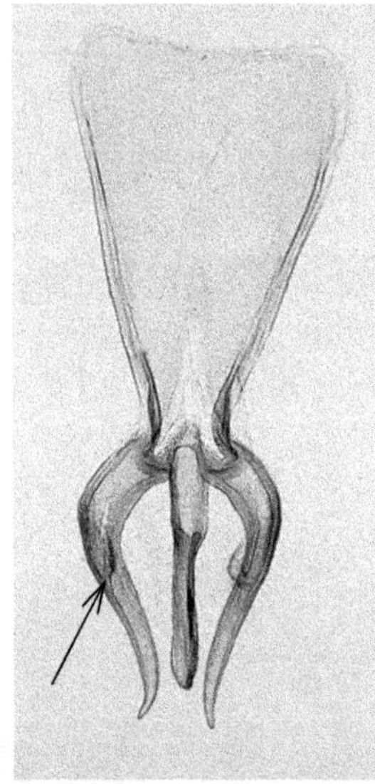

M 30

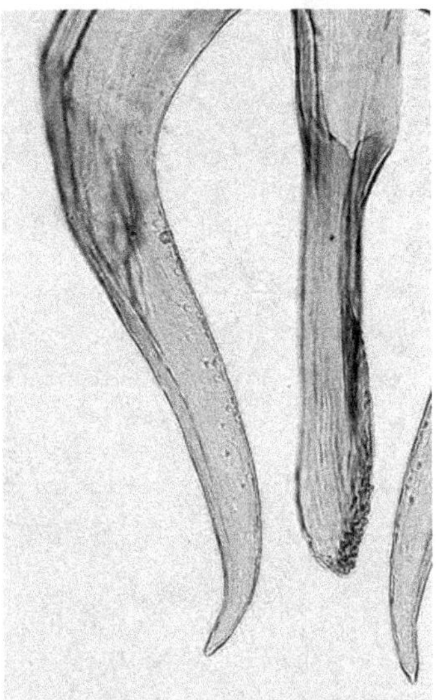

M 31

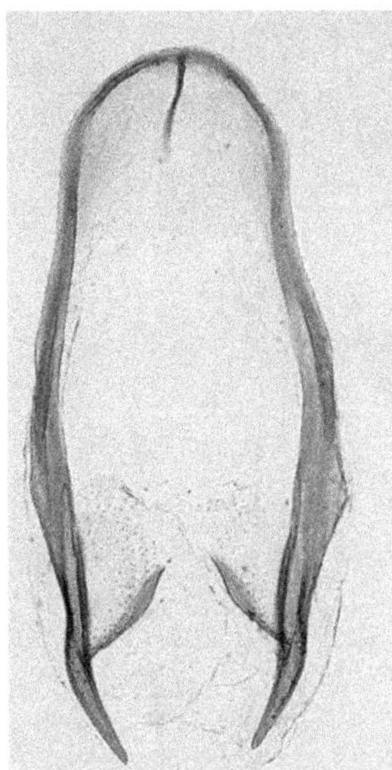

M 32

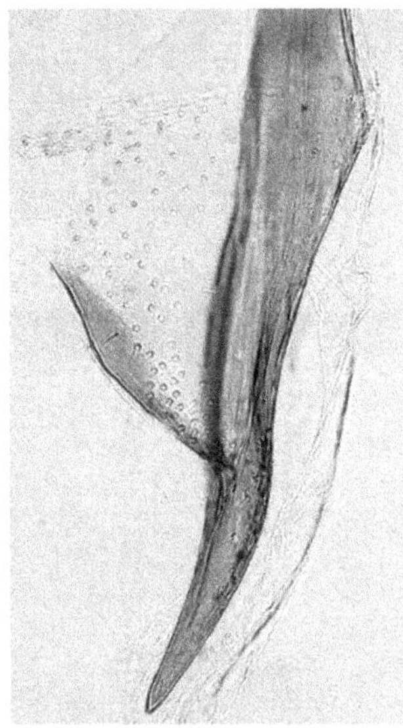

M 33

Abb. M 28: *Microcara caspica* ♂, Penis; **Abb. M 29:** *Microcara caspica* ♂, Tegmen; **Abb. M 30:** *Microcara dispar* ♂, Penis; **Abb. M 31:** *Microcara dispar* ♂, Penis, Parameroid, Zentem; **Abb. M 32:** *Microcara dispar* ♂, Tegmen; **Abb. M 33:** *Microcara dispar* ♂, Tegmen, Paramere.

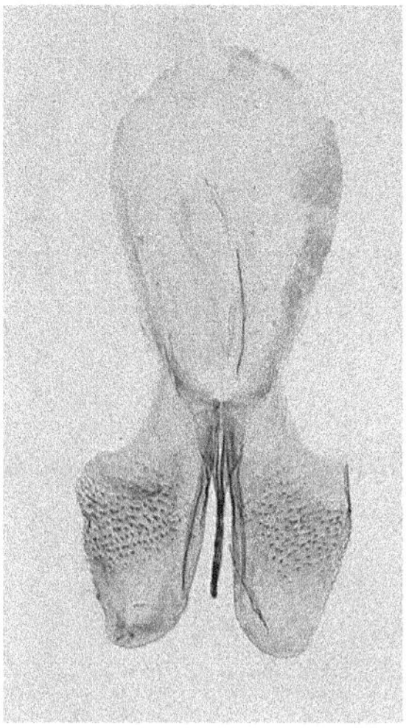

M 34

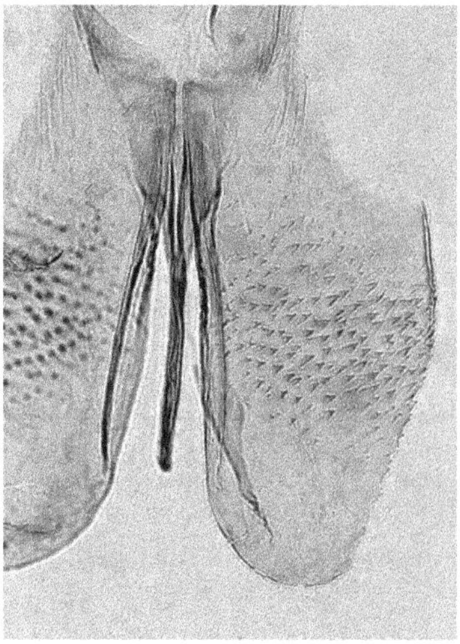

M 35

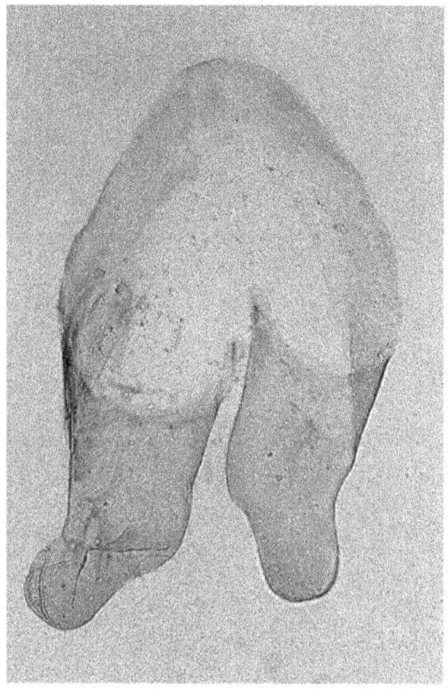

M 36

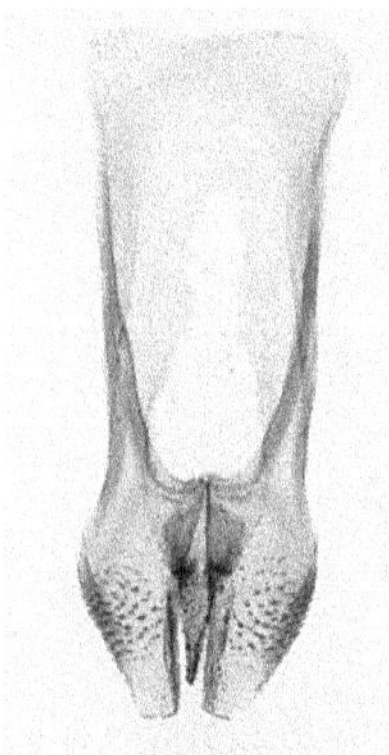

M 37

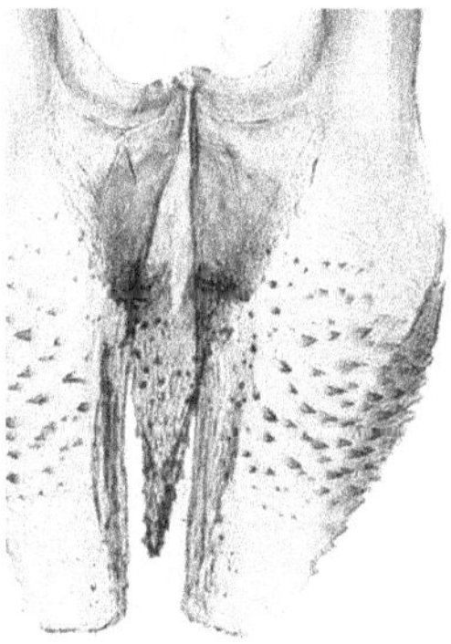

M 38

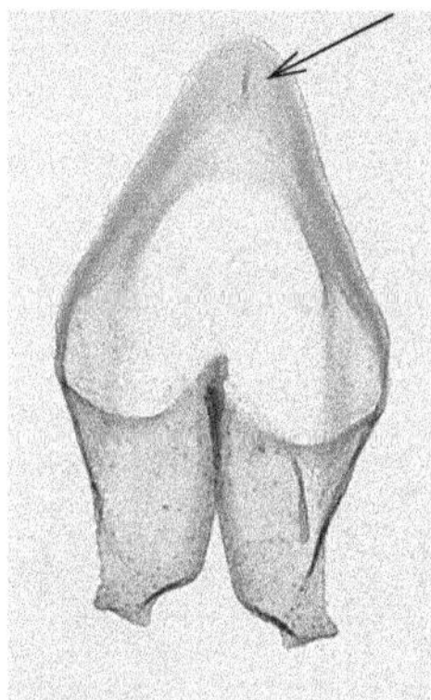

M 39

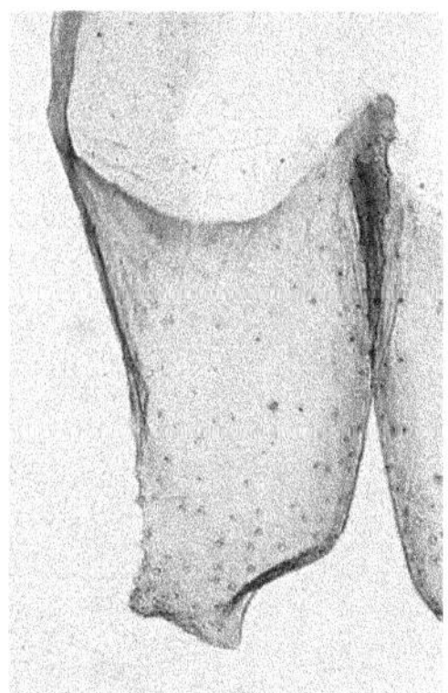

M 40

Abb. M 34: *Microcara omissa* ♂, Penis; **Abb. M 35:** *Microcara omissa* ♂, Penis, Parameroid, Zentem; **Abb. M 36:** *Microcara omissa* ♂, Tegmen; **Abb. M 37:** *Microcara pilosula* ♂, Penis; **Abb. M 38:** *Microcara pilosula* ♂, Penis, Parameroid, Zentem; **Abb. M 39:** *Microcara pilosula* ♂, Tegmen; **Abb. M 40:** *Microcara pilosula* ♂, Tegmen, Paramere.

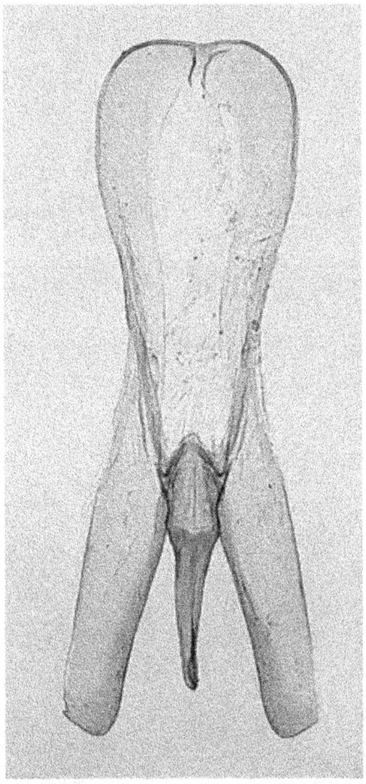
M 41

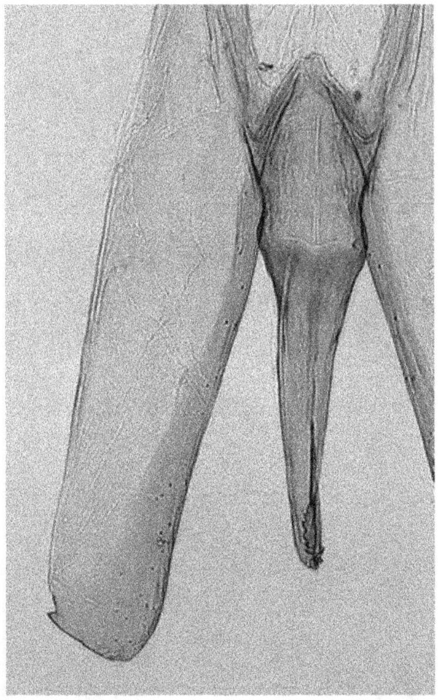
M 42

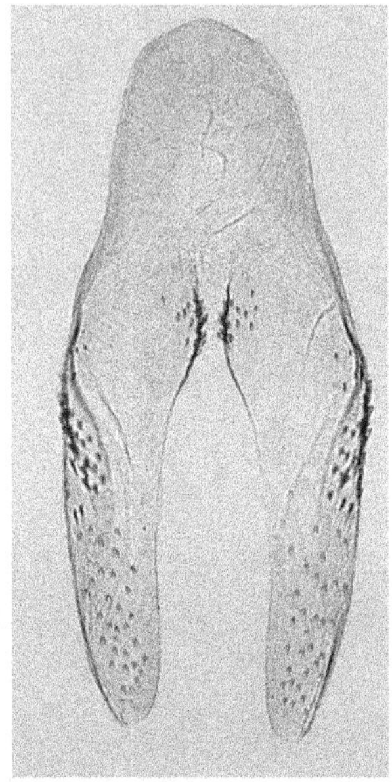
M 43

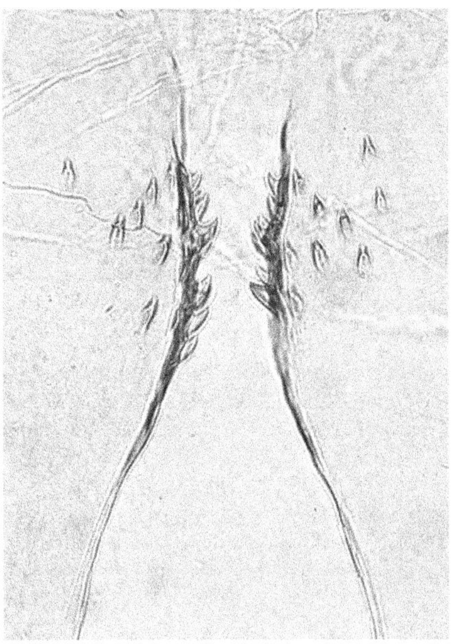
M 44

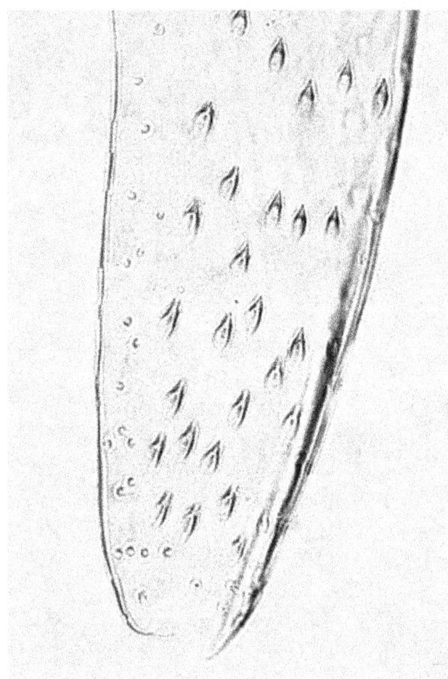
M 45

Abb. M 41: *Microcara testacea* ♂, Penis; **Abb. M 42:** *Microcara testacea* ♂, Penis, Zentem; **Abb. M 43:** *Microcara testacea* ♂, Tegmen; **Abb. M 44:** *Microcara testacea* ♂, Tegmen, Paramere, Basis; **Abb. M 45:** *Microcara testacea* ♂, Tegmen, Paramere, Apex.

11. *Prionocyphon* L. Redtenbacher, 1858

Typusart: *Cyphon serricornis* P. W. J. Müller, 1821

Zitat der Originalbeschreibung: Fauna Austriaca. Die Käfer. Nach der analytischen Methode bearbeitet. 2. Auflage: 517.

11.1. Beschreibung

Körper oval bis rundlich, ± konvex, braun bis rotbraun (Abb. F 11, 13), manchmal mit dunkler Zeichnung (Abb. F 12) (in Japan und Nordamerika kommen relativ bunte Arten vor). Behaarung kurz, schräg abstehend.

Körperlänge 3,0-4,9 mm.

Kopf verhältnismäßig groß, transvers, Komplexaugen groß, deutlich hervorstehend.

Scapus sehr groß, äußerer distaler Winkel etwas vorstehend; Pedicellus klein, oval bis rundlich; 3. Antennenglied sehr klein (Tabelle 68), bei den Männchen abgeschrägt und an beiden Seiten zahnartig zugespitzt (Abb. P 1), bei den Weibchen zylindrisch (Abb. P 2); 4.-10. Antennenglied bei den Männchen gekämmt bis gesägt (Abb. P 29, 33, 37).

Tabelle 68: Maße der Antennenglieder [mm] von *P. serricornis*. * 1. und 2. Antennenglied ohne Gelenk gemessen.

	Länge ♂	Breite ♂	Länge ♀	Breite ♀
1. Glied*	0,28	0,20	0,28	0,21
2. Glied *	0,07	0,09	0,10	0,08
3. Glied	0,03	0,08	0,07	0,07
4. Glied	0,27	0,16	0,23	0,11
5. Glied	0,22	0,16	0,20	0,08
11. Glied	0,28	0,09	0,27	0,07

Labrum wenig breiter als lang, mit langen Borsten dicht bedeckt, vorn schwach eingebuchtet und in der Mitte besonders dicht beborstet (Abb. P 3). Breite ♂ 0,27 mm; ♀ 0,31 mm. Länge ♂ 0,17 mm; ♀ 0,20 mm (*P. serricornis*).

Mandibeln bis über die Hälfte annähernd gleich breit, dann mit spitzem, nach innen gebogenem Incisivus, schwach asymmetrisch: rechte mit einem deutlichen Zähnchen (Retinaculum) auf dem Innenrand etwas vor der Mitte (Abb. P 5), linke ohne derartig deutlich abgesetztes Zähnchen (Abb. P 4). Außenkante und Dorsalseite mit vielen Borsten. Länge (ohne Berücksichtigung der Krümmung) 0,37-0,40 mm; Breite in der Mitte 0,21-0,22 mm; maximale Breite 0,31-0,33 mm (*P. serricornis*).

Galea und Lacinia apikal dicht beborstet (Abb. P 6). 4. Glied der Maxillarpalpen apikal abgestutzt bis schwach eingebuchtet (*P. serricornis* ♂), etwas länger als das 2. und 3., 1. Glied kurz (Tabelle 69) (*P. serricornis* ♂).

1. Glied der Labialpalpen glatt, nur distal mit Borsten, 2. Glied dicht beborstet, mit einem ± rechtwinklig abstehendem, etwas gebogenem 3. Glied, das nur in seiner basalen Hälfte Borsten trägt, die Spitzenhälfte ist weichhäutig (Abb. P 7). Maße in Tabelle 70.

Pronotum transvers, mit deutlich ausgeprägten Vorder- und Hinterecken, Vorderrand gleichmäßig schwach nach vorn gebogen (Abb. P 8). Breite ♂ 1,80-1,85 mm; ♀ 1,95-2,00 mm. Länge ♂ 0,70-0,75 mm; ♀ 0,80-0,82 mm (*P. serricornis*).

Tabelle 69: Maße der Glieder der Maxillarpalpen [mm] von *P. serricornis.*

Glied	Länge
1.	0,07-0,08
2.	0,15-0,17
3.	0,13-0,15
4.	0,17-0,18

Tabelle 70: Maße der Glieder der Labialpalpen [mm] von *P. serricornis.*

Glied	Länge
1.	0,09-0,10
2.	0,13-0,14
3.	0,10-0,11

Prosternalfortsatz lang (0,40-0,45 mm; *P. serricornis*), am Apex lanzettförmig erweitert, nach hinten spitz zulaufend (Abb. P 9). Die lanzettförmige Fläche ist mit vielen Borsten bedeckt und 0,08-0,10 mm breit (*P. serricornis*).

Mesosternalfortsatz kurz und breit (ca. 0,19 mm lang; *P. serricornis* ♀), apikal gekerbt, jedes Ende gerundet (Abb. P 10). Mesosternalgrube länglich, in der Mitte am breitesten, nach hinten breit dreieckig zugespitzt, median rinnenförmig vertieft (Abb. P 10).

Der Metaventrit des Metasternum ist in der Mitte durch eine teilweise reduzierte Naht (Diskrimen) geteilt. Sie geht vom Hinterrand aus und erreicht etwa 80 % der Länge des Metaventrit in der Mitte (Abb. A 9).

Scutellum (Abb. P 11) etwa dreieckig, deutlich länger als an der Basis breit (*P. serricornis* ♀: 0,42 mm lang, 0,35 mm breit).

Elytren oval, konvex, zusammen etwa so lang wie breit, etwas breiter als das Pronotum.

Enddorne der Tibien schwach gekrümmt. Klauen glatt, schwach gebogen (Abb. P 12). Länge der Glieder des Metatarsus siehe Tabelle 71.

Männchen

7. Sternit bei *P. serricornis* flach dreieckig, 0,43 mm lang; 1,36 mm breit (Abb. P 13).

8. Sternit U-förmig, Pterygien durch einen zusammenhängenden Versteifungsstreifen vorn miteinander verbunden, hinten mit vielen Borsten dicht besetzt, Mittelteil mit einer sehr schwach sklerotisierten Membran (Abb. P 14). Länge 0,31-0,35 mm; Breite 0,42-0,50 mm (*P. serricornis*).

Platte des 9. Sternit hinten mit Borsten, jederseits mit einem schmalen Streifen (Bacilla lateralia). Die Platte ist bei *P. numidicus* eingekerbt (Abb. P 15 Pfeil), bei *P. ornatus* und *P. serricornis* ganzrandig (Abb. P 16). Die Maße in der Tabelle 72 könnten weitere Artunterschiede andeuten.

Tabelle 71: Maße der Glieder des Metatarsus [mm] von *P. serricornis* ♂.

	Länge
Femur	1,03
Tibia	1,10
Tibia, längerer Enddorn	0,08
Tibia, kürzerer Enddorn	0,07
1. Tarsenglied	0,35
2. Tarsenglied	0,13
3. Tarsenglied	0,07
4. Tarsenglied	0,08
5. Tarsenglied	0,12
Klaue (ohne Krümmung)	0,07

Tabelle 72: Maße des 9. Sternit [mm].

Art	Länge	Breite
numidicus	0,46	0,30
ornatus	0,48	0,27
serricornis	0,67-0,73	0,34-0,38

Tabelle 73: Maße des 8. Tergit [mm].

Art	Länge	Breite Platte	Länge Bacilla lateralia
numidicus	0,53-0,69 (Ø 0,61)	0,38-0,43 (Ø 0,41)	0,35-0,40 (Ø 0,38)
ornatus	0,47-0,50 (Ø 0,49)	0,48-0,56 (Ø 0,52)	0,40-0,47 (Ø 0,44)
serricornis	0,58-0,60 (Ø 0,59)	0,50-0,53 (Ø 0,52)	0,40-0,52 (Ø 0,46)

Das 7. Tergit ist eine breite Platte mit deutlich gekrümmten Bacilla lateralia, die vorn etwas aus der Platte herausragen. Länge 0,52 mm; Breite 0,93 mm; Länge Bacilla lateralia (ohne Berücksichtigung der Krümmung) 0,25 mm (*P. serricornis*).

8. Tergit (Abb. P 17) aus einer hinten gebogenen Platte und schwach gekrümmten Bacilla lateralia bestehend, hinten befinden sich Borsten, außerdem hinten und seitlich Kämme von Mikrotrichen. Vorn ist zwischen den Bacilla lateralia ein nach vorn gerichteter Zipfel vorhanden (Pfeil), dessen Rand verstärkt ist; die Ränder des Zipfels können auch ± rechtwinklig nach innen gerichtet sein. Bei *P. ornatus* scheint dieser Zipfel kaum ausgebildet zu sein. Maße siehe Tabelle 73.

Platte des 9. Tergit (Abb. P 18) hinten membranös und mit weichen Härchen besetzt; Bacilla lateralia gebogen. Vorn kann zwischen den Bacilla lateralia ebenfalls ein nach vorn gerichteter Zipfel ausgebildet sein. Basis der Platte mit „Fensterflecken" (Pfeil). Maße siehe Tabelle 74.

Tabelle 74: Maße des 9. Tergit [mm].

Art	Länge	Breite Platte	Länge Bacilla lateralia
numidicus	0,53-0,58	0,33-0,36	0,33-0,40
ornatus	0,45	0,45	0,35
serricornis	0,57	0,55	0,55

Tegmen (Abb. P 28, 32, 36) aus einer basalen Platte und Parameren bestehend und fast bis zum Vorderende in zwei Hälften geteilt. Vorderteil mit einem Randstreifen, der vor allem an den Seiten kräftig sklerotisiert ist; breit schaufelförmig, vorn eingekerbt, unten medial gekielt, lateral jederseits mit einem schwach sklerotisierten gekrümmten Basalsklerit. Parameren sehr breit, vor der Mitte ± stark lateralwärts erweitert, mit zahlreichen Sinnesporen und Borsten, Seiten ventralwärts umgeschlagen, eine Tasche bildend, in der die Parameroide liegen.

Penis (Abb. P 26, 30, 34) mit großer Pala und langen symmetrischen Parameroiden mit vielen Sensillen (Abb. P 27, 31, 35). Trigonium annähernd dreieckig, ungeteilt, ein langes Zentem bildend, dessen Spitze ± stark nach unten gekrümmt ist. Die Spitze ist apikal abgestutzt, mit zähnchenartiger Struktur, eingekerbt oder ganzrandig. Das Zentem kann ventralwärts umgeklappt werden.

Weibchen

6. Sternit in der Mitte mit Sexualbehaarung (Abb. P 19, 20): ein Drüsenfeld ist mit einer Gruppe dicht gestellter, etwas dunklerer Borsten bedeckt (Abb. P 43, 44).

7. Sternit bei *P. serricornis* flach dreieckig, hinten schwach gebogen (Abb. P 21); 0,50 mm lang; 1,60 mm breit.

8. Sternit (Abb. P 23) aus einer Platte bestehend, die hinten etwas gespalten ist, dort mit einem Saum dichter feiner Haare, ohne abgesetzte Bacilla lateralia, aber am Rand schwach versteift. Der sklerotisierte Streifen umläuft die gesamte Platte. Etwa in der Mitte befindet

sich bei *P. serricornis* ein zahnartiger, nach außen gerichteter Fortsatz. Vor allem im hinteren Teil befinden sich Sinnesporen und kurze Borsten. Länge insgesamt 1,02 mm; Breite 0,45 mm (*P. numidicus*); Länge 0,92 mm; Breite 0,35 mm (*P. serricornis*).

Das 7. Tergit ist eine breite Platte mit deutlich gekrümmten Bacilla lateralia, die vorn aus der Platte etwas herausragen (Abb. P 22). Länge 0,70 mm; Breite 1,10 mm; Länge Bacilla lateralia (ohne Berücksichtigung der Krümmung) 0,38 mm (*P. serricornis*).

8. Tergit (Abb. P 24) aus einer kleinen Platte und langen Bacilla lateralia bestehend, Platte mit kleinen Borsten, hinten mit einem Saum feiner Haare. Länge gesamt 1,80 mm; Länge Platte 0,50 mm; Breite Platte 0,46 mm; Länge Bacilla lateralia 1,65 mm (*P. numidicus*); Länge gesamt 1,54 mm; Länge Platte 0,35 mm; Breite Platte 0,50 mm; Länge Bacilla lateralia 1,20 mm (*P. serricornis*).

9. Sternit und 9. Tergit (Ovipositor) lang und schlank (Abb. P 25). Im distalen Abschnitt zweigt von den Baculi ein schmaler, nach vorn gerichteter, 0,10-0,12 mm langer Fortsatz ab (Pfeil) (*P. serricornis*). Länge gesamt 2,57 mm; Länge Baculi 2,12 mm; Länge Coxite 0,38 mm; Länge Styli 0,07 mm (*P. numidicus*); Länge gesamt 2,24 mm; Länge Baculi 1,86 mm; Länge Coxite 0,31 mm; Länge Styli 0,07 mm (*P. serricornis*).

Es sind ein oder zwei Bursalsklerit(e) vorhanden (Abb. P 38-42). Wenn nur ein solches Sklerit vorhanden ist, wird dieses als Rudiment des ventralen Sklerits aufgefasst (Nyholm 1971).

11.2. Verbreitung

Die Gattung ist weltweit verbreitet, nur aus der Äthiopis fehlen Nachweise: Paläarktis 4 Arten, außerdem 2 in Japan, Nearktis 2, Orientalis 2, Neotropis (+ Mittelamerika) 7, Australis mehrere meist unbeschriebene Arten (Zwick in litt., nach persönlicher Mitteilung von C. Watts, Adelaide).

11.3. Ökologie und Biologie

Larven (soweit bekannt) in Phytotelmen, wo sie sich von zerfallender Pflanzensubstanz (Falllaub) ernähren. Puppen in der Nähe der Baumhöhlen bzw. im Inneren oberhalb des Wasserspiegels. Imagines dämmerungsaktiv, auch an künstlichem Licht.

11.4. Phylogenie

Autapomorphien:

Imagines:

- Scapus sehr stark vergrößert, mit einer Kante (Abb. P 1, 2).
- 3. Antennenglied viel kleiner als das 2. (Abb. P 1, 2).
- 4.-9. Antennenglied gesägt (♂) (Abb. P 29, 33, 37).
- 6. Sternit des ♀ mit Sexualbehaarung (Abb. P 19, 20, 43, 44).

Larven:

- Entwicklung in Phytotelmen.
- Kielborsten sekundär ungezähnt.
- Lage der 2 campaniformen Sensillen zwischen den 4 Poren der Sensillen auf den großen Sockelstrukturen des Hypopharynx variabel.

11.5. Bestimmungstabelle für die Arten

1 Männchen (das ♂ von *majusculus* ist unbekannt). 2

1* Weibchen. 4

2 Antennen kürzer (2,00-2,09 mm), wenig gesägt, 4. Antennenglied länger (0,22-0,26 mm), ohne abgesetzten Zahn an der Spitze (Abb. P 29). Spitze des Zentem gespalten (Abb. P 26) oder einfach zugespitzt (Abb. P 27). Pala des Penis vorn fast gerade bis schwach eingebuchtet, etwas eckig (Abb. P 26), in der Mitte breit ausgebuchtet. Parameroide mit deutlicher linienartiger Struktur (Pfeil), Spitzen mit flachen rückwärts gerichteten Zähnchen (Abb. P 27). Trigonium ± oval (Abb. P 26). Penis 0,83-0,92 mm lang; Pala 0,42-0,47 mm lang; maximale Breite Pala 0,30-0,36 mm; Länge Trigonium + Zentem 0,27-0,28 mm. Tegmen (Abb. P 28) 0,93-1,04 mm lang; maximal 0,47-0,64 mm breit. 9. Sternit 0,67-0,73 mm lang. – Körperoberseite einfarbig rotgelb (Abb. F 11). Körperlänge 3,1-3,8 mm. Europa.
. . . . *serricornis* (P. W. J. MÜLLER, 1821)

2* Antennen kürzer oder länger, stärker gesägt, 4. Antennenglied mit deutlich abgesetztem und ausgezogenem Zahn an der Spitze (Abb. P 33, 37). Spitze des Zentem abgestutzt, mit mehreren etwas vorragenden seitlichen Kanten (Abb. P 31, 35). Pala des Penis vorn gleichmäßig gerundet (Abb. P 30, 34), annähernd parallelseitig. Parameroide ohne deutliche linienartige Struktur, Spitzen glatt (Abb. P 31, 35). Trigonium dreieckig bis gerundet (Abb. P 30, 34). Tegmen (Abb. P 32, 36) und Penis kürzer (Länge 0,59-0,75 mm bzw. 0,61-0,81 mm). 9. Sternit 0,46-0,48 mm lang. 3

3 Körperoberseite rotgelb oder z. T. angedunkelt (zwei schwarzbraune Flecken) (Abb. F 12, 13). Antennen kürzer (2,06-2,62 mm), 4.-9. Glied stark gesägt, 4. Antennenglied kurz (0,22-0,26 mm), mit langem Zahn an der Spitze (Abb. P 33). Elytren feiner punktiert. Trigonium hinten gerundet (Abb. P 30). Penis 0,61-0,73 mm lang; Pala 0,30-0,38 mm lang; maximale Breite Pala 0,18-0,21 mm; Länge Trigonium + Zentem 0,26-0,28 mm. Tegmen (Abb. P 32) 0,59-0,69 mm lang; maximal 0,33-0,46 mm breit. Platte des 9. Sternit hinten ganzrandig (Abb. P 16). Körperlänge 3,0-3,6 mm. Aserbaidschan, Türkei, Syrien, Libanon, Frankreich, Griechenland, Italien. *ornatus* ABEILLE DE PERRIN, 1881

3* Körperoberseite einfarbig rotgelb. Antennen länger (2,76 mm), 4.-8. Glied stark gesägt, 4. Antennenglied länger (0,31-0,33 mm), mit deutlichem, aber kürzerem Zahn an der Spitze (Abb. P 37). Elytren deutlich gröber punktiert. Trigonium hinten spitz dreieckig (Abb. P 34, 35). Penis 0,71-0,81 mm lang; Pala 0,32-0,39 mm lang; maximale Breite Pala 0,17-0,18 mm; Länge Trigonium + Zentem 0,32-0,33 mm. Tegmen (Abb. P 36) 0,67-0,75 mm lang; maximal 0,40-0,49 mm breit. Platte des 9. Sternit hinten eingekerbt (Abb. P 15 Pfeil). Körperlänge 3,3-3,6 mm. Algerien. . . . . *numidicus* NYHOLM, 1971

4(1) Drüsenfeld auf dem 6. Sternit größer (Abb. P 20). Das Borstenbüschel besteht aus mehr als 30 Borsten (Abb. P 43). – Bursalsklerit aus einem Teil bestehend, sehr klein (0,05 mm), ungezähnt, mit tiefem Einschnitt und 2 relativ ähnlichen Zipfeln (Abb. P 38). Körperoberseite einfarbig rotgelb. Körperlänge 4,4-4,9 mm (nach NYHOLM 1971). Marokko.
. . . . *majusculus* NYHOLM, 1971

4* Drüsenfeld auf dem 6. Sternit kleiner (Abb. P 19). Das Borstenbüschel besteht aus weniger als 10 Borsten (Abb. P 44). 5

5 Bursalsklerit aus zwei Teilen bestehend, beide groß, grob gezähnt, dorsaler Teil 0,55-0,64 mm lang (Abb. P 39), ventraler Teil 0,47-0,55 mm lang (Abb. P 40), der Länge nach größtenteils in zwei symmetrische Hälften geteilt. – Körperoberseite einfarbig rotgelb. Körperlänge 3,7-4,2 mm lang. Europa. . . . . *serricornis* (P. W. J. MÜLLER, 1821)

5* Bursalsklerit aus einem Teil bestehend, klein (0,07-0,17 mm) (Abb. P 41, 42). 6

6 Bursalsklerit größer (0,17 mm), mit einigen verschieden großen Zähnen auf den beiden etwa gleichen Hälften (Abb. P 41). Körperoberseite rotgelb oder z. T. angedunkelt (zwei große schwarzbraune Flecken von variabler Größe). Körperlänge 3,3-3,4 mm. Aserbaidschan, Türkei, Syrien, Libanon, Frankreich, Griechenland, Italien. . . . *ornatus* ABEILLE DE PERRIN, 1881

6* Bursalsklerit kleiner (0,07 mm), ungezähnt, mit tiefem Einschnitt, rechter Zipfel größer, vorn spitz (Abb. 42). Körperoberseite einfarbig rotgelb. Körperlänge 4,6 mm. Algerien. . . . . *numidicus* NYHOLM, 1971

11.6. Artenübersicht

Prionocyphon majusculus **NYHOLM, 1971**

Zitat der Originalbeschreibung (♀): Entomologisk Tidskrift 92: 41.

Literatur: KLAUSNITZER (1991a).

Verbreitung: Mauretanische Art.

Nachweise: Marokko: „Knitra, Mamora“ (locus typicus) (Lage des Ortes unklar); Tanger (bisher sind nur 2 Weibchen bekannt) (NYHOLM 1971).

Ökologie, Phänologie und Biologie: Die Imagines wurden Ende Juni gefunden.

Prionocyphon numidicus **NYHOLM, 1971**

Zitat der Originalbeschreibung (♂, ♀): Entomologisk Tidskrift 92: 40.

Literatur: KLAUSNITZER (1991a, 2008e).

Verbreitung: Mauretanische Art, Nord-Algerien. Vielleicht handelt es sich auch um ein atlantomediterranes Faunenelement.

Nachweise: Algerien: „Philippeville“; Bou Berak (= Bou Beker ?), Kabilie (= Kleine Kabylei ?); Azazga (locus typicus); St. Charles (NYHOLM 1971). Weitere Fundortangaben bei KLAUSNITZER (1991a). Yakouren (KLAUSNITZER 2008e).

Ökologie, Phänologie und Biologie: Die Imagines wurden Mitte Juni gefunden.

Prionocyphon ornatus **ABEILLE DE PERRIN, 1881**

Zitat der Originalbeschreibung (♂, ♀): Annales de la Société Entomologique de France 6, 1: 103.

Literatur: KLAUSNITZER (1991a, 2008e), MAXIMENKOV (1995), NYHOLM (1971: Redeskription).

Verbreitung: Holomediterrane Art.

Nachweise: Aserbaidschan: Lenkoran, Bilyasar (KLAUSNITZER 2008e). – Frankreich: Bouche du Rhône, Marseille (KLAUSNITZER 2008e). – Griechenland: Ost-Makedonien und Thrakien (Alexandroúpolis) (KLAUSNITZER 2008e). – Italien: Süditalien: Calabria (KLAUSNITZER 2008e). – Libanon: „Beitmeri (Bêt Meri)“ (Lage des Ortes unklar); „Brumana (Brummâna)“ (= Brummānā; 2 Orte in der Nähe von Beirut) (NYHOLM 1971, KLAUSNITZER 1991a). – Syrien: „Bloudan (Bludan)“ (Lage des Ortes unklar) (locus typicus), Antilibanon (Gebirgszug, der teilweise im Libanon liegt) (ABEILLE DE PERRIN 1881, NYHOLM 1971, KLAUSNITZER 1991a). – Türkei: Provinzen Adana, Adiyaman, Antalya, Aydin, Içel, Isparta, Osmaniye, Trabzon (NYHOLM 1971, RUTA & KLAUSNITZER 2007).

Ökologie, Phänologie und Biologie: Die Imagines wurden von Ende April bis Mitte Mai gefunden.

Prionocyphon serricornis (P.W.J. MÜLLER, 1821) (***Cyphon***)

Zitat der Originalbeschreibung: Magazin der Entomologie 4: 221.

Synonyme:

chrysomeloides STEPHENS, 1830: 283 (*Cyphon*)
serraticornis ZETTERSTEDT, 1824: 154 (*Cyphon*) [HN]

Literatur: ANDERSON et al. (1997), BELING (1883: Larve), BENICK (1924: Biologie), BOUKAL et al. (2007), BURAKOWSKI et al. (1983), FRANK & KONZELMANN (2002), FRANZ (1974), GEISER, E. (2001), GEISER, R. (1984), GEREND (2003), GÜRLICH et al. (1995), HANNAPPEL & PAULUS (1987), HANSEN (1964), HERGER (1991), HERGER & KAMKE (1998), HORION (1955), JELÍNEK (1993), KAHLEN (1987), KIESENWETTER (1863), KLAUSNITZER (1965, 1969b, 1971b, 1975c, 1990a, 1990f, 1992, 1994, 1997, 1998a, 1999, 2008e), KLAUSNITZER et al. (2003), KÖHLER & KLAUSNITZER (1998), MAXIMENKOV (1995), MONSJAWITSCHJUS (1981), MÜLLER (1912), NYHOLM (1971: Redeskription), DE PEYERIMHOFF (1913), RUTA et al. (2003), STRIGANOVA (1961), TOURNIER (1868), WENZEL (1991: Biologie), WÖRNDLE (1950).

Verbreitung: West-, Mittel- und Südeuropa.

Nachweise: Albanien: KLAUSNITZER (1969b). – Belgien: HORION (1955). – Bosnien und Herzegowina: Mostar, Stambolči (KLAUSNITZER 2008e). – Bulgarien: HORION (1955). – Dänemark: fehlt auf Bornholm (HORION 1955). HANSEN (1964). – Deutschland: Odenbach (locus typicus) (MÜLLER 1821). HORION (1955): Nordgrenze des Areals ?). Alle Bundesländer (KÖHLER & KLAUSNITZER 1998, Fundortkartei KLAUSNITZER, unveröffentlicht). Fundorte bei KLAUSNITZER 1965, 1971b, 1994, KLAUSNITZER et al. 2003: Verbreitungskarte Thüringen, FRANK & KONZELMANN 2002: Baden-Württemberg, GEISER 1984, GÜRLICH et al. 1995: Schleswig-Holstein). – Frankreich: weit verbreitet (HORION 1955). – Griechenland: Attika, Elis (HORION 1955). Samarina (HANNAPPEL & PAULUS 1987). Großbritannien: nördlich bis Yorkshire (54°30'N) (HORION 1955). – Irland: Leinster (HORION 1955). ANDERSON et al. (1997). – Italien: Liguria, Toscana, Friuli-Venezia Giulia (HORION 1955), auch Elba (HORION 1955). Veneto, Friuli-Venezia Giulia, Emilia-Romagna, Elba, Basilicata, Calabria (KLAUSNITZER 1990f). Südtirol (KAHLEN 1987). – Kreta: Ost-Kreta, Preweliana, Ep. Monophátsi (KLAUSNITZER 1997, 1998a). – Kroatien: Dalmatien (HORION 1955). Mokro Polje (Fundortkartei KLAUSNITZER, unveröffentlicht). – Litauen: MONSJAWITSCHJUS (1981), MAXIMENKOV (1995). – Luxemburg: GEREND (2003). – Niederlande: HORION (1955). – Norwegen: im Süden (HORION 1955). – Österreich: HORION (1955). Kärnten, Burgenland (Fundortkartei KLAUSNITZER, unveröffentlicht). Fundorte bei FRANZ (1974). Nordtirol (WÖRNDLE 1950, KAHLEN 1987). Vorarlberg (MÜLLER 1912). Niederösterreich (HANNAPPEL & PAULUS 1987). Salzburg (GEISER 2001). – Polen: HORION (1955), BURAKOWSKI et al. (1983), RUTA et al. (2003). – Rumänien: Siebenbürgen (HORION 1955). Fundorte bei KLAUSNITZER (1975c). – Russland: Westen und Süden (?) (HORION 1955). MAXIMENKOV (1995). – Sardinien: HORION (1955), KLAUSNITZER (1990a, 1990f). – Schweden: im Süden (bis Våstra Götaland, Östergötlands Län) (HORION 1955). – Schweiz: Kantone Basel-Land, Fribourg, Genève, Luzern, Schaffhausen, Tessin, Waad, Wallis, Zürich (HORION 1955, HERGER (1991), HERGER & KAMKE (1998), KLAUSNITZER 1999: Verbreitungskarte). – Serbien: Fundortkartei KLAUSNITZER, unveröffentlicht. – Slowakei: HORION (1955), JELÍNEK (1993). – Spanien: Mittelspanien: Ciudad Real (Castilla-La Mancha) (HORION 1955). – Tschechien: HORION (1955). Böhmen, Mähren (JELÍNEK 1993, BOUKAL et al. 2007). – Ungarn: HORION (1955).

Ökologie, Phänologie und Biologie: Larven nur in Phytotelmen, vorwiegend Rotbuche, auch Hainbuche, Eiche, Ahorn, Ulme (nach HORION 1955: Entwicklung auch in kleinen Wasseransammlungen außerhalb von Bäumen). Imagines dämmerungsaktiv, auch unter morscher Rinde und an Stämmen alter Bäume zu finden, fliegen an künstliche Lichtquellen. Imagines von Juni bis Juli, vereinzelt bis Anfang September (HORION 1955, HERGER & KAMKE 1998). Nachweise bis zu einer Höhe von 1240 m (Italien).

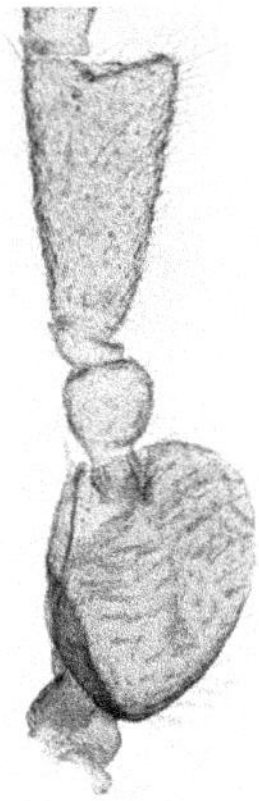

P 1

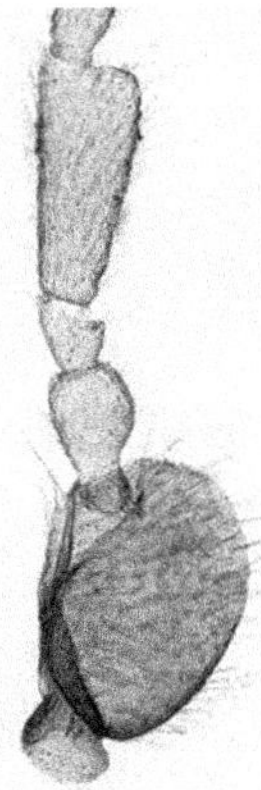

P 2

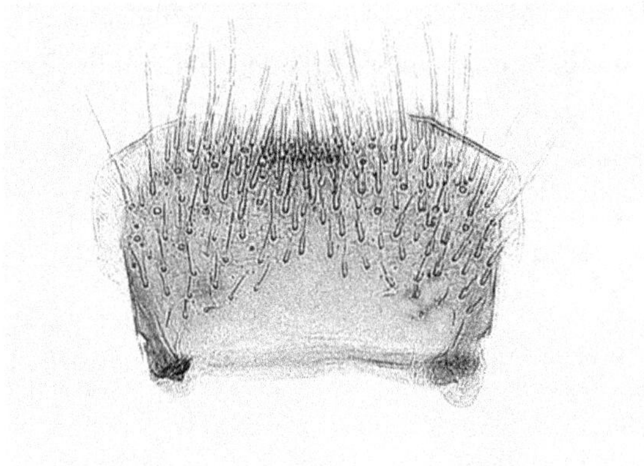

P 3

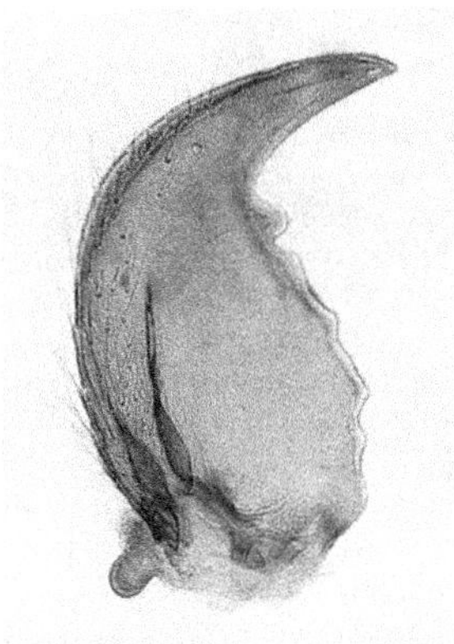

P 4

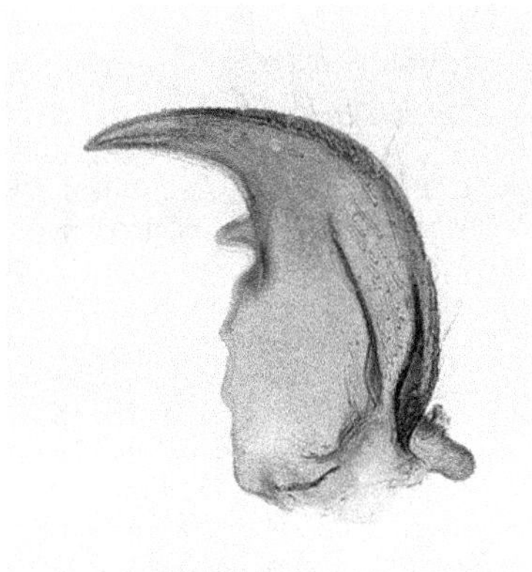

P 5

P 6

P 7

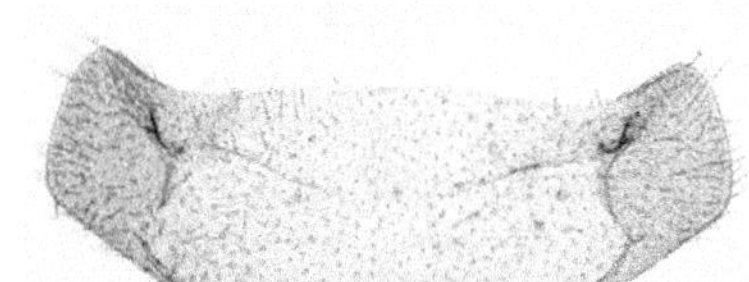

P 8

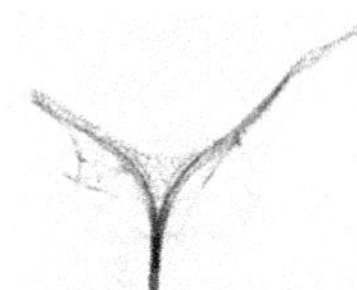

P 9

Abb. P 1: *Prionocyphon serricornis* ♂, 1.-4. Antennenglied; **Abb. P 2:** *Prionocyphon serricornis* ♀, 1.-4. Antennenglied; **Abb. P 3:** *Prionocyphon serricornis* ♂, Labrum; **Abb. P 4:** *Prionocyphon serricornis* ♂, linke Mandibel; **Abb. P 5:** *Prionocyphon serricornis* ♂, rechte Mandibel; **Abb. P 6:** *Prionocyphon serricornis* ♂, rechte Maxille; **Abb. P 7:** *Prionocyphon serricornis* ♀, Labialpalpen; **Abb. P 8:** *Prionocyphon serricornis* ♂, Pronotum; **Abb. P 9:** *Prionocyphon serricornis* ♂, Prosternalfortsatz.

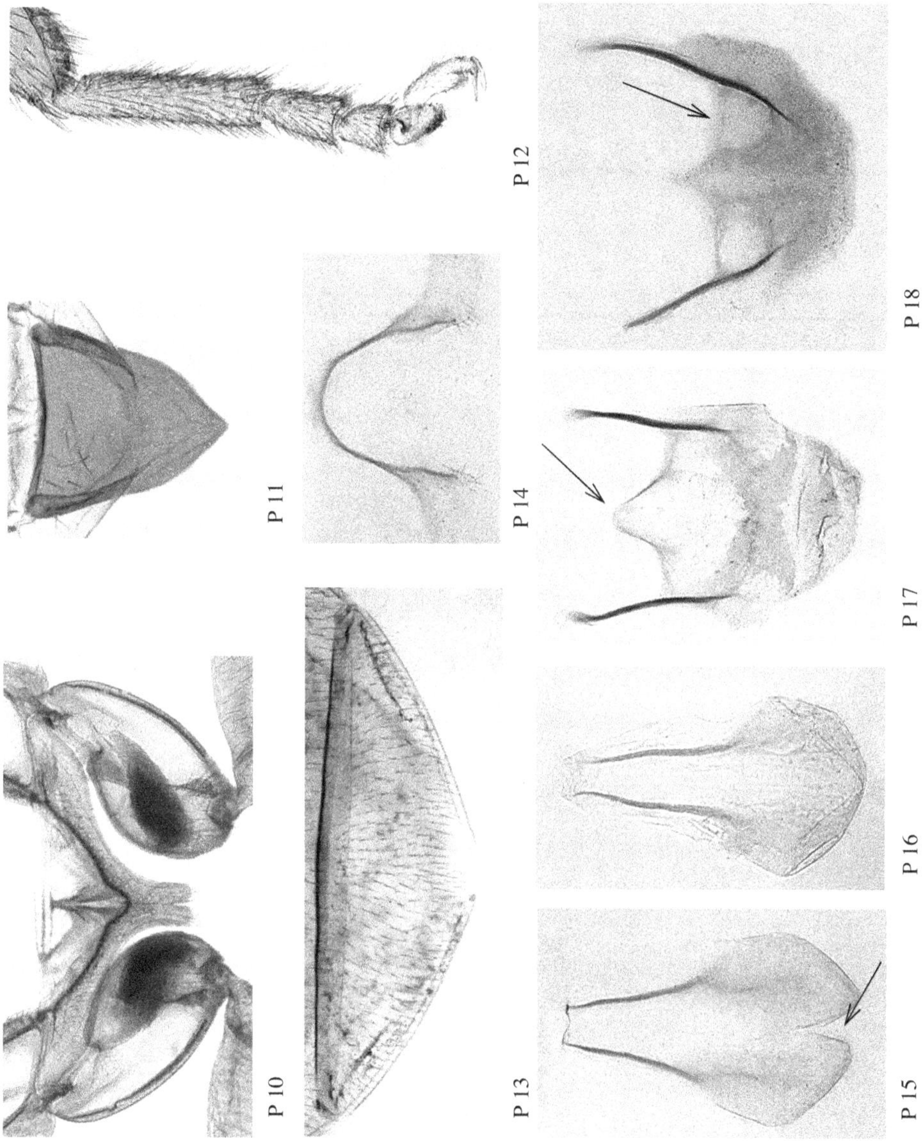

Abb. P 10: *Prionocyphon serricornis* ♂, Mesosternum; **Abb. P 11:** *Prionocyphon serricornis* ♀, Scutellum; **Abb. P 12:** *Prionocyphon serricornis* ♂, Metatarsus; **Abb. P 13:** *Prionocyphon serricornis* ♂, 7. Sternit; **Abb. P 14:** *Prionocyphon numidicus* ♂, 8. Sternit; **Abb. P 15:** *Prionocyphon numidicus* ♂, 9. Sternit; **Abb. P 16:** *Prionocyphon ornatus* ♂, 9. Sternit; **Abb. P 17:** *Prionocyphon numidicus* ♂, 8. Tergit; **Abb. P 18:** *Prionocyphon numidicus* ♂, 9. Tergit.

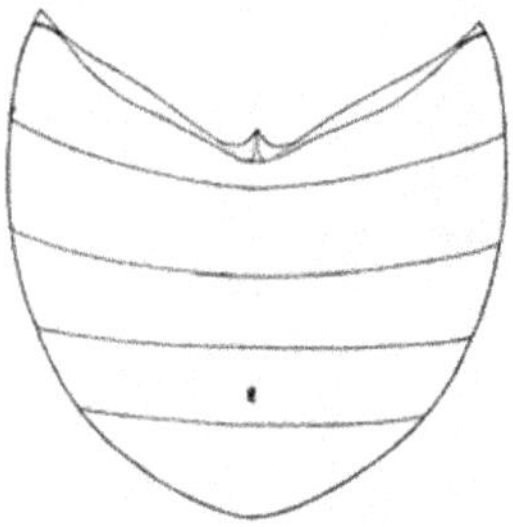

P 19

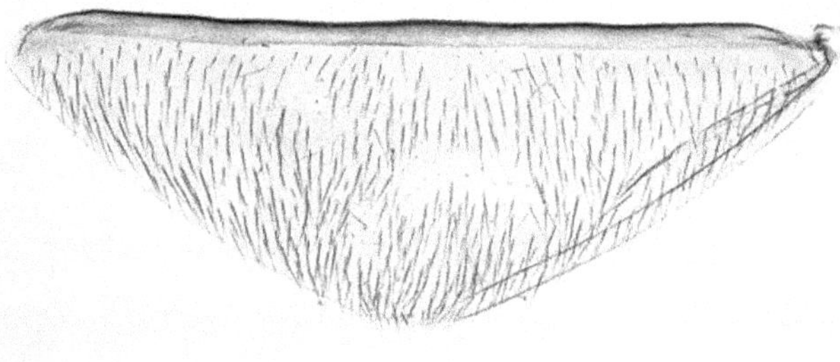

P 21

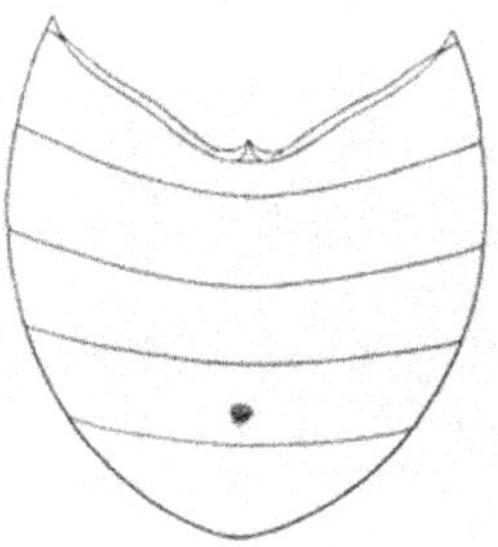

P 20

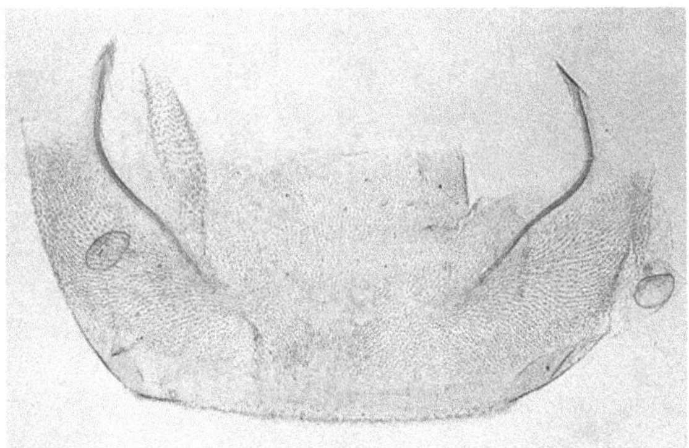

P 22

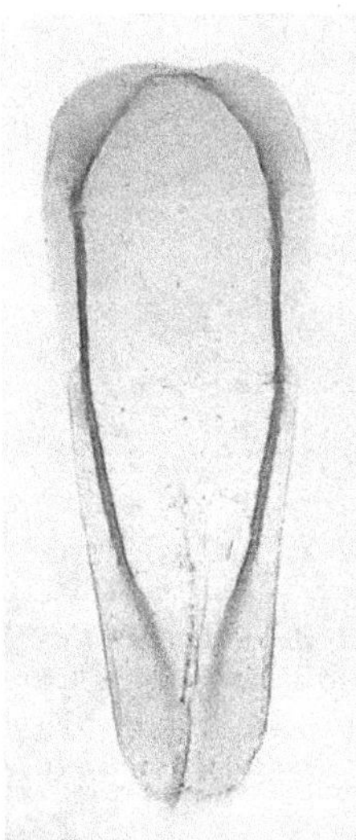

P 23

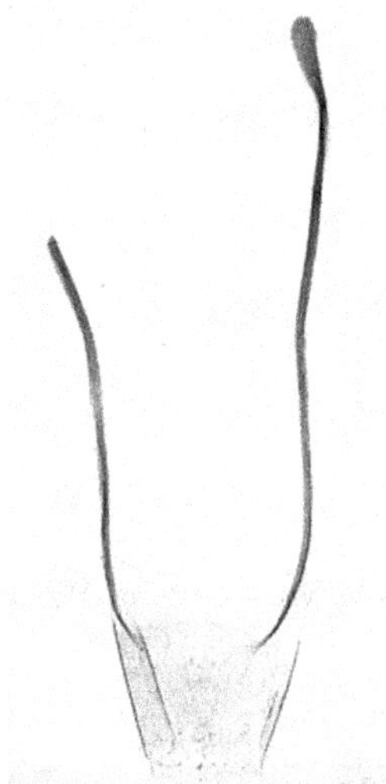

P 24

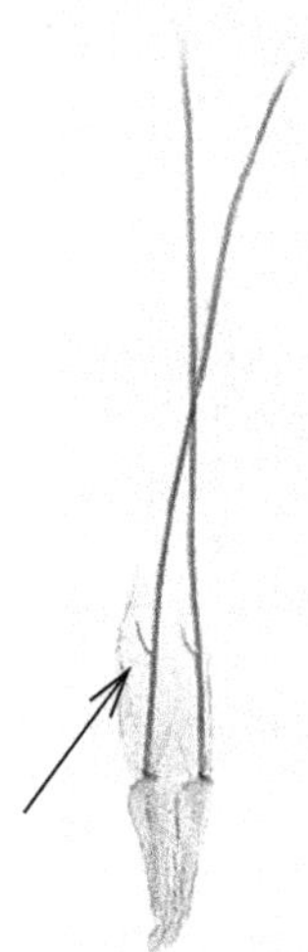

P 25

Abb. P 19: *Prionocyphon ornatus* ♀, 3.-7. Sternit, aus NYHOLM (1971); **Abb. P 20:** *Prionocyphon majusculus* ♀, 3.-7. Sternit, aus NYHOLM (1971); **Abb. P 21:** *Prionocyphon serricornis* ♀, 7. Sternit; **Abb. P 22:** *Prionocyphon serricornis* ♀, 7. Tergit; **Abb. P 23:** *Prionocyphon numidicus* ♀, 8. Sternit; **Abb. P 24:** *Prionocyphon numidicus* ♀, 8. Tergit; **Abb. P 25:** *Prionocyphon numidicus* ♀, Ovipositor.

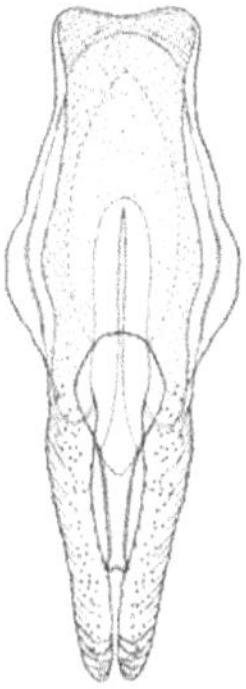
P 26

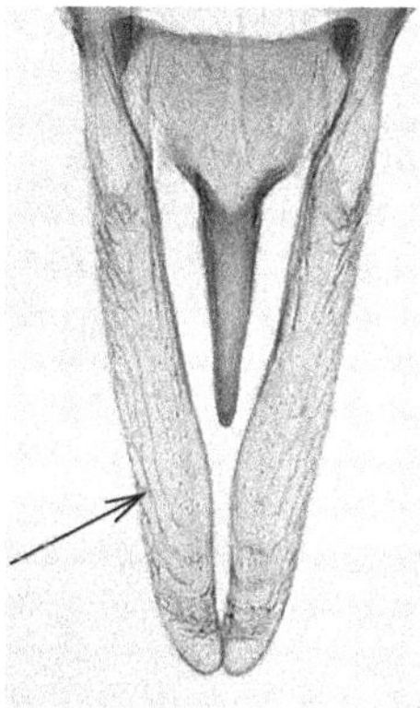
P 27

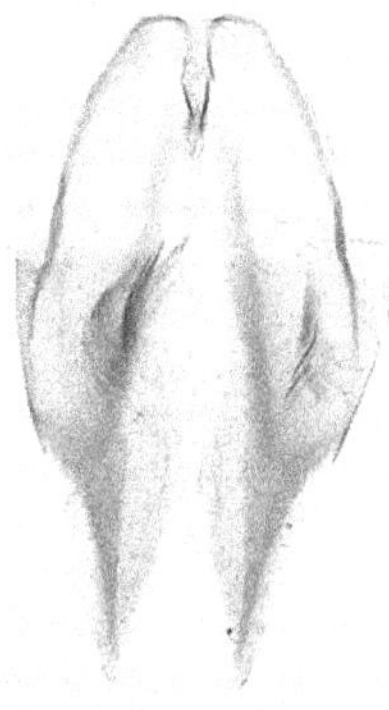
P 28

P 29

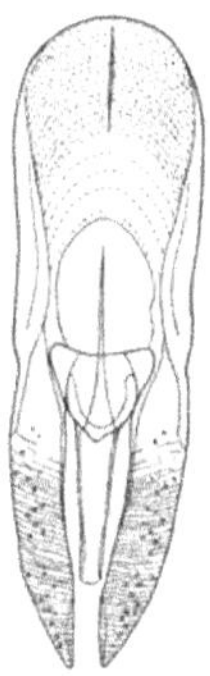
P 30

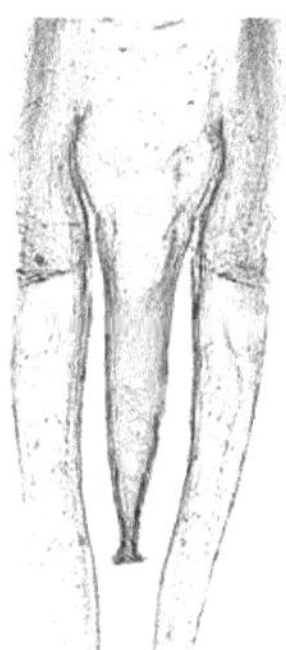
P 31

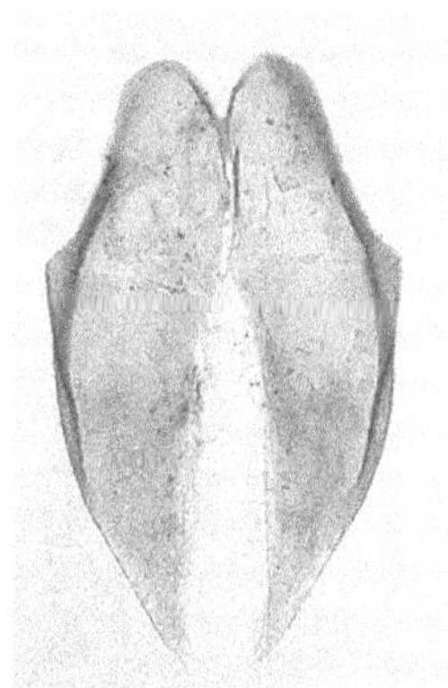
P 32

P 33

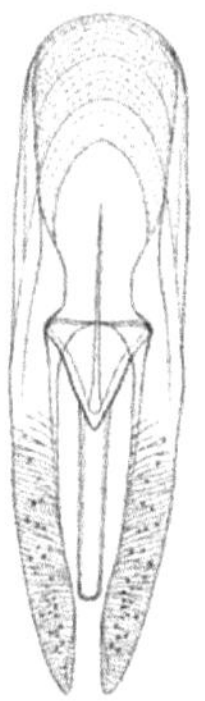
P 34

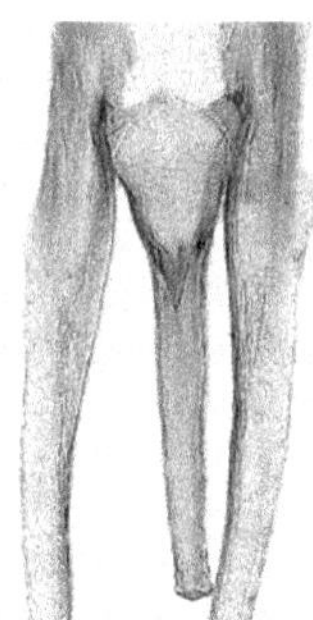
P 35

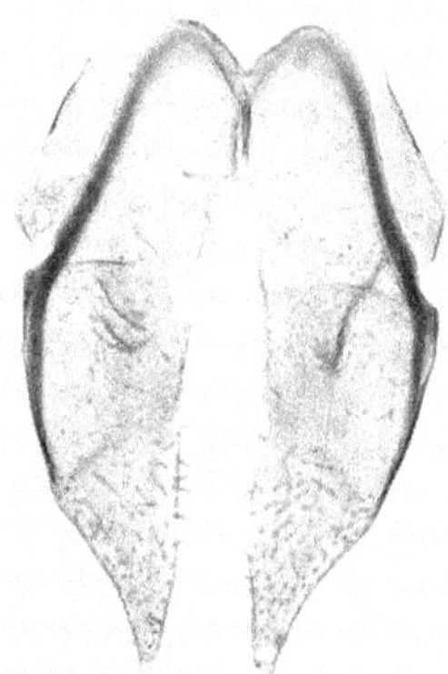
P 36

P 37

Abb. P 26: *Prionocyphon serricornis* ♂, Penis, aus NYHOLM (1971); **Abb. P 27:** *Prionocyphon serricornis* ♂, Penis, Parameroide, Trigonium; **Abb. P 28:** *Prionocyphon serricornis* ♂, Tegmen; **Abb. P 29:** *Prionocyphon serricornis* ♂, Antenne, aus NYHOLM (1971); **Abb. P 30:** *Prionocyphon ornatus* ♂, Penis, aus NYHOLM (1971); **Abb. P 31:** *Prionocyphon ornatus* ♂, Penis, Parameroide, Trigonium; **Abb. P 32:** *Prionocyphon ornatus* ♂, Tegmen; **Abb. P 33:** *Prionocyphon ornatus* ♂, Antenne, aus NYHOLM (1971); **Abb. P 34:** *Prionocyphon numidicus* ♂, Penis, aus NYHOLM (1971); **Abb. P 35:** *Prionocyphon numidicus* ♂, Penis, Parameroide, Trigonium; **Abb. P 36:** *Prionocyphon numidicus* ♂, Tegmen; **Abb. P 37:** *Prionocyphon numidicus* ♂, Antenne, aus NYHOLM (1971).

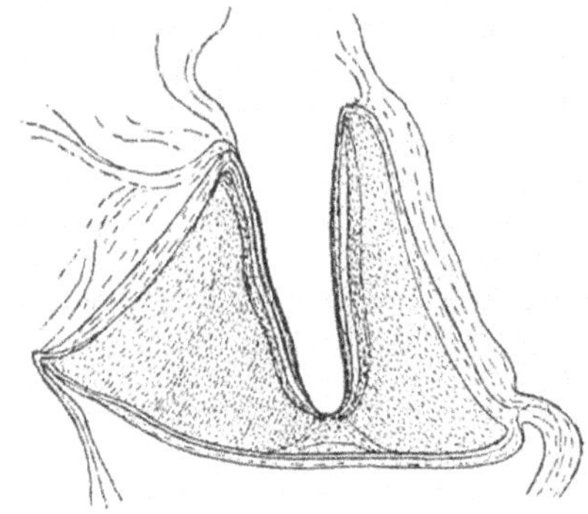

P 38

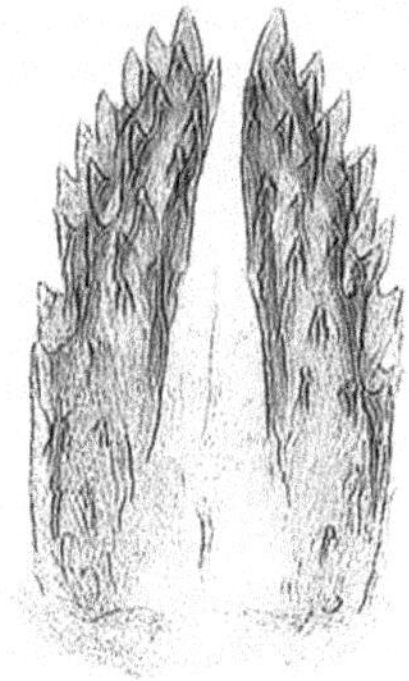

P 39

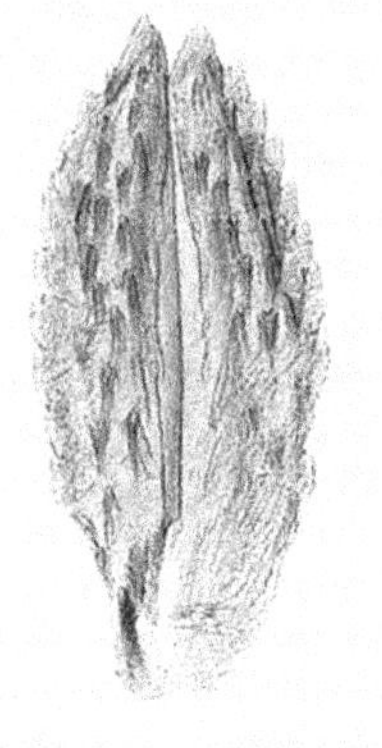

P 40

P 41

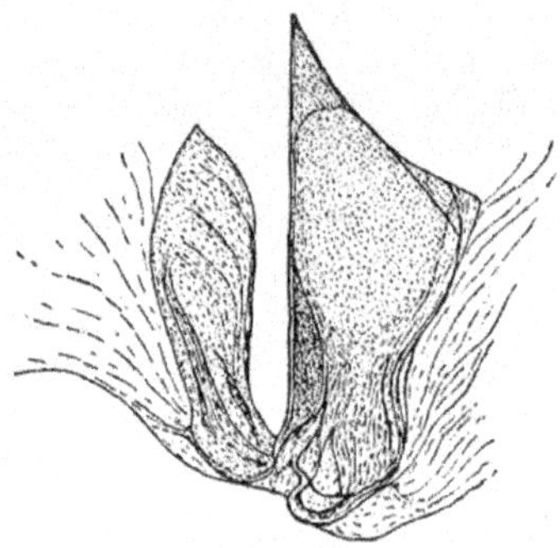

P 42

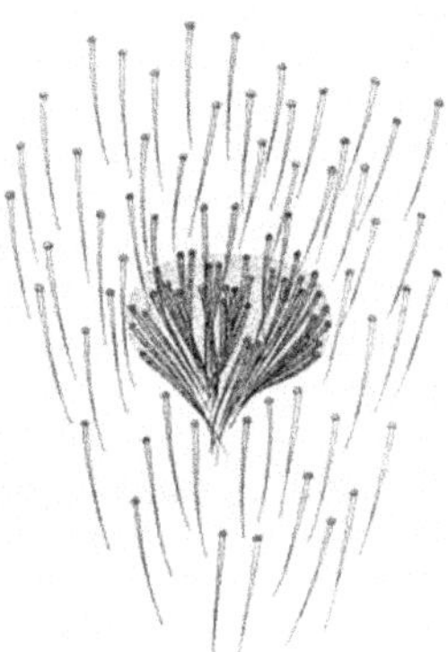

P 43

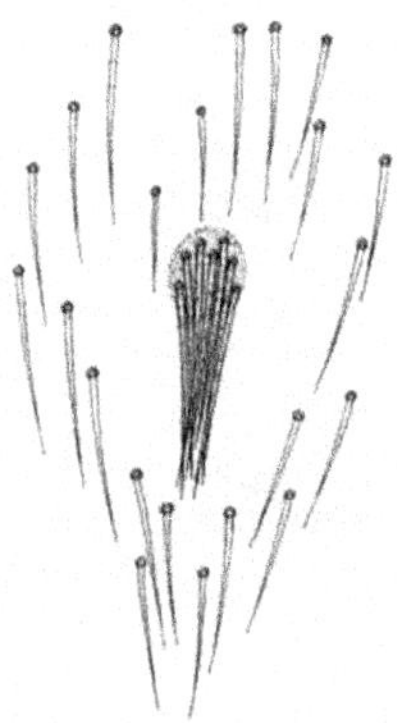

P 44

Abb. P 38: *Prionocyphon majusculus* ♀, Bursalsklerit, aus NYHOLM (1971); **Abb. P 39:** *Prionocyphon serricornis* ♀, dorsales Bursalsklerit; **Abb. P 40:** *Prionocyphon serricornis* ♀, ventrales Bursalsklerit; **Abb. P 41:** *Prionocyphon ornatus* ♀, Bursalsklerit; **Abb. P 42:** *Prionocyphon numidicus* ♀, Bursalsklerit, aus NYHOLM (1971); **Abb. P 43:** *Prionocyphon majusculus* ♀, 7. Sternit, Sexualbehaarung, aus NYHOLM (1971); **Abb. P 44:** *Prionocyphon numidicus* ♀, 7. Sternit, Sexualbehaarung, aus NYHOLM (1971).

12. *Cyphon* PAYKULL, 1799

Typusart: *Cyphon coarctatus* PAYKULL, 1799

Zitat der Originalbeschreibung: Fauna Svecica. Insecta. Tomus. II: 117.

Synonym:

Contacyphon DES GOZIS, 1886: 23. Typusart: *Cyphon variabilis* THUNBERG, 1787

12.1. Beschreibung

Körper kürzer oder länger oval oder auch länglich (Abb. F 14-19). Körper der Weibchen der *Cyphon coarctatus*-Gruppe gestreckter gebaut. Die Punktur des Kopfes und des Pronotum kann gekörnelt sein oder nicht. Die Körnelung kommt dadurch zustande, dass sich die Kutikula entweder an der Basis der Haare in eine kleine Kuppe erhebt, aus der das Haar an der Rückseite hervortritt (Kopf), oder einen wallförmigen Basalring um das Haar bildet (Pronotum) (NYHOLM 1972b).

Körperlänge 1,9-4,0 mm (ohne Extremwerte). Sie variiert bei den meisten Arten sehr stark und es kommen Zwergexemplare vor. Die Männchen sind durchschnittlich kleiner als die Weibchen.

Antennen fadenförmig, Scapus nicht auffällig vergrößert, 3. Glied minimal etwa halb so lang wie das 2. Glied (Tabelle 75), 4.-11. Glied ± gleichmäßig zylindrisch (Abb. C 1, 2). Basale Glieder meist hell, die äußeren stets ± angedunkelt. Antennen der ♂♂ kräftiger als die der ♀♀ (*coarctatus*-Gruppe) oder bei beiden Geschlechtern etwa gleich (*variabilis*-Gruppe).

Tabelle 75: Maße der Antennenglieder von *Cyphon coarctatus* (c) und *C. variabilis* ♂ (v) [mm].

Antennenglied	Länge ♂ c	max. Breite ♂ c	Länge ♀ c	max. Breite ♀ c	Länge ♂ v	max. Breite ♂ v
1.	0,19	0,07	0,19	0,09	0,14	0,09
2.	0,12	0,07	0,12	0,06	0,09	0,06
3.	0,08	0,04	0,09	0,04	0,08	0,05
4.	0,16	0,06	0,17	0,05	0,14	0,07
5.	0,13	0,06	0,16	0,06	0,12	0,07
11.	0,16	0,05	0,17	0,05	0,14	0,06

Labrum vorn etwas eingebuchtet und dort stärker sklerotisiert, fast doppelt so breit wie lang (Abb. C 3, 4), Breite ♂ 0,22 mm; ♀ 0,22 mm. Länge ♂ 0,13 mm; ♀ 0,12 mm (*Cyphon palustris*). Breite ♂ 0,19 mm; Länge ♂ 0,10 mm (*C. variabilis*).

Incisivus der Mandibeln zugespitzt, linke Mandibel mit einem deutlichen Mittelzahn (Retinaculum), Mandibeln dadurch asymmetrisch (Abb. C 5, 6). Länge (ohne Berücksichtigung der Krümmung) 0,35 mm; maximale Breite 0,22 mm; Breite an der Basis 0,17 mm (*Cyphon coarctatus* ♂). Länge (ohne Berücksichtigung der Krümmung) 0,26 mm; maximale Breite 0,17 mm; Breite an der Basis 0,14 mm (*C. variabilis* ♂).

Lacinia innen und an der Spitze dicht beborstet, Apex der Galea ebenfalls dicht beborstet (Abb. C 7). Das 1. Glied der Maxillarpalpen trägt nur am Apex Borsten; 2. und 3. völlig mit Borsten bedeckt. 4. Glied konisch zugespitzt, basaler Teil mit Borsten, Spitze wenig sklerotisiert, meist länger als das vorletzte (Tabelle 76).

Tabelle 76: Maße der Glieder der Maxillarpalpen von *Cyphon coarctatus* (c) und *C. variabilis* (v) [mm].

Glied	Länge ♂ c	Länge ♂ v
1.	0,07	0,06
2.	0,09	0,08
3.	0,08	0,08
4.	0,11	0,07

Tabelle 77: Maße der Glieder der Labialpalpen von *Cyphon palustris* (p) und *C. variabilis* (v) [mm].

Glied	Länge ♂ p	Länge ♂ v
1.	0,07	0,05
2.	0,07	0,06
3.	0,08	0,07

3. Glied der Labialpalpen auf dem 2. Glied schräg seitlich, annähernd terminal inserierend (Abb. C 8), etwa so lang wie dieses Glied (Tabelle 77). 1. Glied fast ohne Borsten; 2. zum Apex verbreitert, mit Borsten; 3. schlank, Basis mit Borsten, Spitze wenig sklerotisiert, ohne Borsten.

Vorderecken des Pronotum deutlich winkelig vorgezogen, Vorderrand dazwischen zurück gesetzt, aber nach vorn gebogen (Abb. C 9). Hinterecken ± stark hervortretend, der Hinterrand kann innerhalb der Ecken stärker oder schwächer eingeschweift oder gerade sein, hinten in der Mitte ist das Pronotum gleichmäßig gebogen.

Prosternalfortsatz 0,18-0,19 mm lang (*Cyphon palustris* ♂), 0,19 mm (*C. variabilis* ♂), spatelförmig, am Ende und auf der Fläche des Spatels mit Haaren (Abb. C 10).

Mesosternalfortsatz 0,11-0,12 mm lang (*Cyphon palustris* ♀), tief eingeschnitten (Pfeil), hinten stumpf abgerundet (Abb. C 11).

Mesosternum vorn in der Mitte mit einer dreieckigen Grube zur Aufnahme des spatelförmigen Prosternalfortsatzes, am Vorderrand befindet sich eine kleine urnenförmige Vertiefung (Abb. C 12 Pfeil).

Der Metaventrit des Metasternum ist in der Mitte durch eine teilweise reduzierte Naht (Diskrimen) geteilt. Sie geht vom Hinterrand aus und erreicht etwa 30 % der Länge des Metaventrit in der Mitte (Abb. A 10).

Scutellum dreieckig, Seiten etwas gebogen, hinten zugespitzt, etwa so lang wie an der Basis breit (Abb. C 13), in der Mitte 0,18 mm lang; an der Basis 0,22 mm breit (*Cyphon palustris* ♂); in der Mitte 0,20 mm lang; an der Basis 0,21 mm breit (*C. variabilis* ♂).

Elytren mit 4 Längslinien, die von der Basis schräg nach innen bis kurz vor der Spitze verlaufen (Abb. A 18). Bei den Arten der *C. coarctatus*-Gruppe sind die drei inneren ± rippenartig erhaben (nicht bei allen Arten deutlich). Elytren bei den Weibchen der *C. coarctatus*-Gruppe um das Scutellum und (oder) auf einer neben der Naht gelegenen Fläche vor der

Tabelle 78: Maße der Glieder der Hinterbeine von *Cyphon palustris* (p) und *C. variabilis* (v) [mm]. * = ohne Krümmung.

	Länge ♂ p	Länge ♀ p	Länge ♂ v
Femur	0,75	0,68	0,80
Tibia	0,73	0,75	0,77
Tibia, längerer Enddorn	0,06	0,06	0,06
Tibia, kürzerer Enddorn	0,04	0,04	0,05
Tarsus 1. Glied	0,17	0,18	0,18
Tarsus 2. Glied	0,08	0,09	0,09
Tarsus 3. Glied	0,05	0,06	0,07
Tarsus 4. Glied	0,07	0,06	0,07
Tarsus 5. Glied	0,10	0,12	0,09
Klaue*	0,06	0,08	0,05

Spitze mit andersartiger Punktur und Behaarung, diese Partien sind in der Regel ± deutlich eingedrückt (nicht sicher, ob in der gesamten Artengruppe). Bei der *Cyphon variabilis*-Gruppe sind die Elytren meist ohne angedeutete Längsrippen. Sie sind bei beiden Geschlechtern gleichartig punktiert und behaart.

Die Beine sind fast immer hell gefärbt. 5. Glied der Metatarsen deutlich kürzer als das 2.-4. Glied zusammen (Abb. C 14) (Tabelle 78).

Auf dem 3. Sternit der Männchen befindet sich in der Mitte jederseits innerhalb einer behaarten Randpartie ein breiter, unbehaarter Bezirk. Auf dem 4. Sternit ist die entsprechende Partie spärlicher als das Sternit im übrigen behaart. 5.-7. Sternit gleichmäßig behaart.

Männchen

7. Sternit hinten gleichmäßig gerundet bis schwach abgestutzt (Abb. C 15). Die als Beispiele angeführten Maße (Tabelle 79) lassen natürlich eine Korrelation zur Körpergröße der betreffenden Arten erkennen.

Tabelle 79: Maße des 7. Sternit verschiedener *Cyphon*-Arten [mm].

Art	Länge	Breite
coarctatus	0,40	1,05
ruficeps	0,33	0,92
unguiculatus	0,32-0,36	0,92-1,18
corsicus	0,23	0,64
putonii	0,27	0,66
variabilis	0,32	1,02

Tabelle 80: Maße des 9. Sternit verschiedener Arten der *Cyphon coarctatus*-Gruppe [mm].

Art	Länge	Breite
coarctatus	0,35-0,46	0,36-0,40
furcillatus	0,39-0,49	0,27-0,28
longispinus	0,43	0,39
scurrula	0,39-0,40	0,29-0,30
arietizans	0,46	0,37
corsicus	0,32	0,22
iberus	0,26-0,34	0,22-0,26
macedonicus	0,28-0,30	0,24-0,25
pandellei	0,35	0,26
sulcicollis	0,30	0,26

8. Sternit der Männchen nicht sklerotisiert.

Das 9. Sternit besteht bei der *Cyphon coarctatus*-Gruppe aus einer verhältnismäßig einheitlichen rundlichen Platte, die seitlich durch schmale sklerotisierte Stäbchen verstärkt ist, auch der Hinterrand kann sklerotisiert sein (Abb. C 17, 18). Das 9. Sternit ist etwas länger als breit (Tabelle 80). Bei der *Cyphon ochraceus*-Untergruppe läuft es hinten in 2 Spitzen aus (Abb. C 96, 101, 106). Das 9. Sternit der *Cyphon variabilis*-Gruppe ist von sehr verschiedener Form und wesentlich zur Unterscheidung der einzelnen Arten (Abb. C 115, 119, 123, 127, 142, 154, 158, 161, 169, 173). Es ist bei dieser Gruppe mit ± langen Borsten am Apex besetzt, hinten befinden sich oft seitliche kleine Dornen, Ecken bzw. Zipfel oder mediane Fortsätze. Der Bau ist so unterschiedlich, dass in der Paläarktis und Orientalis mehrere auf dem Bau des 9. Sternit begründete Untergruppen unterschieden werden können (KLAUSNITZER 2005d).

7. Tergit eine breite Platte bildend (Abb. C 19), es sind kurze Bacilla lateralia vorhanden, die 0,05-0,07 mm aus der Platte herausragen (wenig bis fast gar nicht in der *C. ochraceus*-Untergruppe) (Tabelle 81). Bei *Cyphon kongsbergensis* besitzt es hinten einen 0,08-0,09 mm breiten stärker sklerotisierten Streifen, der wesentlich dünner als das übrige Tergit behaart ist.

8. Tergit bei der *Cyphon coarctatus*-Gruppe aus einer geschlossenen breiten Platte und Bacilla lateralia bestehend, die in die Platte hineinragen (Abb. C 20). Die Form ist sehr ähn-

Tabelle 81: Maße des 7. Tergit verschiedener Arten [mm].

Art	Länge Platte	Breite Platte	Länge Bacilla lateralia
abeillei	0,30	0,57	0,22
kongsbergensis	0,33	0,60	0,21
lindbergi	0,40	0,77	0,40
ochraceus	0,30	0,67	0,20
pandellei	0,35	0,70	0,21
putonii	0,33	0,55	0,18
variabilis	0,42	0,80	0,31

lich, in den Proportionen gibt es kaum Unterschiede, es ist länger als breit (Tabelle 82). Die Größenunterschiede sind mit der Körperlänge korreliert. Die Platte ist von sehr kleinen Kämmen von Mikrotrichen, die in ± regelmäßigen Querreihen angeordnet sind, dicht bedeckt, Hinterrand dicht behaart (Abb. C 21). Bei der *Cyphon variabilis*-Gruppe ist die Platte des 8. Tergit zu einer dünnen, seitlich eine Strecke an den Stäbchen befestigten Membran reduziert. Die Stäbchen (Bacilla lateralia) sind im vorderen Teil frei und laufen hinten in eine Spitze aus (Abb. C 28) (Maße finden sich in der Bestimmungstabelle).

Tabelle 82: Maße des 8. Tergit verschiedener Arten der *Cyphon coarctatus*-Gruppe [mm].

Art	Gesamtlänge	Breite der Platte	Länge Bacilla lateralia
coarctatus	0,50-0,53	0,45-0,46	0,30-0,32
furcillatus	0,65	0,44	0,50
longispinus	0,43	0,40	0,20
palustris	0,55	0,45	0,30
ruficeps	0,40-0,46	0,32-0,45	0,26-0,27
unguiculatus	0,41-0,48	0,32-0,45	0,25-0,30
arietizans	0,41	0,40	0,26
buceros	0,41-0,42	0,32-0,48	0,26-0,27
corsicus	0,37	0,28	0,22
iberus	0,38	0,34	0,15
pandellei	0,47	0,33	0,22
putonii	0,30-0,41	0,28-0,36	0,16-0,23
sulcicollis	0,42	0,41	0,22

9. Tergit bei der *Cyphon coarctatus*-Gruppe ebenfalls aus einer geschlossenen, jedoch weniger sklerotisierten breiten Platte und Bacilla lateralia bestehend, die in die Platte hineinragen (Abb. C 22) (Tabelle 83). Hinterer Teil der Platte mit sehr kleinen weichen Haaren bedeckt, die oft in ± deutlichen Gruppen angeordnet sind. Bei der *Cyphon variabilis*-Gruppe ist das 9. Tergit stark modifiziert und besteht jederseits aus einem Stäbchen, das als Rest der Platte ein nach innen gerichtetes hülsenartiges Gebilde (Thecion) trägt (Abb. C 28), in dem das Stäbchen des 8. Tergit verschiebbar steckt. Maße finden sich in der Bestimmungstabelle.

Tabelle 83: Maße des 9. Tergit verschiedener Arten der *Cyphon coarctatus*-Gruppe [mm].

Art	Gesamtlänge	Breite der Platte	Länge Bacilla lateralia
coarctatus	0,44-0,51	0,39-0,40	0,29-0,31
longispinus	0,47	0,36	0,21
unguiculatus	9,40-0,44	0,31-0,37	0,20-0,22
pandellei	0,41	0,25	0,19
sulcicollis	0,40	0,29	0,22

Das Tegmen wird bei der *Cyphon coarctatus*-Gruppe aus einem griffähnlichem Vorderteil (Kapulus) und einem von zwei beborsteten, durch eine dünne Membran verbundenen Seitenfeldern (Parameren) bestehenden Hinterteil gebildet (Abb. C 33, 35, 44, 51, 62, 79, 93, 103, 105). Die Parameren können ± voneinander separiert sein. Bei der *Cyphon variabilis*-Gruppe ist das Tegmen in Form und Bau noch wesentlich unterschiedlicher, sodass auf dessen Bau im wesentlichen die Definition der Untergruppen begründet wird: mit von den flügelartigen Parameren deutlich abgesetztem Kapulus (Abb. C 113, 117, 121, 126), mit einem Kapulus und schlanken Parameren (Abb. C 134, 137, 140, 143, 147), aus einem plattenförmigen, am Rande sklerotisierten, meist nach hinten zunehmend breiter werdenden Vorderteil und einem dreilappigem Hinterteil bestehend (Abb. C 154, 158, 162) oder aus einer dünnen, nach hinten zunehmend breiter werdenden Platte gebildet, die von einer Randleiste umgrenzt wird und deren Hinterrand eingebuchtet ist (Abb. C 169, 173).

Verbindungsmembran zwischen Penis und Tegmen ohne Sklerit.

Penis bei der *Cyphon coarctatus*-Gruppe mit länglicher Pala (z. B. Abb. C 32, 37), die hinten vielfach mit Sinnesporen bedeckt ist. Prostheme mit dem Hinterrand der Pala durch Vermittlung von Vorrichtungen verschiedener Art verbunden, haken-, krallen- oder sichelförmig. Entweder sind sie am Ende je eines manchmal sehr kurzen Prosthemophors befestigt oder sie entspringen nicht auf Prosthemophoren, sondern sind basal miteinander zu einem einheitlichen, median gelegenen Querstück (Jugum) verbunden, das mit einer meist schwach sklerotisierten, breit ansetzenden Verbindung (Querbrücke) mit dem Hinterrand der Pala beweglich verbunden ist (z. B. Abb. C 74). Penis der *Cyphon variabilis*-Gruppe meist mit ± breit ring- oder beckenförmiger Pala (z. B. Abb. C 153). Prostheme unmittelbar am Hinterrande der Pala befestigt, in Form und Bau variierend, meist beilförmig, seltener keulen- oder lappenförmig.

Weibchen

7. Sternit meist hinten gerundet (Abb. C 16, 27). Maße in Tabelle 84.

Tabelle 84: Maße des 7. Sternit verschiedener *Cyphon*-Arten [mm].

Art	Länge	Breite
coarctatus	0,39	1,11
palustris	0,40	0,95
unguiculatus	0,44-0,45	1,15-1,19
variabilis	0,38	1,10

8. Sternit eine geschlossene Platte bildend, die im mittleren Bereich zwei längsgerichtete Stäbchen trägt (Abb. C 23). Länge 0,80 mm; Breite 0,23 mm (*Cyphon coarctatus*); Länge 0,87 mm; Breite 0,37 mm (*C. laevipennis*).

Das 7. Tergit (Abb. C 24) mit kurzen, deutlich ausgeprägten Bacilla lateralia, die aus der Platte herausragen (0,16 mm). Länge der Platte 0,50 mm; Breite ca. 0,85 mm; Länge der Bacilla lateralia 0,37 mm (*Cyphon coarctatus*); Länge der Platte 0,45 mm; Breite ca. 0,82 mm; Länge der Bacilla lateralia 0,43 mm (*C. laevipennis*).

8. Tergit aus einer sklerotisierten, hinten behaarten, annähernd quadratischen bis schwach rechteckigen Platte bestehend, die lange Bacilla lateralia trägt (Abb. C 25) (Tabelle 85).

Das 9. Sternit und 9. Tergit bilden einen Ovipositor, der aus kurzen Styli, längeren Coxiten und langen Baculi besteht (Abb. C 26) (Tabelle 86). Baculi mit einer kurzen Verzweigung im hinteren Teil (Pfeil).

Tabelle 85: Maße des 8. Tergit verschiedener *Cyphon*-Arten [mm].

Art	Gesamtlänge	Breite Platte	Länge Bacilla lateralia
coarctatus	1,22	0,27	0,96
unguiculatus	1,30	0,27	1,08
siculus	1,23	0,23	1,02
laevipennis	1,24	0,36	1,03

Tabelle 86: Längenmaße des Ovipositor verschiedener *Cyphon*-Arten [mm].

Art	Gesamtlänge	Baculi	Coxite	Styli
furcillatus	1,86	1,55	0,25	0,06
siculus	1,72	1,38	0,29	0,05
laevipennis	1,75	1,37	0,33	0,05

Prehensor bei der *Cyphon coarctatus*-Gruppe bilamellat, d.h. von zwei getrennten Teilen, einem dorsalen und einem ventralen Stück, gebildet und mit vielen Dörnchen besetzt (z.B. Abb. C 57). Das Deckstück besteht aus zwei ± umfangreichen Seitenstücken und einem diese vorn verbindenden Bogen, das Bodenstück ist einfach plattenförmig. Prehensor bei der *Cyphon variabilis*-Gruppe konfus, d.h. ein einheitliches Gebilde formend, von miteinander verbundenen Sklerotisierungen der Bursalwand gebildet (z.B. Abb. C 165).

12.2. Verbreitung

Die Gattung *Cyphon* ist vermutlich weltweit verbreitet (zum paraphyletischen Charakter siehe unter 12.4.). Bisher wurden ca. 400 Arten unter diesem Namen beschrieben. Mindestens in der Holarktis und der Orientalis kommen *Cyphon*-Arten im „engeren Sinne" vor.

12.3. Ökologie und Biologie

Wie aus den Tabellen 83 und 84 ersichtlich ist, gibt es zwei verschiedene Entwicklungstypen, der eine durch die Arten der *C. coarctatus*-Gruppe, der andere durch die *C. variabilis*-Gruppe vertreten.

Die Imagines sind oft sehr zahlreich auf der uferbegleitenden Vegetation zu finden. Sie sind sonnenliebend, sehr fluglustig und werden durch Luftströmungen verfrachtet. Manche Arten besuchen ± regelmäßig Blüten, auch Pilze. Ihre größte Aktivität fällt in die Nachmittags- und Abendstunden, weshalb sie oft an künstlichem Licht beobachtet werden.

Männchen und Weibchen sind in den Populationen ungefähr in gleicher Anzahl vertreten, wenn man auch beim Einsammeln mit dem Kescher nicht selten mehr Männchen als Weibchen erbeutet und dadurch den Eindruck gewinnt, dass die Männchen überwiegen. Auf der Ufervegetation eines Teiches in der Oberlausitz wurden z.B. 123 Männchen und 70 Weibchen von *Cyphon kongsbergensis* bzw. 40 Männchen und 20 Weibchen von *Cyphon hilaris* gefunden (Klausnitzer 1971a). Dies dürfte darauf beruhen, dass sich die Weibchen im allgemeinen mehr versteckt halten. In Übereinstimmung damit erhält man beim Einsammeln durch „Niedertreten" (Carex-Bulte, Moospolster) in der Regel mehr Weibchen als Männchen.

Tabelle 87: Monatliche Verteilung der Fänge verschiedener *Cyphon*-Arten in Nordeuropa (nach NYHOLM 1972b) und in der Oberlausitz (nach KLAUSNITZER 1971a). Die Fänge in der Oberlausitz wurden nur vom April bis Oktober durchgeführt. Abkürzungen: J bis D = Januar bis Dezember; NE = Nordeuropa, O = Oberlausitz.

Art	Herkunft	J	F	M	A	M	J	J	A	S	O	N	D	Summe
coarctatus	NE	-	-	-	-	3,1	39,1	49,0	7,9	0,6	0,1	0,1	-	861
coarctatus	O	-	-	-	-	2,7	37,8	59,5	-	-	-	-	-	37
palustris	NE	-	-	-	-	3,3	45,2	44,0	6,6	0,8	-	-	-	241
kongsbergensis	NE	-	-	-	-	-	4,8	58,2	33,7	2,7	0,7	-	-	294
kongsbergensis	O	-	-	-	-	-	7,8	25,4	64,8	2,1	-	-	-	193
ochraceus	NE	-	-	-	-	-	23,8	61,9	12,3	1,8	0,3	-	-	399
variabilis	NE	0,3	-	0,8	4,8	18,1	35,4	16,7	9,2	8,9	4,2	1,3	0,1	706
variabilis	O	-	-	-	3,1	2,1	14,4	58,8	20,6	1,0	-	-	-	97
laevipennis	NE	1,3	1,3	3,2	12,4	19,4	19,0	6,3	12,7	15,2	4,1	3,8	1,3	315
laevipennis	O	-	-	-	-	5,4	7,1	55,4	25,5	3,3	3,3	-	-	184
pubescens	NE	0,2	0,4	1,8	7,3	18,7	28,4	11,4	10,8	12,2	5,3	3,4	0,2	493
pubescens	O	-	-	-	-	3,4	48,3	1,1	33,7	12,4	1,1	-	-	89
punctipennis	NE	-	-	0,9	4,5	13,4	15,2	16,1	28,6	18,8	2,7	-	-	112
padi	NE	0,3	0,2	3,0	6,8	23,1	28,7	10,1	12,3	9,5	3,9	1,7	0,6	644
padi	O	-	-	-	1,3	13,4	54,6	8,9	18,2	2,7	1,0	-	-	628
hilaris	NE	-	-	-	-	5,1	33,3	46,2	11,5	2,6	1,3	-	-	78
hilaris	O	-	-	-	-	-	45,0	48,3	6,7	-	-	-	-	60

Tabelle 88: Maximales Auftreten der Imagines und Überwinterungsmodus der hinreichend bekannten Arten.

Art	Imagines	Überwinterung
coarctatus	Frühjahr/Frühsommer	Larven
kongsbergensis	Sommer	Larven
variabilis	Frühjahr, Sommer	Imagines

12.4. Phylogenie

Die Gattung *Cyphon* ist sehr wahrscheinlich keine monophyletische Gruppe (KLAUSNITZER 2005a, d, 2006c). Betrachtet man die Merkmale, nach denen die Gattung üblicherweise definiert wird, bleibt kaum eines übrig, das als Synapomorphie gelten könnte. Einige weitere Merkmale, die vermutlich apomorph sind und auch bei *Cyphon* vorkommen, charakterisieren größere taxonomische Einheiten innerhalb der Scirtidae.

Die Reduktion des 8. Sternit und der besondere Bau der Mesosternalgrube wären vielleicht zur Charakterisierung von *Cyphon* als monophyletischer Gruppe anhand imaginaler Merkmale geeignet (sie sind aber im wesentlichen nur bei paläarktischen Arten untersucht). Die Gattung würde – wenn man diese Definition Zugrunde legt – dann aber in einem kleineren Umfang als jetzt üblich aufzufassen sein, weil bei einer zunächst unbekannten Zahl von Arten diese Merkmale anders ausgeprägt sind. Diese Feststellung betrifft aber nicht das hier abgehandelte Arteninventar.

Anders scheint die Situation bei den Larven zu sein. Hier lassen sich verschiedene Autapomorphien für *Cyphon* finden (KLAUSNITZER 1974, 1975, HANNAPPEL & PAULUS 1987). Allerdings ist die Basis für diese Erkenntnis sehr schmal und umfasst nur wenige Arten. Eine umfassende Larvenkenntnis und die Überprüfung der Merkmale bei vielen Arten erscheint für Jahrzehnte ausgeschlossen. Dennoch ist eine Begründung der Monophylie von *Cyphon* durch larvale Merkmale sehr hilfreich.

Autapomorphien:

Imagines:

- Mandibeln asymmetrisch (linke Mandibel mit einem deutlichen Mittelzahn) (Abb. C 5, 6).
- Mesosternum vorn in der Mitte mit einer dreieckigen Grube zur Aufnahme des spatelförmigen Prosternalfortsatzes, am Vorderrand befindet sich eine kleine urnenförmige Vertiefung (Abb. C 12 Pfeil).
- 8. Sternit der ♂♂ reduziert.
- Auf dem 3. Sternit der ♂♂ befindet sich in der Mitte jederseits innerhalb einer behaarten Randpartie ein breiter, unbehaarter Bezirk.

Larven:

- Ausbildung einer besonders starken Sinnesborste an der Spitze des 3. Gliedes der Maxillarpalpen.
- Zwei gefiederte Sinnesborsten am Vorderrand des Epipharynx.
- Krallenzähne lappenartig ausgebildet (Neubildung).

Tabelle 89: Autapomorphien der in der Westpaläarktis vertretenen Artengruppen und Untergruppen.

Artengruppe/Untergruppe	Merkmal(e)
coarctatus	Platte des 8. Tergit von Mikrotrichen, die in ± regelmäßigen Querreihen angeordnet sind, dicht bedeckt. Prostheme mit Processus hamiformes. Elytren mit ± rippenartig erhabenen Längslinien.
coarctatus/ochraceus	Penis ± rückgebildet, besonders im basalen Teil, Prostheme völlig reduziert. 9. Sternit des ♂ langgestreckt, hinten in 2 Spitzen auslaufend.
coarctatus/coarctatus	Prostheme groß bis sehr groß, (meist) hakenförmig, am Ende je eines manchmal sehr kurzen Prosthemophors befestigt.
coarctatus/siculus	Prostheme groß bis sehr groß, basal miteinander zu einem einheitlichen, median gelegenen Querstück (Jugum) verbunden, das mit einer meist schwach sklerotisierten, breit ansetzenden Verbindung (Querbrücke) mit dem Hinterrand der Pala beweglich verbunden ist.
variabilis	8. und 9. Tergit des ♂ stark umgebildet, mit kräftig verlängerten Seitenstäbchen (Bacilla lateralia). Platte des 8. Tergit zu einer dünnen, seitlich eine Strecke an den Stäbchen befestigten Membran reduziert. Stäbchen des 8. Tergit im vorderen Teil frei, laufen hinten in eine Spitze aus, die in einem hülsenartigen Gebilde (Thecion, Placion) am 9. Tergit verschiebbar steckt. Penis meist mit ± breiter ring- oder beckenförmiger Pala, ohne Prosthemophore, mit Processus securiformes. Prehensor konfus.
variabilis/padi	Kapulus des Tegmen schmal, vorn abgerundet, mit geraden, ± parallelen Seiten; Parameren flügelartig breit, rund.
variabilis/hilaris	Kapulus des Tegmen breit, quer, hinten ± deutlich eingebuchtet, seitlich in zwei schwach divergierenden Zipfeln endend.
variabilis/variabilis	Tegmen aus einem plattenförmigen, am Rande sklerotisierten, meist nach hinten zunehmend breiter werdenden Vorderteil und einem dreilappigem Hinterteil bestehend.
variabilis/pubescens	Prehensor aus einem kompakten Teil mit einem langen vorderen Fortsatz bestehend.

Ansätze zur Lösung des Problems finden sich in der Definition von Artengruppen (Tabelle 89), wie sie von Nyholm, Klausnitzer (2005a, c, d, 2006c, e) und Yoshitomi vorgelegt wurden. Diese ± scharf definierten Subtaxa sind fast immer durch ein Mosaik von apomorphen und plesiomorphen Merkmalen gekennzeichnet (es ergeben sich viele Schwierigkeiten bei der Wertung der Merkmale). Die Situation bleibt unbefriedigend, vor allem deshalb, weil einige dieser gelegentlich abgegrenzten Artengruppen vermutlich nicht monophyletisch sind.

Eine besonders ausführlich bereits von Nyholm (1969) definierte Artengruppe ist die *Cyphon variabilis*-Gruppe, die durch ein hervorstechendes abgeleitetes Merkmal gekennzeichnet ist: die Reduktion der Platte des 8. und 9. Tergit des Männchens (Abb. C28). Bei fast allen anderen hinreichend bekannten *Cyphon*-Arten bestehen diese beiden Tergite aus einer geschlossenen Platte von normalem Tergitbau, die seitlich von Bacilla lateralia begrenzt wird (Abb. C20, 22), sodass sich eine Entwicklungsreihe ergibt.

Nyholm (1969) weist für die *Cyphon variabilis*-Gruppe auch auf die Funktion des 9. Sternit bei der Kopulation sowie eine Korrelation in der Ausbildung von Penis und 9. Sternit hin.

Eine Zerlegung von *Cyphon* Paykull, 1799 in verschiedene Gattungen liegt sicher „in der Luft". Vor einem solchen Schritt sollte aber unbedingt eine phylogenetische Analyse stehen, die die Monophylie jeder neu begründeten Gattung voraussetzt und möglichst alle beschriebenen Arten einbezieht. In der Praxis sieht dies allerdings schwierig aus. Schon eine Berücksichtigung aller beschriebenen Arten erscheint im Moment völlig unrealistisch. Viele können allein nach den publizierten Beschreibungen überhaupt nicht erkannt werden, von fehlenden Aussagen über viele, für eine phylogenetische Analyse wesentliche morphologische Details ganz zu schweigen. Es müssten zahlreiche Typen untersucht werden, die vielfach aber gar nicht verfügbar sind. Hinzu kommt, dass mindestens 500 weitere Arten in den Sammlungen stecken, die zu *Cyphon* (im jetzigen Sinne) gehören könnten, aber noch nicht beschrieben sind.

Die Kenntnisse über die Weibchen sind zudem besonders für die außerhalb der Paläarktis vorkommenden Arten äußerst lückenhaft, sodass die Merkmale des Prehensor, aber auch des 8. Sternit und 8. Tergit vorerst nur ungenügend berücksichtigt werden können.

12.5. Artengruppen

Die hier behandelten *Cyphon*-Arten gehören entweder zur *C. coarctatus*-Gruppe oder zur *C. variabilis*-Gruppe. Innerhalb beider Gruppen lassen sich Untergruppen voneinander trennen, die sich in der folgenden Bestimmungstabelle wiederfinden (Klausnitzer 2005a, d). Weltweit lassen sich wesentlich mehr Artengruppen zwanglos unterscheiden, die in vielen Fällen den Status separater Gattungen erhalten sollten (Klausnitzer 2006c).

Die Merkmale, die zur Unterscheidung der einzelnen Arten und zu deren Klassifizierung innerhalb der Gattung dienen, sind in erster Linie an den Kopulationsorganen zu suchen, deren Bau von Exner (1944) und Nyholm zuerst besprochen wurde, am ausführlichsten von Nyholm (1969).

Die Bestimmungstabellen beruhen deshalb im wesentlichen auf Merkmalen des Penis, des Tegmen sowie der Sternite und Tergite des 8. und 9. Abdominalsegments. Äußere Merkmale sind nur bedingt zur Unterscheidung geeignet, zumal nicht einmal eine zuverlässige Abgrenzung der *Cyphon variabilis*-Gruppe gegenüber der *Cyphon coarctatus*-Gruppe ausschließlich nach äußerlich sichtbaren Merkmalen möglich ist.

Zur Unterscheidung der Weibchen ist der Prehensor hervorragend geeignet. Die Aufstellung einer dichotomen Bestimmungstabelle erscheint aber nicht zweckmäßig. Es werden die einzelnen Arten (soweit bekannt) abgebildet, sodass eine Determination durch einen Vergleich erfolgen kann.

12.6. Bestimmungstabelle für die Artengruppen und Untergruppen

1 8. und 9. Tergit des ♂ als einheitliche Platten erhalten, nicht stark reduziert oder umgebildet, mit langen nach vorn herausragenden Seitenstäbchen (Bacilla lateralia) (Abb. C 20, 22, 28, 94, 95). Die wenig sklerotisierte Platte des 8. Tergit ist von Mikrotrichen, die in ± regelmäßigen Querreihen angeordnet sind, dicht bedeckt (Abb. C 21). 9. Tergit stärker membranös als das 8. Tergit. Tegmen aus einem griffähnlichem Vorderteil (Kapulus) und einem aus zwei beborsteten Parameren bestehenden Hinterteil gebildet (Abb. C 33). Penis mit länglicher Pala (Abb. C 32). Prostheme mit dem Hinterrand der Pala verbunden, haken-, krallen- oder sichelförmig. 9. Sternit des ♂ entweder als gerundete, dünne, seitlich von zwei sklerotisierten Streifen gestützte Platte ausgeprägt (Abb. C 17, 18) oder hinten in zwei Spitzen auslaufend (Abb. C 96, 101, 106). Prehensor bilamellat, mit vielen Dörnchen besetzt (z. B. Abb. C 57). Elytren mit ± rippenartig erhabenen Längslinien (nicht bei allen Arten deutlich). 5.-7. Sternit weniger dicht behaart. Geschlechter in der Körperform, Punktur und Behaarung der Elytren, bei den meisten Arten auch im Bau der Antennen wesentlich verschieden: Körper des ♀ gestreckter gebaut; Elytren bei den ♀♀ um das Scutellum und (oder) auf einer neben der Naht gelegenen Fläche vor der Spitze mit andersartiger Punktur und Behaarung, diese Partien in der Regel ± deutlich eingedrückt (nicht sicher, ob in der gesamten Artengruppe). Antennen der ♂♂ kräftiger als die der ♀♀. (*coarctatus*-Gruppe). 2

1* 8. und 9. Tergit des ♂ stark umgebildet, mit kräftig verlängerten Seitenstäbchen (Bacilla lateralia) (Abb. 28). Die Stäbchen des 8. Tergit sind im vorderen Teil frei, laufen hinten in eine Spitze aus, die in einem hülsenartigen Gebilde (Thecion) am 9. Tergit verschiebbar steckt. Tegmen in Form und Bau verschieden und zur Charakterisierung der Untergruppen geeignet. Penis meist mit ± breit ring- oder beckenförmiger Pala (z. B. Abb. C 153). Prostheme unmittelbar am Hinterrande der Pala befestigt, meist beilförmig, seltener keulen- oder lappenförmig. Prehensor konfus, d. h. ein einheitliches Gebilde formend (z. B. Abb. C 165). 9. Sternit mit ± langen Borsten am Apex, oft hinten mit seitlichen kleinen Dornen, Ecken, Zipfeln oder medianen Fortsätzen. Elytren meist ohne angedeutete Längsrippen. 5.-7. Sternit dichter behaart. Geschlechter in Körperform und Bau der Antennen nicht wesentlich verschieden. Elytren bei beiden Geschlechtern gleichartig punktiert und behaart. Antennen bei beiden Geschlechtern etwa gleich (*variabilis*-Gruppe). 4

2 Penis voll entwickelt: Pala oval, mitunter fast rechteckig, Prostheme groß bis sehr groß (Abb. C 32). 8. Tergit (Abb. C 20) sowie 9. Sternit des ♂ sehr gleichartig gebaut. Letzteres besteht aus einer dünnhäutigen, durch zwei sklerotisierte Seitenstreifen gestützten, hinten breit abgerundeten Platte (Abb. C 17). 7. Sternit hinten gerundet (Abb. C 27). 7. Tergit ohne freie Randzone (Abb. C 19). Prehensor bei den einzelnen Arten im Bau gleichartig: Deckstück aus zwei ± umfangreichen Seitenstücken und einem diese vorn verbindenden Bogen bestehend; Bodenstück einfach plattenförmig (Abb. C 57). Pronotum innerhalb der Hinterecken ± stark eingeschweift, nur bei wenigen Arten gerade. Elytren mit oder ohne ± deutliche Längsrippen. 3

2* Penis ± rückgebildet, besonders im basalen Teil, Prostheme völlig reduziert; Pala sehr schmal, hinten in 2 Schenkel geteilt (Abb. C 92, 98, 102, 104). Fortschreitende Reduktion der Platte des 8. Tergit, die zu einem zungenförmigen Fortsatz führt (Abb. C 94). 9. Sternit des ♂ langgestreckt, hinten in 2 Spitzen auslaufend (Abb. C 96, 101, 106). 7. Sternit an der Spitze breit abgestumpft bis abgestutzt. 7. Tergit bei beiden Geschlechtern hinten mit einer breiten, von dichter Beborstung freien Randzone. Prehensor im Bau sehr variierend (Abb. C 107-111). Elytren ohne Rippen. Pronotum innerhalb der Hinterecken ± gerade. Elytren meist ohne Längsrippen. . . . . *ochraceus*-Untergruppe

3 Prostheme (meist) hakenförmig, am Ende je eines manchmal sehr kurzen, ± deutlichen Prosthemophors befestigt, ± weit voneinander entfernt (Abb. C 37). Elytren mit 3-4 ± deutlichen Längsrippen. ♀: hinter dem Scutellum und/oder einer kleinen Fläche hinten ein Stück vor der Spitze mit spezifischer, von dem übrigen Teil der Elytren abweichenden Behaarung und Punktur. . . . . *coarctatus* s. str.-Untergruppe

3* Prostheme hakenförmig oder gerade, nicht auf Prosthemophoren entspringend, basal miteinander zu einem einheitlichen, median gelegenen Querstück (Jugum) verbunden, das mit einer meist schwach sklerotisierten, breit ansetzenden Verbindung (Querbrücke) mit dem Hinterrand der Pala beweglich verbunden ist (Abb. C 76). Auf den Elytren sind Längsrippen höchstens angedeutet. ♀: Elytren vorn zwischen der inneren Längslinie und der Naht ± stark eingedellt, beide Elytren eine gemeinsame flache Längsvertiefung zwischen Scutellum bis zur Mitte, die andersartig behaart ist. . . . . *siculus*-Untergruppe

4(1) Tegmen mit von den flügelartigen Parameren deutlich abgesetztem Kapulus (Abb. C 113, 117, 121, 126, 134, 137, 140, 143, 147). 5

4* Tegmen ohne deutlich abgesetzten Kapulus und flügelartige Parameren (Abb. C 154, 158, 162, 169, 173). 6

5 Kapulus des Tegmen schmal (0,03-0,06 mm), vorn abgerundet, mit geraden, ± parallelen Seiten; Parameren flügelartig breit, rund (Abb. C 113, 117, 121, 126). 8. Tergit annähernd gleichmäßig dünn (Abb. C 114, 118, 122, 127). Die nach innen gerichteten Fortsätze des 9. Tergit sind nicht miteinander verbunden (Abb. C 114, 118, 122, 127). . . . . *padi*-Untergruppe

5* Kapulus des Tegmen breit (0,12-0,26 mm), quer, hinten ± deutlich eingebuchtet, seitlich in zwei schwach divergierenden Zipfeln endend; Parameren schlank, hinten sehr dicht beborstet (Abb. C 134, 137, 140, 143, 147). 8. Tergit etwa ab der Mitte nach hinten in unterschiedlichem Ausmaß verbreitert (0,04-0,05 mm). Die nach innen gerichteten schrägen Fortsätze des 9. Tergit sind in der Mitte miteinander verbunden, die Platte bleibt dadurch in größerem Maße erhalten (Abb. C 135, 138, 141, 145, 148). *hilaris*-Untergruppe

6(4) Tegmen aus einem plattenförmigen, am Rande sklerotisierten, meist nach hinten zunehmend breiter werdenden Vorderteil und einem dreilappigem Hinterteil bestehend (Abb. C 154, 158, 162) an dessen Basis sich jederseits ein Feld von Sinneskegeln befindet. Prehensor vorn ohne einen langen schmalen Fortsatz (Abb. C 165-167). . . . . *variabilis* s. str.-Untergruppe

6* Tegmen aus einer dünnen, nach hinten zunehmend breiter werdenden Platte bestehend, die von einer Randleiste umgrenzt wird, Hinterrand eingebuchtet (Abb. C 169, 173). Prehensor vorn mit einem langen schmalen Fortsatz (Abb. C 176-179). . . . . *pubescens*-Untergruppe

12.7. Bestimmungstabelle für die *coarctatus* s. str.-Untergruppe

1 Prosthemophore sehr deutlich entwickelt, wenigstens doppelt so lang wie breit (z. B. Abb. C 37). 2

1* Prosthemophore nur schwach ausgeprägt, manchmal undeutlich (Abb. C 46-50, 52). . . 8

2 Prosthemophore eng benachbart. Pala mit nach hinten gerichteten deutlichen Fortsätzen der Randversteifung (Parameroide) (Abb. C 30-32, 34) oder ohne, dann aber in der Mitte mit einem dachförmig abgestutztem Fortsatz (Abb. C 29 Pfeil). 3

2* Prosthemophore deutlich voneinander getrennt. Pala ohne nach hinten gerichtete deutliche Fortsätze der Randversteifung bzw. ohne Parameroide und ohne dachförmig abgestutzten Fortsatz (Abb. C 36-43, 45). 6

3 Pala mit nach hinten gerichteten deutlichen Fortsätzen der Randversteifung (Parameroide) (Abb. C 30-32, 34). 4

3* Pala ohne nach hinten gerichtete deutliche Fortsätze der Randversteifung, aber in der Mitte mit einem dachförmig abgestutzten Fortsatz (Abb. C 29 Pfeil). – Die Prosthemophore laufen lang (0,13 mm) parallel, erweitern sich hinten und tragen die 0,06 mm langen (ohne Krümmung) Prostheme. Diese sind schwach nach innen gebogen und gemeinsam 0,13 mm breit. Pala fast parallel (0,35 mm lang; 0,13 mm breit), nach 0,30 mm ist sie in seitliche Ecken erweitert, die eine Gruppe von Sinnesporen tragen, danach verschmälert sich die Pala und endet abgestutzt über den Prosthemophoren. Gesamtlänge Penis 0,50 mm. Prehensor (Abb. C 53) 0,31-0,35 mm lang; 0,31-0,38 mm breit. Körperlänge 2,4-3,0 mm. „Jugoslawien", Mazedonien, Serbien, Albanien. . . . . *designandus* NYHOLM, 1957

4 Fortsätze der Pala etwa so lang wie die Pala (Länge Fortsätze Pala 0,31-0,34 mm; Länge Pala 0,31-0,38) (Abb. C 30, 31). Die langen, schlanken, fast parallel laufenden Parameroide sind nach der Mitte gebogen und liegen über den Prosthemen. Diese sind kurz (0,15 mm) und hinten gegabelt (0,06 mm). Spitzen der Parameroide ohne auffällige Sinneszellen. Prosthemophore lang (0,22-0,25 mm), eng beieinander stehend. – Penis: Länge 0,62-0,70 mm; Breite Pala 0,14-0,16 mm. Prehensor (Abb. C 54): Länge 0,41-0,42 mm; Breite 0,37-0,41 mm. Tegmen: Länge 0,50-0,57 mm; Breite 0,25-0,35 mm. Körperlänge 2,9-3,5 mm. Bulgarien, Griechenland (Thrakien). . . . . *furcillatus* NYHOLM, 1948

4* Fortsätze der Pala deutlich kürzer als die Pala (Länge Fortsätze Pala 0,13-0,16 mm: Länge Pala 0,38-0,55) (Abb. C 32, 34). Die Parameroide sind nach außen gerichtet und liegen in der gleichen Ebene wie die Prostheme. Spitzen der Parameroide mit auffälligen Sinneszellen. . . 5

5 Kapulus schmaler (0,10-0,11 mm), vorn konisch zugespitzt; Parameren breiter (0,15-0,16 mm an der Basis), vorn mit schmalen Fortsätzen (Pfeil) (0,13-0,15 mm lang); Innenrand der Parameren kräftiger sklerotisiert (Abb. C 33). Tegmen: Länge 0,41-0,47 mm; Breite 0,34-0,43 mm. Prostheme breiter (Basis 0,03 mm), weniger gebogen (Abb. C 32). Prosthemophore 0,07-0,09 mm lang; Prostheme 0,06-0,07 mm lang. Parameroide 0,05 mm breit, 0,09 mm lang. Penis: Länge 0,51-0,68 mm; maximale Breite 0,17-0,26 mm; Länge Pala 0,38-0,55; Breite Pala 0,16-0,23. 9. Sternit hinten ohne sklerotisierten Randstreifen; Länge 0,39-0,57 mm; Breite 0,30-0,38 mm. Prehensor (Abb. C 55); Länge 0,39-0,40 mm; Breite 0,37-0,38 mm. Körperlänge 3,2-3,6 mm. Italien (Süden). *unguiculatus* NYHOLM, 1949

5* Kapulus breiter, vorn breit gerundet; Parameren schmaler, vorn ohne Fortsätze; Innenrand der Parameren schwächer sklerotisiert (Abb. C 35). Tegmen: Länge 0,38 mm; Breite 0,26 mm. Prostheme schlanker, stärker gebogen (Abb. C 34). Parameroide schlanker. Penis: Länge 0,48 mm; Länge Pala 0,33 mm; Breite Pala 0,17 mm. 9. Sternit mit vollständigem sklerotisiertem Randstreifen; Länge 0,38 mm; Breite 0,30 mm. Körperlänge 2,9 mm. [alle Maße nach NYHOLM 1976] Türkei. *ponticus* NYHOLM, 1976 (♀ unbekannt)

6(2) Pala etwa so lang wie die Prostheme und Prosthemophore gemeinsam (Länge Pala : Länge Prostheme + Prosthemophore = 0,9-1:1), vorn ± abgestutzt (Abb. C 42, 43, 45). Prostheme nach innen bzw. unten gebogen 7

6* Pala deutlich länger als die Prostheme und Prosthemophore gemeinsam (Länge Pala 0,43-0,53 mm; Länge Prostheme + Prosthemophore 0,17-0,30 mm) (Tabelle 90). Pala oval, vor

Tabelle 90: Variation des Penis von *C. palustris*. Maße in [mm]. GL = Gesamtlänge, LP = Länge Pala, BP = Breite Pala, LPr = Länge Prostheme, LPph = Länge Prosthemophore, A = LPr + LPph, I = Index: GL/LPr + LPph, * = ohne Krümmung, ** = extra Messung, keine Addition, weil Prosthemophore schräg stehen.

Form	Prosthem	GL	LP	BP	LPr*	LPph	A**	I	Abb.
1	nach außen gebogen, etwas gedreht	0,70	0,48	0,26	0,12	0,17	0,23	3,04	C 36
2	sichelförmig, mit breiter Basis	0,67	0,47	0,27	0,11	0,09	0,18	3,72	C 37
3	gerade, mit langer breiter Basis	0,70-0,80	0,43-0,49	0,22-0,25	0,16-0,18	0,11-0,12	0,26-0,30	2,63-2,69	C 38
4	schlank, stark sichelförmig gebogen	0,68	0,47	0,24	0,13	0,10	0,21	3,24	C 39
5	Schlank, Basis gerade, Spitze nach außen gebogen	0,74	0,49	0,30	0,14	0,16	0,25	2,96	C 40
6	Basis sehr breit, Spitze schlank, nach außen gebogen	0,65	0,47	0,26	0,09	0,12	0,17	3,82	C 41
7	sehr lang und stark nach innen und außen gebogen	0,67	0,47	0,20	0,16	0,12	0,22	3,05	

der Mitte am breitesten, vorn ± gerundet. Vor den Prosthemophoren befindet sich am Ende der Pala jeweils eine abgesetzte Gruppe von Sinnesporen. Prostheme ± deutlich nach außen gebogen, ihre Form ist sehr variabel (Abb. C 36-41), wobei Form 3 besonders abweicht, auch im Verhältnis der Gesamtlänge des Penis zur Länge Prostheme + Prosthemophore. – Tegmen 0,38-0,47 mm lang; 0,32-0,37 mm breit. Prehensor (Abb. C 56) 0,37-0,47 mm lang; 0,37-0,47 mm breit. Körperlänge (2,5-) 3,2-3,4 (-4,0) mm. Paläarktis.
. . . . *palustris* C. G. THOMSON, 1855

7 Prostheme krallenartig nach unten gekrümmt (Abb. C 42, 43). Pala schmal rechteckig: Länge 0,40-0,52 mm; Breite 0,19-0,28 mm. Penis länger; Gesamtlänge 0,72-0,97 mm; Prostheme (ohne Krümmung) 0,14-0,16 mm lang; Prosthemophore 0,27-0,28 mm lang; Prostheme + Prosthemophore 0,37-0,38 mm lang; Prostheme kürzer als die Prosthemophore. Ende der Pala vor den Prosthemophoren mit einer abgesetzten Gruppe von Sinnesporen. Tegmen (Abb. C 44) 0,33-0,43 mm lang; 0,30-0,38 mm breit. Prehensor (Abb. C 57) 0,40-0,53 mm lang; 0,41-0,50 mm breit. Körperlänge (2,7-) 3,5-4,0 (-4,4) mm. Europa, Asien. . . . *coarctatus* PAYKULL, 1799

7* Prostheme sichelblattartig nach innen gekrümmt (Abb. C 45). Pala nur wenig länger als breit: Länge 0,22 mm; Breite 0,16 mm. Penis kürzer; Gesamtlänge 0,43 mm; Prostheme (ohne Krümmung) 0,11 mm lang; Prosthemophore 0,09 mm lang; Prostheme + Prosthemophore 0,21 mm lang; Prostheme etwas länger als die Prosthemophore. Ende der Pala vor den Prosthemophoren ohne eine abgesetzte Gruppe von Sinnesporen. Körperlänge 2,8 mm. Albanien.
. . . . *albanicus* KLAUSNITZER, 1990 (♀ unbekannt)

8(1) Mitte des Bodens der Pala hinten mit 2 langen (0,27 mm) geraden, spitz endenden Fortsätzen (Pfeil), die fast die Länge der stark nach innen gebogenen, einander kreuzenden Prostheme erreichen (Abb. C 46). Pala an der Basis mit einer Querbrücke (Pfeil). 9. Sternit hinten mit einem in der Mitte unterbrochenen Randstreifen. – Tegmen: Länge 0,36-0,42 mm; Breite 0,26-0,30 mm. Penis: Gesamtlänge 0,56-0,58 mm; Länge Pala 0,32-0,35 mm; Breite Pala 0,23-0,24 mm. Körperlänge 2,8-3,1 mm. Türkei, Kaukasus. . . . . *euoplus* NYHOLM, 1970 (♀ unbekannt)

8* Pala an den Hinterecken mit je einem dornförmigen, schwach nach innen gebogenen artcharakteristischen Fortsatz (Parameroid) (Pfeil) unterschiedlicher Länge (0,11-0,27 mm ohne Krümmung), der fast die Länge der stark nach innen gebogenen Prostheme (0,15-0,31 mm ohne Krümmung) erreichen kann (Abb. C 47). Pala an der Basis mit einer Querbrücke. 9. Sternit hinten mit einem breiten sklerotisierten, mit dünnen kurzen Haaren besetzten Randstreifen. Tegmen: Länge 0,39-0,40 mm; Breite 0,32-0,33 mm. Penis: Gesamtlänge 0,50-0,56 mm; Länge Pala 0,34-0,38 mm; Breite Pala 0,21-0,23 mm. Prehensor (Abb. C 58) 0,33 mm lang; 0,38 mm breit. Körperlänge 2,9 mm. Türkei. . . . . *longispinus* NYHOLM, 1968

8** Pala ohne derartige Fortsätze an der Basis, mit oder ohne eine Querbrücke (Abb. C 48-50, 52). 9. Sternit hinten mit oder ohne einen sklerotisierten Randstreifen. 9

9 Kapulus schmal, wesentlich länger als maximal breit (Länge 0,15-0,17 mm; Breite 0,04-0,07 mm). Prostheme gleichmäßig, ohne eine Abwinkelung gebogen (Abb. C 48, 49). Zwischen den Prosthemen befindet sich kein oder nur ein kurzer nach hinten gerichteter Fortsatz. 10

9* Kapulus gedrungen, kaum länger als maximal breit (Länge 0,11-0,14 mm; Breite 0,09-0,14 mm) (Abb. C 50). Prostheme mit einem ± deutlichen Winkel in ihrer Krümmung (Abb. C 49, 51). Zwischen den Prosthemen mit einem kurzen nach hinten gerichteten Fortsatz. 11

10 Prostheme kürzer: Länge Prosthem (ohne Krümmung) 0,13-0,14 mm; Länge Pala 0,31-0,37 mm), Spitzen weit (0,18-0,20 mm) voneinander entfernt (Abb. C 48). Zwischen den Prosthemen befindet sich kein nach hinten gerichteter Fortsatz. Pala an der Basis mit einer Querbrücke; oval, an den Seiten gebogen; Breite der Pala 0,15-0,19 mm; Gesamtlänge Penis 0,49-0,56 mm. 9. Sternit hinten ohne sklerotisierten Randstreifen. Tegmen 0,40-0,41 mm lang; 0,22-0,23 mm breit. Prehensor (Abb. C 59) 0,33-0,39 mm lang; 0,31-0,35 mm breit. Körperlänge 3,0-3,7 mm. Europa, auch Osttürkei. . . . . *ruficeps* TOURNIER, 1868

10* Prostheme viel länger (Länge Prosthem : Länge Pala = 0,7:1), hinten einander kreuzend (Abb. C 49). Zwischen den Prosthemen befindet sich ein nach hinten gerichteter Fortsatz. Pala an der Basis ohne eine Querbrücke; annähernd rechteckig, Seiten ± gerade. Penis: Gesamtlänge 0,56 mm; Pala 0,33 mm lang. 9. Sternit hinten mit schmalem, sklerotisiertem Randstreifen. Tegmen 0,41 mm lang; 0,23 mm breit. Körperlänge 3,0 mm. [alle Maße nach NYHOLM 1976] Türkei. . . . . *dinolabis* NYHOLM, 1970 (♀ unbekannt)

11(9) Seiten der Pala annähernd gleichmäßig gebogen, Pala relativ breiter (Länge 0,25-0,27 mm; Breite 0,20-0,22 mm); Prostheme an der Basis schwach gewinkelt (Abb. C 50); Pala an der Basis ohne eine Querbrücke, zwischen den Prosthemen mit einem paarigen Fortsatz, ohne Mittelzahn. Basis der Prostheme mit einem kleinen Feld von Sinnesporen. Gesamtlänge Penis 0,38-0,39 mm. 9. Sternit hinten mit sklerotisiertem Randstreifen. Tegmen (Abb. C 51) 0,30 mm lang; 0,27 mm breit. Körperlänge 2,5 mm. Türkei. . . . . *osellai* KLAUSNITZER, 1989 (♀ unbekannt)

11* Seiten der Pala nach vorn konvergierend, Pala relativ schmaler (Länge 0,29-0,36 mm; Breite 0,19-0,21 mm); Prostheme vor der Spitze ± deutlich gewinkelt (Abb. C 52); Pala an der Basis mit einer nach hinten gebogenen Querbrücke; zwischen den Prosthemen mit einem dreieckigen Mittelzahn (Pfeil) (0,07 mm lang), der von der Querbrücke ausgeht und zwei Seitenzähnen. Basis der Prostheme ohne ein Feld von Sinnesporen. Gesamtlänge Penis 0,40-0,50 mm. 9. Sternit hinten mit breitem sklerotisiertem Randstreifen. Tegmen 0,30-0,36 mm lang; 0,22-0,29 mm breit. Prehensor (Abb. C 60) 0,25-0,31 mm lang; 0,26-0,34 mm breit. Körperlänge 2,4-3,3 mm. Bulgarien, Serbien, Türkei. . . . . *scurrula* NYHOLM, 1970

12.8. Bestimmungstabelle für die *siculus*-Untergruppe

1 Der Abstand der Prostheme zwischen den Spitzen entspricht etwa der maximalen Breite der Pala (Abb. C 61). – Pala sehr schmal und lang (Länge 0,64 mm; Breite 0,19 mm), etwas nach vorn konvergierend. Prostheme länger, deutlich nach hinten gerichtet, parallel, ohne basalen Höcker. Pala hinten nicht auffällig verschmälert, mit einer Querverbindung der Randleisten. Tegmen (Abb. C 62) mit nach vorn gerichteten Fortsätzen (Pfeil); Länge 0,57-0,58 mm; Breite 0,27-0,30 mm. Gesamtlänge 0,77 mm. Körperlänge 3,4 mm. Italien.
. . . . *solarii* NYHOLM, 1957 (♀ unbekannt)

1* Der Abstand der Prostheme zwischen den Spitzen ist deutlich (145-185 %) oder wenigstens etwas größer (105-110 %) als die maximale Breite der Pala (Abb. C 63-66) (in letzterem Fall trägt die Pala lange, ± gerade, nach hinten gerichtete Fortsätze = *buceros*). 2

1** Der Abstand der Prostheme zwischen den Spitzen ist kleiner als die maximale Breite der Pala (Abb. C 67-78). 5

2 Pala mit langen, ± geraden, nach hinten gerichteten Fortsätzen, etwa von der Länge der Pala (Abb. C 63, 64). 3

2* Pala ohne solche Fortsätze (Abb. C 64, 65). 4

3 Prostheme sehr breit voneinander getrennt (Abstand Spitzen Prostheme 0,33-0,34 mm; Breite Pala 0,18-0,21 mm), Querstück 0,34-0,37 mm breit; Basalteil des Mittelblattes nicht nach hinten verlängert (Abb. C 63). Kapulus schmaler (0,08 mm breit). Tegmen 0,37-0,49 mm lang; 0,22-0,32 mm breit. Gesamtlänge Penis 0,58-0,63 mm; Pala 0,29-0,37 mm lang; Fortsätze der Pala 0,32-0,33 mm lang. Körperlänge 2,3-3,3 mm. Türkei.
. . . . *euryceros* NYHOLM, 1970 (♀ unbekannt)

3* Prostheme weniger breit voneinander getrennt (Abstand Spitzen Prostheme 0,17-0,19 mm; Breite Pala 0,16-0,18 mm), Querstück 0,18-0,23 mm breit; Basalteil des Mittelblattes nach hinten verlängert (Pfeil), unter dem Querstück sichtbar (Abb. C 64). Kapulus breiter und rundlich (0,13-0,16 mm breit). Tegmen 0,38-0,53 mm lang; 0,26-0,34 mm breit. Gesamtlänge Penis 0,47-0,61 mm; Pala 0,28-0,34 mm lang; Fortsätze der Pala 0,27-0,33 mm lang. Prehensor (Abb. C 80) 0,36-0,42 mm lang; 0,27-0,29 mm breit. Körperlänge 2,8-3,2 (-3,5 mm). Türkei, Kaukasus. . . . . *buceros* NYHOLM, 1949

4(2) Prostheme sehr breit voneinander getrennt, relativ kürzer (Abstand Spitzen Prostheme 0,28-0,30 mm; Länge Jugum 0,05-0,07 mm; Breite Pala in der Mitte 0,19-0,21 mm), Spitzen winkelig nach vorn gebogen (0,05 mm) (Abb. C 65), Querbrücke 0,30-0,32 mm breit, Jugum in der Mitte wenig sklerotisiert. Pala oval, breiter und kürzer; 0,32-0,37 mm lang. Gesamtlänge Penis 0,39-0,45 mm. Tegmen 0,35-0,41 mm lang; 0,24-0,32 mm breit; Kapulus 0,10-0,12 mm breit. Körperlänge 3,1 mm. Türkei. . . . . *wittmeri* NYHOLM, 1970 (♀ unbekannt)

4* Prostheme weniger breit voneinander getrennt, relativ länger (Abstand Spitzen Prostheme 0,25 mm; Länge Jugum 0,17 mm; Breite Pala in der Mitte 0,15 mm), Prostheme ± gerade, schräg nach außen gerichtet, Spitzen etwas nach innen gebogen (Abb. C66), Querbrücke 0,17 mm breit, Jugum in der Mitte ebenso wie die Prostheme sklerotisiert. Pala schmal, Seiten gerade, nach vorn divergierend; vorn 0,12 mm breit; hinten 0,21 mm breit; 0,44 mm lang. Gesamtlänge Penis 0,65 mm. Tegmen 0,47 mm lang; 0,32 mm breit; Kapulus 0,13 mm breit. Körperlänge 3,5 mm. Kaspisches Meer-Gebiet. . . . *reitteri* KLAUSNITZER, 1976 (♀ unbekannt)

5(1) Spitzen der Prostheme nach hinten gerichtet (Abb. C67-72). 6

5* Spitzen der Prostheme nach vorn gerichtet (Abb. C73-78). 11

6 Prostheme eng nebeneinander stehend (0,03-0,06 mm), höchstens durch etwa die Länge eines einzelnen Prosthems voneinander getrennt (Abb. C67-69). Pala in der Mitte am breitesten, nach vorn schmaler werdend, hinten geradlinig oder etwas verschmälert, hinten ohne oder nur mit schwach ausgebildeten (0,02 mm lang) seitlichen Fortsätzen (Parameroide ?). 7

6* Prostheme wesentlich weiter voneinander entfernt (0,10-0,15 mm), Abstand meist etwa doppelt so breit wie ein einzelnes Prosthem lang ist (Abb. C70-72). Pala nach vorn nicht oder nur wenig verjüngt, hinten mit relativ langen (0,05-0,07 mm) seitlichen Fortsätzen (Parameroide ?), die an der Spitze Sinnesporen tragen. 9

7 Abstand der Prostheme etwa der Länge eines einzelnen Prosthems entsprechend, jeweils 0,05-0,06 mm (Abb. C67). – Pala hinten mit kurzen, dreieckigen seitlichen Fortsätzen (Pfeil). Penis: Gesamtlänge 0,33-0,40 mm; Länge Pala 0,27-0,34 mm; maximale Breite Pala 0,14-0,16 mm. Tegmen 0,30-0,36 mm lang; 0,18-0,22 mm breit. Prehensor (Abb. C81) 0,31-0,40 mm lang; 0,25-0,32 mm breit. Körperlänge 2,1-2,9 mm. Frankreich (Pyrenäen), Spanien, Portugal. . . . . *iberus* NYHOLM, 1976

7* Abstand der Prostheme etwa der halben Länge eines einzelnen Prosthems entsprechend (Abb. C68, 69). 8

8 Pala gedrungener (Länge 0,22-0,25 mm; Breite 0,10-0,12 mm; Index 2,1-2,2), Seitenrand gleichmäßig schwach gerundet, nur an der Basis ± parallel, hinten ohne seitliche Fortsätze (Abb. C68). Penis kürzer, Gesamtlänge 0,29-0,33 mm. Tegmen 0,32 mm lang; 0,19 mm breit; Kapulus schmaler, vorn spitz endend, Stiel kaum abgesetzt; Parameren weniger breit getrennt (0,12-0,13 mm). Prehensor (Abb. C82) 0,30-0,32 mm lang; 0,25-0,26 mm breit. Körperlänge 2,5-2,6 mm. Korsika. . . . . *corsicus* NYHOLM, 1964

8* Pala schlanker (Länge 0,28-0,45 mm; Breite 0,12-0,17 mm; Index 2,3-2,7), Seitenrand bis zur Mitte annähernd parallel, danach deutlich nach vorn konvergierend, hinten mit kurzen seitlichen Fortsätzen (Parameroide ?) (Abb. C69). Penis länger, Gesamtlänge 0,35-0,52 mm. Tegmen 0,35-0,45 mm lang; 0,23-0,28 mm breit; Kapulus breiter, vorn abgerundet, Stiel deutlich abgesetzt, lang; Parameren breiter voneinander getrennt (0,20-0,23 mm). Prehensor (Abb. C83). Körperlänge 2,8-3,8 mm. Frankreich (Süden), Pyrenäen, Spanien, Korsika. . . . . *pandellei* BOURGEOIS, 1884

9(6) Pala hinten mit einem umfangreichen rechteckigen Fortsatz (0,06 mm lang; 0,12 mm breit) (Pfeil), an den sich das Querstück anschließt, Pala hinter der Mitte deutlich nach vorn verjüngt (Abb. C70). Penis: Gesamtlänge 0,40-0,49 mm; Länge Pala 0,29-0,37 mm; maximale Breite Pala 0,16-0,21 mm. Tegmen 0,31-0,40 mm lang; 0,21-0,34 mm breit. Prehensor (Abb. C84) 0,47-0,49 mm lang; 0,39-0,41 mm breit. Körperlänge 2,7-3,7 mm. Griechenland (Festland und Insel Euböa). . . . . *macedonicus* NYHOLM, 1957

9* Pala hinten ohne einen umfangreichen rechteckigen Fortsatz (Querbrücke), an den sich das Querstück anschließt (Abb. C71, 72); Pala nach vorn nicht oder kaum verjüngt. 10

10 Relation des Abstandes der Prostheme geringer (Länge Prostheme 0,06-0,07 mm; Abstand Prostheme 0,09-0,12 mm), Prostheme kräftiger (Abb. C71). Penis durchschnittlich etwas länger: 0,39-0,51 (Ø 0,45) mm. Pala variabel, oft an den Seiten etwas eingedellt und nach vorn erweitert, Vorderrand ± abgestutzt. Pala 0,28-0,38 mm lang; 0,17-0,18 mm maximal breit. Tegmen 0,29-0,36 mm lang; 0,22-0,36 mm breit. Prehensor (Abb. C85) 0,27-0,30 mm lang; 0,38-0,40 mm breit. Körperlänge 2,7-3,3 mm. Türkei, Kaukasus. . . . *arietizans* NYHOLM, 1970

10* Relation des Abstandes der Prostheme größer (Länge Prostheme 0,04-0,07 mm; Abstand Prostheme 0,10-0,17 mm), Prostheme schwächer (Abb. C 72). Penis durchschnittlich etwas kürzer: 0,28-0,45 (Ø 0,37) mm. Seitenrand der Pala bis zur Mitte ± gerade, nach hinten etwas erweitert, Vorderrand ± gerundet. Pala 0,26-0,36 mm lang; maximal 0,13-0,21 mm breit. Tegmen 0,27-0,35 mm lang; 0,20-0,25 mm breit. Prehensor (Abb. C 86) 0,27-0,34 mm lang; 0,31-0,38 mm breit. Körperlänge 2,5-3,3 mm. Griechenland (Insel Rhodos), Türkei, Israel, Kaukasus. . . . . *longiusculus* NYHOLM, 1970

11(5) Pala annähernd rechteckig (Länge 0,31 mm; Breite 0,21 mm), hinten mit einer Querverbindung der Randleisten (Abb. C 73). Parameroide relativ lang (0,08 mm). Gesamtlänge Penis 0,40 mm. Jugum 0,07 mm lang; 0,10 mm breit. Tegmen 0,33 mm lang; 0,25 mm breit. Körperlänge 2,6 mm. Kaspisches Meer-Gebiet. . . . . . . *quadrum* KLAUSNITZER, 1980 (♀ unbekannt)

11* Pala hinten stark verengt (maximale Breite 0,17-0,18 mm; Verengung 0,03 mm breit: *putonii*), hinten nicht durch eine Querverbindung der Randleisten verbunden (Abb. C 74, 75). Parameroide fehlend. 12

11** Pala schlank (Länge mm; Breite mm), zungenförmig, hinten durch eine Querverbindung der Randleisten verbunden (Abb. C 76-78). Parameroide kurz oder fehlend. 13

12 Trigonium mit einer kreisförmigen Struktur, die mit kurzen Dörnchen bedeckt ist (Abb. C 74 Pfeil). Gesamtlänge Penis 0,40-0,50 mm. Jugum 0,03 mm lang; 0,10-0,12 mm breit. Tegmen 0,32 mm lang; 0,24 mm breit. Prehensor (Abb. C 87) 0,44-0,45 mm lang; 0,30-0,31 mm breit. Körperlänge 2,5-3,4 mm. Deutschland, Schweiz, Frankreich, Pyrenäen, Spanien. . . . . *putonii* BRISOUT DE BARNEVILLE, 1863

12* Trigonium ohne kreisförmige Struktur (Abb. C 75). Prehensor (Abb. C 88). Körperlänge 2,4-2,9 mm [Maße nach HERNANDO et al. 2003]. Marokko. . . . . *lithophilus* HERNANDO, AGUILERA & RIBERA, 2003

13(11) Pala im basalen Drittel mit annähernd parallelen Seiten, nach einem Knick deutlich nach vorn konvergierend, Vorderteil schlank (Abb. C 76). Abstand der Prostheme klein (0,06-0,07 mm). Hinterecken der Pala sehr kurz dreieckig verlängert, nicht nach außen gerichtet. Quersklerit der Pala in der Mitte verstärkt und nach vorn gebogen. Penis länger: Gesamtlänge 0,56-0,70 mm. – Länge der Pala 0,46-0,54 mm; Breite 0,15-0,18 mm. Jugum 0,04-0,06 mm lang; 0,10-0,11 mm breit. Tegmen 0,39-0,45 mm lang; 0,27-0,38 mm breit; Kapulus 0,06-0,07 mm breit. Prehensor (Abb. C 89) 0,35-0,36 mm lang; 0,36-0,41 mm breit. Körperlänge 2,7-3,5 mm. Spanien, Korsika, Sardinien, Sizilien, Algerien, Tunesien, Marokko. . . . . *siculus* TOURNIER, 1868

13* Pala nach vorn gleichmäßiger verjüngt (Abb. C 77, 78). Abstand zwischen den Spitzen der Prostheme größer (0,08-0,13 mm). Hinterecken der Pala dreieckig verlängert, nach außen gerichtet. Quersklerit der Pala in der Mitte verstärkt oder nicht. Penis kürzer: Gesamtlänge 0,45-0,52 mm. 14

14 Hinterecken der Pala stärker dreieckig verlängert (0,08 mm), schräg nach außen gerichtet, Pala dort 0,20 mm breit. Quersklerit der Pala in der Mitte kaum verstärkt. Pala nach hinten stärker verjüngt (Länge 0,41 mm; Breite 0,16 mm) (Abb. C 77). Abstand der Prostheme größer (0,13 mm). Kapulus 0,07 mm breit. Gesamtlänge Penis 0,52 mm. Jugum 0,06 mm lang; 0,14 mm breit. Tegmen 0,38 mm lang; 0,26 mm breit. Prehensor (Abb. C 90). Körperlänge 3,0-3,5 mm. Spanien (Süden), Marokko, Algerien. . . . . . *derelictum* PEYERIMHOFF, 1931

14* Hinterecken der Pala schwächer dreieckig verlängert (0,05 mm), schräg nach außen gerichtet, Pala dort 0,16-0,18 mm breit. Quersklerit der Pala in der Mitte verstärkt. Pala nach hinten schwächer verjüngt (Länge 0,37-0,39 mm; Breite 0,15-0,17 mm) (Abb. C 78). Abstand der Prostheme kleiner (0,08-0,09 mm). Kapulus meist schmal (0,02-0,03 mm breit) (Abb. C 79), mitunter breiter. Gesamtlänge Penis 0,45-0,48 mm. Jugum 0,04-0,05 mm lang; 0,10-0,11 mm breit. Tegmen 0,38-0,41 mm lang; 0,18-0,22 mm breit. Prehensor (Abb. C 91) 0,38-0,40 mm lang; 0,38-0,42 mm breit. Körperlänge (2,3-) 2,9-3,8 mm. Frankreich (Süden), Pyrenäen, Spanien, Marokko, Tunesien. *sulcicollis* MULSANT et REY, 1865

12.9. Bestimmungstabelle für die *ochraceus*-Untergruppe

1 9. Sternit klammerförmig, mit schmalem Stiel, hinten tief eingebuchtet, in seitliche lange, schlanke Fortsätze ausgezogen, dazwischen befindet sich eine tiefe kreisförmige Einbuchtung (Abb. C96); Länge 0,40-0,45 mm; Breite 0,26-0,27 mm. Ventral des Penis ist ein vor allem am Hinterrand bedorntes akzessorisches Sklerit vorhanden (Abb. C97) (0,20-0,25 mm lang; 0,05-0,06 mm breit), das mit dem Tegmen lose verbunden ist. Pala des Penis etwas breiter (0,07-0,09 mm), Schenkel kräftig, stark nach außen gerichtet (Abstand der Spitzen 0,18-0,19 mm), gebogen (Abb. C92). Gesamtlänge Penis 0,37-0,46 mm; Pala 0,26-0,31 mm lang. Kapulus deutlich abgesetzt; Parameren deutlich voneinander getrennt (Abb. C93). Tegmen 0,33-0,36 mm lang; 0,29-0,32 mm breit. Platte des 8. Tergit nach hinten abgesetzt verschmälert (Abb. C94). Prehensor mit gezähntem Rand (Abb. C107, 108); 0,30-0,44 mm lang; 0,31-0,45 mm breit. Körperlänge (2,2-) 2,7-3,2 (-3,5) mm. Holarktis.
. . . . *kongsbergensis* MUNSTER, 1923

1* Das 9. Sternit ist eine große, nach hinten divergierende Platte, die hinten ± gerade oder schwach gebogen endet und in deren Mitte zwei große, gerade, etwas nach unten gebogene Dornen entspringen (Abb. C101, 106). Ohne bedorntes akzessorisches Sklerit. Pala des Penis sehr schmal (0,04-0,07 mm), Schenkel schwächer, gerade und dünner (Abb. C98, 102, 104) (Abstand der Spitzen 0,09-0,11 (-0,17) mm). Kapulus schmal und langgestreckt, Tegmen hinten breit, Parameren miteinander verschmolzen (Abb. C99, 103, 105). Platte des 8. Tergit hinten gleichmäßig gerundet (Abb. C100). Prehensor im Umriss ± viereckig, Seitenrand nicht gezähnt (Abb. C109-111). 2

2 Dornen (0,11-0,17 mm lang) am Hinterende des 9. Sternit unmittelbar oder fast unmittelbar nebeneinander entspringend (Abb. C101). 3

2* Zwischen den 0,10-0,12 mm langen Dornen am Hinterende des 9. Sternit besteht ein deutlicher Abstand (0,08-0,09 mm), sie sind demnach fast so weit voneinander entfernt, wie sie lang sind (Abb. 106). – 9. Sternit 0,62-0,65 mm lang; vorn 0,16-0,18 mm breit; hinten maximal 0,30-0,31 mm breit. Penis (Abb. C104) insgesamt 0,52-0,53 mm lang; Pala 0,25-0,30 mm lang; 0,04-0,06 mm breit. Tegmen (Abb. C105) 0,55-0,63 mm lang; 0,33-0,36 mm breit; Kapulus 0,07-0,11 mm breit. Prehensor (Abb. C111). Körperlänge 2,8-3,0 mm. Kaspisches Meer-Gebiet. . . . . *caspicus* KLAUSNITZER, 1975

3 Schenkel (Parameroide des Penis) enger beieinander stehend (Abstand der Spitzen 0,07 mm) (Abb. C98). Penis insgesamt 0,45-0,51 mm lang; Pala 0,26-0,35 mm lang; 0,05-0,07 mm breit. Parameren und Kapulus schmaler (Abb. C99); Tegmen 0,50-0,58 mm lang; 0,24-0,28 mm breit; Kapulus 0,06 mm breit. 9. Sternit 0,62-0,77 mm lang; vorn 0,12-0,23 mm breit; hinten maximal 0,28-0,29 mm breit; die Basen der Dornen stehen unmittelbar nebeneinander. Mittlere Borsten des Prehensor größer, Basissklerit schmaler (0,01-0,02 mm) (Abb. C109 Pfeil) 0,32-0,47 mm lang; 0,30-0,43 mm breit. Körperlänge (2,1-) 2,7-3,2 (-3,5) mm. Europa.
. . . . *ochraceus ochraceus* STEPHENS, 1830

3 Schenkel (Parameroide des Penis) stärker divergierend (Abstand der Spitzen 0,11-0,17 mm) (Abb. C102). Penis insgesamt 0,41-0,45 mm lang; Pala 0,20-0,23 mm lang; 0,05-0,06 mm breit. Parameren und Kapulus breiter (0,17 mm) (Abb. C103). 9. Sternit 0,67-0,70 mm lang; vorn 0,11-0,12 mm breit; hinten maximal 0,26-0,29 mm breit; zwischen den Basen der Dornen befindet sich ein Abstand von 0,01-0,02 mm. Mittlere Borsten des Prehensor kleiner, Basissklerit breiter (0,07-0,08 mm) (Abb. C110 Pfeil) 0,36-0,42 mm lang; 0,34-0,37 mm breit. Körperlänge 2,7-3,2 mm. Nordafrika. . . . . *ochraceus nyholmi* KLAUSNITZER, 1991

12.10. Bestimmungstabelle für die *padi*-Untergruppe

1 9. Sternit hinten abgerundet, Hinterecken als kleine Spitzen markiert (Pfeil), behaart (Abb. C 115); 0,33 mm lang; maximale Breite hinten 0,08 mm. Parameroide schmal, lang, nur wenig divergierend (Abb. C 112). Pala des Penis länger als breit, schmal, nach hinten konvergierend, Vorderrand ausgebuchtet. Gesamtlänge Penis 0,12 mm. Kapulus lang, löffelförmig (Abb. C 113). Seitenfelder der Parameren etwa doppelt so lang wie breit und deutlich voneinander abgesetzt. Tegmen 0,15 mm lang. 9. Tergit mit einem breiten, nahezu parallelen Rest der Platte (Abb. C 114 Pfeil). 8. Tergit 0,66-0,69 mm lang. 9. Tergit 0,69-0,74 mm lang. Hinterrand des 7. Sternit des ♂ in der Mitte mit einer kleinen, deutlich abgesetzten, leicht aufgebogenen Spitze. Körperlänge 2,3 mm. Türkei, Israel, Frankreich.
. . . . *abeillei* BOURGEOIS, 1884 (♀ unbekannt)

1* 9. Sternit vorn breit (0,16-0,18 mm), in der Mitte mit einem kräftig sklerotisierten Stab, der sich hinten teilt; hinterer Teil des 9. Sternit etwas abgesetzt (0,10-0,12 mm lang), stärker sklerotisiert, hinten konvergierend und in zwei kurze Spitzen auslaufend (Abb. C 119); Gesamtlänge 0,35-0,39 mm; maximale Breite hinten 0,05-0,06 mm. Parameroide beilförmig (Abb. C 116), 0,07 mm lang. Pala des Penis annähernd quadratisch (Seitenlänge 0,11 mm), Vorderrand gerade. Gesamtlänge Penis 0,20-0,23 mm. Kapulus breit gerundet (0,06 mm breit), vorn mit einer kleinen Spitze (Abb. C 117). Seitenfelder der Parameren etwas länger als breit (0,13 mm lang; 0,12 mm breit), ± rund und ± deutlich voneinander abgesetzt. Tegmen 0,20-0,24 mm lang; 0,18-0,19 mm breit. 9. Tergit mit einem schmalen, spitz zulaufendem und teilweise sklerotisierten Rest der Platte (Abb. C 118). 8. Tergit 0,67-0,68 mm lang. 9. Tergit 0,71-0,73 mm lang. Hinterrand des 7. Sternit des ♂ breit abgerundet. Prehensor vorn mit einem langen Fortsatz, auf den seitliche Flügel und ein breites Schild folgen (Abb. C 130), 0,55 mm lang; maximale Breite 0,33 mm. Körperlänge 1,9-2,8 mm. Kreta. . . . . *difficilis* KLAUSNITZER, 1976

1** 9. Sternit hinten eine ± rechteckige Platte bildend (Abb. C 123, 128). Parameroide beilförmig oder breit lappenförmig (Abb. C 120, 125). Prehensor langgestreckt, schotenförmig (Abb. C 131, 132). Seitenfelder der Parameren etwa 1,5-mal so lang wie breit. Länge der Bacilla lateralia des 8. und 9. Sternit 0,85-1,132 mm (nur ausnahmsweise zwischen 0,65-0,84 mm). 2

2 Parameroide beilförmig (0,07-0,08 mm lang), Hinterecken mit nach außen gerichteter zahnartiger Spitze, hinten wie abgebrochen wirkend, Hinterrand ± schartig (Abb. C 120). 8. Tergit 1,19-1,32 mm lang. 9. Tergit mit einem spitz zulaufenden, etwas breiteren Rest der Platte (Abb. C 122), 1,13-1,27 mm lang. 9. Sternit hinten eine trapezförmige, schwach konvergierende, etwas eingebuchtete, in der Mitte gezähnte, mit markierten Hinterecken versehene, behaarte Platte bildend (0,13-0,14 mm lang; 0,10-0,11 mm breit) (Abb. C 123); Gesamtlänge 0,37-0,45 mm; maximale Breite 0,12-0,14 mm. Hinterrand des 7. Sternit des ♂ in der Mitte mit einer kleinen, deutlich abgesetzten, leicht aufgebogenen Spitze (Abb. C 124 Pfeil). Kapulus vorn breit abgerundet, 0,03-0,06 mm breit. Seitenfelder der Parameren etwas voneinander abgesetzt (Abb. C 121). Tegmen 0,17-0,24 mm lang; 0,16-0,18 mm breit. Pala des Penis kaum länger als breit (0,12-0,14 mm), vorn verbreitert, nach hinten schmaler werdend, Vorderrand gerade. Gesamtlänge Penis 0,21-0,23 mm. Prehensor (Abb. C 131) 0,77-0,82 mm lang; 0,20-0,25 mm breit. Körperlänge 2,5-2,6 mm. Griechenland, Zypern, Syrien, Türkei, Kaukasus, Aserbaidschan. . . . . *lepidulus* NYHOLM, 1968

2* Parameroide breit lappenförmig (0,12 mm lang), hinten breit gerundet (Abb. C 125). 8. Tergit 0,82-1,12 mm lang. 9. Tergit mit einem spitz zulaufenden, etwas schmaleren Rest der Platte (Abb. C 127), 0,66-1,00 mm lang. 9. Sternit hinten eine an den Seiten eingebuchtete, nach hinten etwas erweiterte, 0,09 mm lange, 0,11 mm breite, viereckige, behaarte Platte bildend, die hinten schwach eingebuchtet und etwas gezähnt ist (Abb. C 128); Gesamtlänge 0,35-0,46 mm; maximale Breite 0,13-0,15 mm. Hinterrand des 7. Sternit des ♂ breit abgerundet (Abb. C 129). Kapulus kurz, etwas konvergierend, 0,03-0,04 mm breit. Seitenfelder der Parameren eine einheitliche Platte bildend (Abb. C 126). Tegmen 0,21-0,28 mm lang; 0,19-0,22 mm breit. Pala des Penis etwas länger als breit (0,09-0,15 mm), ± rechteckig, mit gerundeten Ecken, Seiten zwischen den Vorder- und Hinterecken eingebuchtet. Gesamtlänge Penis 0,20-0,27 mm. Prehensor (Abb. C 132) 0,70-0,85 mm lang; 0,20-0,24 mm breit. Körperlänge (1,8-) 2,2-2,5 (-2,8) mm. Paläarktis. . . . . *padi* (LINNAEUS, 1758)

12.11. Bestimmungstabelle für die *hilaris*-Untergruppe

Die einzelnen Arten sind wohl recht nahe miteinander verwandt. Dennoch lassen sich für jede charakteristische Merkmale benennen, jedoch ist es schwierig, eine Untergliederung in Gruppen vorzunehmen. Eine dichotome Bestimmungstabelle scheint deshalb nicht besonders zweckmäßig zu sein und es wird eine tabellarische Übersicht gegeben (Tabelle 91).

Tabelle 91: Merkmale der Arten der *hilaris*-Untergruppe. Maße in mm.

Merkmal	*australis* KLAUSNITZER, 1991	*gracilicornis* WOLLASTON, 1864	*hilaris* NYHOLM, 1944	*lindbergi* NYHOLM, 1948	*poggii* KLAUSNITZER, 1990
Kapulus	0,14-0,17 breit, schmaler als die Parameren (0,18-0,20)	0,13-0,14 breit, etwa so breit wie die Parameren (0,12-0,13)	0,12-0,14 breit, schmaler als die Parameren (0,19-0,23)	0,23-0,26 breit, etwas breiter als die Parameren (0,20-0,23)	0,21-0,24 breit, so breit wie die Parameren (0,20-0,21)
Stiel	2 zunächst parallele, dann divergierende Stiele	ein kurzer gemeinsamer Stiel, der sich vor der Mitte gabelt und die Pterygien stützt	ein kurzer gemeinsamer Stiel, der sich vor der Mitte gabelt und die Pterygien stützt	2 parallele, dann nicht-divergierende Stiele	2 vorn schwach parallele, dann divergierende Stiele
Pterygien	mit breiter Basis, relativ schmal, hinten zugespitzt (Abb. C 134)	nach hinten nur wenig zugespitzt (Abb. C 137)	nach hinten kaum zugespitzt (Abb. C 140)	mit breiter Basis, relativ schmal, hinten konisch verengt (Abb. C 143)	breit, nach hinten etwas konvergierend (Abb. C 147)
Tegmen Länge	0,45-0,48	0,41-0,42	0,40-0,50	0,55-0,61	0,53-0,54
Pala	etwa so breit wie lang, vorn ± abgestutzt, nach hinten verjüngt; 0,22-0,23 lang; 0,23-0,27 breit	länger als breit, vorn etwas abgerundet, nach hinten stark und gleichmäßig konvergierend; 0,30 lang; 0,25 breit	fast kreisförmig bis quer oval, vorn abgerundet; 0,19-0,23 lang; 0,22-0,26 breit	annähernd quadratisch, Vorderrand fast gerade; 0,34-0,40 lang; 0,31-0,38 breit	etwas breiter als lang, vorn schwach gebogen, nach hinten stark verengt; 0,27-0,28 lang; 0,32-0,33 breit
Prostheme	in lange, schlanke, hinten bedornte Spitzen auslaufend (Abb. C 133), 0,17-0,18 lang	sensenblattförmig (Abb. C 136), 0,25-0,26 lang	beilförmig, zum Ende wenig verschmälert (Abb. C 139), 0,16-0,17 lang	mit schmaler Basis, in schmale, schlanke Spitzen auslaufend (Abb. C 142), 0,30-0,32 lang	mit breiter Basis, hinten in schlanke Fortsätze auslaufend (Abb. C 146), 0,25-0,26 lang
Penis Länge	0,39-0,40	0,65-0,66	0,43-0,42	0,61-0,64	0,51-0,52
9. Sternit			Länge 0,23-0,29	Länge 0,32; Breite 0,06 (Abb. C 144)	

Tabelle 91 (Forts.): Merkmale der Arten der *hilaris*-Untergruppe. Maße in mm.

Merkmal	*australis* Klausnitzer, 1991	*gracilicornis* Wollaston, 1864	*hilaris* Nyholm, 1944	*lindbergi* Nyholm, 1948	*poggii* Klausnitzer, 1990
8./9. Tergit	Abb. C 135. Platte teilweise erhalten, durch nach innen gerichtete Fortsätze des 9. Tergit verbunden. Gesamtbreite 0,43	Abb. C 138. Platte nur schwach erhalten	Abb. C 141. Platte nur schwach erhalten	Abb. C 145. Platte in großem Maße erhalten. Gesamtbreite 0,50	Abb. C 148. Platte teilweise erhalten, durch nach innen gerichtete Fortsätze des 9. Tergit verbunden
8. Tergit 8. Tergit Form	0,50-0,51 lang ab Mitte verbreitert (0,03-0,04) und etwas abgeknickt, davor 0,02 breit, nur wenig zugespitzt	0,64-0,65 lang ab Mitte verbreitert (0,04), davor 0,02 breit, hinten mit scharf abgesetzter kurzer Spitze	0,63-0,81 lang in der Mitte eine kurze Erweiterung (0,04) (Pfeil)	0,75-0,92 lang mit allmählicher Erweiterung (0,04), hinten in eine lange Spitze auslaufend	0,70-0,75 lang nach der Erweiterung (0,05) allmählich und kurz zugespitzt
9. Tergit Prehensor Prehensor	0,60-0,62 lang Abb. C 149 0,67 lang; 0,45 breit	0,61-0,62 lang Abb. C 150 0,79 lang; 0,50 breit	0,42-0,60 lang Abb. C 151 0,55-0,64 lang; 0,31-0,55 breit	0,80-0,93 lang Abb. C 152 0,72-0,78 lang; 0,52-0,58 breit	0,73-0,82 lang unbekannt -
Körperlänge	2,7-2,9	2,1-3,5	(2,3-) 2,7-3,2 (-3,5)	2,9-3,2	2,2-2,9
Verbreitung	Algerien, Tunesien	Kanarische Inseln	Nordwest- und Westeuropa	Algerien, Marokko	Sardinien

12.12. Bestimmungstabelle für die *variabilis* s. str.-Untergruppe

1 Vorderteil des Tegmen breit (0,21-0,22 mm), spatelförmig, Tegmen hinten in der Mitte abgerundet (Abb. C 162); 0,37-0,42 mm lang; maximal 0,21-0,22 mm breit. Pala des Penis vorn deutlich eingebuchtet (Abb. C 161); 0,16-0,18 mm lang; 0,17-0,25 mm breit. Gesamtlänge Penis 0,26-0,32 mm. – Hinterecken des 9. Sternit in schlanke Spitzen auslaufend, dazwischen tief eingeschnitten (Abb. C 164); 0,53-0,54 mm lang; 0,20-0,24 mm maximal breit; Spitzen 0,07 mm lang. 8. Tergit (Abb. C 163) 0,78-0,89 mm lang. 9. Tergit 0,87-0,92 mm lang. Prehensor hinten in zwei schlanke Fortsätze auslaufend, dazwischen tief eingebuchtet (Abb. C 167); 0,49-0,60 mm lang; 0,39-0,43 mm breit. Körperlänge 2,9-3,2 mm. Italien (Süden), Frankreich (Süden), Marokko. . . . . *palmi* Nyholm, 1948

1* Vorderteil des Tegmen ± zugespitzt (Abb. C 154, 158). Pala des Penis vorn abgestutzt oder gerundet (Abb. C 153, 157). 2

2 Vorderteil des Tegmen oval, gerundet, Tegmen hinten in der Mitte zugespitzt (Abb. C 154); 0,47-0,52 mm lang; 0,23-0,28 mm breit. Pala vorn ± abgestutzt (Abb. C 153); 0,17-0,20 mm lang; 0,21-0,24 mm breit. Gesamtlänge Penis 0,29-0,32 mm. Hinterecken des 9. Sternit wenig ausgeprägt, nur kurz zugespitzt, größte Breite hinter der Mitte (Abb. C 156); 0,48-0,56 mm lang; 0,18-0,21 mm maximal breit. 8. Tergit (Abb. C 155) 0,80-0,84 mm lang. 9. Tergit 0,89-0,92 mm lang. Prehensor hinten mit Greiflappen (Abb. C 166), davor befindet sich ein aus „Ringen“ bestehender Teil der Bursa; Prehensor 0,24-0,30 mm lang; 0,24-0,28 mm breit. Körperlänge (2,8-) 3,2-3,8 (-4,0) mm. Holarktis. . . . . *variabilis* (Thunberg, 1787)

2* Vorderteil des Tegmen dreieckig zulaufend, spitz, Tegmen hinten in der Mitte abgerundet (Abb. C 158); 0,42-0,50 mm lang; 0,23-0,26 mm breit. Pala vorn gerundet (Abb. C 157); 0,19-0,24 mm lang; 0,12-0,18 mm breit. Gesamtlänge Penis 0,26-0,32 mm. Hinterecken des 9. Sternit in gebogene Zähnchen auslaufend, die miteinander verbunden sind, größte Breite hinten vor der Mitte (Abb. C 160); 0,56-0,66 mm lang; 0,40-0,43 mm maximal breit, Zähnchen 0,10-0,11 mm lang; Zähnchenspange 0,26-0,28 mm breit. 8. Tergit (Abb. C 159) 1,02-1,36 mm lang. 9. Tergit 0,91-1,18 mm lang. Prehensor hinten mit einer M-förmigen Sklerotisierung (Abb. C 166); 0,19-0,23 mm lang; 0,24-0,34 mm breit. Körperlänge (2,8-) 3,0-4,0 (-4,2) mm. Paläarktis. . . . . *laevipennis* TOURNIER, 1868

12.13. Bestimmungstabelle für die *pubescens*-Untergruppe

1 Pala nach vorn verschmälert (Abb. C 168); 0,22-0,26 mm lang; 0,08-0,11 mm breit. Prostheme keulenförmig. Gesamtlänge Penis 0,27-0,29 mm. 9. Sternit mit schlankem Stiel, hinten eine schmale, eingebuchtete, am Rand fein gezähnte Platte bildend (Abb. C 171); 0,44-0,52 mm lang; Platte 0,13-0,14 mm breit. Tegmen (Abb. C 169) 0,39-0,43 mm lang; 0,22-0,23 breit. 8. Tergit (Abb. C 170) 0,96-1,16 mm lang. 9. Tergit 0,90-0,99 mm lang. Vorderfortsatz des Prehensor breit (Pfeil), vorn breit gerundet (Abb. C 176, 177); Prehensor 0,46-0,56 mm lang; 0,33-0,35 breit. Körperlänge (2,5-) 3,0-3,4 (-3,7) mm. Holarktis. . *pubescens* (FABRICIUS, 1792)

1* Pala annähernd rechteckig (Abb. C 172); 0,21-0,24 mm lang; 0,13-0,17 mm breit. Prostheme mit zahnförmig abgeteilter Spitze. Gesamtlänge Penis 0,24-0,30 mm. Stiel des 9. Sternit breiter, hinten mit breiter Platte, ohne deutliche Hinterecken, nicht eingebuchtet (Abb. C 175); 0,43-0,56 mm lang; Platte 0,18-0,23 mm breit. Tegmen (Abb. C 173) 0,35-0,43 mm lang; 0,17-0,27 breit. 8. Tergit (Abb. C 174) 0,56-0,96 mm lang. 9. Tergit 0,46-1,01 mm lang. Vorderfortsatz des Prehensor schmal, annähernd parallel (Abb. C 178, 179); Prehensor 0,45-0,58 mm lang; 0,22-0,29 breit. Körperlänge (2,6-) 2,9-3,0 (-3,4) mm. Paläarktis.
. . . . *punctipennis* SHARP, 1872

12.14. Artenübersicht

Cyphon abeillei BOURGEOIS, 1884

Zitat der Originalbeschreibung: Annales de la Société Entomologique de France 1884: XLII.

Literatur: KLAUSNITZER (1989a, 1990f, 1991a), NYHOLM (1968: Redeskription).

Verbreitung: Syrische Art. Der Fund in Frankreich „Madon“ (Lage des Ortes unklar) (KLAUSNITZER 1990f) muss überprüft werden.

Nachweise: Israel: Jaffa (= Tel Aviv-Jaffa) (locus typicus) (BOURGEOIS 1884b, KLAUSNITZER 1991a). Hulda (KLAUSNITZER 1989a). – Türkei: Amanusgebiet, „Jarpuz“ (Lage des Ortes unklar) (NYHOLM 1968).

Ökologie, Phänologie und Biologie: Funddaten zwischen Mitte März und Ende April.

Cyphon albanicus KLAUSNITZER, 1990

Zitat der Originalbeschreibung (♂): Beiträge zur Entomologie 40: 401.

Verbreitung: Pontomediterrane Art, die auf das Gebiet des Hellenischen Westbalkan beschränkt ist.

Nachweise: Albanien: Lezhë (locus typicus) (KLAUSNITZER 1990d).

Ökologie, Phänologie und Biologie: Der Holotypus wurde Mitte Juni gesammelt.

Cyphon arietizans Nyholm, 1970

Zitat der Originalbeschreibung (♂): Entomologisk Tidskrift 91: 30.

♀: Klausnitzer (1976b): Acta entomologica bohemoslovaca 73: 258.

Literatur: Klausnitzer (1976b, 1990c, 1990g), Maximenkov (1995).

Bemerkung: Nyholm (1970) unterscheidet 3 Farbformen.

Verbreitung: Kaspische Art. Iran (?)

Nachweise: Armenien: Kaukasus, Armenisches Gebirge, „Cirkassien" (Klausnitzer 1976b). – Georgien: Abchasien (Maximenkov 1995). – Türkei: Provinzen Sivas (westlich Suşehri = locus typicus), Adana, Artvin, Bingöl, Erzincan, Erzurum, Kars, Kastamonu, Samsun, Tokat, Tunceli (Nyholm 1970, Klausnitzer 1976b, 1990c, 1990g, Ruta & Klausnitzer 2007).

Ökologie, Phänologie und Biologie: Die Imagines wurden Anfang Mai bis Anfang Juni in einer Höhe von 300-1200 m am Ufer eines Baches gefunden.

Cyphon australis Klausnitzer, 1991

Zitat der Originalbeschreibung (♂): Koleopterologische Rundschau 61: 163.

Verbreitung: Mauretanische Art.

Nachweise: Algerien: „Philippeville" (locus typicus) (Klausnitzer 1991a). Weitere Fundortangaben bei Klausnitzer (1991a). – Tunesien: „Ain Draham" (Lage des Ortes unklar) (Klausnitzer 1991a).

Cyphon buceros Nyholm, 1949

Zitat der Originalbeschreibung (♂): Arkiv för Zoologi 42A, Nr. 24: 2.

♀: Klausnitzer (1976b): Acta entomologica bohemoslovaca 73: 258.

Literatur: Klausnitzer (1990c, 1990f), Maximenkov (1995), Nyholm (1970: ergänzende Beschreibung).

Verbreitung: Kaspische Art.

Nachweise: Aserbaidschan: der von Nyholm (1949) genannte Fundort „Caucasus or., Utsch Dere" (locus typicus) liegt vermutlich in diesem Land. – Georgien: Fundortangaben bei Klausnitzer (1990f). Abchasien, Adscharien (Maximenkov 1995). – Russland: Krasnodarskij Kraj (Maximenkov 1995). – Türkei: Provinzen Artvin, Trabzon (Klausnitzer 1990c, Nyholm 1970).

Ökologie, Phänologie und Biologie: Die Imagines wurden Mitte bis Ende Mai in einer Höhe von 650 m gefunden.

Cyphon caspicus Klausnitzer, 1975

Zitat der Originalbeschreibung (♂, ♀): Entomologische Nachrichten 19: 66.

Literatur: Klausnitzer (1976b).

Verbreitung: Kaspische Art, Kaspisches Meer-Gebiet.

Nachweise: Aserbaidschan: Lenkoran (locus typicus) (Klausnitzer 1975b, 1976b).

Cyphon coarctatus **PAYKULL, 1799**

Zitat der Originalbeschreibung: Fauna Svecica. Insecta. Tomus II : 120.

Synonyme:

alpinus BOURGEOIS, 1884: 36 Zuordnung unklar
angulosus MARSHAM, 1802: 228 (*Crioceris*) Zuordnung unklar
barnevillei TOURNIER, 1868: 71 Zuordnung unklar
cartusiensis DES GOZIS, 1882: 197 Zuordnung unklar
concolor MARSHAM, 1802: 226 (*Crioceris*) Zuordnung unklar
convexus REY, 1891: 102 Zuordnung unklar
grandis TOURNIER, 1868: 62
griseus FABRICIUS, 1801: 502
immunis STEPHENS, 1833: 43 [RN]
kuenckeli MULSANT & REY, 1865: 73 Zuordnung unklar
meridianus MULSANT & REY, 1865: 72 Zuordnung unklar
nigricans MARSHAM, 1802: 226 (*Crioceris*) Zuordnung unklar
nitidulus C.G. THOMSON, 1855: 319
pallidiventris C.G. THOMSON, 1855: 320
paykullii GUÉRIN-MÉNEVILLE, 1843: 10 (*Elodes*)

Literatur: ALEXANDROVITCH et al. (1996), ANDERSON et al. (1997), ANGELINI & MONTEMURRO (1986), ANGELINI (1991), BARŠEVSKIS (1993), BELING (1883: Larve), BELLSTEDT & FICHTNER (1985), BOUKAL et al. (2007), BRANDSTETTER & KAPP (1998), BURAKOWSKI et al. (1983), CASPERS (1980), CUPPEN (1993), EXNER (1944), FOCARILE (1960, 1961), FRANK & KONZELMANN (2002), FRANZ (1974), GEISER (2001), GEREND (2003), GÜRLICH et al. (1995), HABERMAN (1987), HANSEN (1964), HERGER (1991, 1995), JELÍNEK (1993), KAHLEN (1987), KEVAN (1962), KLAUSNITZER (1965, 1966c, 1971a, 1971b, 1973a, 1975c, 1976b, 1981a, 1988b, 1990a, 1990f, 1992, 1994, 1998b, 1999), KLAUSNITZER et al. (2003), KLAUSNITZER & MERKL (1987), KÖHLER & KLAUSNITZER (1998), MONSJAWITSCHJUS (1981), NILSSON (1980), NYHOLM (1955, 1972b: Beschreibung, Verbreitung), RUTA et al. (2003), SOLODOVNIKOV (1999), WIEBES & WIEBES-RIJKS (1964).

Verbreitung: Eurokaukasische Art (NYHOLM 1972b), in Nordeuropa bis 64° n. Br. (NYHOLM 1955). Sibirien, Tomsk (KLAUSNITZER 1990f).

Nachweise: Bosnien und Herzegowina: Vareš, Zavidovići, Jajce (KLAUSNITZER 1990f). – Dänemark: HANSEN (1964), NYHOLM (1972b: Verbreitungskarte). – Deutschland: allgemein verbreitet (Fundortkartei KLAUSNITZER, unveröffentlicht, KÖHLER & KLAUSNITZER 1998), vor allem in der Ebene (NYHOLM 1955). Fundorte bei KLAUSNITZER (1965, 1966c, 1971a, b, 1994, KLAUSNITZER et al. 2003: Verbreitungskarte Thüringen, BELLSTEDT & FICHTNER 1985, CASPERS 1980: Emergenz, FRANK & KONZELMANN 2002: Baden-Württemberg, GÜRLICH et al. 1995: Schleswig-Holstein). – Estland: NYHOLM (1972b). Insel Ruhnu (HABERMAN 1987). – Finnland: Verbreitungskarte (NYHOLM 1972b). – Frankreich: NYHOLM (1972b). Fundorte bei KLAUSNITZER (1990f). – Großbritannien: KEVAN (1962). NYHOLM (1972b). – Irland: NYHOLM (1972b). ANDERSON et al. (1997). – Italien: NYHOLM (1972b). FOCARILE (1960: Verbreitungskarte, 1961). Basilicata (ANGELINI & MONTEMURRO 1986). Calabria (ANGELINI 1991). – Kroatien: Ostkarpaten, Svibovets (KLAUSNITZER 1973a, 1990f). – Lettland: BARŠEVSKIS (1993). – Liechtenstein: BRANDSTETTER & KAPP (1998). – Litauen: MONSJAWITSCHJUS (1981). – Luxemburg: GEREND (2003). – Niederlande: WIEBES & WIEBES-RIJKS (1964: Verbreitungskarte). NYHOLM (1972b). CUPPEN (1993). – Norwegen: Verbreitungskarte (NYHOLM 1972b). – Österreich: allgemein verbreitet, vor allem in der Ebene (NYHOLM 1955). Steiermark (EXNER 1944: KLAUSNITZER 1988b). Niederösterreich, Kärnten (FOCARILE 1961). Fundorte bei FRANZ (1974). Nordtirol (KAHLEN 1987). Vorarlberg (BRANDSTETTER & KAPP 1998). Salzburg (GEISER 2001).

– Polen: FOCARILE (1961). BURAKOWSKI et al. (1983). RUTA et al. (2003). – Rumänien: Fundorte bei KLAUSNITZER (1975c). – Russland: Karelien, Verbreitungskarte (NYHOLM 1972b). Moskau (KLAUSNITZER 1976b). EXNER 1944: KLAUSNITZER (1988b). – Schweden: Verbreitungskarte (NYHOLM 1972b). – Schweiz: Kantone Aargau, Appenzell, Bern, Basel-Stadt, Fribourg, Genève, Graubünden, Jura, Luzern, Neuchatel, St. Gallen, Schaffhausen, Solothurn, Schwyz, Thurgau, Tessin, Unterwalden, Waad, Wallis, Zürich (KLAUSNITZER 1999: Verbreitungskarte). FOCARILE (1961). Fundorte bei HERGER (1991, 1995). – Slowakei: NYHOLM (1972b). JELÍNEK (1993). – Sizilien: FOCARILE (1960). – Tschechien: NYHOLM (1972b). „Hnojnik" (FOCARILE 1961). Böhmen, Mähren (JELÍNEK 1993, BOUKAL et al. 2007). – Ukraine: Ostkarpaten, Svibovets (KLAUSNITZER 1973a). – Ungarn: Hortobágy, Kiskunság (KLAUSNITZER 1981a, KLAUSNITZER & MERKL 1987). – Weißrussland: ALEXANDROVITCH et al. (1996). SOLODOVNIKOV (1999).

Ökologie, Phänologie und Biologie: euryök (eutrophe Stillgewässer), meidet jedoch ausgesprochen saure Gewässer (KLAUSNITZER 1968b, 1971a, NYHOLM 1955, 1972b). Auf Teichdämmen, an Teichufern (KLAUSNITZER 1965, 1966c), in Zwischenmooren (SCHLEGEL 1959) und vegetationsreichen Waldsümpfen (NYHOLM 1972b). CASPERS (1980) stellte bei Emergenzuntersuchungen eines kleinen Waldbaches bei Bonn *C. coarctatus* als dominante Art fest (42,6 %; vor *Elodes johni* 34,8 % und *Odeles marginata* 18,0 %). Man kann annehmen, dass sie auch ein kaltstenothermer Bewohner des Krenal bzw. Rhithral ist! CUPPEN (1993) stellte bei wöchentlichen Auswertungen einer Malaise-Falle in den Niederlanden die meisten Imagines zwischen Ende Mai und Ende Juni fest.

Cyphon corsicus NYHOLM, 1964

Zitat der Originalbeschreibung (♂, ♀): Opuscula Entomologica 29: 54.

Literatur: KLAUSNITZER (1990f).

Verbreitung: Tyrrhenische Art, Endemit auf Korsika.

Nachweise: Korsika: Vizzavona (=Vizzavone) (locus typicus) (NYHOLM 1964). Fundortangaben bei KLAUSNITZER (1990f).

Ökologie, Phänologie und Biologie: An Bachufern Mitte bis Ende Juli in einer Höhe von 1550-1900 m.

Cyphon derelictum PEYERIMHOFF, 1931

Zitat der Originalbeschreibung: Mémoires de la Société d'Histoire Naturelle de l'Afrique du Nord 2: 60.

Synonym:

Cyphon baeticus NYHOLM, 1964 (♂, ♀): 50 (KLAUSNITZER 1991a)

Literatur: KLAUSNITZER (1991a: Synonymisierung), NYHOLM (1964: Beschreibung als *baeticus*).

Verbreitung: Mauretanische Art.

Nachweise: Algerien: Ideles, Hoggar (locus typicus) (PEYERIMHOFF 1931, KLAUSNITZER 1991a). – Marokko: Hoher Atlas, Amismiz (= Amizmiz) (NYHOLM 1964). Fundortangaben bei KLAUSNITZER (1991a). – Spanien: im Süden: Andalusien (Algeziras, Almoraima = Almería ?) (NYHOLM 1964).

Ökologie, Phänologie und Biologie: Die Imagines wurden Ende Mai bis Juni in einer Höhe von 1600-1960 m gefunden.

Cyphon designandus NYHOLM, 1957

Zitat der Originalbeschreibung (♀): Entomologisk Tidskrift 78: 78

♂: KLAUSNITZER (1969b): Beiträge zur Entomologie 19: 840, 841.

Synonyme:
friesei KLAUSNITZER, 1969: 840
jelineki KLAUSNITZER, 1969: 841

Literatur: KLAUSNITZER (1966b, 1969b, 1976b, 1990d: Abbildungen Penis).

Verbreitung: Pontomediterrane Art, die auf das Gebiet des Hellenischen Westbalkan beschränkt ist.

Nachweise: Albanien: KLAUSNITZER (1969b). – Griechenland: Die genaue Herkunft des Holotypus lässt sich nicht sicher feststellen, die beiden Fundortangaben (NYHOLM 1957) beziehen sich auf verschiedene Länder: „Bitolja“ (= Bitola; Republik Makedonien), „Perister“ (=Peristerá; Griechenland, Makedonía). – Mazedonien: „Schar-dagh Gebirge“, Ljuboten (KLAUSNITZER 1969b).

Ökologie, Phänologie und Biologie: Die Imagines wurden Ende Juli gefunden.

Cyphon difficilis KLAUSNITZER, 1976

Zitat der Originalbeschreibung: Acta entomologica bohemoslovaca 73: 257.

Literatur: EXNER (1944), KLAUSNITZER (1988b).

Verbreitung: Kretische Art, Endemit.

Nachweise: Kreta: Knossos (locus typicus), „Kephallenia“, „Panagia“, „Pantanasa“ (Lage der 3 Orte fraglich, aber laut Etikett auf Kreta) (KLAUSNITZER 1976b). Élos (EXNER 1944: KLAUSNITZER 1988b).

Ökologie, Phänologie und Biologie: Mitte April bis Ende September in 400 m Höhe.

Cyphon dinolabis NYHOLM, 1970

Zitat der Originalbeschreibung (♂): Entomologisk Tidskrift 91: 40.

Bemerkung: NYHOLM (1970) betont die isolierte Stellung dieser Art.

Verbreitung: Pontomediterrane Art. Nur der Holotypus bekannt.

Nachweise: Türkei: Provinz Muğla (Marmaris = locus typicus) (NYHOLM 1970).

Ökologie, Phänologie und Biologie: Der Holotypus wurde Ende April gefunden.

Cyphon euoplus NYHOLM, 1970

Zitat der Originalbeschreibung (♂): Entomologisk Tidskrift 91: 38.

Literatur: KLAUSNITZER (1989b), MAXIMENKOV (1995).

Verbreitung: Kaspische Art.

Nachweise: Russland: „Caucasus occ., Krasnaja Polana“ (NYHOLM 1970) (der Fundort lässt sich nicht sicher lokalisieren, da zahlreiche Orte mit der Bezeichnung Krasnaja Poljana existieren, möglicherweise liegt er im Krasnodarskij Kraj östlich Sotschi). Krasnodarskij Kraj (MAXIMENKOV 1995). – Türkei: Provinzen Giresun (Görele = locus typicus), Rize (KLAUSNITZER 1989b, NYHOLM 1970).

Ökologie, Phänologie und Biologie: Die Imagines wurden Ende Mai am Ufer eines Baches gefunden.

Cyphon euryceros NYHOLM, 1970

Zitat der Originalbeschreibung: Entomologisk Tidskrift 91: 34

Literatur: KLAUSNITZER (1989b, 1990g).

Verbreitung: Kaspische Art.

Nachweise: Türkei: Provinzen Artvin, Giresun (Kümbet = locus typicus), Trabzon, Rize, Van (KLAUSNITZER 1989b, 1990g, NYHOLM 1970, RUTA & KLAUSNITZER 2007).

Ökologie, Phänologie und Biologie: Die Imagines wurden Ende Mai am Ufer eines Baches gefunden.

Cyphon furcillatus NYHOLM, 1948

Zitat der Originalbeschreibung (♂): Arkiv för Zoologi 41A, Nr. 4: 3.

♀: NYHOLM (1950): Arkiv för Zoologi Ser. 2, Bd. 1, Nr. 15: 201.

Literatur: EXNER (1944), FRANZ (1974), KLAUSNITZER (1988b, 1990f, 1992, 1998a), NYHOLM (1948, 1950).

Verbreitung: Pontomediterrane Art. Das Vorkommen in Österreich bedarf einer Bestätigung.

Nachweise: Bulgarien: Rila (locus typicus) (NYHOLM 1948), Samokov (NYHOLM 1950). Fundortangaben bei KLAUSNITZER (1990f). Sofia, Samokov (EXNER 1944: KLAUSNITZER 1988b). – Griechenland: Thrakien: N Avandas, zwischen Esimi und Laptokaria, E des Berges Sapka (KLAUSNITZER 1998a). – Österreich: Steiermark, Gößl und Ardning (det. NYHOLM) (FRANZ 1974).

Ökologie, Phänologie und Biologie: Die Imagines wurden Ende Mai und im August in einer Höhe von 200-600 m am Ufer eines kleinen Wildbaches gefunden.

Cyphon gracilicornis WOLLASTON, 1864

Zitat der Originalbeschreibung: Catalogue of the coleopterous insects of the Canaries in the collection of the British Museum: 214.

Literatur: KLAUSNITZER (1974b: Redeskription und Vergleich mit *C. hilaris* und *C. lindbergi*, 1991a, 2002b).

Verbreitung: Kanarische Art, Endemit.

Nachweise: Gran Canaria: (locus typicus) WOLLASTON (1864, 1865), KLAUSNITZER (1974b, 1991a, 2002b), MALMQVIST et al. (1995), NILSSON et al. (1998), MACHADO & OROMI (2000). – Teneriffa: WOLLASTON (1864, 1865), KLAUSNITZER (1974b, 1991a, 2002b), MALMQVIST et al. (1995), NILSSON et al. (1998), MACHADO & OROMI (2000). – La Gomera: WOLLASTON (1864, 1865), MALMQVIST et al. (1995), NILSSON et al. (1998), MACHADO & OROMI (2000). ZERCHE fand 1 ♂ am 15.07.1995 auf La Gomera, Raso de la Bruma, Laurisilva, 1000 m (KLAUSNITZER 2002b).

Ökologie, Phänologie und Biologie: Die Imagines wurden Mitte Juli in einer Höhe von 1000 m gefunden.

Cyphon hilaris NYHOLM, 1944

Zitat der Originalbeschreibung (♂, ♀): Opuscula Entomologica 9: 21.

Literatur: ALEXANDROVITCH et al. (1996), ANDERSON et al. (1997), BARŠEVSKIS (1993), BRANDSTETTER & KAPP (1998), CUPPEN (1993), CUPPEN & FOSTER (2005), DIECKMANN (1960), GÜRLICH et al. (1995), HANSEN (1964), HORION (1960), KEVAN (1962), KLAUSNITZER (1965, 1966c, 1968c, 1971a, 1971b, 1975g, 1990f, 1992, 1994), KLAUSNITZER et al. (2003), KÖHLER & KLAUSNITZER (1998), MAXIMENKOV (1995), MONSJAWITSCHJUS (1981), NYHOLM (1955, 1972b: Beschreibung, Verbreitung), RENNER (1981), RENNER & GRUNDMANN (1984), RUTA et al. (2003), SKIDMORE (1985), WALTER (1990), WIEBES & WIEBES-RIJKS (1964).

Verbreitung: Europäische Art mit atlantischer Verbreitung.

Nachweise: Dänemark: NYHOLM (1955). HANSEN (1964). Verbreitungskarte (NYHOLM 1972b). – Deutschland: Fundorte bei KLAUSNITZER (1965, 1966c, 1968c: Verbreitungskarte, 1971a, b, 1975g, 1994, Fundortkartei KLAUSNITZER, unveröffentlicht), DIECKMANN (1960), GÜRLICH et al. (1995: Schleswig-Holstein), HORION (1960), KÖHLER & KLAUSNITZER (1998), RENNER (1981), RENNER & GRUNDMANN (1984), NYHOLM (1972b). – Finnland: Åland-Inseln (NYHOLM 1955). Verbreitungskarte (NYHOLM 1972b). – Frankreich: Lille (NYHOLM 1972b). Fundorte bei KLAUSNITZER (1990f). – Großbritannien: NYHOLM (1955). SKIDMORE (1985). Fundorte bei KEVAN (1962). Schottland (Elgin, Forres) (NYHOLM 1972b). – Irland: NYHOLM (1955). Killarney (NYHOLM 1972b). ANDERSON et al. (1997). – Lettland: BARŠEVSKIS (1993). MAXIMENKOV (1995). – Liechtenstein: von WALTER (1990) zahlreich gemeldet, Belegexemplare existieren nicht (wahrscheinlich Fehlbestimmung), Angabe auch von BRANDSTETTER & KAPP (1998) übernommen. – Litauen: MONSJAWITSCHJUS (1981). – Niederlande: WIEBES & WIEBES-RIJKS (1964). NYHOLM (1972b). CUPPEN (1993). – Norwegen: Agder (CUPPEN & FOSTER 2005). – Polen: RUTA et al. (2003). – Schweden: „Scania“ Hällestad (locus typicus) (NYHOLM 1944, 1955). Verbreitungskarte (NYHOLM 1972b). – Spanien: Nordwesten: Galizien (Muros, Noya) (NYHOLM 1972b). – Weißrussland: MAXIMENKOV (1995). ALEXANDROVITCH et al. (1996).

Ökologie, Phänologie und Biologie: Stenotop in sauren Sphagnum Mooren (Hochmoore, kleine Sphagneten) (KLAUSNITZER 1965, 1966c, 1968b, 1971a, NYHOLM 1955, 1972b). KLAUSNITZER (1971a) fand bei Kescherfängen am Ufer eines naturnahen Teiches in der Oberlausitz die meisten Imagines zwischen Ende Juni und Anfang Juli. CUPPEN (1993) stellte bei wöchentlichen Auswertungen einer Malaise-Falle in den Niederlanden die meisten Imagines ebenfalls zwischen Ende Juni und Anfang Juli fest.

Cyphon iberus NYHOLM, 1976

Zitat der Originalbeschreibung (♂, ♀): Entomologica scandinavica 7: 287.

Literatur: EXNER (1944), KLAUSNITZER (1976b: Abbildung des Penis, jedoch keine Benennung, 1988b, 1990f).

Bemerkung: mit *pandellei* durch große Übereinstimmungen in äußeren Merkmalen und im Bau des Genitalapparates wahrscheinlich nahe verwandt.

Verbreitung: Atlantomediterrane Art.

Nachweise: Frankreich: Hautes-Pyrénées, Tarbes (KLAUSNITZER 1990f). – Portugal: KLAUSNITZER (1976b). EXNER (1944: KLAUSNITZER 1988b). – Spanien: Asturien: Llamigo (locus typicus), Muros; Kastilien-León: Branuelas, Béjar (NYHOLM 1976). Manzanal (mehrfach in Kastilien-León) (EXNER 1944: KLAUSNITZER 1988b).

Ökologie, Phänologie und Biologie: Die Imagines wurden Mitte Juli gefunden.

Cyphon kongsbergensis MUNSTER, 1924

Zitat der Originalbeschreibung (♂, ♀): Norsk Entomologisk Tidsskrift 1: 292.

Literatur: ALEXANDROVITCH et al. (1996), BANGSHOLT (1981), BARŠEVSKIS (1993), BOUKAL et al. (2007), CUPPEN & FOSTER (2005), DIECKMANN (1960), EXNER (1944), FOCARILE (1958, 1961), FRANK & KONZELMANN (2002), FRANZ (1974), GERSTMEIER (2000), GÜR-

LICH et al. (1995), HANSEN (1964), HORION (1966), JANSEN et al. (1999), JELÍNEK (1993), JELÍNEK & PFEFFER (1984), KAHLEN (1987), KLAUSNITZER (1965, 1966c, 1971a, 1971b, 1975g, 1976b, 1988b, 1990a, 1992, 1994, 1999), KLAUSNITZER et al. (2003), KÖHLER & KLAUSNITZER (1998), MAHLER (2004), MAXIMENKOV (1995), MONSJAWITSCHJUS (1981), NILSSON (1980), NYHOLM (1955, 1972b: Beschreibung, Verbreitung), PÜTZ (1990), RUTA et al. (2003), SKIDMORE (1985), SOLODOVNIKOV (1999), YOSHITOMI & NIKITSKY (2004), ZWICK (1978).

Verbreitung: Holarktische Art (NYHOLM 1972b), nördlich bis 69 ° n. Br. (NYHOLM 1955). Sibirien (NYHOLM 1972b), Mongolei (KLAUSNITZER 1976b), Ferner Osten bis Amur-Gebiet (NYHOLM 1972b), Kurilen, Iturup (YOSHITOMI & NIKITSKY 2004). Nordamerika (NYHOLM 1972b: Alaska, Kodiak).

Nachweise: Dänemark: NYHOLM (1955). HANSEN (1964). Verbreitungskarte (NYHOLM 1972b). BANGSHOLT (1981). – Deutschland: Fundorte bei KLAUSNITZER (1965, 1966c, 1971a, b, 1975g, 1994, KLAUSNITZER et al. 2003: Verbreitungskarte Thüringen, Fundortkartei KLAUSNITZER, unveröffentlicht, DIECKMANN 1960, FRANK & KONZELMANN 2002: Baden-Württemberg, GERSTMEIER 2000, GÜRLICH et al. 1995: Schleswig-Holstein, HORION 1960, JANSEN et al. 1999, KÖHLER & KLAUSNITZER 1998, NYHOLM 1972b, PÜTZ 1990, ZWICK 1978). – Estland: MAXIMENKOV (1995). MAHLER (2004). – Finnland: Verbreitungskarte (NYHOLM 1972b). – Großbritannien: Schottland (SKIDMORE 1985). – Italien: NYHOLM (1972b). FOCARILE (1958, 1961: Verbreitungskarte). – Lettland: BARŠEVSKIS (1993). MAXIMENKOV (1995). – Litauen: MONSJAWITSCHJUS (1981), MAXIMENKOV (1995). – Norwegen: Verbreitungskarte (NYHOLM 1972b). Agder (CUPPEN & FOSTER 2005). – Österreich: Oberösterreich, Steiermark (EXNER 1944, NYHOLM 1955). Fundorte bei FRANZ (1974). Nordtirol (KAHLEN 1987). – Polen: RUTA et al. (2003). – Russland: Karelien, Verbreitungskarte; Lappland, Kaschkarantsa (= Kashkarantsy) (NYHOLM 1972b). St. Petersburg, Nowgorod (KLAUSNITZER 1976b). MAXIMENKOV (1995). EXNER 1944: KLAUSNITZER (1988b). – Schweden: Verbreitungskarte (NYHOLM 1972b). – Schweiz: Kantone Bern, Graubünden, Zürich (KLAUSNITZER 1999: Verbreitungskarte). – Tschechien: Fundorte bei JELÍNEK & PFEFFER (1984). Böhmen (JELÍNEK 1993, BOUKAL et al. 2007). – Ukraine: MAXIMENKOV (1995). – Weißrussland: ALEXANDROVITCH et al. (1996). SOLODOVNIKOV (1999).

Ökologie, Phänologie und Biologie: Stenotop in sauren Sphagnum-Mooren, oft auch ganz kleinen Sphagneten (KLAUSNITZER 1965, 1966c, 1968b, NYHOLM 1955, 1972b). Die Imagines bevorzugten in einem Teichgebiet in der Oberlausitz Zonen mit Wollgras und Seggen (KLAUSNITZER 1971a). KLAUSNITZER (1971a) fand bei Kescherfängen am Ufer eines naturnahen Teiches in der Oberlausitz die meisten Imagines zwischen Ende Juni und Mitte August. NILSSON (1980) sammelte bei Untersuchungen in Nordschweden die meisten Imagines Ende August. In Österreich kommt *C. kongsbergensis* bis zur subalpinen Stufe (NYHOLM 1955) vor.

Cyphon laevipennis TOURNIER, 1868

Zitat der Originalbeschreibung: Description des Dascillides du Bassin du Léman: 64.

Synonyme:

kaszabi KLAUSNITZER, 1967: 275
phragmiteticola NYHOLM, 1955: 259

Literatur: ALEXANDROVITCH et al. (1996), ANGELINI & MONTEMURRO (1986), BARŠEVSKIS (1993), BOUKAL et al. (2007), BRANDSTETTER & KAPP (1998), BURAKOWSKI et al. (1983), CUPPEN (1993), DIECKMANN (1960), EXNER (1944), FOCARILE (1960, 1961), FRANK & KONZELMANN (2002), FRANZ (1974), GEREND (2003), GÜRLICH et al. (1995), HANSEN (1964), HORION (1960), JELÍNEK (1993), JELÍNEK & PFEFFER (1984), KAHLEN (1987),

KEVAN (1962), KLAUSNITZER (1965, 1966c, 1967b, 1971a, 1971b, 1975c, 1976b, 1981a, 1981b, 1988b, 1989a, 1989b, 1990a, 1990c, 1990d, 1990e, 1990f, 1990g, 1991a, 1992, 1994, 1997, 1998a, 1998b: Synonymie, 1999), KLAUSNITZER et al. (2003), KÖHLER & KLAUSNITZER (1998), KLAUSNITZER & MERKL (1987), MAXIMENKOV (1995), MONSJAWITSCHJUS (1981), NYHOLM (1955, 1972b: Beschreibung, Verbreitung), RENNER (1981), RUTA et al. (2003), SCHMIDT (2000), WIEBES & WIEBES-RIJKS (1964).

Verbreitung: Paläarktische Art. Turkmenistan, Sibirien, Mongolei (KLAUSNITZER 1967b), Saudi Arabien: ohne Fundort (KLAUSNITZER 1991a). Irak (KLAUSNITZER 1990f). Iran (KLAUSNITZER 1981b, 1990e), Afghanistan (KLAUSNITZER 1990f).

Nachweise: Ägypten: Kairo, Dahshur, ca. 23 km S Kairo (KLAUSNITZER 1997). Suez (KLAUSNITZER 1991a). – Albanien: Medua (Lage des Ortes fraglich, laut Etikett in Albanien) (KLAUSNITZER 1990d). – Armenien: MAXIMENKOV (1995). – Aserbaidschan: Lenkoran (FOCARILE 1961, NYHOLM 1972b). MAXIMENKOV (1995). – Balearen: Mallorca (NYHOLM 1972b). Mallorca, „Albufera" (KLAUSNITZER 1990f). – Bulgarien: Fundortangaben bei KLAUSNITZER (1990f). – Dänemark: HANSEN (1964). Verbreitungskarte (NYHOLM 1972b). – Deutschland: in der Ebene weit verbreitet (NYHOLM 1955, 1972b). Fundorte bei KLAUSNITZER (1965, 1966c, 1971a, b, 1994, KLAUSNITZER et al. 2003: Verbreitungskarte Thüringen, Fundortkartei KLAUSNITZER, unveröffentlicht, DIECKMANN 1960, FOCARILE 1961, FRANK & KONZELMANN 2002: Baden-Württemberg, GÜRLICH et al. 1995: Schleswig-Holstein, HORION 1960, KÖHLER & KLAUSNITZER 1998, RENNER 1981). – Estland: NYHOLM (1972b). – Finnland: Süden (NYHOLM 1955). Verbreitungskarte (NYHOLM 1972b). – Frankreich: Camargue (NYHOLM 1972b, SCHMIDT 2000). – Griechenland: Naxos (KLAUSNITZER 1998a). Athos (EXNER 1944: KLAUSNITZER 1988b). – Großbritannien: Fundorte bei KEVAN (1962). NYHOLM (1972b). – Israel: Hulda, Or'Aquiva (KLAUSNITZER 1989a). – Italien: NYHOLM (1972b). FOCARILE (1960: Verbreitungskarte, 1961). Elba (KLAUSNITZER 1990a). Südtirol (KAHLEN 1987). EXNER 1944: KLAUSNITZER (1988b). Basilicata (ANGELINI & MONTEMURRO 1986). – Kasachstan: „Aulie-Ata" (NYHOLM 1972b). MAXIMENKOV (1995). – Korsika: Aléria (EXNER 1944, NYHOLM 1972b). Fundortangaben bei KLAUSNITZER (1990f). – Kreta: Stalis, Mália (KLAUSNITZER 1997, 1998a). – Lettland: BARŠEVSKIS (1993). MAXIMENKOV (1995). – Libyen: Tripolitanien (FOCARILE 1961). – Litauen: MONSJAWITSCHJUS (1981), MAXIMENKOV (1995). – Luxemburg: GEREND (2003). – Marokko: Fundortangaben bei KLAUSNITZER (1991a). – Mazedonien: Vardarebene (NYHOLM 1972b). – Moldawien: MAXIMENKOV (1995). – Niederlande: WIEBES & WIEBES-RIJKS (1964). NYHOLM (1972b). CUPPEN (1993). – Norwegen: Verbreitungskarte (NYHOLM 1972b). – Österreich: Burgenland (NYHOLM 1955, 1972b). Steiermark, Kärnten (FOCARILE 1961). Fundorte bei FRANZ (1974). Vorarlberg (BRANDSTETTER & KAPP 1998). – Polen: Breslau (NYHOLM 1972b). BURAKOWSKI et al. (1983). RUTA et al. (2003). – Rumänien: Fundorte bei KLAUSNITZER (1975c). FOCARILE (1961). – Russland: Sarepta (NYHOLM 1972b). MAXIMENKOV (1995). – Sardinien: Oristano (EXNER 1944, NYHOLM 1972b). Fundortangaben bei KLAUSNITZER (1990f). – Schweden: Süden (NYHOLM 1955). Verbreitungskarte (NYHOLM 1972b). – Schweiz: Jura, dans le Val d'Arderan (locus typicus) (TOURNIER 1868, KLAUSNITZER 1998b). Kantone Bern, Fribourg, Genève, Luzern, St. Gallen, Thurgau, Waad, Wallis, Zürich (KLAUSNITZER 1999: Verbreitungskarte). – Sizilien: FOCARILE (1960, 1961). Lentini (NYHOLM 1972b). – Slowakei: Fundorte bei JELÍNEK & PFEFFER (1984). JELÍNEK (1993). – Tschechien: „Brandeis a. d. Elbe" (NYHOLM 1972b). Fundorte bei JELÍNEK & PFEFFER (1984). Böhmen, Mähren (JELÍNEK 1993, BOUKAL et al. 2007). – Tunesien: Fundortangaben bei KLAUSNITZER (1991a). – Türkei: Provinzen Antalya, Içel, Izmir, Karabük, Van, Zonguldak (KLAUSNITZER 1989b, 1990c, 1990g, NYHOLM 1972b, RUTA & KLAUSNITZER 2007). Akbes (gehörte früher zu Syrien, liegt jetzt in der Türkei (KLAUSNITZER (1991a). – Ukraine: MAXIMENKOV (1995). – Ungarn: Neusiedlersee (NYHOLM 1972b). Hortobágy, Kiskunság (KLAUSNITZER 1981a, KLAUSNITZER & MERKL 1987). – Weißrussland: MAXIMENKOV (1995). ALEXANDROVITCH et al. (1996).

Ökologie, Phänologie und Biologie: Charakterart der Phragmiteten eutropher Gewässer der Ebene, kann an den Ufern von Stillgewässern in sehr großer Individuenzahl vorkommen. *C. laevipennis* kommt auch im Brackwasser vor (flache Meeresküsten) (KLAUSNITZER 1965, 1968b, 1971a, NYHOLM 1955, 1972b). KLAUSNITZER (1971a) fand bei Kescherfängen am Ufer eines naturnahen Teiches in der Oberlausitz die meisten Imagines zwischen Mitte Juli und Anfang August.

Cyphon lepidulus NYHOLM, 1968

Zitat der Originalbeschreibung (♂, ♀): Entomologisk Tidskrift 89: 250.

Literatur: EXNER (1944), KLAUSNITZER (1976b, 1988b, 1990e, 1991a, 2008e), MAXIMENKOV (1995).

Verbreitung: Kaspische Art. Auch aus dem Iran (KLAUSNITZER 1990e) und dem Irak (EXNER 1944: KLAUSNITZER 1988b) bekannt.

Nachweise: „Kaukasus“: KLAUSNITZER (1976b). – Aserbaidschan: Kaspisches Meer-Gebiet, Lenkoran (NYHOLM 1968). Lenkoran (EXNER 1944: KLAUSNITZER 1988b). MAXIMENKOV (1995). – Griechenland: „Acarnan“ (Lage des Ortes unklar) (KLAUSNITZER 1976b). – Syrien: ohne näheren Fundort (KLAUSNITZER 1991a). – Türkei: Prov. Afyon (KLAUSNITZER 2008e). – Zypern: Limassol (locus typicus) (NYHOLM 1968).

Ökologie, Phänologie und Biologie: Die Imagines wurden Anfang Juli gefunden.

Cyphon lindbergi NYHOLM, 1948

Zitat der Originalbeschreibung (♂, ♀): Arkiv för Zoologi 41A, Nr. 4: 6

Literatur: KLAUSNITZER (1990b, 1991a).

Verbreitung: Mauretanische Art.

Nachweise: Algerien: Fundortangabe bei KLAUSNITZER (1991a). – Marokko: bei Gharb (locus typicus, der Fundort konnte bisher nicht geklärt werden) (NYHOLM 1948). Fundortangaben bei KLAUSNITZER (1991a).

Ökologie, Phänologie und Biologie: Imagines wurden Ende April gefunden.

Cyphon lithophilus HERNANDO, AGUILERA & RIBERA, 2003

Zitat der Originalbeschreibung: Koleopterologische Rundschau 73: 275.

Verbreitung: Mauretanische Art.

Nachweise: Marokko: Anti-Atlas (HERNANDO, AGUILERA & RIBERA 2003).

Ökologie, Phänologie und Biologie: Die Imagines wurden Ende Juni bis Ende Juli in einer Höhe von 600-1500 m gefunden.

Cyphon longispinus NYHOLM, 1968

Zitat der Originalbeschreibung (♂): Entomologisk Tidskrift 89: 250.

♀: KLAUSNITZER (1990c): Zeitschrift der Arbeitsgemeinschaft Österreichischer Entomologen 42: 24.

Literatur: KLAUSNITZER (1989b, 1990c), NYHOLM (1970: ergänzende Beschreibung und Vergleich mit *C. ruficeps*).

Bemerkung: mit *Cyphon ruficeps* eng verwandt (NYHOLM 1970).

Verbreitung: Kaspische Art.

Nachweise: Türkei: Provinzen Ankara (Ankara = locus typicus), Bolu, Kastamonu, Samsun, Sinop (KLAUSNITZER 1989b, 1990c, NYHOLM 1968, 1970).

Ökologie, Phänologie und Biologie: Die Imagines wurden Mitte Mai bis Anfang Juni in einer Höhe von 450-950 m gefunden.

Cyphon longiusculus NYHOLM, 1970

Zitat der Originalbeschreibung (♂, ♀): Entomologisk Tidskrift 91: 26.

Literatur: KLAUSNITZER (1976b, 1989a, 1990c, 1990f, 1991a, 1998a), MAXIMENKOV (1995).

Verbreitung: Syrische Art. Iran (KLAUSNITZER 1990 b, 1990 e).

Nachweise: „Kaukasus": KLAUSNITZER (1976b). – Aserbaidschan: MAXIMENKOV (1995). – Georgien: Fundortangabe bei KLAUSNITZER (1990f). – Griechenland: Rhodos („Petalondes") (KLAUSNITZER 1990f, 1998a). – Israel: Golan (KLAUSNITZER 1989a). – Türkei: Provinzen Ankara (Ankara = locus typicus), Antalya, Bolu, Bursa, Giresun, Istanbul, Kastamonu, Ordu, Rize, Samsun, Trabzon (NYHOLM 1970, KLAUSNITZER 1990c, Fundortkartei unveröffentlicht, RUTA & KLAUSNITZER 2007).

Ökologie, Phänologie und Biologie: Bach. Die Imagines wurden Mitte April bis Anfang Juni am Ufer eines Baches gefunden.

Cyphon macedonicus NYHOLM, 1957

Zitat der Originalbeschreibung (♀): Entomologisk Tidskrift 78: 77.

♂: NYHOLM (1976): Entomologica scandinavica 7: 288.

Synonym:

Cyphon graecus KLAUSNITZER, 1976: 257

Literatur: EXNER (1944), KLAUSNITZER (1976b, 1988b, 1998a), NYHOLM (1976: Ergänzungen Beschreibung ♀).

Verbreitung: Pontomediterrane Art, die auf das Gebiet des Hellenischen Westbalkan beschränkt ist.

Nachweise: Griechenland: Macedonia (= Makedonía), Athos (locus typicus) (NYHOLM 1957). Thessalien (NYHOLM 1976). Euböa, Amárinthos (KLAUSNITZER 1976b, 1998a). Athos (EXNER 1944: KLAUSNITZER 1988b).

Ökologie, Phänologie und Biologie: Die Imagines wurden Anfang Mai und Ende Juli in einer Höhe von 400-700 m gefunden, in Thessalien bei 1750 m.

Cyphon ochraceus ochraceus STEPHENS, 1830

Zitat der Originalbeschreibung: Illustrations of British Entomology. Mandibulata. Vol. III: 287,

Synonyme:

pallidulus BOHEMAN, 1850: 212
suturalis TOURNIER, 1868: 75

Literatur: ALEXANDROVITCH et al. (1996), ANDERSON et al. (1997), BARŠEVSKIS (1993), BOUKAL et al. (2007), BRANDSTETTER & KAPP (1998), BURAKOWSKI et al. (1983), CASPERS (1980), CUPPEN (1993), CUPPEN & FOSTER (2005), EXNER (1944), FOCARILE (1961), FRANK & KONZELMANN (2002), FRANZ (1974), GEISER (2001), GEREND (2003), GERSTMEIER (2000), GÜRLICH et al. (1995), HANSEN & LIGAARD (1992), HANSEN (1964), JELÍNEK (1993),

KEVAN (1962), KLAUSNITZER (1965, 1971a, 1971b, 1976b, 1988b, 1990a, 1990f, 1992, 1994, 1998a, 1999), KLAUSNITZER & MERKL (1987), KÖHLER & KLAUSNITZER (1998), MAXIMENKOV (1995), MONSJAWITSCHJUS (1981), NILSSON (1980), NYHOLM (1955, 1972b: Beschreibung, Verbreitung), RUTA et al. (2003), SKIDMORE (1985), SOLODOVNIKOV (1999), TENENBAUM (1915), WIEBES & WIEBES-RIJKS (1964).

Verbreitung: Euromediterrane Art, nördlich bis 62 ° n. Br. (NYHOLM 1955).

Nachweise: Balearen: TENENBAUM (1915: Literaturangabe, Material nicht revidiert). – Dänemark: HANSEN (1964). Verbreitungskarte (NYHOLM 1972b). – Deutschland: Fundorte bei KLAUSNITZER (1965, 1971a, b, 1994, Fundortkartei KLAUSNITZER, unveröffentlicht, CASPERS 1980: Emergenz, FRANK & KONZELMANN 2002: Baden-Württemberg, GERSTMEIER 2000, GÜRLICH et al. 1995: Schleswig-Holstein, KÖHLER & KLAUSNITZER 1998, NYHOLM 1955). – Finnland: NYHOLM (1955). Verbreitungskarte (NYHOLM 1972b). – Frankreich: NYHOLM (1972b). Fundorte bei KLAUSNITZER (1990f). Hautes-Pyrénées (KLAUSNITZER 1990f). FOCARILE (1961). – Griechenland: Euböa (N-Euböa, Pefhi) (KLAUSNITZER 1998a). – Großbritannien: Ripley (locus typicus) (STEPHENS 1830). KEVAN (1962). NYHOLM (1972b). SKIDMORE (1985). – Irland: NYHOLM (1972b). ANDERSON et al. (1997). – Italien: NYHOLM (1972b). FOCARILE (1961). – Lettland: BARŠEVSKIS (1993). MAXIMENKOV (1995). – Litauen: MONSJAWITSCHJUS (1981), MAXIMENKOV (1995). – Luxemburg: GEREND (2003). – Niederlande: WIEBES & WIEBES-RIJKS (1964). NYHOLM (1972b). CUPPEN (1993). – Norwegen: NYHOLM (1955). Verbreitungskarte (NYHOLM 1972b). Agder (CUPPEN & FOSTER 2005). Oslofjord (HANSEN & LIGAARD (1992). – Österreich: Burgenland (NYHOLM 1955). Fundorte bei FRANZ (1974). Vorarlberg (BRANDSTETTER & KAPP 1998). Salzburg (GEISER 2001). – Polen: NYHOLM (1972b). BURAKOWSKI et al. (1983). RUTA et al. (2003). – Russland: Karelien, Verbreitungskarte (NYHOLM 1972b). St. Petersburg (KLAUSNITZER (1976b). Ishboldino, Kama (KLAUSNITZER (1976b). MAXIMENKOV (1995). – Sardinien: FOCARILE (1961). – Schweden: NYHOLM (1955). Verbreitungskarte (NYHOLM 1972b). – Schweiz: Kantone Bern, Genève, Neuchatel, Waad, Wallis, Zürich (KLAUSNITZER 1999: Verbreitungskarte). – Slowakei: NYHOLM (1972b). JELÍNEK (1993). – Spanien: NYHOLM (1972b). – Tschechien: NYHOLM (1972b). Böhmen, Mähren (JELÍNEK 1993, BOUKAL et al. 2007). – Türkei: Provinzen Antalya, Içel, Istanbul (NYHOLM 1972b, RUTA & KLAUSNITZER 2007). – Ukraine: MAXIMENKOV (1995). – Ungarn: Kiskunság (KLAUSNITZER & MERKL 1987). Lwow (Fundort kann auch in Russland liegen) (KLAUSNITZER (1976b). – Weißrussland: MAXIMENKOV (1995). ALEXANDROVITCH et al. (1996). SOLODOVNIKOV (1999).

Ökologie, Phänologie und Biologie: Lebt in mesotrophen bis eutrophen Gewässern. *C. ochraceus* ist eine schattenliebende Art, die fast ausschließlich Waldmoore, vor allem Erlensümpfe, besiedelt (KLAUSNITZER 1968b, NYHOLM 1955, 1972b). CUPPEN (1993) stellte bei wöchentlichen Auswertungen einer Malaise-Falle in den Niederlanden die meisten Imagines zwischen Ende Juni und Mitte Juli fest.

Cyphon ochraceus nyholmi KLAUSNITZER, 1991

Zitat der Originalbeschreibung (♂, ♀): Koleopterologische Rundschau 61: 164.

Literatur: NYHOLM (1972b: Beschreibung).

Verbreitung: Mauretanische Unterart.

Nachweise: Algerien: NYHOLM (1972b). Edough (= Ste.-Croix de l'Edough), Chetaibi, Annaba (locus typicus) (KLAUSNITZER 1991a). Weitere Fundortangaben bei KLAUSNITZER (1991a). – Tunesien: Fundortangabe bei KLAUSNITZER (1991a).

Ökologie, Phänologie und Biologie: Funddaten Imagines von April bis Juni.

Cyphon osellai KLAUSNITZER, 1989

Zitat der Originalbeschreibung (♂): Reichenbachia 26: 112.

Verbreitung: Kaspische Art.

Nachweise: Türkei: Provinzen Izmir, Boz dag, vil. „Manisa" (Lage des Ortes unklar) (locus typicus) (KLAUSNITZER 1989b, RUTA & KLAUSNITZER 2007).

Ökologie, Phänologie und Biologie: Imagines von Mitte Mai bis Juli in einer Höhe von 600-1500 m.

Cyphon padi (LINNAEUS, 1758) (*Chrysomela*)

Zitat der Originalbeschreibung: Systema naturae. Editio decima: 369.

Synonyme:

discolor PANZER, 1809: 99: 8
graciosus KOLENATI, 1846: 40
pusillus GUÉRIN-MÉNEVILLE, 1843: 8 (*Elodes*) Zuordnung unklar
simplex SCHILSKY, 1888: 188 Zuordnung unklar

Literatur: ALEXANDROVITCH et al. (1996), ANDERSON et al. (1997), BARŠEVSKIS (1993), BELLSTEDT (1987), BELLSTEDT & FICHTNER (1985), BOUKAL et al. (2007), BRANDSTETTER & KAPP (1998), BURAKOWSKI et al. (1983), CUPPEN (1993), CUPPEN & FOSTER (2005), EXNER (1944), FOCARILE (1958, 1961), FRANK & KONZELMANN (2002), FRANZ (1943, 1974), GEISER (2001), GEREND (2003), GÜRLICH et al. (1995), HANSEN (1964), HERGER (1995), JANSEN et al. (1999), JELÍNEK (1993), KEVAN (1962), KLAUSNITZER (1965, 1966c, 1971a, 1971b, 1975c, 1976b, 1981a, 1982, 1988b, 1989a, 1989b, 1990a, 1990c, 1990d, 1990f, 1991a, 1992, 1994, 1999), KLAUSNITZER et al. (2003), KLAUSNITZER & MERKL (1987), KOFLER (1999), KÖHLER & KLAUSNITZER (1998), MAXIMENKOV (1995), MONSJAWITSCHJUS (1981), NILSSON (1980), NYHOLM (1955, 1972b: Beschreibung, Verbreitung), RUTA et al. (2003), SOLODOVNIKOV (1999), WIEBES & WIEBES-RIJKS (1964), YOSHITOMI (2005).

Verbreitung: Paläarktische Art. Sibirien: Tobolsk, Omsk, Krasnojarsk (NYHOLM 1972b), Irkutsk (KLAUSNITZER 1976b). Kurilen (YOSHITOMI 2005), Kunashir, Sachalin (KLAUSNITZER 1982). Korea (KLAUSNITZER et al. 2006). Japan: Hokkaido (YOSHITOMI 2005).

Nachweise: Kaukasus: Swanetien (KLAUSNITZER 1976b). – Albanien: Medua (Lage des Ortes fraglich, laut Etikett in Albanien) (KLAUSNITZER 1990d). – Algerien: ohne Angaben (KLAUSNITZER 1991a). – Bulgarien: NYHOLM (1972b). – Dänemark: HANSEN (1964). Verbreitungskarte (NYHOLM 1972b). – Deutschland: überall häufig (NYHOLM 1955, Fundortkartei KLAUSNITZER, unveröffentlicht, KÖHLER & KLAUSNITZER 1998). Fundorte bei KLAUSNITZER (1965, 1966c, 1971a, b, 1994, KLAUSNITZER et al. 2003: Verbreitungskarte Thüringen, BELLSTEDT 1987, BELLSTEDT & FICHTNER 1985, FRANK & KONZELMANN 2002: Baden-Württemberg, JANSEN et al. 1999, GÜRLICH et al. 1995: Schleswig-Holstein). – Estland: MAXIMENKOV (1995). – Finnland: Verbreitungskarte (NYHOLM 1972b). – Frankreich: NYHOLM (1972b). Fundorte bei KLAUSNITZER (1990f). – Großbritannien: KEVAN (1962). NYHOLM (1972b). – Irland: NYHOLM (1972b). ANDERSON et al. (1997). – Israel: Hulda (KLAUSNITZER 1989a). – Italien: NYHOLM (1972b). FOCARILE (1958, 1961). – Jordanien: Jordantal, O Totes Meer (KLAUSNITZER 1991a). – Kasachstan: MAXIMENKOV (1995). – Korsika: Fundortangaben bei KLAUSNITZER (1990f). – Lettland: BARŠEVSKIS (1993). MAXIMENKOV (1995). – Litauen: MONSJAWITSCHJUS (1981), MAXIMENKOV (1995). – Luxemburg: GEREND (2003). – Niederlande: WIEBES & WIEBES-RIJKS (1964). NYHOLM (1972b). CUPPEN (1993). – Norwegen: Verbreitungskarte (NYHOLM 1972b). Agder (CUPPEN & FOSTER 2005). – Österreich: überall häufig (NYHOLM 1955). Steiermark (EXNER 1944: KLAUSNITZER 1988b). Steiermark, Kärnten (FOCARILE

1961). Fundorte bei FRANZ (1943, 1974). Vorarlberg (BRANDSTETTER & KAPP 1998). Salzburg (GEISER 2001). – Polen: NYHOLM (1972b). BURAKOWSKI et al. (1983). RUTA et al. (2003). – Rumänien: NYHOLM (1972b). Fundorte bei KLAUSNITZER (1975c). FOCARILE (1961). – Russland: Karelien, Lappland, Verbreitungskarte (NYHOLM 1972b). MAXIMENKOV (1995). – Schweden: Verbreitungskarte (NYHOLM 1972b). – Schweiz: Kantone Bern, Fribourg, Genève, Graubünden, Neuchatel, St. Gallen, Schaffhausen, Schwyz, Thurgau, Tessin, Uri, Waad, Wallis, Zürich (KLAUSNITZER 1999: Verbreitungskarte). FOCARILE (1961). Fundorte bei HERGER (1995). – Sizilien: „Malabotta" (KLAUSNITZER 1990a). – Slowakei: NYHOLM (1972b). JELÍNEK (1993). – Tschechien: NYHOLM (1972b). Böhmen, Mähren (JELÍNEK 1993, BOUKAL et al. 2007). – Türkei: Provinz Bolu (KLAUSNITZER 1989b, 1990c, NYHOLM 1972b). – Ukraine: MAXIMENKOV (1995). – Ungarn: NYHOLM (1972b). Hortobágy, Kiskunság (KLAUSNITZER 1981a, KLAUSNITZER & MERKL 1987). – Weißrussland: MAXIMENKOV (1995). ALEXANDROVITCH et al. (1996). SOLODOVNIKOV (1999).

Ökologie, Phänologie und Biologie: Euryöke Art, die sowohl Sphagnum-Moore als auch das Phragmitetum besiedelt (KLAUSNITZER 1965, 1966c, 1968b, 1971, NYHOLM 1955, 1972b), sie geht ziemlich hoch im Gebirge. KLAUSNITZER (1971a) fand bei Kescherfängen am Ufer eines naturnahen Teiches in der Oberlausitz die meisten Imagines einerseits zwischen Anfang bis Mitte Juni (größerer Gipfel), andererseits Mitte August (kleinerer Gipfel). CUPPEN (1993) stellte bei wöchentlichen Auswertungen einer Malaise-Falle in den Niederlanden ebenfalls zwei Gipfel fest, einen kleineren Anfang Mai und einen größeren zwischen Ende Juli und Mitte August.

Cyphon palmi NYHOLM, 1948

Zitat der Originalbeschreibung (♂, ♀): Arkiv för Zoologi 41A, Nr. 4: 5.

Literatur: ANGELINI (1986), KLAUSNITZER (1990a, 1990b, 1990f, 1991a), NYHOLM (1948).

Verbreitung: Atlantomediterrane Art. Süditalien, Südfrankreich, Nordafrika.

Nachweise: Frankreich: Zentralmassiv, Bugeat; Alpes Maritimes, Saint-Vallier de Thiey; Aquitaine, Sos; Rhône-Alpes, Les Échelles (KLAUSNITZER 1990b). – Italien: Basilicata, Monte Pollino (locus typicus) (NYHOLM 1948, ANGELINI 1986). Calabria (KLAUSNITZER 1990a). – Marokko: Tanger (KLAUSNITZER 1990b).

Ökologie, Phänologie und Biologie: Die Imagines wurden im Juni in einer Höhe von 1600-1900 m gefunden.

Cyphon palustris THOMSON, 1855

Zitat der Originalbeschreibung: Öfversigt af Kongl. Vetenskaps-Akademiens Förhandlingar 12: 320.

Synonyme:

elongatus TOURNIER, 1868: 55
fuscicornis C.G. THOMSON, 1855: 320
intermedius TOURNIER, 1868: 59
puncticollis TOURNIER, 1868: 56
simplex KLAUSNITZER, 1981: 63

Literatur: ALEXANDROVITCH et al. (1996), ANDERSON et al. (1997), ANGELINI (1986, 1991), BARŠEVSKIS (1993), BELLSTEDT (1987), BOUKAL et al. (2007), BRANDSTETTER & KAPP (1998), BURAKOWSKI et al. (1983), CASPERS (1980), EXNER (1944), FOCARILE (1960, 1961), FRANK & KONZELMANN (2002), FRANZ (1974), GEREND (2003), GÜMBEL (1976), GÜRLICH et al. (1995), HANSEN (1964), JANSEN et al. (1999), JELÍNEK (1993), KAHLEN (1987), KEVAN (1962), KLAUSNITZER (1965, 1966c, 1971a, 1971b, 1975c, 1975h,

1976b, 1981a, 1988b, 1989a, 1989b, 1990a, 1990c, 1990e, 1990f, 1990g, 1991a, 1994, 1998a, 1998b, 1999, 2008e), KLAUSNITZER et al. (2003), KÖHLER & KLAUSNITZER (1998), KLAUSNITZER & MERKL (1987), MAXIMENKOV (1995), MONSJAWITSCHJUS (1981), NILSSON (1980), NYHOLM (1955, 1972b: Beschreibung, Penisformen, Verbreitung), RUTA et al. (2003), SOLODOVNIKOV (1999), WIEBES & WIEBES-RIJKS (1964).

Verbreitung: Paläarktische, circummediterrane Art, bis 67° n. Br. (NYHOLM 1955). Eigenartigerweise fehlt *C. palustris* auf Kreta, während sie von anderen großen Inseln des Mittelmeeres bekannt ist (Korsika, Sardinien, Sizilien, Zypern). In Griechenland (Festland) ist *C. palustris* weit verbreitet und kommt auch auf zahlreichen Inseln vor (KLAUSNITZER 1990e). Sibirien. Tadschikistan (Suchan) (NYHOLM 1972b), Ferner Osten (Wladiwostok) (NYHOLM 1972b). Nordkorea (KLAUSNITZER 1975h, 1976b, KLAUSNITZER et al. 2006). Iran (KLAUSNITZER 1990e).

Die Larven sind auch aus dem Grundwasser nachgewiesen (KLAUSNITZER & POSPISIL 1991), wodurch diese Art für ein Leben auch in Gebieten mit nur sporadischer Verfügbarkeit von Oberflächengewässern besondere Voraussetzungen mitzubringen scheint.

Nachweise: Algerien: Camerata (KLAUSNITZER 1991a). – Bulgarien: EXNER 1944: KLAUSNITZER (1988b). NYHOLM (1972b). – Dänemark: HANSEN (1964). Verbreitungskarte (NYHOLM 1972b). – Deutschland: allgemein verbreitet (NYHOLM 1955, Fundortkartei KLAUSNITZER, unveröffentlicht, KÖHLER & KLAUSNITZER 1998). Fundorte bei KLAUSNITZER (1965, 1966c, 1971a, 1994, KLAUSNITZER et al. 2003: Verbreitungskarte Thüringen, BELLSTEDT 1987, CASPERS 1980: Emergenz, FRANK & KONZELMANN 2002: Baden-Württemberg, JANSEN et al. 1999, GÜRLICH et al. 1995: Schleswig-Holstein). – Finnland: Verbreitungskarte (NYHOLM 1972b). – Frankreich: NYHOLM (1972b). EXNER 1944: KLAUSNITZER (1988b). FOCARILE (1961). – Griechenland: Fundortangaben bei KLAUSNITZER (1990f, 1998a). FOCARILE (1961). – Ionische Inseln: Korfu, Lefkas, Kefallinia. – Inseln vor der Südküste Griechenlands im Thrakischen Meer: Thasos, Samothraki. – Inseln vor der Ostküste Griechenlands: Euböa, Kykladen: Kea, Skopelos, Naxos. – Inseln vor der Westküste der Türkei: Lesbos, Chios, Sporaden: Ikaria, Samos. – Großbritannien: KEVAN (1962). NYHOLM (1972b). – Irland: NYHOLM (1972b). ANDERSON et al. (1997). – Israel: Reshafim, Golan, Hatanur, Hulda, Park HaYarden u. a. Fundorte (KLAUSNITZER 1989a). – Italien: Elba (EXNER 1944: KLAUSNITZER 1988b). FOCARILE (1960: Verbreitungskarte). Calabria (ANGELINI 1986, 1991). Basilicata. Südtirol (KAHLEN 1987). – Kasachstan: MAXIMENKOV (1995). – Korsika: Fundortangabe bei KLAUSNITZER (1990f). – Kroatien: EXNER (1944). – Lettland: NYHOLM (1972b). BARŠEVSKIS (1993). MAXIMENKOV (1995). – Libanon: Beirut (EXNER 1944: KLAUSNITZER 1988b, NYHOLM 1972b). – Liechtenstein: BRANDSTETTER & KAPP (1998). – Litauen: MONSJAWITSCHJUS (1981), MAXIMENKOV (1995). – Luxemburg: GEREND (2003). – Niederlande: WIEBES & WIEBES-RIJKS (1964). NYHOLM (1972b). – Norwegen: Verbreitungskarte (NYHOLM 1972b). – Österreich: allgemein verbreitet (NYHOLM 1955). Burgenland (FOCARILE 1961). Fundorte bei FRANZ (1974). Nordtirol (KAHLEN 1987). Vorarlberg (BRANDSTETTER & KAPP 1998). – Polen: NYHOLM (1972b). BURAKOWSKI et al. (1983). RUTA et al. (2003). – Rumänien: EXNER (1944). NYHOLM (1972b). Fundorte bei KLAUSNITZER (1975c). – Russland: Karelien, Verbreitungskarte (NYHOLM 1972b). Krim (NYHOLM 1972b). MAXIMENKOV (1995). EXNER 1944: KLAUSNITZER (1988b). – Sardinien: KLAUSNITZER (1976b). Fundortangaben bei KLAUSNITZER (1990f). – Schweden: Arrie, Skåne (locus typicus) (THOMSON 1855). Verbreitungskarte (NYHOLM 1972b). – Schweiz: Kantone Aargau, Bern, Basel-Land, Basel-Stadt, Fribourg, Genève, St. Gallen, Schaffhausen, Schwyz, Thurgau, Tessin, Waad, Wallis, Zürich (KLAUSNITZER 1999: Verbreitungskarte). FOCARILE (1961). – Slowakei: NYHOLM (1972b). JELÍNEK (1993). – Sizilien: FOCARILE (1960). – Spanien: NYHOLM (1972b). „Beo Ursel" (Lage des Ortes unklar) (KLAUSNITZER 1990f). – Syrien: allgemein verbreitet (NYHOLM 1955). Ohne Fundort (KLAUSNITZER 1991a). – Tschechien: NYHOLM (1972b). FOCARILE

(1961). Böhmen, Mähren (Jelínek 1993, Boukal et al. 2007). – Türkei: Provinzen Adana, Antalya, Bingöl, Bolu, Canakkale, Denizli, Diyarbakir, Erzincan, Hakkari, Içel, Istanbul, Izmir, Kars, Muğla, Muş, Tunceli, Van, Zonguldak, Bozburun (?) (Klausnitzer 1989b, 1990c, 1990g, Ruta & Klausnitzer 2007). – Ukraine: Maximenkov (1995). – Ungarn: Nyholm (1972b). Hortobágy, Kiskunság (Klausnitzer 1981a, Klausnitzer & Merkl 1987). – Weißrussland: Maximenkov (1995). Alexandrovitch et al. (1996). Solodovnikov (1999). – Zypern: Nyholm (1972b).

Ökologie, Phänologie und Biologie: Vermutlich euryöke Art, vorzugsweise am Ufer von Stillgewässern, z.B. Teichufern, Imagines auch an Fließgewässern (Klausnitzer 1965, 1966c, Nyholm (1972b). Die Larven wurden im Grundwassers eines Seengebietes bis in eine Tiefe von mehr als 10 m nachgewiesen (Klausnitzer & Pospisil 1991). Gümbel (1976) wies eine erfolgreiche Larvenentwicklung in einer Helokrene nach. Nilsson (1980) fand bei Untersuchungen in Nordschweden die meisten Imagines zwischen Ende Juni und Anfang Juli.

Cyphon pandellei Bourgeois, 1884

Zitat der Originalbeschreibung: Caen: Revue d'Entomologie: 34.

Literatur: Exner (1944), Klausnitzer (1976b, 1988b, 1990b, 1990f), Nyholm (1964: Beschreibung, 1967).

Verbreitung: Atlantomediterrane Art.

Nachweise: Frankreich: Süden, mehrere Fundorte (locus typicus nicht definiert) (Bourgeois 1884a). Vosges (Exner 1944). – Korsika: Vizzavone (Exner 1944: Klausnitzer 1988b). – Spanien: Pyrenäen (Bourgeois, 1884). Sierra de Guadarrama (Nyholm 1964). El Escorial (Exner 1944: Klausnitzer 1988b).

Ökologie, Phänologie und Biologie: Die Imagines wurden bis in eine Höhe von 1500 m am Rande von Gebirgsbächen und an ruhigen, kleinen Bachbuchten zusammen mit *Hydrocyphon pernigrans* gefunden (Nyholm 1967).

Cyphon poggii Klausnitzer, 1990: 111

Zitat der Originalbeschreibung (♂): Faunistische Abhandlungen Staatliches Museum für Tierkunde Dresden 17: 111.

Verbreitung: Tyrrhenische Art, Endemit auf Sardinien.

Nachweise: Sardinien: Fluminimaggiore (locus typicus) (Klausnitzer 1990a).

Ökologie, Phänologie und Biologie: Die Typen wurden Ende März gesammelt.

Cyphon ponticus Nyholm, 1976

Zitat der Originalbeschreibung (♂): Entomologica scandinavica 7: 285.

Bemerkung: Im Bau des Genitalapparates sehr ähnlich *unguiculatus*, äußerlich jedoch sehr verschieden (Ausnahme bei *Cyphon*).

Verbreitung: Kaspische Art.

Nachweise: Türkei: Provinzen Artvin, Rize (Çamlıhemşin = locus typicus) (Nyholm 1976, Ruta & Klausnitzer 2007).

Ökologie, Phänologie und Biologie: Die Imagines wurden Ende Mai am Rande eines Gebirgsbaches zusammen mit *Hydrocyphon deflexicollis* und *Elodes armilabris* gefunden.

Cyphon pubescens (FABRICIUS, 1792) (***Cistela***)

Zitat der Originalbeschreibung: Entomologiae systematicae emendatae et auctae. Tom. I. Pars II: 47.

Synonym:

carectorum NYHOLM, 1945: 63

Literatur: ALEXANDROVITCH et al. (1996), BARŠEVSKIS (1993), BOUKAL et al. (2007), BRANDSTETTER & KAPP (1998), BURAKOWSKI et al. (1983), CUPPEN (1993), CUPPEN & FOSTER (2005), EXNER (1944), FOCARILE (1958, 1961), FRANK & KONZELMANN (2002), FRANZ (1974), GEISER (2001), GEREND (2003), GÜRLICH et al. (1995), HANSEN (1964), JANSEN et al. (1999), JELÍNEK (1993), KAHLEN (1987), KEVAN (1962), KLAUSNITZER (1965, 1966b, 1966c, 1971a, 1971b, 1975c, 1976b, 1982, 1988b, 1989b, 1990a, 1990c, 1990d, 1990f, 1992, 1994, 1999, 2008e), KLAUSNITZER et al. (2003), KÖHLER & KLAUSNITZER (1998), KLAUSNITZER & MERKL (1987), KOFLER (1999), MAXIMENKOV (1995), MONSJAWITSCHJUS (1981), NILSSON (1980), NYHOLM (1945, 1955, 1972b: Beschreibung, Verbreitung), RUTA et al. (2003), SOLODOVNIKOV (1999), WIEBES & WIEBES-RIJKS (1964).

Bemerkung: NYHOLM (1955:257) beschrieb eine forma *micromelas* aus der Schweiz und Schweden, die kleiner und anders gefärbt ist.

Verbreitung: Holarktische Art, zirkumpolar verbreitet, bis 64 ° n. Br. (NYHOLM 1955). Sibirien: Tjumen, Tobolsk, Jakutsk (NYHOLM 1972b), Baikalsee (KLAUSNITZER 1976b). Sachalin (KLAUSNITZER 1982). Nordamerika: Connecticut, Iowa, Neufundland, Nova Scotia, British Columbia (NYHOLM 1972b, EXNER 1944: KLAUSNITZER 1988b).

Nachweise: Albanien: KLAUSNITZER (1966b, 1990c, 2008e). Krujë (KLAUSNITZER 1990d). – Bulgarien: Fundortangabe bei KLAUSNITZER (1990f). – Dänemark: „Habitat in Dania" (locus typicus) (FABRICIUS 1792). HANSEN (1964). Verbreitungskarte (NYHOLM 1972b). – Deutschland: allgemein verbreitet (NYHOLM 1955, Fundortkartei KLAUSNITZER, unveröffentlicht, KÖHLER & KLAUSNITZER 1998). Fundorte bei KLAUSNITZER (1965, 1966c, 1971a, b, d, 1994, KLAUSNITZER et al. 2003: Verbreitungskarte Thüringen, FRANK & KONZELMANN 2002: Baden-Württemberg, GÜRLICH et al. 1995: Schleswig-Holstein, JANSEN et al. 1999). – Estland: NYHOLM (1972b). MAXIMENKOV (1995). – Finnland: Verbreitungskarte (NYHOLM 1972b). – Frankreich: NYHOLM (1972b). – Griechenland: Thessalien, Rapsáni (KLAUSNITZER 1990f). – Großbritannien: Fundorte bei KEVAN (1962). NYHOLM (1972b). – Italien: NYHOLM (1972b). FOCARILE (1958, 1961: Verbreitungskarte). – Kasachstan: „Turkestan" (KLAUSNITZER 1976b). – Korsika: NYHOLM (1972b). KLAUSNITZER (1976b). Fundortangaben bei KLAUSNITZER (1990f). – Kroatien: Dalmatien (EXNER 1944). – Lettland: NYHOLM (1972b). BARŠEVSKIS (1993). MAXIMENKOV (1995). – Litauen: MONSJAWITSCHJUS (1981), MAXIMENKOV (1995). – Luxemburg: GEREND (2003). – Niederlande: WIEBES & WIEBES-RIJKS (1964). NYHOLM (1972b). CUPPEN (1993). – Norwegen: Verbreitungskarte (NYHOLM 1972b). Agder (CUPPEN & FOSTER 2005). – Österreich: allgemein verbreitet (NYHOLM 1955). Steiermark (EXNER 1944: KLAUSNITZER 1988b). Kärnten (FOCARILE 1961). Fundorte bei FRANZ (1974). Nordtirol (KAHLEN 1987). Kärnten (KOFLER 1999).Vorarlberg (BRANDSTETTER & KAPP 1998). Oberösterreich (GEISER 2001). – Polen: NYHOLM (1972b). BURAKOWSKI et al. (1983). RUTA et al. (2003). – Rumänien: Fundorte bei KLAUSNITZER (1975c). EXNER 1944: KLAUSNITZER (1988b). – Russland: Karelien, Verbreitungskarte (NYHOLM 1972b). Teberda, „Swanetien" (KLAUSNITZER 1990f). MAXIMENKOV (1995). EXNER 1944: KLAUSNITZER (1988b). – Sardinien: Fundortangabe bei KLAUSNITZER (1990f). – Schweden: NYHOLM (1945, 1955). Verbreitungskarte (NYHOLM 1972b). – Schweiz: NYHOLM (1955, 1972b). Kantone Aargau, Bern, Fribourg, Genève, Graubünden, Luzern, St. Gallen, Schaffhausen, Solothurn, Thurgau, Waad, Wallis, Zürich (KLAUSNITZER 1999: Verbreitungskarte). FOCARILE (1961). – Slowakei: JELÍNEK (1993). Fundortkartei KLAUSNITZER (unveröffentlicht). – Tschechien: Böhmen, Mähren (JELÍNEK 1993, BOUKAL et al. 2007). Fundortkartei KLAUSNITZER (unveröffentlicht). – Türkei: Provinz Bolu (KLAUSNITZER 1989b, 1990c, NYHOLM 1972b). – Ukraine: MAXIMENKOV (1995). – Ungarn: Kiskunság (KLAUSNITZER & MERKL 1987). – Weißrussland: MAXIMENKOV (1995). ALEXANDROVITCH et al. (1996). SOLODOVNIKOV (1999).

Ökologie, Phänologie und Biologie: Eine ± euryöke Art, die in mesotrophen und eutrophen Gewässern lebt (KLAUSNITZER 1968b, NYHOLM 1955, 1972b). Imagines an Teichufern (KLAUSNITZER 1965, 1966a). KLAUSNITZER (1971a) fand bei Kescherfängen am Ufer eines naturnahen Teiches in der Oberlausitz zwei Gipfel, einen Anfang bis Mitte Juni, den anderen Mitte August. CUPPEN (1993) stellte bei wöchentlichen Auswertungen einer Malaise-Falle in den Niederlanden die meisten Imagines zwischen Ende April und Anfang Mai fest (es gab noch einen kleinen Gipfel Anfang August).

Cyphon punctipennis **SHARP, 1872**

Zitat der Originalbeschreibung: The Entomologist's Monthly Magazine 9: 155.

Literatur: ALEXANDROVITCH et al. (1996), ANDERSON et al. (1997), BANGSHOLT (1981), BARŠEVSKIS (1993), BOUKAL et al. (2007), EXNER (1944), FRANK & KONZELMANN (2002), HANSEN (1964), HORION (1960), JANSEN et al. (1999), JELÍNEK (1993), KEVAN (1962), KLAUSNITZER (1971b, 1975g, 1988b, 1990f, 1992, 1994), KLAUSNITZER et al. (2003), KÖHLER & KLAUSNITZER (1998), KÖHLER (1997), MAXIMENKOV (1995), MCCORMACK (2006), MONSJAWITSCHJUS (1981), NILSSON (1980), NYHOLM (1955, 1972b: Beschreibung, Verbreitung), SOLODOVNIKOV (1999), ZWICK (1978).

Verbreitung: Paläarktische Art, kommt bis zur Eismeerküste vor, montan bis subalpin (NYHOLM 1955). Sibirien: Krasnojarsk, Jakutsk (NYHOLM 1972b), Ferner Osten.

Nachweise: Dänemark: NYHOLM (1955). HANSEN (1964). Verbreitungskarte (NYHOLM 1972b). BANGSHOLT (1981). – Deutschland: Südbayern (NYHOLM 1972b). Thüringer Wald, Erzgebirge, Harz (KLAUSNITZER 1971b, 1975g, 1994, KLAUSNITZER et al. 2003: Verbreitungskarte Thüringen, Fundortkartei KLAUSNITZER, unveröffentlicht, FRANK & KONZELMANN 2002: Baden-Württemberg, HORION 1960, JANSEN et al. 1999, KÖHLER 1997, KÖHLER & KLAUSNITZER 1998, ZWICK 1978). – Finnland: Verbreitungskarte (NYHOLM 1972b). – Großbritannien: Schottland (Rannoch und Keir Hills, Thornhill (locus typicus) (SHARP 1872). Schottland (NYHOLM 1955). KEVAN (1962). Ecosse (= Schottland) (KLAUSNITZER 1990f). – Irland: ANDERSON et al. (1997), MCCORMACK (2006). – Lettland: BARŠEVSKIS (1993). MAXIMENKOV (1995). – Litauen: MONSJAWITSCHJUS (1981), MAXIMENKOV (1995). – Norwegen: Verbreitungskarte (NYHOLM 1972b). Neiden (69 °41'N) (EXNER 1944: KLAUSNITZER 1988b). – Russland: Karelien, Lappland, Verbreitungskarte, Archangelsk (NYHOLM 1972b). MAXIMENKOV (1995). – Schweden: Verbreitungskarte (NYHOLM 1972b). – Tschechien: Böhmen (JELÍNEK 1993). Böhmen, Mähren (BOUKAL et al. 2007). – Weißrussland: MAXIMENKOV (1995). ALEXANDROVITCH et al. (1996). SOLODOVNIKOV (1999).

Ökologie, Phänologie und Biologie: Stenotop in sauren Sphagnum-Mooren (Hochmoore bis ganz kleine Sphagneten) (KLAUSNITZER 1968b, NYHOLM 1955, 1972b). Die Populationen sind meist individuenarm (NYHOLM 1955).

Cyphon putonii **BRISOUT DE BARNEVILLE, 1863**

Zitat der Originalbeschreibung: Catalogue des coléoptères de France et matériaux pour servir à la faune des coléoptères français: 83.

Synonyme:

depressus MULSANT & REY, 1865: 89
macer KIESENWETTER, 1863: 720

Literatur: BURAKOWSKI et al. (1983), EXNER (1944), FRANK & KONZELMANN (2002), HORION (1972), KLAUSNITZER (1971a, b: fragliches Vorkommen in der Oberlausitz, 1988b, 1990f, 1994, 1998c, 1999), KÖHLER & KLAUSNITZER (1998), NYHOLM (1964: Redeskription)

Verbreitung: Atlantomediterrane Art.

Nachweise: Deutschland: Baden, Hessen, Rheinland (FRANK & KONZELMANN 2002, HORION 1972, KLAUSNITZER 1998c, KÖHLER & KLAUSNITZER 1998). Sachsen: unbestätigte Literaturangabe (KIESENWETTER 1863) und altes Sammlungsmaterial (KLAUSNITZER 1971a, 1994). – Frankreich: mehrere Fundorte (locus typicus nicht definiert) (BRISOUT DE BARNEVILLE 1863). Provence (NYHOLM 1964). Versailles, Elsaß (HORION 1972). Hautes-Pyrénées, Pyrénées-Orientales, Auvergne (Pionsat) (KLAUSNITZER 1990f). Ain, Pyrenäen (EXNER 1944: KLAUSNITZER 1988b). – Österreich: Vorarlberg (HORION 1972). – Polen: BURAKOWSKI et al. (1983): nach TENENBAUM (1918), Vorkommen aber sehr unwahrscheinlich. – Schweiz: ohne Fundortangabe (NYHOLM 1964). Genf (HORION 1972). Kantone Bern, Genève, Tessin (KLAUSNITZER 1999: Verbreitungskarte). – Spanien: „El Cerro" (mindestens 2 Orte diesen Namens vorhanden) (NYHOLM 1964).

Ökologie, Phänologie und Biologie: Funde Anfang Mai bis Anfang September. In Deutschland in einem Kiesgrubengebiet.

Cyphon quadrum KLAUSNITZER, 1980

Zitat der Originalbeschreibung: Entomologische Nachrichten 24: 125.

Verbreitung: Kaspische Art (Kaspisches Meer-Gebiet).

Nachweise: Russland: Wartapiu (locus typicus) (die Lokalisierung ist etwas problematisch, es sollte sich um Wartatil in Dagestan handeln) (KLAUSNITZER 1980c).

Ökologie, Phänologie und Biologie: Der Holotypus wurde Anfang Juni gesammelt.

Cyphon reitteri KLAUSNITZER, 1976

Zitat der Originalbeschreibung: Acta entomologica bohemoslovaca 73: 256.

Verbreitung: Kaspische Art (Kaspisches Meer-Gebiet)

Nachweise: Aserbaidschan: Kaspisches Meer-Gebiet, Liryk (= Lerik) (locus typicus) (KLAUSNITZER 1976b).

Cyphon ruficeps TOURNIER, 1868

Zitat der Originalbeschreibung: Description des Dascillides du Bassin du Léman: 54.

Literatur: ALEXANDROVITCH et al. (1996), BARŠEVSKIS (1993), BELLSTEDT (1987), BELLSTEDT & FICHTNER (1985), BOUKAL et al. (2007), BRANDSTETTER & KAPP (1998), BURAKOWSKI et al. (1983), CASPERS (1980), EXNER (1944), FOCARILE (1961), FRANK & KONZELMANN (2002), FRANZ (1974), GEREND (2003), GÜRLICH et al. (1995), HORION (1955a), JELÍNEK (1993), JELÍNEK & PFEFFER (1984), KLAUSNITZER (1965, 1966a, 1971a, 1971b, 1973a, 1975c, 1988b, 1990a, 1990d, 1990f, 1994, 1999, 2008e), KLAUSNITZER et al. (2003), KÖHLER & KLAUSNITZER (1998), MAXIMENKOV (1995), NYHOLM (1948 Beschreibung des ♀ als *C. furcillatus*, 1950 Redeskription und Unterscheidung von 5 Färbungsformen, 1955: Beschreibung, Verbreitung, 1970), WIEBES & WIEBES-RIJKS (1964).

Verbreitung: Europa ohne den Süden, fehlt auf der Iberischen Halbinsel und in Nordeuropa.

Nachweise: Bulgarien: Rila-Gebirge, „Maglige" (Lage des Ortes unklar) (NYHOLM 1950). Sofia, German (KLAUSNITZER 1973a). EXNER 1944: KLAUSNITZER (1988b). – Deutschland: Fundorte bei KLAUSNITZER (1965, 1966a, 1971a, b, 1994, KLAUSNITZER et al. 2003: Verbreitungskarte Thüringen, KLAUSNITZER et al. 2005, Fundortkartei KLAUSNITZER, unveröffentlicht, BELLSTEDT 1987, BELLSTEDT & FICHTNER 1985, CASPERS 1980: Emergenz, FRANK & KONZELMANN 2002: Baden-Württemberg, GÜRLICH et al. 1995: Schleswig-Holstein, HORION 1955a, KÖHLER & KLAUSNITZER 1998). Thüringen (Ilfeld) (NYHOLM 1950, 1955). Baden-Württemberg (Böttingen-Heuberg, Schwarzwald, Feldberg) (NYHOLM 1955). – Frankreich: Vogesen, Gérardmer; Auvergne, Pionsat (KLAUSNITZER 1990f). – Georgien: Abchasien (MAXIMENKOV 1995). – Griechenland: ohne Fundort (KLAUSNITZER 1990f). – Italien: Trentino-Alto Adige, Friuli-Venezia Giulia (EXNER 1944: KLAUSNITZER 1988b, 1990a). – Lettland: BARŠEVSKIS (1993). – Luxemburg: GEREND (2003). – Moldawien: MAXIMENKOV (1995). – Niederlande: WIEBES & WIEBES-RIJKS (1964). – Österreich: Steiermark (NYHOLM 1950, 1955). Fundorte bei FRANZ (1974). Vorarlberg (BRANDSTETTER & KAPP 1998). EXNER 1944: KLAUSNITZER (1988b). – Polen: NYHOLM (1950, 1955). BURAKOWSKI et al. (1983). – Rumänien: Băile Herculane, Orşova (es gibt wenigstens 2 Orte dieses Namens in Caraş-Severin bzw. Mureş) (EXNER 1944, NYHOLM 1950). Südkarpaten, Azuga; Transsilvanien, Sovata (KLAUSNITZER 1975c). Karpaten (Fundortkartei KLAUSNITZER, unveröffentlicht). – Russland: MAXIMENKOV (1995). – Schweiz: Peney (locus typicus) (TOURNIER, 1868). NYHOLM (1950, 1955). Kantone Aargau, Appenzell, Bern, Basel-Land, Fribourg, Genève, Luzern, St. Gallen, Schaffhausen, Thurgau, Tessin, Waad, Zürich (KLAUSNITZER 1999: Verbreitungskarte). – Slowakei: Fundorte bei JELÍNEK & PFEFFER (1984). JELÍNEK (1993). – Slowenien: Ljubljana, Krain (= Kranj) (NYHOLM 1950). – Tschechien: NYHOLM (1950). Fundorte bei JELÍNEK & PFEFFER (1984). Böhmen, Mähren (JELÍNEK 1993, BOUKAL et al. 2007). – Türkei: Prov. Bolu, Zouguldak (KLAUSNITZER 2008e). – Weißrussland: MAXIMENKOV (1995). ALEXANDROVITCH et al. (1996).

Ökologie, Phänologie und Biologie: Hauptsächlich montan (bis in 1200 m Höhe), von Ende Juni bis Anfang Juli in durch lokale Kälte gekennzeichneten Zwischenmooren (KLAUSNITZER 1966a, 1968b, NYHOLM 1950, 1955) und Hochmooren (KLAUSNITZER 1965). Imagines auch in Quellsümpfen mit Erlen, auf Moorwiesen, an kleinen vegetationsreichen Tümpeln und an kleinen Bachoberläufen.

Cyphon scurrula NYHOLM, 1970

Zitat der Originalbeschreibung (♂): Entomologisk Tidskrift 91: 39.

♀: Entomologica scandinavica 7 (1976): 292.

Literatur: KLAUSNITZER (1973a, 1976b, 1990f, 1990g).

Verbreitung: Pontomediterrane Art.

Nachweise: Bulgarien: Balkan, Labatnik (KLAUSNITZER 1973a, 1976b). Nessebar-Gebirge (= Nesebâr ?) (NYHOLM 1976). – Serbien: Belgrad (KLAUSNITZER 1990f). – Türkei: Provinzen Bursa, Istanbul („Belgrad Orman" = locus typicus) (KLAUSNITZER 1990g, NYHOLM 1970).

Ökologie, Phänologie und Biologie: Die Imagines wurden Mitte Mai bis Anfang Juni sowie Mitte Juli bis Anfang September am Ufer eines Baches gefunden.

Cyphon siculus TOURNIER, 1868

Zitat der Originalbeschreibung: Description des Dascillides du Bassin du Léman: 74.

Synonym:

impressus KIESENWETTER, 1871a: 76

Literatur: EXNER (1944), FOCARILE (1961), KLAUSNITZER (1976b, 1988b, 1990a, 1990f, 1991a, 1997, 1998b), NYHOLM (1964: Redeskription).

Verbreitung: Atlantomediterrane Art.

Nachweise: Algerien: Gde Kabylie, Forêt d'Akfadou, 22 km E Yakouren; Djurdjura, rte de Tala Guilef; Gde Kabylie, L'Arbatache sur El Kseur; Gde Kabylie, sur Keria-Hammam (KLAUSNITZER 1997). „Laverdure" (Lage des Ortes unklar) (KLAUSNITZER 1976b). – Korsika: im Süden: Propriano (NYHOLM 1964). Fundortangaben bei KLAUSNITZER (1990f). – Sardinien: Terra typica von *C. impressus* (KIESENWETTER 1871a). Fundortangaben bei KLAUSNITZER (1990f), FOCARILE (1961), EXNER (1944: KLAUSNITZER 1988b). – Sizilien: Messina (locus typicus) (TOURNIER 1868, KLAUSNITZER 1998b). – Spanien: Castilla-La Mancha, Tragacete (KLAUSNITZER 1990f).

Ökologie, Phänologie und Biologie: Die Imagines wurden von Anfang Mai bis Mitte Juni in einer Höhe von 300-1100 m gefunden.

Cyphon solarii **NYHOLM, 1957**

Zitat der Originalbeschreibung (♂): Entomologisk Tidskrift 78: 75.

Literatur: KLAUSNITZER (1990a).

Verbreitung: Adriatomediterrane Art, möglicherweise dem Dinodal zugehörig.

Nachweise: Italien: Piemonte, Meeralpen, Certosa di Pesio (locus typicus) (NYHOLM 1957). Piemonte, Meeralpen, Ormea (KLAUSNITZER 1990a).

Ökologie, Phänologie und Biologie: Die Imagines wurden von Juli bis August gefunden.

Cyphon sulcicollis **MULSANT et REY, 1865**

Zitat der Originalbeschreibung: Histoire naturelle des Coléoptères de France, Fossipèdes Brévicolles: 87.

Synonym:

Cyphon maroccanus PIC, 1934 (HERNANDO, AGUILERA & RIBERA 2003)

Literatur: EXNER (1944), HERNANDO, AGUILERA & RIBERA (2003), KLAUSNITZER (1976b, 1988b, 1990f, 1991a, 1997), NYHOLM (1964: Redeskription).

Verbreitung: Atlantomediterrane Art.

Nachweise: Frankreich: Marseille (locus typicus) (MULSANT et REY 1865). Süden (NYHOLM 1964). – Marokko: Casablanca (KLAUSNITZER 1976b). Fundortangaben bei KLAUSNITZER (1991a). Asni (KLAUSNITZER 1997). – Spanien: Pyrenäen, Jaca, südlich bis Gibraltar (NYHOLM 1964). Ronda (EXNER 1944). – Tunesien: Karthago (KLAUSNITZER 1976b).

Ökologie, Phänologie und Biologie: Auf einer Sumpfwiese mit kleinem Bach auf Kalkboden in den Pyrenäen eine Population mit durchschnittlich kleineren Individuen (NYHOLM 1964). Die Imagines wurden Mitte April bis Mitte Juli in einer Höhe von 920-1100 m (Marokko) gefunden. SCHMIDT (2000) sammelte *Cyphon sulcicollis* und auch die meisten *C. padi* in dem Schilfgebiet „Sollac", das dafür bekannt ist, faunistisch von der übrigen Camargue abzuweichen. Der Grund dafür sind wohl vor allem die sogenannten „Laurons". Das sind Quelltöpfe, aus denen ganzjährig kühles und sauerstoffreiches Grundwasser aus der Crau austritt und in denen einige nordische Arten vorkommen (bekannt bisher z. B. für Libellen und Spinnen).

Cyphon unguiculatus **NYHOLM, 1949**

Zitat der Originalbeschreibung (♂): Arkiv för Zoologi 42A, Nr. 24: 2.

♀: KLAUSNITZER (1990a): Faunistische Abhandlungen Staatliches Museum für Tierkunde Dresden 17: 113.

Literatur: ANGELINI (1986, 1991), FOCARILE (1961), KLAUSNITZER (1990a, 1990f).

Verbreitung: Adriatomediterrane Art, bisher nur aus Süditalien bekannt, vielleicht zum Dinodal gehörig.

Nachweise: Italien: Basilicata, Terranova di Pollino (locus typicus) (NYHOLM 1949). Basilicata, Puglia, Calabria (ANGELINI 1986, 1991, FOCARILE 1961: Verbreitungskarte, KLAUSNITZER 1990a, f).

Ökologie, Phänologie und Biologie: Der Holotypus wurde in einer Höhe von 950 m gefunden.

Cyphon variabilis (THUNBERG, 1787) (*Cantharis*)

Zitat der Originalbeschreibung: Museum Naturalium Academiae Upsaliensis. Cujus partem quartam: 54.

Synonyme:
dubius STEPHENS, 1830: 288
fusciceps KIRBY, 1837: 245
modestus J. LECONTE, 1854: 355 (*Helodes*)
nebulosus J. LECONTE, 1854: 355 (*Helodes*)
nigriceps KIESENWETTER, 1860: 413
nigricornis SCHILSKY, 1888: 188
ovalis SAY, 1825: 161
piceus J. LECONTE, 1854: 354 (*Helodes*)
punctatus J. LECONTE, 1854: 354 (*Helodes*)
rufipectus REY, 1891: 101

Literatur: ALEXANDROVITCH et al. (1996), ANDERSON et al. (1997), BARŠEVSKIS (1993), BELLSTEDT & FICHTNER (1985), BOUKAL et al. (2007), BRANDSTETTER & KAPP (1998), BURAKOWSKI et al. (1983), CUPPEN (1993), CUPPEN & FOSTER (2005), EXNER (1944), FOCARILE (1961), FRANK & KONZELMANN (2002), FRANZ (1943, 1974), GEISER (2001), GEREND (2003), GÜRLICH et al. (1995), HANDSCHIN (1963), HANSEN (1964), HERGER (1995), JANSEN et al. (1999), JELÍNEK (1993), KEVAN (1962), KLAUSNITZER (1965, 1966c, 1967b, 1971a, 1971b, 1975c, 1976d, 1982, 1988b, 1990a, 1990f, 1992, 1994, 1999), KLAUSNITZER et al. (2003), KOFLER (1999), KÖHLER & KLAUSNITZER (1998), MAXIMENKOV (1995), MONSJAWITSCHJUS (1981), NILSSON (1980), NYHOLM (1955, 1972b: Beschreibung, Verbreitung), RUTA et al. (2003), SASAGAWA (1985), SOLODOVNIKOV (1999), TENENBAUM (1915), WALTER (1990), WIEBES & WIEBES-RIJKS (1964), YOSHITOMI (2005).

Bemerkung: NYHOLM (1972b): andere Form in Nordamerika.

Verbreitung: Holarktische, zirkumpolar verbreitete Art, bis zur Küste des Eismeeres, auch subalpin (NYHOLM 1955). Usbekistan (MAXIMENKOV 1995). Sibirien (Sverdlovsk, Tjumen, Tobolsk), ostwärts bis Kamtschatka (Petropawlowsk) und zum Amur-Gebiet (NYHOLM 1955, 1972b). Mongolei (KLAUSNITZER 1967b). Kurilen (YOSHITOMI 2005). Kunashir, Iturup (KLAUSNITZER 1982). Japan, Hokkaido (SASAGAWA 1985, YOSHITOMI 2005). Nordamerika (Neufundland, Labrador, Nova Scotia, Massachusetts, Ontario, Alberta, British Columbia, Alaska (NYHOLM 1972b, EXNER 1944: KLAUSNITZER 1988b). Mittelamerika, Neuseeland (?).

Nachweise: Balearen: TENENBAUM (1915: Literaturangabe, Material nicht revidiert). – Dänemark: HANSEN (1964). Verbreitungskarte (NYHOLM 1972b). – Deutschland: weit verbreitet (NYHOLM 1955, Fundortkartei KLAUSNITZER, unveröffentlicht, KÖHLER & KLAUSNITZER 1998). Fundorte bei KLAUSNITZER (1965, 1966c, 1971a, b, 1994, KLAUSNITZER et al. 2003: Verbreitungskarte Thüringen, BELLSTEDT & FICHTNER 1985, FRANK & KONZELMANN 2002: Baden-Württemberg, GÜRLICH et al. 1995: Schleswig-Holstein, JANSEN et al.

1999). – Estland: Maximenkov (1995). – Finnland: Verbreitungskarte (Nyholm 1972b). – Frankreich: Fundortkartei Klausnitzer (unveröffentlicht). – Großbritannien: Kevan (1962). – Irland: Anderson et al. (1997). – Italien: Nyholm (1972b). Lombardia (Klausnitzer 1990f). Alto Adige (Focarile 1961). – Kasachstan: Maximenkov (1995). – Lettland: Nyholm (1972b). Barševskis (1993). Maximenkov (1995). – Liechtenstein: Walter (1990). Brandstetter & Kapp (1998). – Litauen: Monsjawitschjus (1981), Maximenkov (1995). – Luxemburg: Gerend (2003). – Niederlande: Wiebes & Wiebes-Rijks (1964). Nyholm (1972b). Cuppen (1993). – Norwegen: Verbreitungskarte (Nyholm 1972b). Agder (Cuppen & Foster 2005). – Österreich: weit verbreitet (Nyholm 1955). Steiermark (Exner 1944: Klausnitzer 1988b, Focarile 1961). Fundorte bei Franz (1943, 1974). Kärnten (Kofler 1999). Vorarlberg (Brandstetter & Kapp 1998). Salzburg (Geiser 2001). – Polen: Burakowski et al. (1983). Ruta et al. (2003). – Rumänien: Fundorte bei Klausnitzer (1975c), Exner (1944: Klausnitzer 1988b). Karpaten (Fundortkartei Klausnitzer, unveröffentlicht). – Russland: Karelien, Verbreitungskarte, St. Petersburg (Nyholm 1972b). Maximenkov (1995). Exner 1944: Klausnitzer (1988b). – Schweden: Aus Schweden beschrieben (terra typica): „vulgaris in Svecia" (Thunberg 1787). Verbreitungskarte (Nyholm 1972b). – Schweiz: Kantone Aargau, Appenzell, Bern, Fribourg, Genève, Graubünden, Jura, Neuchatel, Thurgau, Waad, Wallis, Zürich (Klausnitzer 1999: Verbreitungskarte). Focarile (1961), Fundorte bei Herger (1995), Handschin (1963). – Slowakei: Jelínek (1993). Fundortkartei Klausnitzer (unveröffentlicht). – Spanien: Sierra de Guadarrama, Navacerrada (Nyholm 1972b). – Tschechien: Böhmen, Mähren (Jelínek 1993, Boukal et al. 2007). Fundortkartei Klausnitzer (unveröffentlicht). – Ukraine: Maximenkov (1995). – Ungarn: Fundortkartei Klausnitzer (unveröffentlicht). – Weißrussland: Maximenkov (1995). Alexandrovitch et al. (1996). Solodovnikov (1999).

Ökologie, Phänologie und Biologie: Eine ± euryöke Art, die vor allem in mäßig sauren Sphagnum-Mooren aber auch in eutrophen Gewässern vorkommt (Klausnitzer 1966c, 1968b, Nyholm 1955, 1972b). Imagines an Teichufern (Klausnitzer 1965, 1966c), auch an schlammigen Gräben von Salzstellen (Klausnitzer 1968b). Klausnitzer (1971a) fand bei Kescherfängen am Ufer eines naturnahen Teiches in der Oberlausitz die meisten Imagines zwischen Anfang bis Ende Juli. Nilsson (1980) fand bei Untersuchungen in Nordschweden die meisten Imagines zwischen Ende Mai und Ende Juni.

Cyphon wittmeri Nyholm, 1970

Zitat der Originalbeschreibung (♂): Entomologisk Tidskrift 91: 32.

Verbreitung: Kaspische Art.

Nachweise: „Kaukasus": Ruta & Klausnitzer (2007). – Türkei: Provinz Adıyaman, Gölbaşı (locus typicus) (Nyholm 1970).

Ökologie, Phänologie und Biologie: Der Holotypus wurde Anfang Mai in einer Höhe von 300 m gefunden.

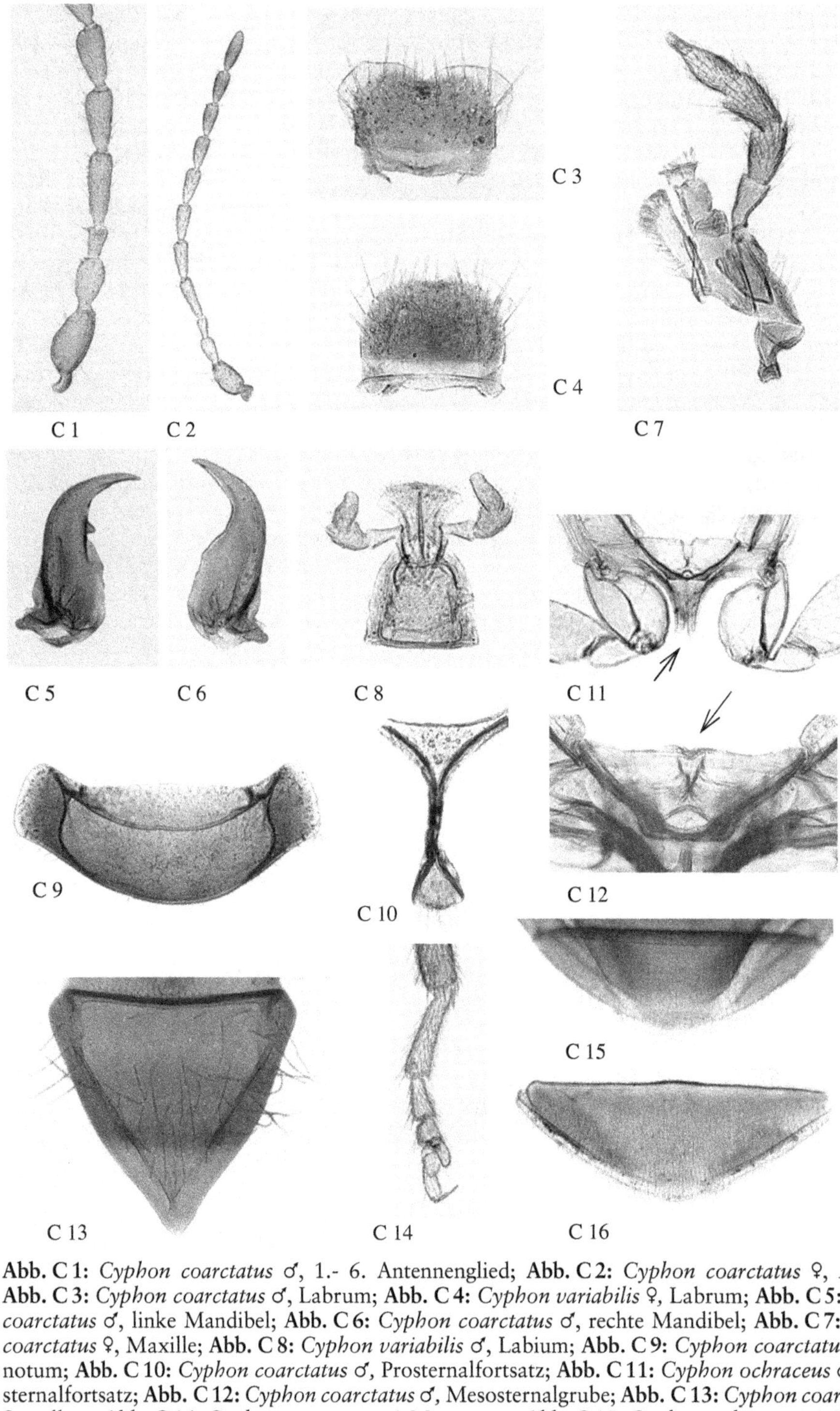

Abb. C 1: *Cyphon coarctatus* ♂, 1.- 6. Antennenglied; **Abb. C 2:** *Cyphon coarctatus* ♀, Antenne; **Abb. C 3:** *Cyphon coarctatus* ♂, Labrum; **Abb. C 4:** *Cyphon variabilis* ♀, Labrum; **Abb. C 5:** *Cyphon coarctatus* ♂, linke Mandibel; **Abb. C 6:** *Cyphon coarctatus* ♂, rechte Mandibel; **Abb. C 7:** *Cyphon coarctatus* ♀, Maxille; **Abb. C 8:** *Cyphon variabilis* ♂, Labium; **Abb. C 9:** *Cyphon coarctatus* ♂, Pronotum; **Abb. C 10:** *Cyphon coarctatus* ♂, Prosternalfortsatz; **Abb. C 11:** *Cyphon ochraceus* ♂, Mesosternalfortsatz; **Abb. C 12:** *Cyphon coarctatus* ♂, Mesosternalgrube; **Abb. C 13:** *Cyphon coarctatus* ♂, Scutellum; **Abb. C 14:** *Cyphon coarctatus* ♂, Metatarsus; **Abb. C 15:** *Cyphon pubescens* ♂, 7. Sternit; **Abb. C 16:** *Cyphon pubescens* ♀, 7. Sternit.

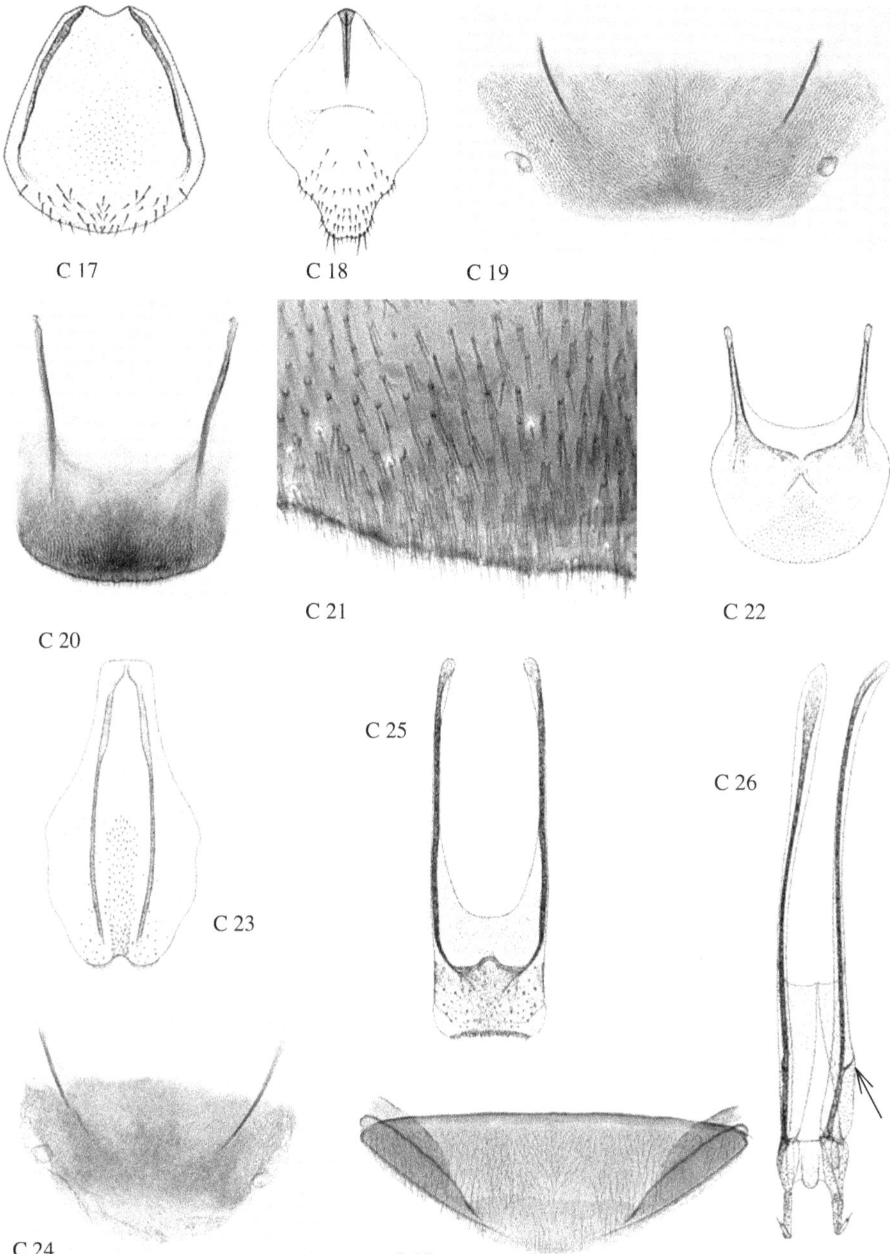

Abb. C 17: *Cyphon coarctatus* ♂, 9. Sternit, aus NYHOLM (1955); **Abb. C 18:** *Cyphon hilaris* ♂, 9. Sternit, aus NYHOLM (1969); **Abb. C 19:** *Cyphon coarctatus* ♂, 7. Tergit; **Abb. C 20:** *Cyphon coarctatus* ♂, 8. Tergit; **Abb. C 21:** *Cyphon coarctatus* ♂, 8. Tergit, Detail; **Abb. C 22:** *Cyphon coarctatus* ♂, 9. Tergit, aus NYHOLM (1955); **Abb. C 23:** *Cyphon coarctatus* ♀, 8. Sternit, aus NYHOLM (1969); **Abb. C 24:** *Cyphon coarctatus* ♀, 7. Tergit; **Abb. C 25:** *Cyphon coarctatus* ♀, 8. Tergit, aus NYHOLM (1969); **Abb. C 26:** *Cyphon coarctatus* ♀, 9. Tergit/9. Sternit, aus NYHOLM (1969); **Abb. C 27:** *Cyphon coarctatus* ♀, 7. Sternit.

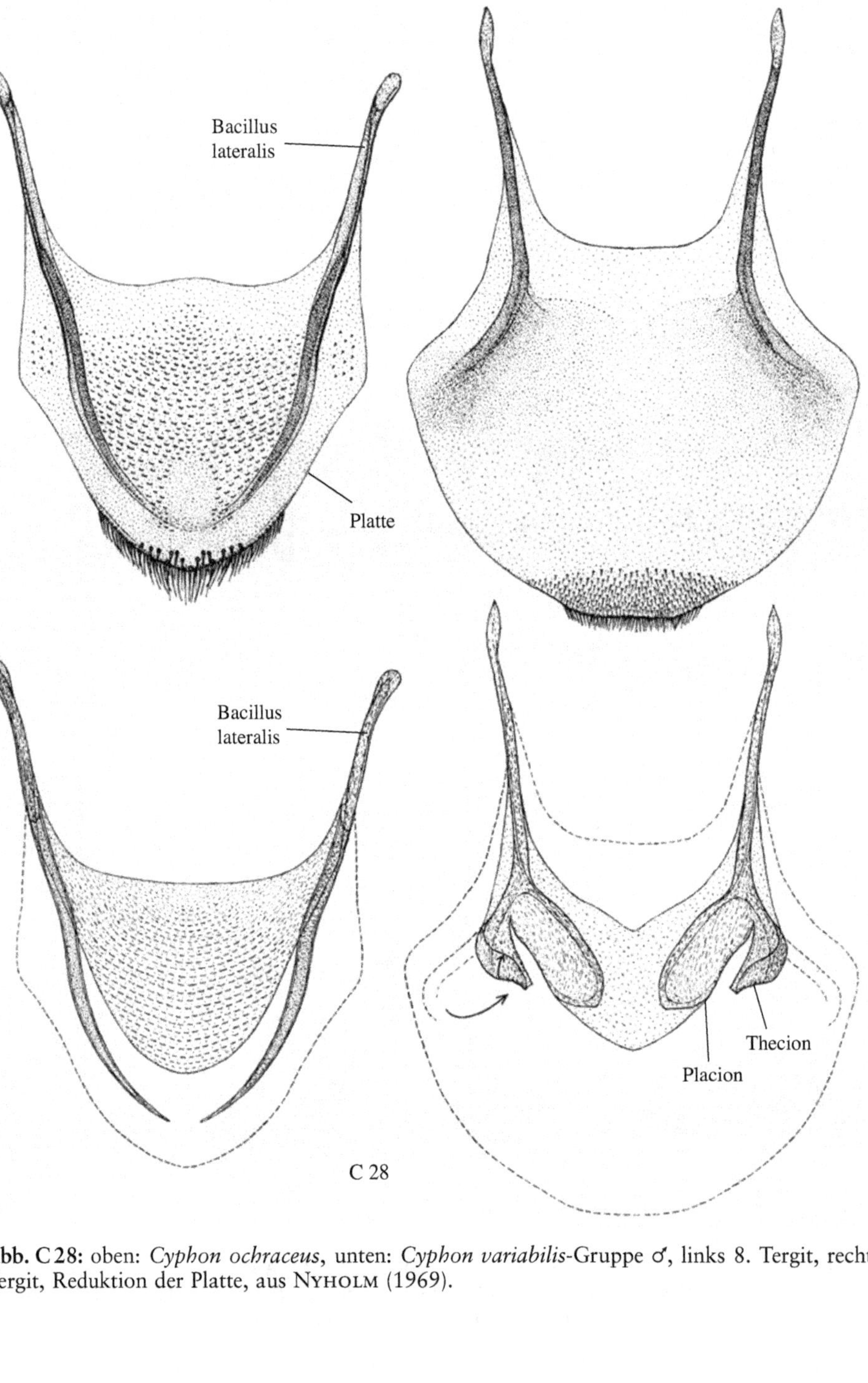

Abb. C 28: oben: *Cyphon ochraceus*, unten: *Cyphon variabilis*-Gruppe ♂, links 8. Tergit, rechts 9. Tergit, Reduktion der Platte, aus NYHOLM (1969).

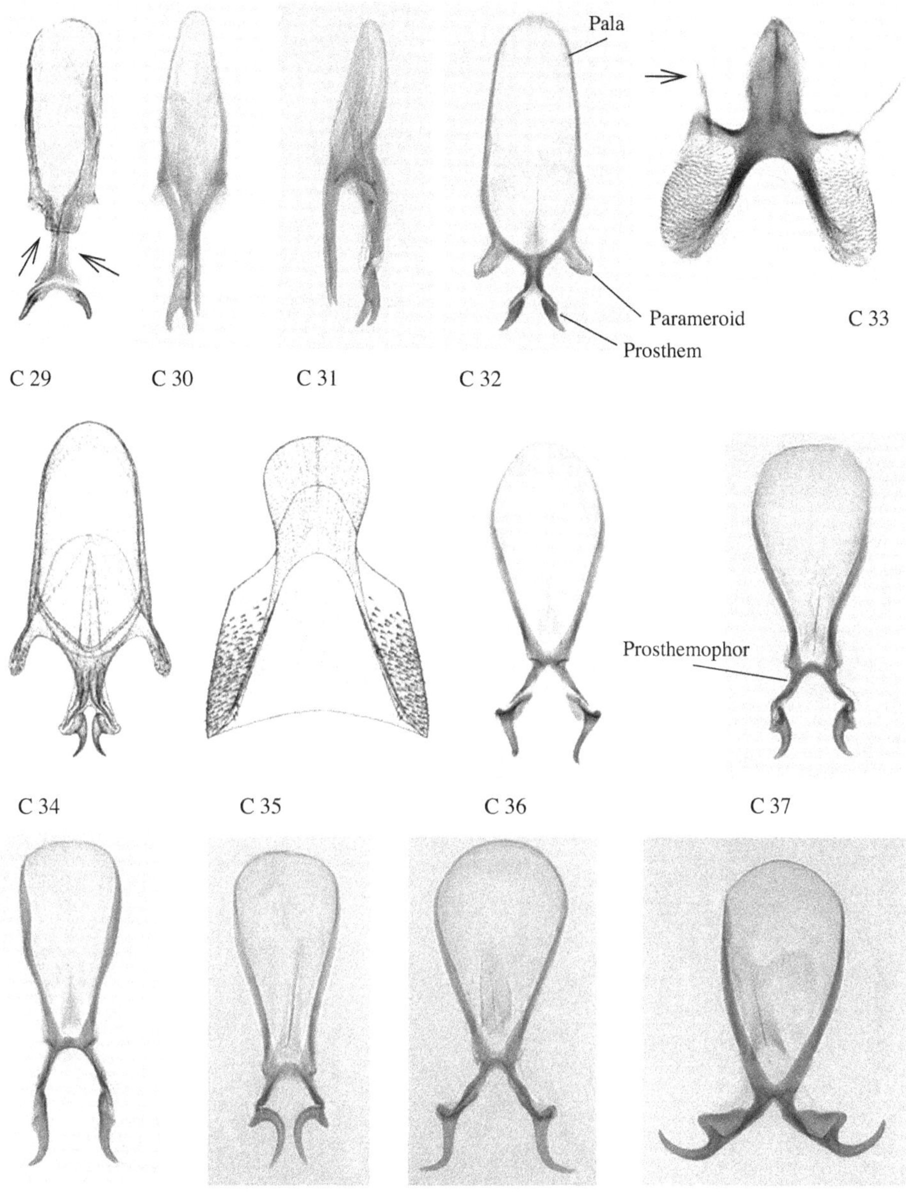

Abb. C 29: *Cyphon designandus* ♂, Penis; **Abb. C 30:** *Cyphon furcillatus* ♂, Penis, dorsal; **Abb. C 31:** *Cyphon furcillatus* ♂, Penis, lateral; **Abb. C 32:** *Cyphon unguiculatus* ♂, Penis; **Abb. C 33:** *Cyphon unguiculatus* ♂, Tegmen; **Abb. C 34:** *Cyphon ponticus* ♂, Penis, aus NYHOLM (1976); **Abb. C 35:** *Cyphon ponticus* ♂, Tegmen, aus NYHOLM (1976); **Abb. C 36:** *Cyphon palustris* ♂, Penis, dorsal; **Abb. C 37:** *Cyphon palustris* ♂, Penis, dorsal; **Abb. C 38:** *Cyphon palustris* ♂, Penis, dorsal; **Abb. C 39:** *Cyphon palustris* ♂, Penis, dorsal; **Abb. C 40:** *Cyphon palustris* ♂, Penis, dorsal; **Abb. C 41:** *Cyphon palustris* ♂, Penis, dorsal.

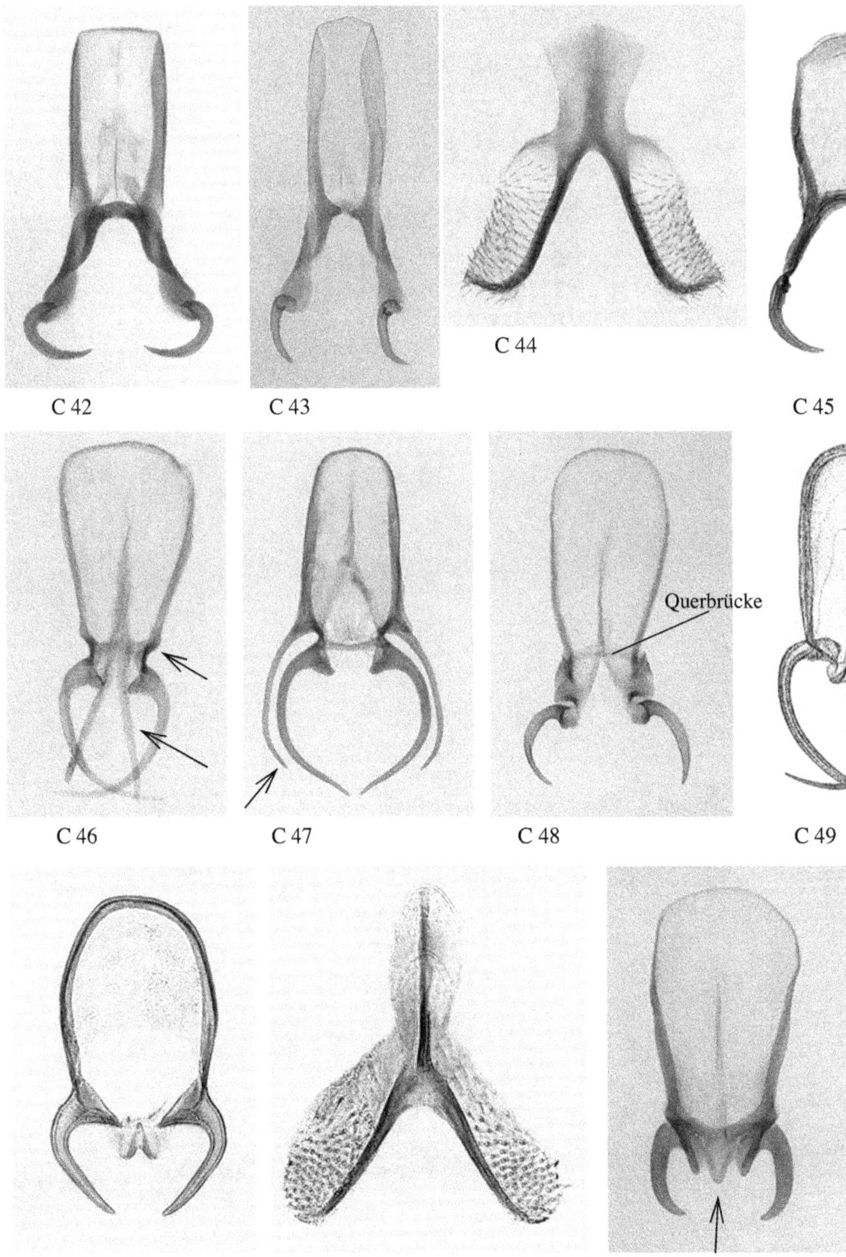

Abb. C 42: *Cyphon coarctatus* ♂, Penis, dorsal; **Abb. C 43:** *Cyphon coarctatus* ♂, Penis, etwas lateral; **Abb. C 44:** *Cyphon coarctatus* ♂, Tegmen; **Abb. C 45:** *Cyphon albanicus* ♂, Penis; **Abb. C 46:** *Cyphon euoplus* ♂, Penis; **Abb. C 47:** *Cyphon longispinus* ♂, Penis; **Abb. C 48:** *Cyphon ruficeps* ♂, Penis; **Abb. C 49:** *Cyphon dinolabis* ♂, Penis, aus Nyholm (1970); **Abb. C 50:** *Cyphon osellai* ♂, Penis; **Abb. C 51:** *Cyphon osellai* ♂, Tegmen; **Abb. C 52:** *Cyphon scurrula* ♂, Penis.

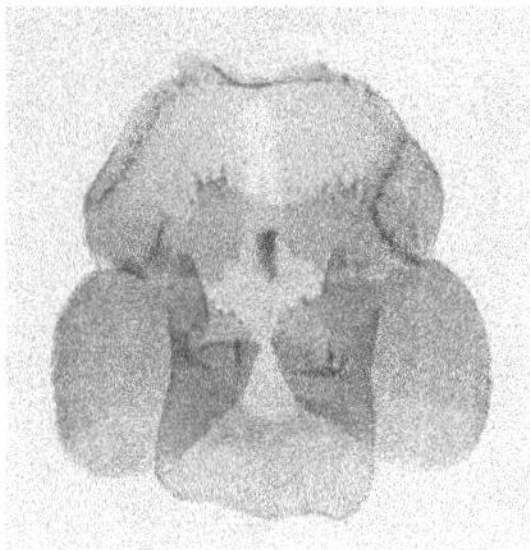
C 53

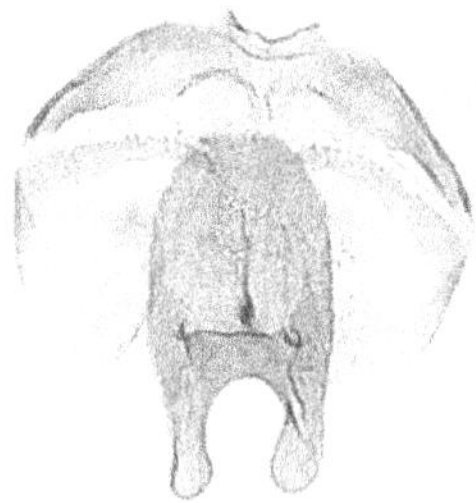
C 54

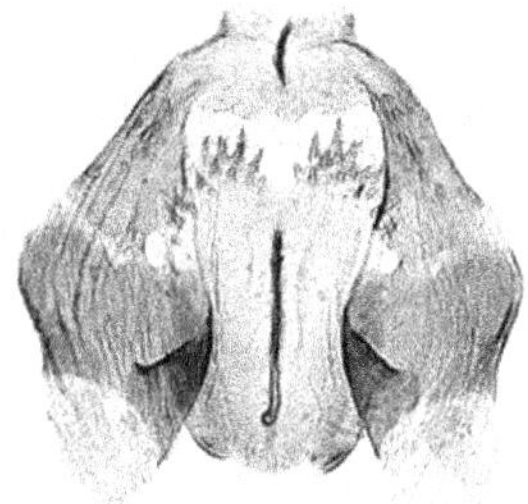
C 55

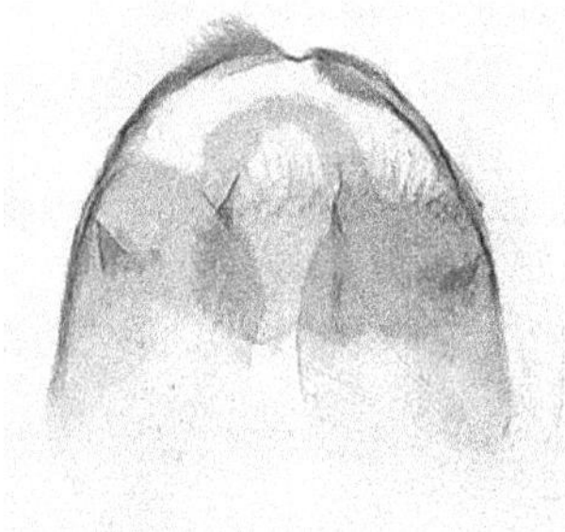
C 56

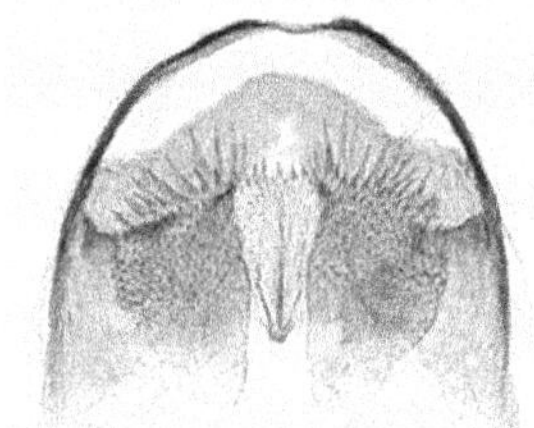
C 57

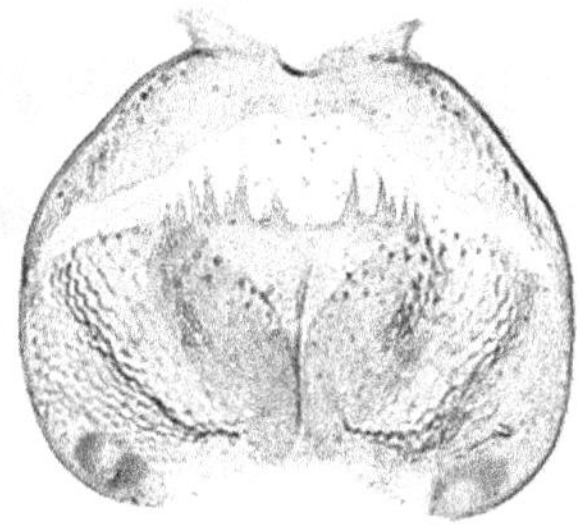
C 58

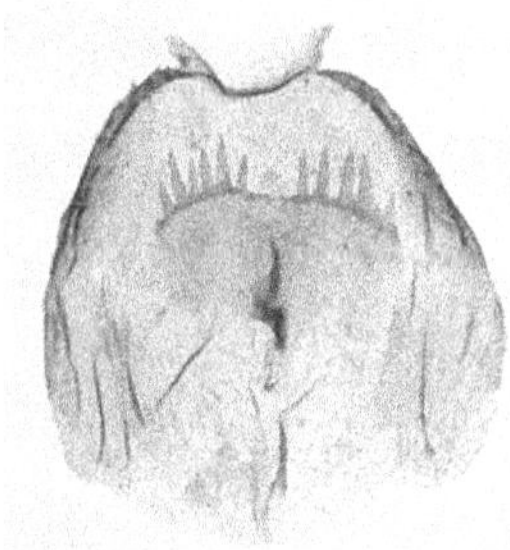
C 59

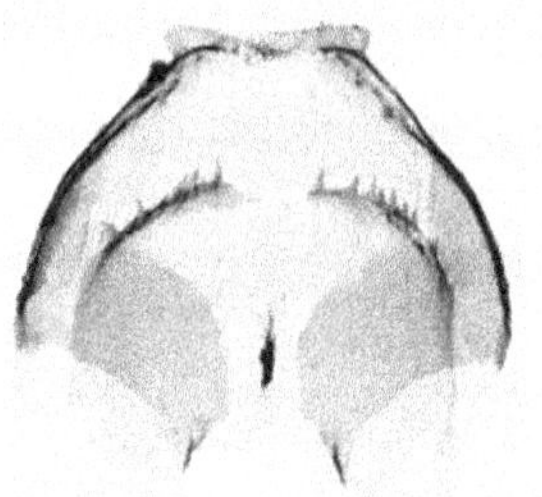
C 60

C 61

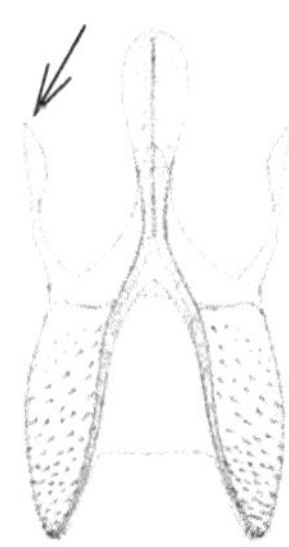
C 62

Abb. C 53: *Cyphon designandus* ♀, Prehensor; **Abb. C 54:** *Cyphon furcillatus* ♀, Prehensor; **Abb. C 55:** *Cyphon unguiculatus* ♀, Prehensor; **Abb. C 56:** *Cyphon palustris* ♀, Prehensor; **Abb. C 57:** *Cyphon coarctatus* ♀, Prehensor; **Abb. C 58:** *Cyphon longispinus* ♀, Prehensor; **Abb. C 59:** *Cyphon ruficeps* ♀, Prehensor; **Abb. C 60:** *Cyphon scurrula* ♀, Prehensor; **Abb. C 61:** *Cyphon solarii* ♂, Penis, aus Nyholm (1957); **Abb. C 62:** *Cyphon solarii* ♂, Tegmen, aus Nyholm (1957).

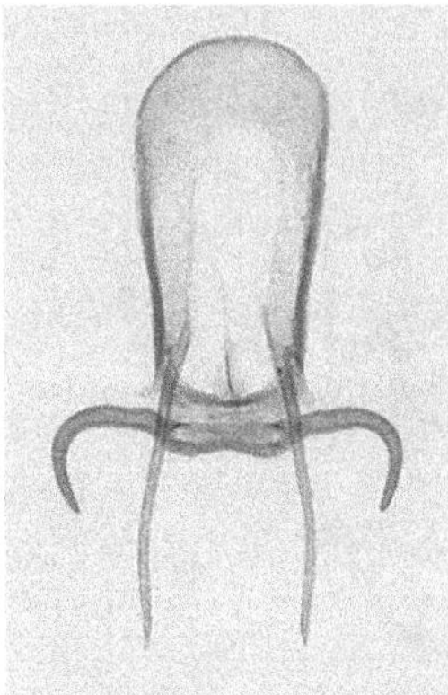
C 63

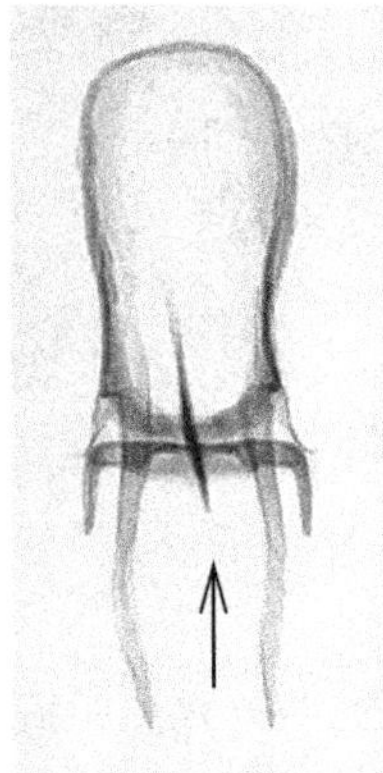
C 64

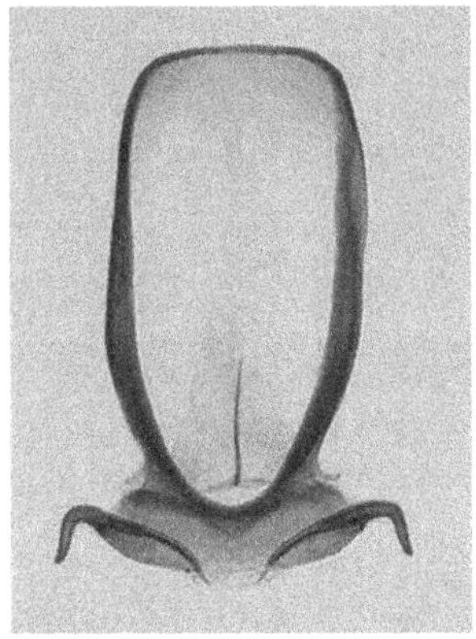
C 65

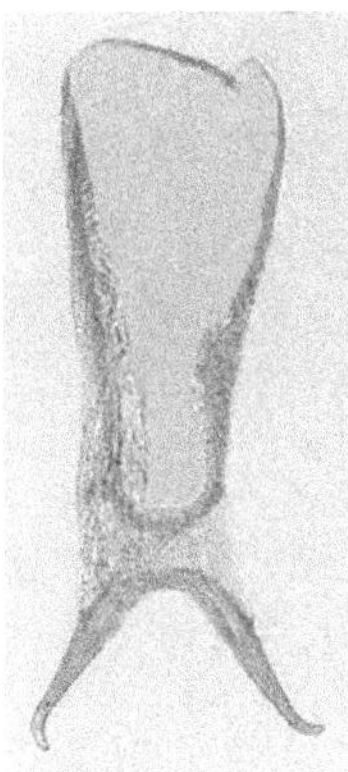
C 66

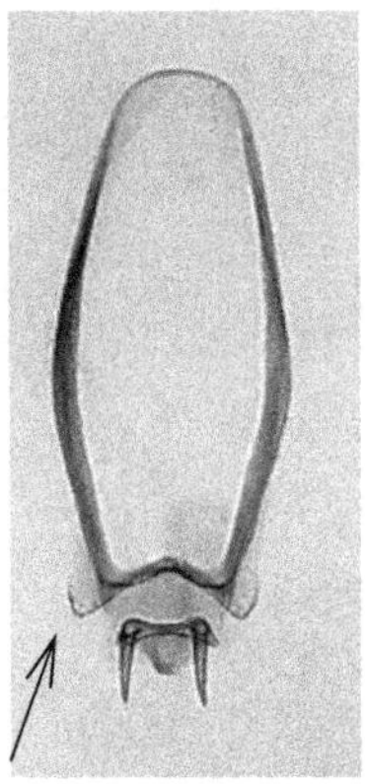
C 67

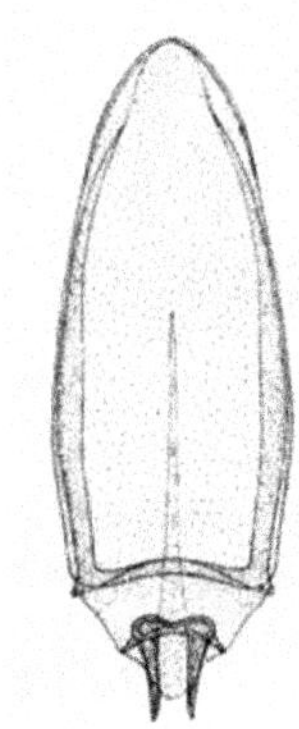
C 68

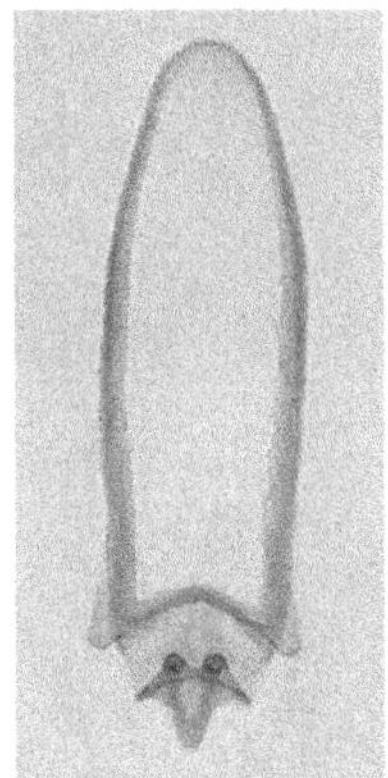
C 69

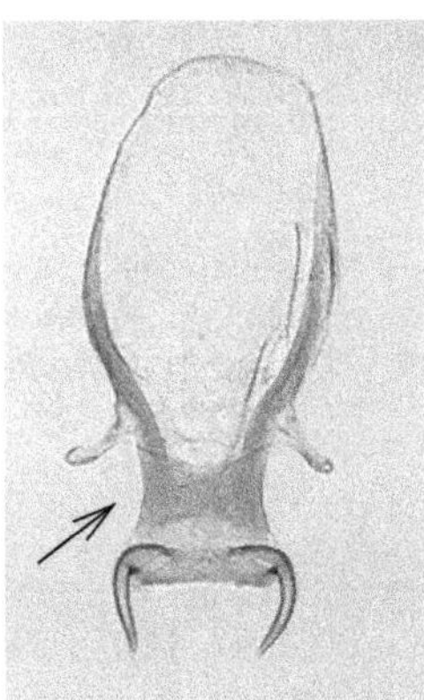
C 70

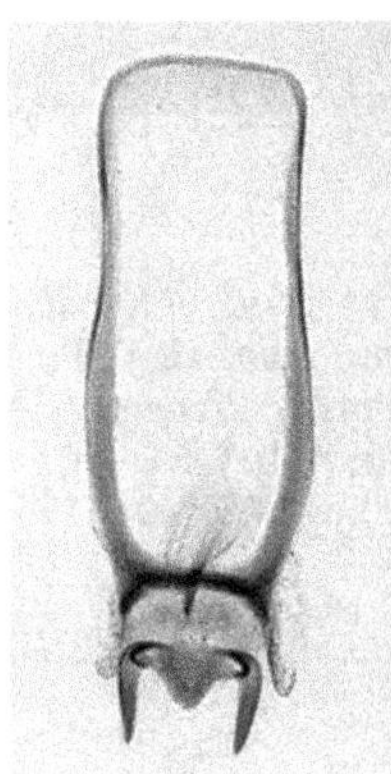
C 71

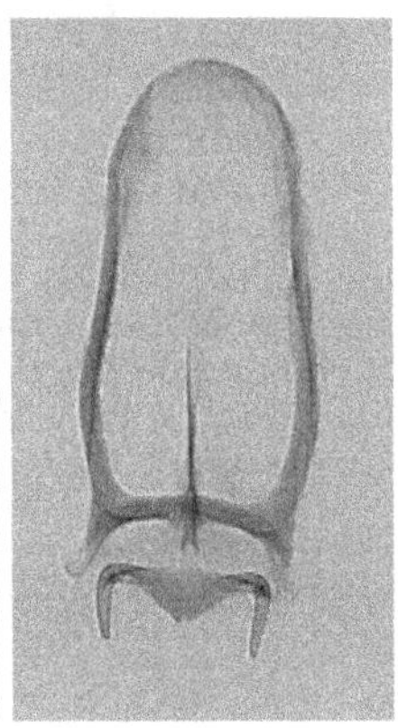
C 72

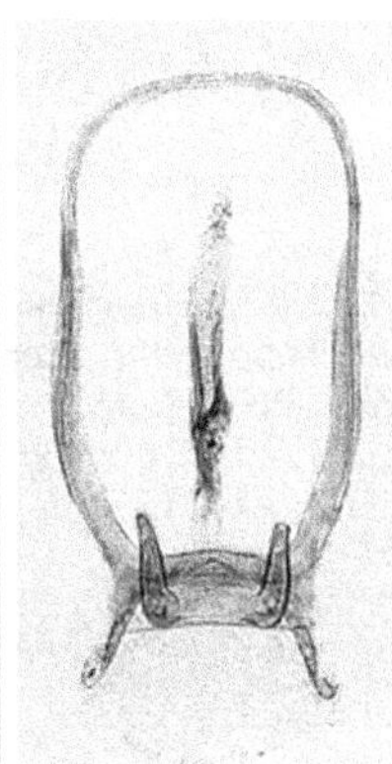
C 73

Abb. C 63: *Cyphon euryceros* ♂, Penis; **Abb. C 64:** *Cyphon buceros* ♂, Penis; **Abb. C 65:** *Cyphon wittmeri* ♂, Penis; **Abb. C 66:** *Cyphon reitteri* ♂, Penis; **Abb. C 67:** *Cyphon iberus* ♂, Penis; **Abb. C 68:** *Cyphon corsicus* ♂, Penis, aus NYHOLM (1964); **Abb. C 69:** *Cyphon pandellei* ♂, Penis; **Abb. C 70:** *Cyphon macedonicus* ♂, Penis; **Abb. C 71:** *Cyphon arietizans* ♂, Penis; **Abb. C 72:** *Cyphon longiusculus* ♂, Penis; **Abb. C 73:** *Cyphon quadrum* ♂, Penis.

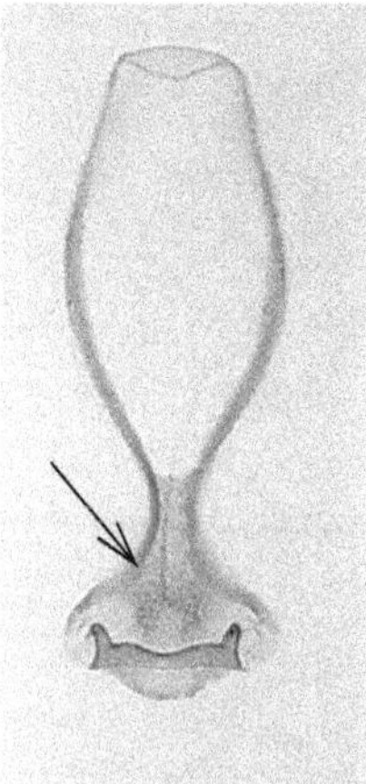

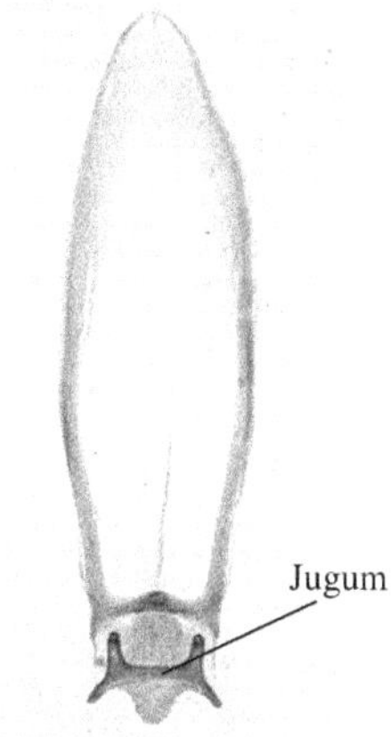

C 74 C 75 C 76

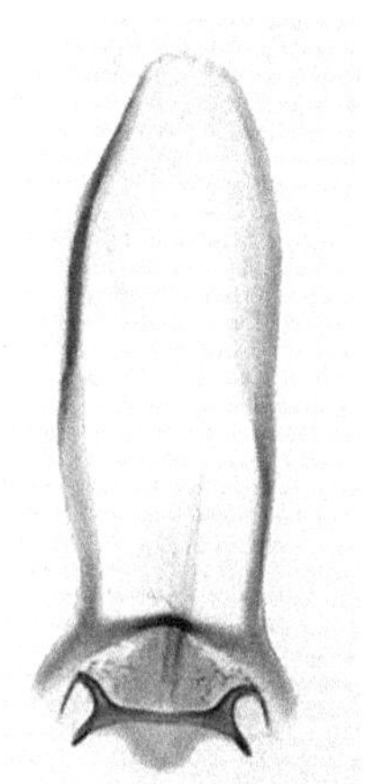
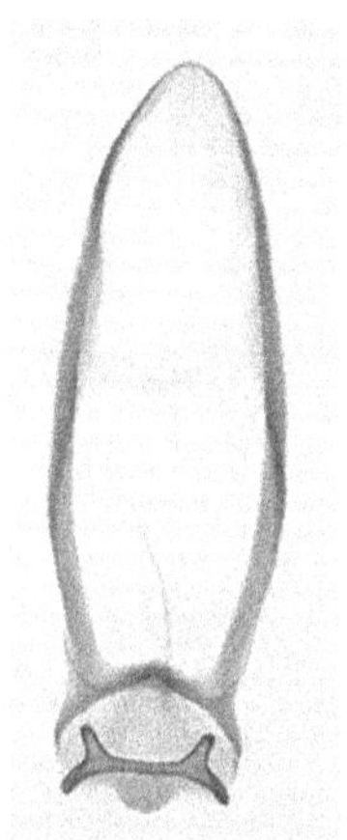
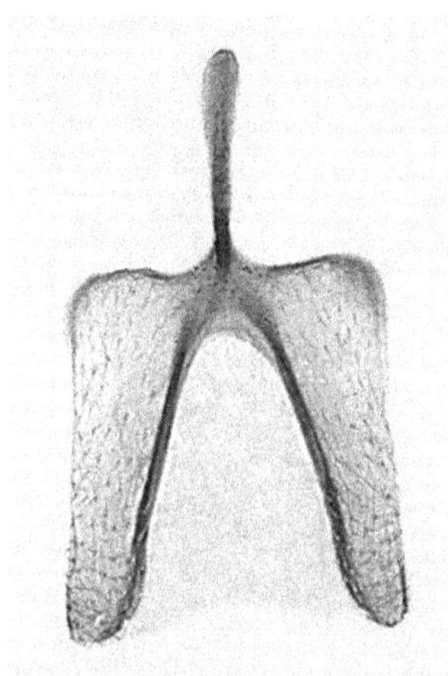

C 77 C 78 C 79

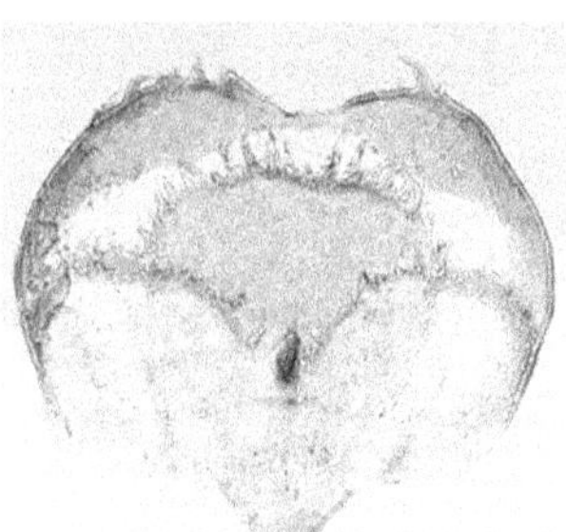
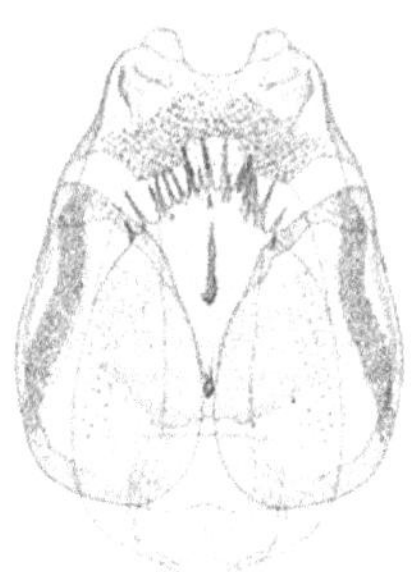
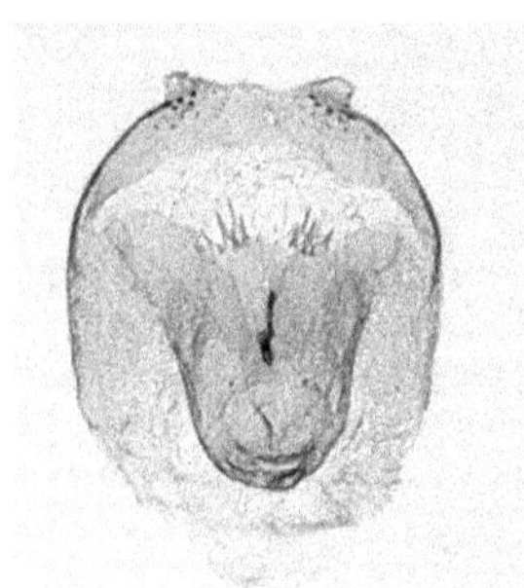

C 80 C 81 C 82

Abb. C 74: *Cyphon putonii* ♂, Penis; **Abb. C 75:** *Cyphon lithophilus* ♂, Penis, aus HERNANDO et al. (2003); **Abb. C 76:** *Cyphon siculus* ♂, Penis; **Abb. C 77:** *Cyphon derelictum* ♂, Penis; **Abb. C 78:** *Cyphon sulcicollis* ♂, Penis; **Abb. C 79:** *Cyphon sulcicollis* ♂, Tegmen; **Abb. C 80:** *Cyphon buceros* ♀, Prehensor; **Abb. C 81:** *Cyphon iberus* ♀, Prehensor, aus NYHOLM (1976), **Abb. C 82:** *Cyphon corsicus* ♀, Prehensor.

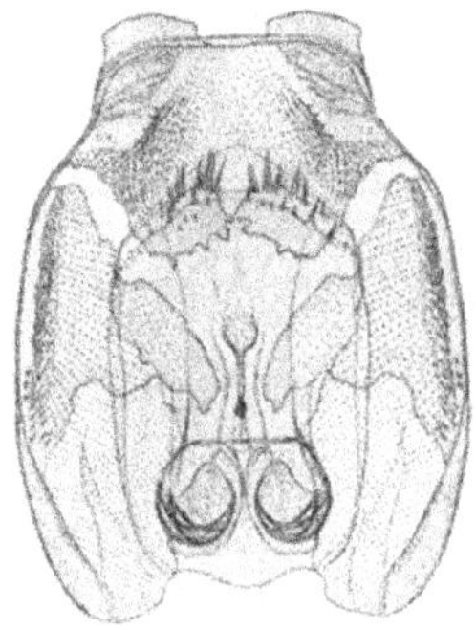

C 83

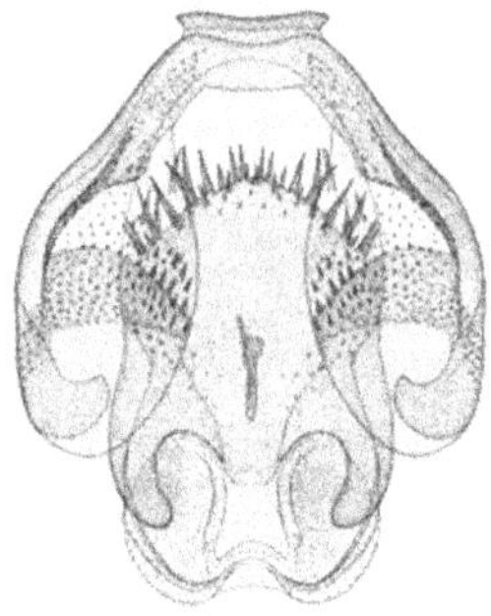

C 84

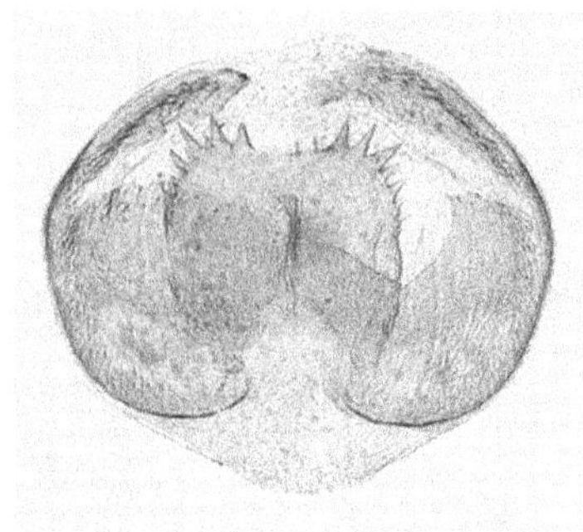

C 85

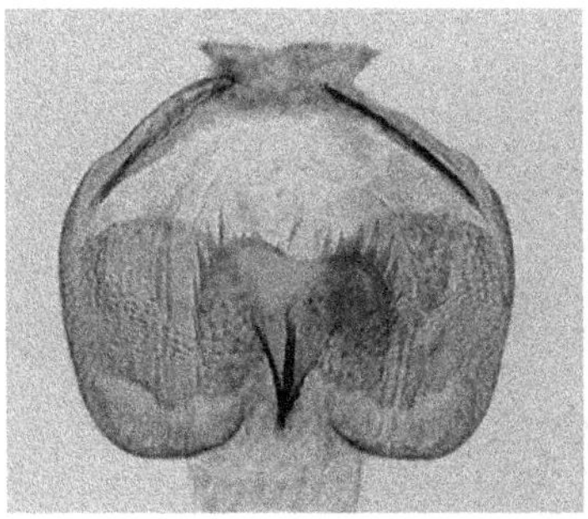

C 86

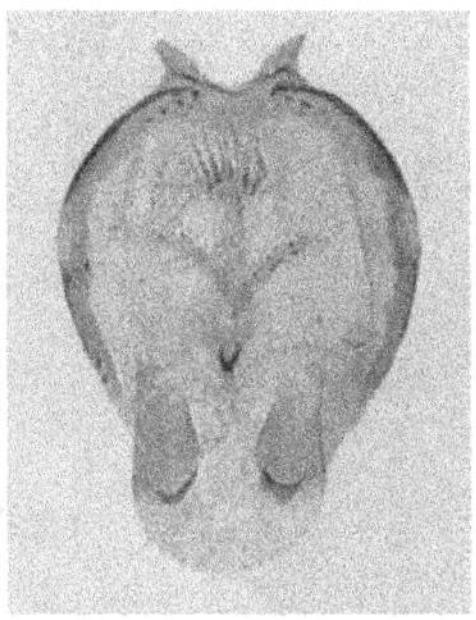

C 87

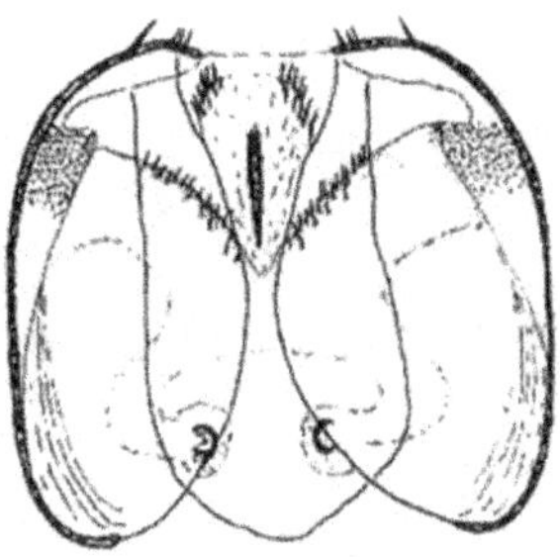

C 88

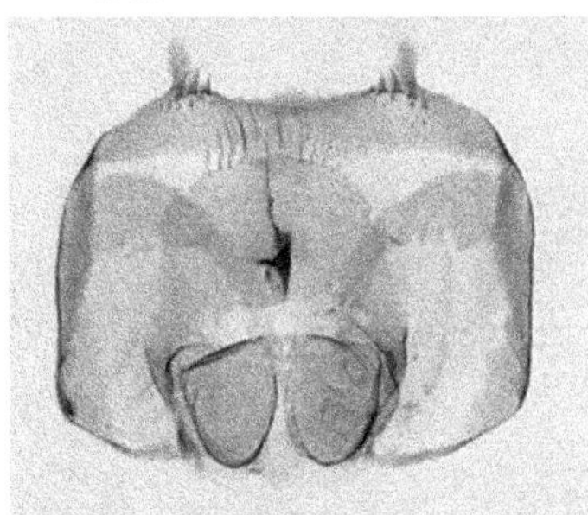

C 89

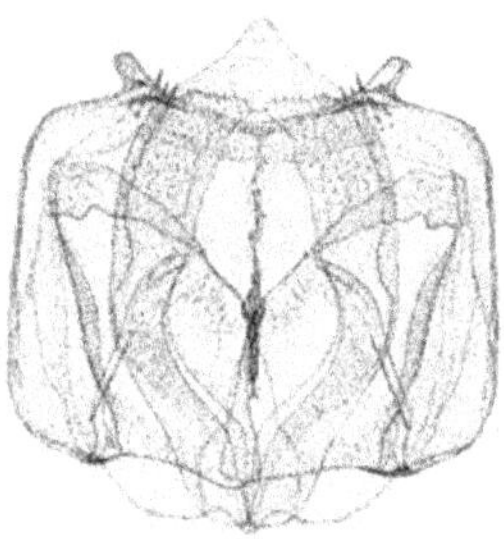

C 90

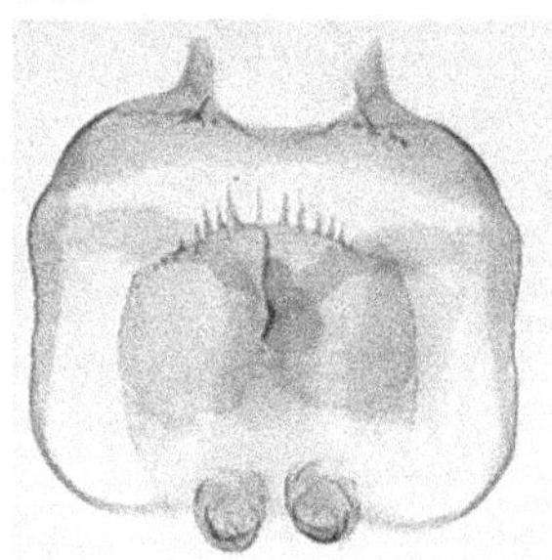

C 91

Abb. C 83: *Cyphon pandellei* ♀, Prehensor, aus NYHOLM (1964); **Abb. C 84:** *Cyphon macedonicus* ♀, Prehensor, aus NYHOLM (1976); **Abb. C 85:** *Cyphon arietizans* ♀, Prehensor; **Abb. C 86:** *Cyphon longiusculus* ♀, Prehensor; **Abb. C 87:** *Cyphon putonii* ♀, Prehensor; **Abb. C 88:** *Cyphon lithophilus* ♀, Prehensor, aus HERNANDO et al. (2003); **Abb. C 89:** *Cyphon siculus* ♀, Prehensor; **Abb. C 90:** *Cyphon derelictum* ♀, Prehensor, aus NYHOLM (1964); **Abb. C 91:** *Cyphon sulcicollis* ♀, Prehensor.

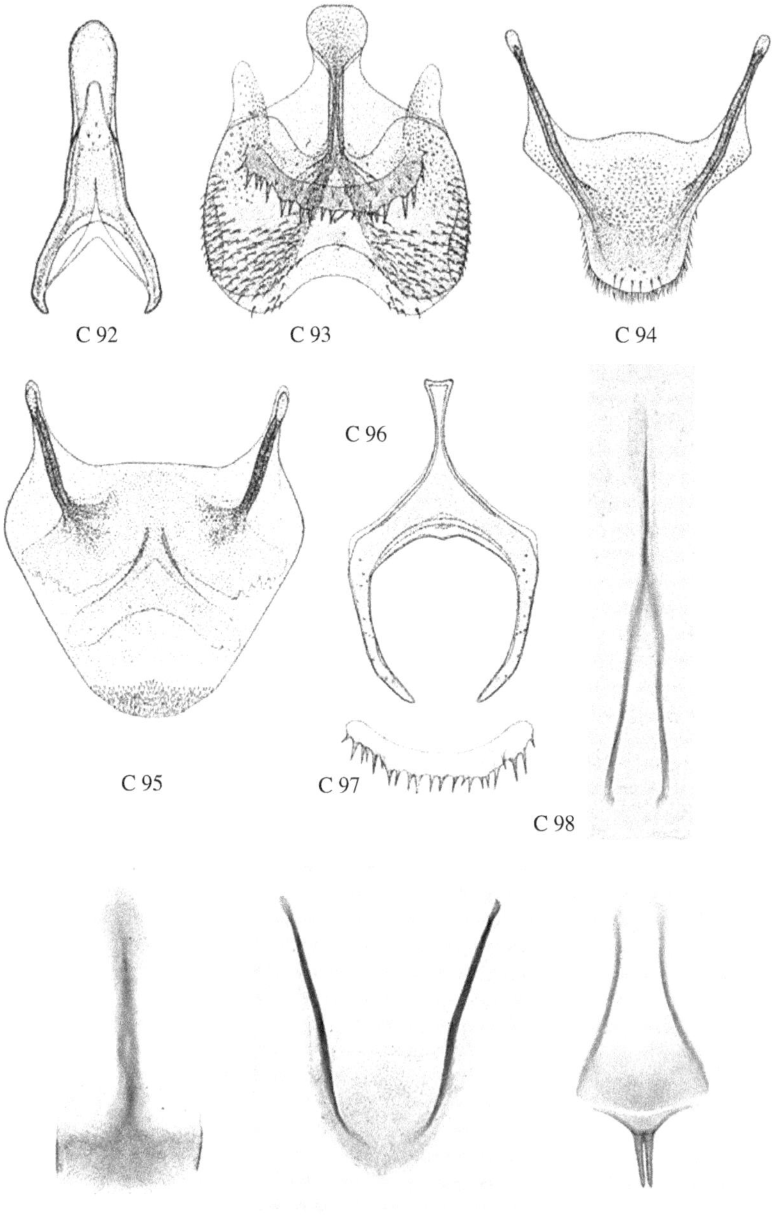

Abb. C 92: *Cyphon kongsbergensis* ♂, Penis, aus NYHOLM (1955); **Abb. C 93:** *Cyphon kongsbergensis* ♂, Tegmen, aus NYHOLM (1955); **Abb. C 94:** *Cyphon kongsbergensis* ♂, 8. Tergit, aus NYHOLM (1955); **Abb. C 95:** *Cyphon kongsbergensis* ♂, 9. Tergit, aus NYHOLM (1955); **Abb. C 96:** *Cyphon kongsbergensis* ♂, 9. Sternit, aus NYHOLM (1955); **Abb. C 97:** *Cyphon kongsbergensis* ♂, akzessorisches Sklerit, aus NYHOLM (1972b); **Abb. C 98:** *Cyphon ochraceus ochraceus* ♂, Penis; **Abb. C 99:** *Cyphon ochraceus ochraceus* ♂, Tegmen; **Abb. C 100:** *Cyphon ochraceus* ♂, 8. Tergit; **Abb. C 101:** *Cyphon ochraceus* ♂, 9. Sternit.

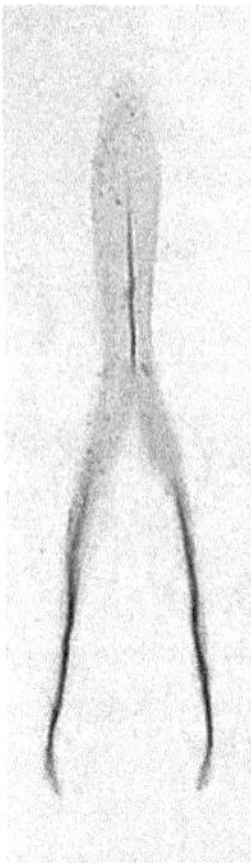

C 102

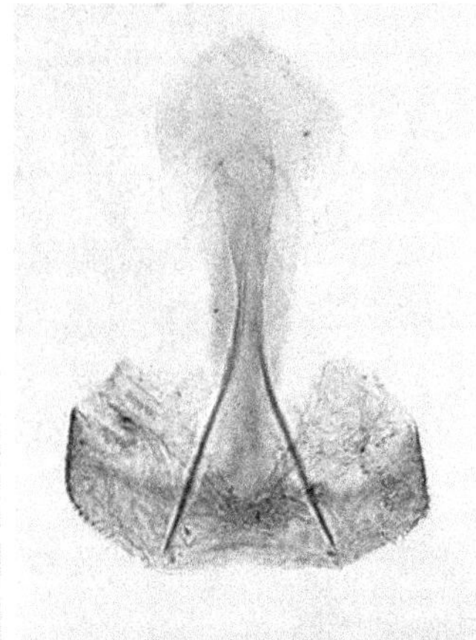

C 103

C 104

C 105

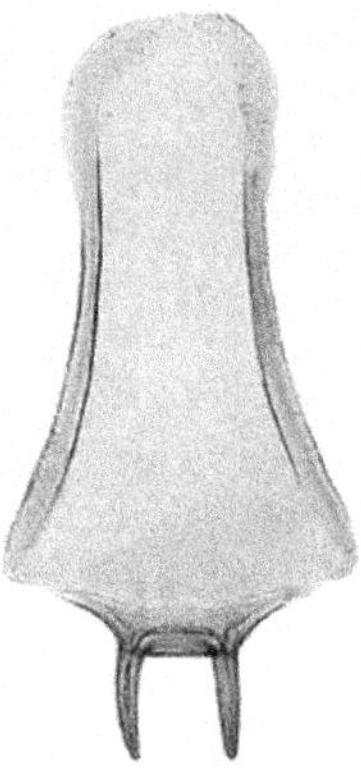

C 106

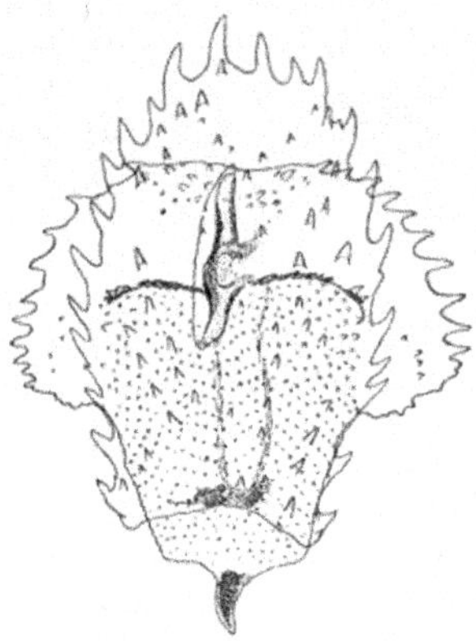

C 107

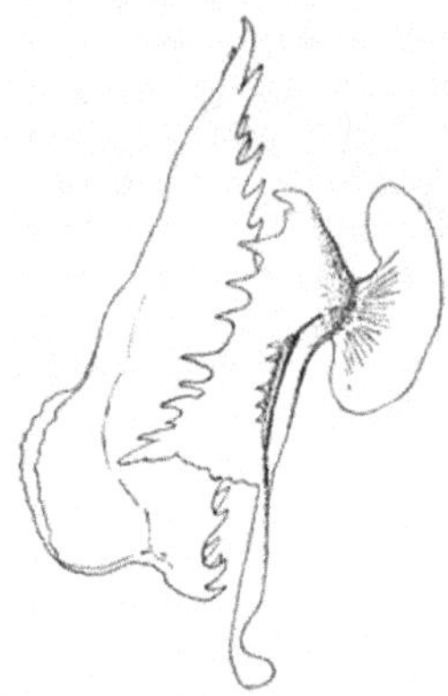

C 108

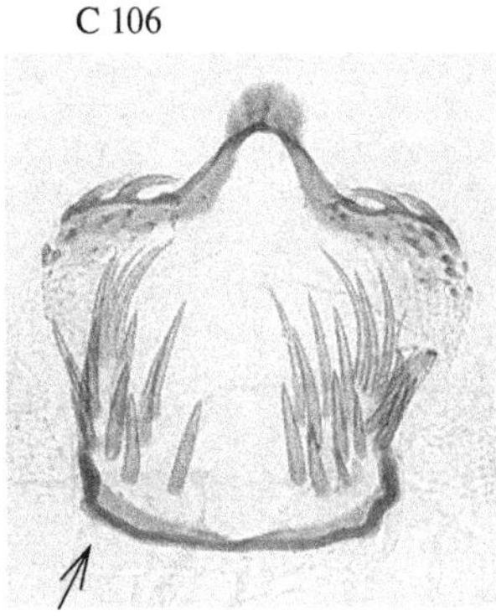

C 109

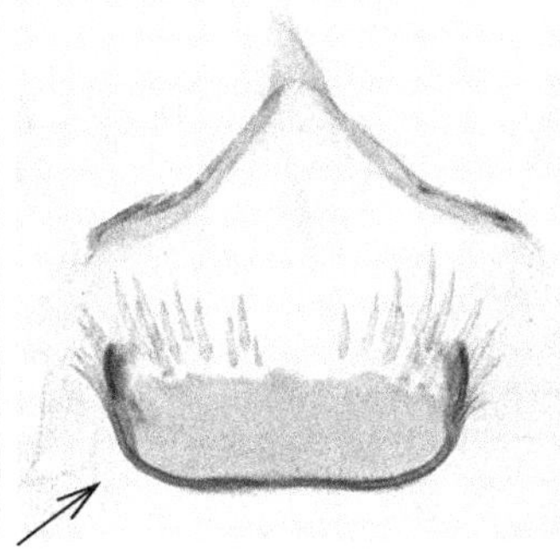

C 110

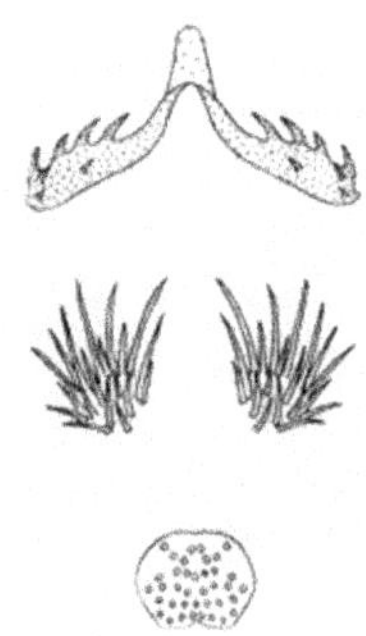

C 111

Abb. C 102: *Cyphon ochraceus nyholmi* ♂, Penis; **Abb. C 103:** *Cyphon ochraceus nyholmi* ♂, Tegmen, Penis; **Abb. C 104:** *Cyphon caspicus* ♂, Penis; **Abb. C 105:** *Cyphon caspicus* ♂, Tegmen; **Abb. C 106:** *Cyphon caspicus* ♂, 9. Sternit; **Abb. C 107:** *Cyphon kongsbergensis* ♀, Prehensor, dorsal, aus NYHOLM (1955); **Abb. C 108:** *Cyphon kongsbergensis* ♀, Prehensor, lateral, aus NYHOLM (1955); **Abb. C 109:** *Cyphon ochraceus ochraceus* ♀, Prehensor; **C 110:** *Cyphon ochraceus nyholmi* ♀, Prehensor; **C 111:** *Cyphon caspicus* ♀, Prehensor, aus KLAUSNITZER (1975b).

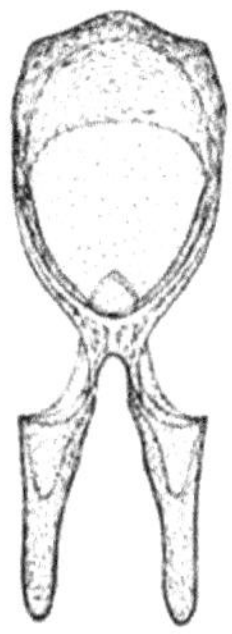
C 112

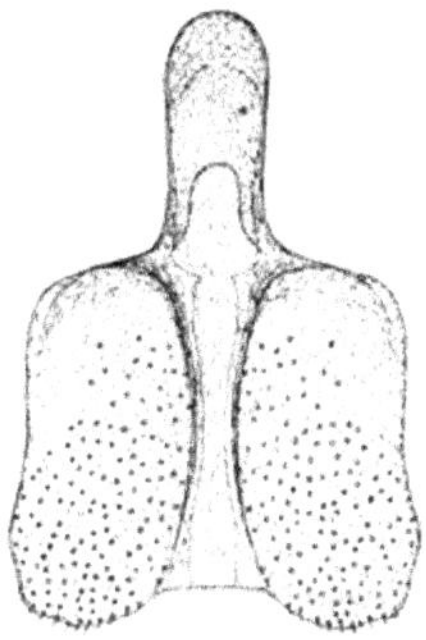
C 113

C 114

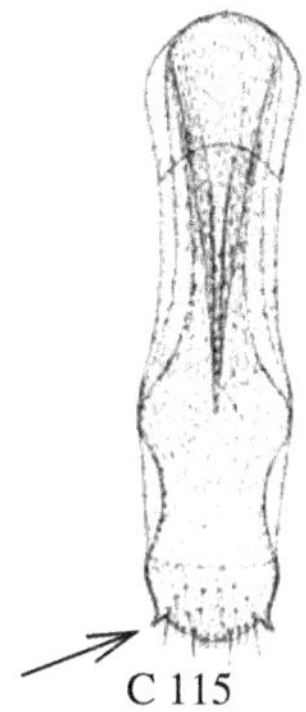
C 115

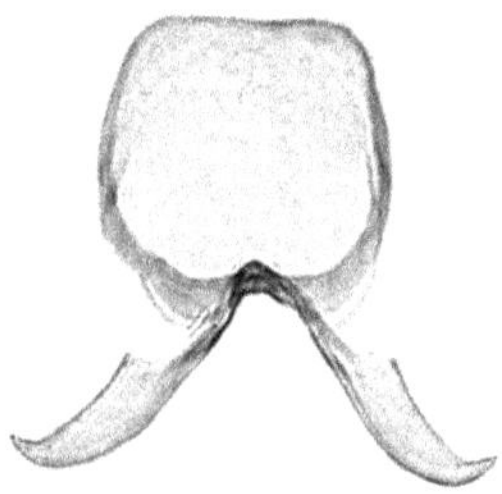
C 116

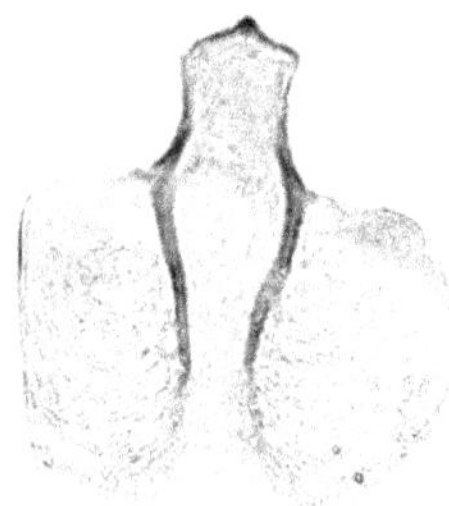
C 117

C 118

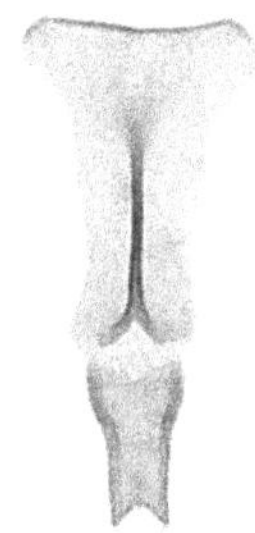
C 119

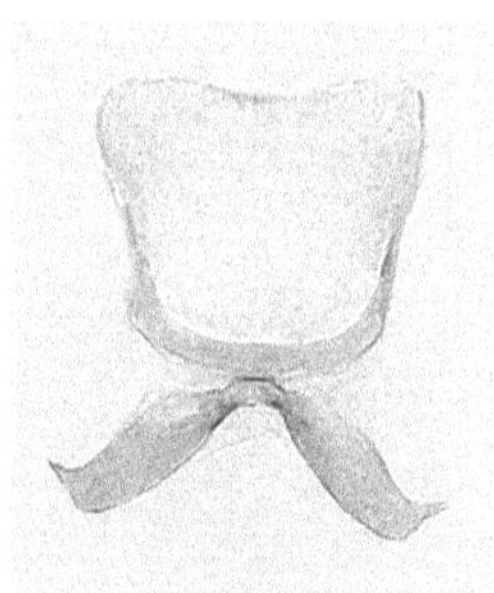
C 120

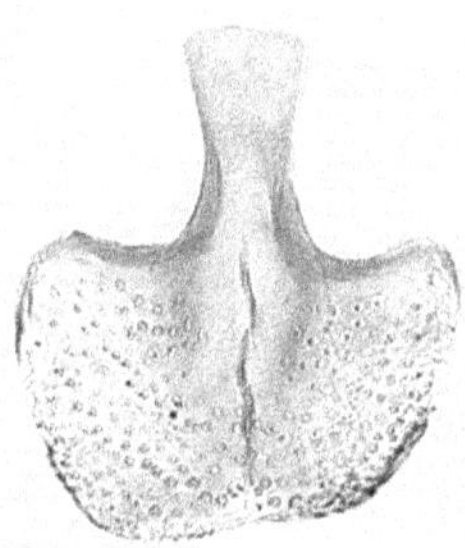
C 121

C 122

C 123

Abb. C 112: *Cyphon abeillei* ♂, Penis, aus Nyholm (1968); **C 113:** *Cyphon abeillei* ♂, Tegmen, aus Nyholm (1968); **C 114:** *Cyphon abeillei* ♂, 8./9. Tergit, rechts, aus Nyholm (1968); **C 115:** *Cyphon abeillei* ♂, 9. Sternit, aus Nyholm (1968); **C 116:** *Cyphon difficilis* ♂, Penis; **C 117:** *Cyphon difficilis* ♂, Tegmen; **Abb. C 118:** *Cyphon difficilis* ♂, 8./9. Tergit; **Abb. C 119:** *Cyphon difficilis* ♂, 9. Sternit; **Abb. C 120:** *Cyphon lepidulus* ♂, Penis; **Abb. C 121:** *Cyphon lepidulus* ♂, Tegmen; **Abb. C 122:** *Cyphon lepidulus* ♂, 8./9. Tergit, rechts; **Abb. C 123:** *Cyphon lepidulus* ♂, 9. Sternit.

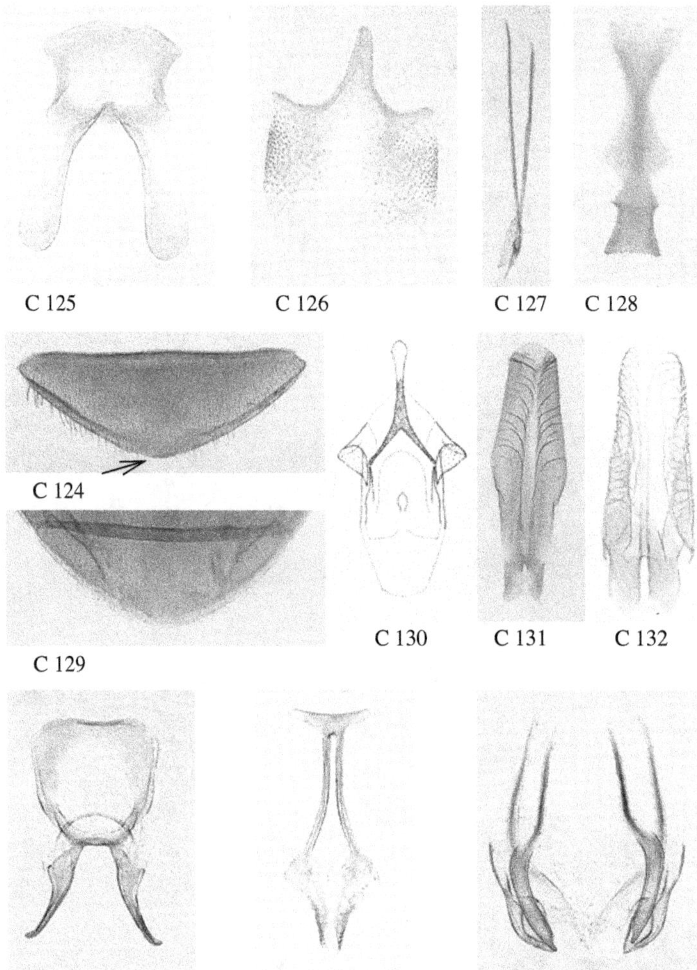

Abb. C 124: *Cyphon lepidulus* ♂, 7. Sternit; **Abb. C 125:** *Cyphon padi* ♂, Penis; **Abb. C 126:** *Cyphon padi* ♂, Tegmen; **Abb. C 127:** *Cyphon padi* ♂, 8./9. Tergit, rechts; **Abb. C 128:** *Cyphon padi* ♂, 9. Sternit; **Abb. C 129:** *Cyphon padi* ♂, 7. Sternit; **Abb. C 130:** *Cyphon difficilis* ♀, Prehensor, aus KLAUSNITZER (1976b); **Abb. C 131:** *Cyphon lepidulus* ♀, Prehensor; **Abb. C 132:** *Cyphon padi* ♀, Prehensor, dorsal; **Abb. C 133:** *Cyphon australis* ♂, Penis; **Abb. C 134:** *Cyphon australis* ♂, Tegmen; **Abb. C 135:** *Cyphon australis* ♂, 8./9. Tergit.

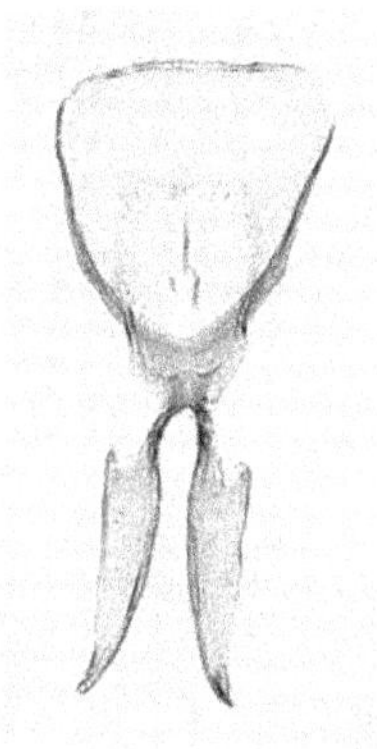

C 136

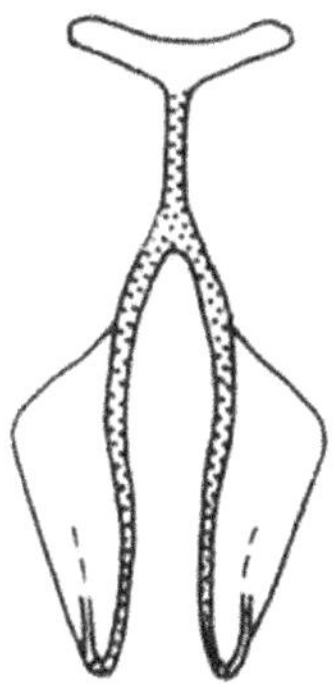

C 137

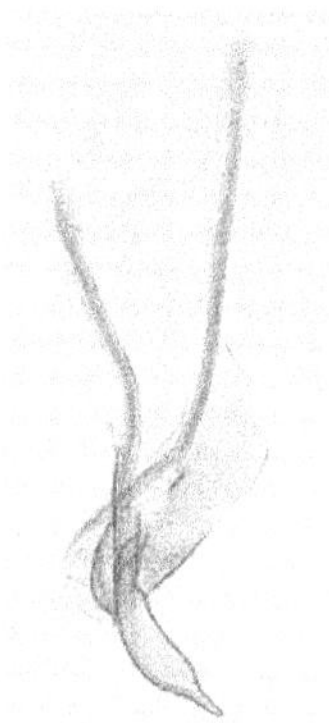

C 138

C 139

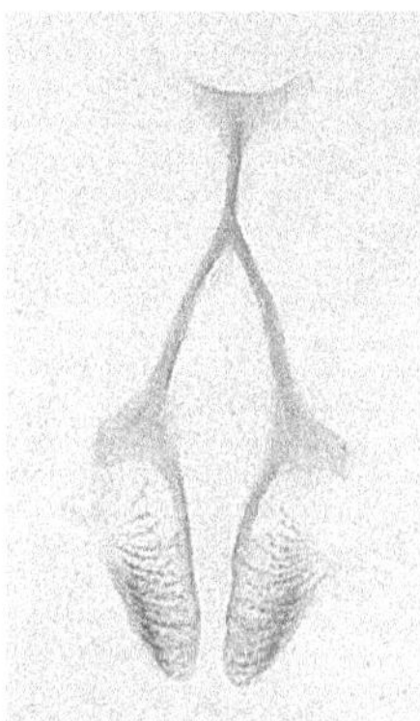

C 140

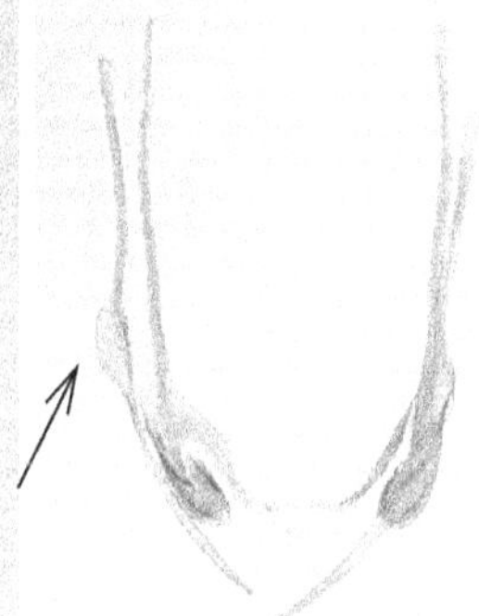

C 141

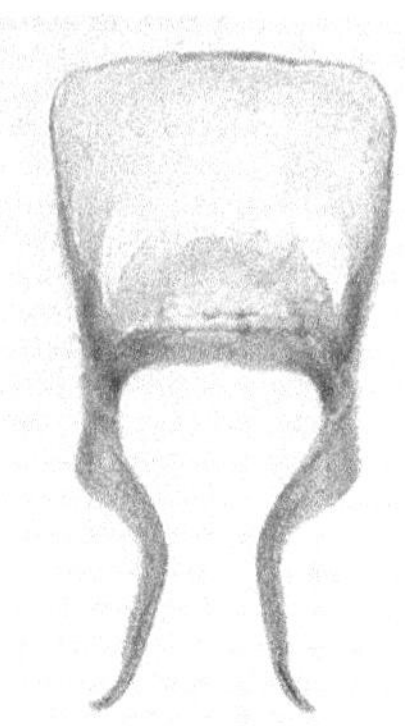

C 142

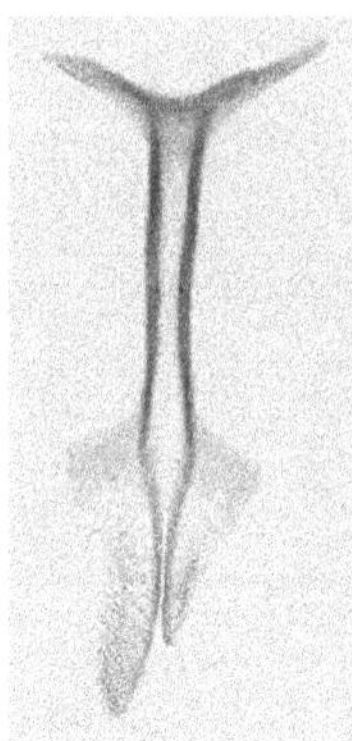

C 143

C 144

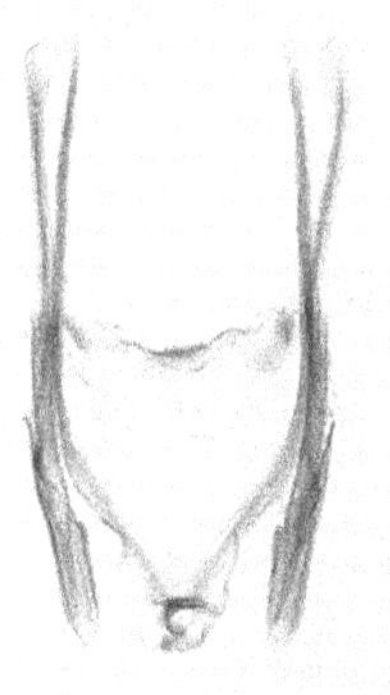

C 145

Abb. C 136: *Cyphon gracilicornis* ♂, Penis; **Abb. C 137:** *Cyphon gracilicornis* ♂, Tegmen, aus KLAUSNITZER (1974b); **Abb. C 138:** *Cyphon gracilicornis* ♂, 8./9. Tergit; **Abb. C 139:** *Cyphon hilaris* ♂, Penis; **Abb. C 140:** *Cyphon hilaris* ♂, Tegmen; **Abb. C 141:** *Cyphon hilaris* ♂, 8./9. Tergit, rechts; **Abb. C 142:** *Cyphon lindbergi* ♂, Penis; **Abb. C 143:** *Cyphon lindbergi* ♂, Tegmen; **Abb. C 144:** *Cyphon lindbergi* ♂, 9. Sternit, aus NYHOLM (1948); **Abb. C 145:** *Cyphon lindbergi* ♂, 8./9. Tergit.

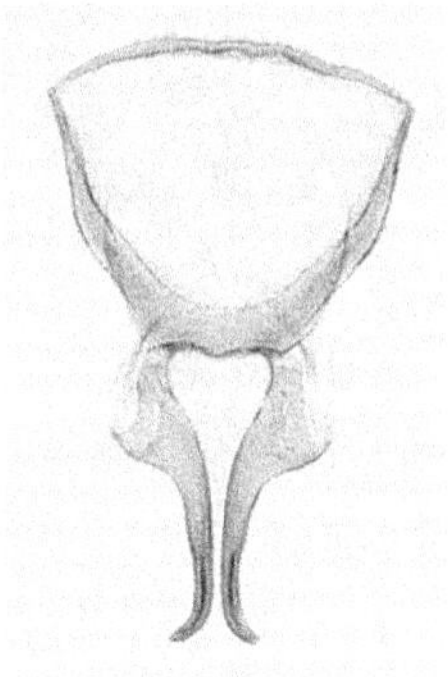

C 146

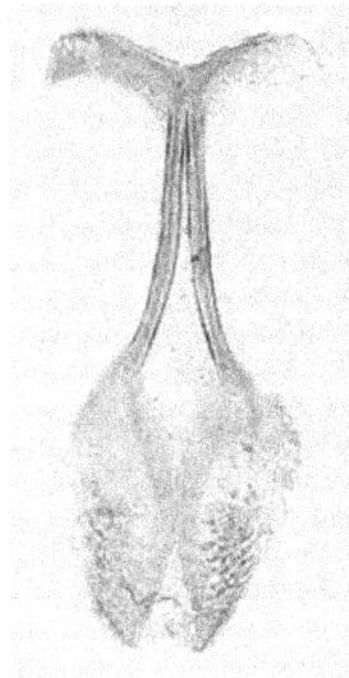

C 147

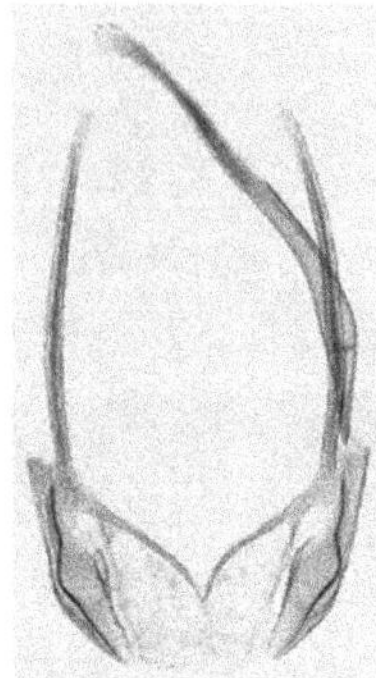

C 148

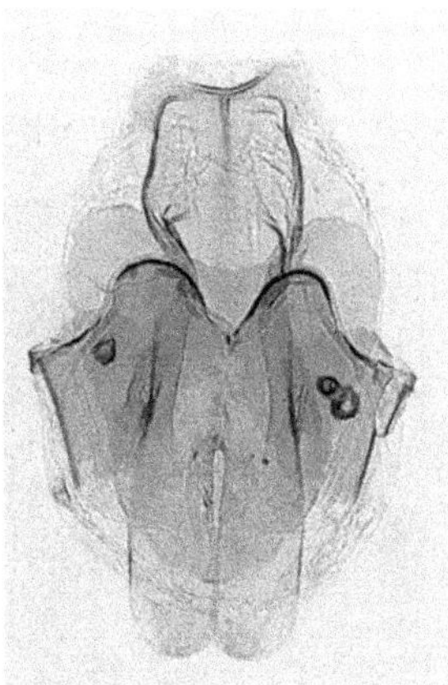

C 149

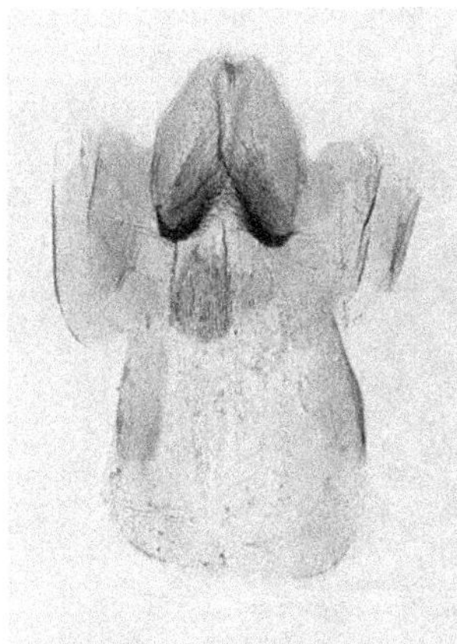

C 150

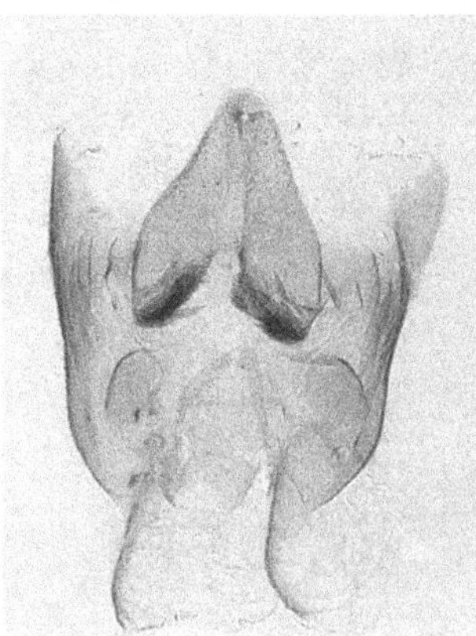

C 151

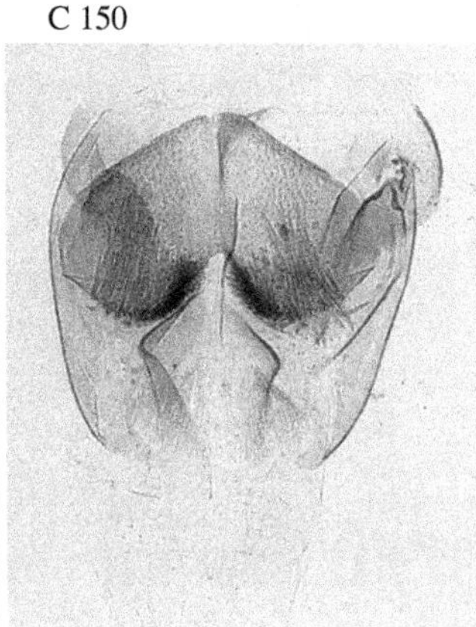

C 152

Abb. C 146: *Cyphon poggii* ♂, Penis; **Abb. C 147:** *Cyphon poggii* ♂, Tegmen; **Abb. C 148:** *Cyphon poggii* ♂, 8./9. Tergit; **Abb. C 149:** *Cyphon australis* ♀, Prehensor; **Abb. C 150:** *Cyphon gracilicornis* ♀, Prehensor; **Abb. C 151:** *Cyphon hilaris* ♀, Prehensor; **Abb. C 152:** *Cyphon lindbergi* ♀, Prehensor.

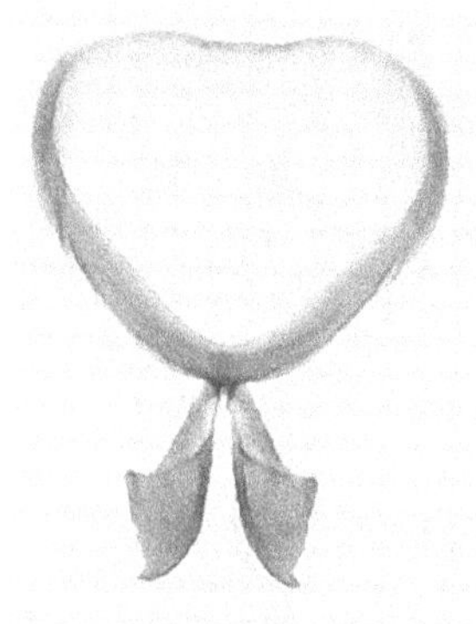
C 153

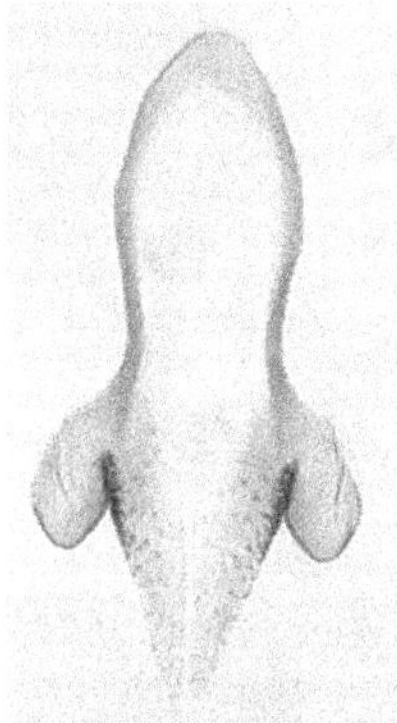
C 154

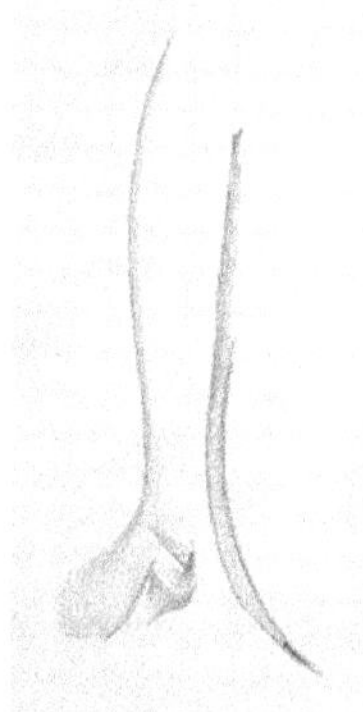
C 155

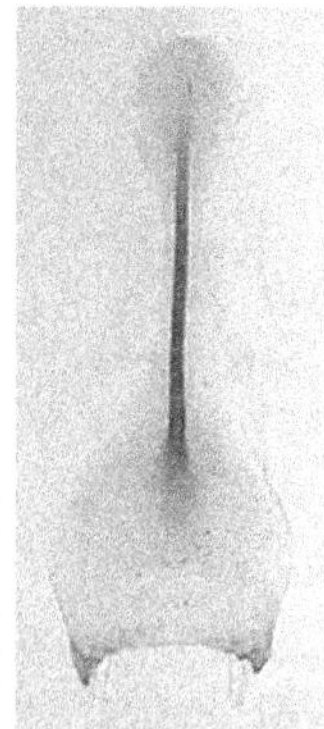
C 156

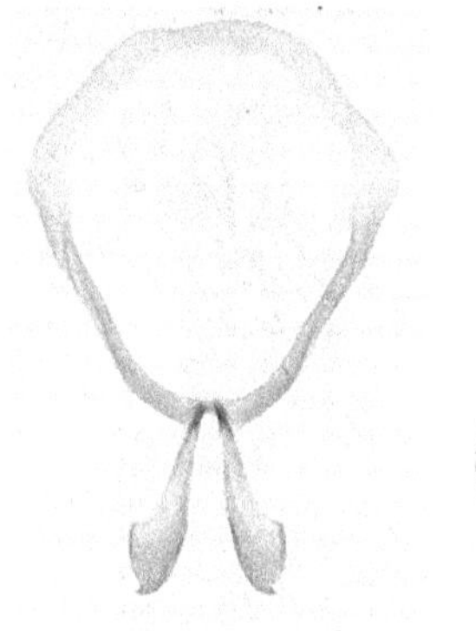
C 157

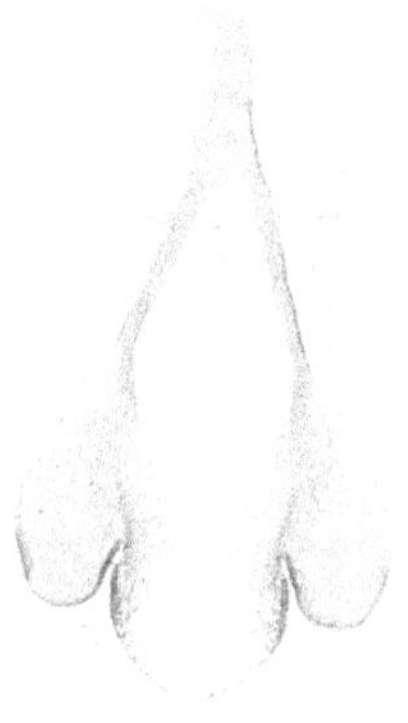
C 158

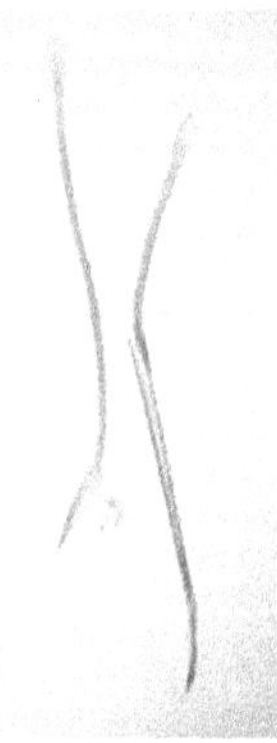
C 159

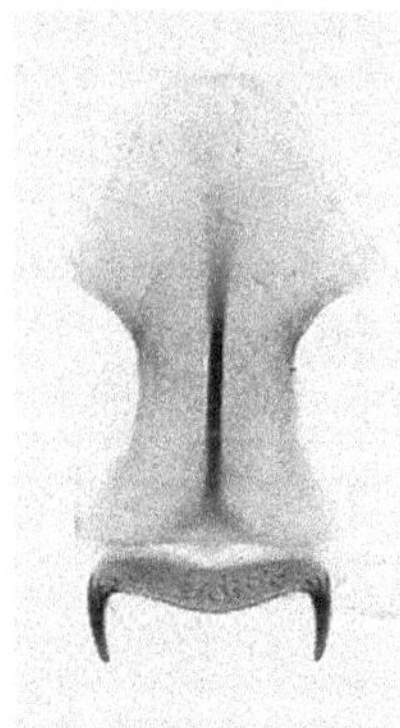
C 160

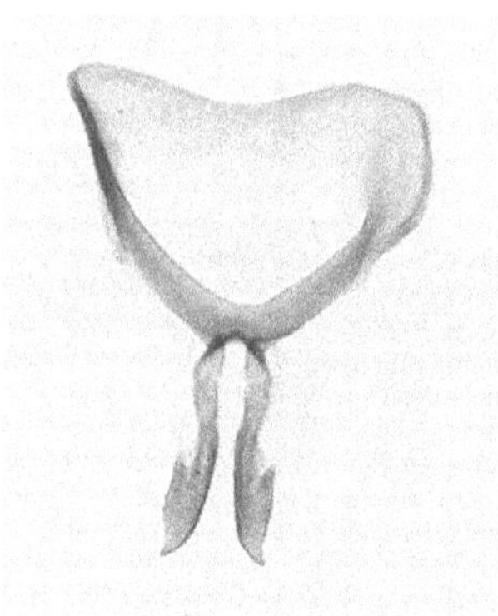
C 161

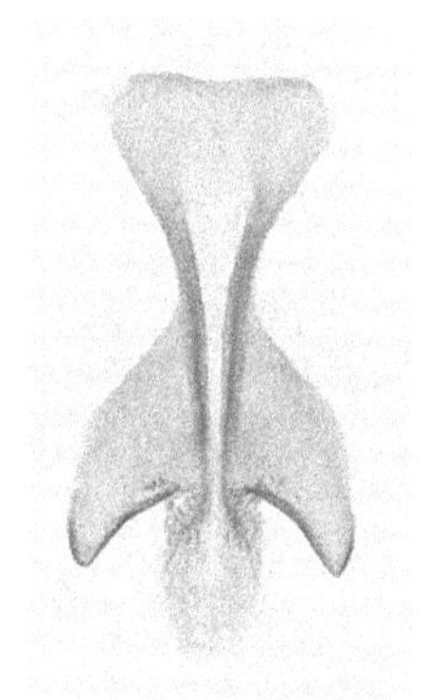
C 162

C 163

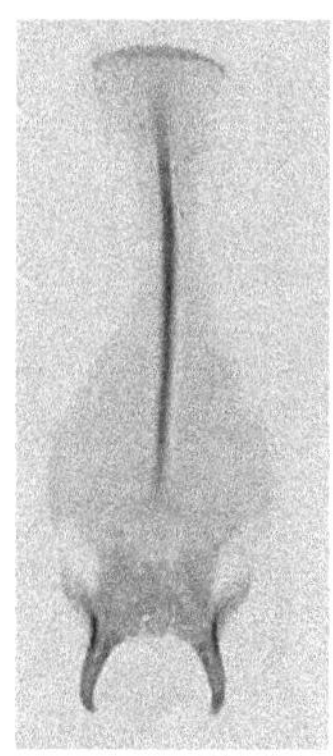
C 164

Abb. C 153: *Cyphon variabilis* ♂, Penis; **Abb. C 154:** *Cyphon variabilis* ♂, Tegmen; **Abb. C 155:** *Cyphon variabilis* ♂, 8./9. Tergit, rechts; **Abb. C 156:** *Cyphon variabilis* ♂, 9. Sternit; **Abb. C 157:** *Cyphon laevipennis* ♂, Penis; **Abb. C 158:** *Cyphon laevipennis* ♂, Tegmen; **Abb. C 159:** *Cyphon laevipennis* ♂, 8./9. Tergit, rechts; **Abb. C 160:** *Cyphon laevipennis* ♂, 9. Sternit; **Abb. C 161:** *Cyphon palmi* ♂, *Penis;* **Abb. C 162:** *Cyphon palmi* ♂, Tegmen; **Abb. C 163:** *Cyphon palmi* ♂, 8./9. Tergit, rechts; **Abb. C 164:** *Cyphon palmi* ♂, 9. Sternit.

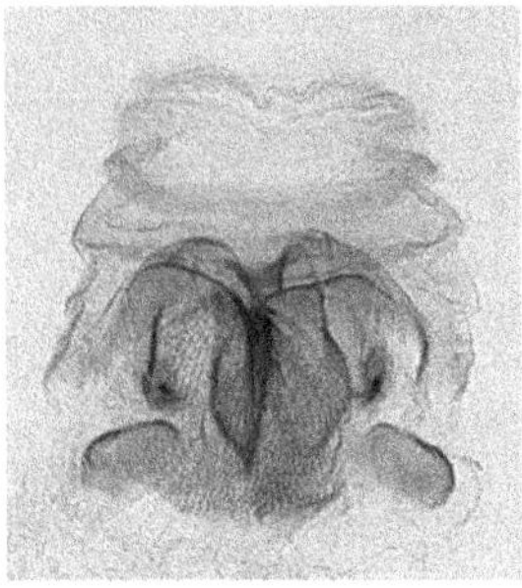

C 165

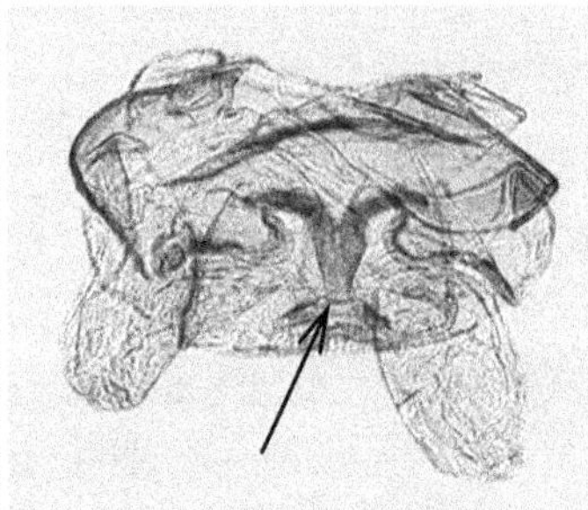

C 166

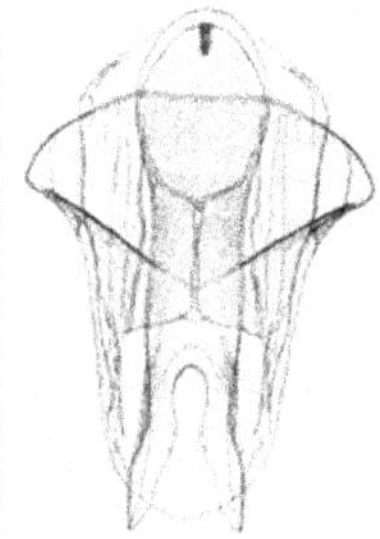

C 167

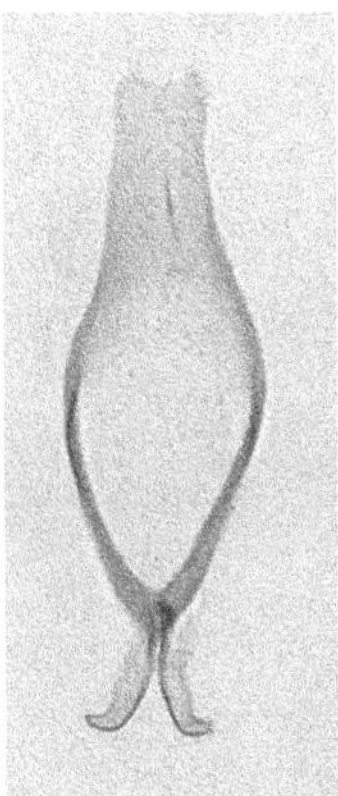

C 168

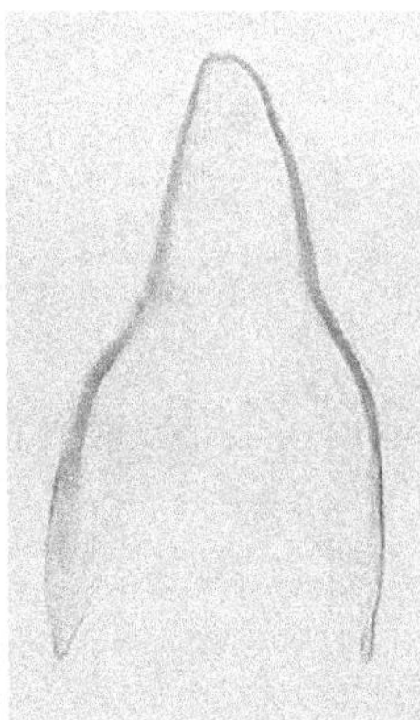

C 169

C 170

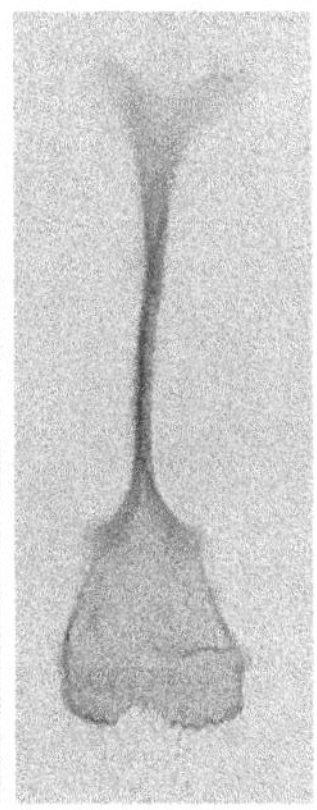

C 171

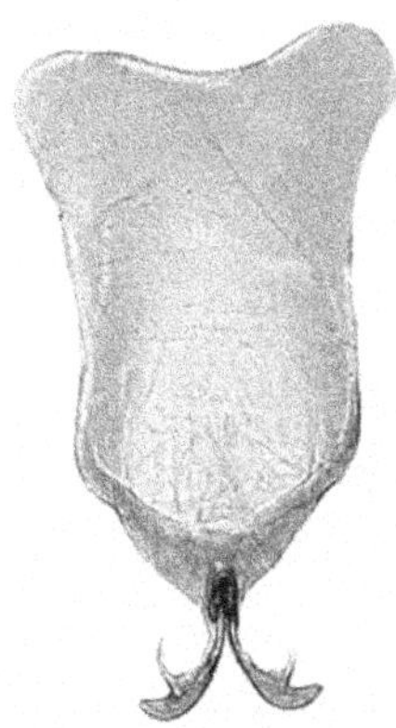

C 172

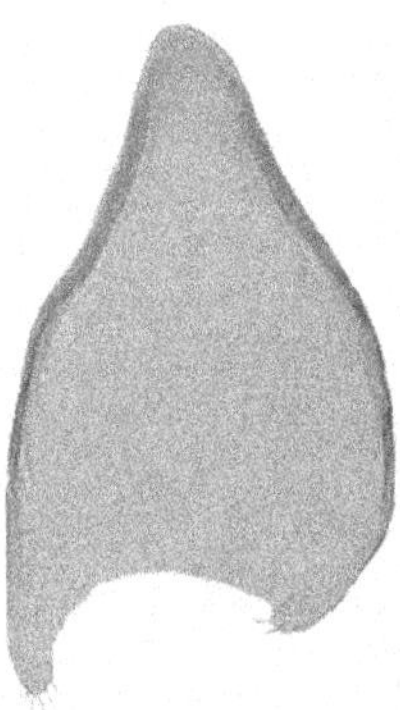

C 173

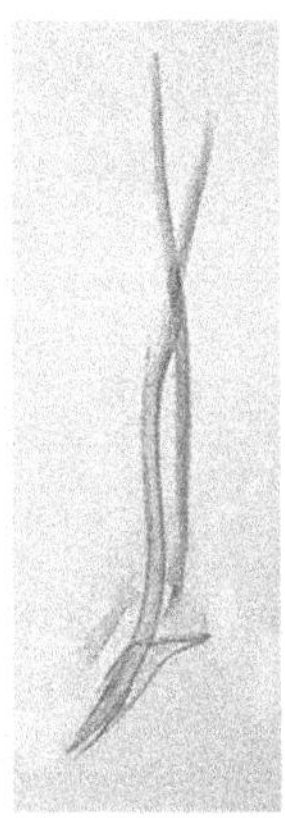

C 174

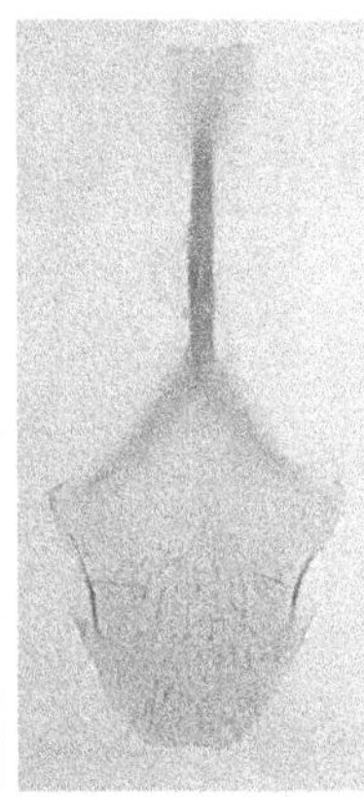

C 175

Abb. C 165: *Cyphon variabilis* ♀, Prehensor; **Abb. C 166:** *Cyphon laevipennis* ♀, Prehensor; **Abb. C 167:** *Cyphon palmi* ♀, Prehensor, aus Nyholm (1948); **Abb. C 168:** *Cyphon pubescens* ♂, Penis; **Abb. C 169:** *Cyphon pubescens* ♂, Tegmen; **Abb. C 170:** *Cyphon pubescens* ♂, 8./9. Tergit, rechts; **Abb. C 171:** *Cyphon pubescens* ♂, 9. Sternit; **Abb. C 172:** *Cyphon punctipennis* ♂, Penis; **Abb. C 173:** *Cyphon punctipennis* ♂, Tegmen; **Abb. C 174:** *Cyphon punctipennis* ♂, 8./9. Tergit, rechts; **Abb. C 175:** *Cyphon punctipennis* ♂, 9. Sternit.

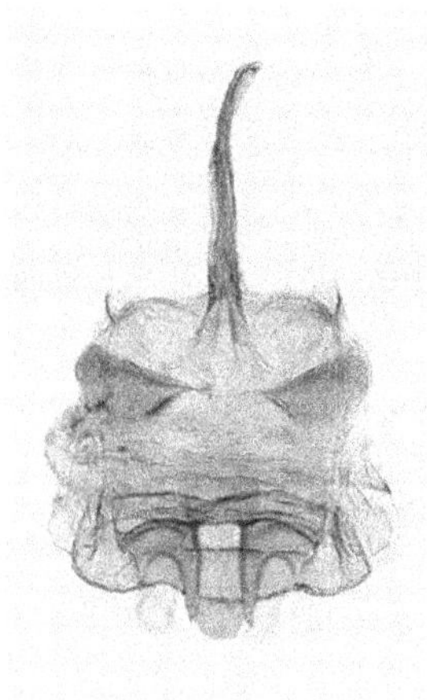

C 176

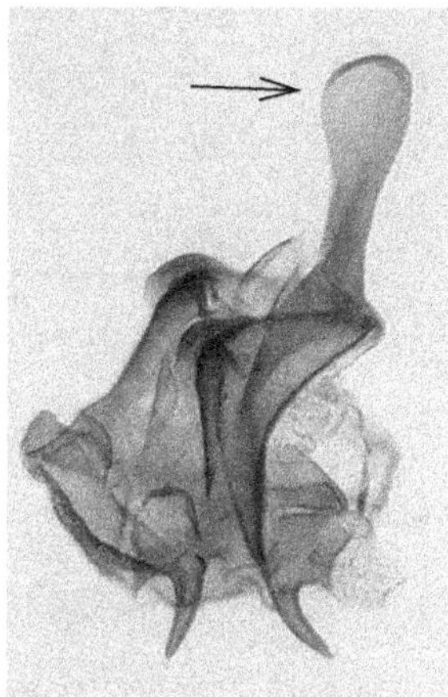

C 177

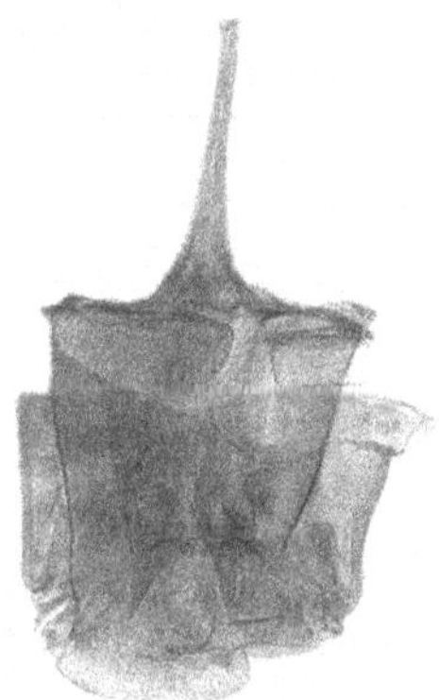

C 178

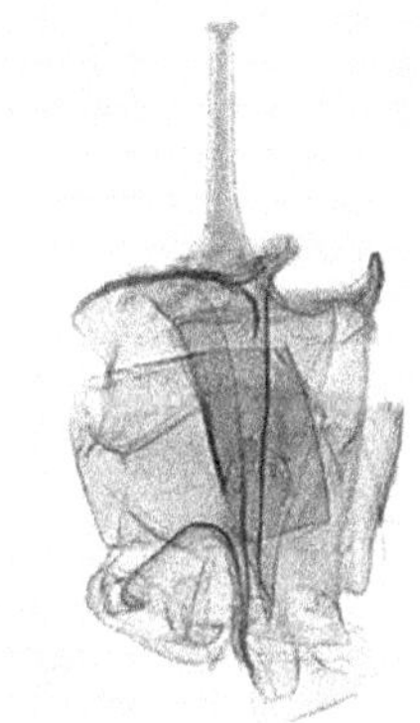

C 179

Abb. C 176: *Cyphon pubescens* ♀, Prehensor, dorsal; **Abb. C 177:** *Cyphon pubescens* ♀, Prehensor, vorn, lateral; **Abb. C 178:** *Cyphon punctipennis* ♀, Prehensor, dorsal; **Abb. C 179:** *Cyphon punctipennis* ♀, Prehensor, vorn, lateral.

13. Literatur

ABEILLE DE PERRIN, E. (1872): Études sur les Coléoptères cavernicoles, suivies de la description de Coléoptères nouveaux propres au midi de France. – Bulletin de la Société Entomologique de France 1872: xviii–xxii.

ABEILLE DE PERRIN, E. (1881): Contribution à la Faune coléoptèrologique d'Europe et des pays voisins. Cyphonides. – Annales de la Société Entomologique de France 6, 1: 97–128.

ABEILLE DE PERRIN, E. (1894): Diagnoses de coléoptères réputés nouveaux. – L'Échange, Revue Linnéenne 10: 91–94.

ALEXANDROVITCH, O.R., LOPATIN, I.K., PISANENKO, A.D., TSINKEVITCH & SNITKO, S.M. (1996): A Catalogue of Coleoptera (Insecta) of Belarus. – Fund of Fundamental Investigations of the Republic of Belarus, Minsk: 28 [Scirtidae] (russisch)

ANDERSON, R., NASH, R. & O'CONNOR, J.P. (1997): Irish Coleoptera. A Revised and Annotated List. – The Irish Naturalist's Journal, Special Entomological Supplement.

ANGELINI, F. (1986): Coleotterofauna del Massiccio del Pollino (Basilicata-Calabria) (Coleoptera). – Entomologica, Bari 21: 36–125.

ANGELINI, F. (1991): Coleotterofauna dell'Altipiano della Sila (Calabria, Italia) (Coleoptera). – Memoire della Società Entomologica Italiana 70: 171–254.

ANGELINI, F. & F. MONTEMURRO (1986): Coleotterofauna del bosco di Policoro (Matera) (Coleoptera). – Biogeographia, Nuova Serie 10 (1984): 545–604.

ASPÖCK, H., PICHER, O. & FLAMM, H. (1978): Stechmückenbekämpfung mit pflanzlichem Lecithin – Möglichkeiten und Grenzen. – Zentralblatt für Bakteriologie und Hygiene, I. Abteilung, Originale A 241: 536–550.

BANGSHOLT, F. (1981): Femte tillæg til „Fortegnelse over Danmarks biller" (Coleoptera). – Entomologiske Meddelelser 48: 49–103.

BARŠEVSKIS, A. (1993): The Beetles of Eastern Latvia. – Austrumlatvijas Vaboles: 125–126 [Scirtidae]

BEIER, M. (1949): Koerperbau und Lebensweise der Larve von *Helodes Hausmanni* GREDLER (Col., Helodidae). – Eos Madrid 25: 49–100.

BEIER, M. (1952): Bau und Funktion der Mundwerkzeuge bei den Helodiden-Larven (Col.). – Trans. Ninth. Int. Congr. Ent. Amsterdam 1951, 1(1): 135–138.

BELING, T. (1883): Beitrag zur Biologie einiger Käfer aus den Familien Dascyllidae und Parnidae. – Verhandlungen der kaiserlich-königlichen zoologisch-botanischen Gesellschaft in Wien 32: 435–442.

BELLSTEDT, R. (1987): Die Wasserkäfer der Bergbäche Spitter und Vesser im Thüringer Wald (Coleoptera: Hydradephaga, Palpicornia, Dryopoidea et Helodidae). – Abhandlungen und Berichte des Museums der Natur Gotha 14: 64–68.

BELLSTEDT, R. (1993a): Rote Liste der Wasserkäfer (aquatische Coleoptera) Thüringens. – Naturschutzreport 5: 87–92.

BELLSTEDT, R. (1993b): Wasserkäfer (aquatische Coleoptera). – Check-Listen Thüringer Insekten, Teil 1: 21–23.

BELLSTEDT, R. (1999): Aktualisierte Checkliste der Wasserkäfer (aquatische Coleoptera) Thüringens. – Check-Listen Thüringer Insekten. Teil 7: 43–49.

BELLSTEDT, R. (2001): Rote Liste der Wasserkäfer (aquatische Coleoptera) Thüringens. – Naturschutzreport 18: 117–123.

BELLSTEDT, R. (2002): Wasserkäfer (aquatische Coleoptera) der Hochmoore des Thüringer Waldes. – Naturschutzreport 19: 190–197.

BELLSTEDT, R. & FICHTNER, E. (1985): Wasserkäfer und Wasserwanzen (Coleoptera et Heteroptera) des Plothener Teichgebietes in Ostthüringen. – Hercynia, Neue Folge 22: 250–258.

BELLSTEDT, R. & SKALE, A. (1998): Interessante Wasserkäfer-Funde in Thüringen und angrenzenden Bundesländern (Coleoptera). – Thüringer Faunistische Abhandlungen 5: 163–167.

BENICK, L. (1924): Zur Biologie der Käferfamilie Helodidae (Mit einer Übersicht der Baumhöhlenfauna von Prof. Dr. A. THIENEMANN, Plön). – Mitteilungen der Geographischen Gesellschaft und des Naturhistorischen Museums in Lübeck. 2. Reihe, Heft 29: 47– 75.

BENICK, L. (1925): Beiträge zur Kenntnis der Tierwelt norddeutscher Quellgebiete. III. Die Entwicklung der *Elodes minuta* L. – Entomologische Blätter 21: 164–172.

BENICK, L. (1926): Die Käfer der Oldesloer Salzstellen. – Mitteilungen der Geographischen Gesellschaft und des Naturhistorischen Museums in Lübeck. 2. Reihe, Heft 31: 59–90.

BERNET KEMPERS, K.J.W. (1943): De larven der Helodidae (Cyphonidae). – Tijdschrift voor Entomologie 86: 85–91.

BERTRAND, H. (1955): Les Insectes Aquatiques d'Europe. – Encyclopédie Entomologique. Lechevalier, Paris.

BERTRAND, H.P.I. (1972): Larves et Nymphes des Coléoptères Aquatiques du Globe, avec tableaux de détermination des genres. – Paris, F. Paillart, 804 pp.

BLOESCH, C. (1874): Observations sur la transformation de l'*Hydrocyphon deflexicollis* MÜLL. – Petites Nouvelles Entomologiques 6(100): 399.

BOUKAL, D.S., BOUKAL, M., FIKÁČEK, M., HÁJEK, J., KLEČKA, J., SKALICKÝ, S., ŠŤASTNÝ, J. & TRÁVNÍČEK, D. (2007): Catalogue of water beetles of the Czech Republic (Coleoptera: Sphaeriusidae, Gyrinidae, Haliplidae, Noteridae,

Hygrobiidae, Dytiscidae, Helophoridae, Georissidae, Hydrochidae, Spercheidae, Hydrophilidae, Hydraenidae, Scirtidae, Elmidae, Dryopidae, Limnichidae, Heteroceridae, Pselaphidae). – Klapalekiana 43 (Supplement), 1–289.

BOURGEOIS, J. (1884a): Cébrionides, Malacodermes. In: FAUVEL, A. (1868-1900): Faune gallo-rhénane ou species des insectes que habitent la France, la Belgique, la Hollande, le Luxembourg, la Prusse Rhénane, le Nassau et le Valais. Coléoptères, IV. – Caen: Revue d'Entomologie, 60 pp.

BOURGEOIS, J. (1884b): La description d'une nouvelle espèce du genre *Cyphon*, provenant de Palestine. – Annales de la Société Entomologique de France 1884: xlii–xliii.

BRANCUCCI, M. (1979): *Geodessus besucheti* n. gen., n. sp. le premier Dytiscide terrestre (Col., Dytiscidae, Bidessini). – Entomologica Basiliensia 4: 213–218.

BRANCUCCI, M. (1985): *Typhlodessus monteithi* n. gen. n. sp., a blind terrestrial Dytiscidae (Coleoptera) from New Caledonia. – Mitteilungen der Schweizerischen Entomologischen Gesellschaft 58: 467–470.

BRANDSTETTER, C.M. & KAPP, A. (1998): Käferinventar von Vorarlberg und Liechtenstein (Insecta, Coleoptera). – Bürs.

BRETTFELD, R., BELLSTEDT, R., JOOST, W. & W. ZIMMERMANN (1996): Zur Limnofauna des Unterlaufs der Ulster. – Abhandlungen und Berichte des Museums der Natur Gotha 19: 3–23.

BRISOUT DE BARNEVILLE, C. (1863): In: GRENIER, A.: Catalogue des coléoptères de France et matériaux pour servir à la faune des coléoptères français. – Paris, L. Toinon, iv + 79 + 135 pp.

BRUGGE, B. (1979): Coleoptera verzamelt van iepeschors. – Entomologische Berichten 39: 33-34.

BURAKOWSKI, B., MROCZKOWSKI, M. & STEFANSKA, J. (1983): Coleoptera: Scarabaeoidea, Dascilloidea, Byrrhoidea, Parnoidea. – Katalog Fauny Polsky, XXIII, 9: 160–178, t. 9. Warszawa.

CASPERS, N. (1980): Die Emergenz eines kleinen Waldbaches bei Bonn. – Decheniana-Beihefte 23: 1–175.

CHEVROLAT, L. L. A. (1865): Description des coléoptères d'Espagne, nouveaux ou peu connus. – Revue et Magazin de Zoologie Pure et Appliquée (2) 17: 352.

COULON, G. (1987): Le genre *Elodes* LATREILLE, 1796 en Belgique (Col., Scirtidae). – Bulletin et Annales de la Société royal belge, Entomologie 123: 69 – 86.

CUPPEN, J.G.M. (1993): Flight periods of Scirtidae (Coleoptera) based on weekly samples from a malaise trap. – Entomologische Berichten 53: 137–142.

CUPPEN, J.G.M. & FOSTER, G.N. (2005): Aquatic Coleoptera from Vest-Agder and Aust-Agder, Norway. – Norwegian Journal of Entomology 52, 2: 91–101.

CUPPEN, J.G.M., VORST, O. & R. BELLSTEDT (1998): Five beetles new for Thuringia, and records of endangered water beetles (Coleoptera: Dytiscidae, Helophoridae, Hydrophilidae, Staphylinidae). – Thüringer Faunistische Abhandlungen 5: 169 – 178.

DELAHON, P. (1924): Nachträge zu „SCHILSKYS systematischem Verzeichnis der Käfer Deutschlands" von 1909 mit besonderer Berücksichtigung der Formen der Mark Brandenburg sowie einige sonstige Bemerkungen über Käfer aus Deutschland (Col.). – Deutsche Entomologische Zeitschrift 1924: 259–264.

DIECKMANN, L. (1960): Zur Verbreitung einiger deutscher Käferarten. – Entomologische Blätter 56: 113–117.

DIETRICH, K. (1865): Beitrag zur Kenntniss (sic !) der Insekten-Fauna des Kantons Zürich. Käfer. – Zürich: 137–138.

DRAKE, C.M. (1987): Taxonomic and ecological notes on the British *Scirtes* (Coleoptera: Scirtidae). – Entomologist's Gazette 38: 83–85.

DROST, B. (2008): De genera *Odeles* en *Elodes* (Coleoptera: Scirtidae) in Nederland. – Entomologische Berichten 68, 1: 12–16.

EXNER, H. (1944): Untersuchungen über den Bau des männlichen Geschlechtsapparates der Helodidae und die Bedeutung seiner Formtypen für die Systematik dieser Käferfamilie. – Inaugural-Dissertation Carl Franzens Reichsuniversität zu Graz.

FABRICIUS, J.C. (1792): Entomologiae systematicae emendatae et auctae. Tom. I. Pars II. – Hafniae: C.G. Proft, 538 pp.

FABRICIUS, J.C. (1798): Supplementum Entomologiae systematicae. – Proft et Storch, Hafniae, II + 572 p.

FOCARILE, A. (1958): *Bembidion subfasciatum* CHAUD. e *Cyphon kongsbergensis* MUNST., nuove specie per la coleotterofauna italiana (Carabidae et Helodidae). – Bolletino della Società Entomologica Italiana 88: 16–21.

FOCARILE, A. (1960): Ricerche coleotterologiche sul litorale ionico della Puglia, Lucania e Calabria. Campagne 1956-1957-1958. V.: Coleoptera Helodidae. – Bolletino della Società Entomologica Italiana 90: 112–123.

FOCARILE, A. (1961): Revisione dei Coleotteri Helodidae conservati nel Museo Civico di Storia Naturale di Milano, I° – Genere *Cyphon* PAYK. – Atti della Società Italiana di Scienze Naturali e del Museo Civico di Storia Naturale di Milano 100: 257–268.

FRANK, J. & KONZELMANN, E. (2002): Die Käfer Baden-Württembergs 1950-2000. – Fachdienst Naturschutz, Naturschutz-Praxis, Artenschutz 6. Landesanstalt für Umweltschutz Baden-Württemberg, Karlsruhe, 290 S.

FRANZ, H. (1943): Die Landtierwelt der Mittleren Hohen Tauern. – Akademie der Wissenschaften in Wien, Mathematisch-Naturwissenschaftliche Klasse, Denkschriften 107: 331. (nur Scirtidae)

FRANZ, H. (1974): Die Nordost-Alpen im Spiegel ihrer Landtiere. – Innsbruck, München. (nur Scirtidae)

FREITAG, H., STUBBE, M. & HEIDECKE, D. (2001): Das Makrozoobenthos in der Zönosestruktur und die Saprobie unter Einfluß des Elbe-Bibers. – Säugetierkundliche Informationen 5: 35-56.

FRIEDRICH, F. & BEUTEL, R.G. (2006): The pterothoracic skeletomuscular system of Scirtoidea (Coleoptera: Polyphaga) and its implications for the high-level phylogeny of beetles. – Journal of Zoological Systematics and Evolutionary Research 44: 290–315.

FURTH, D. G. & SUZUKI, K. (1990): The metatibial extensor and flexor tendons in Coleoptera. – Systematic Entomology 15: 443 – 448.

GEISER, E. (2001): Die Käfer des Landes Salzburg. Faunistische Bestandserfassung und tiergeographische Interpretation. – Monographs on Coleoptera 2, Wien. 706 Seiten.

GEISER, R. (1984): 12. Bericht der Arbeitsgemeinschaft Bayerischer Koleopterologen. – Nachrichtenblatt der Bayerischen Entomologen 33: 65 – 84.

GEISER, R. (1998): Rote Liste der Käfer (Coleoptera) (Bearbeitungsstand 1997). – In: BINOT, M., R. BLESS, P. BOYE, H. GRUTTKE & P. PRETSCHER (Bearb.): Rote Liste gefährdeter Tiere Deutschlands. – Schriftenreihe für Landschaftspflege und Naturschutz, Bonn-Bad Godesberg, Heft 55: 168 – 230.

GEREND, R. (2003): Vorläufiges Verzeichnis der Wasserkäfer Luxemburgs (Coleoptera: Hydradephaga, Hydrophiloidea part., Dryopoidea part., Microsporidae, Hydraenidae, Scirtidae). – Bulletin de la Société des Naturalistes Luxembourgeois 104: 67 – 78.

GEREND, R. (2006): Erster Nachtrag zum Verzeichnis der Wasserkäfer Luxemburgs (Insecta, Coleoptera: Hydraenidae, Hydrophilidae, Scirtidae). – Bulletin de la Société des Naturalistes Luxembourgeois 106: 117-122.

GERSTMEIER, R. (2000): 20. Bericht der Arbeitsgemeinschaft Bayerischer Koleopterologen. – Nachrichtenblatt der Bayerischen Entomologen 49: 54 – 58.

GLADITSCH, S. (1969): Die Wasserkäfer eines Kleinbiotops, mit einem Neufund für Süddeutschland. – Beiträge zur naturkundlichen Forschung in Südwestdeutschland 28: 127 – 129.

GOOD, H. G. (1924): Notes on the life history of *Prionocyphon limbatus* LEC. (Helodidae, Coleoptera). – Journal of the New York Entomological Society 32: 79 – 84, Tafel 8-9.

GREDLER, V. M. (1857): Die Käfer von Passeier. II. Heft. – Zeitschrift des Ferdinandeums für Tirol und Vorarlberg, Innsbruck, Wagner, III. Folge, 6. Heft: 105 – 159.

GUÉORGUIEV, V. B. (1958): Verzeichnis der Wasserkäfer Bulgariens. – Entomologische Blätter 54: 48. (nur Scirtidae)

GUÉRIN-MÉNEVILLE, M. F. E. (1843): Species et Iconographie générique des Animaux articulés. Insectes Coléoptères. 3, 9. – Paris. 1 – 16, 1 Taf.

GÜMBEL, D. (1976): Emergenz-Vergleich zweier Mittelgebirgsquellen 1973. – Arch. Hydrobiol. Suppl. 50: 1 – 53.

GÜRLICH, S., SUIKAT, R. & ZIEGLER, W. (1995): Katalog der Käfer Schleswig-Holsteins und des Niederelbegebietes. – Verhandlungen des Vereins für Naturwissenschaftliche Heimatforschung zu Hamburg e. V. 41: 1 – 111.

HAASE, P. (1996): Rote Liste der in Niedersachsen und Bremen gefährdeten Wasserkäfer mit Gesamtartenverzeichnis. – Informationsdienst Naturschutz Niedersachsen 16: 81 – 100.

HABERMAN, H. (1987): Enumeratio Coleopterorum Insulae Ruhnu. – Entomoloogiasektsiooni teated, Tartu: 1 – 5.

HANDSCHIN, E. (1963): Die Coleopteren des schweizerischen Nationalparkes und seiner Umgebung. – Ergebnisse der wissenschaftlichen Untersuchungen im schweizerischen Nationalpark. Band 8: 160 (nur Scirtidae).

HANNAPPEL, U. (1991): Die Larven von *Helodes tournieri* KIESW. und *Helodes gredleri* KIESW. und ihre Stellung im phylogenetischen System (Coleoptera, Helodidae). – Zeitschrift der Arbeitsgemeinschaft Österreichischer Entomologen 43 (3/4): 89 – 100.

HANNAPPEL, U. & H. F. PAULUS (1987): Arbeiten zu einem phylogenetischen System der Helodidae (Coleoptera) – Feinstrukturuntersuchungen an europäischen Larven. – Zoologische Beiträge, Neue Folge 31: 77-150.

HANNAPPEL, U. & H. F. PAULUS (1991): Some undetermined Helodidae larvae from Australia and New Zealand: fine structure of mouthparts and phylogenetic position. – In: M. ZUNINO, X. BELLÉS & M. BLAS (eds.), Advances in Coleopterology, Barcelona (1992): 89 – 127.

HANNAPPEL, U. & H. F. PAULUS (1994): 29. Familie Scirtidae. In: KLAUSNITZER, B.: Die Larven der Käfer Mitteleuropas. 2. Band Myxophaga, Polyphaga, Teil 1. – Goecke & EVERS, Krefeld, 74 – 87.

HANNAPPEL, U. & H. F. PAULUS (1997): Larvenkenntnis und Verbreitung der Scirtidae in der westlichen Paläarktis mit einem Bestimmungsschlüssel europäischer Larven der Gattung *Elodes* LATREILLE, 1796 (Coleoptera, Scirtidae). – Koleopterologische Rundschau 67: 225 – 251.

HANSEN, L. O. & LIGAARD, S. (1992): Coleoptera from six small islands in the middle Oslofjord, SE Norway. – Fauna norvegica, Serie B 39: 23 – 31.

HANSEN, M., LILJEHULT, H., MAHLER, V. & PALM, E. (1993): 12. tillæg til „Fortegnelse over Danmarks biller" (Coleoptera). – Entomologiske Meddelelser 61: 85 – 114.

HANSEN, M., PEDERSEN, J. & PRITZL, G. (2000): Fund af biller i Danmark, 1999 (Coleoptera). – Entomologiske Meddelelser 68: 85 – 110.

HANSEN, V. (1964): Fortegnelse over Danmarks biller. – Entomologiske Meddelelser 33: (230 – 232, nur Scirtidae). (Zitat unvollständig)

HAYASHI, N. (1957): Morphology and Bionomics of Immature Stages of Japanese Helodidae. – Akitu, Kyoto 6: 47 – 54.

HERGER, P. (1991): Zur Insektenfauna von Obergütsch (500-600 m), Stadt Luzern V. Coleoptera 3: (ohne Staphylinidae, Elateridae und Curculionidae). – Entomologische Berichte Luzern 25: 27 – 40. (nur Scirtidae)

HERGER, P. (1995): Die Insektenfauna des Hochmoores Balmoos bei Hasle, Kanton Luzern. XXVI. Coleoptera 6: Buprestidae, Scirtidae (Helodidae) und Chrysomelidae. – Entomologische Berichte Luzern 33: 1 – 4.

HERGER, P. & KAMKE, M.-CH. (1998): Zur Insektenfauna des Kantons Schaffhausen (Hallau-Egg und Löhningen). III. Coleoptera (Käfer). – Entomologische Berichte Luzern 39: 113 – 126.

HERNANDO, C., AGUILERA, P. & RIBERA, I. (2003): A new species of *Cyphon* PAYKULL from the Anti-Atlas (SW Morocco) (Coleoptera: Scirtidae). – Koleopterologische Rundschau 73: 275 – 278.

HERNANDO, C., AGUILERA, P. & RIBERA, I. (2004): *Hydrocyphon gereckei* sp. n. from Morocco (Coleoptera: Scirtidae). – Linzer biologische Beiträge 63, 1: 389–392.

HESS, M., SPITZENBERG, D., BELLSTEDT, R., HECKES, U., HENDRICH, L. & W. SONDERMANN (1999): Artenbestand und Gefährdungssituation der Wasserkäfer Deutschlands. – Naturschutz und Landschaftsplanung 31: 197–211.

HIEKE, F. & E. PIETRZENIUK (1984): Die Bernstein-Käfer des Museums für Naturkunde, Berlin (Insecta, Coleoptera). – Mitteilungen aus dem Zoologischen Museum Berlin 60: 297-326.

HOLDHAUS, K. (1924): Das Tyrrhenisproblem. – Annalen des Naturhistorischen Museums in Wien 37: 1–200.

HOLZER, E. (2003): Erstnachweise und Wiederfunde für die Käferfauna der Steiermark (VII) (Coleoptera). – Joannea-Zoologie 5: 69–82.

HORION, A. (1935): Nachtrag zu Fauna Germanica. Die Käfer des Deutschen Reiches. – Krefeld.

HORION, A. (1955): Faunistik der mitteleuropäischen Käfer. Band IV: Sternoxia (Buprestidae), Fossipedes, Macrodactylia, Brachymera. – In: Entomologische Arbeiten aus dem Museum G. Frey Tutzing bei München. Sonderband. Eigenverlag, Tutzing bei München: 129–138.

HORION, A. (1955a): Bemerkenswerte Käferfunde aus Deutschland, 2. Reihe (4. Nachtrag zum „Verzeichnis der Käfer Mitteleuropas"). – Entomologische Blätter 51 (1-2): 61-75.

HORION, A. (1960): Koleopterologische Neumeldungen für Deutschland. IV. Reihe. – Mitteilungen der Münchner Entomologischen Gesellschaft 50: 119-162.

HORION, A. (1972): Zwölfter Nachtrag zum Verzeichnis der mitteleuropäischen Käfer. – Entomologische Blätter 68: 9–42.

HUDSON, G. V. (1934): New Zealand beetles and their Larvae. An elementary introduction to the study of our native Coleoptera. – Ferguson & OSBORN, Wellington, 236 pp.

HÜTHER, M. (1957): Neue und bemerkenswerte Koleopterenfunde in Südbayern. – Nachrichtenblatt der Bayerischen Entomologen 6: 47–48.

IABLOKOFF-KHNZORJAN, S. M. (1961): Vertreter der Familie Helodidae (Coleoptera) aus baltischem Bernstein. – Paläont. J.: 108–116. (russisch)

IABLOKOFF-KHNZORJAN, S. M. (1973): [Eine neue Art der Gattung *Helodes* LATREILLE aus Tadshikistan (Coleoptera, Helodidae)]. – Dokladi Akademii Nauk Armenskoj SSR 57: 112–114. (russisch)

ILLIES, J. (1978): Limnofauna Europaea. 2. Auflage. – Stuttgart, New York, Amsterdam, G. Fischer Verlag, XVII + 532 pp. (Helodidae p. 323–325).

ILLIGER, J. K. W. (1807): Nachlese zu den Bemerkungen, Berichtigungen und Zusätzen zu Fabricii Systema Eleutheratorum. Tom. I. – Magazin für Insektenkunde 6: 296–317.

JANSEN, W., KOCH, M. & THAM, J. (1999): Die aquatische Käferfauna eines Torfabbaugebietes im Moorkomplex Wurzacher Ried (Lkr. Ravensburg, Süddeutschland). – Stuttgarter Beiträge zur Naturkunde, Serie A (Biologie), Nr. 588: 1–28.

JEFFRIES, M. (1993): Invertebrate colonization of artificial pondweeds of differing fractal dimension. – Oikos 67: 142–148.

JEFFRIES, M. (1996): Effects of *Notonecta glauca* predation on *Cyphon* larvae (Coleoptera: Scirtidae) populations in small, seasonal ponds. – Archiv für Hydrobiologie 136: 413–420.

JELÍNEK, J. (1993): Check-list of Czechoslovak Insects IV.– Folia Heyrovskyana, Suppl. I. Praha.

JELÍNEK, J. & PFEFFER, A. (1984): Faunistic records from Czechoslovakia. Coleoptera, Helodidae. – Acta entomologica bohemoslovaca 81: 305.

JOOST, W. (1976): Die rheophilen Käfer der Emse. – Entomologische Berichte 1976, 1: 43–50.

JOOST, W., KLAUSNITZER, B. & W. ZIMMERMANN (1985): Die merolimnische Insektenfauna eines Thüringer-Wald-Baches im Ergebnis dreijähriger Emergenzuntersuchungen. Teil I: Ephemeroptera, Plecoptera, Megaloptera, Coleoptera und Trichoptera. – Faunistische Abhandlungen Staatliches Museum für Tierkunde in Dresden 13, 1: 1–39.

JØRUM, P. (2000): Billefaunaen i Hald Egeskov (Coleoptera). – Entomologiske Meddelelser 68: 1–46.

JOST-STAUFER, M. (2000): A Holocene fossil coleopteran (beetle) assemblage from the Central Swiss Alps: Climate and ecology. – Eclogae Geologicae Helvetiae 93: 481–490.

JUNG, M. (1982): Zur Helodidenfauna des Bezirkes Magdeburg. – Entomologische Nachrichten und Berichte 26, 3: 138.

KAHLEN, M. (1987): Nachtrag zur Käferfauna Tirols. – Beilageband 3 zu den Veröffentlichungen des Museum Ferdinandeum Innsbruck. (nur Scirtidae)

KAISER, H. & KLAUSNITZER, B. (2000): *Scirtimermis praematura* n. gen. n. sp. (Nematoda, Mermithidae) ein neuer Parasit aus *Cyphon variabilis* (THUNBERG, 1787) (Coleoptera, Scirtidae). – Entomologische Blätter 96, 3: 219–227.

KEBER, G. (1943): Über den Bau und die Funktion der Ernährungsorgane paläarktischer Helodidenlarven und ihre Bedeutung für die Systematik. – Inaugural-Dissertation Carl Franzens Reichsuniversität zu Graz.

KERSTENS, G. (1961): Coleopterologisches vom Lichtfang. – Entomologische Blätter 57: 119–138.

KEVAN, D. K. (1962): The British species of the genus *Cyphon* PAYKULL (Col., Helodidae), including three New to the British list. – The Entomologist's Monthly Magazine 98: 114–121.

KIESENWETTER, H. VON (1859): Beitrag zur Käferfauna Griechenlands. Fünftes Stück: Elateridae, Dascillidae, Malacodermata. – Berliner Entomologische Zeitschrift 3: 17–34.

KIESENWETTER, H. VON (1863): Naturgeschichte der Insecten Deutschlands, begonnen von Dr. W. F. ERICHSON, fortgesetzt von Prof. Dr. H. SCHAUM, Dr. G. KRAATZ und H. v. KIESENWETTER. Erste Abtheilung Coleoptera. Vierter Band. Berlin, Nicolaische Verlagsbuchhandlung, vi + 745 + (1) pp. Cyphonidae: 394–422, 719–721.

KIESENWETTER, H. VON (1871a): Beiträge zur Kenntniss der Malacodermen-Fauna von Corsica, Sardinien und Sicilien. – Berliner Entomologische Zeitschrift 15: 75–86.

KIESENWETTER, H. VON (1871b): Uebersicht der europäischen *Helodes*-Arten. – Berliner Entomologische Zeitschrift 15: 87–88.

KIESENWETTER, H. VON (1874): Die Malacodermen Japans nach dem Ergebnisse der Sammlungen des Herrn G. LEWIS während der Jahre 1869-1871. – Berliner Entomologische Zeitschrift 18: 241–288. [Scirtidae: 244–245].

KITCHING, R. L. & ALLSOPP, P. G. (1987). *Prionocyphon niger* sp. n. (Coleoptera: Scirtidae) from water-filled tree holes in Australia. – Journal of the Australian Entomological Society 26 (1): 73–79.

KLAUSNITZER, B. (1965): Beitrag zur Helodidenfauna des Oberlausitzer Heide- und Teichgebietes (Coleoptera). – Faunistische Abhandlungen Staatliches Museum für Tierkunde in Dresden 1, 6: 239–241.

KLAUSNITZER, B. (1966a): Zum Vorkommen von *Cyphon ruficeps* TOURN. in Sachsen (Col., Helodidae). – Entomologische Nachrichten 10, 6: 85–86.

KLAUSNITZER, B. (1966b): Ergebnisse der Albanien-Expedition 1961 des Deutschen Entomologischen Institutes. 48. Beitrag. Coleoptera: Dascillidae, Eubriidae, Helodidae. – Beiträge zur Entomologie 16, 3/4: 381–384.

KLAUSNITZER, B. (1966c): Faunistisch-ökologische Bemerkungen zur Gattung *Cyphon* in Oberlausitzer Teichgebieten und Mooren (Col., Helodidae). – Abhandlungen und Berichte des Naturkundemuseums Görlitz 41, 15: 29–32.

KLAUSNITZER, B. (1967a): Zur Bedeutung der Mandibeln für die Imaginalsystematik der mitteleuropäischen Helodidae. – Annotationes zoologicae et botanicae, Bratislava Nr. 43: 1–2.

KLAUSNITZER, B. (1967b): 126. Helodidae. Ergebnisse der zoologischen Forschungen von Dr. Z. KASZAB in der Mongolei (Coleoptera). – Reichenbachia 9, 30: 275–277.

KLAUSNITZER, B. (1968a): Zur Trennung der beiden mitteleuropäischen *Scirtes*-Arten (Col., Helodidae). – Entomologische Nachrichten 12, 2: 17–19.

KLAUSNITZER, B. (1968b): Zur Biologie einheimischer Käferfamilien: 1. Helodidae. – Entomologische Berichte 1968, 1: 3–13.

KLAUSNITZER, B. (1968c): Zur Verbreitung von *Cyphon hilaris* NYHOLM in Europa (Col., Helodidae). – Entomologische Nachrichten 12, 5: 49–50.

KLAUSNITZER, B. (1969a): *Scirtes fulviculus* REITTER 1898 = *Scirtes orbicularis* PANZER 1793 (Col., Helodidae). – Entomologische Nachrichten 13, 5: 48.

KLAUSNITZER, B. (1969b): Ergebnisse der Albanien-Expedition 1961 des Deutschen Entomologischen Institutes. 74. Beitrag. Coleoptera: Nachtrag zum 48. Beitrag mit Beschreibung von zwei neuen *Cyphon*-Arten (Dascillidae, Helodidae). – Beiträge zur Entomologie 19, 7/8: 839–842.

KLAUSNITZER, B. (1970a): Zur Kenntnis der europäischen *Hydrocyphon*-Arten (Coleoptera, Helodidae). – Reichenbachia 13, 20: 205–209.

KLAUSNITZER, B. (1970b): Zur Kenntnis der Gattung *Helodes* LATR. (Col., Helodidae). – Entomologische Nachrichten 14, 12: 177–184.

KLAUSNITZER, B. (1971a): Zur Ökologie und Verbreitung tiergeographisch bemerkenswerter Arten der Gattung *Cyphon* PAYK. in der Oberlausitz (Col., Helodidae). – Abhandlungen und Berichte des Naturkundemuseums Görlitz 46, 10: 1–5.

KLAUSNITZER, B. (1971b): Beiträge zur Insekten-Fauna der DDR: Coleoptera-Helodidae. – Beiträge zur Entomologie 21, 3/6: 477–494.

KLAUSNITZER, B. (1971c): Zur Kenntnis der Gattung *Helodes* LATR. (Col., Helodidae). 1. Fortsetzung. – Entomologische Nachrichten 15, 1: 6–10.

KLAUSNITZER, B. (1971d): Fühlermißbildung bei *Cyphon pubescens* (FABR.) (Col., Helodidae). – Entomologische Nachrichten 15, 3: 28.

KLAUSNITZER, B. (1972a): Zur Kenntnis der Gattung *Helodes* LATR. (Col., Helodidae). 2. Fortsetzung. – Entomologische Nachrichten 16, 4: 29–33.

KLAUSNITZER, B. (1972b): Zur Kenntnis der Gattung *Helodes* LATR. (Col., Helodidae). 3. Fortsetzung. – Entomologische Nachrichten 16, 6: 68–74.

KLAUSNITZER, B. (1972c): Zur Situation der systematischen Erforschung der europäischen Helodidae (Col.). – Folia entomologica Hungarica 25, 23: 359–365.

KLAUSNITZER, B. (1972d): Eine neue Art der Gattung *Microcara* THOMSON aus Südosteuropa (Coleoptera, Helodidae). – Entomologische Nachrichten 16, 11: 149–151.

KLAUSNITZER, B. (1973a): Mißbildungen des Aedoeagus bei *Cyphon* PAYK. (Col., Helodidae). – Časopis Slezského Muzea 22, Series A: 157–158.

KLAUSNITZER, B. (1973b): Zur Kenntnis der Gattung *Helodes* LATR. (Col., Helodidae). 4. Fortsetzung. – Entomologische Nachrichten 17, 3: 36–39.

KLAUSNITZER, B. (1973c): Zur Kenntnis der Gattung *Helodes* LATR. (Col., Helodidae). 5. Fortsetzung. – Entomologische Nachrichten 17, 7/8: 105 –114.

KLAUSNITZER, B. (1974a): Zur Kenntnis der palaearktischen Arten der Gattung *Microcara* THOMSON (Coleoptera, Helodidae). – Reichenbachia 15, 2: 17–21.

KLAUSNITZER, B. (1974b): Redeskription von *Cyphon gracilicornis* WOLLASTON, 1864 von den Kanarischen Inseln (Coleoptera: Helodidae). – Beiträge zur Entomologie 24, 5/8: 307–309.

KLAUSNITZER, B. (1974c): Zur Kenntnis der Gattung *Helodes* LATR. (Col., Helodidae). 6. Fortsetzung. – Entomologische Nachrichten 18, 2: 17–25.

KLAUSNITZER, B. (1974d): Zur Kenntnis der Gattung *Helodes* LATR. (Col., Helodidae). 7. Fortsetzung. – Entomologische Nachrichten 18, 5: 73–78.

KLAUSNITZER, B. (1974e): Zur Kenntnis der Gattung *Helodes* LATR. (Col., Helodidae). Schluß. – Entomologische Nachrichten 18, 10: 153–156.

KLAUSNITZER, B. (1974f): Anwendung der phylogenetischen Systematik innerhalb von Gattungen, dargestellt am Beispiel der Gattung *Helodes* LATREILLE, 1796 (Coleoptera, Helodidae). – Zoologische Jahrbücher für Systematik, Jena 101: 479–559.

KLAUSNITZER, B. (1975a): Zur Kenntnis der Larven der mitteleuropäischen Helodidae (Col., Helodidae). – Deutsche Entomologische Zeitschrift, Neue Folge 22, 1-3: 61–65.

KLAUSNITZER, B. (1975b): Eine neue Art der Gattung *Cyphon* PAYKULL aus dem Gebiet des Kaspischen Meeres (Col., Helodidae). – Entomologische Nachrichten 19, 5: 65–68.

KLAUSNITZER, B. (1975c): Zur Kenntnis der Helodidenfauna Rumäniens (Col., Helodidae). – Studii şi Comunicări, Sibiu, Ştiinte naturale 19: 207–214.

KLAUSNITZER, B. (1975d): Zwei neue Arten der Gattung *Helodes* LATREILLE aus der Palaearktis (Coleoptera: Helodidae). – Beiträge zur Entomologie 25, 2: 329–333.

KLAUSNITZER, B. (1975e): Eine neue Methode zur Determination von Käferlarven. – Entomologische Nachrichten 19: 27–31.

KLAUSNITZER, B. (1975f): Ergänzungen zur Helodidenfauna der DDR (Col.). – Entomologische Berichte 1975: 69–70.

KLAUSNITZER, B. (1975g): Fühlermißbildung bei *Helodes kölleri* KLAUSNITZER, 1970 (Col., Helodidae). – Entomologische Nachrichten 19, 5: 75–76.

KLAUSNITZER, B. (1975h): Eine neue Art der Gattung *Cyphon* PAYKULL aus Korea (Coleoptera, Helodidae). – Reichenbachia 15, 40: 307–308.

KLAUSNITZER, B. (1976a): Neue Arten der Gattung *Helodes* LATREILLE aus Bernstein (Coleoptera, Helodidae). – Reichenbachia 16, 2: 53–61.

KLAUSNITZER, B. (1976b): Neue Arten, taxonomische und faunistische Bemerkungen zur europäischen *Cyphon*-Fauna (Coleoptera, Helodidae). – Acta entomologica bohemoslovaca 73, 4: 256–262.

KLAUSNITZER, B. (1976c): Eine neue Art der Gattung *Helodes* LATREILLE von der Insel Zypern (Col., Helodidae). – Polskie Pismo Entomologiczne 46: 699–702.

KLAUSNITZER, B. (1976d): Zur Kenntnis der nordamerikanischen Arten der Gattung *Cyphon* PAYKULL (Col., Helodidae). – Polskie Pismo Entomologiczne 46: 439–453.

KLAUSNITZER, B. (1976e): Ergebnisse der Bhutan-Expedition 1972 des Naturhistorischen Museums in Basel. Coleoptera: Fam. Helodidae. – Deutsche Entomologische Zeitschrift Neue Folge 23: 213–220.

KLAUSNITZER, B. (1977a): Bestimmungstabellen für die Gattungen der aquatischen Coleopteren-Larven Mitteleuropas. – Beiträge zur Entomologie 27, 1: 145–192.

KLAUSNITZER, B. (1977b): Arten der *Helodes flavicollis*-Gruppe aus dem Fernen Osten der UdSSR (Col., Helodidae). – Entomologische Nachrichten 21, 11: 165–168.

KLAUSNITZER, B. (1978): *Helodes johni* KLAUSNITZER, 1975 neu für Ungarn (Coleoptera, Helodidae). – Folia entomologica Hungarica 31, 1: 59–60.

KLAUSNITZER, B. (1979a): Bemerkungen zu den griechischen Arten der Gattung *Helodes* LATREILLE (Coleoptera, Helodidae). – Reichenbachia 17, 3: 15–20.

KLAUSNITZER, B. (1979b): Eine neue Art der Gattung *Helodes* LATREILLE aus der Türkei, mit Bemerkungen zum phylogenetischen System der *Helodes minuta*-Gruppe (Coleoptera, Helodidae). – Reichenbachia 17, 40: 335–338.

KLAUSNITZER, B. (1980a): Bemerkungen zur Kenntnis der Helodidae Bulgariens mit Beschreibung einer neuen Art der Gattung *Helodes* LATREILLE. – Entomologische Blätter 76, 1: 58–64.

KLAUSNITZER, B. (1980b): New Species of the Genus *Helodes* LATREILLE from Greece (Col., Helodidae). – Aquatic Insects 2, 2: 123–128.

KLAUSNITZER, B. (1980c): Bemerkenswerte *Cyphon*-Funde aus der Sowjetunion (Col., Helodidae). – Entomologische Nachrichten 24, 8: 123–126.

KLAUSNITZER, B. (1980d): Eine neue Artengruppe der Gattung *Flavohelodes* KLAUSNITZER, 1980 (Coleoptera, Helodidae). – Reichenbachia 18, 12: 85–87.

KLAUSNITZER, B. (1980e): Zur Kenntnis der Helodidae des Himalaja-Gebietes (Col.). – Entomologica Basiliensia 5: 195–214.

KLAUSNITZER, B. (1980f): Zur Kenntnis der Helodidae von Vietnam (Coleoptera). – Folia Entomologica Hungarica 33: 87–94.

KLAUSNITZER, B. (1981a): Helodidae and Eucinetidae of the Hortobágy National Park (Coleoptera). – In: The Fauna of the Hortobágy National Park, Akadémiai Kiadó, Budapest: 149–150.

KLAUSNITZER, B. (1981b): Zur Kenntnis der *Cyphon*- und *Hydrocyphon*-Fauna des Iran (Insecta, Coleoptera, Helodidae). – Faunistische Abhandlungen Staatliches Museum für Tierkunde in Dresden 8, 4: 63–65.

KLAUSNITZER, B. (1982): Zur Kenntnis der Helodidae von Sachalin und den Kurilen-Inseln, UdSSR (Coleoptera). – Polskie Pismo Entomologiczne 52: 275–285.

KLAUSNITZER, B. (1987a): Zur Kenntnis der Larve von *Flavohelodes flavicollis* (KIESENWETTER, 1859) (Col., Helodidae). – Entomologische Nachrichten und Berichte 31, 4: 141–146 + Umschlagbilder.

KLAUSNITZER, B. (1987b): Neue Arten aus der *Helodes minuta*-Gruppe (Col., Helodidae). – Entomologische Nachrichten und Berichte 31, 6: 247–252.

KLAUSNITZER, B. (1988a): Zur Identität von *Helodes corsica* PIC, 1898 (Col., Helodidae). – Entomologische Nachrichten und Berichte 32, 1: 35 - 37 + Umschlagseite.

KLAUSNITZER, B. (1988b): HILDEGARD EXNERS Dissertation als Grundlage moderner Taxonomie der Helodidae (Hex., Coleoptera). – Mitteilungen der Abteilung für Zoologie des Landesmuseums Joanneum, H. 41: 21 - 26.

KLAUSNITZER, B. (1989a): Zur Kenntnis der Helodidenfauna Israels (Insecta, Coleoptera). – Faunistische Abhandlungen Staatliches Museum für Tierkunde in Dresden 16, 12: 147 - 148.

KLAUSNITZER, B. (1989b): Neufunde zur Helodidenfauna der Türkei, mit Beschreibung einer neuen *Cyphon*-Art (Insecta, Coleoptera: Helodidae). – Reichenbachia 26, 19: 111–114.

KLAUSNITZER, B. (1990a): Bemerkungen zur Helodidenfauna Italiens (Insecta, Coleoptera). – Faunistische Abhandlungen Staatliches Museum für Tierkunde Dresden 17: 107–114.

KLAUSNITZER, B. (1990b): Zur Verbreitung von *Cyphon palmi* NYHOLM, 1948 (Col., Helodidae). – Entomologische Nachrichten und Berichte 34, 3: 137–138.

KLAUSNITZER, B. (1990c): Eine neue Art der Gattung *Helodes* LATREILLE aus der Türkei und Anmerkungen zur Helodidenfauna dieses Landes. – Zeitschrift der Arbeitsgemeinschaft Österreichischer Entomologen 42, 1/2: 22–26.

KLAUSNITZER, B. (1990d): Eine neue Art der Gattung *Cyphon* PAYKULL aus Albanien (Col., Helodidae). – Beiträge zur Entomologie 40, 2: 401–405.

KLAUSNITZER, B. (1990e): Anmerkungen zur Helodidenfauna des Iran (Col.). – Entomologische Nachrichten und Berichte 34, 4: 159–165.

KLAUSNITZER, B. (1990f): Bemerkenswerte Funde von Helodiden in Europa (Col., Helodidae) und Beschreibung von sechs neuen Arten der Gattung *Helodes* LATREILLE. – Entomologische Nachrichten und Berichte 34, 6: 237–254.

KLAUSNITZER, B. (1990g): Eine weitere neue Art der Gattung *Helodes* LATREILLE aus der Türkei (Col., Helodidae). – Entomologische Nachrichten und Berichte 34, 3: 125–128.

KLAUSNITZER, B. (1991a): Über die Helodidae der östlichen und südlichen Mediterraneis. – Koleopterologische Rundschau 61: 159–170.

KLAUSNITZER, B. (1991b): Die Familie Helodidae (Coleoptera) muß Scirtidae heißen. – Entomologische Nachrichten und Berichte 35, 4: 269.

KLAUSNITZER, B. (1992): 40. Familie: Helodidae. – In: LOHSE, G. A. & W. H. LUCHT: Die Käfer Mitteleuropas, Band 13 (2. Supplementband), 55–66. – Goecke & EVERS Verlag, Krefeld.

KLAUSNITZER, B. (1994): Kommentiertes Verzeichnis der Sumpfkäfer (Coleoptera, Scirtidae = Helodidae) des Freistaates Sachsen. – Mitteilungen Sächsischer Entomologen 25: 13–14.

KLAUSNITZER, B. (1996a): Coleoptera Scirtidae, Marsh Beetles. – In: A. N. NILSSON (Ed.): Aquatic Insects of North Europe – A Taxonomic Handbook. – Apollo Books Stenstrup: 203–208.

KLAUSNITZER, B. (1996b): Käfer im und am Wasser. 2. überarbeitete Auflage. – Die Neue Brehm-Bücherei, Nr. 567, Westarp Wissenschaften Magdeburg. 200 Seiten, 21 Tabellen, 127 Abbildungen, 1 Farbtafel.

KLAUSNITZER, B. (1996c): Rote Liste der Wassertreter (Haliplidae), Schlammschwimmer (Hygrobiidae), Tauchkäfer (Noteridae), Schwimmkäfer (Dytiscidae), Taumelkäfer (Gyrinidae), Buckelwasserkäfer (Spercheidae), Wasserkäfer im engeren Sinne (Hydrophilidae), Sumpfkäfer (Scirtidae) und Bachkäfer (Psephenidae) im Freistaat Sachsen. – Materialien zu Naturschutz und Landschaftspflege, Freistaat Sachsen Landesamt für Umwelt und Geologie, Radebeul, 12 S.

KLAUSNITZER, B. (1997): Scirtiden-Funde aus Nordafrika und Kreta (Col., Scirtidae). – Entomologische Nachrichten und Berichte 41, 3: 206–207.

KLAUSNITZER, B. (1998a): Zur Kenntnis der Scirtidae (Coleoptera) von Griechenland. – Stapfia 55: 567–576.

KLAUSNITZER, B. (1998b): Über die *Cyphon*-Arten HENRI TOURNIERS (Coleoptera: Scirtidae). – Beiträge zur Entomologie 48, 2: 411–415.

KLAUSNITZER, B. (1998c): 40. Familie: Scirtidae. – In: LUCHT, W. & KLAUSNITZER, B. (Hrsg.): Die Käfer Mitteleuropas. 4. Supplementband: 235–236. – Goecke & EVERS, Krefeld im Gustav Fischer Verlag Jena, Stuttgart, Lübeck, Ulm.

KLAUSNITZER, B. (1999): Der aktuelle Stand des Wissens über die Scirtidae der Schweiz (Coleoptera). – Mitteilungen der Entomologischen Gesellschaft Basel 49: 82-111.

KLAUSNITZER, B. (2000a): Antennenanomalie bei *Scirtes hemisphaericus* (LINNÉ, 1767) (Col., Scirtidae). – Entomologische Nachrichten und Berichte 44, 1: 4.

KLAUSNITZER, B. (2000b): Eine neue Art der Gattung *Elodes* LATREILLE, 1796 aus der Kaukasus-Region (Coleoptera, Scirtidae). – Entomologische Blätter 96, 1: 24–30.

KLAUSNITZER, B. (2001): Eine neue Art der Gattung *Elodes* LATREILLE, 1796 aus Marokko (Col., Scirtidae). – Entomologische Nachrichten und Berichte 45, 2: 123–126.

KLAUSNITZER, B. (2002a): Neue Arten der *Elodes minuta*-Gruppe aus der Türkei (Coleoptera, Scirtidae). – Entomologische Blätter 98, 2: 121–136.

KLAUSNITZER, B. (2002b): Larvenfund belegt zweite Art der Familie Scirtidae von den Kanarischen Inseln (Coleoptera). – Entomologische Nachrichten und Berichte 46, 3: 165–166.

KLAUSNITZER, B. (2002c): Eine neue Art und Artengruppe der Gattung *Hydrocyphon* REDTENBACHER aus Nepal (Col., Scirtidae). – Entomologische Nachrichten und Berichte 46, 4: 259–264.

KLAUSNITZER, B. (2002d): Dr. TORD NYHOLM (1912-2001) zum Gedenken. – Entomologische Blätter 98: 47–48.

KLAUSNITZER, B. (2003a): Zur Kenntnis von *Elodes scutellaris* TOURNIER, 1868 (Col., Scirtidae). 1. Teil. – Entomologische Nachrichten und Berichte 47, 3–4: 173–177.

KLAUSNITZER, B. (2003b): Eine neue Art der Gattung *Elodes* aus Griechenland (Col., Scirtidae). – Entomologische Nachrichten und Berichte 47, 3–4: 199–202.

KLAUSNITZER, B. (2004a): Neue Arten der Familie Scirtidae (Coleoptera) aus Baltischem Bernstein (Teil 1). – Entomologische Nachrichten und Berichte 48, 2: 99–103.

KLAUSNITZER, B. (2004b): Eine neue Gattung der Familie Scirtidae (Insecta: Coleoptera). – Entomologische Abhandlungen, Staatliches Museum für Tierkunde Dresden 62, 1: 77–82.

KLAUSNITZER, B. (2004c): Eine neue Artengruppe der Gattung *Elodes* LATREILLE, 1796 mit Beschreibung einer neuen Art (Col., Scirtidae). – Entomologische Nachrichten und Berichte 48, 2: 89–94.

KLAUSNITZER, B. (2004d): Zur Kenntnis der in Europa vorkommenden Arten der Gattung *Odeles* KLAUSNITZER 2004 mit Beschreibung neuer Arten (Coleoptera, Scirtidae). 1. Teil. – Denisia 13: 259–267.

KLAUSNITZER, B. (2004e): Über die Scirtidae (Sumpfkäfer) des Alpenraumes (Coleoptera). – Entomologica Austriaca 11: 3–6.

KLAUSNITZER, B. (2004f): Eine neue Art der Gattung *Hydrocyphon* REDTENBACHER, 1858 und Anmerkungen zu den Artengruppen (Coleoptera, Scirtidae). – Entomologische Blätter 100: 127–134.

KLAUSNITZER, B. (2005a): Eine neue *Cyphon*-Art aus Nepal mit allgemeinen Anmerkungen zur Gattung *Cyphon* PAYKULL, 1799 (Coleoptera, Scirtidae). – Entomologische Blätter 101: 69–78.

KLAUSNITZER, B. (2005b): Eine neue Artengruppe der Gattung *Odeles* KLAUSNITZER, 2004 sowie die Beschreibung einer neuen Art aus Myanmar (Birma) (Coleoptera, Scirtidae). – Beiträge zur Entomologie 55, 1: 123–135.

KLAUSNITZER, B. (2005c): Zwei neue Arten der Gattung *Cyphon* PAYKULL, 1799 aus Myanmar (Birma) (Col., Scirtidae) und Anmerkungen zur *Cyphon coarctatus*-Gruppe. – Entomologische Nachrichten und Berichte 49, 2: 103–109.

KLAUSNITZER, B. (2005d): Eine neue Art der *Cyphon variabilis*-Gruppe aus Nepal (Coleoptera, Scirtidae). – Beiträge zur Entomologie 55, 2: 299–304.

KLAUSNITZER, B. (2006a): family Scirtidae Fleming, 1821. – In: LÖBL, I. & SMETANA, A. (Eds.): Catalogue of Palaearctic Coleoptera. Volume 3. – Apollo Books, Stenstrup: 316–323.

KLAUSNITZER, B. (2006b): Eine alte Meldung von *Sacodes flavicollis* (KIESENWETTER, 1859) aus dem Erzgebirge (Col., Scirtidae). – Mitteilungen Sächsischer Entomologen 73: 40–41.

KLAUSNITZER, B. (2006c): Arten der Gattung *Cyphon* PAYKULL, 1799 mit entwickeltem 8. Sternit und Beschreibung einer neuen Gattung (Coleoptera, Scirtidae). – Entomologische Nachrichten und Berichte 50, 1/2: 71–77.

KLAUSNITZER, B. (2006d): *Cyphon gredleri* n. sp., eine neue Art der *Cyphon hashimotorum*-Gruppe aus Thailand (Coleoptera, Scirtidae). – Gredleriana 6: 309–316.

KLAUSNITZER, B. (2006e): Zur Kenntnis der Larven einiger Scirtidae aus Neuseeland und Borneo mit wahrscheinlich terrestrischer Lebensweise (Coleoptera). – Entomologische Nachrichten und Berichte 50, 3: 141–152.

KLAUSNITZER, B. (2006f): Beschreibung von *Elodes akbesianus* PIC, 1898 aus dem Libanon (Coleoptera, Scirtidae). – Entomologische Nachrichten und Berichte 50, 4: 213–216.

KLAUSNITZER, B. (2006g): Beitrag zur Kenntnis der Scirtidae des Himalaya-Gebietes (Insecta: Coleoptera) mit Beschreibung von neuen *Cyphon*- und *Hydrocyphon*-Arten aus Nepal und Yunnan (China). – In: HARTMANN, M. & WEIPERT, J. (Hrsg.) (2006): Biodiversität und Naturausstattung im Himalaya II. – Verein der Freunde & Förderer des Naturkundemuseums Erfurt e.V.: 439–455.

KLAUSNITZER, B. (2008a): Zur Kenntnis der in Europa vorkommenden Arten der Gattung *Odeles* KLAUSNITZER, 2004 mit Beschreibung neuer Arten (Coleoptera, Scirtidae). 2. Teil. – Entomologische Nachrichten und Berichte 51, 3-4 (2007): 187–196.

KLAUSNITZER, B. (2008b): Zur Kenntnis der auf Korsika vorkommenden Arten der Gattung *Elodes* LATREILLE, 1796 mit Beschreibung einer neuen Art (Coleoptera, Scirtidae). – Entomologische Nachrichten und Berichte 51, 3-4 (2007): 221–224.

KLAUSNITZER, B. (2008c): Eine neue Art der Gattung *Odeles* KLAUSNITZER, 2004 aus Österreich (Coleoptera, Scirtidae). – Entomologische Nachrichten und Berichte 52: 55–58.

KLAUSNITZER, B. (2008d): Redeskription von *Odeles gredleri* (KIESENWETTER, 1863) und Festlegung eines Neotypus (Coleoptera, Scirtidae). – Entomologische Nachrichten und Berichte 52: 129–131.

KLAUSNITZER, B. (2008e): Neufunde von Scirtidae (Coleoptera) aus der Westpaläarktis und Ergänzung zum „Catalogue of Palaeartic Coleoptera. Volume 3 (Scirtidae)“ I. – Entomologische Nachrichten und Berichte 52, 3-4: 203–206.

KLAUSNITZER, B., BELLSTEDT, R. & WEIGEL, A. (2003): Der aktuelle Stand des Wissens über die Scirtidae Thüringens (Coleoptera). – Thüringer Faunistische Abhandlungen 9: 99–122.

KLAUSNITZER, B., DUNGER, W., LEUTSCH, H., SIEBER, M. & VOGEL, J. (2005): Montan lebende Insekten im Zittauer Gebirge (Collembola, Lepidoptera, Coleoptera). – Berichte der Naturforschenden Gesellschaft der Oberlausitz 13: 83–89.

KLAUSNITZER, B. & MERKL, O. (1987): Helodidae, Eucinetidae and Clambidae of the Kiskunság National Park (Coleoptera: Dascilloidea). – In: The Fauna of the Kiskunság National Park 1987: 180–181.

Klausnitzer, B. & Pospisil, P. (1991): Larvae of *Cyphon* sp. (Coleoptera, Helodidae) in Ground Water. – Aquatic Insects 13, 3: 161–165.

Klausnitzer, B., Ruta, R. & Yoshitomi, H. (2007): Notes on Korean Scirtidae (Coleoptera, Scirtidae). – Entomologische Blätter 102: 137–143.

Kleinsteuber, E. (1970): Beitrag zur aquatilen Käferfauna des Naturschutzgebietes 'Hochmoor Weiters Glashütte' im Oberen Westerzgebirge. – Veröffentlichungen des Museums für Naturkunde Karl-Marx-Stadt 5: 9–19.

Kofler, A. (1999): Käfer als Lichtfallen-Begleitfänge in Lassendorf (Kärnten) (Insecta: Coleoptera). – Carinthia II 184/ 104: 617–630.

Köhler, F. (1992): Zu Verbreitung und Ökologie der Arten aus der Verwandtschaft des *Elodes minuta* (Linné) in der Rheinprovinz (Col., Helodidae). – Mitteilungen der Arbeitsgemeinschaft Rheinischer Koleopterologen 2: 111–115.

Köhler, F. (1997): Anmerkungen zur Käferfauna der Rheinprovinz XI. – Mitteilungen der Arbeitsgemeinschaft Rheinischer Koleopterologen 7: 29–51.

Köhler, F. & Klausnitzer, B. (Hrsg.) (1998): Verzeichnis der Käfer Deutschlands. – Entomologische Nachrichten und Berichte, Beiheft 4: 1–185.

Korge, H. & J. Schulze (1966): Beiträge zur Kenntnis der märkischen Koleopterenfauna (Teil XXIX). – Mitteilungen der Deutschen Entomologischen Gesellschaft 25: 57–67.

Kraatz, G. (1880): Denkblätter an H. v. Kiesenwetter, seinen entomologischen Freunden und Verehrern gewidmet. – Deutsche Entomologische Zeitschrift 24: 323–336.

Kronestedt, T. (2001): Tord Nyholm in memoriam. – Entomologisk Tidskrift 122: 219–221.

Kuhnt, P. (1912): Illustrierte Bestimmungs-Tabelle der Käfer Deutschlands. – Stuttgart.

Larsson, S. G. (1938): Blødvinger, klannere m.m. (Malacodermata, Fossipedes, Macrodactylia og Brachymera), Larverne. In: V. Hansen, Biller X, Danmarks Fauna. – København.

Latreille, C. (1796): Précis des caractères génériques des Insectes, disposés dans un ordre naturel. – F. Bourdeaux, Brive, XIII + 208 pp.

Lattin, G. de (1967): Grundriß der Zoogeographie. – Gustav Fischer Verlag Jena. 602 S.

Lawrence, J. F. (2001): 15.4. Scirtidae Fleming, 1821. – In: Kristensen, N. P. & Beutel, R. G. (Hrsg.), Handbuch der Zoologie, Band IV, Arthropoda: Insecta, Teilband 38: 443–450.

Lawrence, J. F. & A. F. Newton Jr. (1995): Families and subfamilies of Coleoptera (with selected genera, notes, references and data on family-group names). – In: Pakaluk, J. & S. A. Slipinski (eds.): Biology, Phylogeny, and Classification of Coleoptera: Papers Celebrating the 80th Birthday of Roy A. Crowson, Warszawa. Muzeum i Instytut Zoologii Polska Akademia Nauk, Warsaw. S. 779–1006.

Lawrence, J. F. & Yoshitomi, H. (2007): *Nipponocyphon*, a New Genus of Japanese Scirtidae (Coleoptera) and its Phylogenetic Significance. – Elytra, Tokyo 35, 2: 507–527.

LeConte, J. L. (1854): Synopsis of the Atopidae, Rhipiceridae and Cyphonidae of the United States. – Proceedings of the Academy of Natural Sciences of Philadelphia 6 (1852, 1853): 350–357.

Lehmann, W. (1958): Beitrag zur Fauna von Sphagnumpolstern. – Abhandlungen und Berichte aus dem Staatl. Museum für Tierkunde in Dresden 24: 89–103.

Lewis, G. (1895): On the Dascillidae and Malacoderm Coleoptera of Japan. – The Annals and Magazine of Natural History (6) 16: 98–122.

Liebmann, W. (1955): Käferfunde aus Mitteleuropa einschließlich der österreichischen Alpen. – Arnstadt, 165 S.

Linder, J. (1864): Note sur le genre *Hydrocyphon*. – L'Abeille, Mémoires d'Entomologie 1: xiii – xv.

Linnaeus, C. (1758): Systema naturae per regna tria naturae, secundum classes, ordines, genera, species, cum characteribus, differentiis, synonymis, locis. Tomus I. Editio decima. Holmiae: Laurentii Salvii (4) + 824 pp.

Linnaeus, C. von (1767): Systema Naturae. Tom. I. Pars II. Editio Duodecima Reformata. Holmiae: Laurentii Salvii (2) + 533–1327 + (35) pp.

Lohse, G. A. (1979): 40. Familie Helodidae. In: Freude, H., Harde, K. W. & G. A. Lohse, Die Käfer Mitteleuropas – Goecke & Evers, Krefeld, Band 6: 250–263.

Lombardi, D. (1928): Contributo alla conoscenza dello *Scirtes hemisphaericus* L. (Coleoptera – Helodidae). – Bollettino del Laboratorio di Entomologia del R. Istituto Superiore Agrario di Bologna 1: 236–258.

Machado, A. & Oromí, P. (2000): Elenco de los Coleópteros de las Islas Canarias. – Instituto de Estudios Canarios, La Laguna.

Mahler, V. (2004): New species of waterbeetles (Hydraenidae, Scirtidae, Elmidae) to Estonia. – Baltic Journal of Coleopterology 4, 1: 55–56.

Mahler, V. & M. Hansen (1983): De danske arter of *Helodes* Latreille, 1796 (Coleoptera, Helodidae). – Entomologiske Meddelelser 50: 49 – 53.

Malicky, H. (2000): Arealdynamik und Biomgrundtypen am Beispiel der Köcherfliegen (Trichoptera). – Entomologica Basiliensia 22: 235-259

Malicky, H. (2006): Mitteleuropäische (extra-mediterrane) Arealkerne des Dinodal am Beispiel von Köcherfliegen. – Beiträge zur Entomologie 56: 347-359.

Malicky, H., Ant, H., Aspöck, H., de Jong, R., Thaler, K., Varga, Z. (1983): Argumente zur Existenz und Chorologie mitteleuropäischer (extramediterran-europäischer) Faunen-Elemente. – Entomologia Generalis 9: 101-119.

Malmqvist, B., Nilsson, A. N. & Báez, M. (1995): Tenerife's freshwater macroinvertebrates: status and threats (Canary Islands, Spain). – Aquatic Conservation: Marine and freshwater ecosystems 5: 1–24.

MARCU, O. (1933): Die Helodiden- und Mordellidenfauna der Bucovina. – Bull. sect. scient. Acad. Roumaine 15: 137–140. Bucarest.

MAXIMENKOV, M. V. (1995): New data on the faunistics of Palaearctic Helodidae (Coleoptera). – In: LOPATIN, I. K. (Ed.): Fauna and taxonomy: Proceedings of Zoological Museum of the Byelorussian University, Minsk, volume 1: 154–162. (russisch)

MCCORMACK, S. (2004): *Cyphon pubescens* (FABRICIUS) (Coleoptera: Scirtidae), an addition to the Irish list of aquatic beetles. – The Irish Naturalist's Journal 27, 11: 435–436.

MCCORMACK, S. (2006): A recent Irish record of *Cyphon punctipennis* SHARP (Scirtidae) from Scragh Bog, Co. Wesmeath. – Coleopterist 15, 1: 25.

MONSJAWITSCHJUS, W. S. (1981): [Übersicht über die Fauna der Sumpfkäfer (Coleoptera, Helodidae) der Litauischen SSR.] – [Fragen der Allgemeinen Entomologie, Arbeiten der WEO] 63: 69-71.

MÜLLER, A. J. (1912): Verzeichnis der Käfer Vorarlbergs. – 48. Jahresbericht des Landesmuseumsvereines für Vorarlberg, Bregenz: 100 – 101.

MÜLLER, J. (1916): Coleopterologische Beiträge zur Fauna der österreichischen Karstprovinzen und ihrer Grenzgebiete. – Entomologische Blätter 12: 73–109 (90–91).

MÜLLER, PH. W. J. (1821): Neue Insekten, beschrieben von PH. W. J. MÜLLER. – Magazin der Entomologie. Herausgegeben von E. F. GERMAR (Halle) 4: 184–230.

MULSANT, E. & REY, C. (1865): Histoire naturelle des Coléoptères de France, Fossipèdes Brévicolles. – Paris: F. Savy, 128 pp, 5 pls.

MUNSTER, T. (1923): Nova etc. ex Norvegia. – Norsk Entomologisk Tidsskrift 1: 288 – 294.

NICKEL, E. (1989): Sumpfkäfer-Funde aus dem Naturpark Schönbuch bei Tübingen (Coleoptera: Helodidae, Eubriidae). – Veröffentlichungen der Landesstelle für Naturschutz und Landschaftspflege Baden-Württemberg 64/65: 411–419.

NILSSON, A. N. (1980): Utbredning och flygperiodik hos Helodidae vid norra Ångermanlandskusten. – Entomologisk Tidskrift 101: 151–153.

NILSSON, A. N., MALMQVIST, B., BÁEZ, M., BLACKBURN, J. H. & ARMITAGE, P. D. (1998): Stream insects and gastropods in the island of Gran Canaria. – Annales de Limnologie 34 (4): 413–435.

NYHOLM, T. (1944): Studier över familjen Helodidae. 1. Förelöpande meddelande med beskrivning av en ny art av släktet *Cyphon* PAYK. – Opuscula Entomologica 9: 21–22.

NYHOLM, T. (1945): Studies on the family Helodidae. II. A new species of the genus *Cyphon* PAYK. from Sweden. – Opuscula Entomologica 10: 63–64.

NYHOLM, T. (1948): Studien über die Familie Helodidae. III. Neue paläarktische Arten der Gattung *Cyphon* PAYK. – Arkiv för Zoologi, 41 A, No. 4: 1–7.

NYHOLM, T. (1949): Studien über die Familie Helodidae. IV. Neue paläarktische Arten der Gattung *Cyphon* PAYK. II. – Arkiv för Zoologi, 42 A, No. 24: 1–5.

NYHOLM, T. (1950): Studien über die Familie Helodidae. V. Kritische Bemerkungen über *Cyphon ruficeps* TOURN. nebst Beschreibung des Weibchens von *C. furcillatus* NYH. – Arkiv för Zoologi, 1, No. 15: 199–202.

NYHOLM, T. (1955): Die mitteleuropäischen Arten der Gattung *Cyphon* PAYK. – In: HORION, A.: Faunistik der mitteleuropäischen Käfer. Band IV: Sternoxia (Buprestidae), Fossipedes, Macrodactylia, Brachymera. – Entomologische Arbeiten aus dem Museum G. Frey Tutzing bei München. Sonderband. Eigenverlag, Tutzing bei München: 251–267.

NYHOLM, T. (1957): Studien über die Familie Helodidae. VI. Neue paläarktische Arten der Gattung *Cyphon* PAYK. III. – Entomologisk Tidskrift 78: 75–78.

NYHOLM, T. (1964): *Cyphon putoni* BRIS. und mit ihm nächstverwandte Arten (Col., Helodidae). Studien über die Familie Helodidae. VII. – Opuscula Entomologica 29: 41–56.

NYHOLM, T. (1967): Zur Kenntnis der Gattung *Hydrocyphon* REDTENBACHER (Col., Helodidae). Studien über die Familie Helodidae. VIII. – Opuscula Entomologica 32: 9–48.

NYHOLM, T. (1968): Neue paläarktische Arten der Gattung *Cyphon* PAYK. IV. Studien über die Familie Helodidae. IX. – Entomologisk Tidskrift 89: 250–254.

NYHOLM, T. (1969): Über Bau und Funktion der Kopulationsorgane bei den Cyphones (Col., Helodidae). Studien über die Familie Helodidae. X. – Entomologisk Tidskrift 90: 233–271.

NYHOLM, T. (1970): Beiträge zur Kenntnis der paläarktischen Helodiden. 1. *Cyphon*-Arten aus der Türkei. Studien über die Familie Helodidae. XI. – Entomologisk Tidskrift 91: 24–41.

NYHOLM, T. (1971): Beiträge zur Kenntnis der paläarktischen Helodiden. 2. Bemerkungen über die Gattung *Prionocyphon* REDTB. mit Beschreibung zweier neuer Arten aus dem Mittelmeergebiet. Studien über die Familie Helodidae. XII. – Entomologisk Tidskrift 92: 28–42.

NYHOLM, T. (1972a): Drei neue *Hydrocyphon*-Arten aus dem Mittelmeergebiet (Coleoptera). – Entomologica scandinavica 3: 33–39.

NYHOLM, T. (1972b): Die nordeuropäischen Arten der Gattung *Cyphon* PAYKULL (Col.). Taxonomie, Biologie, Ökologie und Verbreitung. – Entomologica scandinavica Suppl. 3: 1–100.

NYHOLM, T. (1972c): Zur Morphologie und Funktion des Helodiden-Aedoeagus (Col.). – Entomologica scandinavica 3: 81–119.

NYHOLM, T. (1974): *Helodes armilabris* n. sp., eine bemerkenswerte neue *Helodes*-Art aus der nordöstlichen Türkei (Col., Helodidae). Beiträge zur Kenntnis der paläarktischen Helodiden. 5. Studien über die Familie Helodidae. XVI. – Entomologisk Tidskrift 95: 47–52.

NYHOLM, T. (1976): Neue paläarktische Arten der Gattung *Cyphon* PAYKULL. V. (Col., Helodidae). Studien über die Familie Helodidae. XVII. – Entomologica scandinavica 7: 283–292.

NYHOLM, T. (1977): Beiträge zur Kenntnis der paläarktischen Helodiden 6–7. Studien über die Familie Helodidae XVIII-XIX. – Entomologica scandinavica 8: 97–108.

NYHOLM, T. (1981): Helodiden aus Birma, gesammelt von RENÉ MALAISE. 1. Die Arten der Gattung *Hydrocyphon* REDTENBACHER (Coleoptera). – Entomologica scandinavica Suppl. 15: 253–267.

NYHOLM, T. (1985): The identity of *Elodes elongata* TOURNIER, 1868 (Col., Helodidae). – Entomologica scandinavica 15: 435–441.

NYHOLM, T. (2002): *Scirtes japonicus* KIESENWETTER and its allies, with description of *Scirtes ussuriensis* n. sp. (Coleoptera, Scirtidae). – Entomologische Blätter 98: 49–60.

PANZER, G.W.F. (1793): Fauna Insectorum Germanicae initia; oder Deutschlands Insecten. [Heft 8]. – Nürnberg, Felsecker. 24 pp. + 24 pl.

PAULUS, H.F. & HANNAPPEL, U. (1994): Zur Identität von *Elodes elongata* TOURNIER 1868, *Elodes koelleri* KLAUSNITZER 1971 und *Elodes tricuspis* NYHOLM 1985 (Coleoptera: Scirtidae). – Zeitschrift der Arbeitsgemeinschaft Österreichischer Entomologen 46: 18–20

PAYKULL, G. (1799): Fauna Svecica. Insecta. Tomus. II. Upsaliae: Joh. F. Edman, 234 pp.

PEYERIMHOFF, P. DE (1913): Le double type larvaire de *Prionocyphon serricornis* MÜLL. (Col., Helodidae). – Bulletin de la Société entomologique de France: 148–151.

PEYERIMHOFF, P. DE (1931): Mission Scientifique du Hoggar envoyée du Février à Mai 1928 par M. Pierre Bordes. Coléoptères. – Mémoires de la Société d'Histoire Naturelle de l'Afrique du Nord 2: 1–172 + (1), 3 pls, 2 maps.

PIC, M. (1898a): Diagnoses de Coléoptères Malacodermes et notes diverses. – La Feuille des jeunes Naturalistes (3) 29: 26–27.

PIC, M. (1898b): Diagnoses de Coléoptères Malacodermes et Phytophages. – Miscellanea Entomologica 6: 137–140.

PIC, M. (1914): Dascillidae, Helodidae, Eucinetidae. In: W. JUNK & S. SCHENKLING, Coleopterorum Catalogus, Pars 58. – Berlin, W. Junk. 65 pp.

POPE, R.D. (1976): Nomenclatorial notes on the British Scirtidae (= Helodidae) (Col.). – The Entomologist's Monthly Magazine 111: 186–187.

PÜTZ, A. (1990): *Cyphon kongsbergensis* MUNSTER, 1924 – Eine neue Art für die Mark Brandenburg (Coleoptera, Helodidae). – Novius, Nr. 10: 227–229.

RAFFRAY, A. (1873): [new species]. In: FAIRMAIRE L. & RAFFRAY, A.: Coléoptères du nord de l'Afrique. – Revue et Magasin de Zoologie Pure et Appliquée (3) 1: 331–385, pl. 15–16.

RASMUSSEN, K. (1978): Livscyklus og habitat praeference hos *Helodes marginata* FABR. og *Helodes minuta* L. (Coleoptera), og de to arters udbredelse i Jylland. – Flora og Fauna, Århus 84: 80–84.

RASMUSSEN, K. (1979): Invertebratfaunaen i et østjysk kildeområde. – Flora og Fauna, Århus 85: 71–81.

REDTENBACHER, L. (1858): Fauna Austriaca. Die Käfer. Nach der analytischen Methode bearbeitet. 2. Auflage. – Wien, Carl Gerold's Sohn, cxxxvi + 1017 pp., 2 pls.

REITTER, E. (1889): Neue Coleopteren aus Europa, den angrenzenden Ländern und Sibirien, mit Bemerkungen über bekannte Arten. – Deutsche Entomologische Zeitschrift 1889: 273–288.

REITTER, E. (1903): Siebzehnter Beitrag zur Coleopterenfauna von Europa und den angrenzenden Ländern. – Wiener Entomologische Zeitung 22: 173–178.

REITTER, E. (1911): Fauna Germanica. Die Käfer des Deutschen Reiches. Nach der analytischen Methode bearbeitet. III. Band. – Stuttgart, K.G. Lutz. 436 pp. + T. 81–128.

RENNER, K. (1981): Neuheiten und Seltenheiten der westfälischen Käferfauna II. – Entomologische Blätter 77: 101–108.

RENNER, K. (1982): Bemerkenswerte Käferarten aus dem Südschwarzwald (Carabidae, Helodidae). – Entomologische Blätter 78: 38.

RENNER, K. (1999): Für Sachsen und Bayern neue und bemerkenswerte Käferarten. – Entomologische Nachrichten und Berichte 43: 8.

RENNER, K. & B. GRUNDMANN (1984): Neuheiten und Seltenheiten der westfälischen Käferfauna III. – Entomologische Blätter 80: 71 – 84.

ROLPH, W.H. (1873): Beitrag zur Kenntniss einiger Insektenlarven. – Inaugural-Dissertation Universität Leipzig, 40 S.

RUTA, R. (2009): A redescription of *Elodes novaki* MÜLLER, 1916 (Coleoptera: Scirtidae) (im Druck).

RUTA, R., JAŁOSZYŃSKI, P. & KONWERSKI, S. (2003): Nowe dane o rozmieszczeniu chrząszczy z narodziny Scirtoidea FLEMING, 1821 (Coleoptera) w Polsce. – Wiad. entomol. 22, 1: 33–46.

RUTA, R. & KLAUSNITZER, B. (2007): New data on Scirtidae (Insecta: Coleoptera) of Turkey. – Annals of the Upper Silesian Museum (Entomology) 14-15: 99–110.

SASAGAWA, K. (1985): The Japanese species of the genus *Cyphon* PAYKULL (Coleoptera: Helodidae). – Transactions of the Shikoku Entomological Society 17: 31–49.

SCHILSKY, J. (1909): Systematisches Verzeichnis der Käfer Deutschlands und Deutsch-Oesterreichs. – Verlag von STRECKER & SCHRÖDER, Stuttgart: 211 pp.

SCHLEGEL, R. (1962): Beiträge zur Kenntnis der Insektenfauna des Seerosensumpfes bei Halbendorf/Spree. 3. Coleoptera. – Entomologische Nachrichten 6: 17–18.

SCHMIDT, M. (2000): Der Einfluss der Mahd auf Arthropoden und Singvögel in Schilfbeständen. – Diplomarbeit Universität Göttingen, 93 S.

SCHNEIDER, B. (1971): Das Tyrrhenisproblem. Interpretation auf zoogeographischer Grundlage. Dargestellt an Amphibien und Reptilien. – Dissertation Universität des Saarlandes, Saarbrücken. 362 Seiten.

SEIDLITZ, G. K. M. VON (1872): Fauna Baltica. Die Käfer (Coleoptera) der Ostseeprovinzen Rußlands. – Dorpat, H. Laakmann, xx + 48 [Gattungen] + 208 pp.

SHARP, D. (1872): Observations on some British species of Dascillidae, with description of a new species of *Cyphon*. – The Entomologist's Monthly Magazine 9: 154–155.

SIEDE, D. (1992): Die Käferfauna des NSG Koppelstein. – Mitteilungen der Arbeitsgemeinschaft Rheinischer Koleopterologen 2, 1: 3–40.

SKIDMORE, P. (1985): *Cyphon kongsbergensis* MUNSTER (Col., Scirtidae) in Scotland. – The Entomologist's Monthly Magazine 121: 249–252.

SOLODOVNIKOV, I. A (1999): [Katalog der Käfer (Coleoptera, Insecta) der belorussischen Seengebiete.] – Ministerium für Bildung der Republik Belorus, Witebsker Staatliche Universität, Witebsk: 14-15. [Scirtidae] (russisch)

SPITZENBERG, D. (1993): Rote Liste der wasserbewohnenden Käfer des Landes Sachsen-Anhalt. – Ber. Landesamt Umweltschutz Sachsen-Anhalt: 35–39.

STEPHENS, J. F. (1830): Illustrations of British Entomology; or, a synopsis of Indigenous Insects: containing their generic and specific distinctions; with an account of their metamorphoses, times of appearance, localities, food, and economy, as far as practicable. Mandibulata. Vol. III. – London: Baldwin and Cradock, pls 16–19, 374 + (6) pp.

STIERLIN, G. (1898): Fauna coleopterorum helvetica. Die Käfer-Fauna der Schweiz nach der analytischen Methode. II. Theil: 57–63.

STIERLIN, G. & V. VON GAUTARD (1867): Fauna coleopterorum helvetica. Die Käfer-Fauna der Schweiz: 193–195.

STÖCKEL, G. (1981): Gehäuftes Auftreten von *Cyphon hilaris* NYHOLM (Col., Helodidae) in einem Sphagnum-Moor im Kreis Neustrelitz. – Entomologische Nachrichten 25, 4: 58–60.

STRIBLING, J. B. & YOUNG, D. K. (1990): Descriptions of the larva and pupa of *Flavohelodes thoracica* (GUÉRIN-MÉNÉVILLE) with notes on a phytothelma association. – Proceedings of the entomological Society of Washington 92: 765–770.

STRIGANOVA, B. R. (1961): Morpho-functional characters of a larva of *Prionocyphon serricornis* MÜLL. (Coleoptera, Helodidae) with respect to inhabitation in water. – Revue d'Entomologie de l'URSS 40: 577–583. [russisch]

TENENBAUM, S. (1915): Fauna Koleopterologiczna wysp Balearskich. – Warszawa, p. 79.

TENENBAUM, S. (1918): Dodatek do spisu chrzaszczy z Ordynacyi Zamoskiej [Suite à la liste de Coléoptères receuillis sur les terres du Majorat de Zamošč (gouv.Lublin)]. – Pamietnik Fizjograficzny Warsaw 25 Zool: 1–35.

The Times Atlas of the World (1985): London.

THOMSON, C. G. (1855): Öfversigt af de arter inom Insect-familjen Cyphonidae, som blifvit funna i Sverige. -- Öfversigt af Kongl. Vetenskaps-Akademiens Förhandlingar 12: 317–322.

THOMSON, C. G. (1859): Skandinaviens Coleoptera, synoptiskt bearbetade. I. Tom. – Lund: Berlingska Boktryckeriet (4) + 290 pp.

THUNBERG, C. P. (1787): Museum Naturalium Academiae Upsaliensis. Cujus partem quartam. – Upsaliae, Petro a Bjerkén: 43–58.

TOURNIER, H. (1868): Description des Dascillides du Bassin du Léman. – Association Zoologique du Léman. Bâle et Genève, Paris.

TREHERNE, J. E. (1954): Osmotic regulation in the larvae of *Helodes* (Coleoptera: Helodidae). – The Transactions of the Royal entomological Society of London 105: 117–130.

TSCHAPEK, H. (1859): *Elodes Carolinae* n. sp. – Entomologische Zeitung (Stettin) 20: 425–426.

USINGER, R. L. (1956) (Ed.): Aquatic insects of California with keys to North American genera and California species. 1st edn. – University of California Press, Berkeley and Los Angeles, 508 pp.

WALTER, T. (1990): Käfer des Ruggeler Rietes. – Ber. Bot. Zool. Ges. Liechtenstein-Sargans-Werdenberg 18: 279–313. [Naturmonographie Ruggeler Riet, Naturkundliche Forschung im Fürstentum Liechtenstein, Band 12]

WATTS, C. H. S. (2004): Revision of Australian *Scirtes* ILLIGER and *Ora* CLARK (Coleoptera: Scirtidae). – Transactions of the Royal Society of South Australia 128 (1): 131–167.

WEIGEL, A. (2005): Neu- und Wiederfunde sowie weitere bemerkenswerte Nachweise von Käferarten (Coleoptera) für die Fauna von Sachsen. – Entomologische Nachrichten und Berichte 49, 3/4: 161–170.

WEISE, E. (1971): Kleine Mitteilungen (*Cyphon kongsbergensis*). – Entomologische Blätter 67/2: 124.

WEITSCHAT, W. & WICHARD, W. (2002): Atlas of Plants and Animals in Baltic Amber. – Verlag Dr. Friedrich Pfeil, München. 256 Seiten.

WENZEL, E. (1991): Nachweise bemerkenswerter Käferarten aus dem Bergischen Land. – Mitteilungen der Arbeitsgemeinschaft Rheinischer Koleopterologen 1 (2): 35-42.

WESENBERG-LUND, C. (1943): Biologie der Süßwasserinsekten. – Springer Verlag, Kopenhagen, Berlin, Wien.

WICHARD, W., ARENS, W. & G. EISENBEIS (1995): Atlas zur Biologie der Wasserinsekten. – Gustav Fischer, Stuttgart, Jena, New York.

WICHARD, W. & H. KOMNICK (1974): Feinstruktur und Funktion der Analpapillen aquatischer Käferlarven (Coleoptera: Elodidae). – International Journal of Morphology & Embryology 3, 3/4: 335–341.

WIEBES, J. T. & A. A. WIEBES-RIJKS (1964): De Nederlandse soorten van het genus *Cyphon* PAYKULL (Coleoptera, Helodidae). – Zoologische Bijdragen No. 7: 1–16.

WIESER, C. & KOFLER, A. (1991): Coleopteren, Trichopteren und andere Insekten als Beifänge in der Lichtfalle Schwabegg. – Carinthia II. Mitteilungen des Naturwissenschaftlichen Vereins für Kärnten 181/101: 637–640.

WIESER, C. & KOFLER, A. (2002): Ergebnisse einer Dauerlichtfalle in Pörtschach am Wörthersee. – Carinthia II. Mitteilungen des Naturwissenschaftlichen Vereins für Kärnten 192/112: 467–486.

WINKLER, A. (1926): Catalogus Coleopterorum regionis palaearcticae. Pars 6. Helodidae: 666–668. – Wien, A. Winkler.

WOLLASTON, T. V. (1864): Catalogue of the coleopterous insects of the Canaries in the collection of the British Museum. – London, XIII + 648 S.)

WOLLASTON, T. V. (1865): Coleoptera atlantidium, being an enumeration of the coleopterous insects of the Madeiras, Salvages, and Canaries. – London, XLVII + 526 + 140 S.

WÖRNDLE, A. (1950): Die Käfer von Nordtirol. – Innsbruck.

YOSHITOMI, H. (2001): Taxonomic Study on the Genus *Hydrocyphon* (Coleoptera, Scirtidae) of Japan and her Adjacent Regions. – Elytra, Tokyo 29: 87–107.

YOSHITOMI, H. (2005): Systematic revision of the Family Scirtidae of Japan with phylogeny, morphology and bionomics (Insecta: Coleoptera, Scirtoidea). – Japanese Journal of Systematic Entomology, Monographic Series, No. 3: 1–212.

YOSHITOMI, H. & B. KLAUSNITZER (2003): SCIRTIDAE: World check list of *Hydrocyphon* REDTENBACHER, and revision of the Chinese species (Coleoptera). – In: JÄCH & JI (eds.): Water Beetles of China 3: 519–537.

YOSHITOMI, H. & NIKITSKY, N. (2004): Scirtid Beetles (Insecta, Coleoptera, Scirtidae) from Sakhalin and the Kuril Islands. – Biodiversity of the Kuril Island and Sakhalin 1: 45–47.

YOSHITOMI, H. & SATÔ, M. (2003): Scirtidae of the Oriental Region, Part 2. The Genus *Hydrocyphon* (Coleoptera, Scirtidae) of Laos. – The Japanese Journal of Systematic Entomology 9: 223–235.

YOSHITOMI, H. & SATÔ, M. (2005): Scirtidae of the Oriental Region, Part 8. New Species and Additional Record of the Genus *Hydrocyphon* (Coleoptera: Scirtidae). – Ent. Rev. Japan 60 (2): 153–206.

ZIEGLER, W., SUIKAT, R. & S. GÜRLICH (1994): Rote Liste der in Schleswig-Holstein gefährdeten Käferarten. – Landesamt für Naturschutz und Landschaftspflege Schleswig-Holstein.

ZWICK, P. (1978): Interessante Wasserkäfer-Funde (Hydraenidae und Helodidae). – Entomologische Blätter 74, 3: 184–185.

ZWICK, P. (2007): *Elodes tricuspis*: Description of the larva, and notes on biology (Coleoptera: Scirtidae). – Lauterbornia 59: 85–93.

ZWICK, P. (2008): Das Tibiotarsalorgan, ein neues Merkmal larvaler Scirtidae (Coleoptera). – Entomologische Nachrichten und Berichte 52: 51–54.

ZWICK, P. & HECHT, M. (2008): Life history and instar number of *Elodes minuta*, with notes on additional species (Coleoptera: Scirtidae). – Lauterbornia 62: 79–88.

ZWICK, P. & ZWICK, H. (2008a): *Scirtes hemisphaericus* uses macrophyte snorkels to pupate under water. With notes on pupae of additional European genera of Scirtidae (Coleoptera). – Aquatic Insects 30: 83–95.

ZWICK, P. & ZWICK, H. (2008b): Number of larval instars, early instar structure, and life history of *Scirtes hemisphaericus* (Coleoptera: Scirtidae) in central Germany. – Lauterbornia 63: 87–99.

ZWICK, P. & ZWICK, H. (2008c): Beitrag zur Morphologie, Systematik und Biologie mitteleuropäischer Scirtidae (Coleoptera). – Entomologische Nachrichten und Berichte 52, 3-4: 185–191.

F 1

F 2

F 3

F 4

F 5

F 6

Abb. F 1: *Elodes minuta* ♂, Habitus, dorsal; **Abb. F 2:** *Elodes minuta* ♂, Habitus, dorsal; **Abb. F 3:** *Odeles marginata* ♀, Habitus, dorsal; **Abb. F 4:** *Sacodes flavicollis,* Habitus, dorsal; **Abb. F 5:** *Hydrocyphon australis* ♂, Habitus, dorsal; **Abb. F 6:** *Hydrocyphon deflexicollis* ♂, Habitus, dorsal.

F 7

F 8

F 9

F 10

F 11

F 12

Abb. F 7: *Hydrocyphon rectangulus* ♂, Habitus, dorsal; **Abb. F 8:** *Scirtes haemisphaericus* ♂, Habitus, dorsal; **Abb. F 9:** *Scirtes orbicularis* ♂, Habitus, dorsal; **Abb. F 10:** *Microcara testacea* ♂, Habitus, dorsal; **Abb. F 11:** *Prionocyphon serricornis* ♂, Habitus, dorsal; **Abb. F 12:** *Prionocyphon ornatus* ♂, Habitus, dorsal, Körperanhänge weggelassen.

F 13 F 14

F 15 F 16

F 17

F 18

F 19

Abb. F 13: *Prionocyphon ornatus* ♂, Habitus, dorsal; **Abb. F 14:** *Cyphon coarctatus* ♂, Habitus, dorsal; **Abb. F 15:** *Cyphon variabilis* ♂, Habitus, dorsal; **Abb. F 16:** *Cyphon laevipennis* ♂, Habitus, dorsal; **Abb. F 17:** *Cyphon padi* ♂, Habitus, dorsal; **Abb. F 18:** *Cyphon padi* ♂, Habitus, dorsal; **Abb. F 19:** *Cyphon padi* ♂, Habitus, dorsal.

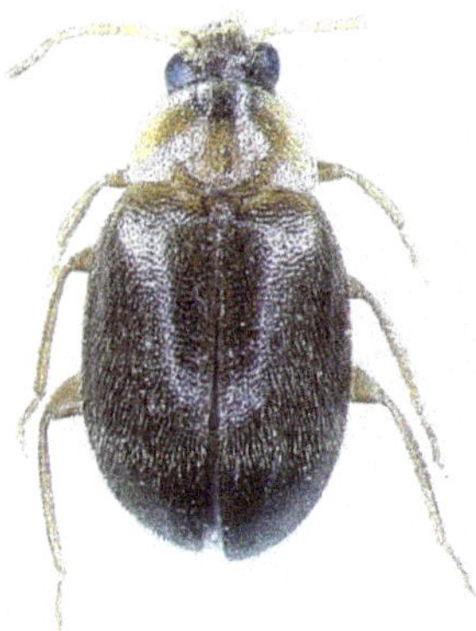

F 20

F 21

F 22

F 23

F 24

F 25

Abb. F 20: *Odeles armilabris* ♂, Habitus, dorsal; **Abb. F 21:** *Odeles bulgharensis* ♂, Habitus, dorsal; **Abb. F 22:** *Odeles styriaca* ♂, Habitus, dorsal; **Abb. F 23:** *Odeles appeninicola* ♂, Habitus, dorsal; **Abb. F 24:** *Odeles styriaca* ♀, Habitus, dorsal; **Abb. F 25:** *Odeles appeninicola* ♀, Habitus, dorsal.

F 26

F 27

F 28

F 29

F 30

F 31

Abb. F 26: *Odeles granosicollis* ♂, Habitus, dorsal; **Abb. F 27:** *Odeles granosicollis* ♀, Habitus, dorsal; **Abb. F 28:** *Odeles calpensis* ♂, Habitus, dorsal; **Abb. F 29:** *Odeles calpensis* ♀, Habitus, dorsal; **Abb. F 30:** *Odeles hausmanni* ♂, Habitus, dorsal; **Abb. F 31:** *Odeles horstaspoecki* ♂, Habitus, dorsal.

F 32

F 33

F 34

F 35

F 36

F 37

Abb. F 32: *Odeles hausmanni* ♀, Habitus, dorsal; **Abb. F 33:** *Odeles gredleri* ♀, Habitus, dorsal; **Abb. F 34:** *Odeles trilineata* ♀, Habitus, dorsal; **Abb. F 35:** *Odeles gredleri* ♂, Habitus, dorsal; **Abb. F 36:** *Odeles tenebrica* ♂, Habitus, dorsal; **Abb. F 37:** *Odeles marginata* ♂, Habitus, dorsal.

F 38

F 39

F 40

F 41

F 42

F 43

Abb. F 38: *Odeles trilineata* ♂, Habitus, dorsal; **Abb. F 39:** *Odeles auriensis* ♂, Habitus, dorsal; **Abb. F 40:** *Odeles cantabrica* ♂, Habitus, dorsal; **Abb. F 41:** *Odeles cantabrica* ♀, Habitus, dorsal; **Abb. F 42:** *Odeles asturica* ♀, Habitus, dorsal; **Abb. F 43:** *Odeles asturica* ♂, Habitus, dorsal.

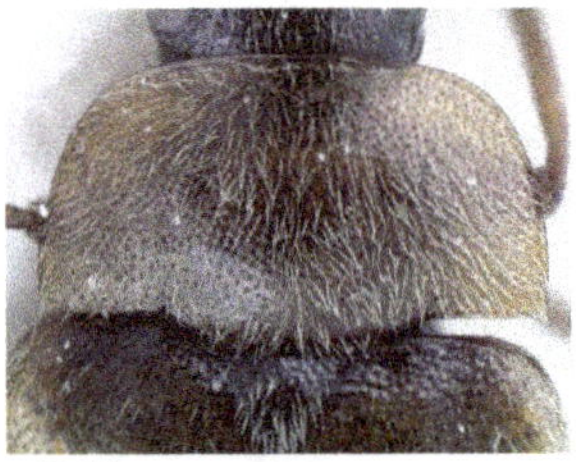
F 44

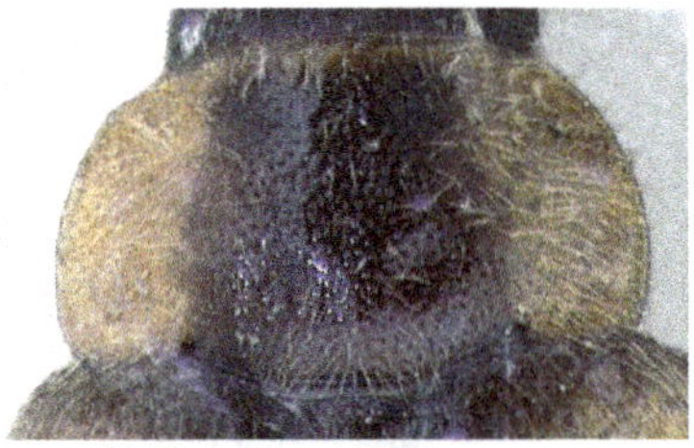
F 45

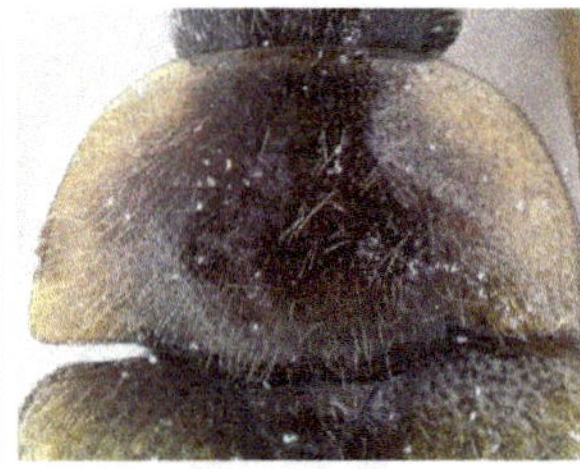
F 46

F 47

F 48

F 49

F 50

F 51

F 52

Abb. F 44: *Odeles granosicollis* ♂, Pronotum; **Abb. F 45:** *Odeles calpensis* ♀, Pronotum; **Abb. F 46:** *Odeles cantabrica* ♂, Pronotum; **Abb. F 47:** *Odeles styriaca* ♂, 3.-7. Sternit; **Abb. F 48:** *Odeles appeninicola* ♂, 3.-7. Sternit; **Abb. F 49:** *Odeles granosicollis* ♀, 3.-6. Sternit; **Abb. F 50:** *Odeles granosicollis* ♂, 3.-7. Sternit; **Abb. F 51:** *Odeles calpensis* ♂, 3.-7. Sternit; **Abb. F 52:** *Odeles calpensis* ♀, 3.-7. Sternit.

Taxonomischer Index

Seitenangaben für Abbildungen sind *kursiv*, solche für Hauptbeschreibungen **fett** gekennzeichnet.

Printing: Krips bv, Meppel, The Netherlands
Binding: Stürtz, Würzburg, Germany

www.ingramcontent.com/pod-product-compliance
Lightning Source LLC
Chambersburg PA
CBHW081423011026
52420CB00041B/450
9783827410740